全国高职高专环境保护类专业规划教材

水污染控制技术

教育部高等学校高职高专环保与气象类专业教学指导委员会组织编写

主　编　王有志
副主编　彭　波　梁贤军
主　审　谷　峡

中国劳动社会保障出版社

图书在版编目(CIP)数据

水污染控制技术/王有志主编. —北京：中国劳动社会保障出版社，2010
全国高职高专环境保护类专业规划教材
ISBN 978-7-5045-8240-9

Ⅰ. 水…　Ⅱ. 王…　Ⅲ. 水污染-污染控制-高等学校：技术学校-教材　Ⅳ. X520.6

中国版本图书馆 CIP 数据核字(2010)第 046205 号

中国劳动社会保障出版社出版发行
（北京市惠新东街 1 号　邮政编码：100029）
出 版 人：张梦欣
*
三河市华骏印务包装有限公司印刷装订　新华书店经销
787 毫米×1092 毫米　16 开本　24 印张　550 千字
2010 年 4 月第 1 版　2015 年 1 月第 5 次印刷
定价：41.00 元
读者服务部电话：010-64929211/64921644/84643933
发行部电话：010-64961894
出版社网址：http://www.class.com.cn

全国高职高专环境保护类专业规划教材编委会

刘明华　河北秦皇岛市环境监测站
姜松歧　哈尔滨市固废辐射管理中心
牛树奎　北京林业大学
谷群广　邢台职业技术学院
崔宝秋　锦州师范高等专科学校
丁邦东　扬州工业职业技术学院
展惠英　甘肃联合大学
彭　波　南京化工职业技术学院
王　政　中国环境管理干部学院
关贺群　黑龙江省伊春林业学校
梁贤军　四川化工职业技术学院
郭春明　黑龙江建筑职业技术学院
刘青龙　江西环境工程职业学院
裘建平　金华职业技术学院
雷　颉　南昌理工学院
石碧清　中国环境管理干部学院
颜廷良　江苏盐城技师学院
王中华　泰州职业技术学院
叶兴刚　十堰职业技术学院
郭有才　邢台职业技术学院
段晓莹　邢台财贸学校
焦桂枝　河南城建学院
马永刚　黑龙江生物科技职业学院
吴　琦　哈尔滨工程大学
梁　晶　黑龙江生态工程职业学院
张朝阳　长沙环保职业技术学院
丁可轩　黄河水利职业技术学院
连志东　北京市环境保护局

序　言

环境保护是伴随人类社会经济发展的永恒的主题，我国党和政府一贯高度重视环境保护工作。近年来，随着我国经济建设的快速发展，社会和企业对环境保护应用型人才的需求日益扩大，这给高职高专环境保护专业建设带来了新的机遇和挑战。为了更有力地推动环境保护专业教育的发展和专业人才的培养，加强教材建设这一专业建设的重要基础工作，教育部高等学校高职高专环保与气象类专业教学指导委员会（以下简称“教指委”）与人力资源和社会保障部教材办公室结合各自的领域优势，共同组织编写了“全国高职高专环境保护类专业规划教材”。本套教材包括《环境监测》《水污染控制技术》《大气污染控制技术》《噪声污染控制技术》《固体废物处理与处置》《污水处理厂（站）运行管理》《环境保护概论》《环境管理》《环境生态学基础》《环境影响评价》《环境法实务》《环境工程制图与CAD》《室内环境检测》《环境保护设备及其应用》《环境专业英语》《环境工程微生物技术》《环境工程给水排水技术》等17种。

本套全国规划教材的编写力求满足高职高专环境保护类专业课程体系和课程教学的新发展，立足教学现状，力求创新，在吸收已有教材成果的基础上，将本学科最新的理论、技术和规范纳入教学内容，并与国家最新的相关政策标准、法律法规保持一致。为满足培养应用型人才目标的需要，整套教材加强了职业教育特色，避免大量理论问题的分析和讨论，强调以实际技能和职业需求带动教学任务，技能实训部分采用项目模块化编写模式，提倡工学结合，增加可操作性和工作实践性，为学生今后的职业生涯打下坚实的基础。同时，教材中每章列有学习目标、章后小结和形式多样的复习题，便于学生理清知识脉络、掌握学习重点；丰富的课外阅读材料使学习的学习增加了兴趣，拓宽视野。

在本套教材开发过程中，在教指委的组织指导下，全国20余所高等院校、科研院所近百名专家和老师积极参与了教材的编写和审订工作，在此向他们表示衷心的感谢！

我们相信，本套教材的出版必将为我国高职高专环境保护类专业的发展和教材建设作出重要的贡献。因时间和各因素制约，教材中仍有不足之处，恳请相关领域的专家学者和广大师生提出宝贵的意见。

全国高职高专环境保护类专业规划教材编委会

2009年6月

序　言

[illegible]

全国高职高专环境保护类专业规划教材编委会

2009年6月

前言

环境问题是国民经济发展中备受瞩目的重大问题之一，正在全面深刻地影响着人们的社会生活。随着经济社会和现代工业生产的迅速发展，对环境污染实施有效控制已变得越来越重要和紧迫。在众多的环境问题中，水环境污染和水资源短缺将是今后相当长一段时间内全球最严重的问题之一，影响人类的可持续发展。为了控制和消除各种污染物对水环境所造成的不良影响，需要培养大批既能满足水环境污染治理行业、企业就业岗位职业要求，又具有可持续职业发展潜力，在生产、服务、技术和管理第一线工作的高技能人才。

本书紧密结合水环境污染治理行业、企业岗位高技能人才的实际需求，并结合水污染治理项目的工程特点，比较系统地介绍了水污染控制技术的基础知识、基本方法和污水处理工艺流程，常用污水处理单元设备及构筑物的结构、工作原理、设计计算方法及污水处理设施的运行管理等。在本教材的编写过程中，注意吸收污水处理新工艺、新技术、新材料和新设备的知识，以工程应用为出发点，通过典型的实际工程案例，强化学生的工程意识，以使其具有适应本行业、企业就业需要的基础知识和专业技能。

本书由黑龙江建筑职业技术学院王有志任主编并统稿，南京化工职业技术学院彭波、四川化工职业技术学院梁贤军担任副主编，具体编写工作分工为：王有志（黑龙江建筑职业技术学院）编写第5章、第10章和第2、3章部分内容，谢炜平（深圳职业技术学院）编写第1章，杨丽英（黑龙江建筑职业技术学院）编写第2章部分内容、附录，朱明华（黑龙江生态工程职业学院）编写第4章和第3章部分内容，彭波（南京化工职业技术学院）编写第6章、第11章；梁贤军（四川化工职业技术学院）编写第7章、第12章，王红梅（黑龙江建筑职业技术学院）编写第8章；郭春明（黑龙江建筑职业技术学院）编写第9章。

本书由黑龙江建筑职业技术学院谷峡教授担任主审，提出了许多指导性意见和建议，黑龙江建筑职业技术学院边喜龙教授参加了本书的审定工作，提出了宝贵意见。在此，向二位教授表示诚挚的谢意。

本书在编写过程中，参考并引用了大量文献资料，并邀请行业、企业专家对书稿进行了审阅。在此，谨对参考文献的原作者和对本书提出宝贵意见和建议的行业、企业专家表示衷心的感谢。

由于编者水平有限，书中难免出现错误和纰漏，敬请读者予以批评、指正。

编者

2009年8月

内 容 简 介

本书根据高职高专环境类专业教材的基本要求编写，内容紧密结合水污染治理行业、企业岗位高技能人才的实际需求，突出教材的工程实用性与实践性。

本书共分12章，内容包括：绪论、污水的物理处理、污水的化学处理、污水生物处理概述、活性污泥法、生物膜法、污水的厌氧生物处理、污水的自然生物处理、污泥的处理和处置、污水的物理化学处理、循环冷却水的处理和污水处理厂站设计与运行管理等。

本书为高职高专院校环境类专业国家级规划教材，可作为环境类专业的教学用书，也可作为水污染治理行业、企业及污水处理厂站运营操作和管理岗位技术人员的参考书。

目　录

1 绪论

本章学习目标

1. 了解水资源及其循环过程；
2. 了解污水的来源和水体自净作用；
3. 熟悉水污染控制的基本原则与方法；
4. 熟悉和理解常用的水质指标和污水排放标准。

1.1 水资源

水资源通常指的是陆地上可供生产、生活直接利用的江河、湖沼以及部分储存在地下的淡水资源，它是十分重要而又很特殊的自然资源，是人类赖以生存的基本物质，是人类社会可持续发展的限制因素。

1.1.1 水资源的特征

水在自然界中不停地运动，积极参与着自然环境中一系列物理、化学和生物的作用过程，由此表现出水作为地球上重要自然资源所独有的特征。

1.1.1.1 水资源的循环性

水在太阳的辐射和地球气象因素的作用下，会不断发生气、液、固三种形态的转化，并不断地迁移，使地球上的各种水体不断得到更新和再生，使水资源呈现循环性，不断地供给人类利用和满足生态平衡需要。水的循环分为自然循环和社会循环两种方式。

(1) 水的自然循环

在太阳的辐射作用下，地球上的水体（如海洋、湖泊、河流）以及陆地表面和植物等中大量的水被蒸发和蒸腾而形成水汽，上升到空中成为云，随大气环流迁移，与冷气流相遇，凝为雨雪而降落，称为降水。一部分降水沿地表流动，汇于江河、湖泊；另一部分降水渗于地下，成为土壤水或地下水流，在流动过程中，两种水流不时地相互转化或补给，最后又复归大海。与此同时，一部分水再经过地面和水面蒸发以及植物蒸腾又进入大气层中，这种循环往复的过程就是水的自然循环（见图 1—1）。使水蒸发的基本动力是太阳热能，使云气运动的动力是密度差。自然界水的循环和运动是陆地淡水资源形成、存在和永续利用的基本条件。

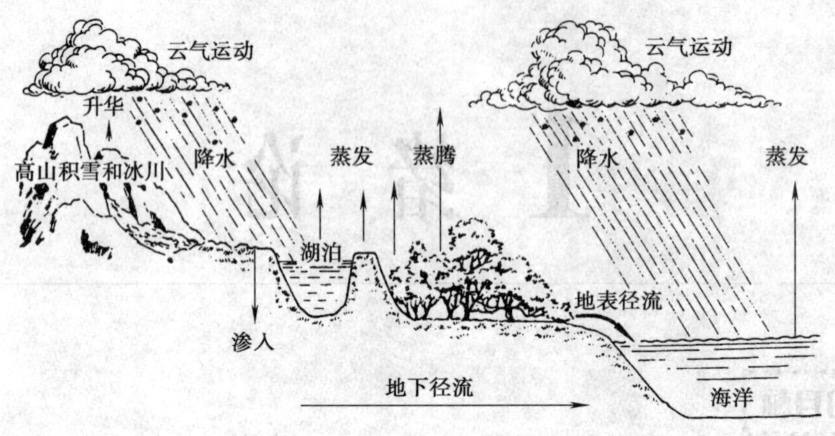

图 1—1　水的自然循环示意图

（2）水的社会循环

水的社会循环是指人类为了满足生活和生产的需求，不断取用天然水体中的水，经过使用，一部分天然水被消耗，但绝大部分却变成生活污水和生产废水排放，重新进入天然水体。

与水的自然循环不同，在水的社会循环中，水的性质在不断地发生变化。例如，在人类的生活用水中，只有很少一部分是用于饮用或食物加工以满足生命对水的需求的，其余大部分水是用于卫生目的，如洗涤、冲厕等。显然，这部分水经过使用会挟入大量污染物质。工业生产用水量很大，除了用一部分水作为工业原料外，大部分是用于冷却、洗涤或其他目的，使用后水质也发生显著变化，其污染程度随工业性质、用水性质及方式等因素而变。在农业生产中，化肥、农药使用量的日益增加，使得降雨后的农田径流会挟带大量化学物质流入地面或地下水体，造成污染。

由此可见，在水的社会循环中，生活污水和工农业生产废水的排放，是形成水体污染的主要根源，也是水污染控制的主要对象。

1.1.1.2　储量的有限性

水资源的循环性和更新再生并不表明水是“取之不尽、用之不竭”的，相反，地球上水资源的储量是十分有限的。世界陆地年径流量约为 470 000 亿 m^3，这可以说是目前可供人类利用的水资源的极限。一旦实际利用量超过可更新的水量，就会面临水资源的匮乏，造成严重的生态问题。

1.1.1.3　时空分布的不均匀性

在自然界中水资源的时空变化是由气候条件、地理条件等因素决定的。各区域所处的地理纬度、大气环流、地形条件的变化决定了该区域的降水量，从而决定了该区域水资源的多少。我国自然条件复杂，气候受季风影响强烈，降雨随东南季风和西南季风的进退而变化，水资源的时空变化非常大。年降水量区域分布极不均匀，总体表现为东南多，西北少；沿海多，内陆少；山区多，平原少。在同一地区中，时间分布的差异性也很大，通常夏季多，冬季少。

1.1.1.4　社会性和商品性

水资源具有多种功能，被广泛地利用于社会的各个领域。既为人类提供生活资料，又为人类的生产活动提供生产资料、能源和交通运输条件。水资源对人类社会的进步和发展起着十分重要的作用，充分体现了水的社会属性。

水具有一般物质难以替代的使用价值，且水资源经供水部门提供给用户后已成为用来交换的产品，因而具有商品的属性。但是，目前我国城市居民用水、工农业用水的价格低廉，没有体现水作为商品的应有价值，是造成水资源浪费和没有得到合理开发利用的主要原因之一。

1.1.2　水资源状况

水资源包括地表水和地下水。地球上的水总储量约为 1.39×10^{18} m^3，储量相当丰富，以不同的形式分布于不同的区域。海洋是地球上最大的储水库，其储水量约占全球总储水量的 96.5%。地球上的总储水量尽管很大，但大部分是海水，由于海水中含有大量的矿物盐类，不能被直接利用。陆地储水中也有咸水，淡水只占全球水储量的 25.3%，其中大部分还分布在两极冰川和雪盖、高山冰川和永久冻土层中，还很难加以利用；可利用的只约占其中的 30.45%，即 1.07×10^{16} m^3。

随着社会的发展，一方面人类生产、生活的用水量不断增加，另一方面未经处理的生产废水、生活污水与废物的任意排放及化肥、农药的不合理施用等造成的水体污染，加剧了可利用水资源的减少，使原本已紧张的水资源更显短缺。据统计，当今全世界有 80 多个国家、约 20 多亿人口面临淡水危机，其中 26 个国家的 3 亿人口生活在缺水环境中。

据统计，进入 2000 年以来的近十年，我国可供利用的淡水资源总量约为 2.8×10^{12} m^3。扣除难以利用的洪水径流和散布在偏远地区的地下水资源后，实际可供利用的淡水资源仅为 1.1×10^{12} m^3。2000—2009 年平均，我国人均淡水资源为 2 160 m^3，扣除不能利用的淡水资源，可供利用的人均淡水资源仅为 900 m^3，而且我国水资源时空分布极不均匀，洪涝灾害频繁，水污染普遍严重，浪费现象也十分严重，这些因素的综合结果是我国可利用水资源日益短缺，已成为世界严重缺水国家之一（见表 1—1）。现在，我全国每年缺水约 400 亿 m^3，其中全国城市年缺水量为 60 亿 m^3。655 个城市中，已有 400 多个存在不同程度地缺水，其中又有 110 个城市严重缺水。农业平均每年因旱成灾面积约 2.3 亿亩左右。而随着工业化、城市化的快速推进，人口的不断增加，城市的缺水问题将越来越严重。

表 1—1　水资源紧缺指标

紧缺性	人均水资源量（m^3/年）	主要问题
轻度缺水	1 700～3 000	局部地区、个别时段出现水问题
中度缺水	1 000～1 700	将出现周期性和规律性用水紧张
重度缺水	500～1 000	将经受持续性缺水，经济发展受到损失，人体健康受影响
极度缺水	<500	将经受极其严重的缺水，需要调水

如图 1—2 所示，目前，我国已有 16 个省（区、市）人均水资源量低于重度缺水线。其中宁夏、河北、山东、河南、山西、江苏 6 省区及天津、上海、北京的人均水资源量低于 500 m^3，为极度缺水地区。

水污染主要是由工业废水、生活污水排放和其他面源污染造成的。而随着工业化、城镇化的加速推进，我国水体污染矛盾日益凸显。全国七大水系水质总体为中度污染。湖泊（水库）富营养化问题突出。地下水污染形势正在逐渐加剧。

综上所述，水资源短缺、水污染严重和水环境恶化已经成为当前制约我国经济和社会可持续发展的突出问题。水是人类赖以生存和发展的最基本的物质之一。因此，破解水的难题，对于中华民族的生存和发展已经刻不容缓。

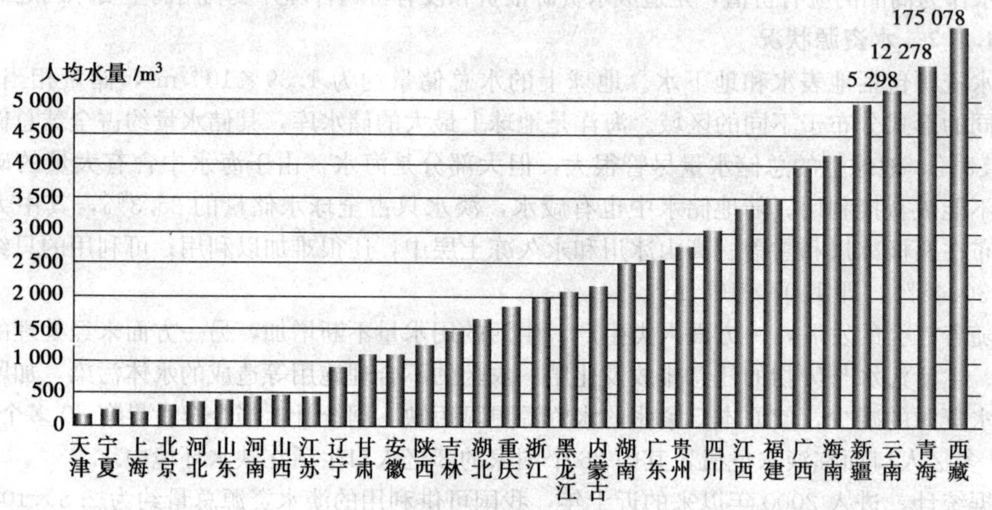

图 1—2　我国各地区（香港、澳门、台湾暂未列入）人均水量

1.1.3　天然水中的杂质

水在自然界循环过程中，会混入各种各样的杂质，其中包括地球上各种化学过程和生命过程的产物，如岩石风化而形成的砂、易溶于水的盐类、动植物残骸和微生物等有机体腐败分解而产生的腐殖质，也包括人类在生产生活过程中所形成的各种废物，如生活污水所含有的大量微生物和废有机物，工业废水中的各种生产废料、残渣和原料等。

这些杂质特别是生活污水和工业废水中所含的杂质进入天然水体，都导致各种污染，甚至完全改变天然水体原有的物质平衡状态，破坏人类周围的自然环境，给人类社会的生活和生产带来恶劣的影响。

水中的各种杂质按其存在形态，通常分为溶解物、胶体颗粒和悬浮物三类。一般说来，地面水较混浊，细菌较多，硬度较低。地下水则较清，细菌较少，而深层井水，细菌更少，但硬度较高。天然水中的杂质见表 1—2。

表 1—2 天然水中的杂质

<table>
<tr><td>悬浮物质及胶体物质</td><td colspan="3">细菌——致病的和对人体无害的
藻类及原生动物——臭味、色度和混浊度
泥沙、黏土——混浊度
胶溶物——如硅酸胶体等
高分子化合物胶体——如腐殖质胶体等
其他不溶性物质</td></tr>
<tr><td rowspan="5">溶解物质</td><td rowspan="3">盐类</td><td>钙镁</td><td>重碳酸盐——碱度、硬度
碳酸盐——碱度、硬度
硫酸盐——硬度
氯化物——硬度、腐蚀锅炉</td></tr>
<tr><td>钠</td><td>重碳酸钠盐——碱度、有软水作用
碳酸钠盐——碱度、有软水作用
硫酸钠盐——锅炉内汽水共腾
氟化钠物——致病
氯化钠物——味</td></tr>
<tr><td colspan="2">铁盐、锰盐——味、色、硬度、腐蚀金属</td></tr>
<tr><td>气体</td><td colspan="2">氧——腐蚀金属
二氧化碳——腐蚀金属、酸度
硫化氢——臭味、腐蚀金属、酸度
氮</td></tr>
<tr><td colspan="3">其他溶解性物质</td></tr>
</table>

1.2 水体污染与水体自净作用

1.2.1 水体污染

水体污染是指排入天然水体的污染物，在数量上超过了该物质在水体中的本底含量和水体环境容量，从而导致水体的物理特征和化学特征发生不良变化，破坏了水中固有的生态系统，破坏了水体的功能及其在经济发展和人民生活中的作用。为了确保人类生存的可持续发展，人们在利用水的同时，必须有效地防治水体的污染。

1.2.1.1 水体污染源与污染类型

（1）水体污染源

向水体排放污染物的场所、设备、装置和途径统称为水体的污染源。造成水体污染的因素是多方面的，具体归纳为以下几个方面。

1）工业污染源。工业污染源是向水体排放工业废水的工业场所、设备、装置或途径。在工业生产过程中要消耗大量的新鲜水，排放大量废水，其水量和性质随生产过程而异，通常分为工艺废水、设备冷却水、原料或成品洗涤水、生产设备和场地冲洗水等废水。废水中常含有生产原料、中间产物、产品和其他杂质等。不同工业企业排放废水的性质差异很大。由于所用原辅材料、工艺路线、设备条件、操作管理水平的差异，即使是生产同一产品的同类型工厂，所排放的工业废水水量和水质也不会相同。因此，工业废水具有污染面广、排放量大、成分复杂、毒性大、不易净化和难处理等特点。

2）生活污染源。生活污染源主要是向水体排放生活污水的家庭、商业、机关、学校、服务业和其他城市公用设施。生活污水包括厨房洗涤水、洗衣机排水、沐浴、厕所冲洗水及其他排水等。生活污水中含有大量有机物质，含有氮、磷、硫等无机盐类，含有多种微生物和病原体。随着工业化的不断发展和人们生活水平的日益提高，生活污水的水量和污染物含量将相应增加，水质日趋复杂。

3）其他污染源。随大气扩散的有毒物质通过重力沉降或降水过程而进入水体，其他污染物被雨水冲刷随地面径流而进入水体等，均会造成水体污染。

（2）水体污染类型

水体污染类型较多，主要分为以下几类。

1）有机耗氧物质污染。生活污水和一部分工业废水，如食品工业、造纸工业废水等，含有大量的碳水化合物、蛋白质、脂肪和木质素等有机污染物。这类物质排入水体，可以通过微生物的生化作用而分解，在此过程中需要消耗水体中的溶解氧，因而被称为耗氧污染物。大量的耗氧有机物进入水体，势必导致水体中溶解氧急剧下降，因而影响鱼类和其他水生生物的正常生活。严重的还会引起水体变黑、发臭，鱼类大量死亡。

2）植物营养物质污染。生活污水和某些工业废水，如皮革、食品、炼油、合成洗涤剂等工业产生的废水以及施用磷肥、氮肥的农田水，含有氮、磷等植物营养物质，这类污水大量地排入水体，会使水体植物营养物质增多，引起藻类及其他浮游生物异常繁殖，分泌生物毒素，并消耗水中的溶解氧，引起鱼贝类中毒死亡，并能通过食物链，危害人体健康。

3）石油污染。石油污染多发生在海洋中，主要来自油船的事故泄漏、海底采油、油船压舱水以及陆上炼油厂和石油化工废水。进入海洋的石油在水面形成一层油膜，影响氧气扩散进入水体，因而对海洋生物的生长产生不良影响，降低水体自净能力。石油污染使鱼虾类产生石油臭味，降低海产品的食用价值。石油污染破坏优美的海滨风景，降低了作为疗养、旅游地的使用价值。

4）有毒化学物质污染。主要是重金属、氰化物和难降解的有机污染物，它们大都来自矿山、冶炼废水等。有毒污染物的种类已达数百种之多，其中包括重金属无机毒物如 Hg、Cd、Cr、Pb、Ni、Co、Ba 等；人工合成高分子有机化合物如多氯联苯、芳香胺等。它们都不易消除，富集在生物体中，通过食物链，危害人类健康。

5）酸、碱、盐污染。生活污水、工矿废水、化工废水、废渣和海水倒灌等都能产生酸、碱、盐的污染，使水体水含盐量增加，影响水质。

6）热污染。工矿企业、发电厂等向水体排放高温废水，使水体温度增高，影响水生生物的生存和水资源的利用。温度增高，使水体中氧的溶解减少，并且加速耗氧反应，最终导致水体缺氧和水质恶化。

7）放射性污染。水体中放射性物质主要来源于铀矿开采、选矿、冶炼，核电站及核试验以及放射性同位素的应用等。从长远来看，放射性污染是人类所面临的重大潜在威胁之一。

8）病原体污染。生活污水，医院污水，肉类加工厂、畜禽养殖场、生物制品厂污水等，常含有病原体，如病毒、病菌和病原虫。这类污水如不经过适当的净化处理和消毒，流入水体后，即会通过各种渠道，引起痢疾、伤寒、传染性肝炎及血吸虫病等。

1.2.2 水体自净作用

1.2.2.1 水体及水体自净

水体是指地表被水覆盖的自然综合体。水体不仅包括水而且也包括水中的悬浮物、底泥和水中生物等。

污染物随污水排入水体后，经过物理的、化学的和生物化学的作用，使污染物质的浓度随着时间的推移，在流动的过程中自然降低或总量减少，受污染的水体部分地或完全地恢复原状，这种现象称为水体自净。水体所具有的这种能力称为水体自净能力或水体环境容量。水体的自净能力是非常有限的，若污染物的数量超过水体的自净能力，就会导致水体污染。

水体自净过程是十分复杂的，从净化机理来看，可分为物理净化作用、化学净化作用和生物化学净化作用。物理净化是指进入水体的污染物质通过稀释、混合、沉淀和挥发，使浓度降低，但总量不减；化学净化是指污染物通过氧化、还原、中和、分解等过程，使其存在的形态和浓度发生变化，但总量不减；生物化学净化是污染物通过水生生物特别是微生物的生命活动，使其存在形态发生变化，有机物无机化，有害物无害化，浓度降低，总量减少。由此可见，生物化学净化作用是水体自净的主要原因。

1.2.2.2 水体自净过程

水体自净过程十分复杂，受许多因素所制约。水体的自净作用是物理、化学和生物化学三种净化过程综合作用的结果。现对每种净化过程作简要介绍。

(1) 物理净化过程

物理净化过程是指污水排入水体后，由于稀释、混合、沉淀等作用而使污染物浓度降低的过程。

稀释是一个重要的物理净化过程，污染物浓度高的水团被浓度低的水团所冲稀，或者不同组成的水团进行互相混合，都能有效地降低污染物浓度。

稀释效果受对流和扩散作用影响，混合作用与温度、水团流量和扰动情况有关。通过沉淀过程可降低水中不溶性悬浮物浓度，由于同时发生的吸附作用，还能消除部分可溶性污染物。

(2) 化学净化过程

化学净化过程是指由于氧化、还原、中和、分解等作用而使水体污染物质浓度降低的过程。

氧化还原是水体化学净化的主要过程，水体中的溶解氧可与某些污染物发生氧化反应。如铁、锰等重金属离子可在被氧化后形成难溶性氢氧化物而沉淀。硫离子可被氧化成硫酸根。还原反应则多在微生物的作用下进行。

水体中存在的地表矿物质（如石灰石、白云石、硅石）以及游离二氧化碳、碳酸系碱度等，对排入的酸、碱有一定的缓冲能力，使水体的 pH 维持稳定。当排入水体的酸、碱量超过缓冲能力后，水体的 pH 就会发生变化。若变成偏碱性水体，砷、硒和六价铬等污染元素容易随水迁移，若变成偏酸性水体，则磷、铜、锌和三价铬等污染元素容易迁移。

(3) 生物化学净化过程

生物化学净化过程是指由于水中生物活动，特别是水中微生物对有机物的氧化分解作用而引起的污染物质浓度降低的过程。

在水体中存在着种类繁多的水生生物，小到肉眼看不见的微生物，如细菌放线菌和真菌等，大到鱼类。当水体受到污染时，水生生物在适应变化的同时，也客观地改变着水体污染所造成的局面。

当排入水体的污染物数量有限时，微生物能够将其中的有机物转变为无机物，分解出的氮、磷等无机物是水生植物的营养源，使水生植物得以大量繁殖，而藻类等水生植物又被水生动物所吞食。这一系列的水生生物活动，使一些污染物浓度降低，起到了净化作用。另外微生物也起着催化化学反应和吸附、絮凝有机物质的作用。

实际上，上述几种净化过程是交织在一起的。例如，当一定量的污水排入河流时，在河流中首先混合和稀释，比水重的颗粒逐渐沉降在河床上，易氧化的物质被水中的溶解氧氧化。大部分有机物则由微生物通过代谢氧化分解为无机物，所消耗的溶解氧由河流表面在流动过程中不断地从大气中获得，并随浮游生物光合作用所放出的氧气而得到补充，生成的无机营养物质则被水生植物所吸收。这样，河水流经一段距离以后，就能得到一定程度的净化。

图 1—3 是接纳了大量生活污水的河流水体中 BOD（BOD 代表水中可生物降解的有机污染物浓度）和溶解氧（DO）变化曲线模式图。污水集中在河流的 0 点排放，排放前河水中的溶解氧含量接近于饱和（8 mg/L），BOD 值处于正常状态（低于 4 mg/L）。污水排放后，立即与河水混合，在 0 点处 BOD 值急剧上升，高达 20 mg/L，随着河水向下流动，有机污染物被分解，BOD 值逐渐减低，约经 7.5 d 后，又恢复到原来状态；河水中的溶解氧消耗于有机物的降解，从污水排入的第一天开始，含量即低于地面水最低允许含量 4 mg/L，在流下的 2.5 d 处，降至最低，但在流下 4 d 前，溶解氧都低于地面水最低允许含量（涂黑部分），此后逐渐回升，在流下约 7.5 d 后，又恢复到原有状态。

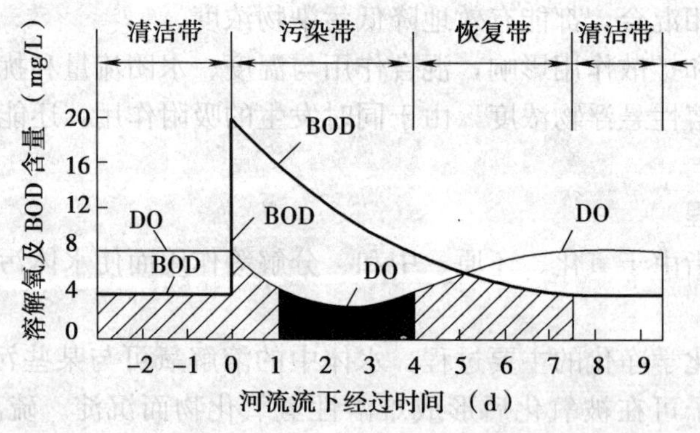

图 1—3 溶解氧与 BOD 变化曲线

根据溶解氧与 BOD 的变化曲线，可将河流划分为 4 个连续的河段（带），即未污染前的清洁带、污染后的污染带、恢复带和恢复后的清洁带。

在污染河段中，有两种作用影响着水中的溶解氧含量，一种是有机污染物的分解作用消耗水体中的溶解氧，简称耗氧作用；另一种作用使水中溶解氧得到恢复，如空气中的氧溶解于水、水生生物光合作用释放出氧等。空气中的氧溶于水中的作用称为水面复氧作用。耗氧作用与复氧作用决定水中溶解氧的实际含量。

在溶解氧降低到最低点的区域，对溶解氧要求较高的生物便发生窒息，或者逃离本区域转移到溶解氧含量较高的区域。

1.3 水质指标与水质标准

1.3.1 污水的水质指标

水质是指水与水中杂质共同表现的综合特征。水中杂质具体衡量的尺度称为水质指标。污水和受纳水体的物理、化学和生物等方面的特征是用水质指标来表示的。水质指标是水体进行监测、评价、利用和污染治理的依据，也是控制污水处理设施运行状态的依据。水质指标可分为物理性指标、化学性指标和生物性指标。

1.3.1.1 污水的物理性指标

表征污水的物理性质的主要指标包括水温、色度、臭味和固体物质含量等。

(1) 水温

水温是污水水质的重要物理指标之一。污水的水温与其物理、化学性质和生物性质密切相关。水中溶解性气体（如氧、二氧化碳等）的溶解度，水中生物和微生物活动，非离子氨、盐类、pH 值以及其他溶质都受水温变化的影响。

污水的水温过低（如低于 5℃）或过高（如高于 40℃）都会影响污水的生物化学处理效果。

(2) 色度

生活污水通常呈灰色。当污水中的溶解氧降低至零，污水中所含有的有机物产生腐败现象，则污水呈黑褐色并有臭味。工业废水的色度则视企业的性质而异，如纺织、印染、造纸、食品、有机合成工业的废水中，常含有大量的染料、生物色素和有色悬浮微粒等，因此常是使水体着色的主要污染源。有色废水常给人以不愉快感，排入环境后又使天然水体着色，减弱水体的透光性，影响水生生物的生长。

水的颜色用色度作为指标。色度可由悬浮固体、胶体或溶解物质形成。

(3) 臭味

生活污水的臭味主要由有机物腐败产生的气体造成。工业废水的臭味主要由挥发性化合物造成。

臭味造成会感观不悦，甚至会危及人体生理，导致呼吸困难、胸闷、呕吐等。

(4) 固体物质含量

固体物质按存在形态不同可分为悬浮的、胶体的和溶解的三种。固体物质含量用总固体量（英文缩写为 TS）作为指标。把一定量水样在 105～110℃干燥箱中烘干至恒重，所得的质量即为总固体量。

悬浮固体（SS）或称悬浮物。把水样用滤纸过滤后，在 105～110℃干燥箱中烘干至恒重，所得的质量称为悬浮固体量；滤液中存在的固体物质即为胶体和溶解固体。

悬浮固体通常由有机物和无机物组成，所以又分为挥发性悬浮固体（VSS）和非挥发性悬浮固体（NVSS）。把悬浮固体在 600℃马福炉中灼烧，所失去的质量称为挥发性悬浮固体量；残留的质量为非挥发性悬浮固体量。在生活污水中，前者约占 70%，后者约占 30%。

悬浮固体可影响水体的透明度，降低水中藻类的光合作用强度，限制水生生物的正常运动，减缓水底活性，导致水体底部缺氧，使水体同化能力降低。

1.3.1.2　污水的化学性指标

污水中的污染物质，按化学性质可分为无机污染物和有机污染物。

（1）无机污染物及其指标

无机污染物指标包括酸碱度，氮、磷、无机盐类和重金属离子含量等。

1）酸碱度。酸碱度用 pH 值表示，在数值上等于氢离子浓度的负对数。pH 值不仅与水中溶解物质的溶解度、化学形态、特性等有密切关系，而且对水中生物的生命活动有着重要影响。

天然水体的 pH 值多在 6～9 范围内。当 pH 值范围超出 6～9 时，会对人、畜造成危害，特别是 pH 值低于 6 的酸性废水，对排水管渠、污水处理构筑物及设备产生腐蚀作用。因此，pH 值是污水化学性质的重要指标。

2）氮、磷。氮、磷是植物的重要营养物质，是在污水生物处理过程中，微生物所必需的营养物质，同时也是使湖泊、水库、海湾等缓流水体诱发富营养化的主要物质。

①氮及其化合物。污水中的含氮化合物通常处于有机氮、氨氮、亚硝酸氮和硝酸氮 4 种形态。这 4 种形态的含氮化合物的含量均可作为污水的水质指标，它们的总量称为总氮（TN）。

有机氮在微生物的作用下，能够依次地形成其他 3 种形态，这 3 种形态分别代表有机氮转化为无机物的各个不同阶段。

氨氮在污水中的存在有游离氨（NH_3）和铵离子（NH_4^+）两种形式。氨氮等于二者之和。氨氮不但向微生物提供营养，而且对污水的 pH 值起着缓冲作用。

② 磷及其化合物。污水中磷几乎都以各种磷酸盐的形式存在，它们分为正磷酸盐、焦磷酸盐、偏磷酸盐、多磷酸盐和有机结合的磷（如磷脂等），化肥、冶炼、合成洗涤剂等行业的工业废水及生活污水中常含有较大量磷。磷是生物生长必需的元素之一，但水体中磷含量过高（如超过 0.2 mg/L），可造成水体的富营养化，使湖泊、河流透明度降低，水质变坏。磷含量是评价水质的重要指标。

3）硫酸盐与硫化物。污水中的硫酸盐通过硫酸根 SO_4^{2-} 表示。在缺氧的条件下，由于硫酸盐还原菌、反硫化菌的作用，SO_4^{2-} 被脱硫、还原成 H_2S。在排水管道内，H_2S 在噬硫细菌的作用下，形成 H_2SO_4，对管壁具有严重的腐蚀作用。在污水生物处理过程中，SO_4^{2-} 允许浓度为 1 500 mg/L。

硫化物在污水中的存在形式有硫化氢（H_2S）、硫氢化物（HS^-）和硫离子（S^{2-}）。硫化物属于还原性物质，消耗污水中的溶解氧，并能与重金属离子反应，生成金属硫化物的沉淀。

4）氯化物。生活污水和工业废水中均含有相当数量的氯化物。当氯化物含量高时，对

机物量。因此根据 BOD_5/COD_{Cr} 的比值大小，可以推测污水是否适宜于采用生化技术进行处理。BOD_5/COD_{Cr} 的比值称为污水的可生化性指标，比值越大，越适宜于采用生物处理技术。

3）总需氧量（TOD）。总需氧量（TOD）是指有机物中的 C、H、N、S 等组成元素被氧化成为稳定的氧化物时所消耗的氧量，单位为 mg/L。

TOD 用总需氧量分析仪进行测定。将一定量的水样，在含有一定浓度氧气的氮气载带下，自动注入内填铂催化剂的高温石英燃烧管，在 900℃高温下瞬间燃烧，使水样中的有机物燃烧氧化，由于氧被消耗，供燃烧用的气体中氧的浓度降低，经氧燃料电池测定气体载体中氧的降低量，测得结果在记录仪上以波峰形式显示，TOD 值即根据试样波峰的高度求出。

由于高温下燃烧，有机物可被彻底氧化，所以，TOD＞COD。

4）总有机碳（TOC）。总有机碳（TOC）是以碳的含量表示水体中有机物质总量的综合指标，单位为 mg/L。由于 TOC 的测定采用燃烧法，因此能将有机物全部氧化，它比 BOD 或 COD 更能直接表示有机物的总量。因此，常常被用来评价水体中有机物污染的程度。

近年来，国内外已研制出各种类型的 TOC 分析仪。其中燃烧氧化—非分散红外吸收法流程简单、重现性好、灵敏度高，只需一次性转化。因此，这种 TOC 分析仪被广泛应用。

TOD 和 TOC 的测定原理相同，但有机物数量的表示方法不同，前者用消耗的氧量表示，后者用含碳量表示。

水质比较稳定的污水，BOD_5、COD、TOD 和 TOC 之间，有一定的关系，其数值大小排序为：TOD＞COD_{Cr}＞BOD_5＞TOC。

生活污水的 BOD_5/COD_{Cr} 值约为 0.4～0.65，BOD_5/TOC 值约为 1.0～1.6。工业废水的 BOD_5/COD 值，决定于工业性质，变化极大，如果该比值大于 0.3，被认为可采用生化处理法；小于 0.25 不宜采用生化处理法；小于 0.3 难于进行生化处理，必须采取提高污水可生化性的措施。

1.3.1.3 污水的生物性指标

污水中的微生物以细菌和病毒为主。生活污水、食品工业污水、制革污水、医院污水等含有肠道病原菌、寄生虫卵、炭疽杆菌和病毒等。因此，了解污水的生物性质具有重要意义。

污水生物性质的检测指标一般为：总大肠菌群数、细菌总数和病毒等。

（1）总大肠菌群数

总大肠菌群数（MPN）是以在 100 mL 水样中可能存活着大肠菌群的总数表示。大肠菌本身虽非致病菌，但由于大肠菌与肠道病原菌都存活于人类的肠道内，在外界环境中生存条件相似，而且大肠菌的数量多，检测比较容易，因此常采用总大肠菌群数作为卫生学指标。水中存在大肠菌，就表明该污水受到粪便污染，并可能存在着病原菌。

（2）细菌总数

细菌总数是以 1 mL 水样中的细菌菌落总数表示，是大肠菌群数、病原菌、病毒及其他腐生细菌的总和。细菌总数越多，表示病原菌和病毒存在的可能性越大。

（3）病毒

污水中已被检出的病毒有 100 余种。检出大肠菌，可表明肠道病原菌存在，但不能表明是否存在病毒和炭疽杆菌等其他病原菌，因此还需检测病毒指标。

综上所述，用总大肠菌群数、细菌总数和病毒等卫生学指标来评价污水受生物污染的程度比较全面。

1.3.2 水质标准

水资源保护和水体污染控制要从两方面着手：一方面制定水体的环境质量标准，保证水体质量和水域使用目的；另一方面要制定污水排放标准，对必须排放的工业废水和生活污水等进行必要而适当的处理。水质标准是对水质指标作出的定量规范，包括国务院各主管部委、局颁布的国家标准以及省、市一级颁布的地方标准等。具体可以归纳为水域水质标准和排水水质标准两大类。

1.3.2.1 水域水质标准

水域水质标准是依据人类对水体的使用目的和保护目标而制定的。对水体的使用目的有饮用水、公共给水、工业用水、农业用水、渔业用水、游览、航运和和水上运动等方面。

最基本的水质标准是《地表水环境质量标准》（GB 3838—2002），由国家环保总局颁布。该标准中规定，依照地表水水域环境功能和保护目标，我国地表水分五大类：

Ⅰ类——主要适用于源头水、国家自然保护区；

Ⅱ类——主要适用于集中式生活饮用水、地表水源地一级保护区，珍稀水生生物栖息地，鱼虾类产卵场，仔稚幼鱼的索饵场等；

Ⅲ类——主要适用于集中式生活饮用水、地表水源地二级保护区，鱼虾类越冬、洄游通道，水产养殖区等渔业水域及游泳区；

Ⅳ类——主要适用于一般工业用水区及人体非直接接触的娱乐用水区；

Ⅴ类——主要适用于农业用水区及一般景观要求水域。

我国已颁布水质标准还有《海水水质标准》（GB 3097—1997）、《渔业水质标准》（GB 11607—1989）、《农田灌溉水质标准》（GB 5084—2005）等。

为贯彻我国水污染防治和水资源开发方针，做好城市节约用水工作，合理利用水资源，实现城市污水资源化，减轻污水对环境的污染，促进城市建设和经济建设可持续发展，还制定了《城市污水再生利用》系列标准等。

1.3.2.2 排水水质标准

为贯彻《中华人民共和国环境保护法》、《中华人民共和国水污染防治法》和《中华人民共和国海洋环境保护法》，控制水污染，保护江河、湖泊、运河、渠道、水库和海洋等地面水以及地下水水质的良好状态，保障人体健康，维护生态平衡，促进国民经济和城乡建设的发展，国家环保总局制定了《污水综合排放标准》（GB 8978—1996）。该标准按照污水排放去向，分年限规定了 69 种水污染物最高允许排放浓度及部分行业最高允许排水量，适用于现有单位水污染物的排放管理，以及建设项目的环境影响评价、建设项目环境保护设施设计、竣工验收及其投产后的排放管理。另外，为使环境恶化的趋势得到基本控制，国家环保总局还制定了“一控双达标”政策：“一控”——对主要污染物进行总量控制；“双达标”——重点企业、工业企业污染源处理达标，城市的地面水和空气质量实现按功能区达标。

按照国家综合排放标准与国家行业排放标准不交叉执行的原则，造纸工业、船舶工业、海洋石油开发工业、纺织染整工业、肉类加工工业、合成氨工业、钢铁工业、航天推进剂使用、兵器工业、磷肥工业、烧碱聚氯乙烯工业所排放的污水执行相应的国家行业标准，其他一切排放污水的单位均执行污水综合排放标准。

《污水综合排放标准》(GB 8978—1996) 中规定了污水排入地面水水域的水质要求，并根据污水的排放去向和受纳水域的功能要求将标准分为三级。排入 GB 3838 中Ⅲ类水域(划定的保护区和游泳区除外) 和排入 GB 3097 中二类海域的污水，执行一级标准；排入 GB 3838 中Ⅳ、Ⅴ类水域和排入 GB 3097 中三类海域的污水，执行二级标准；排入设置二级污水处理厂的城镇排水系统的污水，执行三级标准；排入未设置二级污水处理厂的城镇排水系统的污水，必须根据排水系统出水受纳水域的功能要求，分别执行相应的的规定。GB 3838 中Ⅰ、Ⅱ类水域和Ⅲ类水域中划定的保护区，GB 3097 中一类海域，禁止新建排污口，现有排污口应按水体功能要求，实行污染物总量控制，以保证受纳水体水质符合规定用途的水质标准。

《污水综合排放标准》(GB 8978—1996) 将排放的污染物按其性质及控制方式分为二类。第一类污染物，不分行业和污水排放方式，也不分受纳水体的功能类别，一律在车间或车间处理设施排放口采样，其最高允许排放浓度必须达到 GB 8978 要求。第二类污染物，在排污单位排放口采样，其最高允许排放浓度必须达到 GB 8978 要求。标准按年限规定了第一类污染物和第二类污染物最高允许排放浓度及部分行业最高允许排水量。

为促进城镇污水处理厂的建设和管理，加强城镇污水处理厂污染物的排放控制和污水资源化利用，结合我国《城市污水处理及污染防治技术政策》，国家环境保护总局和国家质量监督检验检疫总局制定和颁布了《城镇污水处理厂污染物排放标准》(GB 18918—2002)。该标准分年限规定了城镇污水处理厂出水、废气和污泥中污染物的控制项目和标准值，排入城镇污水处理厂的工业废水和医院污水，应达到 GB 8978《污水综合排放标准》，相关行业的国家排放标准、地方排放标准的相应规定限值及地方总量控制的要求。

为加强对医疗机构污水，污水处理站废气、污泥排放的控制和管理，预防和控制传染病的发生和流行，国家环境保护总局和国家质量监督检验检疫总局还制定和颁布了《医疗机构水污染物排放标准》(GB 18466—2005)。标准中规定了医疗机构污水及污水处理站产生的废气和污泥的污染物控制项目及其排放限值、处理工艺与消毒要求、取样与监测和标准的实施与监督等。

水质标准不仅是环境保护部门监督管理立法的依据，也为水体水质的评价提供了依据。随着国民经济的发展和人民生活水平的不断提高以及科学技术的进步，各种用水对水质要求会不断提高，对排放污水中有害物质的含量也更加严格，因而需要对标准执行过程中发现的问题加以总结，并进行适时的修正，以适应社会发展的需求。

水质标准详见本书附录及其他有关标准。

1.4 水污染控制的基本原则与方法

1.4.1 基本原则

在我国的污水排放总量中，工业废水排放量约占 60%。水体中绝大多数有毒有害物质来源于工业废水，工业废水大量排放是造成水环境状况日趋恶化、水体使用功能下降的重要原因。我国江河流域普遍遭到污染，且呈发展趋势。监测表明，有 63.8% 的城市河段受到中度或严重污染。根据对118个大城市的跟踪调查，97.5%的城市浅层地下水受到不同程度的污染，其中40%的城市受到重度污染，加剧了水资源的紧张状况。因此，工业废水污染的防治是水污染防治的首要任务。国内外工业废水污染防治的经验表明，工业废水污染的防治必须采取综合性对策，从宏观性控制、技术性控制以及管理性控制三个方面着手，才能取得良好的防治效果。

1.4.1.1 宏观性控制对策

控制污染物排放增量，调整优化产业结构与工业结构，大力发展高技术产业，坚持走新型工业化道路，合理进行工业布局，促进传统产业升级，提高高技术产业在工业中的比重。工业结构的调整与优化应按照“物耗少、能耗低、占地少、技术密集程度高及附加值高”的原则，限制发展那些能耗高、用水多、污染大的工业，以降低单位工业产品或产值的排水量及污染物排放负荷。

在产业规划和工业发展中，贯穿可持续发展的指导思想，控制高耗能、高污染行业过快增长，加快淘汰落后生产能力，完善促进产业结构调整的政策措施，使产业结构调整与环境保护相协调。坚持节约发展、清洁发展、安全发展，以实现经济又好又快发展。建设资源节约型、环境友好型社会主义和谐社会。

1.4.1.2 技术性控制对策

技术性控制对策主要包括：推行清洁生产、节水减污、实行污染物排放总量控制、加强工业废水处理等。

(1) 全面推行清洁生产

清洁生产是通过生产工艺的改进和改革、原料的改变、循环利用以及操作管理的强化等措施，将污染物尽可能地消灭在生产过程之中，使资源循环利用，使污水排放量减到最少。在工业企业内部加强技术改造，全面推行工业清洁生产，推进资源综合利用，加快淘汰落后的生产能力、工艺、技术和设备，是防治水污染最重要的对策与措施。通过推进工业的清洁生产，使工业用水量降低，这不仅可以节约水资源，而且可使城市污水排放量相应减少，大大削减污染负荷。

(2) 提高工业用水重复利用率

减少工业用水量不仅意味着可以减少排污量，而且可以减少工业新鲜用水量。因此，发展节水型工业不仅可以节约水资源，缓解水资源短缺和经济发展的矛盾，同时对于减少水污染和保护水环境具有十分重要的意义。

目前，我国工业用水重复利用率仅有40%，远低于发达国家75%～85%的水平。生产1 t钢，我国耗水量为23～56 m^3，而美国、日本只需6 m^3；生产1 t吨纸，我国耗水450 m^3，而美国、日本只需不到200 m^3。我国万元工业产值耗水量达130～150 m^3，而发达国家只用10 m^3。如果工业用水重复利用率提高到60%，全国工业可节水几百亿立方米，相当于工业取水量的42%。因此，要借鉴国外先进经验，调整产业结构，大力采用先进节水技术、工艺和设备，增加循环用水次数，提高水的重复利用率，节约水资源。随着国家经济实力的增长，通过产业结构的调整，用水效率的提高，节水尚有较大潜力。

工业用水的重复利用率是衡量工业节水程度高低的重要指标。提高工业用水的重复用水率及循环用水率是一项十分有效的节水措施。根据国外先进水平及国内实际状况，淘汰落后的、耗水量高的工艺、设备以及产品，规定各种行业的水重复利用率的合理范围，可以促进提高水的重复利用和循环利用水平。

（3）实行水污染物排放总量控制制度

长期以来，我国环境管理主要采取水污染物排放浓度控制，排放的水污染物浓度达标即视为合法。近年来，国家适当提高了主要污染物排放浓度标准，但由于受技术经济条件的限制，单靠控制浓度达标，无法有效遏制环境污染加剧的趋势，因此必须对污染物排放总量进行控制。

水污染物排放总量控制制度，是指在特定的时期内，综合经济、技术、社会等条件，采取通过向排污源分配水污染物排放量的形式，将一定空间范围内排污源产生的水污染物的数量控制在水环境容许限度内而实行的污染控制方式及其管理规范的总称。这种控制方法是针对水污染物浓度控制存在的缺陷，在污染源密集无法保证水环境质量的控制和改善的情况下提出来的，它比浓度控制方法更能满足环境质量的要求，对水污染的综合防治、协调经济与环境的持续发展具有积极、有效的作用。

实施总量控制的途径是对有排污量削减任务的企业实行重点污染物排放量的核定制度。也就是说，对这些企业要按照总量控制的要求分配排污量，超过所分配的排污量的，要限期削减，其排污量的多少，要依照国务院的规定进行核定。实施水污染物排放总量控制是中国环境管理制度的重大转变，将对防治水污染起到积极的促进作用。

（4）推行工业废水与生活污水综合集中处理措施，建设城市污水处理厂

在建有城市污水集中处理设施的城市，应尽可能地将工业废水排入城市排水系统，进入城市污水处理场与生活污水合并处理。但工业废水的水质必须满足进入城市排水系统的水质标准。对于不能满足标准的工业废水，应在工厂内部先进行适当的局部处理，使水质达到标准后，再行排入城市排水系统。实践充分表明，在城市污水处理场集中处理工业废水与生活污水，除能够取得良好的处理效果外，还能够节省建设投资和运行管理费用，是能够使处理效果和经济效益双赢的措施。

1.4.1.3 管理性控制对策

管理性控制对策主要包括：进一步完善污水排放标准和相关的水污染控制法规和条例，加大执法力度，严格限制污水的超标排放；规范各单位的污染物排放口，对各排放口和受纳水体进行在线监测，逐步建立完善城市和工业排污监测网络和数据库，建立科学有效的监督和管理机制。

1.4.2 污水处理技术

污水处理的基本方法是采用各种技术措施将污水中含有的处于各种形态的污染物质分离出来加以回收利用，或将其分解、转化为无害的稳定的物质，从而使污水得到净化。

1.4.2.1 污水处理技术分类

污水处理技术，按其作用原理可分为物理处理法、化学处理法、物理化学处理法和生物化学处理法 4 种类型。

（1）物理处理法

通过物理作用，分离、回收污水中不溶解的呈悬浮状态的污染物质（包括油膜和油珠）。主要方法有筛滤、沉淀、上浮、离心分离、过滤等。

(2) 化学处理法

通过化学反应，分离去除污水中处于溶解、悬浮或胶体状态的污染物质。主要方法有中和、氧化还原、化学沉淀、电解等。

(3) 物理化学处理法

通过物理化学作用去除污水中的污染物质。主要方法有混凝、气浮、吸附、离子交换、膜分离等。

(4) 生物化学处理法

利用微生物的代谢作用，使污水中呈溶解、胶体状态的有机污染物转化为稳定的无害物质。其主要方法可分为两大类，即利用好氧微生物作用的好氧法和利用厌氧微生物作用的厌氧法。好氧法广泛应用于城市污水及有机性工业废水处理，其中主要有活性污泥法和生物膜法两种。厌氧法多用于处理高浓度有机性工业废水与污水处理过程中产生的污泥，目前也用于处理城市污水和低浓度有机性工业废水。

城市污水与工业废水中所含有是多种多样形态与性质完全不同的污染物，需要几种技术的组合，才能够分离、转化污染物，使污水达到净化的目的、要求与排放标准。

1.4.2.2 污水处理技术的分级

按处理程度，污水处理技术可分为：一级处理、二级处理和三级处理。

(1) 一级处理

主要去除污水中呈悬浮状态的固体污染物质，物理处理法大部分只能完成一级处理的要求。经过一级处理后的污水，BOD 值一般可降低 20%左右，达不到排放标准。一级处理属于二级处理的预处理。

(2) 二级处理

主要去除污水中呈溶解和胶体状态的有机污染物（即 BOD 值与 COD 值），去除率可达 90%以上，使有机污染物的去除达到排放标准。

(3) 三级处理

三级处理是在一级、二级处理后，进一步去除难降解的有机物、氮和磷等能够导致水体富营养化的可溶性无机物等。主要方法有生物脱氮处理法、混凝沉淀法、过滤法、活性炭吸附法、离子交换法和膜分离法等。三级处理有时也称深度处理，但两者又不完全相同，三级处理常用于二级处理之后。而深度处理则以污水的再生、回用为目的，在一级或二级处理后增加的处理工艺。污水再生回用的范围很广，从工业上的重复利用、水体的补给水源到成为生活杂用水等。

对于某种污水采用哪几种处理方法组合成污水处理系统，要根据污水的水质、水量，回收其中有用物质的可能性、经济性，受纳水体的具体条件，并结合调查研究与经济技术比较后决定，必要时还需进行试验。图 1—4 所示为典型的城市污水处理工艺流程。

常用的污水处理方法及对应去除的污染物见表 1—3。

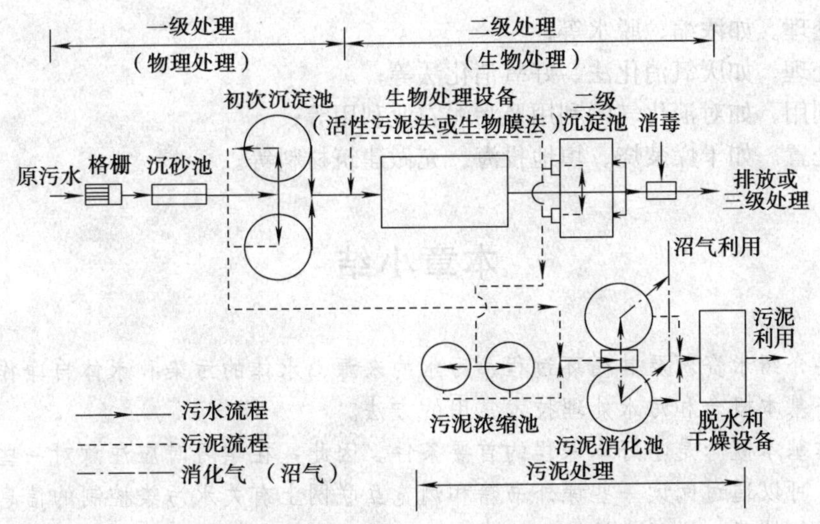

图 1—4 城市污水处理典型的工艺流程

表 1—3 常用污水处理方法

类别	处理方法	主要去除污染物
一级处理	1. 格栅分离 2. 沉砂 3. 均衡调节 4. 中和 5. 油水分离 6. 气浮和聚结	1. 颗粒悬浮物、漂浮物 2. 固体沉淀物 3. 水质水量冲击 4. 酸、碱 5. 浮油、粗分散油 6. 细分散油及微细的悬浮物
二级处理	1. 活性污泥法 2. 生物膜法 3. 氧化沟 4. 氧化塘	可生物降解有机物、BOD、COD
后处理	1. 吹脱 2. 凝聚沉淀 3. 过滤或微絮凝过滤 4. 气浮 5. 活性炭过滤（生物炭过滤）	1. 气体 H_2S、CO_2、NH_3 2. 不能沉定的悬浮粒子、胶体颗粒、细分散油 3. 悬浮固体物、细分散油 4. 悬浮固体物、细分散油 5. 悬浮固体物、细分散油
三级处理	1. 活性炭吸附 2. 消毒 3. 电渗析 4. 离子交换 5. 超滤 6. 反渗透 7. 臭氧氧化	1. 臭味、颜色、COD、细分散油、溶解油 2. 细菌、病毒 3. 盐类、重金属 4. 盐类 5. 部分盐类、有机物、细菌 6. 盐类、有机物、细菌 7. 难降解的有机物、溶解油

1.4.2.3 污泥处理

污泥是污水处理过程中的副产物。污泥含有大量有机物，富有肥分，可以作为农肥使用，但又含有大量细菌、寄生虫卵以及从工业废水中挟带来的重金属离子等，在利用前应对其进行一定预处理与稳定、无害处理。污泥处理的主要方法有：

①减量处理。如浓缩、脱水等；

②稳定处理。如厌氧消化法、好氧消化法等；

③综合利用。如对消化气的利用及污泥农业利用等；

④最终处置。如干燥焚烧、填地投海、充做建筑材料等。

本章小结

本章主要介绍水资源及其循环过程、污水的来源、水体的污染和水体自净作用、水污染指标和性质等基本概念和污水处理技术常用的方法。

掌握本章基本概念是学好本课程的首要条件。因此，在学习时应注意对一些基本概念的掌握和理解，可以通过阅读一些课外书籍和浏览互联网上有关水污染控制的信息，或到企业和环保部门了解情况，增强感性认识。

练　习　题

1. 名词解释

水体污染 水质指标 水质标准 水体自净 生物化学需氧量（BOD）、化学需氧量（COD）

2. 填空题

（1）水的循环分为________和________两种方式。

（2）水体污染源有________、________、________。

（3）水体污染类型较多，主要分为________、________、________、________、________、________、________、________等类。

（4）污水处理技术，按其作用原理可分为________、________、________、________4种类型。

3. 简答题

（1）什么是水资源？水资源有哪些特点？

（2）污水的主要水质指标有哪些？

（3）污水中耗氧有机物、营养物质和有毒物质有哪些危害？

（4）接纳大量生活污水的河流水体BOD与DO有哪些变化规律？

（5）我国颁布过哪些与水环境有关的法规和标准？

（6）污水处理技术是怎样分级的？各级别特点是什么？

（7）简要说明城市污水典型处理流程。

（8）你认为用什么方法控制水污染最有效？

2 污水的物理处理

本章学习目标

1. 了解污水物理处理构筑物和设备的类型，熟悉其构造、作用与特征；

2. 掌握格栅、调节池和沉淀池的设计计算；能结合污水的特性，合理选用格栅、调节池和沉淀池；

3. 了解过滤机理，熟悉滤池工艺过程，掌握滤池的构造、设计参数，能解决滤池运行中常见问题。

2.1 均衡与调节

2.1.1 均衡调节作用

污水的水质和水量通常是不稳定的，具有很强的随机性。生活污水的水质和水量随生活作息时间而变化，工业废水的水质和水量随生产过程而变化，特别是当生产操作不正常或设备发生泄漏时，污水的水质就会急剧恶化，其水量也会大大增加，往往会超出污水处理设施的处理能力，给处理操作带来极大困难，使污水处理设施难以正常稳定运行，对于生物处理系统的净化功能影响更大，甚至会使整个处理系统遭到破坏。

调节作用就是减少污水特征上的波动，为污水处理系统提供一个稳定和优化的操作条件；均衡作用通常是在调节的过程中进行混合，使水质得到均匀和稳定。

通过调节均衡作用主要达到以下目的：

①提供对污水处理负荷的缓冲能力，防止处理系统负荷的急剧变化；

②减少进入处理系统的污水流量的波动，使处理污水时所用化学药品的投加速度稳定，适合投药设备的投加能力；

③调节污水的 pH 值，稳定水质，并可减少中和作用中化学品的消耗量；

④防止高浓度的有毒物质进入生物化学处理系统；

⑤当工厂或其他系统暂时停止排放污水时，仍能对处理系统继续输入污水，保证系统的正常运行；

⑥当污水处理系统发生故障时，可起到临时事故贮水池的作用。

污水的均衡调节作用可以通过设在污水处理系统之前的调节池来实现。利用调节池，对污水的水质、水量进行均衡调节是污水处理系统稳定运行的保证条件。

2.1.2 调节水量

污水处理中有两种调节水量的方式，一种为线内调节（见图 2—1），调节池进水一般采用重力流，出水用泵提升，池中最高水位不高于进水管的设计水位，有效水深一般为 2～3 m，最低水位为死水位；另一种为线外调节（见图 2—2），调节池设在旁路上，当污水流量过高时，多余污水用泵打入调节池，当流量低于设计流量时，再从调节池回流至集水井，并送去后续处理。

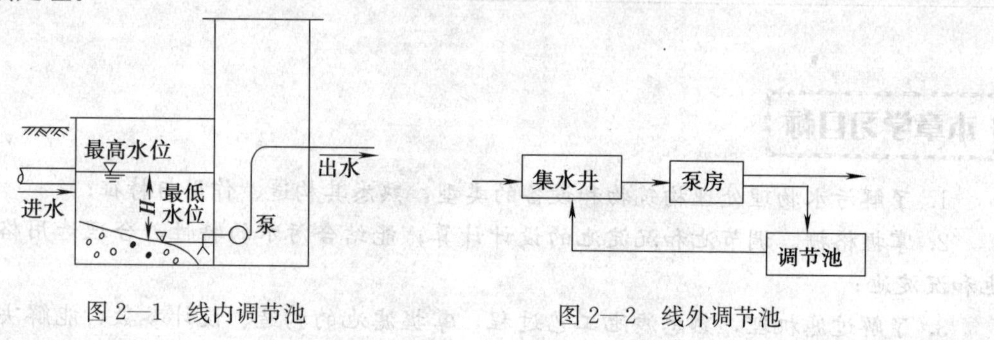

图 2—1 线内调节池　　图 2—2 线外调节池

与线内调节相比，线外调节池不受进水管高度限制，但被调节水量需要两次提升、消耗动力大。

2.1.3 调节水质

调节水质是对不同时间或不同来源的污水进行混合，使流出的水质比较均匀。调节水质的基本方法有两种。

2.1.3.1 外加动力调节

如图 2—3 所示为一种外加动力的水质调节池。外加动力就是采用外加叶轮搅拌、鼓风空气搅拌、水泵循环等设备对水质进行强制调节，它的设备比较简单，运行效果好，但运行费用高。

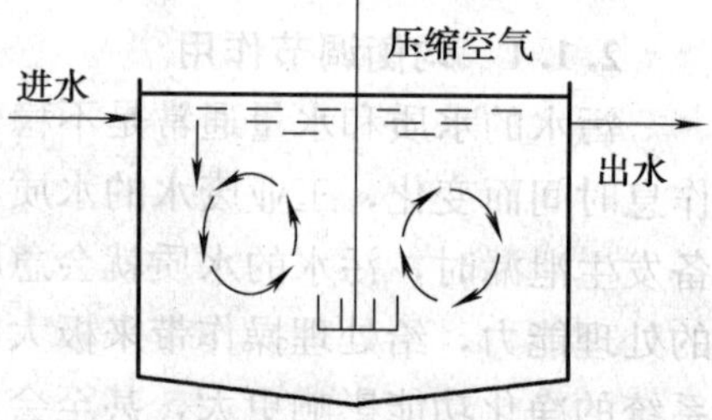

图 2—3 外加动力调节池

2.1.3.2 采用差流方式调节

采用差流方式进行水质强制调节，使不同时间和不同浓度的污水依靠自身水力混合基本上没有运行费用，但设备较复杂。

(1) 对角线调节池

差流方式的调节池类型很多，常用的有对角线调节池（见图 2—4）。

对角线调节池的特点是出水槽沿对角线方向设置，污水由左右两侧进入池内后，经过一定时间的混合才流到出水槽，使出水槽中的混合污水在不同的时间内流出，就是说不同时间、不同浓度的污水进入调节池后，就能达到自动调节均和水质的目的。

为了防止污水在池内短路，可以在池内设置若干纵向隔板。污水中的悬浮物会在池内沉淀，这样，可以考虑在池内设置沉渣斗，通过排渣管定期将沉淀的污泥排出池外。如果调节池的容积很大，需要设置的沉渣斗过多，这样管理很麻烦，可考虑将调节池做成平底，用压缩空气搅拌，以防止沉淀。空气用量为 1.5～3 m^3/（m^2 · h）。调节池的有效水深取 1.5～2 m，纵向隔板间距为 1～1.5 m。

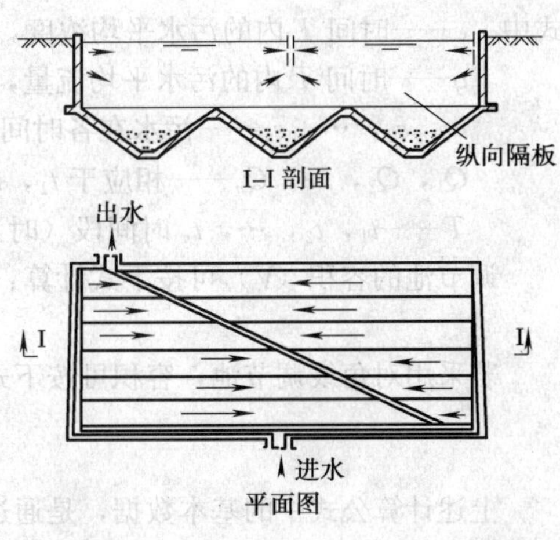

图 2—4 对角线调节池

如果调节池采用堰顶溢流出水，则这种形式的调节池只能调节水质的变化，而不能调节水量和水量波动。如果后续处理构筑物要求处理水量比较均匀和严格，以利投药的稳定或控制良好的微生物处理条件，则需要使调节池内的水位能够上下自由波动，以便储存盈余水量，补充水量短缺。

（2）折流调节池

折流调节池如图 2—5 所示，在池内设置许多折流隔墙，污水在池内来回折流，在池内得到充分混合、均衡。折流调节池配水槽设在调节池上，通过许多孔口流入，投配到调节池的前后各个位置内，调节池的起端流量一般控制在 1/3～1/4 总流量，剩余的流量可通过其他投配口等量地投入池内。

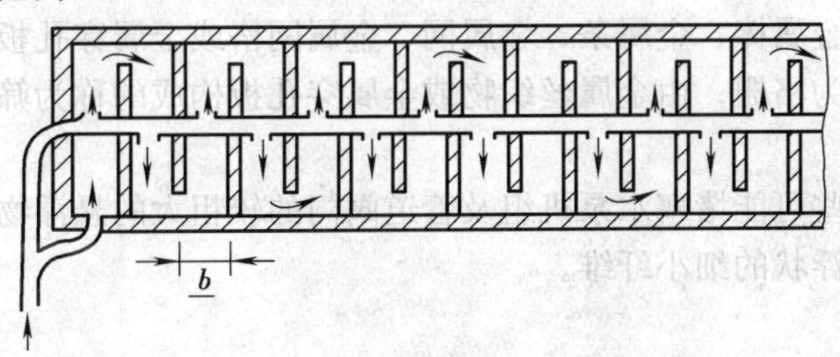

图 2—5 折流调节池

折流调节池，一般只能调节水质而不能调节水量，调节水量的调节池需要另外设计。

调节池的作用除均衡调节水量和水质之外，一般还可考虑兼有沉淀、混合、加药、中和和预酸化等功能。

2.1.4 确定调节池容积

调节池的容积一般按照废水浓度和流量变化的规律、要求的调节均和程度来进行计算。一般情况下，用于工业废水的调节池，其容积可按 6～8 h 的废水水量计算；若水质、水量变化大，可取 10～12 h 的流量，甚至采取 24 h 的流量计算。采用的调节时间越长，废水水质越均匀，应根据具体条件和处理要求来选择合适的调节时间。

污水经过一定的调节时间后的平均浓度可按下式计算：

$$c = \frac{(c_1 Q_1 t_1 + c_2 Q_2 t_2 + \cdots + c_n Q_n t_n)}{qT} \tag{2—1}$$

式中 c——时间 T 内的污水平均浓度，mg/L；

q——时间 T 内的污水平均流量，m^3/h；

c_1，c_2，…，c_n——污水在各时间段 t_1，t_2，…，t_n内的平均浓度，mg/L；

Q_1，Q_2，…，Q_n——相应于 t_1，t_2，…，t_n 时段内的污水平均流量，m^3/h；

T——t_1，t_2，…，t_n 时间段（时）总和。

调节池的容积（V）可按下式计算：

$$V = qT \tag{2—2}$$

若采用对角线调节池，容积可按下式计算：

$$V = \frac{qT}{1.4} \tag{2—3}$$

上述计算公式中的基本数据，是通过实测取得的逐时污水流量与其对应的污水浓度变化图表而来的，其中 1.4 为经验系数。污水流量和水质变化的观测周期越长，调节池计算的准确性越高。

2.2 筛 滤

筛滤是指去除污水中粗大的悬浮物和杂物，以保护后续处理设施能正常运行的一种预处理方法。

筛滤的构件包括金属棒、金属条、金属网、金属网格或金属穿孔板。其中由平行的金属棒和金属条构成的称为格栅；由金属丝织物或金属穿孔板构成的称为筛网。它们所去除的物质则称为筛余物。

格栅去除的是那些可能堵塞水泵机组及管道阀门的较粗大的悬浮物，而筛网去除的是用格栅难以去除的呈悬浮状的细小纤维。

2.2.1 格栅

格栅一般安装在污水处理流程的前端，用以截留污水中较大的悬浮物、漂浮物、纤维物质和固体颗粒物质等，以便保证后续处理构筑物的正常运行和减轻处理负荷。被截流的物质称为栅渣，其含水率约为 70%～80%，容重约为 750 kg/m^3。

2.2.1.1 格栅的类型

根据格栅上截留物的清除方法不同，可将格栅分为人工清除格栅和机械格栅两类。当截留物量大时，一般应采用机械清渣，以减少工人劳动量。

(1) 人工清除格栅

人工清除格栅只适用于污水处理量不大或截留的污染物量较少的场合。格栅与水平成 45°～60°倾角安装，栅条间距视污水中固体颗粒的大小而定，污水从间隙流过，固体颗粒被截留，然后用人工定期清除。图 2—6 为人工清除格栅示意图。

(2) 机械格栅

机械格栅适用于大型污水处理厂和需要经常清除大量截留物的场合。一般与水平面成 60°～70°倾角安装。常用的机械格栅设备有链条式格栅除污机、循环齿耙除污机、悬臂式曲面格栅和钢丝绳牵引式格栅除污机等。

1）链条式格栅除污机。链条式格栅除污机如图 2—7 所示。该格栅的工作原理是经转动装置上的两条回转链条循环转动，固定在链条上的除污耙在随链条循环转动的过程中，将栅条上截流的栅渣提升上来后，由缓冲卸渣装置将除污耙上的栅渣刮下掉入排污斗排出。链条式格栅除污机适用于深度较小的中小型污水处理厂。

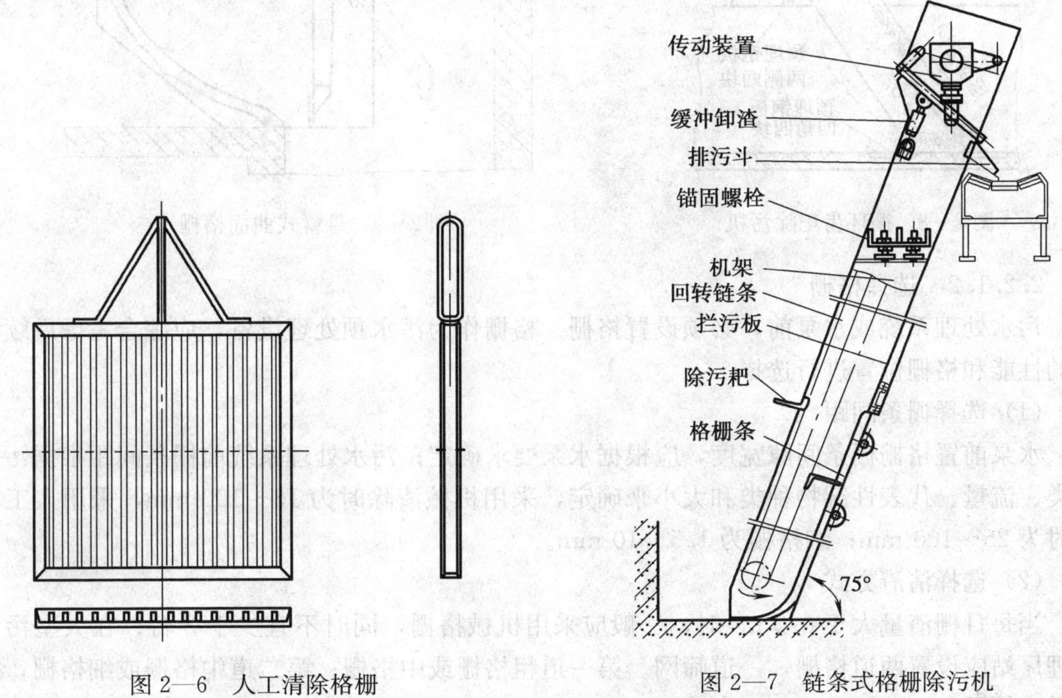

图 2—6　人工清除格栅　　　图 2—7　链条式格栅除污机

2）循环齿耙除污机。循环齿耙除污机如图 2—8 所示。该格栅的特点是无格栅条，格栅由许多小齿耙相互连接组成一个巨大的旋转面。工作时经转动装置带动这个由小齿耙组成的旋转面循环转动，在小齿耙循环转动的过程中，将截流的栅渣带出水面致格栅顶。栅渣通过旋转面的运行轨迹变化完成卸渣过程。循环齿耙除污机属细格栅，格栅间隙可做到 0.5～15 mm，此类格栅适用于中小型污水处理厂。

3）悬臂式曲面格栅。悬臂式曲面格栅如图 2—9 所示。该格栅工作原理是传动装置带动转耙旋转，将曲面格栅上截流的栅渣刮起，并用刮板把转耙上的栅渣去掉。悬臂式曲面格栅是一种适用于小型污水处理厂的浅渠槽拦污设备。

4）钢丝绳牵引式格栅除污机。该除污机的转动装置带动两根钢丝绳牵引除渣耙，耙和滑块沿槽钢制的轨道移动，靠自重下移到低位后，耙的自锁栓碰开自锁撞块，除渣耙向下摆动，耙齿插入格栅间隙，然后由钢丝绳牵引向上移动，清除栅渣。除渣耙上移到一定位置后，抬耙导轨逐渐抬起，同时刮板自动将耙上的栅渣刮到栅渣槽中。此类格栅也适用于中小型污水处理厂。

还有其他机械格栅设备，如阶梯型格栅除污机，可以连续自动清除各种形状杂物，改变了过去传统格栅除污机的概念思路，使固液分离更加有效，操作更加稳定，适用于各种行业的废水的预处理和城市污水处理厂。此外还有转网式细格栅机和转鼓式格栅等。

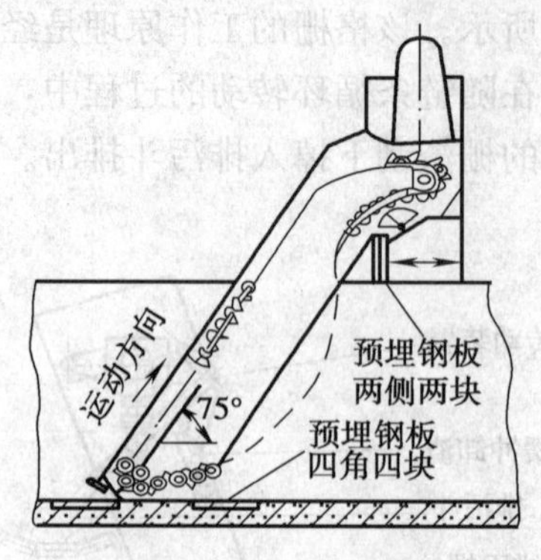

图 2—8　循环齿耙除污机

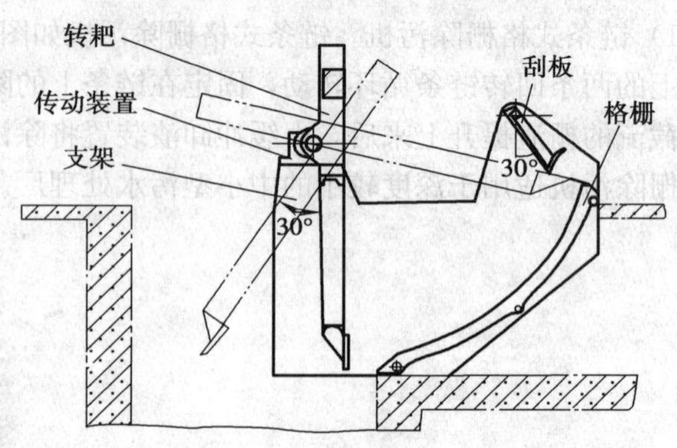

图 2—9　悬臂式曲面格栅

2.2.1.2　选择格栅

污水处理系统或水泵前，必须设置格栅。格栅作为污水预处理设备，应综合考虑后续设备的性能和格栅位置进行选择。

(1) 选择栅条间距

水泵前置格栅栅条间隙宽度，应根据水泵要求确定；污水处理系统前栅条间距根据污水种类、流量、代表性杂物种类和大小来确定，采用机械清除时为 16～100 mm，采用人工清除时为 25～100 mm；细格栅为 1.5～10 mm。

(2) 选择清渣方式

当每日栅渣量大于 0.2 m^3 时，一般应采用机械格栅，同时不宜少于 2 台；在大型污水处理厂站应设置两道格栅，一道筛网。第一道粗格栅或中格栅；第二道中格栅或细格栅；第三道为筛网。

目前，格栅及除污机已经设备化、产品化。设备制造厂提供格栅宽度、栅条间隙、安装尺寸等技术性能参数，一般可根据设计水量进行选型。

2.2.1.3　格栅的设计计算

(1) 格栅的设计要点

1) 格栅前渠道内的水流速度一般采用 0.4～0.9 m/s，污水过栅流速宜采用 0.6～1.0 m/s。除转鼓式格栅外，机械清除格栅倾角宜采用 60°～90°；人工清除宜采用 30°～60°。

2) 通过格栅的水头损失一般采用 0.08～0.15 m。

3) 栅渣量在无当地资料时，可采用以下数据：格栅间隙 16～25 mm，0.10～0.05 m^3 栅渣/1 000 m^3 污水；格栅间隙 30～50 mm，0.03～0.01 m^3 栅渣/1 000 m^3 污水。

4) 格栅上部必须设置工作平台，其高度应高出格栅前最高设计水位 0.5 m，工作平台上应有安全和冲洗设施。

5) 格栅工作平台两侧边道宽度宜采用 0.7～1.0 m。工作平台正面过道宽度，采用机械清除时应不小于 1.5 m，采用人工清除时应不小于 1.2 m。

6) 栅渣通过机械破碎输送，压榨脱水后外运。栅渣输送宜采用螺旋输送机，输送距离大于 8.0 m 宜采用带式输送机。

7）格栅除污机、输送机与压榨脱水机的进出料口宜采用密封形式，根据周围环境情况，可设置除臭处理装置。

8）格栅间应设置通风设施及有毒有害气体的检测与报警装置。

9）机械格栅的动力装置一般宜设在室内，或采取其他保护设备的措施。

10）格栅间内应安设吊运设备，以进行格栅及其他设备的检修和栅渣的日常清除。

（2）格栅的设计计算

1）格栅参数的确定。格栅的设计内容包括尺寸计算、水力计算和栅渣量计算。图 2—10 是格栅计算图。

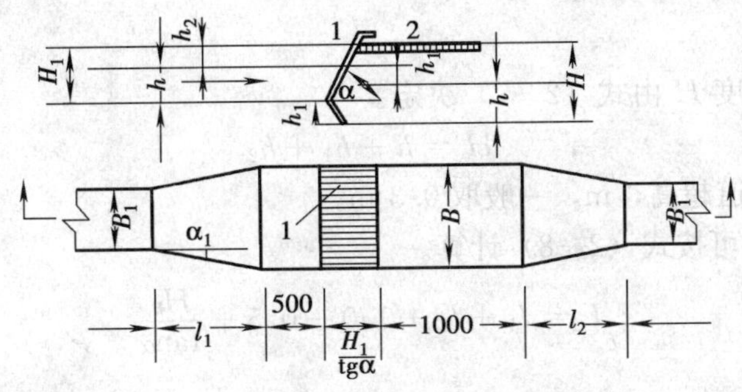

图 2—10　格栅计算图

1—栅条　2—工作平台

①格栅的间隙数 n 可由式（2—4）确定。

$$n=\frac{Q_{max}\sqrt{\sin\alpha}}{bhv} \tag{2—4}$$

式中　Q_{max}——最大设计流量，m^3/s；

α——格栅安置的倾角，°，一般为 60°～70°；

h——栅前水深，m；

v——过栅流速，m/s，最大设计流量时为 0.8～1.0 m/s，平均设计流量时为 0.3 m/s；

b——栅条净间隙，m，粗格栅 b=50～100 mm，中格栅 b=10～40 mm，细格栅 b=3～10 mm。

当栅条的间隙数为 n 时，则栅条的数目应为 $n-1$。

②格栅的建筑宽度 B 可由式（2—5）确定。

$$B=S(n-1)+bn\ (\mathrm{m}) \tag{2—5}$$

式中　S——栅条宽度，m。

③通过格栅的水头损失 h_1 由式（2—6）确定。

$$h_1=k\xi\frac{v^2}{2g}\sin\alpha \tag{2—6}$$

式中　g——重力加速度，m/s^2；

k——考虑到由于格栅受筛余物堵塞后，格栅阻力增大的系数，可用经验式 $k=3.36v-1.32$，一般采用 $k=3$；

ξ——阻力系数，其值与格栅栅条的断面形状有关，见表 2—1 所列。

表 2—1 格栅的阻力系数计算公式

格栅栅条断面形状	计算公式	数值
锐边矩形	$\xi=\beta\left(\frac{S}{b}\right)^{\frac{4}{3}}$	$\beta=2.42$
迎水面为带半圆的矩形		$\beta=1.83$
圆形		$\beta=1.79$
迎水、背水面均为带半圆的矩形		$\beta=1.67$
正方形	$\xi=\left(\frac{b+S}{\varepsilon b}-1\right)^2$	$\varepsilon=0.64$

注：表中 β 为栅条的形状系数；ε 为收缩系数。

④栅后槽的总高度 H 由式（2—7）决定。

$$H=h+h_1+h_2 \tag{2—7}$$

式中 h_2——栅前渠道超高，m，一般取 0.3 m。

⑤栅槽总长度 L 可按式（2—8）计算。

$$L=l_1+l_2+1.0+0.5+\frac{H_1}{\tan\alpha} \tag{2—8}$$

式中 $l_1=\frac{B-B_1}{2\tan\alpha_1}=1.37\ (B-B_1)$（m）

$l_2=l_1/2$（m）

H_1——栅前槽高，m，$H_1=h+h_2$；

l_1——进水渠道渐宽部分长度，m；

B_1——进水渠道宽度，m；

α_1——进水渠展开角，一般用 20°；

l_2——栅槽与出水渠连接渠的渐缩长度，m。

⑥每日栅渣量 W 按式（2—9）计算。

$$W=\frac{Q_{max}W_1\times 86\ 400}{K_{总}\times 1\ 000}\ (\mathrm{m^3/d}) \tag{2—9}$$

式中 W_1——栅渣量，$\mathrm{m^3}$/1 000 $\mathrm{m^3}$ 污水，取 0.1～0.01，粗格栅用小值，细格栅用大值，中格栅用中值；

$K_{总}$——废水流量总变化系数，对生活污水可参考表 2—2。

表 2—2 生活污水流量总变化系数

平均日流量（L/s）	4	6	10	15	25	40	70	120	200	400	750	1 600
$K_{总}$	2.3	2.2	2.1	2.0	1.89	1.80	1.69	1.59	1.51	1.40	1.30	1.20

2）格栅设计计算实例

［例 1］某城市污水处理厂的最大设计流量 $Q_{max}=0.2\ \mathrm{m^3/s}$，总变化系数 $K_{总}=1.5$，设计计算格栅各部分尺寸，并确定清渣方式，选择格栅类型。

解：根据工程经验，设栅前进水渠道宽 $B_1=0.65$ m，水深 $h=0.4$ m，选取有关设计参数如下：过栅水流速度 $v=0.9$ m/s，栅条净间隙 $b=0.02$ m，格栅倾角 $\alpha=60°$，栅条宽度

$S=0.01$ m，格栅阻力增大的系数 $K=3$，格栅迎水面为带半圆的矩形 $\beta=1.83$，栅渣量 $W_1=0.06\ m^3/1\ 000\ m^3$。

①格栅的间隙数

$$n=\frac{Q_{max}\sqrt{\sin\alpha}}{bhv}=\frac{0.2\times\sqrt{\sin60^\circ}}{0.02\times0.4\times0.9}\approx26$$

②格栅宽度

$$B=S(n-1)+bn=0.01\times(26-1)+0.02\times26=0.77\ m$$

③通过格栅的水头损失

$$h_1=k\xi\frac{v^2}{2g}\sin\alpha=k\beta\left(\frac{S}{b}\right)^{\frac{4}{3}}\frac{v^2}{2g}\sin\alpha$$

$$=3\times1.83\times\left(\frac{0.01}{0.02}\right)^{\frac{4}{3}}\times\frac{0.9^2}{2\times9.81}\sin60^\circ\approx0.08\ m$$

④栅后槽的总高度

$$H=h+h_1+h_2=0.4+0.08+0.3=0.78\ m$$

⑤栅槽总长度

$$l_1=\frac{B-B_1}{2\tan\alpha_1}=1.37(B-B_1)=1.37\times(0.77-0.65)\approx0.16\ m$$

$$l_2=l_1/2=0.16/2=0.08\ m$$

$$L=l_1+l_2+1.0+0.5+\frac{H_1}{\tan\alpha}=0.16+0.08+1.0+0.5+\frac{0.7}{\tan60^\circ}=2.15\ m$$

⑥每日栅渣量

$$W=\frac{Q_{max}W_1\times86\ 400}{K_{总}\times1\ 000}=\frac{0.2\times0.06\times86\ 400}{1.5\times1\ 000}\approx0.69\ m^3/d$$

每日栅渣量大于 $0.2\ m^3/d$，故宜采用机械清渣。

2.2.1.4 注意事项

格栅在安装与操作管理中，应注意以下事项：

①及时清除格栅上截留的杂物，使污水通过格栅时，水流横断面积不减小；

②为了防止栅前产生壅水现象，将格栅后渠降低一定高度，应不小于通过格栅的水头损失 h_1；

③间歇式操作的机械格栅，其运行方式可用定时控制操作，或按格栅前后渠道的水位差的随动装置来控制格栅的工作程度。有时也采用上述两种方式结合的运行方式。

2.2.2 筛网

某些悬浮物用格栅不能截留，也难通过重力沉降去除，常会给后续处理构筑物或设备带来麻烦，可采用筛网过滤来分离和回收。筛网一般由金属丝织物或穿孔板构成，孔眼直径为0.5～1.0 mm。

筛网主要用于去除纺织、造纸、制革、洗毛等工业废水中所含细小纤维状的悬浮物质。筛网的形式有很多种，图 2—11 所示是用于从制浆造纸工业废水中回收纸浆纤维的转鼓式筛网。转鼓绕水平轴旋转，鼓面圆周线速度约为 0.5 m/s。废水由鼓外进入，通过筛网的孔眼过滤，流入鼓内。纤维被截留在鼓面上，在其转出水面后经挤压轮挤出脱水，再用刮刀刮下回收。筛网孔眼的大小，按每平方米筛网截留 20～70 g 纤维来考虑确定。

图 2—12 所示为一种新型水力驱动转鼓式筛网。该装置设在水渠出口或水池入口处，当含有纤维的废水流入转鼓筛网上，随着转鼓旋转，纤维被带至转鼓上部，经加压水冲洗后落在滑纤板上，滑落至集纤盘再由人工清理。转鼓的驱动是以水作动力，将冲网水分出一部分直接注入水斗，在水斗重力的作用下，使转鼓产生一个扭矩，致使转鼓旋转。这种形式的转鼓筛网优点是不需要电力，结构简单可靠，运行费低。筛网及过水部分均为不锈钢制作。

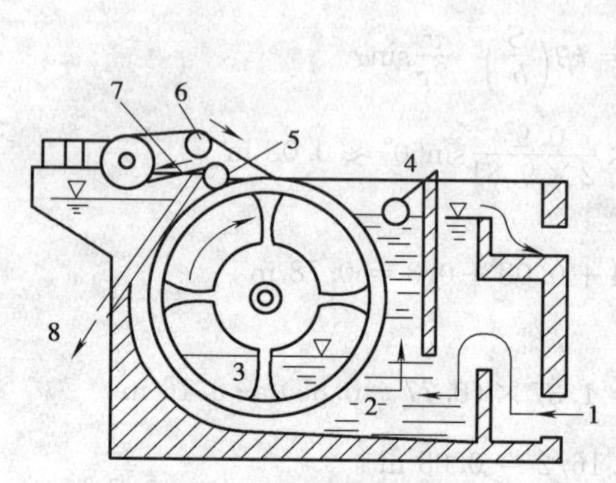

图 2—11 转鼓式筛网

1—进水 2—转鼓池 3—滤后水

4—水位浮球 5—滤渣挤压轮

6—调整轮 7—刮刀 8—滤渣回收

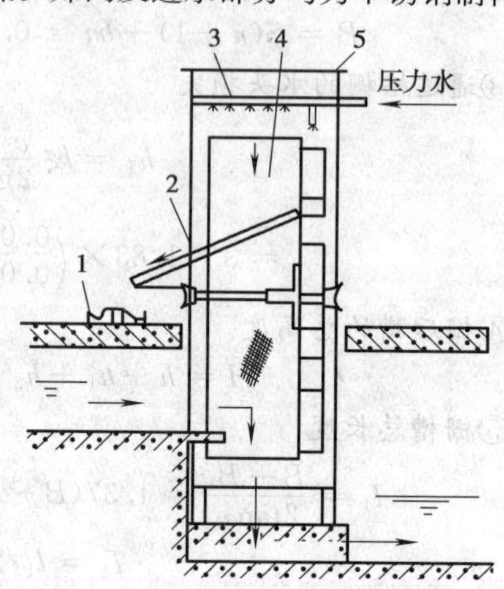

图 2—12 水力驱动转鼓式筛网

1—集纤盘 2—滑纤板

3—冲网水管 4—筛网 5—箱体

近年来，筛网设备发展很快，陆续出现了很多形式的筛网设备，如筛筒旋滤机、旋转滤网等。

2.2.3 筛余物的处置

可将收集的筛余物运至处置区填埋或与城市垃圾一起处理；当有回收利用价值时，可送至粉碎机或破碎机磨碎后再用；对于大型系统，也可采用焚烧的方法彻底处理。

2.3 沉 淀

沉淀是水中悬浮颗粒在重力作用下下沉，从而与水分离，使水得到澄清的方法。这种方法简单易行，分离效果好，在水处理过程中，几乎是不可缺少的重要工艺技术。沉淀可以去除污水中的砂粒、化学沉淀物、混凝处理所形成的絮体和生物处理的污泥，也可用于沉淀污泥的浓缩。

2.3.1 沉淀的基本理论

2.3.1.1 沉淀基本类型

根据水中悬浮颗粒的浓度、性质及其凝聚特性的不同，沉淀现象通常可分为以下 4 种基本类型。

（1）自由沉淀

水中悬浮物浓度不高，不具有凝聚的性能，也不互相黏合、干扰，其形状、尺寸、密度等均不改变，下沉速度恒定。如在沉砂池中，砂粒的沉降便是典型的自由沉淀。

（2）絮凝沉淀

当水中的悬浮物浓度不高，但有凝聚性时，沉淀过程中悬浮物颗粒相互凝聚，其粒径和质量增大，沉淀速度加快，沉速随深度而增加。经过化学混凝的水中颗粒的沉淀即属絮凝沉淀。

（3）拥挤沉淀

当水中悬浮物的浓度比较高时，在沉淀过程中，发生颗粒间的相互干扰，悬浮物颗粒互相牵扯形成网状"絮毯"整体下沉，在颗粒群与澄清水层之间存在明显的交界面，并逐渐向下移动，因此又称成层沉淀。活性污泥法后的二次沉淀池以及污泥浓缩池中的初期情况均属这种沉淀类型。

（4）压缩沉淀

当悬浮固体浓度很高时，颗粒互相接触，互相支撑，在上层颗粒的重力作用下，下层颗粒间隙中的水被挤出，颗粒相对位置不断靠近，颗粒群体被压缩。污泥浓缩池中污泥的浓缩过程属此沉淀类型。

2.3.1.2 沉降曲线

污水中的悬浮物实际上是大小、形状及密度都不相同的颗粒群，其沉淀特性也因污水性质不同而异。因此，通常要通过沉淀实验来判定其沉淀性能，并根据所要求的沉降效率来取得沉降时间和沉降速度这两个基本的设计参数。按照实验结果所绘制的各参数之间的相互关系的曲线，统称为沉降曲线。对不同类型的沉淀，它们的沉降曲线的绘制方法是不同的。

图 2—13 为自由沉淀型的沉降曲线。其中图 2—13a 为沉降效率 E 与沉降时间 t 之间的关系曲线；图 2—13b 为沉降效率 E 与沉降速度 u 之间的关系曲线。

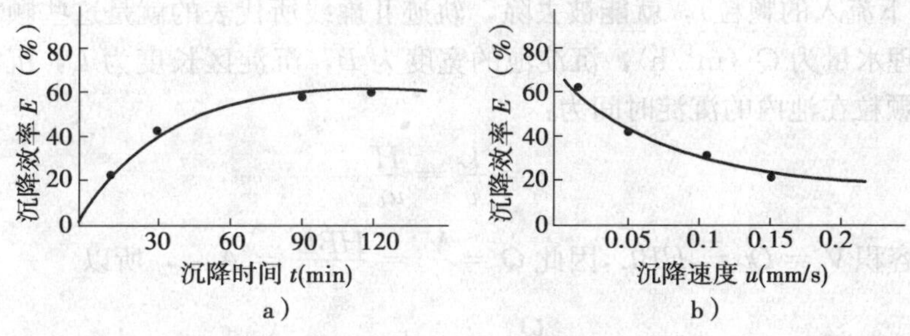

图 2—13 自由沉淀型的沉降曲线

a）沉降效率与沉降时间的关系曲线 b）沉降效率与沉降速度的关系曲线

若污水中悬浮物浓度为 c_0，经 t 时间沉降后，水样中残留浓度为 c，则沉降效率为：

$$E=\frac{c_0-c}{c_0}\times 100\% \qquad (2—10)$$

2.3.1.3 沉淀池的沉淀效果分析

为了分析沉淀的普遍规律及其分离效果，可先将现实抽象简化为一种理想沉淀池的模式，理想沉淀池由流入区、沉淀区、流出区和污泥区四部分组成（见图 2—14）。对于理想沉淀池作如下假定：一是从入口到出口，池内污水按水平方向流动，颗粒水平分布均匀，水平流速为等速流动；二是悬浮颗粒沿整个水深均匀分布，处于自由沉淀状态，颗粒的水平分速等于水平流速，沉淀速度固定不变；三是颗粒沉到池底即认为被除去。

根据上述条件，悬浮颗粒在沉淀池内的运动轨迹是一系列倾斜的直线。

如图 2—14 所示，从沉淀池进水口水面上的点 A 进入的悬浮颗粒中，必存在着某一粒径的颗粒，其沉速为 u_0，在给定的沉降时间 t 内，正好能沉至池底，见图 2—14 中沉淀轨迹Ⅲ代表的颗粒，该颗粒的沉降速度称为截留沉速 u_0。实际上，截留沉速 u_0 反映的是沉淀池可以全部去除的颗粒中，粒径最小的颗粒的沉速。

沉速 $u_t > u_0$ 的颗粒，在给定的沉降时间 t 内，都能够在 D 点前沉至池底，见图 2—14 中沉淀轨迹Ⅰ代表的颗粒。

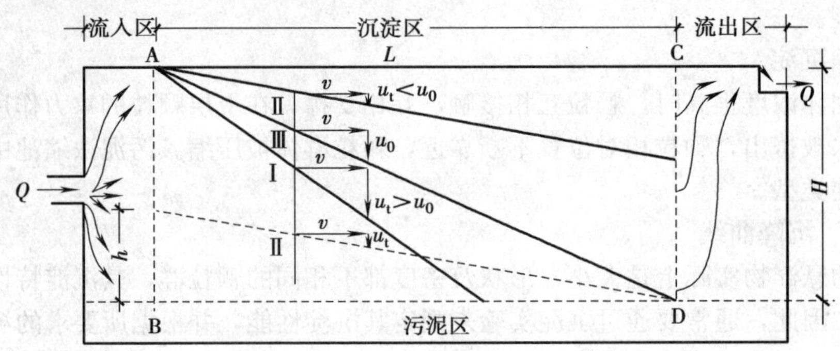

图 2—14　理想沉淀池示意

沉速 $u_t < u_0$ 的颗粒，视其在流入区所处的位置而定，若处在靠近水面处，则不能被去除，见图 2—14 中轨迹Ⅱ实线所代表的颗粒；同样的颗粒，若处在靠近池底的位置（图 2—14 中水深 h 以下流入的颗粒），就能被去除，轨迹Ⅱ虚线所代表的就是这些颗粒。

设污水处理水量为 Q（m^3/h），沉淀池的宽度为 B，沉淀区长度为 L，沉淀池面积 $A = BL$（m^2），则颗粒在池内的沉淀时间为：

$$t = \frac{L}{v} = \frac{H}{u_0} \tag{2—11}$$

沉淀池的容积 $V = Qt = HBL$，因此 $Q = \frac{V}{t} = \frac{HBL}{t} = Au_0$，所以

$$\frac{Q}{A} = u_0 = q \tag{2—12}$$

$\frac{Q}{A}$的物理意义是：在单位时间内通过沉淀池单位面积的流量，称为表面负荷或溢流率，用符号 q 表示，单位为 m^3/（m^2・h）或 m^3/（m^2・s），也可简化为 m/h 或 m/s。表面负荷的数值等于颗粒沉速 u_0，若需要去除的颗粒沉速 u_0 确定后，则沉淀池的表面负荷 q 值同时被确定。

沉淀池的沉淀效率仅与颗粒截留沉速或表面负荷有关，而与沉淀时间无关。设定的截留沉速越小、悬浮颗粒的粒径越大，则沉淀效率越高；当沉淀池容积一定时，降低池深，可增大沉淀面积，进而降低表面负荷，提高沉淀效率，这就是颗粒沉淀的浅层理论。

2.3.1.4 沉速公式

污水中的悬浮物在重力作用下与水分离，实质是悬浮物的密度大于污水的密度时沉降，小于时上浮。污水中悬浮物沉降和上浮的速度，是污水处理设计中对沉降分离设备（如沉淀池）、上浮分离设备（如上浮池、隔油池）要求的主要依据，是有决定性作用的参数，其值可定性地用斯托克斯公式表示：

$$u=\frac{g}{18\mu}(\rho_g-\rho_y)d^2 \tag{2—13}$$

式中 u——颗粒的沉浮速度，cm/s；

g——重力加速度，cm/s^2；

ρ_g——颗粒密度，g/cm^3；

ρ_y——液体密度，g/cm^3；

d——颗粒直径，cm；

μ——污水的动力黏滞系数，g/（cm·s）。

从式（2—13）看出，影响颗粒分离的首要因素是颗粒与污水的密度差（$\rho_g-\rho_y$）。

当 $\rho_g>\rho_y$ 时，u 为正值，表示颗粒下沉，u 值表示沉淀速度；

当 $\rho_g<\rho_y$ 时，u 为负值，表示颗粒上浮，u 值的绝对值表示上浮速度；

当 $\rho_g=\rho_y$ 时，u 值为零，表示颗粒不下沉，也不上浮。说明这种颗粒不能用重力分离的方法去除。

其次，从式（2—13）可见，沉速 u 与颗粒直径 d 的平方成正比，因此，加大颗粒的粒径有助于提高沉淀效率。

污水的动力黏滞系数 μ 与颗粒的沉速成反比关系，而 μ 值与污水本身的性质有关，水温是其主要决定因素之一，一般说来，水温上升，μ 值下降，因此，提高水温有助于提高颗粒的沉淀效率。

2.3.2 沉淀池

2.3.2.1 沉淀池的类型

沉淀池是分离水中悬浮颗粒的一种主要处理构筑物，应用十分广泛。按工艺布置的不同，沉淀池主要分为初次沉淀池和二次沉淀池。初次沉淀池是污水一级处理的主体处理构筑物，或作为污水二级处理的预处理构筑物，设在生物处理构筑物的前面。处理对象是悬浮物质（约去除 40%～55%），同时去除部分 BOD_5（约去除 20%～30%），可以改善生物处理的运行条件并降低 BOD_5 负荷；二次沉淀池设在生物处理构筑物的后面，用于沉淀去除活性污泥或腐殖污泥。沉淀池是污水处理系统中不可缺少的重要组成部分之一。

沉淀池按池内水流的方向的不同，可分为平流式、辐流式、竖流式和斜板（管）式 4 种类型。

2.3.2.2 沉淀池的一般规定

沉淀池的一般规定如下：

①沉淀池的座数或分格数不小于 2 个，多于 2 座时宜按并联系列设计。

②城市污水沉淀池的设计数据可参照表 2—3 选用。

表 2—3　　城市污水沉淀池设计数据

沉淀池类型	沉淀池位置	沉淀时间 (h)	表面负荷 $m^3/(m^2 \cdot h)$	污泥量 g/(p·d)	污泥量 L/(p·d)	污泥含水率 (%)
初次沉淀池		1.0～2.0	1.5～3.0	14～25	0.36～0.83	95～97
二次沉淀池	活性污泥法后	1.5～2.5	1.0～1.5	10～21	—	99.2～99.6
	生物膜法后	1.5～2.5	1.0～2.0	7～19	—	96～98

注：工业废水沉淀池的设计数据应按实际水质试验确定，或参照类似工业废水的运转或试验资料采用。

③沉淀池的超高至少采用 0.3 m；缓冲层高度，一般采用 0.3～0.5 m。

④污泥斗壁与水面的倾角，一般为 55°～60°。

⑤排泥管直径应不小于 200 mm；采用机械排泥时可连续或间歇排泥；采用静水压力法，初次沉淀池的静水头应不小于 1.5 m，二次沉淀池的静水头，生物膜法后应不小于 1.2 m，活性污泥法后应不小于 0.9 m，并应每日排泥。

⑥采用多斗排泥时，每个泥斗均应设单独的闸阀和排泥管。

⑦当采用两个以上沉淀池时，应在每个沉淀池的入流口设置调节阀门，调节流量，使每池的入流量均等。

⑧进水管有压力时，应设配水井，进水管应由池壁接入，不宜由井底接入，且应将进水管的进口弯头朝向井底。

2.3.2.3　平流式沉淀池

(1) 平流式沉淀池基本构造

平流式沉淀池由流入装置、流出装置、沉淀区、缓冲层、污泥区和排泥装置等组成，如图 2—15 所示。流入装置由设有侧向或槽底潜孔的配水槽、挡流板组成，起均匀布水和消能作用。流出装置由流出槽和挡板组成。流出槽设自由溢流堰，溢流堰严格水平，即可保证水流均匀，又可控制沉淀池水位。因此，溢流堰常采用锯齿堰，如图 2—16a 所示。为了减少溢流堰负荷，改善出水水质，可采用多槽沿程布置，如需阻挡浮渣随水流走，流出堰可用潜孔出流。锯齿堰及沿程布置出流槽如图 2—16b 所示。

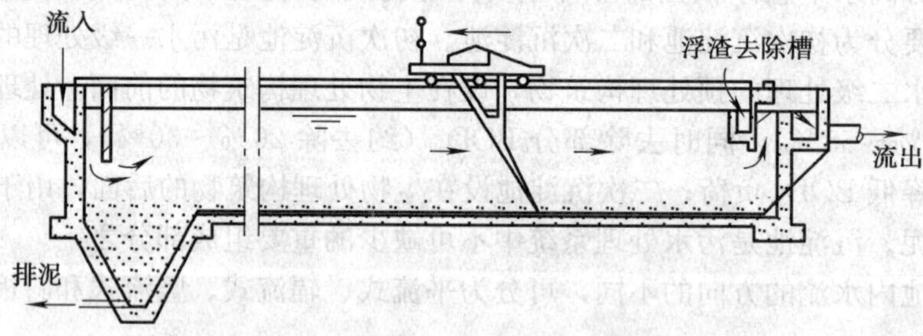

图 2—15　设有行车式刮泥机的平流式沉淀池

缓冲层的作用是避免已沉污泥被水流搅起和缓解冲击负荷。

污泥区起贮存、浓缩和排泥作用。

排泥装置与方法一般有：

1) 静水压力法。利用池内的静水压力，将泥排出池外，如图 2—17 所示。排泥管插入泥斗，上端伸出水面，以便清通。为了使池底污泥能滑入泥斗，池底应有一定的坡度。为了减小池深，也可采用多斗式平流沉淀池，如图 2—18 所示。

2）机械排泥法。机械排泥常采用的刮泥设备除桥式行车刮泥机（见图 2—15）外，还有链带式刮泥机。被刮入污泥斗的污泥，可采用静水压力法或螺旋泵排出池外。采用机械排泥法时，平流式沉淀池可采用平底，池深也可大大减小。

平流式沉淀池的优点是有效沉降区大，沉淀效果好，造价较低，对污水流量适应性强。缺点是占地面积大，排泥较困难。

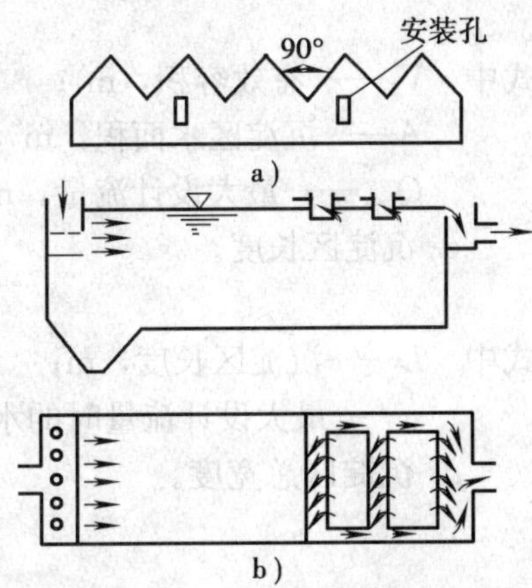

图 2—16　溢流堰及多槽出水装置

a）锯齿堰　b）多槽出水装置

（2）平流式沉淀池的设计计算

1）设计参数。沉淀池进出水口处设置的挡流板，高出池内水面 0.1～0.15 m，淹没深度不小于 0.25 m，距流入槽 0.5 m，距溢流堰0.25～0.5 m；溢流堰最大负荷不宜大于2.9 L/（m·s）（初次沉淀池），1.7 L/（m·s）（二次沉淀池）；池底纵坡坡度，一般采用 0.01～0.02；刮泥机的行进速度不大于 1.2 m/min，一般采用 0.6～0.9 m/min。

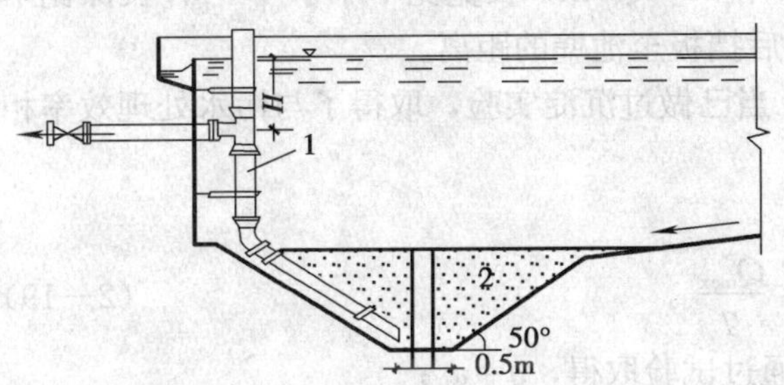

图 2—17　沉淀池静水压力排泥

1—排泥管　2—集泥斗

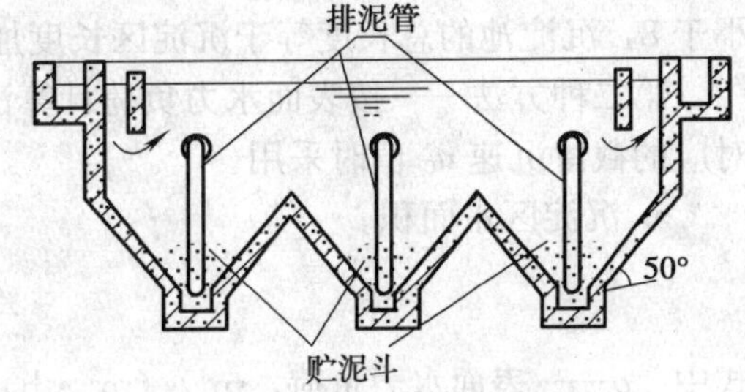

图 2—18　多斗式平流沉淀池

2）设计计算。沉淀池的设计内容包括流入、流出装置，沉淀区，污泥区，排泥和排浮渣设备选择等。

①沉淀区尺寸计算。计算方法有两种。

第一种方法——按沉淀时间和水平流速或表面负荷计算法。当无污水悬浮物试验资料时，可用本法计算。

a. 沉淀区有效水深。

$$h_2 = qt \tag{2—14}$$

式中　h_2——有效水深，m；

q——表面水力负荷，$m^3/(m^2 \cdot h)$，可参考表 2—3 选用；

t——污水沉淀时间，参见表 2—3。

沉淀池有效水深，一般为 2～3 m。

b. 沉淀池有效容积。

$$V_1 = Ah_2 \text{ 或 } V_1 = Q_{max} t \tag{2—15}$$

式中 V_1——有效容积，m^3；

A——沉淀区水面积，m^2，$A=Q_{max}/q$；

Q_{max}——最大设计流量，m^3/h。

c. 沉淀区长度。

$$L = 3.6vt \tag{2—16}$$

式中 L——沉淀区长度，m；

v——最大设计流量时的水平流速，mm/s，一般不大于 5 mm/s。

d. 沉淀区总宽度。

$$B = \frac{A}{L} \tag{2—17}$$

式中 B——沉淀区总宽度，m。

e. 沉淀池座数或分格数。

$$n = \frac{B}{b} \tag{2—18}$$

式中 n——沉淀池座数或分格数；

b——每座或每格宽度，与刮泥机有关，一般采用 5～10 m。

为了使水流均匀分布，沉淀区长度一般采用 30～50 m，长宽比不小于 4∶1，长深比不小于 8，沉淀池的总长度等于沉淀区长度加前后挡板至池壁的距离。

第二种方法——按表面水力负荷计算法，当已做过沉淀实验，取得了与污水处理效率相对应的截留沉速 u_0 值时采用。

a. 沉淀区水面积。

$$A = \frac{Q_{max}}{q} \tag{2—19}$$

式中 q——表面水力负荷，$m^3/(m^2 \cdot h)$，通过试验取得，$q=u_0$；

u_0——要求去除颗粒的最小沉速，m/h 或 m/s。

b. 沉淀池有效水深。

$$h_2 = \frac{Q_{max} t}{A} = u_0 t \tag{2—20}$$

式中 h_2——有效水深，m。

②污泥区计算。每日产生的污泥量计算公式如下：

$$W = \frac{SNt}{1\,000} \tag{2—21}$$

式中 W——每日污泥量，m^3/d；

S——每日每人产生的污泥量，L/(p·d)，生活污水的污泥量见表 2—3；

N——设计人口数；

t——两次排泥的时间间隔，d。

如已知污水悬浮物浓度与去除率，污泥量可按下式计算：

$$W = \frac{24Q_{max}(c_0 - c_1) \times 100t}{\gamma(100 - \rho_0)} \tag{2—22}$$

式中 c_0，c_1——分别是沉淀池进水与出水的悬浮物浓度，kg/m^3；如有浓缩池、消化池和污泥脱水机的上清液回流至初次沉淀池，则式中 c_0 应取 $1.3c_0$，c_1 应取 $1.3c_1$ 的 50%～60%；

ρ_0——污泥含水率，%，一般为 95%～97%；

γ——污泥容重，kg/m^3，因污泥的主要成分是有机物，含水率在 95%以上，故 γ 可取为 1 000 kg/m^3；

t——两次排泥时间间隔，d。

③沉淀池的总高度。

$$H = h_1 + h_2 + h_3 + h_4 \tag{2—23}$$

式中 H——总高度，m；

h_1——超高，m，一般采用 0.3 m；

h_2——沉淀区高度，m；

h_3——缓冲区高度，当无刮泥机时，取 0.5 m；有刮泥机时，缓冲层的上缘应高出刮板 0.3 m；

h_4——污泥区高度，m；根据污泥量、池底坡度、污泥斗几何高度及是否采用刮泥机确定。

④污泥斗容积。可采用锥体体积公式计算：

$$V_2 = \frac{1}{3}h_4(f_1 + f_2 + \sqrt{f_1 f_2}) \tag{2—24}$$

式中 V_2——污泥斗容积，m^3；

f_1——污泥斗上口面积，m^2；

f_2——污泥斗下口面积，m^2。

2.3.2.4 竖流式沉淀池

(1) 竖流式沉淀池的构造

竖流式沉淀池可用圆形或正方形。为了池内水流分布均匀，池径不大于 10 m，一般采用 4～7 m。沉淀区呈柱形，污泥斗为截头倒锥体，如图 2—19 所示。

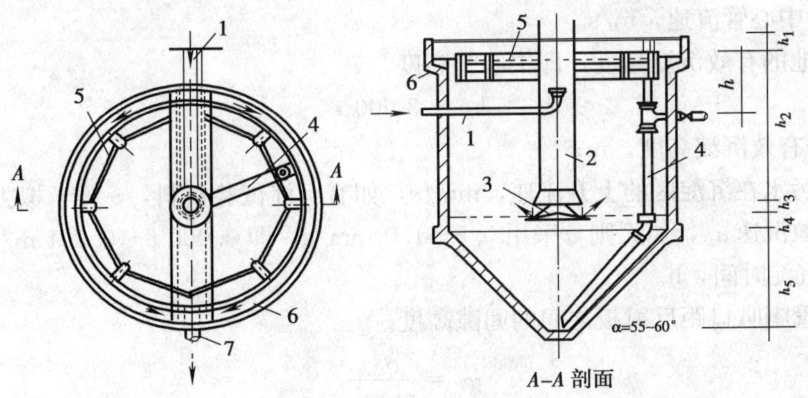

图 2—19 圆形竖流式沉淀池

1—进水管 2—中心管 3—反射板 4—排泥管 5—挡渣板 6—流出槽 7—出水管

污水从中心管自上而下，通过反射板折向上流，沉淀后的出水由设于池周的锯齿溢流堰溢入出水槽。如果池径大于 7 m，一般可增设辐射方向的流出槽。流出槽前设挡渣板，隔除浮渣。污泥依靠静水压力从排泥管排出池外。

竖流式沉淀池的水流流速 v 是向上的，而颗粒的沉速 u 则是向下的，颗粒的实际沉速是 v 与 u 的矢量和，只有 u 大于或等于 v 的颗粒才能被沉淀去除。如果颗粒具有絮凝性，则由于水流向上，带着微颗粒在上升的过程中，互相碰撞、接触，促进絮凝，颗粒变大，u 值也随之增大，去除的可能增加。因此，竖流式沉淀池作为二次沉淀池是可行的。

竖流式沉淀池的中心管内的流速不宜大于 30 mm/s，而当设置反射板时，可不大于 100 mm/s。污水从喇叭口与反射板之间的间隙流出的流速应不大于 40 mm/s。具体尺寸关系如图 2—20 所示。

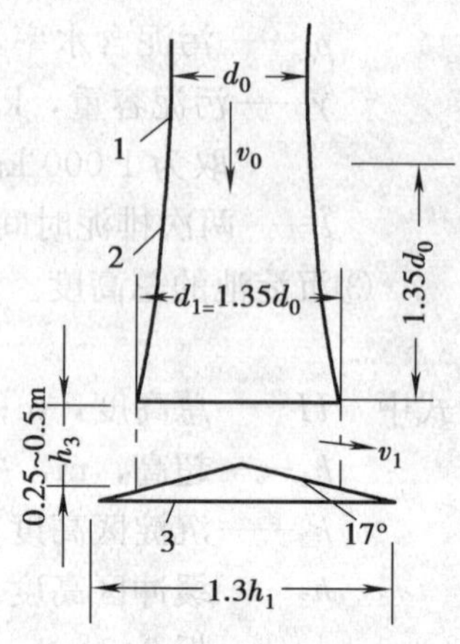

图 2—20　中心管和反射板的结构尺寸

竖流式沉淀池具有排泥容易，不需设机械刮泥设备，占地面积较小等优点。其缺点是造价较高，单池容量小，池深大，施工较困难。因此，竖流式沉淀池适用于处理水量不大的小型污水处理厂站。

（2）竖流式沉淀池的设计

1）中心管面积与直径。

$$f_1 = \frac{q_{max}}{v_0} \tag{2—25}$$

$$d_0 = \sqrt{\frac{4f_1}{\pi}} \tag{2—26}$$

式中　f_1——中心管截面积，m^2；

d_0——中心管直径，m；

q_{max}——每个池的最大设计流量，m^3/s；

v_0——中心管流速，m/s。

2）沉淀池的有效沉淀高度，即中心管高度。

$$h_2 = 3\ 600vt \tag{2—27}$$

式中　h_2——有效沉淀高度，m；

v——污水在沉淀区的上升流速，mm/s，如有沉淀试验资料，v 等于拟去除的最小颗粒沉速 u_0，如无则 v 采用 0.5～1.0 mm/s，即 0.000 5～0.001 m/s；

t——沉淀时间，h。

3）中心管喇叭口距反射板之间的间隙高度。

$$h_3 = \frac{q_{max}}{v_1 \pi d_1} \tag{2—28}$$

式中　h_3——间隙高度，m；

v_1——间隙流出速度，mm/s；

d_1——喇叭口直径，m。

4）沉淀池总面积和池径。

$$f_2=\frac{q_{\max}}{v} \tag{2—29}$$

$$A=f_1+f_2 \tag{2—30}$$

$$D=\sqrt{\frac{4A}{\pi}} \tag{2—31}$$

式中 f_2——沉淀区面积，m^2；

A——沉淀池面积（包括中心管面积），m^2；

D——沉淀池直径，m。

5）沉淀池总高度。

$$H=h_1+h_2+h_3+h_4+h_5 \tag{2—32}$$

式中 H——总高度，m；

h_1——超高，m；

h_2、h_3、h_4、h_5——其含义和计算参见图 2—19。

2.3.2.5 辐流式沉淀池

（1）辐流式沉淀池的构造

普通辐流式沉淀池是一种圆形的、直径较大而有效水深相对较小的池子，直径一般在20～30 m以上，池周水深1.5～3.0 m，池中心处为2.5～5.0 m，采用机械排泥，池底坡度不小于0.05，如图2—21所示。

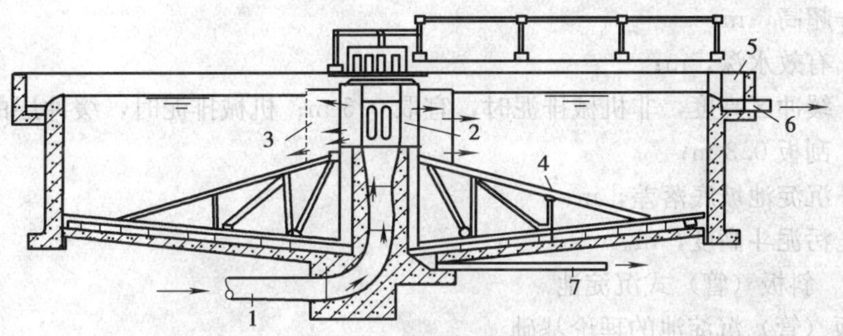

图 2—21 普通辐流式沉淀池

1—进水管 2—中心管 3—穿孔挡板 4—刮泥机

5—出水槽 6—出水管 7—排泥管

污水从池中心处流入，沿半径的方向向池周流出。在池中心处设中心管，污水从池底的进水管进入中心管，在中心管周围设穿孔挡板，使污水在沉淀池内得以均匀流动。出水堰亦采用锯齿堰，堰前设挡板，拦截浮渣。

刮泥机由桁架和转动装置组成，当池径小于20 m时，用中心转动；当池径大于20 m时，用周边转动，将沉淀的污泥推入池中心的污泥斗中，然后借助静水压力或污泥泵排出池外。

辐流式沉淀池的优点是建筑容量大，采用机械排泥，运行较好，管理较简单。其缺点是池中水流速度不稳定，机械排泥设备复杂，造价高。辐流式沉淀池适用于处理水量大的场合。

（2）辐流式沉淀池的设计

1）每座沉淀池的表面积和池径。

$$A_1=\frac{Q_{max}}{nq_0} \tag{2—33}$$

$$D=\sqrt{\frac{4A_1}{\pi}} \tag{2—34}$$

式中 A_1——每池表面积，m^3；

D——每池直径，m；

n——池数，个；

q_0——表面水力负荷，$m^3/(m^2 \cdot h)$，可参考表 2—3 选用。

2）沉淀池有效水深。

$$h_2=q_0 t \tag{2—35}$$

式中 h_2——有效水深，m。

t——沉淀时间，参见表 2—3。

池径与水深比宜用 6～12。

3）沉淀池总高度。

$$H=h_1+h_2+h_3+h_4+h_5 \tag{2—36}$$

式中 H——总高度，m；

h_1——超高，m；

h_2——有效水深，m；

h_3——缓冲区高度，非机械排泥时，宜取 0.5 m；机械排泥时，缓冲层的上缘宜高出刮板 0.3 m；

h_4——沉淀池坡底落差，m；

h_5——污泥斗高度，m。

2.3.2.6　斜板（管）式沉淀池

（1）斜板（管）沉淀池的理论基础

在池长为 L，池深为 H，池中水平流速为 v，颗粒沉速为 u_0 的沉淀池中，当水在池中的流动处于理想状态时，则 $L/H=v/u_0$。

可见，在 L 与 v 值不变时，池深 H 越浅，可被沉淀去除的颗粒的沉速 u_0 也越小。如在池中增设水平隔板，将原来的 H 分为多层，例如分为 3 层，则每层深度为 $H/3$，如图 2—22a 所示，在 v 与 u_0 不变的条件下，则只需 $L/3$，就可将沉速为 u_0 的颗粒去除，即池的总容积可减小到 1/3。如果池的长度不变，如图 2—22b 所示，由于池深为 $H/3$，则水平流速 v 增大 3 v，仍可将沉速为 u_0 的颗粒沉淀到池底，即处理能力可提高 3 倍。在理想条件下，将沉淀池分成 n 层，就可将处理能力提高 n 倍，这就是“浅池沉淀”理论。

（2）斜板（管）沉淀池的构造

斜板（管）沉淀池是根据“浅池沉淀”理论，在沉淀池内加设斜板或蜂窝斜管，以提高

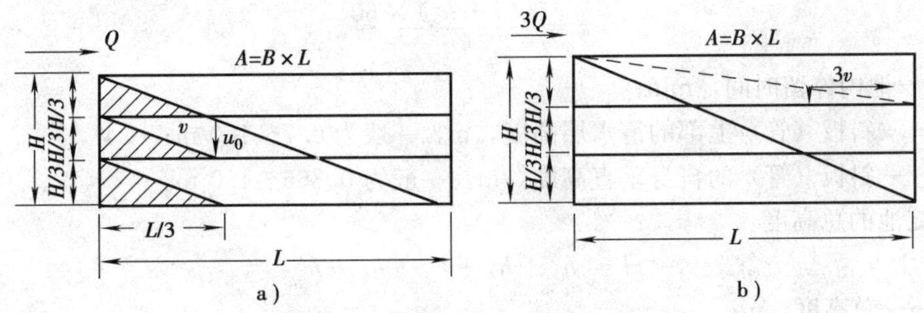

图 2—22 浅池沉淀原理

沉淀效率的一种沉淀池。按水流与污泥的相对方向，斜板（管）沉淀池可分为异向流、同向流和侧向流三种形式，在城市污水处理中主要采用升流式异向流斜板（管）沉淀池，如图 2—23 所示。

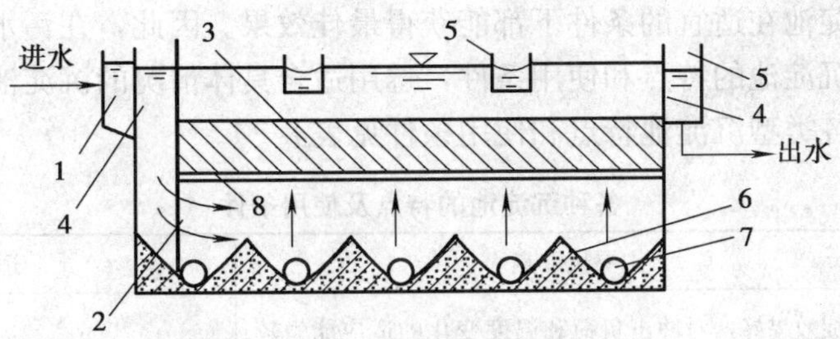

图 2—23 斜板（管）沉淀池

1—配水槽 2—穿孔墙 3—斜板或斜管 4—淹没孔口 5—集水槽 6—集泥斗 7—排泥管 8—阻流板

（3）斜板（管）沉淀池的设计计算

①沉淀池水表面积。

$$A=\frac{Q_{max}}{0.91nq_0} \tag{2—37}$$

式中 A——水表面积，m^3；

n——池数，个；

q_0——表面负荷，$m^3/(m^2 \cdot h)$，可用表 2—3 所列数据的一倍，但如用于二次沉淀池，还应以固体负荷核算；

Q_{max}——最大设计流量，m^3/h；

0.91——斜板（管）面积利用系数。

②沉淀池平面尺寸。

$$D=\sqrt{\frac{4A}{\pi}} \text{ 或 } a=\sqrt{A} \tag{2—38}$$

式中 D——圆形池直径，m；

a——方形池边长，m。

③池内停留时间。

$$t=\frac{(h_2+h_3)\times 60}{q_0} \tag{2—39}$$

式中 t——池内停留时间，min；

h_2——斜板（管）上部的清水层高度，m，一般为 0.7～1.0 m；

h_3——斜板（管）的自身垂直高度，m，一般为 0.866～1.0 m。

④沉淀池的总高度。

$$H=h_1+h_2+h_3+h_4+h_5 \tag{2—40}$$

式中 H——总高度，m；

h_1——超高，m；

h_4——斜板（管）下缓冲层高度，一般采用 1.0 m；

h_5——污泥斗高度，m。

2.3.2.7 沉淀池的选用

各种类型的沉淀池在适宜的条件下都能获得最佳效果。因此，在污水处理的设计中，首先要了解各种类型沉淀池的特点和使用条件，选用适合具体情况的沉淀池，然后再按上述设计方法进行设计。各类型沉淀池特点和使用条件见表 2—4。

表 2—4　各种沉淀池的特点及使用条件

类型	主要优缺点	适用条件
平流式沉淀池	沉淀效果好，对冲击负荷和温度变化的适应能力较强，施工简易，造价较低。但占地面积大，配水不易均匀，多斗排泥操作量大，链带式刮泥机易锈蚀	地下水位高及地质条件差地区，大、中、小型污水处理厂
竖流式沉淀池	占地面积小，管理简单，排泥方便。但池深大，施工难，对冲击负荷和温度变化的适应能力较差，池径不宜过大，否则布水不均匀	水量不大的小型污水处理厂站
辐流式沉淀池	采用机械排泥，运行效果较好，管理较简单。但机械排泥设备复杂，对施工质量要求高	地下水位较高地区，大、中型污水处理厂
斜板（管）式沉淀池	沉淀效率高，占地面积小，水力负荷高。但斜板、斜管造价高，需定期更换，易堵塞	小型污水处理厂站

2.3.3 沉砂池

沉砂池的作用是去除密度较大的无机颗粒。一般设在污水处理厂的前端，以减轻无机颗粒对水泵和管道的磨损；也可设在初次沉淀池前，以减轻沉淀池负荷及改善污泥处理构筑物的处理条件。常用的沉砂池有平流式沉砂池、曝气沉砂池和钟式沉砂池。

2.3.3.1 沉砂池的一般规定

①城市污水处理厂一般均应设置沉砂池。

②沉砂池设计参数按去除相对密度为 2.65、粒径大于 0.2 mm 的砂粒确定。

③沉砂池个数和分格数应不少于 2 个，并宜按并联系列设计。当污水量较小时，可考虑一格工作，一格备用。

④生活污水的沉砂量按每人每天 0.01～0.02 L 计，城市污水可按每 10 万 m^3 污水沉砂

30 m^3 计，其含水率为 60%，容重为 1 500 kg/m^3，合流制污水的沉砂量应根据实际情况确定；砂斗容积按不大于 2 d 的沉砂量计，斗壁与水面的倾角 55°～60°。

⑤除砂一般宜采用机械方法，并设贮砂池和晒沙场。采用人工排砂时排砂管直径不应小于 200 mm。

⑥当采用重力排砂时，沉砂池和贮砂池应尽量靠近，以缩短排砂管长度，并设排砂闸门于管的首端，使排砂管道畅通，易于维护管理。

⑦沉砂池超高不宜小于 0.3 m。

2.3.3.2 平流式沉砂池

平流式沉砂池由入流渠、出流渠、闸板水流部分及沉砂斗组成，水流部分实际上是一个加深加宽的明渠，闸板设在两端，以控制水流，池底设 1～2 个沉沙斗，利用重力排沙，也可用射流泵或螺旋泵排沙，如图 2—24 所示。污水在池内沿水平方向流动，具有截留无机颗粒效果好、工作稳定、构造简单和排砂方便等优点。

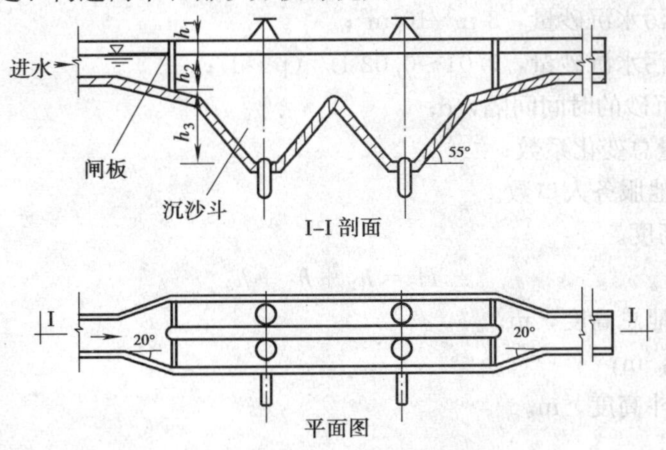

图 2—24 平流式沉砂池

(1) 设计参数

1) 最大流速为 0.3 m/s，最小流速为 0.15 m/s。

2) 最大设计流量时，污水在池内的停留时间不少于 30 s，一般为 30～60 s。

3) 设计有效水深应不大于 1.2 m，一般为 0.25～1.0 m，每格池宽不宜小于 0.6 m。

4) 池底坡度一般为 0.01～0.02，当设置除砂设备时，可根据设备要求考虑池底形状。

(2) 设计计算

1) 沉砂池水流部分的长度。沉砂池两闸板之间的长度为水流部分的长度。

$$L = vt \tag{2—41}$$

式中 L——水流部分长度，m；

v——最大流速，m/s；

t——最大设计流量时的停留时间，s。

2) 水流断面积。

$$A = \frac{Q_{max}}{v} \tag{2—42}$$

式中 A——水流断面积，m；

Q_{max}——最大设计流量，m^3/s；

v——最大流速，m/s。

3）池总宽度。

$$B=\frac{A}{h_2} \tag{2—43}$$

式中 B——池总宽度，m；

h_2——设计有效水深，m。

4）沉砂斗容积。

$$V=\frac{86\ 400Q_{max}tx_1}{10^5K_{总}} 或 V=Nx_2t' \tag{2—44}$$

式中 V——沉砂斗容积，m^3；

x_1——城市污水沉砂量，3 $m^3/10^5m^3$；

x_2——生活污水沉砂量，0.01～0.02 L/（p·d）；

t'——清除沉砂的时间间隔，d；

$K_{总}$——流量总变化系数；

N——沉砂池服务人口数。

5）沉砂池总高度。

$$H=h_1+h_2+h_3 \tag{2—45}$$

式中 H——沉砂池总高度，m；

h_1——超高，m；

h_3——贮砂斗高度，m。

6）验算。

按最小流量时，池内最小流速 v_{min} 大于或等于 0.15 m/s 进行验算。

$$v_{min}=\frac{Q_{min}}{n\omega} \tag{2—46}$$

式中 v_{min}——最小流速，m/s；

Q_{min}——最小流量，m^3/s；

n——最小流量时，工作的沉砂池个数；

ω——工作沉砂池的水流断面面积，m^2。

2.3.3.3 曝气沉砂池

平流沉砂池的主要缺点是沉砂中约夹杂着15%的有机物，使沉砂的后续处理难度增加。曝气沉砂池可以克服这一缺点。

曝气沉砂池呈矩形，池底一侧设有集砂槽。曝气装置设在集砂槽一侧，使池内水流产生与主流垂直的横向旋流运动，无机颗粒之间的互相碰撞与摩擦机会增加，磨去表面附着的有机物。此外，在旋流产生的离心力作用下，相对密度较大的无机颗粒被甩向外层并下沉，相对密度较小的有机物旋至水流中心部位随水带走，使沉砂池中的有机物含量低于10%。集砂槽中的砂可采用机械刮砂、空气提升器或泵吸式排砂机排除。曝气沉砂池的优点是可以通过调节曝气量，控制污水的旋流速度，使除砂效率较稳定，受流量变化影响较小。同时，还对污水起预曝气作用，曝气沉砂池断面如图 2—25 所示。

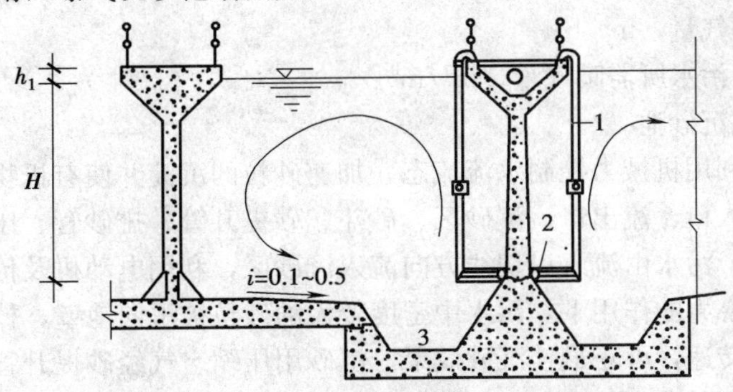

图 2—25 曝气沉砂池

1—压缩空气管 2—空气扩散板 3—集砂槽

（1）设计参数

1）旋流速度应控制在 0.25～0.30 m/s。

2）最大流量时的停留时间为 1～3 min，水平流速为 0.1 m/s。

3）有效水深为 2～3 m，宽深比为 1.0～1.5 m，长宽比可达 5。

4）每 m^3 污水的曝气量为 0.1～0.2 m^3 空气。

5）空气扩散装置距池底约 0.6～0.9 m，输气管应设置调节气量的阀门。

（2）设计计算

1）总有效容积。

$$V = 60Q_{max} t \tag{2—47}$$

式中 V——总有效容积，m^3；

Q_{max}——最大设计流量，m^3/s；

t——最大设计流量时的停留时间，s。

2）池断面面积。

$$A = \frac{Q_{max}}{v} \tag{2—48}$$

式中 A——池断面积，m；

v——最大设计流量时的水平前进流速，m/s。

3）池总宽度。

$$B = \frac{A}{H} \tag{2—49}$$

式中 B——池总宽度，m；

H——有效水深，m。

4）池长。

$$L = \frac{V}{A} \tag{2—50}$$

式中 L——池长，m。

5）所需曝气量。

$$q = 3\,600DQ_{\max} \tag{2—51}$$

式中 q——所需曝气量，m^3/h；

D——每 m^3 污水所需曝气量，m^3/m^3。

2.3.3.4 钟式沉砂池

钟式沉砂池是利用机械力控制水流流态，加速砂粒的沉淀并使有机物随水流带走的沉砂装置。沉砂池由流入口、流出口、沉砂区、砂斗、砂提升管、排砂管、压缩空气输送管、电动机及变速箱组成。污水由流入口切线方向流入沉砂区，利用电动机及传动装置带动转盘和斜坡式叶片，在离心力的作用下，污水中密度较大的砂粒被甩向池壁，掉入砂斗，有机物则留在污水中。调整转速，可获最佳沉砂效果。沉砂用压缩空气经砂提升管、排砂管清洗后排出，清洗水回流至沉砂池，如图 2—26 所示。根据设计污水量的大小，钟式沉砂池可分为不同型号。

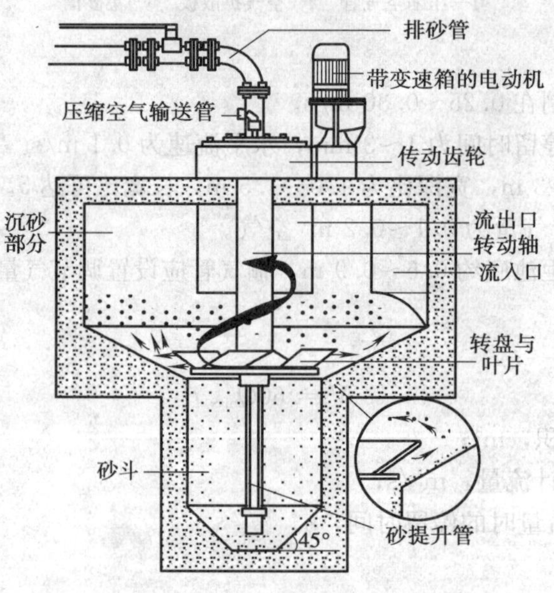

图 2—26 钟式沉砂池工艺图

2.4 除 油

2.4.1 含油污水的特征

含油污水主要来源于石油、石油化工、钢铁、焦化、煤气发生站、机械加工等工业企业。油脂加工、肉类加工等废水中也含有很高的油脂。含油污水的含油量及其特征，随工业种类不同而异，同一种工业也因生产工艺、设备和操作条件不同而相差较大。

油类在水中的存在形式可分为浮油、分散油、乳化油和溶解油 4 类。

①浮油。油珠粒径较大，一般大于 100 μm，易浮于水面，形成油膜或油层。

②分散油。油珠粒径一般为 10～100 μm，以微小油珠悬浮与水中，不稳定，静置一定时间后往往形成浮油。

③乳化油。油珠粒径小于 10 μm，一般为 0.1～2 μm。往往因水中含有表面活性剂，使油珠成为稳定的乳化液。

④溶解油。油珠粒径比乳化油还小，有的可小到几纳米，是溶于水的油微粒。

宜采用重力分离法去除浮油，采用气浮法、混凝沉淀法等去除乳化油。

2.4.2 隔油池的类型与构造

隔油主要用于对污水中浮油的处理，它是利用水中油品与水密度的差异与水分离并加以清除的过程。隔油过程在隔油池中进行。隔油池的形式较多，目前使用的隔油池主要有平流隔油池和斜板隔油池两大类。

2.4.2.1 平流隔油池

平流隔油池平面呈长方形，污水从池一端流入另一端流出。在池中由于流速降低，相对密度小于 1.0 而粒径较大的油珠上浮到水面，相对密度大于 1.0 的杂质沉于池底。在出水一侧的水面上设有集油管，用于将浮油排至池外。大型隔油池内设有刮油刮泥机，用以推动水面浮油和刮集池底沉渣。刮集到池前部泥斗中的沉渣通过排泥管适时排出。平流隔油池如图 2—27 所示。

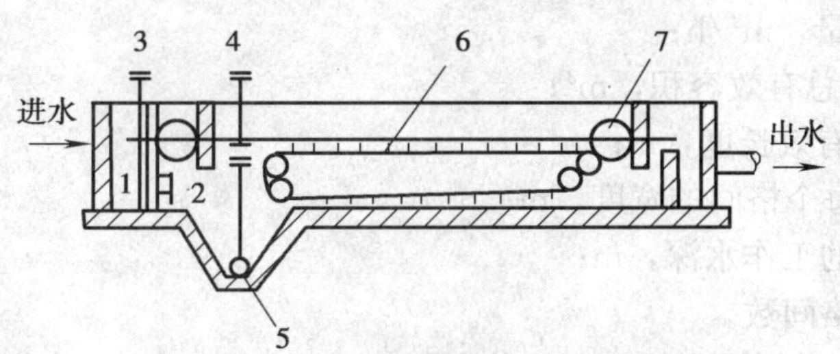

图 2—27 平流隔油池

1—配水槽 2—进水孔 3—进水间 4—排渣间

5—排渣管 6—刮油刮泥机 7—集油管

污水在隔油池内的停留时间 1.5～2.0 h，水平流速很低，一般为 2～5 mm/s，最大不超过 10 mm/s，以利于油品的上浮和泥渣的沉降。池长和池深之比小于 4。

平流隔油池构造简单，便于运行管理，除油效果稳定，但池体大，占地面积大。这种隔油池可能去除的最小油珠粒径，一般不低于 150 μm。

平流隔油池除油率一般为 60%～80%，粒径 150 μm 以上的油珠均可除去。它的优点是构造简单，运行管理方便，除油效果稳定。缺点是体积大，占地面积大，处理能力低，排泥难，出水中仍含有乳化油和吸附在悬浮物上的油分，一般很难达到排放要求。

2.4.2.2 斜板隔油池

斜板隔油池如图 2—28 所示。在隔油池内设置波纹形斜板，间距宜采用 40 mm，倾角应不小于 45°。污水沿板面向下流动，从出水堰排出。污水中油珠沿板的下表面向上流动，经集油管收集排出。水中悬浮物沉降到斜板上表面，滑落入池底部，经排泥管排出。这种隔油池油水分离效率高，可去除粒径不小于 60 μm 的油珠。污水在池内的停留时间，约为平流隔油池的 1/4～1/2，一般不超过 30 min。

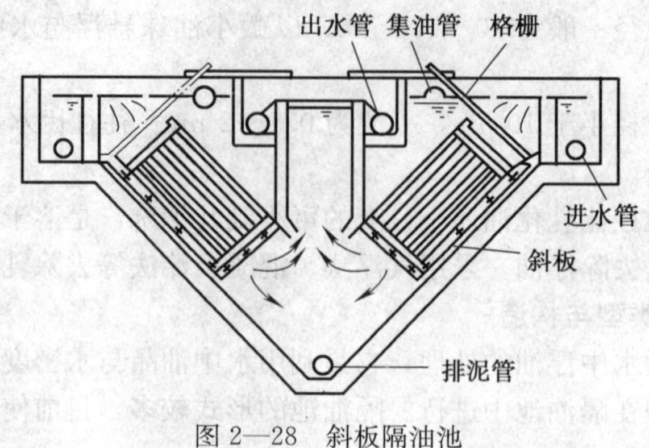

图 2—28　斜板隔油池

2.4.3　隔油池设计计算

污水在隔油池内的停留时间和水平流速是隔油池计算与设计的主要参数。停留时间一般为1.5～2.0 h，水平流速一般为2～5 mm/s。运行中的实际停留时间可按下式计算：

$$t=\frac{W}{Q}=\frac{Lbhn}{Q} \tag{2—52}$$

式中　t——污水在隔油池内的停留时间，h；

Q——污水流量，m^3/h；

W——隔油池总有效容积，m^3；

L——隔油池有效长度，m；

b——隔油池每个格间的宽度，m；

h——隔油池的工作水深，m；

n——隔油池格间数。

运行中的污水实际水平流速可按下式计算：

$$v=\frac{Q}{3.6A_c}=\frac{Q}{3.6bhn} \tag{2—53}$$

式中　v——污水在隔油池内的水平流速，mm/s；

A_c——隔油池的过水断面面积，m^2。

上述隔油池仅能去除污水中粒径大于60 μm的油珠颗粒。近年来，可以去除污水中细小油珠和乳化油的粗粒化除油装置得到广泛使用。粗粒化除油装置是使污水通过具有亲油疏水特性粗粒化材料，细小的油珠即附着在粗粒化材料表面，随着污水不断通过粗粒化材料，细小油粒会附聚成较大的油珠，增大的油珠脱离粗粒化材料而上浮去除。无机粗粒化材料主要有硅砂、沸石、活性炭、硅藻土、活性白土、石棉、玻璃纤维等；有机物材料主要有合成高分子聚合物，如聚链烯烃、尼龙、聚酯、聚苯乙烯、聚氨酯等。此外，对于难以处理的含油污水，也可以采用气浮分离和膜分离技术等。

2.5　过　滤

过滤一般是指通过具有孔隙的颗粒状滤料层（如石英砂等）截留水中悬浮物和胶体杂

质，从而使水获得澄清的工艺过程。过滤的作用主要是去除水中的悬浮物或胶体杂质，特别是能有效地去除沉淀技术不能去除的微小颗粒和细菌等，而且对 BOD 和 COD 也有某种程度的去除效果。

在污水处理中，过滤常用于污水的深度处理，用在混凝、沉淀或澄清等处理工艺之后，以进一步去除污水中细小的悬浮颗粒，降低浊度。此外，还常作为对水质浊度要求较高的处理工艺，如活性炭吸附、离子交换除盐、膜分离法等的预处理。

2.5.1 过滤机理

2.5.1.1 阻力截留

当污水自上而下流过颗粒滤料层时，粒径较大的悬浮颗粒首先被截留在表层滤料的空隙中，随着此层滤料间的空隙越来越小，截污能力也变得越来越大，逐渐形成一层主要由被截留的固体颗粒构成的滤膜，并由它起主要的过滤作用。这种作用属阻力截留或筛滤作用。悬浮物粒径越大，表层滤料和滤速越小，就越容易形成表层筛滤膜，滤膜的截污能力也越高。

2.5.1.2 重力沉降

污水通过滤料层时，众多的滤料表面提供了巨大的沉降面积。重力沉降强度主要与滤料直径及过滤速度有关。滤料越小，沉降面积越大；滤速越小，则水流越平稳，这些都有利于悬浮物的沉降。

2.5.1.3 接触絮凝

由于滤料具有巨大的比表面积，它与悬浮物之间有明显的物理吸附作用。此外，静电力等也会使滤料颗粒黏附水中的悬浮颗粒，就像在滤料层内部发生接触絮凝。

在实际过滤过程中，上述三种机理往往同时起作用，只是随条件不同而有主次之分。对粒径较大的悬浮颗粒，以阻力截留为主，因这一过程主要发生在滤料表层，通常称为表面过滤。对于细微悬浮物，以发生在滤料深层的重力沉降和接触絮凝为主，称为深层过滤。

2.5.2 颗粒材料滤池——快滤池

2.5.2.1 普通快滤池的构造与工艺过程

快滤池的类型较多，其基本构造都包括池体、滤料、承托层、配水系统和反冲洗装置等几部分。工艺过程都是过滤、反冲洗两个基本阶段交替进行。普通快滤池的构造如图 2—29 所示。

快滤池工艺过程如下：

（1）过滤

过滤时，开启进水支管 2 与清水支管 3 的阀门；关闭冲洗水支管 4 阀门与排水阀 5，污水依次经过进水总管 1、支管 2、浑水渠 6 进入滤池，进入滤池的水经过滤料层 7、承托层 8 过滤后，由配水支管 9 汇集起来，再经配水干管 10、清水支管 3、清水总管 12 流往清水池。

污水流经滤料层时，水中悬浮物和胶体杂质被截留在滤料表面和内层孔隙中。随着过滤过程的进行，滤料层截留的杂质不断积累，滤料层内孔隙由上至下逐渐被堵塞，水流通过滤层的阻力和水头损失随之增多。当水头损失达到允许的最大值时或出水水质达到某一规定值时，滤池就要停止过滤，进行反冲洗工作。

（2）反冲洗

反冲洗时，冲洗水的流向与过滤完全相反，从滤池底部向滤池上部流动。首先关闭进水

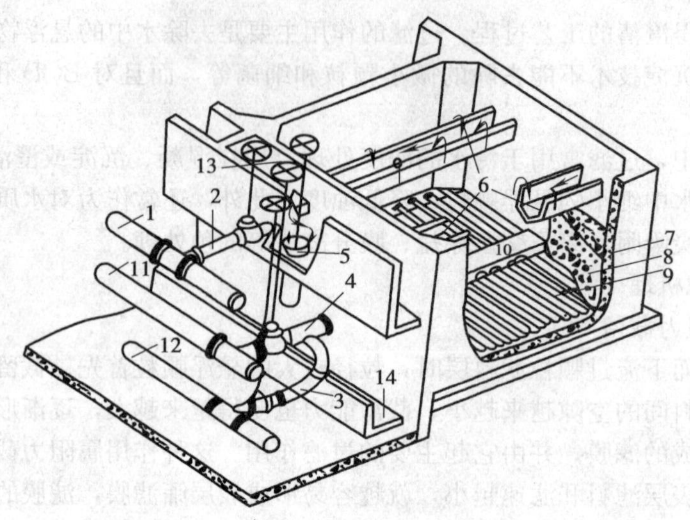

图 2—29　普通快滤池构造

1—进水总管　2—进水支管　3—清水支管　4—冲洗水支管　5—排水阀
6—浑水渠　7—滤料层　8—承托层　9—配水支管　10—配水干管
11—冲洗水总管　12—清水总管　13—反冲洗排水槽　14—废水渠

支管 2 与清水支管 3 阀门，然后开启排水阀 5 与冲洗支管阀门 4。冲洗水依次经过冲洗水总管 11、冲洗水支管 4、配水干管 10 进入配水支管 9，冲洗水通过支管 9 及其上面的许多孔眼流出，由下而上流过承托层和滤料层，均匀地分布在滤池平面上。滤料在由下而上的水流中处于悬浮状态，由于水流剪切力及颗粒间的相互碰撞作用，滤料颗粒表面杂质被剥离下来，从而得到清洗。冲洗废水经浑水渠 6、冲洗排水槽 13 进入废水渠 14 排出池外。冲洗完毕后，即可关闭冲洗水支管 4 阀门与排水阀 5，开启进水支管 2 与清水支管 3 的阀门，重新开始下一循环的过滤。

从过滤开始到过滤停止之间的过滤时间称为滤池的过滤周期，过滤周期与滤料组成、进水水质等因素有关，一般在 8～48 h 之间。

2.5.2.2　滤料

滤料的种类、性质、形状和级配是决定滤层截留杂质能力的重要因素。良好的滤料应具有截污能力强、过滤出水水质好、过滤周期长、产水量较高等特点。

具有足够的机械强度、化学性质稳定和对人体无害的分散颗粒材料均可做水处理滤料，如石英砂、石榴石、无烟煤粒、重质矿粒以及人工生产的陶粒滤料、瓷料、纤维球、聚苯乙烯泡沫滤珠等，目前应用最广泛的是石英砂、无烟煤等颗粒滤料。

滤料颗粒的大小用“粒径”表示，粒径是指能将滤料颗粒包围在内的一个假想球面的直径。滤料的级配是指对滤料粒径大小的范围以及不同尺寸颗粒所占的比例的要求。例如滤池采用石英砂单层滤料时，要求最小粒径为 0.5 mm，最大粒径为 1.2 mm，并且要求滤料具有一定的不均匀系数。

滤池分单层滤料滤池、双层滤料滤池和三层滤料滤池。后两种滤池较单层滤料滤池具有更强截污能力。单层滤料滤池的构造简单，操作也简便，因而应用广泛。双层滤料滤池是在石英砂滤层上加一层无烟煤滤层，三层滤料是由石英砂、无烟煤、磁铁矿的颗粒组成。单层滤料滤池、双层滤料滤池的滤速及滤料组成见表2—6。

表2—6　滤池滤速及滤料组成

滤池类型	滤料组成			滤速（m/h）	强制滤速（m/h）
	粒径（mm）	不均匀系数 K_{80}	厚度（mm）		
单层滤料滤池	石英砂 $d_{min}=0.5$ $d_{max}=1.2$	2.0	700	8～12	10～14
双层滤料滤池	无烟煤 $d_{min}=0.8$ $d_{max}=1.8$ 石英砂 $d_{min}=0.5$ $d_{max}=1.2$		400～500 400～500	12～16	14～18

2.5.2.3　承托层

承托层的作用主要是承托滤料，防止过滤时滤料漏入配水系统开孔而进入清水池；冲洗时起均匀布水作用。承托层一般采用卵石或砾石，按颗粒大小分层铺设。承托层粒径与厚度见表2—7。

表2—7　承托层粒径与厚度

层次（由上而下）	粒径（mm）	厚度（mm）	层次（由上而下）	粒径（mm）	厚度（mm）
1	2～4	100	3	8～16	100
2	4～8	100	4	16～32	100～150

2.5.2.4　配水系统

配水系统的作用是保证反冲洗水均匀地分布在整个滤池断面上，而在过滤时也能均匀地收集滤后水，前者是滤池正常操作的关键。为了尽量使整个滤池面积上反冲洗水分布均匀，工程中常采用以下两类配水系统。

(1) 大阻力配水系统

大阻力配水系统是由穿孔的主干管及其两侧一系列支管以及卵石承托层组成，每根支管上钻有若干个布水孔眼。这种配水系统在快滤池中被广泛应用，此系统的优点是配水均匀，工作可靠，基建费用低，但反冲洗水水头大，动力消耗大。

(2) 小阻力配水系统

小阻力配水系统是在滤池底部设较大的配水室，在其上面铺设阻力较小的多孔滤板、滤头等进行配水。小阻力配水系统的优点是反冲洗水头小，但配水不均匀。这种系统适用于反冲洗水头有限的虹吸滤池和重力式无阀滤池等。

2.5.2.5　滤池的冲洗

滤池冲洗质量的好坏，对滤池的正常工作有很大影响，滤池反冲洗的目的是恢复滤料层（砂层）的工作能力，要求在滤池冲洗时，应满足下列条件：

①冲洗水在整个底部平面上应均匀分布，这是借助配水系统完成的。

②冲洗水要求有足够的冲洗强度和水头，使砂层达到一定的膨胀高度。

③要有一定的冲洗时间。

④冲洗的排水要迅速排出。

所谓的冲洗强度，是指滤池冲洗时每平方米滤池面积上所通过的流量，单位为 L/(s·m^2)。滤层膨胀率是指滤料层在冲洗时滤层膨胀后所增加的厚度与膨胀前厚度之比，以%表示。石英砂滤料层快滤池的运行经验表明，冲洗时滤料层的膨胀率为 40%～50%，冲洗时间为 5～6 min，冲洗强度以 12～14 L/(s·m^2) 较为适宜。

2.5.2.6　滤池的设计计算

(1) 滤池总面积计算

设计滤池时，首先应确定适当的过滤速度，再根据设计水量计算出滤池总面积。设计滤速直接关系到过滤水质、处理成本和运行管理等问题，应结合具体情况由表 2—6 中选取。滤速确定后，滤池总面积由下式计算：

$$F=\frac{Q}{v} \tag{2—54}$$

式中　F——滤池总面积，m^2；

Q——设计流量，m^3/h；

v——设计滤速，m/h。

(2) 滤池个数和尺寸的确定

滤池个数应根据生产规模、造价和运行等条件通过技术经济比较来确定。池数多，运行灵活，强制滤速较低，布水易均匀，冲洗效果好，但单位面积滤池造价增加。根据设计经验，可按照表 2—8 确定滤池个数。

表 2—8　　滤池总面积与滤池个数

滤池总面积（m^2）	<30	30～50	100	150	200	300
滤池个数	2	3	3～4	5～6	6～8	10～12

滤池个数和单池面积确定后，还应校核当 1～2 个滤池停产时工作滤池的强制流速。

滤池的平面形状一般为正方形或矩形，其长宽比主要决定于管件的布置。滤池总深度包括超高 0.25～0.3 m、滤层上水深 1.5～2.0 m、滤料层厚度、承托层厚度和配水系统高度。滤池总高度一般为 3.0～3.5 m。

2.5.3　其他滤池

2.5.3.1　虹吸滤池

虹吸滤池的进水和冲洗水的排除都是由虹吸完成的，因此称为虹吸滤池。

虹吸滤池通常是由 6～8 格单元滤池所组成的一个过滤整体，称为“一组（座）滤池”，平面形状多为矩形，呈双排布置，其构造如图 2—30 所示。图中为两个单元滤池，右侧表示正在过滤的单元，左边表示正在冲洗的单元。两个单元滤池的底部配水空间通过位于中间的清水渠 12 相互连通，存在着一种联锁的运行关系。在清水渠的一端设有清水出水堰以控制清水渠内水位。每格单元滤池都设有排水虹吸管 13 和进水虹吸管 2，分别用来代替排水阀门和进水阀门，控制虹吸滤池的过滤和反冲洗。排水虹吸管和进水虹吸管的虹吸形成与破坏均借用真空系统 16 来完成。

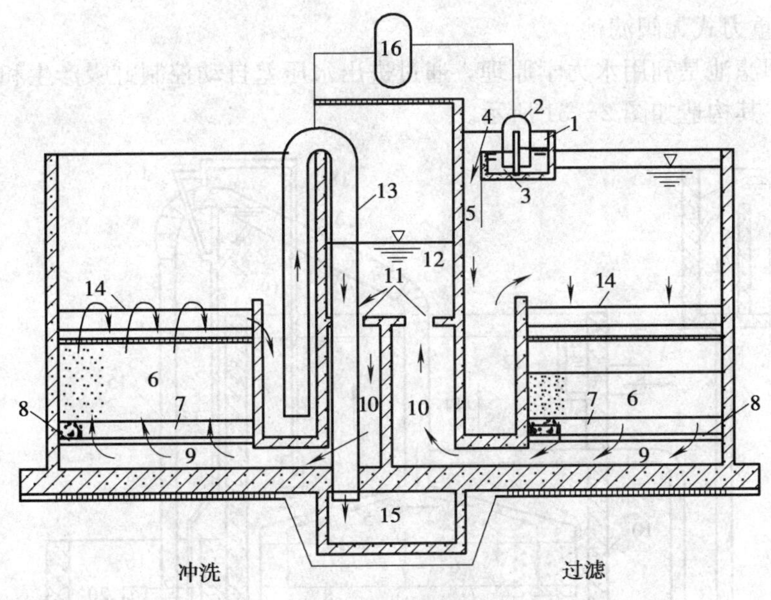

图 2—30 虹吸滤池构造示意

1—进水总渠 2—进水虹吸管 3—进水槽 4—溢流堰 5—布水管 6—滤料层 7—承托层 8—配水系统 9—底部配水空间 10—清水室 11—连通孔 12—清水渠 13—排水虹吸管 14—配水槽 15—排水渠 16—真空系统

其过滤工作过程如下：利用真空系统 16 对进水虹吸管抽真空，使之形成虹吸，待滤水由进水总渠 1 经进水虹吸管 2 流入单元滤池进水槽 3，再经溢流堰 4 溢流入布水管 5 后进入滤池。进入滤池的水自上而下通过滤层 6 进行过滤，滤后水经承托层 7、小阻力配水系统 8、底部配水空间 9，进入清水室 10，由连通孔 11 进入清水渠 12，汇集后经清水出水堰溢流进入清水池。

在过滤过程中，随着滤料层中截留的悬浮杂质不断增加，水流通过滤层的阻力和过滤水头损失逐渐增大，由于各过滤单元的进、出水量不变，因此滤池内水位不断地上升。当某一格单元滤池的水位上升到最高设计水位（或滤后水水质达到某一规定值时）时，该格单元滤池便需停止过滤，进行反冲洗。

反冲洗工作过程如下：反冲洗时，应先破坏失效单元滤池的进水虹吸管的真空，使该格单元滤池停止进水，滤池水位逐渐下降，滤速逐渐降低。当滤池内水位下降速度显著变慢时，利用真空系统 16 抽出排水虹吸管 13 中的空气使之形成虹吸，滤池内剩余待滤水被排水虹吸管 13 迅速排入滤池底部排水渠 15，滤池内水位迅速下降。当池内水位低于清水渠 12 中的水位时，反冲洗正式开始，滤池内水位继续下降。当滤池内水面降至配水槽 14 顶端时，反冲洗水头达到最大值。其他格单元滤池的滤后水作为该格单元滤池的反冲洗所需清水，源源不断地从清水渠 12 经连通孔 11、清水室 10 进入该格单元滤池的底部配水空间 9，经小阻力配水系统 8、承托层 7，沿着与过滤时相反的方向自下而上通过滤料层 6，对滤料层进行反冲洗。冲洗废水经排水槽 14 收集后由排水虹吸管 13 进入滤池底部排水渠 15 排走。当滤料冲洗干净后，破坏排水虹吸管 13 的真空，冲洗停止。然后再用真空系统 16 使进水虹吸管 2 恢复工作，过滤重新开始。

2.5.3.2 重力式无阀滤池

重力式无阀滤池是利用水力学原理，通过进出水压差自动控制虹吸产生和破坏，实现自动运行的滤池，其构造如图 2—31 所示。

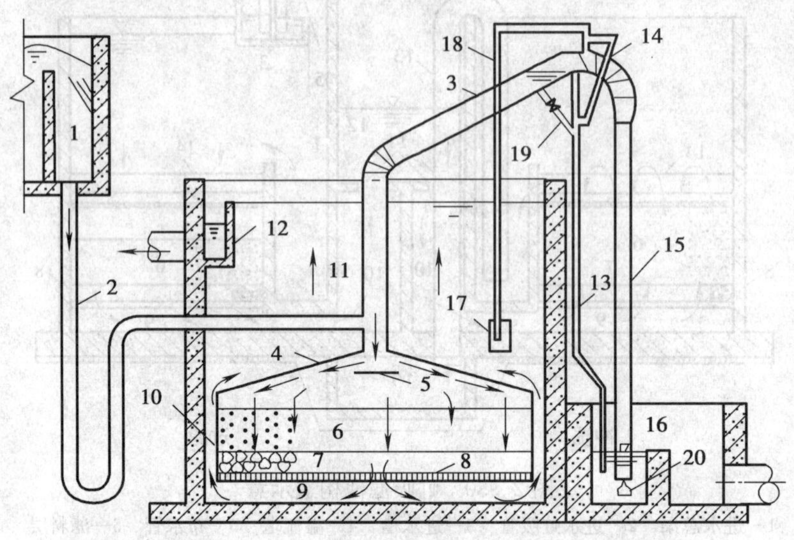

图 2—31 无阀滤池构造示意

1—进水分配槽 2—进水管 3—虹吸上升管 4—伞形顶盖 5—配水挡板 6—滤料层 7—承托层 8—配水系统 9—底部配水空间 10—连通渠（管） 11—冲洗水箱 12—出水渠 13—虹吸辅助管 14—抽气管 15—虹吸下降管 16—水封井 17—虹吸破坏斗 18—虹吸破坏管 19—强制冲洗管 20—冲洗强度调节管

重力式无阀滤池工作过程如下：过滤时，待滤水经进水分配槽 1，由进水管 2 进入虹吸上升管 3，再经伞形顶盖 4 下面的配水挡板 5 整流和消能后，均匀地分布在滤料层 6 的上部，水流自上而下通过滤料层 6、承托层 7、小阻力配水系统 8，进入底部集水空间 9，然后清水从底部集水空间经连通渠（管）10 上升到冲洗水箱 11，冲洗水箱水位开始逐渐上升，当水箱水位上升到出水渠 12 的溢流堰顶后，溢流入渠内，最后经滤池出水管进入清水池。冲洗水箱内贮存的滤后水即为无阀滤池的冲洗水。

在过滤的过程中，随着滤料层内截留杂质量的不断增多，滤料层内孔隙由上至下逐渐被堵塞，过滤水头损失也逐渐增加，从而使虹吸上升管 3 内的水位逐渐升高。当水位上升到虹吸辅助管 13 的管口时，水便从虹吸辅助管 13 中不断向下流入水封井 16 内，依靠下降水流在抽气管 14 中形成的负压和水流的挟气作用，抽气管 14 不断将虹吸管中空气抽出，使虹吸管中真空度逐渐增大。其结果是虹吸上升管 3 中水位和虹吸下降管 15 中水位都同时上升，当虹吸上升管中的水越过虹吸管顶端下落时，下落水流与下降管中上升水柱汇成一股冲出管口，把管中残留空气全部带走，形成虹吸。此时，由于伞形盖内的水被虹吸管排向池外，造成滤层上部压力骤降，从而使冲洗水箱内的清水沿着与过滤时相反的方向自下而上通过滤层，对滤料层进行反冲洗。冲洗后的废水经虹吸管进入排水水封井 16 排出。

在冲洗过程中，冲洗水箱内水位逐渐下降。当水位下降到虹吸破坏斗 17 缘口以下时，虹吸管在排水同时，通过虹吸破坏管 18 抽吸虹吸破坏斗中的水，直至将水吸完，使管口与大气相通，空气由虹吸破坏管进入虹吸管，虹吸即被破坏，冲洗结束，过滤自动重新开始。

2.5.3.3 压力过滤器

在污水处理中，还采用其他类型的过滤装置，其中应用较多的是压力过滤器。压力过滤器如图 2—32 所示。

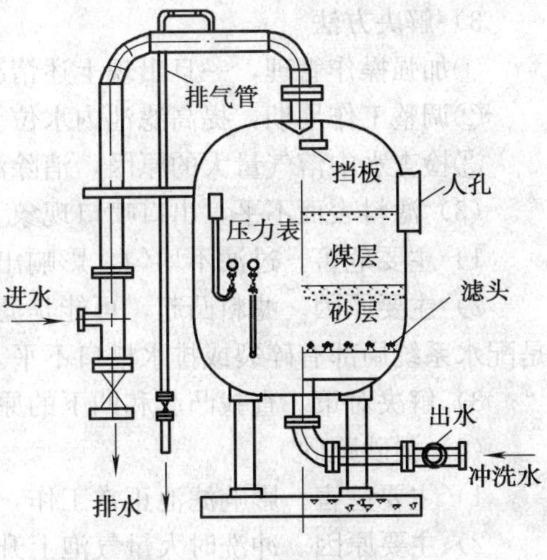

图 2—32 压力过滤

压力过滤器是一个承压的密闭容器，外形呈圆柱状，直径一般不超过 3 m。容器内装有滤料、进水和反冲洗配水系统，容器外设置各种管道和阀门等。配水系统多采用小阻力系统中的缝隙式滤头。滤料粒径一般采用 0.6～1.0 mm，滤料层厚度一般约 1.0～1.2 m，滤速为 8～10 m/h。过滤器的外部还安装有压力表，可用它实时观察过滤器的压力损失。运行中，为提高冲洗效果和节省冲洗水量，可考虑用压缩空气辅助冲洗。

压力过滤器的主要特点是过滤能力强、容积小、设备定型、使用机动性大，常与对水质浊度要求较高的处理工艺串联使用，如作为活性炭吸附、离子交换除盐、膜分离法等的预处理装置，过滤器在压力的作用下进行过滤，可利用过滤后的余压将水直接送到用用水地点或远距离输送。

2.5.4 滤池运行中常见问题及解决方法

2.5.4.1 滤池运行前的准备

检查所有管道和阀门是否完好，各管口标高是否符合设计要求，排水槽面是否严格水平。初次铺设滤料应比设计厚度多 5 mm 左右。清除杂物，保持滤料平整，然后放水检查，排除滤料内空气。放水检查结束后，对滤料进行连续冲洗至洁净。

2.5.4.2 滤池运行常见问题及解决方法

(1) 滤料中结泥球

1) 主要危害。砂层阻塞，砂面易发生裂缝，泥球往往腐蚀发酵，直接影响滤砂的正常运转和净水效果。

2) 主要原因。冲洗强度不够，长时间冲洗不干净；进入滤池的水浊度过高，使滤池负担过重；配水系统不均匀，部分滤池冲洗不干净。

3) 解决方法

①改善冲洗条件，调整冲洗强度和冲洗历时。

②降低进水浊度。

③检查承托层有无移动，配水系统是否堵塞。

④用液氯或漂白粉溶液等浸泡滤料，情况严重时要大修翻砂。

(2) 冲洗时大量气泡上升

1) 主要危害。滤池水头损失增加很快，工作周期缩短；滤层产生裂缝，影响水质或大量漏砂、跑砂。

2）主要原因。滤池发生滤干后，未经反冲排气又再过滤使空气进入滤层；工作周期过长，水头损失过大，使砂面上的作用水头小于滤料水头损失，从而产生负水头，使水中逸出空气存于滤料中；当用水塔供给冲洗水时，因冲洗水塔存水用完，空气随水夹带进滤池；水中溶气量过多。

3）解决方法

①加强操作管理，一旦出现上述情况，可用清水倒滤。

②调整工作周期，提高滤池内水位。

③检查水中溶气量大的原因，消除溶气的来源。

（3）滤料表面不平，出口喷口现象

1）主要危害。过滤不均匀，影响出水水质。

2）主要原因。滤料凸起，可能是滤层下面承托层及配水系统有堵塞；滤料凹下，可能是配水系统局部有碎裂或排水槽口不平。

3）解决对策。查找凸起和凹下的原因，翻整滤料层和承托层，检修配水系统和排水槽。

（4）漏砂跑砂

1）主要危害。影响滤池正常工作，使清水池和出水中带砂影响水质。

2）主要原因。冲洗时大量气泡上升；配水系统发生局部堵塞；冲洗不均匀，使承托层移动；反冲洗式阀门开放太快或冲洗强度过高，使滤料跑出；滤水管破裂。

3）解决方法

①弄清冲洗时大量气泡上升的原因并解决这一问题。

②检查配水系统，排出堵塞。

③改善冲洗条件。

④严格按规程操作。

⑤检修滤水管。

（5）滤速逐渐降低，周期减短

1）主要危害。影响滤池正常生产。

2）主要原因。冲洗不良，滤层积泥；滤料强度差，颗粒破碎。

3）解决对策

①改善冲洗条件。

②刮除表层滤砂，换上符合要求的滤砂。

本章小结

本章主要介绍利用物理作用对污水进行处理的方法及其设备。物理处理法是污水处理中最常用的方法，在污水处理中几乎是不可缺少的工艺过程。本章的基础知识主要包括水质和水量调节、筛滤、沉淀、上浮和过滤机理等。

本章的公式较多，可直接应用公式进行污水处理构筑物的设计计算；用大量示意图增加对构筑物（设备）的直观感觉，以加深理解，并对同类设备进行了比较，以便于在实际工作中选择应用；对主要污水物理处理设备操作管理中常见问题进行了较详细的分析，同时讨论了解决方法。通过练习和技能实训加深对污水处理构筑物（设备）的理解。

练 习 题

1. 名词解释

自由沉淀　截留沉速　表面负荷　深层过滤

2. 填空题

(1) 调节池的调节作用就是______，______。调节水量的两种方式是______和______。

(2) 格栅的主要作用是______，______，根据格栅上截留物的清除方法不同，可将格栅分为______和______两类。

(3) 沉淀的基本类型有______、______、______、______，按池内水流方向的不同，沉淀池可分为______、______、______。

(4) 常用的沉砂池有______、______、______。

(5) 快滤池的类型较多，其基本构造都包括______、______、______、______等几部分。

(6) 油类在水中的存在形式可分为______、______、______、______4类。

3. 判断题

(1) 格栅与筛网的作用是相同的，其处理对象也相同。（　）

(2) 沉淀是水中悬浮颗粒在重力作用下下沉，从而与水分离，使水得到澄清的方法。（　）

(3) 过滤是通过具有孔隙的颗粒状滤料层截留水中悬浮物和胶体杂质，从而使水获得澄清的工艺过程。（　）

(4) 隔油池不仅能去除浮油，也能去除乳化油。（　）

4. 简答题

(1) 通过调节池的调节均衡作用可以达到哪些主要目的？

(2) 格栅作为污水预处理设备，应怎样进行选择？

(3) 自由沉淀、絮凝沉淀、拥挤沉淀和压缩沉淀各有何特点？说明它们之间的内在联系与区别。

(4) 沉淀池通常由哪几部分组成？理想沉淀池的假定条件是什么？

(5) 如何从理想沉淀池的理论分析得出斜板（管）沉淀池的设计原理？

(6) 沉淀池的排泥方式有哪些？分别适合于什么条件下采用？

(7) 试比较平流式、辐流式、竖流式和斜板（管）式沉淀池的优缺点，每种类型的沉淀池各适用于什么场合？

(8) 沉淀池的入口要求布水均匀、出水堰要严格超平，如果不均匀、不超平会有什么后果？
(9) 过滤的主要作用有哪些？常用于哪些方面？
(10) 试比较过滤与沉淀的异同点。
(11) 快滤池所用滤料有哪些要求？常用的滤料有哪些？
(12) 为什么水中的颗粒能够被过滤设备所截留？
(13) 快滤池的过滤是如何进行的？如何判断过滤终点？
(14) 大阻力配水系统是如何构成的？大阻力的含义如何？
(15) 快滤池的冲洗目的是什么？冲洗时应满足哪些条件？
(16) 滤池出水水质下降的原因是什么？过滤时发现跑砂、漏砂应如何解决？

技能实训　污水静置沉淀实验

一、实训目的

观察沉淀过程，求出沉淀曲线。

沉淀曲线应包括：①沉降时间 t 与沉降效率 E 的关系曲线；②颗粒沉降速度 u 与沉降效率 E 的关系曲线。

二、实训原理

在含有离散颗粒的污水静置沉淀过程中，若试验柱内有效水深为 H，通过不同的沉降时间 t，可求得不同的颗粒沉降速度 u，$u=H/t$。对于指定的沉降时间 t_0 可求得颗粒沉降速度 u_0。那些沉速等于或大于 u_0 的颗粒在 t_0 时间内可全部除去，而对沉速小于 u_0 的颗粒则只能除去一部分，其去除的比例为 u/u_0。

设 x_0 为沉速 u 小于 u_0 的颗粒所占百分数，于是在悬浮颗粒总数中，沉速 u 大于或等于 u_0 的颗粒所占百分数应为 $1-x_0$，它们在 t_0 时间内均可除去。因此，去除率可用 $1-x_0$ 来表示。沉速 u 小于 u_0 的每种粒径的颗粒去除率为 $\int_0^{x_0}\frac{u}{u_0}\mathrm{d}x$。所以，总去除率计算如下：

$$E=1-x_0+\frac{1}{u_0}\int_0^{x_0}\frac{u}{u_0}\mathrm{d}x$$

对于絮凝性悬浮颗粒的静置沉淀去除率，不仅与沉速有关，还与深度有关。因此实验柱应在不同深度处设取样口。在不同的选定时段，从不同深度取出水样，测定这部分水样中的颗粒浓度，并用以计算沉淀物的百分数。在横坐标为沉降时间、纵坐标为深度的图上绘出等浓度曲线，据此可求出悬浮颗粒的总去除率。

沉淀开始时，可以认为悬浮颗粒在水中的分布是均匀的。随着沉淀历时的增加，试验柱内悬浮颗粒的分布变为不均匀。严格地说经过沉降时间 t 后，应将柱内有效水深 H 的全部水样取出，测其悬浮物含量，来计算 t 时间内的沉降效率。这样，每个实验柱只能求一个沉降时间的沉降效率，致使实验工作量较大。为了简化实验及测定工作量，考虑到实验柱内悬浮物浓度沿水深逐渐加大，近似地认为在 $H/2$ 处水样的悬浮物浓度可以代表整个有效水深内悬浮物的平均浓度。于是如果将取样口装在 $H/2$ 处，在一个实验柱内可按不同沉降时间多次取样。这样做虽有一定的误差，但一般情况下，在工程上还是允许的。

三、实训设备

1. 沉淀实验柱：直径 ϕ100 mm，工作有效水深（由溢出口下缘到柱底的距离）H=1 500 mm或2 000 mm。

2. 真空抽滤装置或过滤装置。

3. 悬浮固体测定所需的设备，包括分析天平、带盖称量瓶或古式坩埚、干燥器、烘箱等。

4. 搅拌桶和泵。

四、实训水样

生活污水、工业废水或黏土配水。

五、实训步骤

1. 将水样倒入搅拌桶内，用泵循环搅拌约 5 min，使水样中悬浮颗粒分布均匀。

2. 用泵将水样输入沉淀实验柱。在输入过程中，从柱中取样 3 次，每次约 50 mL，取样后要准确记录所取水样体积。此水样的悬浮物浓度即为实验水样的原始浓度 c_0。

3. 当水样升到溢流口沿溢流管流出水后，关紧沉淀实验柱底部的阀门，停泵并记下沉淀开始时间。

4. 观察静置沉淀现象。

5. 隔 5 min、10 min、20 min、30 min、60 min、120 min，从实验柱中部取样口取样 2 次，每次约 50 mL 左右，并准确记录水样体积。取水样前要先排出取样管中的积水约10 mL左右，取水样后要测量工作水深的变化。

6. 将每一种沉降时间的两个水样做平行实验，用滤纸过滤（滤纸应当是已在烘箱内烘干后称量过的），并把过滤后的滤纸放入已准确称量的带盖称量瓶内。在 105～110℃烘箱内烘干，称量滤纸及带盖称量瓶的增重，即为水样中悬浮物质量。

7. 计算不同沉降时间 t 的水样中的悬浮物浓度 c、沉降效率 E，以及相应的颗粒沉速 u_0，画出 $E-t$ 和 $E-u$ 的关系曲线。

六、对实训报告的要求和讨论

1. 提出实训记录及沉淀曲线。实训记录参考格式见表 2—9。

2. 分析实训所得结果。

3. 实训结果讨论

（1）实训测得的沉降效率与数学计算相比，误差多少？误差原因何在？

（2）分析不同工作水深的沉淀曲线，如应用到设计沉淀池，需要注意些什么问题？

表 2—9　　静置沉淀实验记录

水样名称：　　取样日期：　　实训日期：

沉淀柱直径：　　截面积：　　水温：

静置沉淀时间(min)	水样体积(mL)	排出积水体积(mL)	称量瓶号	称量瓶及滤纸总质量(g)	水样中悬浮物质量(g)	悬浮物浓度(mg/L)	沉降效率 $\frac{c_0-c}{c_0}\times100\%$ (%)	沉淀柱内工作水深(mm)	颗粒沉速(mm/s)

3 污水的化学处理

本章学习目标

1. 了解常用的污水化学处理法，熟悉常用的污水化学处理设备及所用化学药剂；

2. 理解混凝机理，熟悉常用混凝剂的性能与混凝设备，掌握混凝剂的使用方法、用量、影响因素及混凝工艺设备的运行管理；

3. 熟悉和理解投加氧化剂、还原剂、消毒剂等对污水进行氯氧化、臭氧氧化、消毒等处理方法，能通过比较并根据污水的性质与处理要求，合理选择适宜的化学处理方法。

3.1 中和法

3.1.1 概述

中和法是利用酸碱中和反应，消除污水中过量的酸和碱，使污水的 pH 值达到中性或接近中性的处理过程。

很多工业企业会产生大量的酸、碱污水，如化工厂、化纤厂、电镀厂、煤加工厂及金属酸洗车间等都会排出酸性污水。其中有的含无机酸，有的含有机酸，有的同时含有无机酸和有机酸。印染厂、炼油厂、造纸厂、制革厂等则会排出碱性污水，含有苛性钠、碳酸钠、硫化钠或胺等。这些污水不仅会腐蚀管道和构筑物，破坏污水生物处理系统的正常运行，也会造成环境污染，并危害农作物和水生生物，因此，必须进行无害化处理。

含酸量大于 3%～5%的酸性污水和含碱量大于 1%～3%的碱性污水，常称为酸、碱废液。在处理酸、碱废液时，应首先考虑回收或综合利用，如利用钢铁酸洗废液生产混凝剂硫酸铁或聚合硫酸铁，也可用扩散渗析法回收钢铁酸洗废液中的硫酸；用蒸发浓缩法回收苛性钠等。

对于含酸量小于 3%～5%或含碱量小于 1%～3%的低浓度酸性污水或碱性污水，回收或综合利用价值不大，常采用中和处理，使污水的 pH 值恢复到中性附近的一定范围（pH

值为 6～9)，以消除其危害。

中和处理适用于污水处理中的以下几种情况：

①在污水排入受纳水体之前，其 pH 值超过排放标准，这时应采用中和处理，以减少对水生生物产生不良影响；

②在污水排入城市排水管道系统前，采用中和处理，以避免碱对排水管道系统造成产生腐蚀；

③在污水进行化学或生物处理之前，对于化学处理（如混凝、除磷等），将污水的 pH 值升高或降低到某一需要的最佳值；对于生物处理而言，将污水的 pH 值维持在 6.5～8.5 范围内，以确保微生物的最佳活性。

中和处理所采用的药剂称中和剂。酸性污水中和处理经常采用的中和剂有石灰、石灰石、白云石、氢氧化钠、碳酸钠等。碱性污水的中和处理则常采用硫酸、盐酸等。

针对酸性污水，主要有酸性污水与碱性污水相互中和、投药中和及过滤中和三种方法。而对于碱性污水，主要有碱性污水与酸性物质相互中和、投药中和两种方法。

3.1.2 酸碱污水相互中和

酸碱污水相互中和是一种简单又经济的以废治废的处理方法，适用于各种浓度的酸碱污水。因此，当工厂有条件时，应优先考虑。当酸性或碱性污水不足时，还应补充中和剂。

当排出的酸碱污水水量水质比较均匀、稳定，并且酸碱含量又能相互平衡时，可直接利用水泵吸水池或管道进行混合中和，而不必设置中和池，但这种情况并不多见。如果水量水质变化较大，则一般应设置调节池加以调节，然后在中和池中和；若污水水量和水质变化较大，且污水本身的酸、碱含量很难平衡，往往需要补加碱性中和剂。当出水水质要求很高，或者污水中还含有其他杂质或重金属离子时，连续流无法保证出水水质，较稳妥可靠的方法是采用间歇式中和池，一般设两个，交替使用。此时间歇式中和池优越性较明显，可在同一池内完成混合、反应、沉淀、排水和排泥等工序，且出水水质较有保证。但间歇式中和池不宜用于污水量大的情况。

在碱性污水充足的情况下，用碱性污水中和酸性污水应避免出现二次返回用酸中和，因此应控制中和过程中碱性污水的投加量。酸、碱污水互相中和的结果，应该使混合后的污水达到中性或弱碱性。根据化学反应基本定律——等物质的量规则，二者完全中和的条件应为：

$$\sum C_j Q_j \geqslant \sum C_s Q_s \alpha k \qquad (3—1)$$

式中 Q_j——碱性污水流量，m^3/h；

C_j——碱性污水浓度，mg/L；

Q_s——酸性污水流量，m^3/h；

C_s——酸性污水浓度，mg/L；

α——药剂比耗量，即中和 1 kg 酸所需碱量，kg/kg，见表 3—1；

k——反应不完全系数，一般取 1.5～2.0。

表 3—1　　碱性中和剂的单位消耗量

酸类名称	中和 1 kg 酸所需碱性物质的量（kg）						
	CaO	Ca（OH)$_2$	$CaCO_3$	$MgCO_3$	$CaCO_3 \cdot MgCO_3$	NaOH	Na_2CO_3
硫酸（H_2SO_4）	0.571	0.755	1.02	0.86	0.94	0.815	1.03
盐酸（HCl）	0.77	1.01	1.37	1.15	1.29	1.10	1.45
硝酸（HNO_3）	0.445	0.59	0.795	0.668	0.732	0.635	0.84
醋酸（CH_3COOH）	0.466	0.616	0.83	0.695		0.666	0.88

3.1.3　药剂中和法

（1）酸性污水的药剂中和

中和处理酸性污水时，常采用的中和剂有石灰、石灰石、白云石等，有时也采用碳酸钠、苛性钠等。石灰来源广泛，价格便宜，所以使用较广。用石灰作中和剂能够处理任何浓度的酸性污水。最常采用的是石灰乳法，由于氢氧化钙对污水中杂质具有凝聚作用，能降低污水中有机物含量和色度。

用石灰中和酸性污水的反应如下：

$$H_2SO_4+Ca(OH)_2 \rightarrow CaSO_4\downarrow+2H_2O$$

$$2HNO_3+Ca(OH)_2 \rightarrow Ca(NO_3)_2+2H_2O$$

$$2HCl+Ca(OH)_2 \rightarrow CaCl_2+2H_2O$$

当污水中含有其他金属盐类例如铁、铅、锌、铜等时，也能生成沉淀，如：

$$ZnSO_4+Ca(OH)_2 \rightarrow CaSO_4\downarrow+Zn(OH)_2\downarrow$$

因此，在计算中和药剂的投加量时，应考虑产生沉淀所消耗的药量。

药剂中和法的工艺过程主要包括中和药剂的制备和投配、混合与反应、中和产物的分离、泥渣的处理与利用，工艺流程如图 3—1 所示。

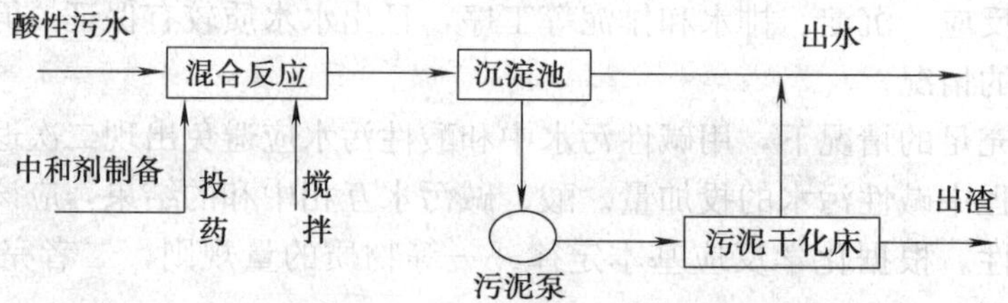

图 3—1　酸性污水投药中和流程

酸性污水投药中和之前，有时需要进行预处理。预处理包括悬浮杂质的去除、水质与水量的均和。前者可以减少投药量，后者可以创造稳定的处理条件。

投加石灰分为干投法和湿投法两种方式。

石灰干投法如图 3—2 所示。干投法是根据污水的含酸量将石灰直接投入污水中去。为了保证石灰能均匀地投入污水渠道，一般装设电磁石灰振荡设备。在污水渠道内经过隔板反应槽（或其他混合设备）混合 0.5～1.0 min 后，进入沉淀池将沉渣和杂质沉淀分离。干投法设备简单，但反应不易彻底，而且较慢，投量需为理论值的 1.4～1.5 倍，石灰还需经破碎、筛分，因而劳动强度大，环境条件差。

石灰湿投法如图 3—3 所示。首先将生石灰在消解槽内消解成质量分数为 40%～50%的浓度后流入乳液槽，经搅拌配制成 5%～10%的 $Ca(OH)_2$ 石灰乳，再用泵送至投配槽，经投加器送至混合反应池。要求送至投配槽的石灰乳量大于投加量，有部分回流，使投配槽液面保持不变，投加量由提板闸的开启度来控制。当短时间内不需投加石灰乳时，因石灰乳在设备中是连续循环的，所以不易堵塞。石灰消解槽及乳液槽不宜采用压缩空气搅拌，因石灰乳与空气中的 CO_2 会生成 $CaCO_3$，既浪费中和剂，又易引起堵塞，一般采用机械搅拌。与干投法相比，湿投法的设备多，但用湿投法中和时反应迅速、彻底，投加量较少，投加量为理论值的 1.01～1.1 倍。

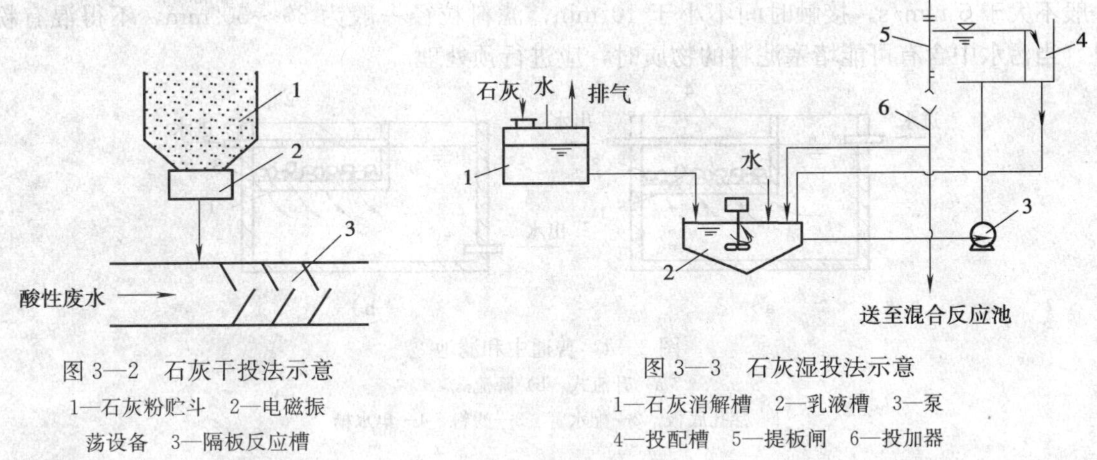

图 3—2　石灰干投法示意
1—石灰粉贮斗　2—电磁振荡设备　3—隔板反应槽

图 3—3　石灰湿投法示意
1—石灰消解槽　2—乳液槽　3—泵
4—投配槽　5—提板闸　6—投加器

用石灰中和酸性污水时，混合反应时间一般采用 1～2 min，但当污水中含重金属盐或其他毒物时，应考虑去除重金属及其他毒物的要求。当污水量和浓度较小，且不产生大量沉淀时，中和剂可投加在水泵集中井中，在管道中反应，可不设混合反应池，但需满足混合反应时间。当污水量较大时，一般需设单独的混合反应池，池内采用压缩空气和机械搅拌。中和反应一般都设沉淀池，沉淀时间为 1～1.5 h。

以石灰中和主要含硫酸的混合酸性污水为例，一般沉淀时间为 1～2 h，污泥体积一般为处理污水体积的 3%～5%。污泥含水率一般为 95%左右。

(2) 碱性污水的药剂中和

碱性污水中和剂有硫酸、盐酸及烟道气等。由于工业硫酸价格较低，应用最广。而使用盐酸的最大优点是反应产物的溶解度大，泥渣量少，但价格高，出水中溶解固体浓度也高。

碱性污水药剂中和的工艺过程、设备与投药中和酸性污水时基本相同。

在工业上，常用烟道气来处理碱性污水。中和剂则是烟道气中含有的 CO_2 和少量 SO_2、H_2S 等。主要在喷淋塔进行，运行时碱性污水从塔顶用布液器喷出，流向填料床，烟道气则自塔底进入，升入填料床。污水和烟道气在填料床接触过程中都得到了净化，使污水中和、烟尘消除。

3.1.4　过滤中和法

过滤中和是指酸性污水通过碱性滤料而得到中和处理。常用的碱性滤料为石灰石、大理石或白云石等，反应在中和滤池中进行。

过滤中和法较药剂投加中和法具有操作方便、运行费用低等优点。但用石灰石作滤料处理浓度较高的酸性污水，尤其是硫酸污水时，由于中和过程中生成的硫酸钙在水中溶解度很小，易在滤料表面形成覆盖层，阻碍滤料和酸的接触反应。因此，污水的硫酸浓度一般不宜超过 1～2 g/L，如硫酸浓度过高，可以回流出水，予以稀释。

过滤中和所使用的中和滤池有普通中和滤池、升流式膨胀中和滤池和滚筒式中和滤池。

(1) 普通中和滤池

普通中和滤池为重力式，水的流向有平流式和竖流式。目前多采用竖流式。竖流式又分为升流式和降流式两种（见图 3—4）。普通中和滤池的滤床厚度一般为 1～1.5 m，过滤速度一般不大于 5 mm/s，接触时间不小于 10 min，滤料粒径一般为 30～50 mm，不得混有粉料。当污水中含有可能堵塞滤料的物质时，应进行预处理。

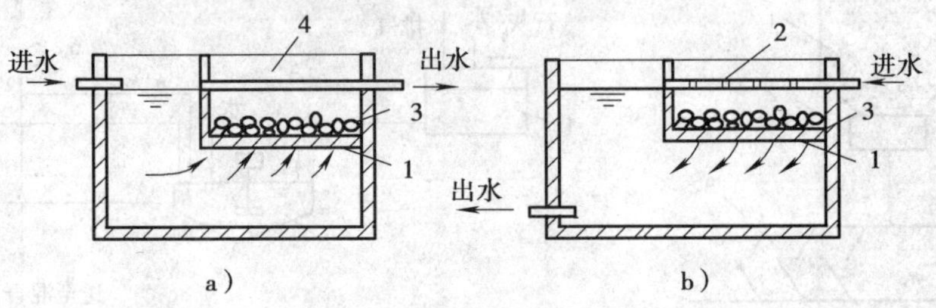

图 3—4　普通中和滤池

a) 升流式　b) 降流式

1—穿孔底板　2—配水管　3—滤料　4—集水槽

(2) 升流式膨胀中和滤池

根据污水通过滤料层时滤速发生变化与否，可将升流式膨胀中和滤池分为等速升流式和变速升流式两种。

等速升流膨胀式滤池构造如图 3—5 所示。滤池分为四部分：底部为进水装置，一般采用大阻力穿孔管布水，孔径 9～12 mm；下部为卵石垫层，卵石粒径 20～40 mm，厚度为 0.15～0.2 m；上部为石灰石滤料，粒径为 0.5～3 mm，滤层厚 1.0～1.2 m，最终换料时为 2 m，滤料膨胀率为 50%，滤料的分布是由下向上粒径逐渐减小；滤料上设高为 0.5 m 的缓冲层，使水和滤料分离，在此区内水流速度逐渐减慢，出水槽均匀地汇集出流水。

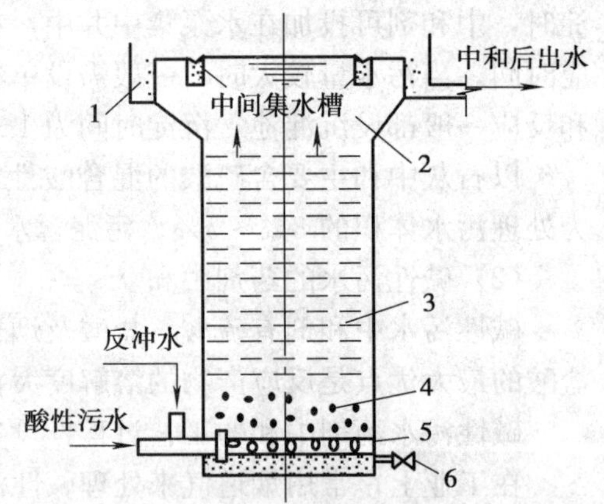

图 3—5　等速升流膨胀式滤池

1—环形集水槽　2—清水区

3—石灰石滤料层　4—卵石垫层

5—大阻力配水系统　6—放空管

等速升流膨胀式中和滤池水流由下向上流动，滤速高达 30～70 m/h，再加上产生 CO_2 气体的作用，使滤料互相碰撞摩擦，表面不断更新，因此中和效果较好。滤池的出水中由于含有大量溶解 CO_2，使出水 pH 值为 4.2～5.0。滤池在运行中，滤料有所消耗，应定期补充。运行中应防止高浓度硫酸污水进入滤池，否则会使滤料表面结垢而失去作用。滤池运行一定时期后，由于沉淀物积累过多导致中和效果下降，应进行倒床，更换新滤料。

变速升流式膨胀中和滤池如图 3—6 所示。其特点是中和滤池的筒体呈倒锥状，其中滤料层截面面积是变化的。这种池子底部滤速较大，可达 130～150 m/h，可使大颗粒滤料处于悬浮状态；上部滤速较小，为 40～60 m/h，可保持上部微小滤料不致流失，从而既可防止池内滤料表面形成硫酸钙覆盖层，又可以提高滤料的利用率，还可以提高进水的含酸浓度，同时不产生堵塞现象。

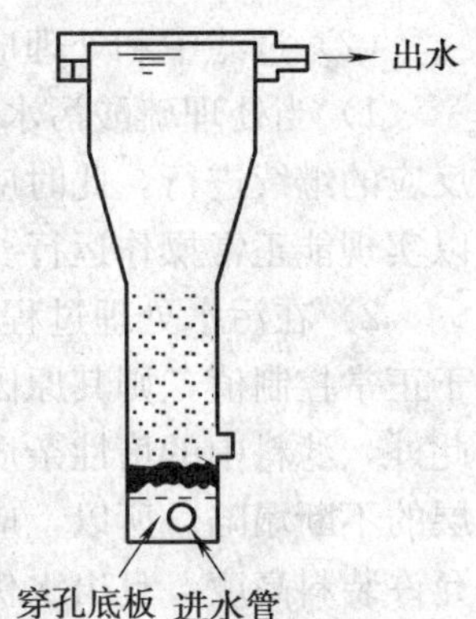

图 3—6 变速升流式膨胀中和滤池

(3) 滚筒式中和滤池

滚筒式中和滤池如图 3—7 所示。筒体为卧式，采用钢板制成内衬防腐层，长度为直径的 6～7 倍，装料体积占筒体体积的一半。筒内壁设有挡板，带动滤料一起翻滚，使滤料难以形成沉淀物覆盖层，并加快反应速度。为避免滤料流失，在滚筒出水处设有穿孔隔板。滚筒式中和滤池能处理的污水含硫酸浓度可大大提高，而且滤料也不必破碎到很小的粒径，但构造复杂，动力费用高，设备噪声大，负荷率低。

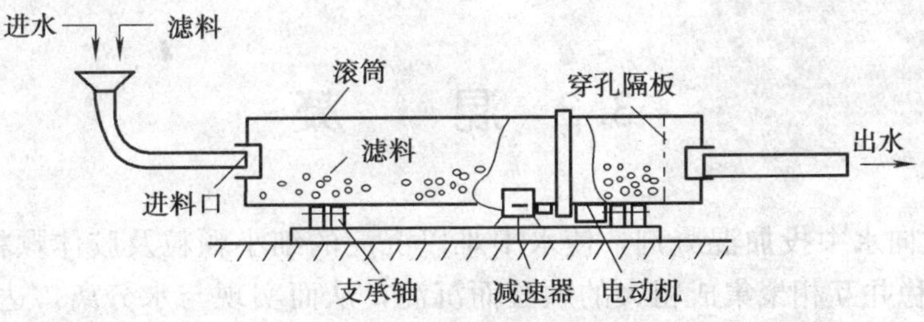

图 3—7 滚筒式中和滤池

3.1.5 污水中和处理应注意的问题

(1) 投药中和处理污水时应注意的问题

1) 投药中和法正常运行的关键是合理投加酸或碱的量，先根据化学反应式及等物质的量的规则进行理论计算，再考虑所用药剂或工业废料的纯度及反应效率，然后综合确定实际投加量。

2) 当污水的水量和水质在一天内变化较大时，应设调节池或采用自动调节投加药量的设备，一般以污水的 pH 值作为调节参数来调节投药量，以保证中和反应池出水 pH 值达到一定范围。

3) 当某些工厂或车间污水的 pH 值波动较大，即中和处理前的原污水 pH 值的变化较大时，为取得良好中和处理效果，应通过 pH 值检测仪或人工用 pH 值试纸测试，及时调整碱液或酸性中和剂的投加量。

4) 在采用工业液碱作中和剂时，应在溶液槽中把液碱适当稀释成工作液（浓度一般为5%～15%），再投加到污水中，否则会因混合不匀而未充分发挥中和效果，并造成碱液的浪费。

5) 投药中和过程形成的各种沉渣（如石膏和铁矾等）应及时分离与去除，否则会引起管道堵塞。分离设备通常采用沉淀池，清除沉渣可用砂泵或利用静水压力。沉渣可在干化场自然脱水，也可采用机械脱水。

(2) 过滤中和处理应注意的问题

1) 当处理硫酸污水时，会因在滤料表面形成不溶性物（如 $CaSO_4$）硬壳，而阻碍中和反应的继续进行，此时应适当增加过滤速度与水温，以消除硬壳，并控制进水的硫酸浓度，以实现能正常操作运行。

2) 在污水处理过程中，如果并未发现在滤料表面形成硬壳，但发现处理后水 pH 值低于正常控制值，则其原因可能是滤料不断与污水中酸性物质进行化学反应，导致滤料不足。此外，滤料中的惰性杂质，随着中和过滤时间的延长，其相对含量越来越多，必然引起滤料层的不断塌陷。所以，应定期补加滤料。若经多次补加滤料后，滤料层的高度已达到滤池的允许装料高度，且出水仍不符合要求时，就必须进行倒床换料。

3) 当采用碳酸盐作中和滤料时，往往因反应生成的 CO_2 气体吸附在滤料表面形成气体薄膜，而阻碍中和反应的进行，影响出水水质。其原因一方面是污水中酸的浓度过大，反应产生的 CO_2 气体过多，从而造成在滤料表面聚集；另一方面是过滤速度过小，不能把反应生成的气体及时随水流带出。所以，应控制酸的浓度，加大过滤速度，或采用升流过滤方式。

3.2 混　　凝

混凝是通过向水中投加混凝剂，使水中难以沉淀的细小颗粒及胶体颗粒（粒径大致在 1～100 μm）脱稳并互相聚集成粗大的颗粒而沉淀，从而实现与水分离，达到水质的净化。混凝可以用来降低污水的浊度，去除污水中的悬浮物和胶体物质、某些重金属物和放射性物质，除油和脱色，此外，还能改善污泥的脱水性能。因此，混凝法是工业废水处理处理中常采用的方法。它既可作为独立的处理法，也可与其他处理法配合，用于污水的预处理、中间处理或最终处理。近年来，在污水的三级处理中也常常被采用。

混凝法的优点是设备简单，处理效果好，操作管理简单。缺点是要不断向污水中投加混凝剂，经常性运行费用较高，沉渣量大，且脱水困难。

3.2.1 混凝原理

3.2.1.1 胶体的特性

(1) 胶体的结构

胶体结构很复杂，一般可认为由胶核、吸附层和扩散层三部分组成。胶核是胶体粒子的核心，由数百乃至数千个分散固体物质组成。在胶核表面拥有一层带同号电荷的离子，这些离子可以是胶核的组成物直接电离产生的，也可以是从水中选择吸附 H^+ 或 OH^- 离子而形成的。这层离子称为电位离子层。为维持胶体粒子的电中性，胶核表面的电位离子层通过静电作用，从溶液中吸引了电量与电位离子层总电量相等而电性相反的离子，这些离子称为反离子，并形成反离子层。这样，胶核固相的电位离子层与液相中的反离子层就构成了胶体粒子的双电层结构，如图 3—8 所示。被吸引的反离子中有一部分被胶核牢固吸引并随胶核一起运动，这部分反离子称为束缚反离子，组成吸附层；另一部分反离子距胶核稍远，胶核对其吸引力小，不随胶核一起运动，称为自由反离子，组成扩散层；而吸附层与扩散层之间的交界面称为滑动面。胶核、电位离子层和吸附层共同组成运动单元，称胶体颗粒，简称胶粒。胶粒再与扩散层组成电中性胶团。

由于胶粒内反离子电荷数少于表面电荷数，故胶粒总是带电的，其电量等于表面电荷数与吸附层反离子电荷数之差，其电性与电位离子电性相同。

胶粒表面的电位离子与溶液主体之间所产生的电位称为总电位（或称 ψ 电位），而胶粒与扩散层之间由于胶粒剩余电荷的存在所产生的电位称为界面动电位（或称 ζ 电位），如图 3—8 所示。ψ 电位对于某类胶体而言，是固定不变的，也不具备实用意义，而 ζ 电位可以用电泳或电渗的速度计算出来，它随着温度、pH 值及溶液中反离子浓度等外部条件而变化，在水处理中具有重要的意义。其值可通过下式计算：

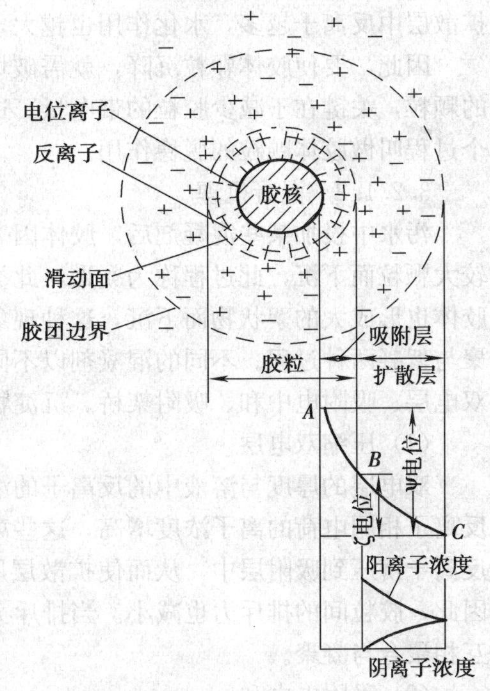

图 3—8　胶体粒子的结构及其电位分布

$$\zeta=\frac{0.4\pi\eta u}{DE} \tag{3—2}$$

式中　η——液体的黏滞系数（绝对黏度），Pa·s；

u——液体的移动速度，cm/s；

D——液体的介电常数，F/m；

E——两电极间单位距离的外加电位差，绝对静电单位/cm，其中 1 绝对静电单位＝300 V。

ζ 电位的正负与胶体所带电荷有关，若胶体带负电，则 ζ 电位为负值，若胶体带正电，ζ 电位为正值。通常，ζ 电位的绝对值范围为 10～200 mV。

（2）胶体稳定性与脱稳

胶体颗粒在水中能中长期保持分散状态而不下沉的特性称为胶体的稳定性。

胶体颗粒在水中之所以具有稳定性，其原因有三：第一，污水中的细小悬浮颗粒和胶体微粒质量很轻（胶体微粒直径为 10^{-8}～10^{-3} mm），这些颗粒在污水中受分子热运动的碰撞而作无规则的布朗运动；第二，胶体颗粒本身带电，同类胶体颗粒带有同性电荷，彼此之间存在静电排斥力，从而不能相互靠近以结成较大颗粒而下沉；第三，许多水分子被吸引在胶体颗粒周围形成水化膜，阻止胶体颗粒与带相反电荷的离子中和，妨碍颗粒之间接触并凝聚下沉。因此，污水中的细小悬浮颗粒和胶体微粒不易沉降，总保持着分散和稳定状态。

一般认为胶粒所带电量越大，胶粒的稳定性越好。而胶粒带电是由于胶核表面所吸附的电位离子比吸附层里的反离子多，当胶粒与液体作相对运动时，吸附层和扩散层之间便产生 ζ 电位所致。ζ 电位的绝对值越高，胶粒带电量越大，胶粒间产生的静电斥力也越大；同时，扩散层中反离子越多，水化作用也越大，水化壳也越厚，胶粒也就越稳定。

因此，要使胶体颗粒沉降，就需破坏胶体的稳定性。促使胶体颗粒相互接触，成为较大的颗粒，关键在于减少胶粒的带电量，这可以通过压缩扩散层厚度，降低ζ电位来达到。这个过程叫做胶体颗粒的脱稳作用。

3.2.1.2　混凝机理

污水中投加某些混凝剂后，胶体因ζ电位降低或消除而脱稳。脱稳的颗粒便互相聚集为较大颗粒而下沉，此过程称为凝聚，此类混凝剂称为凝聚剂。但有些混凝剂可使未经脱稳的胶体也形成大的絮状物而下沉，这种现象称为絮凝，此类混凝剂称为絮凝剂。混凝则包括凝聚与絮凝两种过程。不同的混凝剂以不同的方式脱稳、凝聚或絮凝。混凝的机理可分为压缩双电层、吸附电中和、吸附架桥、沉淀物网捕 4 种。

(1) 压缩双电层

双电层的厚度与溶液中的反离子的浓度有关。当向溶液中投加电解质后，溶液中与胶体反离子相同电荷的离子浓度增高，这些离子与扩散层原有反离子之间的静电斥力将原有部分反离子挤压到吸附层中，从而使扩散层厚度减小，胶粒所带电荷数减少，ζ电位相应降低。因此，胶粒间的排斥力也减小。当排斥力降至一定值时，分子间以吸引力为主时，胶粒间就互相聚合与凝聚。

(2) 吸附电中和

向溶液中投加电解质作为混凝剂，混凝剂水解后在水中形成胶体颗粒，其所带电荷与水中原有胶粒所带电荷相反，由于异性电荷之间有强烈的吸附作用，这种吸附作用中和了电位离子所带电荷，减小了静电斥力，降低了ζ电位，使胶体的脱稳并发生凝聚。但若混凝剂投加过量，混凝效果反而下降。因为胶粒吸附了过多的反离子，使原来的电荷变性，排斥力变大，从而发生了再稳现象。

(3) 吸附架桥

吸附架桥作用主要是指高分子聚合物与胶粒和悬浮物微粒等发生吸附、架桥的过程。由于高分子絮凝剂具有线性结构，含有某些化学活性基团，能与胶粒表面发生特殊反应而相互吸附，在相距较远的两胶粒间进行吸附架桥，使颗粒逐渐结大，形成较大的絮凝体。

(4) 沉淀物网捕

采用硫酸铝、石灰或氯化铁等高价金属盐类作为混凝剂，当投加量大得足以迅速沉淀金属氢氧化物［如 $Al(OH)_3$、$Fe(OH)_3$］或金属碳酸盐（如 $CaCO_3$）时，水中的胶粒和细微悬浮物可被这些沉淀物在形成时作为晶核或吸附质所网捕。

上述 4 种混凝机理，在水处理中往往可能是同时或交叉发挥作用的，只是在一定情况下以某种机理为主而已。对于低分子电解质混凝剂，以双电层作用产生凝聚为主；对高分子聚合物则以吸附架桥作用产生絮凝为主。因此，通常将低分子电解质称为凝聚剂，而将高分子聚合物称为絮凝剂。向污水中投加药剂，进行水和药剂混合，从而使水中胶体物质产生凝聚和絮凝，这一综合过程称为混凝过程。

3.2.1.3　影响混凝效果的因素

在污水的混凝沉淀处理过程中，影响混凝效果的因素比较复杂，主要有以下几种因素。

(1) pH 值

水的 pH 值大小直接关系到选用药剂的种类、加药量和混凝沉淀效果。水中 H^+ 和 OH^- 参与混凝剂的水解反应。因此，pH 值强烈影响混凝剂的水解速度、产物的存在状态与性能。如硫酸铝作为混凝剂时，最佳 pH 值范围是 5.7～7.8，不能高于 8.2。如果 pH 值过高，硫酸铝水解后生成的 $Al(OH)_3$ 胶体就会溶解，即

$$Al(OH)_3+OH^- \rightleftharpoons AlO_2^- +2H_2O$$

生成的 AlO_2^- 对含有负电荷胶体微粒的污水就没有作用。再如三价铁盐的最佳 pH 值范围是 6.0～8.4，而亚铁盐则要求 pH 值大于 9.5。使用铝盐与铁盐混凝剂时，还要求水中含有一定碱性物质，用以中和混凝剂在水解过程中产生的 H^+。若碱度不足，水的 pH 值下降，则对混凝不利。此时，应投加石灰或碳酸钠等，以调节 pH 值。

高分子混凝剂尤其是有机高分子混凝剂，混凝效果受 pH 值的影响较小。

（2）温度

水温对混凝效果影响很大。对于无机盐类混凝剂，其水解时呈吸热反应，水温低时水解困难，如硫酸铝，当水温低于 5℃时，水解速度变慢，不易生成 $Al(OH)_3$ 胶体。同时，水温低时，水黏度大，分子热运动减慢，脱稳胶粒彼此接触碰撞的机会减少，不利于相互凝聚，也使絮凝体生长受阻。因此，水温低时混凝效果差。但水温也不宜太高，否则易使高分子絮凝剂发生老化或分解，生成不溶性物质，反而降低混凝效果。如硫酸铝，其最佳混凝温度是 35～40℃。

（3）混凝剂的种类、投加量及投加次序

由于工业废水的水质比较复杂，因此在选择混凝剂的种类及确定其投加量时，需充分考虑水中杂质的成分、性质和浓度对混凝效果的影响。混凝剂投加量有其最佳值，混凝剂投加不足，则水中杂质未能充分脱隐除去，加入太多则会再稳定。在实际生产中，混凝剂品种的选择和最佳投加量、最佳操作条件主要通过混凝试验来确定。一般的投量范围是：普通的铁盐、铝盐为 10～100 mg/L；聚合盐为普通盐的 1/2～1/3；有机高分子絮凝剂为 1～3 mg/L。

很多情况下，将无机混凝剂与高分子有机混凝剂并用，可明显提高混凝效果，扩大应用范围。在使用多种混凝剂时，其最佳投加顺序可通过试验来确定。一般而言，当无机混凝剂与有机混凝剂并用时，先投加无机混凝剂，再投加有机混凝剂。但当处理的胶粒在 50 μm 以上时，常先投加有机混凝剂吸附架桥，再加无机混凝剂压缩双电层而使胶体脱稳。

（4）水力条件（搅拌）

搅拌的目的是帮助混合反应、凝聚和混凝，过于激烈的搅拌会打碎已经凝聚和絮凝的沉淀物，不利于混凝沉淀。因此，搅拌要适当，即控制搅拌强度和搅拌时间。搅拌强度用速度梯度 G 来表示。在混合阶段，要求药剂迅速而均匀地扩散到水中，为此要求较强的搅拌强度，控制 G 在 500～1 000 s^{-1}，搅拌时间控制在 20～30 s，最多不超过 2 min。到了反应阶段，既要创造足够的碰撞机会和良好的吸附条件，让絮体有足够的成长机会，又要防止生成的小絮体被打碎。因此，搅拌强度要小，控制 G 在 20～70 s^{-1}，而反应时间需要延长，一般为 15～30 min。

（5）共存杂质

水中黏土杂质，粒径细小而均匀者，对混凝不利，粒径参差者对混凝有利。颗粒浓度过低往往对混凝不利，回流沉淀物或投加混凝剂可提高混凝效果。水中存在大量有机物时，能

被黏土吸附，使微粒具备有机物的高度稳定性，此时，向水中投氯以氧化有机物，破坏其保护作用，常能提高混凝效果。水中的盐类也影响混凝效果，如水中 Ca^{2+}、Mg^{2+}、硫化物及磷化物一般对混凝有利，而某些阴离子、表面活性剂对混凝不利。

3.2.2 混凝剂与助凝剂

3.2.1.1 混凝剂

混凝剂具有破坏胶体稳定性和促进絮凝的功能。其种类较多，按化学成分可分为无机混凝剂和有机混凝剂两大类。

(1) 无机混凝剂

目前广泛使用的无机混凝剂是铝盐和铁盐。铝盐中常见的有硫酸铝、硫酸铝钾（俗称明矾)、三氯化铝及聚合氯化铝等。铁盐主要有硫酸亚铁、硫酸铁和氯化铁等。

1) 硫酸铝 [$Al_2(SO_4)_3 \cdot 18H_2O$]。白色晶体，粗制的硫酸铝略显黄色。pH 值范围为 5.7～7.8。适宜的水温为 20～40℃，水温低时，水解困难，形成的絮凝体较松散。高浓度的硫酸铝水溶液具有腐蚀性，可存放于塑料或不锈钢等容器中。

硫酸铝无毒，价格便宜，使用方便，混凝效果好，用它处理后的水不带色，常用于脱除浊度、色度和悬浮物

2) 结晶氯化铝（$AlCl_3 \cdot 6H_2O$)。呈无色透明晶体，其工业品因含有杂质，而呈深黄色和浅黄色。易溶于水，在湿空气中潮解并释放出白色的氯化氢烟雾，故应密封存放，防止受潮。

3) 聚合氯化铝（PAC)。又名碱式氯化铝，无色或黄色树脂状固体，化学通式 $[Al(OH)_m Cl_{3n-m}]_n$。PAC 为无机高分子化合物，通过羟基而交联聚合，分子中带有数量不等的羟基。其水溶液为无色或黄褐色透明液体。由于相对分子质量大，吸附能力强，具有优良的凝聚性能，形成的絮凝体颗粒较大，凝聚沉淀性能优于其他絮凝剂。PAC 聚合度高，投加后快速搅拌，可以大大缩短絮凝体形成时间。PAC 水温影响小，适宜的 pH 值范围是 5～9，用量比硫酸铝少，腐蚀性小，是目前国内广泛使用的无机高分子混凝剂。

4) 硫酸亚铁（$FeSO_4 \cdot 7H_2O$)。蓝绿色，有颗粒状、粉末状和晶体状，溶于水，具有还原作用。硫酸亚铁作为混凝剂形成的絮体较重，形成较快且稳定，沉淀时间短，能去除臭味和一定的色度。适用于高碱度、浊度大的污水。污水中若有硫化物，可生成难溶于水的硫化亚铁，便于去除。缺点是腐蚀性较强，污水色度高时，色度不易除净。

5) 三氯化铁（$FeCl_3 \cdot 6H_2O$)。呈片状或块状，易溶于水，是一种常用的混凝剂。适宜的 pH 值范围为 6.0～8.4，形成的絮凝体粗大，沉淀速度快，处理低温水或低浊度水较铝盐效果好。但腐蚀性较强，易吸水潮解，处理后的水的色度较铝盐高。

6) 聚合硫酸铁。又名碱式硫酸铁，化学通式 $[Fe_2(OH)_n(SO_4)_{3-n/2}]_m$，为无机高分子混凝剂，其混凝作用机理与聚合硫酸铝相似。适宜水温为 10～20℃，pH 值范围 5.0～8.5，但在 pH 值范围 4.0～11 内仍可使用。与普通铁、铝盐相比，它具有投加剂量少，絮体生成快，对水质的适应范围广和水解时消耗水中碱度少等优点，因而在污水处理中的应用越来越广泛。

(2) 有机混凝剂

目前应用较为广泛的有机混凝剂主要是人工合成的高分子絮凝剂。其分子结构为链状，

相对分子质量都很高（相对分子质量为 10^3～10^6 数量级），絮凝能力很强。常用的有聚丙烯酸钠（阴离子型）、聚乙烯吡啶盐（阳离子型）和聚丙烯酰胺（非离子型）等。

聚丙烯酰胺（PAM）是目前使用最多的一种高分子混凝剂。在处理污水时具有凝聚速度快、投用用量少、絮凝体粗大强韧等优点。常与铁、铝盐合用，从而获得满意的处理效果。

3.2.1.2　助凝剂

在污水混凝处理时，有时单独使用混凝剂不能取得良好效果，往往需要投加某些辅助药剂以改善混凝功能，提高混凝效果，这种辅助药剂称为助凝剂。

助凝剂的作用是提高絮凝体的强度，增加其质量，促进沉降，且使污泥有较好的脱水性能，或者用于调整 pH 值，破坏对混凝作用有干扰的物质。

按其功能，助凝剂可分为以下 3 类：

①pH 值调整剂。常用的 pH 值调整剂有 CaO、$Ca(OH)_2$、NaOH、Na_2CO_3 等碱性物质。用来调整 pH 值，使其在混凝剂使用的最佳 pH 值范围内。

②氧化剂。如 Cl_2、NaClO、O_3 等。用来去除有机物对混凝剂的干扰，以提高混凝效果。

③絮凝结构改良剂。如聚丙烯酰胺、活化硅酸、海藻酸钠、各种黏土等。用以改善絮凝体的结构，增加其粒径、密度和强度。

3.2.3　混凝工艺过程与设备

3.2.3.1　混凝工艺过程

混凝沉淀的处理工艺过程包括投药、混合、反应及沉淀分离几个部分，其工艺流程如图 3—9 所示。

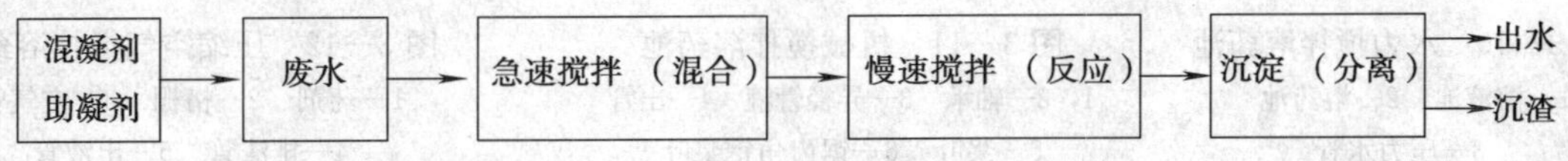

图 3—9　混凝沉淀处理工艺流程

混凝设备包括混凝剂的配制投加设备、混合设备、反应及沉淀分离设备。

3.2.3.2　混凝剂的配制与投加设备

（1）混凝剂的配制设备

混凝剂溶液的配制过程包括溶解和调制。溶解一般在溶解池（溶药池）中进行，其作用是将固体药剂溶解成浓溶液。调制则在溶液池中进行，其作用是将浓溶液配制成一定浓度的溶液。

溶液池的容积可按下式计算：

$$W=\frac{24\times 100aQ}{1\,000\times 1\,000cn}\approx\frac{aQ}{417cn} \tag{3—3}$$

式中　W——溶液池的容积，m^3；

a——混凝剂最大用量，mg/L；

Q——处理水量，m^3/h；

c——溶液浓度，按药剂固体质量分数计算，一般用 10%～20%；

n——每昼夜配制溶液的次数，一般为 2～6 次。

溶药池的容积 W_1 可按下式计算：

$$W_1=(0.2\sim0.3)W \tag{3—4}$$

配制混凝剂时需要搅拌，通常采用水力、机械或压缩空气等搅拌方式，视用药量大小和药剂的性质而定。药剂量小时用水力搅拌，如图 3—10 所示，也可在溶药池内直接进行人工配制；药量大时采用机械搅拌，如图 3—11 所示，或采用压缩空气搅拌，如图 3—12 所示。从药剂的溶解性看，对易于溶解药剂可采用水力搅拌和人工直接配制，而机械搅拌和压缩空气搅拌适用于各种药剂的配制，但压缩空气搅拌不宜做长时间的石灰乳液连续搅拌。

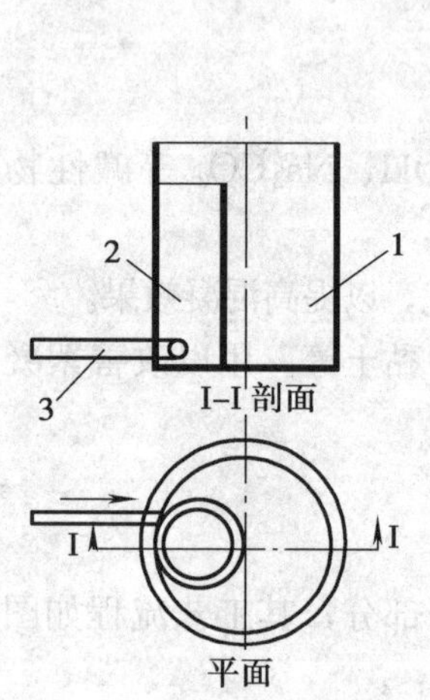

图 3—10　水力搅拌溶药池

1—溶液池　2—溶药池

3—压力水管

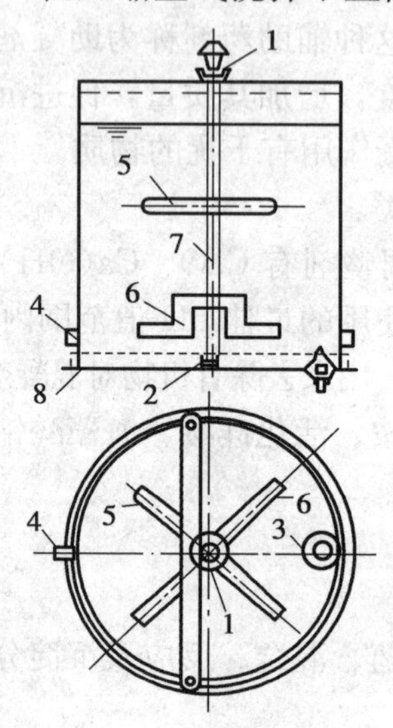

图 3—11　机械搅拌溶药池

1，2—轴承　3—异径管箍　4—出管

5—桨叶　6—锯齿角钢桨叶

7—立轴　8—底板

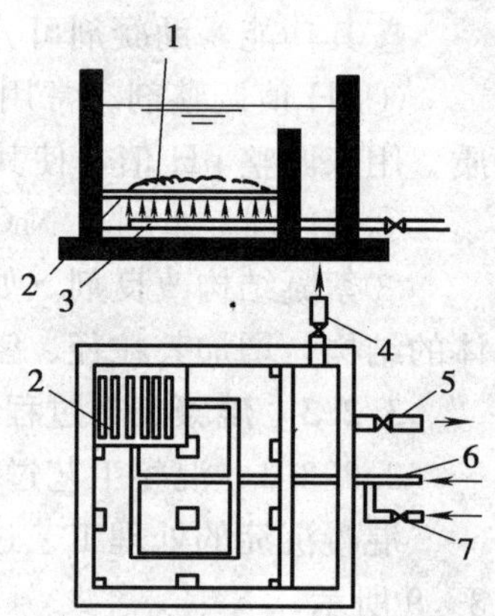

图 3—12　压缩空气搅拌溶药池

1—药剂　2—格栅　3—空气管

4—排渣管　5—出液管

6—进气管　7—进水管

无机盐类混凝剂的溶药池、溶液池、搅拌装置和管配件等都应考虑防腐措施或用防腐材料，尤其在使用 $FeCl_3$ 时必须使用。

（2）混凝剂的投加设备

混凝剂的投配方法分干投法和湿投法。干投法，即就是将经过破碎易于溶解的固体混凝剂直接定量地投放到被处理的水中。此法对药剂的粒度要求较严，投配量较难控制，对机械设备的要求高，同时劳动条件也较差，较少使用。湿投法是将混凝剂和助凝剂先溶解配制成一定浓度的溶液，然后按处理水量大小定量投加到被处理污水中。此法应用较多，其全部过程如图 3—13 所示。

在药剂的溶解和投加过程中，需通过定量或计量设备将药液投加到原水中，而且要能随时调节。一般中小型水处理厂站可采用孔口计量，常用的有苗嘴和孔板，如图 3—14 所示。在一定的液位下，一定孔径的苗嘴出流量为定值。当需要调整投药量时，只要更换苗嘴即可。标准图中苗嘴共有 18 种规格，其孔径从 0.6 mm 到 6.5 mm，为保持空口上的水头恒定，还需设置恒位水箱（见图 3—15）。为实现自动控制，可采用计量泵、转子流量计、电磁流量计等。

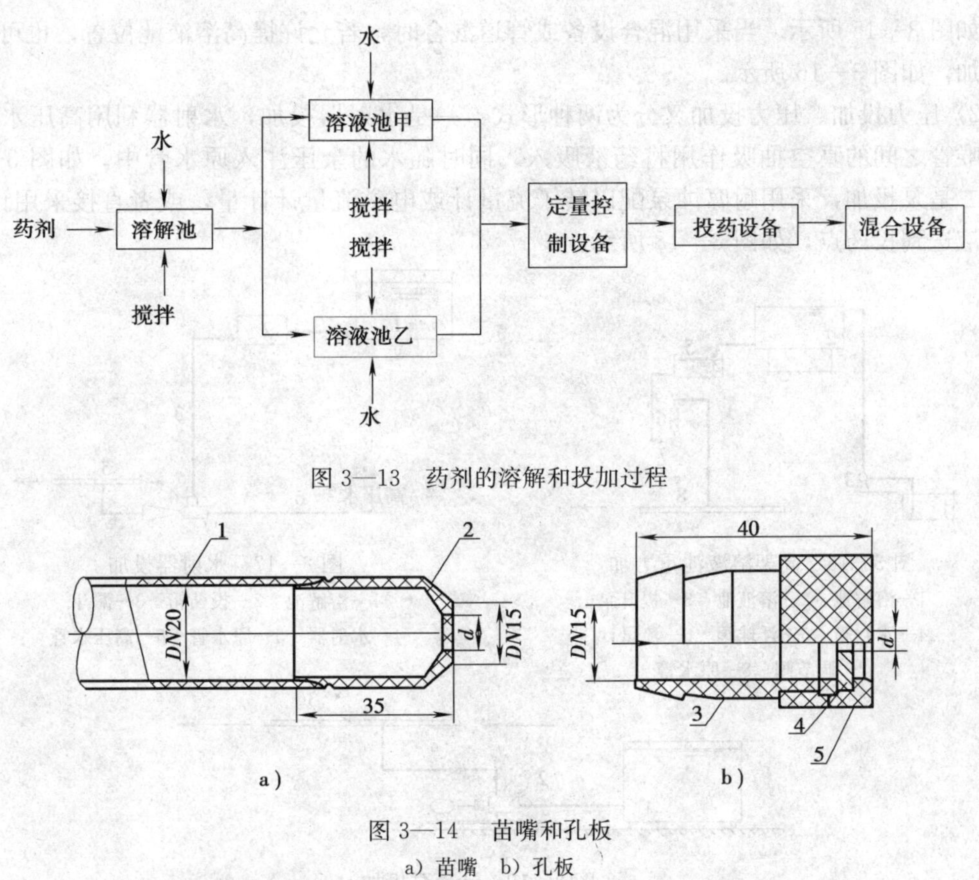

图 3—13　药剂的溶解和投加过程

图 3—14　苗嘴和孔板

a）苗嘴　b）孔板

1—出液软管　2—苗嘴 3—螺钉接头　4—孔板　5—压紧螺母

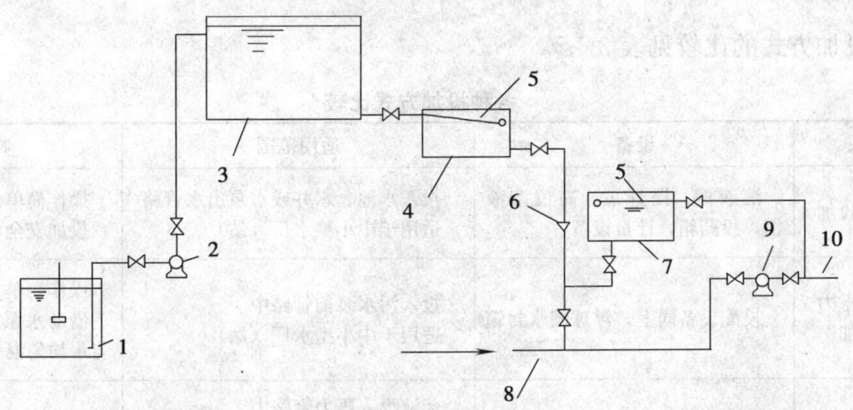

图 3—15　泵前重力投加

1—溶解池　2—提升泵　3—溶液池　4—恒位水箱　5—浮球阀

6—孔口计量装置　7—水封箱　8—吸水管　9—水泵　10—出水管

混凝剂的投加有两种方式，即重力投加和压力投加。

1）重力投加。采用水泵进行混合时，药剂加在泵前吸水井或吸水管处，一般采用重力投加，即所谓的泵前投加；为了防止空气进入水泵吸水管内，设置一个装有浮球阀的水封箱，如图 3—15 所示。当采用混合设备或管道混合时，若允许提高溶液池位置，也可采用重力投加，如图 3—16 所示。

2）压力投加。压力投加又分为两种形式：一是水射器投加，水射器利用高压水通过喷嘴和喉管之间的真空抽吸作用将药液吸入，同时随水的余压注入原水管中，如图 3—17 所示；二是泵投加，采用耐腐蚀泵配以转子流量计或电磁流量计计量，或者直接采用计量泵，将药液送到投药点，如图 3—18 所示。

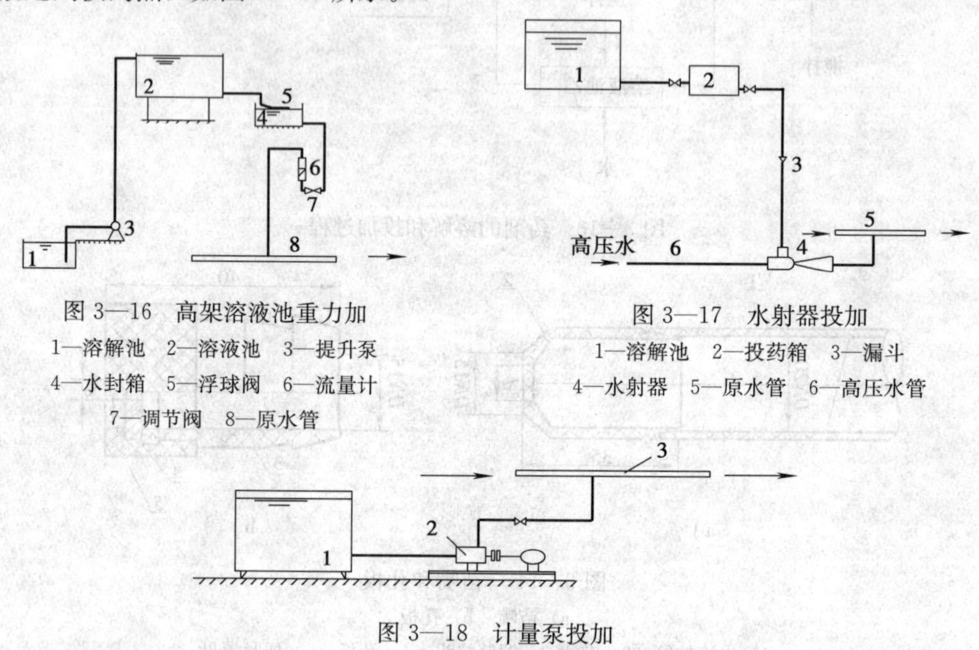

图 3—16 高架溶液池重力加

1—溶解池 2—溶液池 3—提升泵 4—水封箱 5—浮球阀 6—流量计 7—调节阀 8—原水管

图 3—17 水射器投加

1—溶解池 2—投药箱 3—漏斗 4—水射器 5—原水管 6—高压水管

图 3—18 计量泵投加

1—溶液池 2—计量泵 3—原水管

各种投加方式的比较见表 3—2。

表 3—2 各种投加方式比较

投加方式		设备	适用范围	特点
重力投加	重力投加	溶液槽，提升泵，高位溶液槽，投药箱，计量设备	投入水池、水井或水泵出水管路 适用于中小型水厂（站）	操作简单 投加安全可靠
	泵前重力投加	投配设备同上，浮球阀水封箱	投入污水泵前管路中 适用于中小型水厂（站）	操作简单 借助水泵叶轮，使药剂与水均匀混合
压力投加	泵投加	计量加药泵，溶液槽	药液投入压力管路中 适用于大中型水厂（站）	不用另设计量设备
		耐腐蚀泵，溶液槽，转子流量计	药液投入压力管路中 适用于大中型水厂（站）	设备易得，使用方便，工作可靠
	水射器投加	溶液槽，投药箱，水射器，高压水管	药液投入压力管中 各种水厂（站）规模均可适用	设备简单，使用方便，工作可靠，效率低

3.2.3.3 混合设备

混合的作用是将药剂迅速均匀地扩散到污水中，达到充分混合，以确保混凝剂的水解与聚合，使胶体颗粒脱稳，并互相聚集成细小的絮凝体（俗称矾花）。混合阶段需要剧烈短促的搅拌，时间要短，大约在 10～30 s 内完成，一般应不超过 2 min。混合有两种基本形式：一种是借助水泵叶轮进行混合；另一种是在混合设备中进行混合。

（1）借助水泵混合

当泵站与絮凝反应设备距离很近时，将药液加于泵前吸水管或吸水井中，通过水泵叶轮高速旋转达到快速而剧烈地混合的目的。其优点是混合效果好，设备简单，节省投资，不另消耗动力；缺点是吸水管多时，投药设备要增多、安装管理麻烦，对水泵叶轮有轻微腐蚀，同时应避免空气进入水泵。

（2）在混合设备中混合

在专用设备中进行混合，有机械和水力混合两种方式。

1）机械混合。在混合池内安装变速搅拌装置，通过电动机带动桨板或螺旋桨进行强烈搅拌达到混合的目的。其优点是混合搅拌强度可以调节，不受水质影响，混合效果好。缺点是增加了机械设备，增加了维修工作和动力消耗。机械混合池适用于各种规模的水处理厂（站）。机械混合池的桨板有多种形式，如浆式、推进式和涡流式等，采用较多的为浆式。

2）水力混合。它是通过水的流动达到药剂与水的混合。常用的水力混合设备有管式混合器和水力混合池两种类型。

①管式混合器。常用的有管式静态混合器和管式扩散混合器两种。如图 3—19 所示为管式静态混合器。它是近年来广泛使用的混合设备。该混合器操作简单，安装方便，管内流速一般不宜小于 1 m/s，水头损失约 0.3～0.4 m。如图 3—20 所示为管式扩散混合器。它是在管式孔板混合器前加一个锥形帽，锥形帽夹角为 90°，顺流方向投影面积为进水管总截面面积的 1/4，开孔面积为进水管总截面面积的 3/4，流速为 1.0～1.5 m/s，混合时间 2～3 s，节管长度不小于 500 mm。水头损失约 0.3～0.4 m，直径一般大于 200 mm。

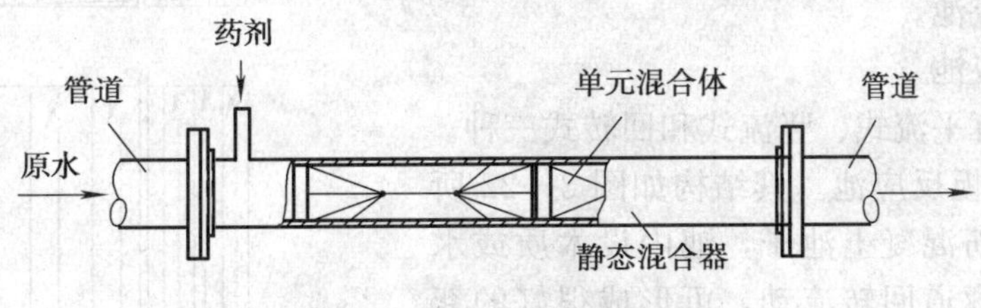

图 3—19 管式静态混合器

②水力混合池。水力混合池有多种形式，常用的有隔板式混合池、穿孔板式混合池和涡流式混合池等。如图 3—21 所示，隔板式混合池由钢筋混凝土或钢板制成，池内设隔板，药剂于隔板前投入，水在隔板通道间流动过程中与药剂达到充分的混合。混合时间为 10～30 s。

水力混合池主要优点是混合效果好，某些池形能调节水头高低，适应流量变化，操作简单，广泛用于大中型水处理厂；缺点是占地面积大，某些进水方式会裹进大量气体，对后续处理带来一些不利影响。

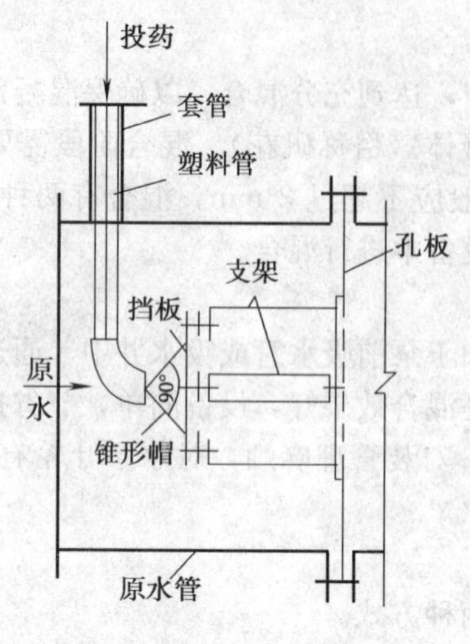

图 3—20 管式扩散混合器

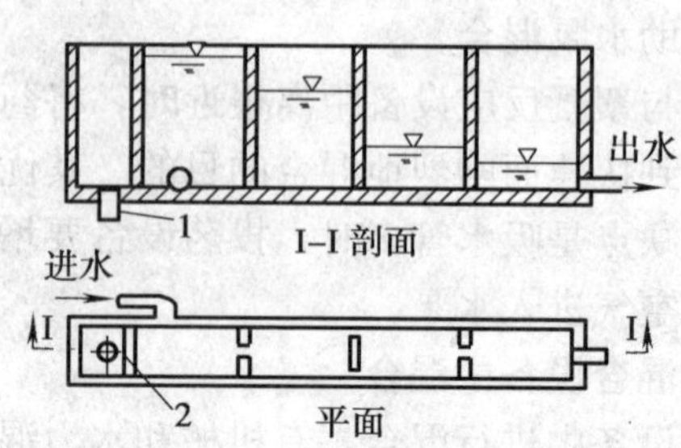

图 3—21 隔板式混合池

1—溢流管 2—溢流堰

3.2.3.4 反应设备

水和药剂混合后即进入反应池进行反应。此时，水中已经产生的细小絮体，还未达到自然沉降的程度。反应设备的作用就是促使混合阶段所形成的细小絮体在一定时间内逐渐絮凝成大的、具有良好沉降性能的絮凝体（可见的矾花），以使其在后续的沉淀池内下沉。反应设备应有一定的停留时间和适当的搅拌强度，以让细小的絮体能相互碰撞，并防止生成的大絮体在反应阶段沉淀。如搅拌强度太大，则会使生成的絮凝体破碎。且絮体越大，越易破碎，因此，在反应设备中，沿着水流方向搅拌强度应越来越小。

反应池的型式也有机械搅拌和水力搅拌两类。水力搅拌反应池应用广泛，类型也较多，主要有隔板反应池、涡流式反应池等。其中比较常用的是隔板反应池。

（1）隔板反应池

隔板反应池有平流式、竖流式和回转式三种。

1）平流式隔板反应池。其结构如图 3—22 所示。多为矩形钢筋混凝土池子，池内设木质或水泥隔板，水流沿廊道回转流动，可形成很好的絮凝体。一般进口流速 0.5～0.6 m/s，出口流速 0.15～0.2 m/s，反应时间一般为 20～30 min。其优点是反应效果好，构造简单，施工方便，管理维护简单。缺点是池容大，水头损失大。

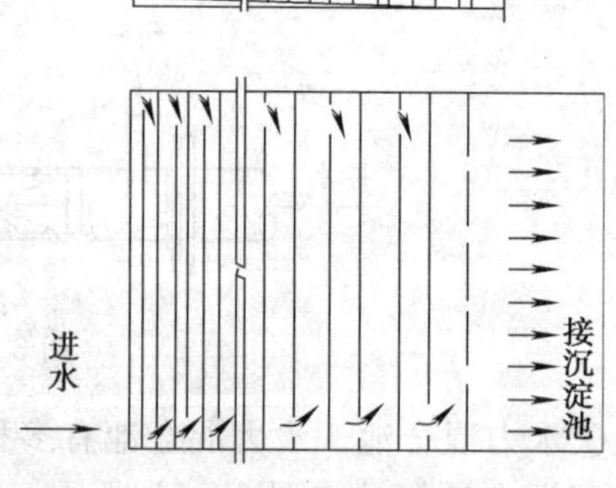

图 3—22 平流式隔板反应池

2）竖流式隔板反应池。此类反应池的原理与平流式隔板反应池相同。

3）回转式隔板反应池。其结构如图 3—23 所示，它是平流式隔板反应池的一种改进形式，常和平流式沉淀池合建，如图 3—24 所示。其优点是反应效果好，压头损失小。适用于处理水量大并且水量变化小的情况。

(2) 涡流式反应池

如图 3—25 所示，下半部为圆锥形，水从锥底部流入，形成涡流扩散后缓慢上升，随锥体截面积变大，反应液流速也由大变小，流速变化的结果，有利于絮凝体形成。涡流式反应池的优点是反应时间短，容积小，布置容易，造价低。缺点是池子较深，锥底施工困难。

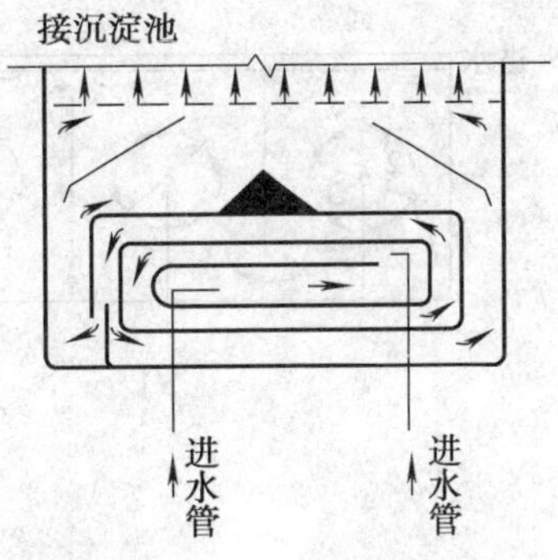

图 3—23 回转式隔板反应池

(3) 穿孔旋流反应池

穿孔旋流反应池由若干方格组成。分格数一般不少于 6 格。流速逐渐减小，速度梯度 G 也相应减小，以适应絮凝体形成。反应池首端孔口流速宜取 0.6～1.0 m/s，末端流速宜取 0.2～0.3 m/s。反应时间 15～25 min。穿孔旋流反应池的平面示意图如图 3—26 所示。

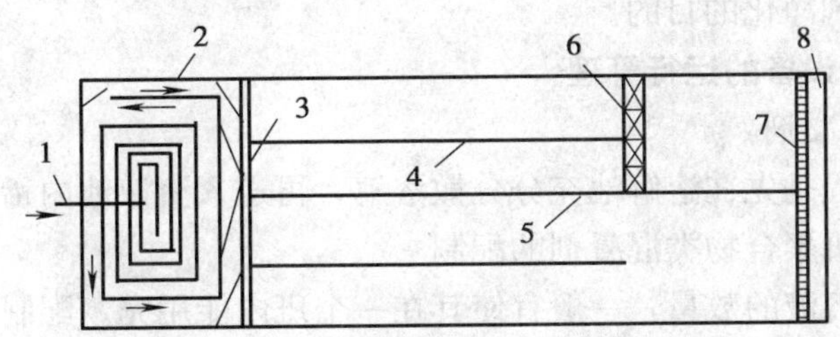

图 3—24 回转式隔板反应池的平流式沉淀池

1—进水管 2—回转式隔板反应池 3—穿孔配水槽 4—导流墙 5—隔墙 6—吸泥机桁架 7—上部穿孔出水墙 8—出水井

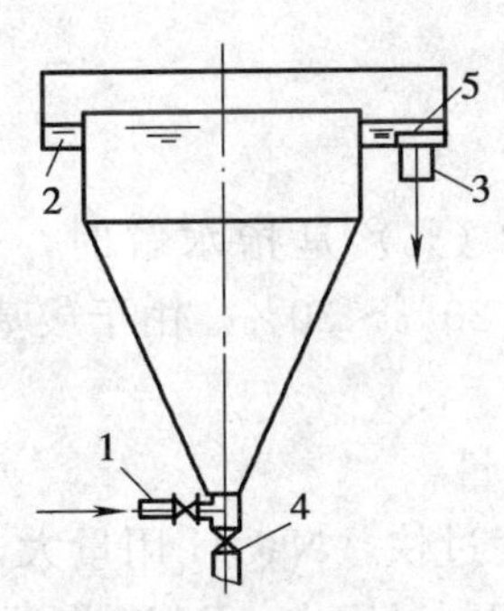

图 3—25 涡流式反应池

1—进水管 2—圆周积水槽 3—出水管 4—放水阀 5—格栅

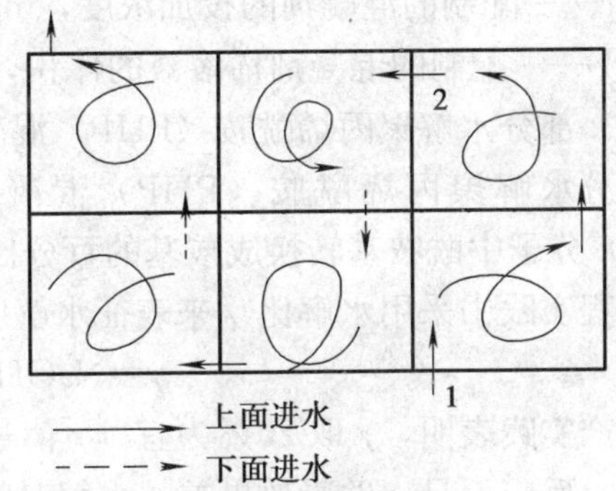

图 3—26 穿孔旋流反应池平面示意图

穿孔旋流反应池的优点是构造简单，制作及施工方便，造价低，可用于中、小型水厂。

(4) 机械搅拌式反应池

机械搅拌式反应池的结构如图 3—27 所示。反应池用隔板分为 2～4 格，每格安装一搅拌叶轮，叶轮有水平和垂直两种。水力停留时间一般采用 15～30 min，叶轮半径中点线速度由进水格的 0.5～0.6 m/s 依次减到出水格的 0.1～0.2 m/s。

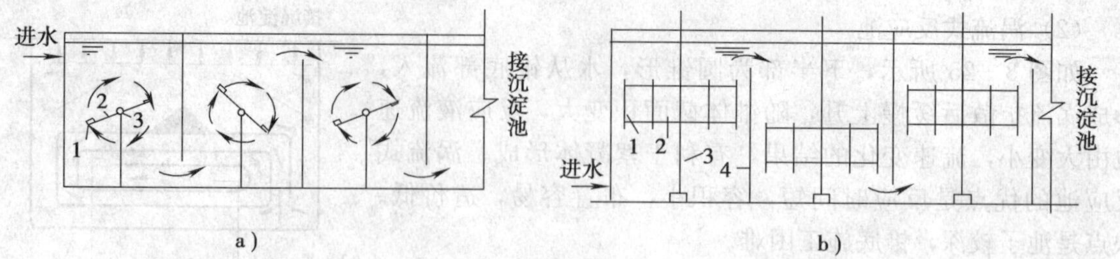

图 3—27　机械搅拌式反应池

a）水平轴式　b）竖直轴式

1—桨板　2—叶轮　3—旋转轴　4—隔板

3.2.3.5　沉淀

进行混凝沉淀的污水经过投药混合反应生成絮凝体后，要进入沉淀池使生成的絮凝体沉淀与水分离，最终达到净化的目的。

3.2.4　混凝工艺设备的运行管理

3.2.4.1　配制混凝剂

混凝剂的配制过程是先在溶解池充分分散溶解，再送入溶液池内稀释成规定浓度。

(1) 无机类及无机聚合物类混凝剂的配制

配制的混凝剂稀溶液的数量，一般宜使其在一个班内能用完。配制混凝剂原药的数量可按下式计算：

$$M = cV \times 1\,000 \tag{3—5}$$

式中　M——混凝剂原药的质量，kg；

c——配制的混凝剂的投加浓度，mg/L；

V——配制的混凝剂稀溶液的体积，m^3。

(2) 部分水解聚丙烯酰胺（PHP）混凝剂的配制

部分水解聚丙烯酰胺（PHP）混凝剂的水解度 β（%）是指水解时，聚丙烯酰胺（PAM）分子中酰胺基转换成羧基的百分比，一般取 β 为 20%～30%。由于羧基数量测定困难，工程实践中采用水解比 γ 来表征水解度。

$$\gamma = \text{NaOH 质量/PAM 质量} \tag{3—6}$$

生产实践表明，γ 取 20%为宜。γ 值过大，水解速度过快，NaOH 用量大，费用高；γ 值过小，反应不足，助凝效果差。水解时间取 2～4 h。配制过程中，PAM 先配制成 0.5%，水解后再稀释成 0.1%。

3.2.4.2　运行管理

混凝沉淀系统的日常维护管理包括以下内容：

①每班均应观察并记录矾花生成情况，并将之与历史资料比较。如发现异常应及时分析原因，并采取相应对策。

②沉淀池排泥要及时、准确。排泥间隔太长或一次性排泥太大，都将影响正常运行。

③应定期清洗加药设备，保持清洁卫生；定期清扫池壁，防止藻类滋生。

④定期取样分析水质，并定期核算混合区和絮凝池的搅拌速度梯度 G 值。

⑤定期巡检设备的运行情况，如有故障则及时排除。

⑥当采用氯化铁作絮凝剂时，应注意检查设备的腐蚀情况，及时进行防腐处理。

⑦加药计算设施应定期标定，保证计量准确。

⑧定期进行沉降试验和烧杯搅拌试验，检查是否为最佳投药量。

⑨连续或定期检测水温、pH 值、浊度、SS、COD 等水质指标。

⑩加强对库存药剂的检查，防止药剂变质失效；配药时严格执行卫生安全制度，必须戴橡胶手套以及采取保护措施。

3.2.4.3 常见异常现象与处理

混凝池系统异常现象、原因及对策见表 3—3。

表 3—3　混凝池系统异常现象、分析及对策

异常现象	原因及对策
反应池末端絮体正常，沉淀池出水带絮体	沉淀池超负荷，应降低污水流量 水流短路，应查明短路原因（死角，短流），采取整流措施
反应池末端絮体微小，沉淀池出水混浊	原污水碱度较低，应补充碱度 混凝剂投加量不足，应增加投加量 有机高分子混凝剂溶解不充分或失效，应提高有机高分子混凝剂稀溶液的制作质量，重新配制药液 水温较低，应改用受水温影响较小的无机混凝剂 采用水力混合，流量减少，混合强度不足，应提高混合强度 反应池大量积泥，应排除积泥
反应池末端絮体松散	无机混凝剂投加过量，应降低投药量

3.2.5 澄清池

3.2.5.1 澄清池的作用与分类

澄清池是混凝处理的一种设备。在澄清池内，可以同时完成混合、反应、沉淀分离等过程。澄清池中沉泥被提升起来并处于悬浮状态，在池中形成高浓度的活性泥渣层。该层悬浮物浓度约 3～10 g/L。原水在澄清池中自下向上流动，当脱稳杂质随水流与泥渣层接触时，利用接触凝聚原理，便被泥渣层阻留下来，使水获得澄清，清水在澄清池上部被收集。

澄清池具有处理效果好、生产效率高、药剂用量省、占地面积小等优点，且设计已标准化，缺点是对进水水质要求严格，设备结构复杂。

根据泥渣与污水接触方式的不同，澄清池可分为泥渣悬浮型和泥渣循环型两类。前者利用进水的位能连续地或周期地冲起泥渣，使其悬浮，并截留原水中的小絮体，多余的泥渣经沉淀浓缩后排出，主要形式有悬浮澄清池和脉冲澄清池。后者利用搅拌机或射流器让泥渣在竖直方向上不断循环，在循环过程中捕集水中的微小絮粒，并在分离区加以分离，典型设备有机械加速澄清池和水力循环澄清池。几种常用澄清池的特点和适用条件见表 3—4。目前最常用的是机械加速澄清池。

表 3—4　　常用澄清池的特点与适用条件

类型	特点	适用条件
机械加速澄清池	处理效率高，单位面积产水量大；处理效果稳定，适应性较强。需机械搅拌设备；维修较麻烦	进水悬浮物含量小于 5 000 mg/L，短时间内允许在 5 000～10 000 mg/L，适用于中、大型水处理厂
水力循环澄清池	无机械搅拌设备；构筑物简单。投药量较大；对水质、水温变化有较强适应性；水头损失较大	进水悬浮物含量小于 2 000 mg/L，短时间内允许在 5 000 mg/L，适用于中、小型水处理厂
脉冲澄清池	混合充分，布水均匀，池深较浅。需要一套抽真空设备，虹吸式水头损失较大，脉冲周期较难控制；对水质、水量变化适应性较差；操作管理要求较高	进水悬浮物含量小于 3 000 mg/L，短时间内允许在 5 000～10 000 mg/L，适用于各种规模水处理厂
悬浮澄清池	无穿孔底板式构造较简单。双层式加悬浮层，底部开孔，能处理高浊度原水，需设气水分离器。双层式池深较大；对水质、水量变化适应性较差；处理效果不够稳定	单层池，适用于进水悬浮物含量小于 3 000 mg/L 时；双层池，适用于进水悬浮物含量 3 000～10 000 mg/L 时，流量变化一般每小时小于 10%，水温变化每小时不大于 1℃

3.2.5.2　水力循环澄清池

水力循环澄清池是利用水的动能，在水射器的作用下，将池中的活性泥渣吸入和原水充分混合，从而加强了水中固体颗粒间的接触和吸附作用，形成良好的絮凝体，加速了沉降速度，使水得到澄清。水力循环澄清池构造如图 3—28 所示。

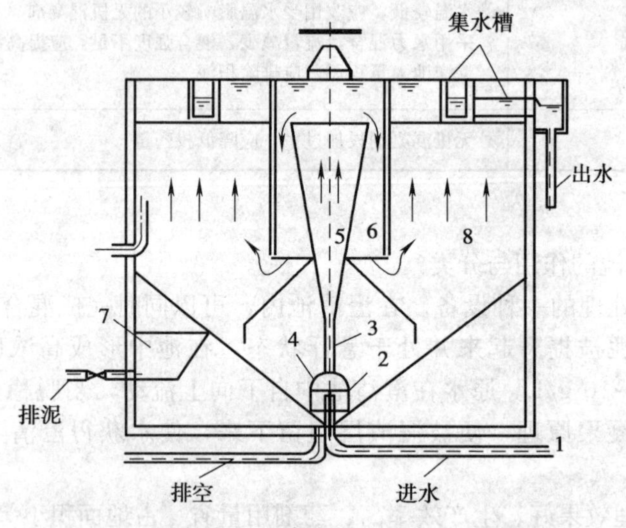

图 3—28　水力循环澄清池

1—进水管　2—喷嘴　3—喉管　4—喇叭口　5—第一反应室　6—第二反应室　7—泥渣浓缩室　8—分离室

其工作过程为：已投加混凝剂的原水经水泵加压后，由池子底部进水管进入喷嘴，以高速喷入喉管，在喉管的喇叭四周形成真空，吸入大约 3 倍的泥渣量，经过泥渣与原水的迅速混合，进入渐扩管形的第一反应室以及第二反应室中，进行混凝反应。喉管可以上、下移动以调节喷嘴与喉管的间距，使其等于喷嘴直径的 1～2 倍，并借此控制回流的泥渣量。吸进去的流量称为回流量，一般为污水进口流量的 2～4 倍。水流从第二反应室进入分离室，由于过水断面的突然扩大，流速降低，泥渣便沉淀下来，其中一部分泥渣进入泥渣浓缩斗定期予以排出，而大部分泥渣被吸入喉管进行回流，清水上升由集水槽流出。

3.2.5.3 机械加速澄清池

机械加速澄清池简称加速澄清池，多为圆形钢筋混凝土结构，小型的池子有时也采用钢板结构。主要构造包括第一反应室、第二反应室、导流室、分离室和泥渣浓缩室，如图 3—29 所示。此外还有进水系统、加药系统、排泥系统、机械搅拌提升系统等。

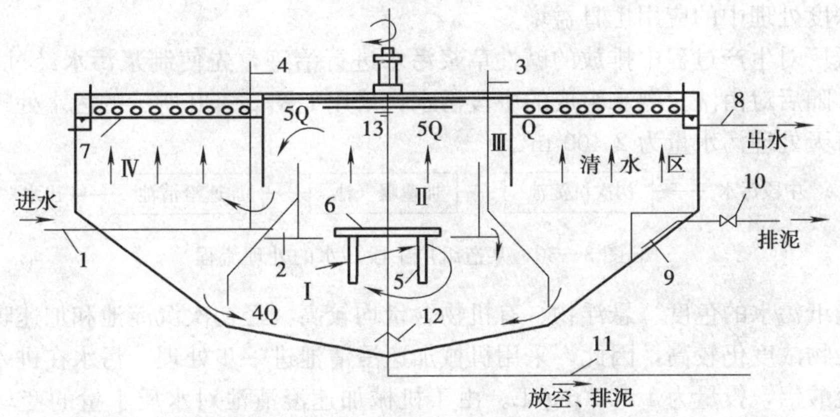

图 3—29 机械搅拌澄清池

1—进水管 2—配水三角槽 3—透气管 4—投药管 5—搅拌桨 6—提升叶轮 7—集水槽 8—出水管 9—泥渣浓缩室 10—排泥阀 11—放空管 12—排泥罩 13—搅拌轴

Ⅰ—第一反应室 Ⅱ—第二反应室 Ⅲ—导流室 Ⅳ—分离室

其工作过程为：污水从进水管通过环形配水三角槽，从底边的调节缝流入第一反应室，混凝剂可以加在配水三角槽中，也可以加到反应室中。第一反应室周围被伞形板包围着，其上部设有提升搅拌设备，叶轮的转动在第一反应室形成涡流，使污水、混凝剂以及回流过来的泥渣充分接触混合，由于叶轮的提升作用，水由第一反应室提升到第二反应室，继续进行混凝反应。第二反应室为圆筒形，水从筒口四周流出到导流室。导流室内有导流板，使污水平稳地流入分离室，分离室的面积较大，使水流速度突然减小，泥渣便靠重力下沉与水分离。分离室上层清水经集水槽与出水管流出池外。下沉的泥渣小部分进入泥渣浓缩室，经浓缩后由排泥管定期排放，大部分泥渣在提升设备作用下通过回流缝又回到第一反应室，再以上述流程进行循环。泥渣浓缩室根据水质和水量可设一个或几个。为改善分离区的泥水分离条件，可在分离区内增设斜板或斜管来提高分离效果。另外，池底还有排泥放空管，供排除池底积聚的泥渣和池子放空时用。

机械加速澄清池处理效果的影响因素有以下几点：

①搅拌速度。为使泥渣和水中小絮体充分混合，并防止搅拌不均引起部分泥渣沉积，要求加快搅拌速度，但速度若太快，反而会打碎已形成絮体，影响澄清效果。搅拌速度根据污泥浓度决定，污泥浓度通过沉降比的测定可知，污泥浓度低，搅拌速度小；污泥浓度高，就要增大搅拌速度。

②泥渣回流量及浓度。一般泥渣回流量大反应效果好，但回流量太大，会导致反应区流出的泥水流速过大，从而影响分离区的稳定，一般控制回流量为水量的 3～5 倍。泥渣浓度

越高越容易接触凝聚污水中悬浮颗粒，但泥渣浓度越高，澄清水分离越困难，以至于会使部分泥渣被带出，影响出水水质。因此，在不影响分离区工作的前提下，尽量提高泥渣浓度。泥渣浓度可通过排泥来控制。

③选择加药点很重要，最好能使药剂和水在短时间内迅速得到混合。

3.2.5.4 澄清池在污水处理中的应用实例

澄清池多用于给水处理。但随着对污水处理程度要求的提高，澄清池在污水处理中，特别是污水深度处理中的应用也日益增多。

某造纸厂对生产过程中排放的碱性草浆污水进行治理，先使制浆污水经过碱回收装置，提取黑液，随后对由洗、漂水组成的中段污水，采用如图 3—30 所示的污水处理流程进行净化处理，每天处理污水量为 2 400 m^3。

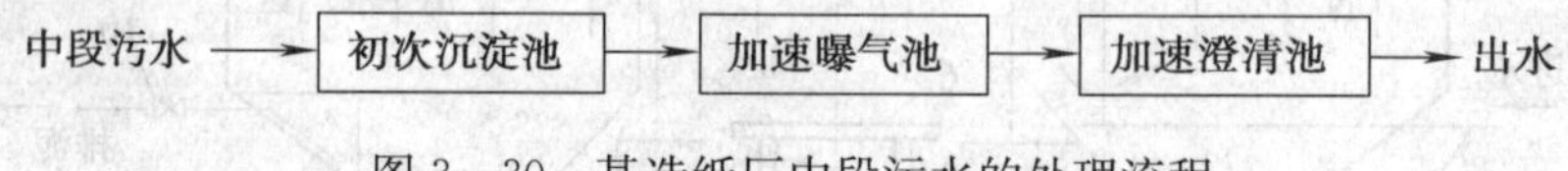

图 3—30 某造纸厂中段污水的处理流程

该厂造纸污水的色度、悬浮物、有机物含量均较高，经初次沉淀池和加速曝气池生物处理后，污染物浓度仍较高，因此，采用机械加速澄清池进一步处理。污水在进入澄清池前投加混凝剂硫酸铝，投量为 1 400 mg/L。由于机械加速澄清池对水质水量的变动具有较大的适应性，故被选用。操作时，借助于机械叶轮把原污水和混凝剂以及回流的泥渣混合；由于叶轮的提升作用，把第一反应室的水和泥渣混合体提升到第二反应室，继续进行凝聚反应，在分离室中进行渣水分离，大部分泥渣回流，回流量为进水量的 3～4 倍。为保持池内悬浮层浓度稳定，需不断排走多余的泥渣。

该澄清池的池径为 12 m，池深 4.3 m，第一反应室容积 50 m^3，第二反应室容积 25 m^3，分离室容积 375 m^3，总容积 500 m^3。

3.3 化学氧化还原

污水中的某些呈溶解状态的有毒有害物质，可以通过化学反应将其氧化或还原，转化成为无毒无害的新物质，或者转化成从水中溶液分离的形态（如气体或固体），从而达到处理的目的。这类污水处理的方法，称为化学氧化还原法。

对于无机物，氧化还原反应的实质是参与化学反应的原子或离子有电子的得失，因而引起化合价的升高或降低。失去电子的过程称为氧化，得到电子的过程称为还原。在氧化还原反应中，若有得到电子的物质就必然有失去电子的物质，因而氧化还原反应总是相伴发生。

对于有机物的氧化还原反应，由于涉及共价键，电子移动的情形很复杂，难以用电子得失来分析，常根据加氧或加氢反应来判断。将加氧或去氢的反应称为氧化，将加氢或去氧的反应称为还原。

由于各类污染物的氧化性是不同的，在进行污水处理时，对氧化剂或还原剂的选择应当考虑下列因素：

①对水中特定的杂质有良好的氧化还原作用；

②反应后生成物应当无害，不需二次处理；

③价格合理，易得；

④常温下反应迅速，不需加热；

⑤反应时所需 pH 值不宜太高或太低；

⑥操作简便。

与生物氧化法相比，化学氧化还原法需较高的运行费用，因此，目前化学氧化还原法仅用于饮用水处理、特种工业用水处理、有毒工业污水处理和以回用为目的污水深度处理等场合。

污水化学氧化还原法可根据有毒、有害物质在化学反应中是被氧化还是被还原的不同，分为氧化法和还原法两大类。

3.3.1 化学氧化

化学氧化法就是向污水中投加氧化剂，将污水中的有毒、有害物质氧化成无毒或毒性小的新物质的方法。污水中的有机物（如色、嗅、味、COD）及还原性无机离子（如 CN^-、S^{2-}、Fe^{2+}、Mn^{2+}等）都可通过氧化法消除其危害。

氧化处理法的实质是在强氧化剂的作用下，水中的有机物被降解成简单的无机物；溶解的污染物被氧化为不溶于水，且易于从水中分离的物质。此法特别适用于污水中含有难以生物降解的有机物以及能引起色度、臭味的物质的处理，如农药、酚、氰化物、丹宁、木质素等。

常用的氧化剂有氧类和氯类两种：前者包括氧、臭氧、过氧化氢、高锰酸钾等；后者中有气态氯、液氯、次氯酸钠、次氯酸钙（漂白粉）、二氧化氯等。

3.3.1.1 空气氧化

空气氧化法是以空气中的氧作为氧化剂来氧化污水中污染物质的一种处理的方法。因空气的氧化能力较弱，故常用于处理易氧化的污染物，如 S^{2-}、Fe^{2+}、Mn^{2+}等。

炼油厂、石油化工厂、皮革厂等排出大量的含硫污水。硫（Ⅱ）在污水中以 S^{2-}、HS^-、H_2S 的形式存在的。在碱性溶液中，硫（Ⅱ）的还原性较强，且不会形成挥发性的硫化氢，空气氧化的效果较好。

氧气与硫化物的反应如下：

$$2S^{2-}+2O_2+H_2O \rightarrow S_2O_3^{2-}+2OH^-$$

$$2HS^-+2O_2 \rightarrow S_2O_3^{2-}+H_2O$$

$$S_2O_3^{2-}+2O_2+2OH^- \rightarrow 2SO_4^{2-}+H_2O$$

由上述反应式可以算出，氧化 1 kg 硫化物（以 S 计）为硫代硫酸盐，理论上需氧量为 1 kg，约相当于 3.7 m^3 空气，由于部分硫代硫酸盐（10%）会进一步氧化为硫酸盐，使需氧量增加到 4.0 m^3 空气。实际操作中供气量为理论值的 2～3 倍。

空气氧化脱硫过程在密闭的塔内进行。如图 3—31 所示为某炼油厂空气氧化脱硫塔示意图。含硫污水、蒸汽（用于加热）和空气通过射流混合器并升温至 80～90℃，进入氧化脱硫塔，经喷嘴雾化，分四段（每段高 4 m，进口处装设喷嘴）进行氧化反应，氧化过程中气水比应大于 15，污水在塔内反应停留时间为 1.5～2.5 h。为加大气液接触面积，提高反应效果，可采用筛板塔、填料塔等形式的反应塔。

此外，空气氧化法还可以用于处理溶有 Fe^{2+}、Mn^{2+} 的原水。地下水中往往溶有 Fe^{2+} 和 Mn^{2+}，可以通过曝气，利用空气中的氧将 Fe^{2+}、Mn^{2+} 氧化生成 $Fe(OH)_3$ 和 MnO_2 沉淀而得到去除。曝气方式一般采用空气压缩机充气，曝气后的水通过滤池，截留 $Fe(OH)_3$ 和 MnO_2 沉淀物。

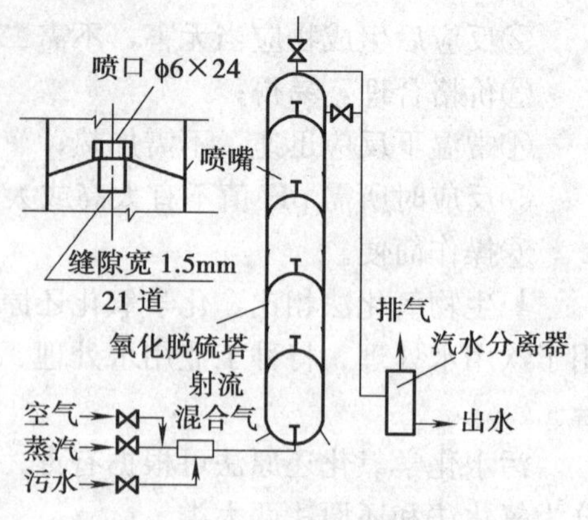

图 3—31　空气氧化脱硫塔

3.3.1.2　臭氧氧化

臭氧氧化法是利用臭氧（O_3）的强氧化能力，使污水中的污染物氧化分解成低毒或无毒的化合物，使水质得到净化。它可用于消毒杀菌，去除水中的氰、酚等污染物，去除水中铁、锰等金属离子，污水的脱色。

臭氧氧化在消除异味和降低水中 BOD、COD 等方面都有显著的效果。臭氧氧化处理污水有很多优点，臭氧的氧化能力强，使一些比较复杂的反应能够进行，反应速度快。因此，反应时间短、反应设备尺寸小、设备费用低，而且臭氧很容易分解，在水中既不产生二次污染又能增加水中的溶解氧。

臭氧可用电和空气（或氧气）采用无声放电法就地制取，不用储存，管理操作方便。由于具备这些特点，所以在污水净化及深度处理资源化回用方面已得到了广泛的重视和应用。

(1) 臭氧制备

由于臭氧的不稳定性，因此一般多在使用现场制备。臭氧的制备方法很多，有电解法、紫外线辐射法和无声放电法等。工业上几乎都用干燥空气或氧气经无声放电来制取臭氧。目前，我国已有多种臭氧发生器的定型产品出售，可供选购使用。无声放电法制取臭氧的原理及装置如图 3—32 所示。

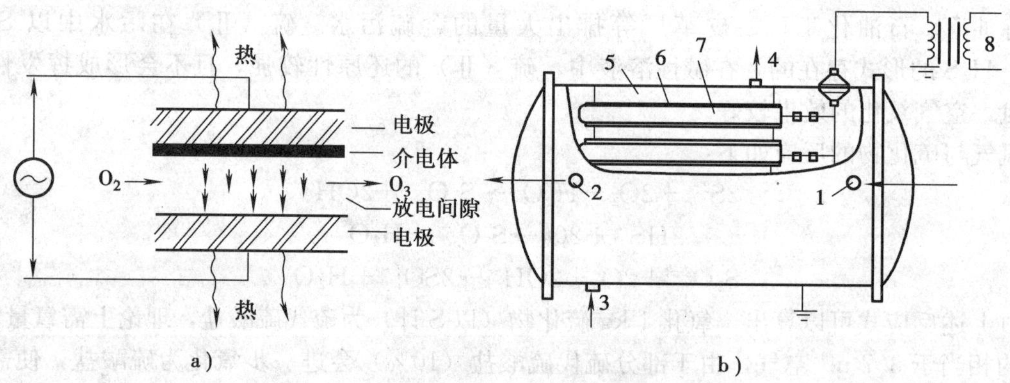

图 3—32　臭氧的制备原理及装置

a）无声放电法制备臭氧　b）管式（卧式）臭氧发生器

1—空气或氧气进口　2—臭氧出口　3—冷却水进口　4—冷却水出口

5—不锈钢管　6—放电间隙　7—玻璃管　8—变压器

在一对高压交流电极之间（间隙 1～3 mm）形成放电电场，由于介电体的阻碍，只有极小的电流通过电场，即在介电体表面的凸点上发生局部放电，因不能形成电弧，故称之为无声放电。

当空气或氧气通过此间隙，在高速电子流的轰击下，一部分氧分子转变为臭氧，其反应式如下：

第一步 $O_2 \rightarrow 2O$

第二步 $3O \rightarrow O_3$

反应中伴随有 $O+O_2 \rightarrow O_3$，该反应和第二步反应一样，其逆反应是臭氧的分解，分解速度随臭氧浓度增大和温度提高而加快。在一定浓度和温度下生成和分解达到动态平衡。从经济上考虑，一般以空气为原料时控制臭氧浓度不高于2%，以氧气为原料时则不高于4%，这种含臭氧的气体称为臭氧化气，由管路引出后，即可用于水处理。

用无声放电法制取臭氧的理论电耗为0.9 kW·h/kg O_3，而实际电耗大得多。单位电耗的臭氧产率，实际值仅为理论值的10%左右，其余能量变为热量，使电极温度升高。为了保证臭氧发生器正常工作和抑制臭氧热分解，必须对电极进行冷却，通常用水作为冷却剂。

(2) 臭氧的接触反应设备

污水的臭氧处理在接触反应器内进行，为了使臭氧与水中杂质充分反应，应尽可能使臭氧化空气在水中形成微细气泡，并采用两相逆流操作，以强化传质过程，使气、水充分接触，迅速反应。

一般常用的臭氧接触反应器有微孔扩散板式鼓泡塔和喷射器式接触反应器等。微孔扩散板式鼓泡塔中，臭氧化气从塔底的微孔扩散板喷出，以微小气泡上升，与污水逆流接触，如图3—33所示，这一设备的特点是接触时间长，水力阻力小，水无需提升，气量容易调节。适用于处理含有烷基苯磺酸钠、COD、BOD、氨氮等污染物的污水。

喷射器式接触反应器中，高压污水通过水射器将臭氧吸入水中，如图3—34所示。这种设备的特点是混合充分，但接触时间较短。适用于处理含有 Mn^{2+}、Fe^{2+}、CN^-、酚、细菌等污染物的污水。

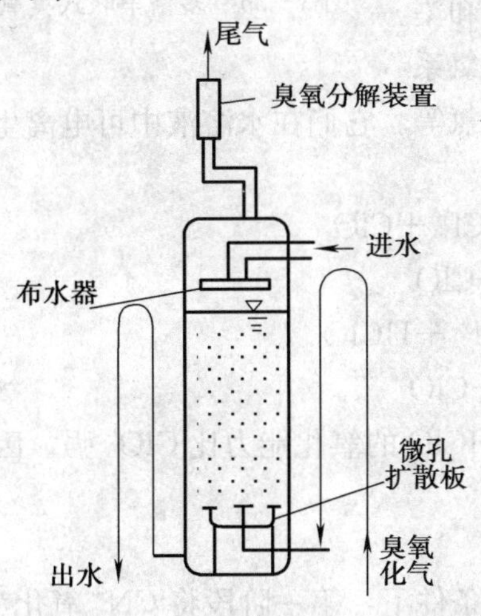

图3—33 微孔扩散板式鼓泡塔

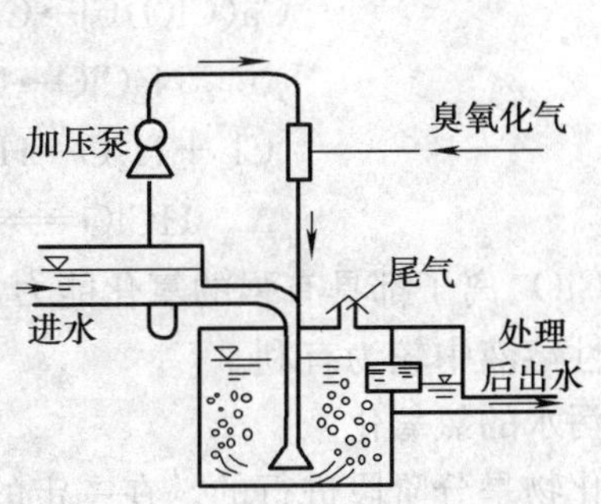

图3—34 喷射器式接触反应器

(3) 臭氧氧化处理工业废水工程实例

1) 处理含氰废水。臭氧与氰的反应式为:

$$2KCN + 2O_3 \rightarrow 2KCNO + 2O_2 \uparrow$$

$$2KCNO + H_2O + 3O_3 \rightarrow 2KHCO_3 + N_2 \uparrow + 3O_2 \uparrow$$

臭氧氧化处理含氰废水的工艺流程如图 3—35 所示。空气在进入臭氧发生器之前,需经过干燥和净化,以去除空气中含有的水蒸气和杂质颗粒;臭氧化气通过射流器混合,进入接触反应器,通过两步反应后,将氰氧化为氮气和氧气,从而实现无害化。

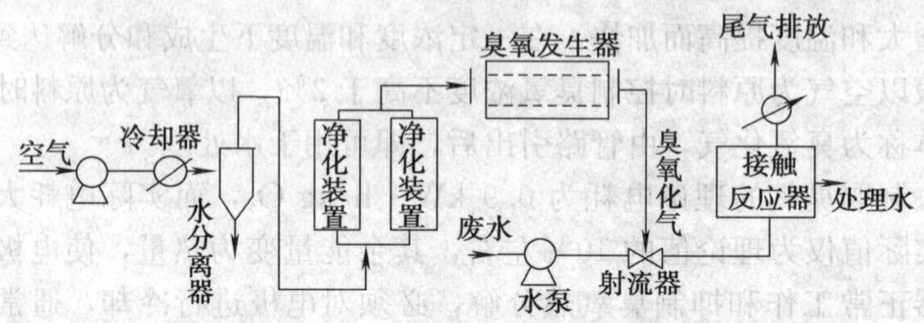

图 3—35 臭氧氧化处理含氰废水工艺流程

2) 臭氧在污水深度处理回用中的工程实例。工程流程及处理效果见本书 10.2.6 (1)。在本工程实例中,采用以气态氧为气源的臭氧发生器,气态氧由制氧机现场提供。臭氧氧化池为钢混结构,臭氧通过设在氧化池底部的刚玉微孔扩散器分散成微小气泡后进入废水中,臭氧投量控制在 4 mg/L 左右,接触时间为 45 min。

为了提高 O_3 的溶解效率,将氧化池设计成多格串联式(见图 3—36),废水上下翻越隔墙流动,与 O_3 气体多次接触。产生的 O_3 尾气经过尾气破坏装置中的活性炭催化分解后排入大气。

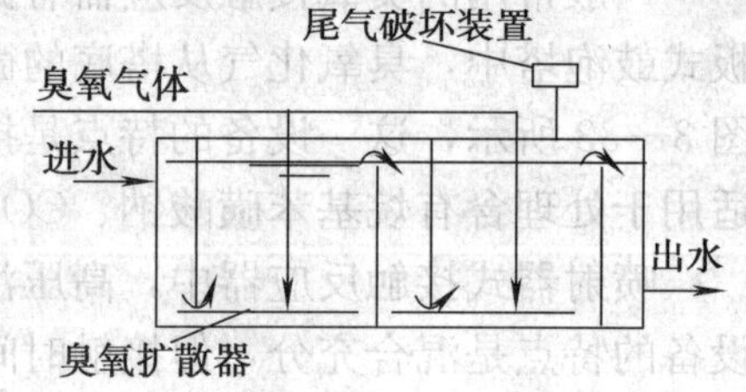

图 3—36 多格串联式臭氧氧化池

3.3.1.3 氯氧化

氯氧化法广泛应用于污水处理中,如医院污水处理,工业废水处理,含氰、含酚、含硫化物的废水和染料废水的处理,以及废水的脱色、除臭、杀菌等。氯系氧化剂有液氯、漂白粉、氯气、次氯酸钠、二氧化氯等。它们在水溶液中可电离生成次氯酸离子。

$$Ca(ClO)Cl \rightarrow Ca^{2+} + Cl^- + ClO^-$$

$$NaClO \rightarrow Na^+ + ClO^-$$

$$Cl_2 + H_2O \rightarrow H^+ + Cl^- + HClO$$

$$HClO \rightleftharpoons H^+ + ClO^-$$

HClO 和 ClO^- 离子都具有强的氧化能力,但 HClO 的氧化能力比 ClO^- 强。因此,氯氧化法通常在酸性溶液中较为有利。

(1) 含氰污水的氯氧化

氯氧化氰化物是分阶段进行的。在一定的反应条件下,第一阶段将 CN^- 氧化为 CNO^-,反应时间 10～15 min,反应过程如下:

$$CN^- + ClO^- + H_2O \rightarrow CNCl + 2OH^-$$

$$CNCl + 2OH^- \rightarrow CNO^- + Cl^- + H_2O$$

由于反应过程生成的中间产物 CNCl 的毒性与 HCN 相等，且在酸性条件下稳定，因此要求第一阶段反应在 pH 值为 10～11 的碱性条件下进行。

虽然氰酸盐毒性仅为氰的千分之一，但从水体安全出发，应消除氰酸盐对环境的污染，进行第二阶段的处理，以完全破坏碳氮键。即增加漂白粉或氯的投加量，进行完全氧化。此阶段控制 pH 值为 8～8.5，反应时间 1 h 以内。反应过程如下：

$$2CNO^- + 3ClO^- + H_2O = N_2\uparrow + 3Cl^- + 2HCO_3^-$$

采用液氯氧化时，完成两段反应所需的总药剂理论量为 $CN^- : Cl_2 = 1 : 6.83$。实际上，为使 CN^- 完全氧化，常加入 8 倍的氯气。处理设备主要是反应池和沉淀池。反应过程中要连续搅拌，可采用压缩空气搅拌或水泵循环搅拌。小水量时，可采用间歇操作。设二池，交替反应与沉淀。

(2) 硫化物的氯氧化

氯氧化硫化物的反应如下：

$$H_2S + Cl_2 = S + 2HCl$$

$$H_2S + 3Cl_2 + 2H_2O = SO_2 + 6HCl$$

硫化氢部分氧化成硫时，1 mg/L H_2S 需 2.1 mg/L Cl_2；完全氧化为 SO_2 时，1 mg/L H_2S 需 6.3 mg/L Cl_2。

(3) 含酚废水的氯氧化

采用氯氧化除酚，理论上投氯量与酚量之比为 6∶1 时，即可将酚完全破坏，但由于废水中存在其他化合物也与氯作用，实际投氯量必须过量数倍，一般要超出 10 倍左右。如果投氯量不够，则酚氧化不充分，而且生成具有强烈臭味的氯酚。当氯化过程在碱性条件下进行时，也会产生氯酚。

(4) 污水的脱色

氯有较好的脱色效果，可用于印染废水脱色。脱色效果与 pH 值以及投氯方式有关。在碱性条件下效果更好。若辅加紫外线照射，可大大提高氯氧化效果，从而降低氯用量。

3.3.1.4 高锰酸盐氧化

最常用的高锰酸盐是 $KMnO_4$，它是强氧化剂，能与水中 Fe^{2+}、Mn^{2+}、S^{2-}、CN^-、酚以及有机化合物反应。反应所生成水合二氧化锰具有吸附作用，有利于凝聚沉淀的进行。

高锰酸盐氧化法的优点是出水没有异味，氧化药剂易于投配和监测，并易于利用原有水处理设备（如凝聚沉淀设备、过滤设备）。但处理成本较高，适宜与其他处理方法配合使用，以降低处理成本。

3.3.2 化学还原

化学还原法是利用某些化学药剂的还原性，将污水中的有毒有害物还原成低毒或无毒的化合物的一种水处理方法。污水中的 Cr^{6+}、Hg^{2+} 等重金属离子均可通过还原法处理。常用的还原剂有硫酸亚铁、氯化亚铁、二氧化硫、铁屑、锌粉等。

(1) 还原除铬

电镀、冶炼、制革、化工等工业废水中常含有剧毒的 Cr^{6+}，它常以铬酸根 CrO_4^{2-} 和重

铬酸根 $Cr_2O_7^{2-}$ 两种形式存在。在酸性溶液中，主要以 $Cr_2O_7^{2-}$ 存在；在中性或碱性溶液中，主要以 CrO_4^{2-} 存在。

将剧毒的 Cr^{6+} 还原成毒性极微的 Cr^{3+}，常用的还原剂有硫酸亚铁、亚硫酸盐等。

1）硫酸亚铁还原法。向含铬废水中投加硫酸亚铁作为还原剂，亚铁离子在酸性条件下（pH 值为 2～3），使废水中六价铬还原为三价铬。然后再加碱中和至 pH 值为 7.5～8.5，生成氢氧化铬和氢氧化铁沉淀，其反应式为：

$$H_2Cr_2O_7+6H_2SO_4+6FeSO_4 \rightarrow Cr_2(SO_4)_3+3Fe_2(SO_4)_3+7H_2O$$

$$Cr_2(SO_4)_3+Fe_2(SO_4)_3+12NaOH \rightarrow 2Cr(OH)_3\downarrow+2Fe(OH)_3\downarrow+6Na_2SO_4$$

反应生成的沉淀是氢氧化铬和氢氧化铁的混合物，需要妥善处理，以防二次污染。如果采用石灰乳进行中和，沉淀中还含有 $CaSO_4$。还原剂用量为 $FeSO_4\cdot 7H_2O : Cr^{6+}=$（25～30）：1，反应时间不小于 30 min。

工艺流程包括集水、还原、沉淀、固液分离和污泥脱水等工序，可连续操作，也可间歇操作。

2）亚硫酸盐还原法。常用的还原剂有亚硫酸钠、亚硫酸氢钠或焦亚硫酸钠（焦亚硫酸钠水解后生成亚硫酸氢钠）。反应如下：

$$H_2Cr_2O_7+3Na_2SO_3+3H_2SO_4=Cr_2(SO_4)_3+3Na_2SO_4+4H_2O$$

$$2H_2Cr_2O_7+6NaHSO_3+3H_2SO_4=2Cr_2(SO_4)_3+3Na_2SO_4+8H_2O$$

还原后用氢氧化钠中和至 pH 值为 7～8，生成氢氧化铬沉淀。采用 NaOH 中和生成氢氧化铬纯度高，可以回收利用。也可以用石灰中和沉淀，费用较低，但操作复杂，且反应速度慢，生成泥量大，难以回收利用。

还原剂用量为亚硫酸钠（亚硫酸氢钠、焦亚硫酸钠）：六价铬=4（4、3）：1；还原反应时间为 30 min，pH 值控制为 2～3。

（2）还原除汞

氯碱、炸药、制药、仪表等工业废水中剧毒的 Hg^{2+}，处理方法是将 Hg^{2+} 还原为单质 Hg，加以分离和回收。常用的还原剂有比汞活泼的金属（铁屑、锌粒、铝粉、铜屑等）和硼氢化钠、醛类等。废水中的有机汞通常先用氧化剂（如氯）将其破坏，转化为无机汞后，再用金属置换。

金属还原除 Hg^{2+} 时，将含汞废水通过金属屑滤床，或与金属粉混合反应，置换出金属汞。置换反应速度与接触面积、温度、pH 值等因素有关。通常将金属破碎成 2～4 mm 的碎屑，并去掉表面污物，泥油污可用汽油浸泡除去，锈蚀层可酸洗。控制反应温度为 20～80℃，温度太高，虽能加速反应，但会有汞蒸气逸出。采用铁屑过滤时，pH 值为 6～9 较好，耗铁量最少；pH 值$<$6 时，则铁因溶解而耗量增大；pH 值$<$5 时，有氢析出，吸附于铁屑表面阻碍反应的进行。

硼氢化钠在碱性条件下（pH 值为 9～11）可将汞离子还原成金属汞，其反应式为：

$$2Hg^{2+}+2BH^{-}+4OH^{-}=2Hg\downarrow+3H_2\uparrow+2BO_2^{-}$$

还原剂一般配成 $NaBH_4$ 含量为 12％的碱性溶液，与废水一起加入混合反应器进行反应。将产生的气体（氢气和汞蒸气）通入洗气器，用稀硝酸洗气以除去汞蒸气，硝酸洗液返回原废水进行除汞处理。而脱气泥浆中的汞粒（粒径 10 μm）可用水力旋流器分离，能回收

80%～90%的汞。残余于溢流水中的汞，用孔径为 5 μm 的微孔过滤器截留去除，出水中残余汞量低于 0.01 mg/L。回收的汞可用真空蒸馏法净化。1 kg $NaBH_4$ 可回收 2 kg 汞。

3.4 化学沉淀

化学沉淀法是向水中投加某些化学药剂，使之与水中溶解性物质发生化学反应，生成化合物，再进行固液分离，从而除去废水中污染物的方法。其主要用于在废水处理中去除重金属（如 Hg、Zn、Cd、Cr、Pb、Cu 等）和某些非金属（如 As、F 等）离子态污染物。对于危害性极大的重金属废水，虽然有许多处理方法，但是迄今为止化学沉淀法仍然是最为重要的一种。

物质在水中的溶解能力可用溶解度表示。溶解度的大小主要取决于物质和溶剂的性质，也与温度、盐效应、晶体结构大小等有关。习惯上把溶解度大于 1 g/(100 g H_2O) 的物质列为可溶物，小于 0.01 g/(100 g H_2O) 的物质列为难溶物，介于两者之间的，列为微溶物。利用化学沉淀法处理废水所形成的化合物都是难溶物。根据采用的沉淀剂及反应的生成物不同，可将重金属化学沉淀法分为氢氧化物沉淀法、硫化物沉淀法和铁氧体沉淀法等。

3.4.1 氢氧化合物沉淀法

除了碱金属和部分碱土金属外，其他金属的氢氧化物大都是难溶的。难溶金属的氢氧化物的溶度积一般都很小，因此，可以用氢氧化物沉淀法去除废水中的大多数金属离子。氢氧化物沉淀法常用的沉淀剂有石灰、碳酸钠、苛性钠等。常用的是石灰法，该法的优点是经济、简便、药剂来源广。但是此法在实践中还存在不少问题和困难，主要是劳动卫生条件差，石灰品级不稳定，管道易结垢堵塞与腐蚀，沉渣体积庞大，脱水困难。其中沉渣问题最为突出，因为金属氢氧化物沉渣多为胶体状态，含水率高达 95%～98%，给脱水造成了极大的困难。该法一般适用于不准备回收的低浓度金属废水的处理。

氢氧化物沉淀法可用于矿山、铅锌冶炼厂等废水的处理。图 3—37 为某矿山废水处理的工艺流程。废水经二级化学沉淀后，出水可达到排放标准。

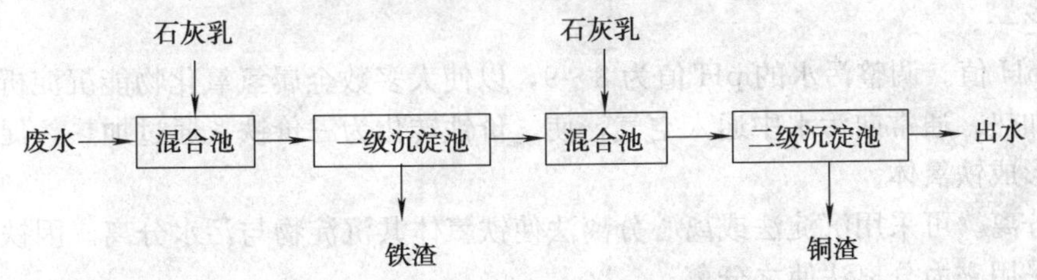

图 3—37 某矿山废水处理工艺流程

3.4.2 硫化物沉淀法

硫化物沉淀法是向废水中投加硫化物沉淀剂，使废水中的重金属离子与硫离子反应，生成难溶的金属硫化物沉淀。硫化物沉淀法比氢氧化物沉淀法对废水中的重金属离子（如 Hg^{2+}、Ag^{+}、Cu^{2+} 等）的去除更为彻底。常用的沉淀剂有 H_2S、NaHS、Na_2S、$(NH_4)_2S$ 等。

采用硫化物沉淀法处理含重金属废水，去除率高，可分步沉淀，泥渣中金属品位高，便于回收利用，适用pH值范围大。但过量的S^{2-}可使处理水COD增加；当pH值降低时，会产生有毒的H_2S。

用硫化物沉淀法处理含Hg^{2+}、Cu^{2+}、Zn^{2+}、Cd^{2+}、Pb^{2+}、AsO_2^-等废水，在生产上均得到了应用。硫化物沉淀法多用于去除无机汞，对于有机汞，必须先用氧化剂将其氧化成无机汞，然后再用硫化物沉淀法将其去除。但是过量的S^{2-}会增加水体的COD，还能与硫化汞沉淀生成可溶性的络合阴离子$(HgS)_2^{2-}$，降低汞的去除率。因此，在反应过程中，要补投$FeSO_4$溶液，以去除过量的硫离子。这样，不仅有利用汞的去除，而且有利于沉淀的分离。例如某化工厂采用硫化钠沉淀法处理乙醛车间排出的含汞废水，废水含汞5～10 mg/L，pH值为2～4。原水用石灰将pH调到8～10后，先投加6%Na_2S 30 mg/L，与汞反应后再投加7%的$FeSO_4$ 60 mg/L，处理后出水汞含量降低到0.2 mg/L。

虽然硫化物沉淀法比氢氧化物沉淀法可更安全地去除重金属离子，但由于沉淀反应生成的硫化物颗粒细，沉淀困难，所以一般需要投加凝聚剂以加强去除效果，使处理费用增加。

3.4.3 铁氧体沉淀法

铁氧体一般是指铁族元素和其他一种或多种金属元素的复合氧化物，它具有高的导磁率和高的电阻率，是一种重要的磁性物质。铁氧体不溶于酸、碱、盐溶液，也不溶于水。铁氧体的磁性强弱及其他特性与其化学组成和晶体结构有关。磁铁矿（主要成分为Fe_3O_4）是一种天然的铁氧体。

铁氧体沉淀法是20世纪70年代发展起来的一种废水净化方法，主要用于处理含重金属离子废水。铁氧体法处理含重金属离子是指向废水中投加铁盐，通过控制工艺条件，使废水中的重金属离子与铁盐生成稳定的铁氧体共沉淀物，再采用固液分离方法，使废水中的重金属离子得以去除。

铁氧体法的处理工艺过程包括投加亚铁盐、调整pH值、充氧加热、固液分离、沉渣处理五个环节。

①投加亚铁盐。为了形成铁氧体，需要有足量的Fe^{2+}及Fe^{3+}。投加亚铁盐的作用是：补充Fe^{2+}；通过氧化，补充Fe^{3+}；若污水中有六价铬，则Fe^{2+}能使其还原为Cr^{3+}，作为铁氧体的原料之一。

②调整pH值。调整污水的pH值为8～9，以使大多数金属氢氧化物能沉淀析出。

③充氧加热。通常向污水中通入空气，使二价铁转化为三价铁，通过加热，促使反应的进行，加速形成铁氧体。

④固液分离。可采用沉淀法或离心分离法使铁氧体共沉淀物与污水分离。因铁氧体带有磁性，也可采用磁力分离法使之分离。

⑤沉渣处理。按沉渣的组成、性能及用途的不同，处理方式各异。若废水的成分单纯，浓度稳定，则沉渣可作铁氧体原料。若废水成分复杂，则沉渣可供制耐蚀瓷器或暂时堆置储存。

采用铁氧体法去除废水中铬、汞及其他金属，效果均很显著。此法在电镀含铬废水处理、钝化和电镀废水混合处理、含汞废水处理中已获得应用，尤其是对电镀混合废水处理比较适宜。

铁氧体法的优点是：可同时去除污水中存在的多种金属离子；出水水质好；沉渣易分离；设备较简单。缺点是：不能单独回收有用金属；需耗亚铁、碱与热能，处理成本较高，出水中硫酸铁含量高。

3.5 消 毒

3.5.1 消毒的目的与方法

消毒的目的主要是杀灭污水中的病原微生物，以防止其对人类及禽畜的健康产生危害和对生态环境造成污染。对于医疗机构污水、屠宰工业、生物制药等行业所排废水，国家环保部门在制定的污水排放标准中都规定了必须达到的细菌学指标。近年来实施较多的污水深度处理资源化回用和中水回用中，消毒已成为必不可少的工艺步骤之一。

消毒方法可以分为物理方法和化学方法两类。物理方法主要有机械过滤、加热、冷冻、辐射、微电解、紫外线和微波消毒等方法；化学方法是利用各种化学药剂进行消毒，常用的化学消毒剂主要有氯及其化合物（二氧化氯、氯胺等）、臭氧、其他卤素、重金属离子等。

3.5.2 物理法消毒

3.5.2.1 紫外线消毒

紫外线消毒是一种利用紫外线照射污水进行杀菌消毒的方法。紫外线的消毒机理是利用波长 254 nm 及其附近波长区域对微生物的遗传物质核酸（RNA 或 DNA）的破坏而使细菌灭活。由于紫外线具有对隐孢子虫的高效杀灭作用和不产生副产物等特点，使其在给水处理中显示了很好的市场潜力。现在世界已有 3 000 多座市政污水处理厂安装使用了紫外消毒系统。

紫外线消毒是一种物理方法，它不向水中增加任何物质，没有副作用，这是它优于氯化消毒的地方。它通常与其他物质联合使用，常见的联合工艺有 $UV+H_2O_2$、$UV+H_2O_2+O_3$、$UV+TiO_2$，这样，消毒效果会更好。

紫外线杀菌效果是由微生物所接受的照射剂量决定的，照射剂量越大，消毒效率越高。同时也与灯的类型、光强和使用时间有关。随着灯的老化，它将丧失 30%～50%的强度。紫外照射剂量是指达到一定的细菌灭活率时，需要特定波长紫外线的量，其计算式为

照射剂量（J/m^2）＝照射时间（s）×UVC 强度（W/m^2）

目前能够输出足够的 UVC 强度用于工程消毒的只有人工汞（合金）灯光源。紫外线杀菌灯灯管是由石英玻璃制成，汞灯根据点亮后的灯管内汞蒸气压的不同和紫外线输出强度的不同，分为三种：低压低强度汞灯、中压高强度汞灯和低压高强度汞灯。由于设备尺寸要求，一般照射时间只有几秒，因此，灯管的 UVC 输出强度就成了衡量紫外光消毒设备性能最主要的参数。在城市污水消毒中，一般平均照射剂量在 300 J/m^2 以上。低于此值，有可能出现光复活现象，即病菌不能被彻底杀死，当从渠道中流出接受可见光照射后，重新复活，降低了杀菌效果。

（1）紫外线消毒的优点

1）紫外线消毒无需化学药品，不会产生三氯甲烷（THMs）类消毒副产物。

2）杀菌作用快，效果好。

3）无臭味，无噪声，不影响水的口感。

4）容易操作，管理简单，运行和维修费用低。

（2）紫外消毒存在问题

1）紫外线消毒法不能提供剩余的消毒能力，当处理水离开反应器之后，一些被紫外线杀伤的微生物在光复活机制下会修复损伤的DNA分子，使细菌再生。因此，要进一步研究光复活的原理和条件，确定避免光复活发生的最小紫外线照射强度、时间或剂量。

2）石英套管外壁的清洗工作是运行和维修的关键。当污水流经紫外线消毒器时，其中有许多无机杂质会沉淀、黏附在套管外壁上。尤其当污水中有机物含量较高时更容易形成污垢膜，而且微生物容易生长形成生物膜，这些都会抑制紫外线的透射，影响消毒效果。因此，必须根据不同的水质采用合理的防结垢措施和清洗装置，开发研制具有自动清洗功能的紫外线消毒器。

3）目前国产紫外线灯执行直管型石英紫外线低压汞消毒灯的国家行业标准，灯的最大功率为4 W，且有效寿命一般为1 000～3 000 h，而进口低压灯管的有效运行时间可达8 000～12 000 h，中压灯管也可达5 000～6 000 h。相比之下，使用国产灯管会增加维修费用，因此，研制生产寿命长的紫外灯或直接引进国外先进的紫外灯生产技术是目前亟待解决的问题。

4）在我国目前污水厂紫外消毒系统招标中，有些污水厂由于大量工业污水的导入，使得排放的污水色度加深，但招标文件中的污水紫外透射率参数仍采用国外提供的数值，造成与国内污水实际情况差别很大，为将来紫外设备的运行达到消毒要求，留下了难以克服的障碍。

经过紫外线消毒的污水可以在很多领域再利用，以实现污水资源化。将其用于灌溉农田、林地和草坪等可避免化学消毒剂对植物的损伤；用于地下水回灌可以防止微生物对化学消毒剂产生适应性而再度繁殖造成的地层堵塞。随着对紫外线消毒机理的深入研究、紫外线技术的不断发展以及消毒装置在设计上不断完善，紫外线消毒法有望成为代替传统氯化消毒的主要方法之一。

3.5.2.2　辐射消毒

辐射消毒是利用高能射线，如电子射线、γ射线、β射线等来实现对微生物的灭菌消毒。据研究，对某结核病医院的污水经高压灭菌后，分别接种大肠菌、草分支杆菌，然后采用γ射线（平均能量为1.25 MeV）进行辐射试验。结果表明，当照射总剂量为25.8 C/kg时，可全部杀死大肠菌、草分支杆菌。由于射线有较强的穿透能力，可瞬时完成灭菌作用，一般情况下不受温度、压力和pH值等因素的影响。采用辐射法对污水灭菌消毒是有效的，控制照射剂量，可以任意程度地杀死微生物，而且效果稳定。但该法一次投资大，需获得辐照源以及安全防护设施。

3.5.3　化学法消毒

3.5.3.1　加氯消毒

加氯消毒是目前为止使用最多的水处理消毒方法。氯价格便宜，消毒可靠又有成熟的经验，常用的化学药剂有液氯、漂白粉、漂白精、氯片等，统称为氯系消毒剂。

加氯消毒的主要特点是：处理水量较大时，单位水量的处理费用较低；水经氯消毒后能长时间地保持一定数量的余氯，从而具有持续消毒能力；氯消毒历史较长，经验较多，是一种比较成熟的消毒方法。但是，加氯消毒会产生有机氯化物等有害的副产物。

（1）氯的性质与消毒作用

氯是工业上主要的消毒剂，通常在一定的压力下以液氯的形式装瓶供应，在气态时呈黄绿色，密度约为空气的 2.48 倍。液氯为琥珀色，密度约为水的 1.44 倍。有刺激臭，有毒。当空气中氯气浓度达 40～60 mg/L 时，即有危险。

1）氯与水的作用。氯气与水接触发生如下反应：

$$Cl_2+H_2O\rightarrow H^+ +Cl^- +HClO$$

这一反应基本上在几分钟内完成，HClO 是一种弱酸，又进而在瞬间分解为 H^+ 和 ClO^-，并达到如下平衡：

$$HClO\rightleftharpoons H^+ +ClO^-$$

水中的 HClO 和 ClO^- 的比例与水的温度和 pH 值有关。一般认为，Cl_2、HClO 和 ClO^- 均具有氧化能力，但 HClO 的杀菌能力比 ClO^- 强得多，大约要高出 70～80 倍以上。这是因为 HClO 是体积很小的中性分子，能扩散到带有负电荷的细菌表面，具有较强的渗透力，能穿透细胞壁进入细菌内部。氯对细菌的作用是破坏其酶系统，导致细菌死亡；对病毒的作用，主要是对核酸破坏的致死性作用。而 ClO^- 带有负电，难于靠近带负电的细菌，所以虽有氧化作用，也难起到消毒作用。

通常将以 HClO 和 ClO^- 的形式存在于水中的氯称为游离有效氯。当 pH 值$>$8.5 时，80%以上的游离氯以 ClO^- 存在；而 pH 值$<$7 时，80%以上呈 HClO 形式存在。由于 HClO 的消毒能力比 ClO^- 强，因此，控制低的 pH 值有利于消毒操作。

2）氯与氨的作用。氯和次氯酸不仅能与细菌作用，杀死细菌，也能与存在于水中的多种物质作用。当水中有氨存在时，氯和次氯酸极易与氨反应生成各种氯氨。

$$NH_3+HClO\rightarrow NH_2Cl+H_2O$$

$$NH_3+2HClO\rightarrow NHCl_2+2H_2O$$

$$NH_3+3HClO\rightarrow NCl_3+3H_2O$$

NH_2Cl、$NHCl_2$ 和 NCl_3 分别称为一氯胺、二氯胺和三氯胺（三氯化氮）。各种氯氨生成的比例决定于水中氯、氨的相对浓度、pH 值和温度等。一般来说当水的 pH 值在 5～8.5 时，NH_2Cl 与 $NHCl_2$ 同时存在，但 pH 值低时，$NHCl_2$ 较多。NCl_3 要在 pH 值低于 4.4 时才产生，在一般自来水中不大可能形成。各种氯氨也具有杀菌能力。通常 $NHCl_2$ 的杀菌能力比 NH_2Cl 强，因此，从氯氨的角度看，pH 值低些也是对消毒有利的。

其实，各种氯氨的消毒作用还是缘于次氯酸，当水中的 HClO 因消毒而消耗后，氯氨缓慢水解生成次氯酸。氯氨的杀菌能力不及 HClO，而且杀菌作用进行得比较缓慢。因此，通常将氯与氨或其他有机物呈化学结合存在于水中的氯（各种氯氨）称为化合有效氯。

氯氨的杀菌作用虽比较缓慢，但在水中较为稳定，杀菌的持续时间长。利用这个特性，有些水厂在消毒加氯时，还外加一些氨，如液氨、氯化铵或硫酸铵等，使形成一定量的氯氨。这种消毒方法称为氯氨消毒法。

3）氯与其他杂质的作用。氯还可以与水中的其他杂质，特别是还原性物质发生化学作用。Fe^{2+}、Mn^{2+}、NO^{2-}、S^{2-}等都是水中可能存在的一些无机还原性物质。水中也可能含有有机性还原物质，尤其是在污水的消毒过程中。这些还原性物质都可能受到氯的氧化，并影响氯的消毒作用，因此也要消耗一部分投加的氯气。

（2）加氯量的确定

氯化法消毒所需的加氯量，应满足两方面的要求：一是在规定的反应结束时，应达到指定的消毒指标；二是出水要保持一定的余氯，使那些在反应过程中受到抑制而未杀死的致病菌不能复活。通常将满足上述两方面要求而投加的氯量分别称为需氯量和余氯量。因此，用于污水消毒或给水消毒的加氯量应是需氯量与余氯量之和。污水和给水消毒的加氯量一般应经试验确定。

1）余氯种类和余氯。加氯消毒时，消毒效果与氯的剂量和接触时间密切相关。在给定的消毒效果下，若氯和水有较长的接触时间，低的剂量就够了，若接触时间短就需要有较高的氯剂量。此外，消毒效果还与有效氯的种类有关。因此，不仅要测知总余氯的浓度，还要区别不同种类的余氯。通常将 Cl_2、HClO 和 ClO^- 称为游离性余氯，而将 $NHCl_2$ 和 NH_2Cl 及其他氯氨化合物称为化合性余氯。两者之和是总余氯。

氯化消毒后水中的余氯要求，应根据水处理的目的和性质而定。如我国生活饮用水水质标准规定，加氯接触 30 min 后，游离性余氯不应低于 0.3 mg/L，在管网末梢不应低于 0.05 mg/L；城市杂用水水质标准规定，在接触 30 min 后，游离性余氯≥1.0 mg/L，管网末端≥0.2 mg/L。各种污水的氯化消毒处理，也有相应的余氯量指标控制要求。

2）加氯量。对给水和污水进行氯化处理时，所需的加氯量通常由实验确定：在相同水质的一组水样中，分别投加不同剂量的氯或漂白粉，经一定接触时间（15～30 min）后，测定水中的余氯量，得到如图 3—38 所示的余氯量与加氯量的关系曲线（称需氯量曲线），依据此曲线，根据余氯量指标，即可确定所需的加氯量。

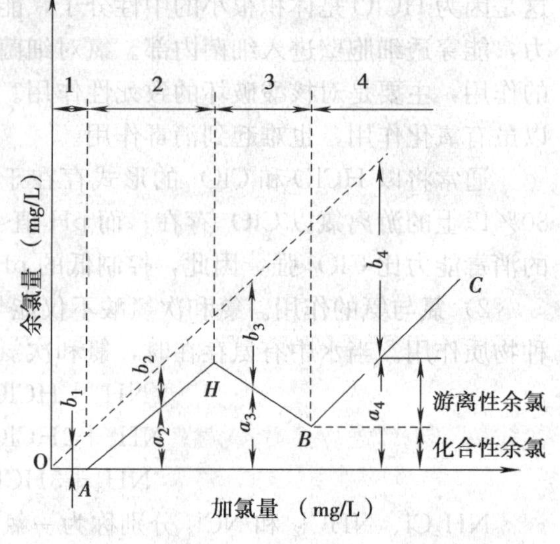

图 3—38 需氯量曲线

图中虚线（该线与坐标轴的夹角为 45°），表示水中无杂质时，加氯量与余氯量相等，同一加氯量下，虚线与实线的纵坐标差（b）代表水中微生物和杂质的耗氯量。通常可把实线分成四个区：在 1 区内，氯先与水中所含的还原性物质（如 NO_2^-、Fe^{2+}，S^{2-} 等）反应，余氯量为 0，在此过程中虽然也会杀死一些细菌，但消毒效果不可靠。在 2 区内，投加的氯基本上都与氨化合成氯胺，以化合性余氯存在，有一定的消毒效果。在 3 区内仍然是化合性余氯，但由于加氯量较大，部分氯胺被氧化为 N_2O、N_2 或 HCl，化合性余氯量反而逐渐减少，直至降到最小值 B 点，称 B 点为折点，表示余氯存在形式的转折点。折点 B 以前的余氯全都是化合性余氯，没有游离性余氯，折点 B 以后即进入 4 区，此时实线与虚线平行。说明所增加余氯量完全以游离性余氯存在，这一区内既有化合性余氯，又有游离性余氯，消毒效果最好。当按大于需氯量曲线上所出现折点 B 的量来加氯时，常称为折点氯化法。

无实测资料时，对生活污水，其加氯量可参照如下数值：一级处理后的污水，加氯量采用 20～30 mg/L，二级处理后的污水采用为 8～15 mg/L；对一般地面水经混凝、沉淀和过滤后或清洁的地下水，加氯量可采用 1.0～1.5 mg/L；一般的地面水经混凝、沉淀而未经过滤时可采用 1.5～2.5 mg/L。

（3）加氯设备

加氯设备通常都采用加氯机。最常用的有转子加氯机和真空加氯机两种。如图 3—39 所示是 ZJ 型转子加氯机的示意图。其工作原理是：来自氯瓶的氯气首先进入旋风分离器 1，再通过弹簧膜阀 2 和控制阀 3 进入转子流量计 4 和中转玻璃罩 5，经水射器 7 与压力水混合，溶解于水中被送至加氯点。各部分作用如下：旋风分离器用于分离氯气中可能存在的悬浮杂质，如铁锈、油污等，其底部有旋塞可定期打开以清除杂质；弹簧膜阀系减压阀门，能保证氯瓶内安全压力大于 0.1 MPa，如小于此压力，该阀即自动关闭，并起到稳压作用；控制阀和转子流量计用来控制和测定加氯量；中转玻璃罩用以观察加氯机的工作情况，同时起稳定加氯量、防止压力水倒流和当水源中断时破坏罩内真空的作用；平衡水箱 6 可以补充和稳定中转玻璃罩内水量，当水流中断时自动暴露单向阀口，吸入空气使中转玻璃罩真空破坏；水射器的作用是从中转玻璃罩内抽吸所需的氯，使其与水混合并溶解，同时使玻璃罩内保持负压状态。

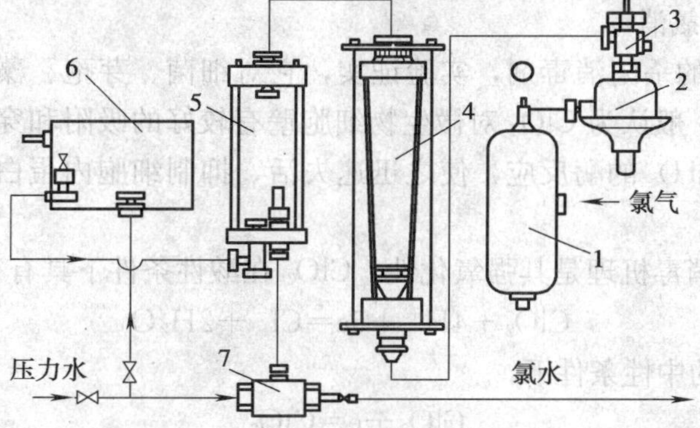

图 3—39 ZJ 型转子加氯机

1—旋风分离器 2—弹簧膜阀 3—控制阀 4—转子流量计 5—中转玻璃罩 6—平衡水箱 7—水射器

真空加氯机是由真空调节器、流量调节器、水射器三大主要部件，备件及相关连接管线而组成，如图 3—40 所示。真空调节器是将正压转变成负压的执行机构；流量调节器用于控制氯气的投加量，它由流量管和调节针阀构成，能稳定准确连续地调节加气量的大小；水射器是真空加氯机系统中非常重要的一个部件，其作用是：①为整个真空加氯系统创造真空源，从而使氯气从氯气瓶中抽吸出来；②将氯气与水充分混合；③保护系统不使水倒流进入系统内部。真空加氯机的工作原理是：压力水流经过水射器喉管形成一个真空，从而开启水射器中的止回阀。真空通过真空管路到真空调节器，在那里形成的压差使真空调节器上的进气安全阀打开，促使气体流动，真空调节器中的弹簧膜片调节真空度。气体在真空作用下流经浮子流量计、流量调节阀和真空管路到达水射器。在这里与水安全混合，形成氯水溶液。

在水射器到真空调节器进气安全阀之间，系统完全处于负压状态。如果水射器停止给水或真空条件破坏，真空调节器的进气安全阀立刻关闭，隔断气源。当气源用尽的时候，真空调节器会自动封闭以防湿气被吸回气源。当需要多点投加时，可提供多个流量计和水射器。

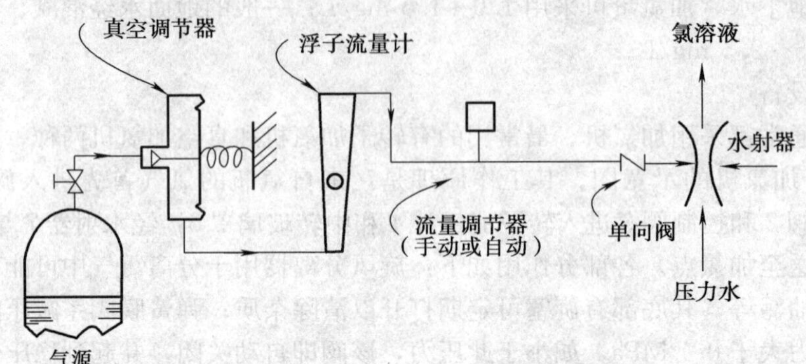

图 3—40　真空加氯机工作原理示意图

加氯机应按产品说明书的规定操作。因氯有毒，故氯的运输、贮存及使用应特别小心，确保安全。加氯设备的安装位置应尽量靠近加氯点。加氯设备应结构坚固，防冻保温，通风良好，并备有检修和抢修设备。

3.5.3.2　二氧化氯消毒

ClO_2 是一种高效的杀菌消毒剂，实验证实，它对细菌、芽孢、藻类、真菌、病毒等均有良好的杀灭效果。一般认为 ClO_2 对微生物细胞壁有较好的吸附和穿透作用，能渗透到细胞内部与含巯基（—SH）的酶反应，使之迅速失活，抑制细胞内蛋白质的合成，从而达到将微生物灭活的目的。

二氧化氯的氧化消毒机理是其强氧化性。ClO_2 在酸性条件下具有很强的氧化性：

$$ClO_2+4H^++5e=Cl^-+2H_2O$$

在 pH 值约为 7 的中性条件下，

$$ClO_2+e=ClO_2^-$$

$$ClO_2^-+2H_2O+4e=Cl^-+4OH^-$$

二氧化氯的消毒特点如下：

①ClO_2 氧化能力强，其氧化能力是氯的 2.5 倍，能迅速杀灭水中的病原菌、病毒和藻类，包括芽孢、病毒和蠕虫等。

②与氯不同，ClO_2 消毒性能不受 pH 值影响。这主要是因为氯消毒靠次氯酸杀菌而二氧化氯则靠自身杀菌。

③ClO_2 不与氨或氯胺反应，在含氨高的水中也可以发挥很好的杀菌作用，而使用氯消毒则会受到很大影响。

④ClO_2 随水温升高灭活能力加大，从而弥补了因水温升高 ClO_2 在水中溶解度的下降。

⑤ClO_2 的残余量能在管网中持续很长时间，故对病毒、细菌的灭活效果比臭氧和氯更有效。

⑥ClO_2 能将水中少量的 S^{2-}、SO_3^{2-}、NO_2^- 等还原性酸根氧化去除，还可去除水中的

Fe^{2+}、Mn^{2+}及重金属离子等，具有较强的脱色、去味及除铁、锰效果。

⑦ClO_2 对水中有机物的氧化是有选择的，与某些有机物进行氧化反应将起降解作用，生成含氧基团为主的产物，不产生氯化有机物，所需投加量小，约为氯投加量的 40%，且不受水中氨氮的影响。因此，采用 ClO_2 代替氯消毒，可使水中三氯甲烷生成量减少 90%。

一般常采用化学法制取 ClO_2。例如，亚氯酸钠（$NaClO_2$）和盐酸（HCl）作用，即

$$5NaClO_2+4HCl=5NaCl+4ClO_2+2H_2O$$

上述反应在化学法二氧化氯发生器中进行，其工艺流程如图 3—41 所示。反应所用原料经计量泵定量投加到反应器中，反应生成的二氧化氯气体，经喷射混合器抽吸与压力水形成一定浓度的二氧化氯消毒液，然后进入待处理水中。通过输入流量测定、余氯测定、液位测定等信号，可以完成二氧化氯发生与投加的全自动控制过程。

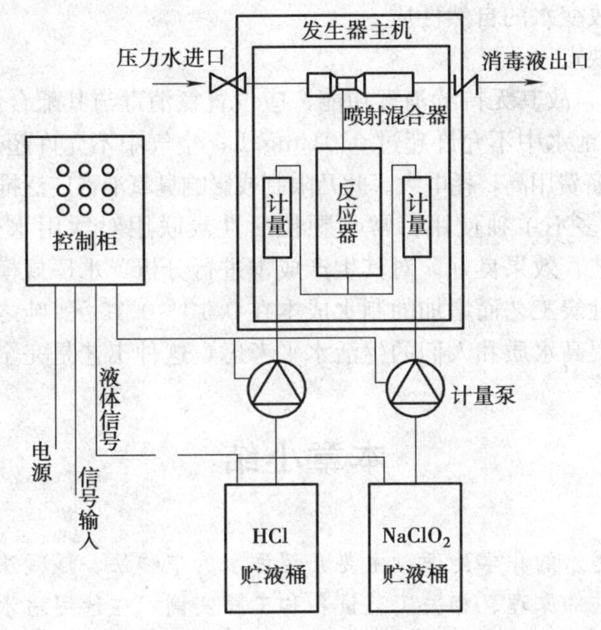

图 3—41　二氧化氯发生器工艺流程

二氧化氯消毒的安全性使其被认为是氯系消毒剂最理想的更新换代产品。在其使用中也存在一些的问题。其一是，ClO_2 加入水中后，会有 50%～70%转变为 ClO_2^- 与 ClO_3^-。很多实验表明 ClO_2^-、ClO_3^- 对血红细胞有损害，对碘的吸收代谢有干扰，还会使血液中胆固醇升高。建议二氧化氯消毒时残余氧化剂总量（$ClO_2+ClO_2^-+ClO_3^-$）小于或等于 1.0 mg/L，使对正常人群健康不致有影响。其二是，二氧化氯性质比较活泼，易爆炸，不能贮存，需现场制备。在使用 ClO_2 时要十分注意安全。一般在 ClO_2 制备系统中应严格控制原料稀释浓度，防止误操作并应建立相应安全措施。ClO_2 储存要低温避光；ClO_2 间禁用火种，设良好的通风换气设备。

3.5.3.3　臭氧消毒

臭氧的消毒机理包括直接氧化和产生自由基的间接氧化，与氯和二氧化氯一样，通过氧化破坏微生物的结构，达到消毒的目的。其优点是杀菌效果好，用量少，作用快，能同时控

制水中铁、锰、色、味、嗅。但也有产生副产物的可能。由于臭氧分子不稳定，易自行分解，在水中保留时间很短（小于 30 min），不能维持管网持续消毒效果，因此在使用中受到一定限制。

（1）臭氧消毒的特点

1）反应快、投量少，臭氧能迅速杀灭扩散在水中的细菌、芽孢、病毒，且在很低的浓度时即有杀菌灭活作用；

2）适应能力强，在 pH 值为 5.6～9.8，水温 0～37℃的范围内，臭氧的消毒性很稳定。在水中不产生持久性残余，无二次污染；

3）臭氧的半衰期很短，仅 20 min；

4）能破坏水中有机物，改善水的物理性质和器官感觉，进行脱色和去嗅去味作用，使水呈蔚蓝色，而又不改变水的自然性质。

（2）臭氧消毒的缺点

1）因臭氧不稳定，故其无持续消毒功能，应设置氯消毒与其配合使用；

2）臭氧有毒性，池水中不允许超过 0.01 mg/L；空气中不允许超过 0.001 mg/L；

3）臭氧消毒法设备费用高，耗电大。此乃限制或影响臭氧消毒广泛推广使用的主要原因。

实际工程中，O_3 多不单独使用，常与颗粒活性炭联用对饮用水进行深度处理，即臭氧—活性炭水处理工艺，效果良好。对其生产成本进行分析，水厂规模在（5～40）万吨/天时，因采用臭氧—活性炭工艺而增加的制水成本在 0.10～0.15 元/吨之间。根据我国各自来水厂的供水状况，从提高水质和人们的生活水平考虑，这种工艺是完全可以接受的。

本章小结

本章主要内容是污水的化学处理，主要介绍污水的中和法、混凝法、氧化还原法、化学沉淀法、消毒法等方法的原理、相关工艺设备和工程实例。在选用污水的化学处理法时，要注意其合理性，一般处理某种有毒有害且又不易被微生物降解的物质时，采用化学处理法较为适宜，但运行费用一般都比较高，操作和管理的要求也比较严格。化学法处理污水的工艺过程中，往往前处理和后处理仍需配合使用物理处理法才能达到最佳效果。

练 习 题

1. 填空题

（1）中和法是利用＿＿＿＿＿反应，消除污水中过量的＿＿＿＿＿和＿＿＿＿＿，使污水的 pH 值达到中性或接近中性的处理过程。

（2）混凝的机理可分为＿＿＿＿＿、＿＿＿＿＿、＿＿＿＿＿和＿＿＿＿＿四种。对于硫酸铝、氯化铁等无机混凝剂，主要以＿＿＿＿＿为主；对高分子混凝剂，如聚丙烯酰胺，＿＿＿＿＿起主导作用。

(3) 混凝沉淀的处理工艺过程包括__________、__________、__________及__________几个部分。

(4) 澄清池是__________的一种设备，可以同时完成__________、__________、__________等过程。根据泥渣与污水接触方式的不同，澄清池可分为__________、__________两类。

(5) 一般常用的臭氧接触反应器有__________、__________和__________等。

(6) 消毒的目的主要是__________。消毒方法大体上可分为__________和__________。

2. 判断题

(1) 对于中和处理，首先应当考虑以废治废的原则。 (　　)

(2) 胶体 ζ 电位越大，胶体越稳定。 (　　)

(3) 混凝工艺中，到反应阶段，要求搅拌速度增强，停留时间缩短为 1～2 min。 (　　)

(4) 投加助凝剂的作用是减弱混凝效果，生成粗大、结实易于沉降的絮凝体。 (　　)

(5) 常用的化学氧化剂有液氯、次氯酸钠、臭氧、空气等。 (　　)

(6) 污水中的 Cr^{6+}、Hg^{2+} 等重金属离子均可通过化学氧化法处理。 (　　)

(7) 以难溶的碳酸钙作沉淀剂，利用沉淀转化，使某些金属离子生成溶解度更小的碳酸盐而析出。 (　　)

(8) 氯消毒与氯胺消毒的原理是一致的，且消毒效果也一样。 (　　)

3. 简答题

(1) 含盐酸污水量 100 m^3/d，其中盐酸浓度为 5 g/L，用石灰石进行中和处理，石灰石的有效成分占 50%，试求石灰石的用量。

(2) 什么是胶体的双电层和 ζ 电位，对胶体脱稳有何影响？

(3) 化学混凝法的影响因素有哪些？

(4) 常见的澄清池有哪几种？机械加速澄清池工作原理如何？

(5) 化学沉淀法处理含金属离子废水有何特点？

(6) 臭氧氧化法有哪些优缺点，主要设备是什么？

(7) 用氯处理含氰废水时，为什么要严格控制 pH 值？

(8) 为什么在水消毒时广泛使用氯作为消毒剂？近年来发现了什么问题？简述水加氯消毒的原理。

技能实训　混凝实验

一、实验目的

1. 通过实验，观察混凝现象，加深对混凝理论的理解。

2. 选择和确定最佳混凝工艺条件。

3. 了解影响混凝条件的相关因素。

二、实验原理

混凝阶段所处理的对象，主要是水中悬浮物和胶体杂质。胶体颗粒靠自然沉降是不能去除的。胶粒间的静电斥力、胶粒的布朗运动及胶粒表面的水化作用，使得胶粒具有分散稳定性，三者中以静电斥力影响最大。向水中投加混凝剂能提供大量的正离子，压缩胶团的扩散层，使ξ电位降低，静电斥力减小。此时，布朗运动由稳定因素转变为不稳定因素，也有利于胶粒的吸附凝聚。水化膜中的水分子与胶粒有固定联系，具有弹性和较高的黏度，把这些水分子排挤出去需要克服特殊的阻力，阻碍胶粒直接接触。有些水化膜的存在决定于双电层状态，投加混凝剂降低ξ电位，有可能使水化作用减弱。混凝剂水解后形成的高分子物质或直接加入水中的高分子物质一般具有链状结构在胶粒与胶粒间起吸附架桥作用，即使ξ电位没有降低或降低不多，胶粒不能相互接触，通过高分子链状物吸附胶粒，也能形成絮凝体。

消除或降低胶体颗粒稳定因素的过程叫做脱稳。脱稳后的胶粒，在一定的水力条件下，才能形成较大的絮凝体，俗称矾花。直径较大且较密实的矾花容易下沉。自投加混凝剂直至形成较大矾花的过程叫混凝。混凝离不开投混凝剂。

混凝过程最关键的是确定最佳混凝工艺条件，因混凝剂的种类较多，混凝条件很难确定；要确定某种混凝剂的投加量，还需考虑 pH 值等因素的影响。

三、实验设备及仪器

1. 六联搅拌机 1 台。
2. GDS—3 型光电式浊度仪 1 台。
3. PHS—2 型酸度计 1 台。
4. 烧杯（1 000 mL、500 mL、200 mL 各 6 个）。
5. 烧杯（500 mL3 个）。
6. 移液管（1 mL、2 mL、5 mL、10 mL 各 4 支）。
7. 注射器（50 mL2 支）。
8. 温度计 1 个。

四、实验用试剂

1. 硫酸铝（10 g/L）。
2. 三氯化铁（10 g/L）。
3. 盐酸（10%）。
4. 氢氧化钠（10%）。
5. 聚丙烯酰胺（1 mg/L）。

五、实验操作步骤

1. 混凝剂的确定

在硫酸铝、三氯化铁、聚丙烯酰胺三种混凝剂中，确定一种最佳混凝效果的混凝剂。

（1）测定原水特征，即测定原水的浊度、温度、pH 值，记录在表 3—5 中。

表 3—5　　**原始数据及投加三种混凝剂的沉淀水浊度测定记录表**

原水浊度：		原水温度：				原水 pH 值：			
混凝剂名称	硫酸铝			氯化铁			聚丙烯酰胺		
矾花形成时投混凝剂最佳量（mL）									
剩余浊度（NTU）	1			1			1		
	2			2			2		
	3			3			3		
	平均			平均			平均		

（2）用三个 500 mL 的烧杯，分别取 200 mL 原水，并将装有水样的烧杯置于六联搅拌机上。

（3）分别向三个烧杯中加入氯化铁、硫酸铝、聚丙烯酰胺，并每次加 1.0 mL，同时进行搅拌（中速 150 r/min，5 min），直到其中一个试样出现矾花。这时记录下每个试样中混凝剂的投加量，并记录在表 3—4 中。

（4）停止搅拌，静止 10 min。

（5）用 50 mL 注射针筒抽取上清液，用浊度仪测出三个水样的浊度，记录在表 3—5 中。

（6）根据测得的浊度确定最佳混凝剂。

2. 确定混凝剂的最佳投药量

（1）用 6 个 1 000 mL 烧杯，分别取 800 mL 原水，将装有水样的烧杯置于六联搅拌机上。

（2）采用实验步骤 1 中选定的最佳混凝剂，按不同投量（依次按 25%～100%的剂量）分别加入到 800 mL 原水样中，利用均分法确定此组实验的六个水样的混凝剂投加量，记录在表 3—6 中。

表 3—6　　**某一种混凝剂投加量的最佳选择实验数据**

水样编号		1	2	3	4	5	6	7	8	9	10
混凝剂加注量（mL）											
剩余浊度（NTU）	1										
	2										
	3										
	4										

（3）启动搅拌机，快速搅拌约 300 r/min，0.5 min；中速搅拌 150 r/min，5 min；慢速搅拌约 70 r/min，10 min。

（4）搅拌过程中，注意观察“矾花”的形成过程。

（5）停止搅拌，静止沉淀 10 min，然后用 50 mL 注射筒分别抽出 6 个烧杯中的上清液，同时用浊度仪测定水的剩余浊度，记录在表 3—6 中。

3. 最佳 pH 值的影响

（1）用 6 支 1 000 mL 烧杯，分别取 800 mL 原水，将装有水样的烧杯置于混凝仪上。

（2）调整原水 pH 值，用移液管依次向 1、2、3 号装有原水的烧杯中，分别加入 2.5 mL、1.5 mL、1.0 mL HCl，再向 4、5、6 号装有原水的烧杯中，分别加入 0.2 mL、0.7 mL、1.2 mLNaOH。

（3）启动搅拌机，快速搅拌 300 r/min，0.5 min，随后停机。从每只烧杯中取 50mL 水样，依次用 pH 仪测定各水样的 pH 值，记录在表 3—7 中。

表 3—7　　pH 最佳值的选择实验数据

水样编号		1	2	3	4	5	6
投加质量分数为 10%的 HCl（mL）		2.5	1.5	1.0			
投加质量分数为 10%的 NaOH（mL）					0.2	0.7	1.2
pH 值							
混凝聚投加量							
剩余浊度	1						
	2						
	3						
	平均						

（4）用移液管依次向装有原水烧杯中加入相同计量的混凝剂，投加剂量按最佳投药量实验中得出的最佳投加量而确定。

（5）启动搅拌机，快速搅拌 300 r/min，0.5 min，中速搅拌 150 r/min，10 min，慢速搅拌 70 r/min，10 min，停机。

（6）静止 10 min，用 50 mL 注射筒分别抽出 6 个烧杯中的上清液（共抽 3 次约150 mL）放入 200 mL 烧杯中，同时用浊度仪测定水的剩余浊度，记录在表 3—7 中。

六、实验数据及结果整理分析

1. 根据表 3—5 所列实验数据确定最佳混凝剂。

2. 以沉淀水浊度（NTU ）为纵坐标，混凝剂投加量为横坐标，绘出浊度与药剂投加量关系曲线，并从图上求出最佳混凝剂投加量。

3. 以沉淀水浊度为纵坐标，水样 pH 值为横坐标，绘制最佳 pH 实验曲线。从图上求出所投加混凝剂的混凝最佳 pH 值。

七、技能拓展

1. 根据最佳投药量实验曲线，分析沉淀水浊度与混凝剂投加量的关系。

2. 通过课外阅读和参观了解实际工程中混凝沉淀系统设备的运行情况。

4 污水生物处理概述

本章学习目标

1. 了解微生物的代谢特性及其生长规律，熟悉微生物的生长条件和污水生物处理法分类；
2. 理解污水可生化性的评价方法，能判断污水的可生化性，以合理选用污水生物处理技术。

4.1 微生物的代谢及其生长规律

4.1.1 微生物的分类及其作用

微生物是指所有形体微小、单细胞的或个体结构较为简单的多细胞，甚至无细胞的，必须借助光学显微镜或电子显微镜才能观察到的低等生物的通称。因此，微生物类群庞杂、种类繁多，且繁殖快，易变异，适应能力极强，在环境中分布极广。水中常见的微生物可作如下分类：

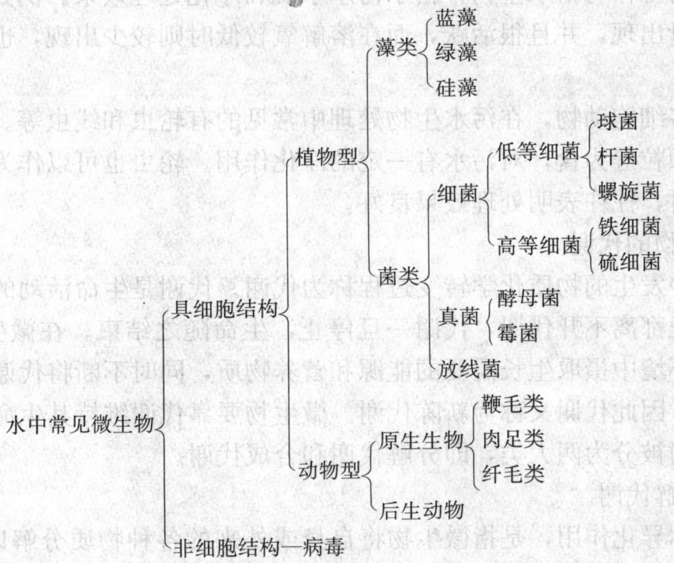

水中微生物对水体的自净有重要作用，也是污水生物化学处理的工作主体。与自然水体中的同类微生物相比，生活在污水中的微生物，无论其形态结构、生理特性，还是遗传变异等方面都有某些特异性改变，水中污染物浓度和种类等因素影响着微生物的生长规律和类群分布。

细菌是在自然界分布最广、数量最多、与人类关系最密切的微生物类群之一。其个体微小，种类繁多，对环境的适应性强，增长速度快。根据细菌对营养物质需求的不同，可将其分为自养菌和异养菌两大类。自养菌以 CO_2 为主要碳源，利用光能或通过氧化某些无机物释放能量，合成自身细胞物质。异养菌以有机物作为碳源，并利用分解这些有机物过程中产生的能量作为能源，合成细胞物质。在污水生物处理设施中参与净化作用的微生物主要是异养菌。

真菌包括霉菌和酵母菌，与污水生物处理有关的是多细胞的霉菌和单细胞的酵母菌。真菌是好氧菌，以有机物为碳源，真菌需氧量少，只有细菌的一半，常出现于低 pH 值、分子氧较少环境中。

在污水生物处理设施中，真菌的种类和数目一般没有细菌和原生动物多，其菌丝常能用肉眼看到。在生物滤池的生物膜内，真菌形成广大的网状物，具有结合生物膜的作用。在活性污泥中，如繁殖了大量霉菌，也会引起污泥膨胀。但在活性污泥中的酵母菌具有较强的氧化能力。

藻类细胞内含叶绿素及其他辅助色素，能进行光合作用。在有光线照射时，能利用光能吸收 CO_2 合成细胞物质，同时放出 O_2。在夜间无阳光时，则通过呼吸作用取得能量，吸收 O_2 同时放出 CO_2。氮、磷的存在会引起藻类的大量繁殖。

原生动物是最原始的、最低等的单细胞动物，个体很小，但却是一个完整的有机体，它具备了动物所必需的营养、呼吸、排泄和生殖等机能。在污水生物处理中，原生动物虽不如细菌那样重要，但原生动物除具有吞食污水中有机物颗粒和游离细菌的能力外，还能在一定程度上反映出污水水质和净化处理的效果。在不同的水质环境中会出现不同种类的原生动物，因此原生动物可作为指示生物，指示污水水质和净化处理效果。例如，钟虫在水中的溶解氧充足时会大量出现，并且很活跃，而在溶解氧较低时则较少出现，也不活跃或发生虫体变形等现象。

后生动物是多细胞动物，在污水生物处理中常见的有轮虫和线虫等。轮虫以细菌、小的原生动物及有机颗粒等为食，对污水有一定的净化作用。轮虫也可以作为指示生物，当活性污泥中出现轮虫时，往往表明处理效果良好。

4.1.2 微生物的代谢

在生命细胞中发生的物质化学转变过程称为代谢。代谢是生命活动的基本特征之一，生命活动的任何过程都离不开代谢，代谢一旦停止，生命随之结束。在微生物的代谢过程中，细胞不断从外部环境中摄取生长需要的能源和营养物质，同时不断将代谢产物（废物）排泄到外部环境中去，因此代谢又称为新陈代谢。微生物要靠代谢维持其生命活动诸如生长、繁殖、运动等。代谢被分为两大类，即分解代谢和合成代谢。

4.1.2.1 分解代谢

分解代谢也称异化作用，是指微生物将自身或外来的各种物质分解以获取能量的过程，产生的能量用以维持各项生命活动需要，部分以热能的形式与代谢废物一起排出体外。根据分解代谢过程对氧的需求，又可分为好氧分解代谢和厌氧分解代谢。

（1）好氧分解代谢

好氧分解代谢是在有氧的条件下，好氧微生物和兼性厌氧微生物将有机物分解为 CO_2 和 H_2O，并释放出能量的代谢过程。在有机物氧化过程中脱出的氢是以氧作为受氢体。如葡萄糖（$C_6H_{12}O_6$）在有氧情况下完全氧化：

$$C_6H_{12}O_6+6O_2 \rightarrow 6CO_2+6H_2O+2\ 880\ \text{kJ}$$

（2）厌氧分解代谢

厌氧分解代谢是厌氧微生物和兼性厌氧微生物在无氧的条件下，将复杂的有机物分解成简单的有机物和无机物，如有机酸、醇、CO_2 等，再被甲烷菌进一步转化为甲烷和 CO_2 等，并释放出能量的代谢过程。厌氧代谢的受氢体可以是有机物，也可以是含氧化合物如硫酸根、二氧化碳、硝酸根等。如葡萄糖的厌氧代谢：

$$C_6H_{12}O_6+12KNO_3 \rightarrow 6CO_2+12KNO_2+1\ 796\ \text{kJ}$$

$$C_6H_{12}O_6 \rightarrow 2CH_3CH_2OH+2CO_2+226\ \text{kJ}$$

以含氧化物为受氢体时，1 mol 葡萄糖释放的能量为 1 796 kJ，以有机物为受氢体时，1 mol葡萄糖释放的能量为 226 kJ。

好氧分解代谢过程中，有机物的分解比较彻底，最终产物是含能量最低的 CO_2 和 H_2O，故释放能量多，代谢速度快，代谢产物稳定。从污水处理的角度来说，希望保持这样一种代谢形式，在较短时间内，将污水中有机物稳定化。

厌氧分解代谢中有机物氧化不彻底，用于处理污水时，不能达到排放要求，还需要进一步处理。厌氧分解代谢可生产沼气，回收甲烷。

4.1.2.2　合成代谢

合成代谢亦称同化作用，是指微生物不断由外界取得营养物质合成为自身细胞物质并贮存能量的过程，是微生物机体自身物质制造的过程。在此过程中，微生物合成所需要的能量和物质由分解代谢提供。

分解代谢与合成代谢是一个协同的、一体化的过程，它们是密不可分的。微生物的生命过程是营养物质不断被利用，细胞物质不断合成又不断消耗的过程。在这一过程中伴随着新生命的诞生、旧生命的死亡和营养物质的转化。污水的生物化学处理就是利用微生物对污染物（营养物质）的代谢作用实现的。

4.1.3　微生物的生长规律

在污水的生物处理过程中，微生物是以活性污泥或生物膜形式存在的混合群体，可以看作是一种微生物的连续培养过程，即不断给微生物补充食物，使微生物数量不断增加。将活性污泥微生物在污水中接种，并在温度适宜、溶解氧充足的条件下培养，按时取样计量，即可得出具有一定规律的微生物的生长曲线，反映微生物群体在不同培养环境下的生长情况及微生物群体的生长过程。按微生物生长速度不同，生长曲线可划分为如下四个生长时期（见图 4—1）。

（1）适应期（停滞期）

这是微生物培养的最初阶段，由于微生物刚接入新鲜培养基中，对新的环境还处在适应

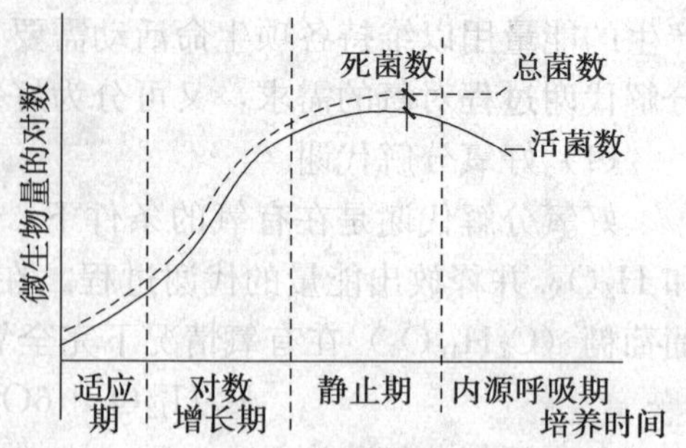

图 4—1 活性污泥微生物生长曲线

阶段，所以在此时期微生物的数量基本不增加，生长速度接近于零。这一时期一般在活性污泥的培养驯化时或处理水质突然发生变化后出现，能适应的微生物则能够生存，不能适应的微生物则被淘汰，此时微生物的数量有可能减少。

（2）对数增长期

微生物经历了适应期后，已适应了新的培养环境，在营养物质（基质）较丰富的条件下，微生物的生长繁殖不受基质的限制，开始大量生长繁殖，菌体数量以几何级数增加，菌体数量的对数值与培养时间呈线性关系，因此，对数期也被称做指数增长期或等速生长期。增长速度的大小取决于微生物本身的世代时间及利用基质的能力，即取决于微生物自身的生理机能。

在这一时期微生物具有繁殖快、活性大、对基质分解速度快的特点。如果要维持微生物在对数期生长，必须提供充分的食物，使微生物处于食物过剩的环境中。在这种情况下，微生物体内能量高，絮凝和沉降性能较差，势必导致活性污泥处理系统出水中的有机物浓度过高。也就是说，在工程实践中，如果控制微生物处于对数增长期，必须保持较高的基质浓度。此时，虽然反应速度快，但取得稳定的出水是比较困难的。

（3）静止期

微生物经过对数增长期大量繁殖后，培养基中的基质逐渐被消耗，再加上代谢产物的不断积累，使环境条件变得不利于微生物的生长繁殖，致使微生物的增长速度逐渐减慢，死亡速度逐渐加快，微生物数量趋于稳定，所以静止期又称减速增长期或稳定期。

微生物处于静止期时，污染物浓度低，絮凝沉降性能好。将污水生物处理设施的运行状态控制在静止期，可以获得较好的出水水质。

（4）内源呼吸期

在减速增长期后，培养基中的基质消耗殆尽，微生物只能利用体内贮存的物质或以死亡的菌体作为养料，进行内源呼吸，维持生命。在此时期，由内源代谢造成的菌体细胞死亡速度超过新细胞的增长速度，使微生物数量急剧减少，生长曲线呈现明显的下降趋势，故内源呼吸期亦称衰亡期。在这个时期有些细菌往往产生芽孢，絮凝体形成速度增高，吸附基质的能力显著，游离细菌被原生动物所捕食，所以处于内源呼吸期运行的生物处理系统，出水水质最好。

必须指出，上面所述的生长曲线只是反映了微生物的生长与基质浓度之间的依赖关系，并且曲线的形状还受供氧情况、温度、pH 值、毒物浓度等环境条件的影响。在污水生物处理过程中，通过控制基质量（F）与微生物量（M）的比值 F/M，使微生物处于不同的生长时期，从而控制微生物的活性和处理效果。一般常将 F/M 值控制在较低范围内，利用平衡期或内源代谢初期的微生物的生长活动，使污水中的有机物稳定化，以取得较好的处理效果。

4.1.4 微生物的生长条件

污水的生物处理是利用微生物的代谢作用来完成的，微生物的代谢对环境因素有一定的要求。因此，需要给微生物创造适宜生长繁殖的环境条件，使微生物大量生长繁殖，才能获得良好的污水处理效果。影响微生物生长繁殖的主要因素有水温、营养物质、pH 值、溶解氧和有毒物质等。

（1）水温

水温是影响微生物生理活动的重要因素。温度适宜，能够促进、强化微生物的生理活动。在微生物的酶系统不受变性影响的温度范围内，温度上升会使微生物活动旺盛，能够提高生化反应速度。

好氧生物处理的实际工艺温度一般多在 15～30℃，水温为 30～35℃时，处理效果最好。当水温低于 10℃或高于 40℃时，通过调节负荷，也能得到较好的处理效果。因此，除了某些水温太高的工业废水需要特殊降温外，好氧生物处理一般不对水温进行调整。

根据温度不同，厌氧生物处理一般可分为中温消化（30～35℃）和高温消化（50～55℃）两大类。高温消化比中温消化所需得生化反应时间短，但所需得热量大，因此从经济角度考虑，一般多采用中温消化。近年来，低温厌氧消化（15～20℃）工艺已得到应用，可以大大地降低运行费用。在实际工作中采用何种温度要考虑污水的原有温度及改变这种温度在经济上是否可行。

（2）营养物质

微生物的生长繁殖需要各种营养物质，不同微生物对营养元素的需求不同，并且对各营养元素有一定的比例要求，好氧微生物要求 BOD_5（C）：N：P＝100：5：1，厌氧微生物群体对 N、P 的需求略低于好氧微生物，一般要求 BOD_5（C）：N：P＝200：5：1。城市生活污水能满足活性污泥微生物的营养要求，但有些工业废水除含有机物外一般缺乏某些营养元素，特别是 N 和 P，所以在用生物法处理这类污水时，需要投加适量的氮、磷等营养物质。

（3）pH 值

好氧生物处理，污水的 pH 值一般在 6.5～8.5 之间为宜。对于厌氧生物处理，pH 值应在 6.5～7.8 之间。pH 值过低或过高的污水在进入生物处理装置前应调整其 pH 值。在运行过程中间，pH 值不能突然变化太大，以防微生物生长繁殖受到抑制或死亡，而影响处理效果。

（4）溶解氧

好氧生物处理时，如果溶解氧不足，微生物代谢活动受影响，处理效果明显下降，甚至造成局部厌氧分解，产生污泥膨胀现象。通常在活性污泥法中，维持曝气池溶解氧在 2～3 mg/L 为宜。厌氧生物处理中溶解氧的存在是有害的，但实际上由于有机物和污泥在水中浓度较高，微量的溶解氧都会自发地被兼性厌氧菌迅速消耗，从而为厌氧菌提供适宜的条件。

（5）有毒物质

对微生物有害的有毒物质会影响污水的生物处理，例如重金属离子、H_2S、氰化物、酚类等。工业废水中往往含有许多有毒物质，微生物群体（活性污泥或生物膜）经过培养驯化可以成为以该种废水中污染物质为主要营养物质的降解菌，但当污水中的有毒物质超过一定浓度时，仍能破坏微生物的正常代谢。因此，对某种污水进行生物处理时，必须根据具体情况确定处理方法。

在污水生物处理过程中，应严格控制有毒物质浓度，表 4—1 所列数据仅供参考。

表 4—1 污水生物化学处理有毒物质允许浓度

毒物名称	允许浓度（mg/L）	毒物名称	允许浓度（mg/L）
亚砷酸盐	5	CN^-	5～20
砷酸盐	20	氰化钾	8～9
铅	1	硫酸根	5 000
镉	1～5	硝酸根	5 000
三价铬	10	苯	100
六价铬	2～5	酚	100
铜	5～10	氯苯	100
锌	5～20	甲醛	100～150
铁	100	甲醇	200
硫化物（以 S 计）	10～30	吡啶	400
氯化钠	10 000	油脂	30～50

4.2 污染物的降解及可生化性

4.2.1 生物化学反应动力学

在污水的生物处理过程中，其生物化学反应是指在环境因素，如水温、溶解氧、pH 值等都满足要求的条件下，微生物对有机污染物的代谢；微生物本身的增长及微生物对溶解氧的利用等生物化学反应。

4.2.1.1 微生物增长速度

微生物的增长速度不仅与微生物量有关，而且与基质浓度（限制性营养物质浓度）有关。法国学者莫诺（Monod）在研究微生物生长的大量实验数据的基础上，提出了微生物的增长速度与限制性营养物质浓度之间的关系式，即莫诺方程式：

$$\mu = \mu_{max} \frac{S}{K_s + S} \tag{4—1}$$

式中 μ——微生物比增长速度，$\mu = \frac{dx/dt}{x}$，t^{-1}，x 为微生物浓度，mg/L；

μ_{max}——微生物最大比增长速度，t^{-1}；

S——基质浓度，mg/L；

K_s——饱和常数，即当 $\mu = \mu_{max}/2$ 时的基质浓度，又称半速度常数，mg/L。

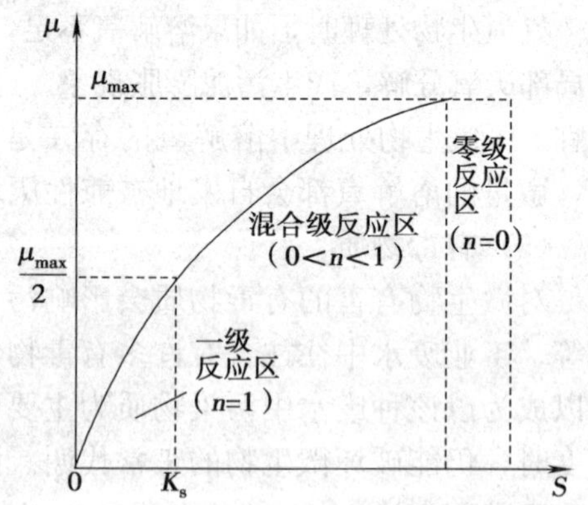

图 4—2 微生物比增长速度与基质浓度的关系

莫诺方程式表示的关系如图 4—2 所示。当基质浓度 S 较小时，$S \ll K_s$，$\mu = \frac{\mu_{max}}{K_s}S$，是一级反应，即微生物的增长速度与基质浓度成正比，微生物的增长处于平衡期；当基质浓度 S 很大时，$S \gg K_s$，$\mu = \mu_{max}$，达到最大，是零级反应。此时，再增加基质浓度，对微生物的增长也无影响，微生物的增长处于对数期；当 S 与 K_s 相差不大时，反应级数在 0～1 之间，是混合级反应，增大基质浓度，微生物增长速度加快，但与基质浓度不成正比。

在使用莫诺方程式时，S 项必须是限制微生物增长的营养物质浓度。在污水生物处理过程中，一般认为有机物是限制微生物增长的营养物质，通常以生化需氧量（BOD）或化学需氧量（COD）计。

4.2.1.2 基质降解速度

在微生物的代谢过程中，一部分基质被降解为低能化合物，微生物从中获得能量，一部分基质用于合成新的细胞物质，使微生物体不断增加，因此微生物的增长是基质降解的结果。

在微生物代谢过程中，不同的基质用于合成微生物细胞的比例不同，但微生物的增长速度与基质的降解速度之间有一定的关系：

$$\mu = Yq \tag{4—2}$$

式中 μ——微生物比增长速度，t^{-1}；

q——基质比降解速度，t^{-1}；

Y——微生物产率系数，又称微生物增长系数。

由式（4—2）定义 $\mu_{max}=Yq_{max}$，一起代入式（4—1），可得：

$$q = q_{max}\frac{S}{K_s+S} \tag{4—3}$$

式中 q_{max}——最大基质比降解速度，t^{-1}；

K_s——饱和常数，即当 $q=q_{max}/2$ 时的基质浓度，又称半速度常数，mg/L。

式（4—3）是莫诺方程式的另一种形式，它表示了基质降解速度与基质浓度之间的关系。

4.1.2.3 微生物净增长速度

一般在污水的生物处理过程中，为了获得较好的处理效果，通常控制微生物的生长处于平衡期或内源呼吸期初期，这样，在新细胞合成的同时，部分微生物也存在内源呼吸而导致微生物细胞物质的减少，使得微生物的净增长量小于细胞合成量。因此，微生物净增长速度可表达为：

$$\left(\frac{dx}{dt}\right)_g = Y\left(\frac{dS}{dt}\right)_u - K_d x \tag{4—4}$$

式中 $\left(\frac{dx}{dt}\right)_g$——微生物净增长速度；

$Y\left(\frac{dS}{dt}\right)_u$——微生物细胞合成速度；

Y——微生物产率系数，又称微生物增长系数；

$K_d x$——微生物因内源呼吸消耗的速度；

K_d——微生物的衰减系数，表示单位时间内，单位微生物量由于内源呼吸而自身消耗的量，t^{-1}。

式（4—4）两边同除以 x，得：

$$\mu' = Yq - K_d \tag{4—5}$$

式中　μ'——微生物比净增长速度。

在生产实践中，产率系数 Y 常以实测的表观产率系数 Y_{obs} 代替，表观产率系数 Y_{obs} 没有包括由于内源呼吸作用而减少的那部分微生物质量，所以又称微生物净增长系数。这样，式（4—4）和式（4—5）可分别改写为：

$$\left(\frac{dx}{dt}\right)_g = Y_{obs}\left(\frac{dS}{dt}\right)_u \tag{4—6}$$

$$\mu' = Y_{obs}q \tag{4—7}$$

式（4—4）～式（4—7）表达了微生物净增长和基质降解之间的基本关系。在污水生物处理的工程实践中，式（4—1）、式（4—3）、式（4—4）和式（4—6）等是常用的基本动力学方程式。式中的 μ_{max}、K_s、q_{max}、Y、Y_{obs} 和 K_d 等动力学参数与微生物种类和浓度、基质种类、温度和 pH 值等有关。不同的生物处理系统有着不同的动力学参数，一般可通过试验测得。

4.2.2　污水的可生化性

污水的可生化性是指污水中所含的有机污染物，在微生物的代谢作用下改变化学结构，从复杂的大分子物质转变为简单的小分子物质，从而改变化学和物理性能所能达到的生物降解程度。研究有机物的可生化性的目的在于了解其分子结构能否在微生物作用下分解到环境所允许的结构形态，以及是否有足够快的分解速度。如果污水中的有机物不能被微生物降解，生物处理则不能获得良好的效果。因此，评价污水的可生化性是设计污水生物处理工程的前提条件。

4.2.2.1　污水可生化性的评价

常用的评价污水的可生化性方法如下：

（1）水质标准法

BOD_5 和 COD 作为污水有机污染物的综合指标，两者都反映污水中有机物在氧化分解时所消耗的氧量。BOD_5 是有机物在微生物作用下氧化分解所需的氧量，它代表污水中可生物降解的那部分有机物；COD 是有机物在化学氧化剂作用下分解所需的氧量，当采用重铬酸钾为氧化剂时，一般可近似认为 COD 测定值代表了污水中的全部有机物。

采用 BOD_5/COD 比值的方法评价污水中有机物的可生化性是简单易行的。一般认为，BOD_5/COD 比值大于 0.45 时，该污水的可生化性好，适于生物处理；如比值在 0.2 左右，说明废水中含有大量难降解有机物，这种废水可否采用生物处理法处理，还需看微生物驯化后，能否提高此比值才能判定；此比值接近于零时，采用生物处理是比较困难的。表 4—2 所列数据可供评价污水的可生化性时参考。

表 4—2　污水可生化性评价参考数据

BOD_5/COD	>0.45	0.3～0.45	0.2～0.3	<0.2
可生化性	好	较好	较难	不宜

（2）微生物耗氧速率法

好氧微生物与有机物接触后，在其代谢过程中需要消耗氧。表示耗氧速率随时间变化的曲线，称为耗氧曲线。测定耗氧速率的仪器有瓦勃式呼吸仪及溶解氧测定仪。处于内源呼吸期的生物活性污泥的耗氧曲线称为内源呼吸耗氧曲线，投加有机物后的耗氧曲线称为基质耗氧曲线。一般用基质耗氧速率与内源呼吸速率的比值来评价有机物的可生化性。

在用耗氧速率法评价有机物的可生化性时，必须对生物污泥的来源、浓度、驯化、有机物浓度、反应温度等条件作严格规定。

(3) 脱氢酶活性法

活性污泥或生物膜中微生物所产生的各种酶，能够催化污水中各种有机物进行氧化还原反应。其中脱氢酶类能使被氧化有机物的氢原子活化并传递给特定的受氢体，单位时间内脱氢酶活化氢的能力表现为它的活性。可以通过测定微生物的脱氢酶活性来评价污水中有机物的可生化性。

上述方法都是用来评价好氧微生物对有机物的可生化性。某种有机物对好氧菌来说是难降解的，但对厌氧菌来说，就不一定是难降解的。即使对好氧活性污泥法来说，各种方法由于停留时间不同，如传统活性污泥法不能降解的有机物，延时曝气法和稳定塘法可得到一定程度的降解。

有机物浓度、营养物质、pH 值、水温、共存物质等都会对可生化性产生影响，因此，污水中有机物的可生化性，最好通过所采用的生物处理装置，对该污水进行试验确定。

4.2.2.2 提高污水可生化性的途径

从水污染控制的角度出发，不仅要求污水中的污染物质，在生物处理过程中可以被微生物所分解，而且还要求达到一定的净化程度。特别是对于成分复杂的污水，要求其污染物质的残留量达到环境可以接受的浓度。因此，污水的可生化性是衡量该污水是否能采用生物处理法的重要因素。

为了达到防止水环境污染的目标，需要研究和采取措施，提高污水的可生化性。提高污水可生化性的途径有：

(1) 严格控制工业废水的水质

在工业企业内部加强技术改造，推行清洁生产，通过生产工艺的改进和改革、原料的改变、循环利用以及操作管理的强化等措施，将污染物尽可能地消灭在生产过程之中，使污水排放量减到最少。在生产工艺中尽量不采用难被微生物降解的原料和半成品，控制工业废水水质。例如，合成洗涤剂，用易生物降解的烷基芳基磺酸盐（软性洗涤剂 LAS）代替难于生物降解的烷基苯磺酸盐（硬性洗涤剂 ABS）；电镀废水闭路循环，防止重金属离子对生物处理的毒害等。

(2) 加强预处理措施

某些污水，特别是工业废水，往往含有一些干扰生物处理的物质，必须加强预处理以提高其可生化性。如丙烯腈生产废水，经加压水解，生成相应的有机酸和氨；炼油厂、焦化厂、煤气发生站废水的隔油；有机磷农药废水采用活性炭吸附；废水的均质调节等都是提高可生化性的必要措施。

(3) 研究新型高效、稳定的生物处理工艺

近年来，涌现许多生物处理新工艺，如生物处理与物化处理结合的工艺，对于抵抗有害物质的抑制，提高处理能力和处理深度，稳定处理过程等方面，具有显著的作用；厌氧水解

和好氧生化结合，利用水解和产酸微生物，将污水中的难溶、大分子和不易生物降解的有机物转化为易于生物降解的小分子有机物，从而提高污水的可生化性，使得污水在后续的好氧单元以较少的能耗和较短的停留时间下得到处理。厌氧水解具有改善污水可生化性的特点，这使其不仅适用于城市污水处理，同时更适用于处理不易降解的某些工业废水，如纺织印染废水、焦化废水、酿造废水、化工废水和造纸废水等。

(4) 应用微生物遗传工程技术

1) 诱变育种与基因工程。微生物易受环境因素的影响而产生突变体，可以促使微生物合成新的酶类，赋予微生物新的性状功能，包括降解转化污染物质的功能。在自然状态下，突变频率较低，并且需要时间过程较长。因此，可采用人工诱变育种的方法或基因工程构建新的具有可降解特定污染物的“工程菌”，用于环境污染的治理。例如现已构建出能同时降解氯化芳香化合物和甲基芳香化合物的“工程菌”以及能高效降解尼龙寡聚物 6－氨基已酸环状二聚体的“工程菌”等。

2) 降解性质粒。微生物降解转化污染物的功能是受细胞内的质粒所控制的。筛选具有降解性质的质粒是处理难降解污染物的重要工作。现已发现许多这样的质粒，如降解直链烷烃的质粒、降解甲苯质粒、耐汞质粒等。

在污水的生物处理过程中，除了有机污染物提供碳源外，微生物还需要按适当的比例供给氮、磷等营养物质，并在适宜的溶解氧、pH 值、温度等条件下，在没有有毒物质抑制的情况下，才能很好地发挥降解转化作用。在多数情况下，最终要通过驯化微生物获得高效菌株，实现污染物的降解转化而彻底解决问题。

4.3 污水的生物处理法

4.3.1 生物处理方法的分类

污水的生物处理主要是通过微生物的新陈代谢作用实现的。从微生物的代谢形式出发，生物处理方法主要可分为好氧生物处理和厌氧生物处理两大类；按照微生物的生长方式，可分为悬浮生长和固着生长两类，即活性污泥法和生物膜法。此外，按照系统的运行方式，可分为连续式和间歇式；按照主体设备的水流状态，可分为推流式和完全混合式等类型。常用的生物处理方法如下：

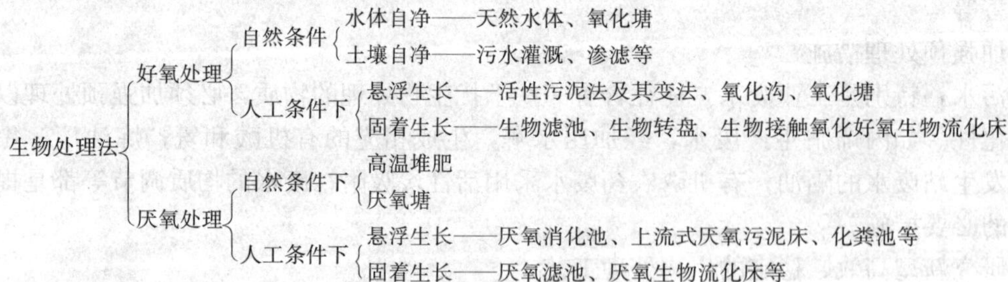

4.3.2 好氧生物处理与厌氧生物处理的区别

(1) 起作用的微生物群不同

好氧生物处理是好氧微生物和兼性厌氧微生物群体起作用，而厌氧生物处理先是厌氧产酸菌和兼性厌氧菌作用，然后是另一类专性厌氧菌，即产甲烷菌进一步消化。

（2）反应速度不同

好氧生物处理由于有氧做受氢体，有机物转化速度快，需要时间短；厌氧生物处理反应速度慢，需要时间长。

（3）产物不同

在好氧生物处理过程中，有机物被转化为 CO_2、H_2O、NH_3、PO_4^{2-} 和 SO_4^{2-} 等；厌氧生物处理中，有机物先被转化为中间有机物，如有机酸、醇类和 CO_2、H_2O 等，其中有机酸又被甲烷菌继续分解。由于能量限制，其最终产物主要是 CH_4，而不是 CO_2，硫被转化为 H_2S，而不是 SO_4^{2-} 等，产物复杂，有异臭，其中 CH_4 可用作能源。

（4）对环境要求不同

好氧生物处理要求充分供氧，对环境要求不太严格，厌氧生物处理要求绝对厌氧环境，对 pH 值、温度等环境条件要求甚严。

好氧生物处理与厌氧生物处理都能够完成有机污染物的稳定化，前者广泛应用于处理城市污水和有机性工业废水；后者多用于处理高浓度有机废水与污水处理过程中产生的污泥，并已开始用于处理城市污水和低浓度有机污水。

本章小结

本章主要介绍污水处理中常见的微生物分类及作用、微生物的代谢及其生长规律，污水可生化性的评价方法、污水生物处理法分类以及污水好氧与厌氧生物处理的区别。通过学习理解污水的可生化性及微生物在不同生长阶段的特点，并能根据污水的可生化性与微生物的生长规律，正确选择和采用污水生物处理技术。

练习题

1. 填空题

（1）从微生物的代谢形式出发，生物处理方法主要可分为________和________两大类；按照微生物的生长方式，可分为________和________两类，即________和________。

（2）将活性污泥微生物在污水中接种，并在温度适宜、溶解氧充足的条件下培养，得出微生物的生长曲线，按微生物生长速度不同，该曲线可划分为________、________、________、________四个生长时期。

（3）采用 BOD_5/COD 比值的方法评价污水中有机物的可生化性是简单易行的。一般认为，BOD_5/COD 比值大于________时，该污水的可生化性好，适于生物处理；如比值在________左右，说明废水中含有大量________，较难适于生物处理。

(4) 在好氧生物处理过程中，有机物被转化为______、______、______和______等；厌氧生物处理中，有机物先被转化为中间有机物，如______、______和______、______等，其最终产物主要是______，而不是______。

(5) 污水的生物处理是利用微生物的作用来完成的，微生物的代谢对环境因素有一定的要求。影响微生物生长繁殖的主要因素有______、______、______、和______等。

(6) 微生物的生长繁殖需要各种营养物质，不同微生物对营养元素地需求不同，并且对营养元素之间有一定的比例要求，如好氧微生物要求 BOD_5（C）：N：P 为______。

2. 判断题

(1) 微生物处于对数增长期，虽然反应速度快，但取得稳定的出水是比较困难的。（　）

(2) 污水生物处理的主要承担者是原生动物。（　）

(3) 水温是影响微生物生理活动的重要因素。温度上升会使微生物活动旺盛、能够提高生化反应速度。（　）

(4) 活性污泥在对数增长期，其增长速度与有机物浓度无关。（　）

(5) 在污水处理中，就是依靠培养的各种自养菌，使有机物得以降解的。（　）

(6) 好氧生物处理与厌氧生物处理都能够完成有机污染物的稳定化，都可以广泛应用于处理城市污水和有机性工业废水。（　）

(7) 在工程实践中，污泥生长处于静止期时，污染物浓度低，污泥絮凝沉淀性能好，沉淀后上层液体清澈。可获得好的出水水质。（　）

(8) 温度升高，代谢速度加快，微生物生长速度也随之加快，生物处理效率提高。（　）

3. 选择题

(1) 污水的生物处理主要是通过微生物的代谢作用实现的，其中（　）起主要作用。

A. 细菌　B. 藻类　C. 原生动物　D. 后生动物

(2) 好氧生物处理的适宜 pH 值范围为（　）。

A. 6.0～7.0　B. 6.5～8.5　C. 7.0～8.0　D. 4.0～9.0

(3) 为取得良好的处理效果，好氧生物处理时应控制溶解氧（　）为宜。

A. 0.5～2 mg/L　B. 2～3 mg/L　C. 3～4 mg/L　D. 4～5 mg/L

4. 简答题

(1) 什么是污水的可生化性？

(2) 什么叫分解代谢？什么叫合成代谢？它们之间的关系如何？

(3) 微生物生长曲线的四个生长时期各有什么特点？

(4) 提高污水可生化性的途径有哪些？

5 活性污泥法

本章学习目标

1. 了解活性污泥法的净化机理、工艺特点和活性污泥法的运行方式；

2. 了解活性污泥法脱氮除磷机理和工艺；

3. 熟悉和掌握曝气的作用、方法，曝气设备种类，曝气池的构造特点、布置要求及设计计算；

4. 理解和掌握活性污泥法的工艺流程及特点，活性污泥的概念、组成及评价指标，活性污泥处理系统的运行管理及工艺设计计算，并能够解决活性污泥处理系统运行中出现的异常问题。

5.1 活性污泥及其净化过程

5.1.1 活性污泥

5.1.1.1 活性污泥的形态

(1) 什么是活性污泥

可以先通过实验来认识什么是活性污泥。正如当初活性污泥被人们发现时一样，向生活污水中注入空气进行曝气，以维持水中有足够的溶解氧，并持续一段时间之后，污水中就能生成一种黄褐色絮凝体，这种絮凝体易于沉淀分离，使污水得到净化、澄清。将这种絮凝体放在显微镜下观察，能够看到里面充满各种微生物，这就是活性污泥。

(2) 活性污泥的形态

活性污泥是人工培养的生物絮凝体，外观上呈黄褐色的绒絮状颗粒，颜色因污水的水质不同，深浅也有所不同。其颗粒直径一般为 0.02～0.2 mm；密度一般为 1.002～1.006 g/cm^3；活性污泥具有较大的比表面积，一般为 20～100 cm^2/mL。

(3) 活性污泥的组成

活性污泥是由具有活性的微生物群体、微生物自身氧化残留物、吸附在活性污泥上难为微生物所降解的有机物和无机物组成。其中微生物群体是组成活性污泥主体，与有机物一起构成活性污泥的挥发性部分，约占干活性污泥的70%以上，活性污泥含水率很高，一般都在99%以上。

5.1.1.2 活性污泥的微生物及其功能

活性污泥的净化功能主要取决于栖息在活性污泥上的微生物。活性污泥中的微生物群体是由各种细菌、真菌、原生动物和以轮虫为主的后生动物组成的混合培养体。原生动物以细菌为食物，后生动物以细菌和原生动物为食物。在活性污泥中的有机物、细菌、原生动物和后生动物构成了一个相对稳定的小生态系统食物链。活性污泥微生物集合体的食物链如图5—1所示。

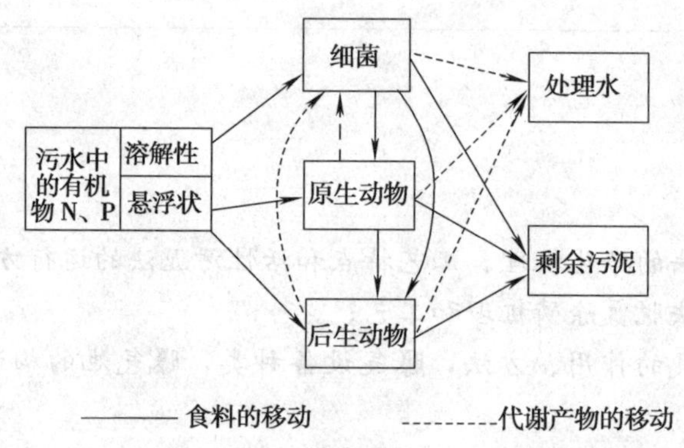

图5—1 活性污泥微生物集合体的食物链

活性污泥中的微生物可分为形成活性污泥絮体的微生物、腐生生物、捕食者及有害生物等多种类型。

腐生生物是降解有机物的生物，以细菌为主。显然，这些细菌中包括形成絮凝体的大多数细菌，也可能包括不絮凝的细菌，它们被包裹在由细菌形成的絮体颗粒中，成为菌胶团，并具有良好的自身凝聚和沉降性能。腐生生物可分为初级和二级腐生生物，前者用于降解原始基质，而后者则以前者的代谢产物为食。腐生细菌大多数为革兰氏阴性的杆菌，主要菌种有动胶杆菌属、假单胞菌属、芽孢杆菌属、产碱杆菌属、无色杆菌属等。

在活性污泥的群落中主要的捕食者是以细菌为食的原生动物和后生动物，其中纤毛虫几乎都捕食细菌，通常为占优势的原生动物。由于原生动物和后生动物的数量会随着污水处理的运行条件及处理水质的变化而变化，所以，可以通过显微镜观察活性污泥中的原生动物和后生动物的种类来判断处理水质的好坏。因此，一般将原、后生动物作为活性污泥系统中的指示生物。

所谓的有害生物指的是那些达到一定数目时就会干扰活性污泥处理系统正常运行的生物。一般认为，丝状菌和真菌对活性污泥沉降性能有影响。即使丝状菌的数量在整个生物群落中所占的百分比很小时，污泥絮体的实际密度也会降低很多，以至于污泥很难用重力沉淀法来有效地进行分离，从而最终影响出水水质，这种情况通常被称为污泥膨胀。

成熟的活性污泥中各种细菌以菌胶团的形式存在，游离细菌极少。活性污泥中存在大量的细菌，其主要功能是降解有机物，是有机物净化功能的中心。同时，活性污泥中还存在硝化细菌与反硝化细菌，在生物脱氮中起着十分重要的作用。

5.1.2 活性污泥法处理工艺

活性污泥法处理工艺主要由曝气池、二次沉淀池、曝气与空气扩散系统和污泥回流系统等组成，如图5—2所示。

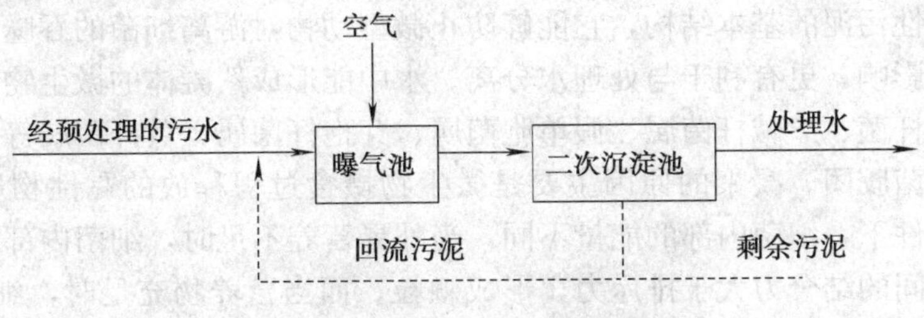

图5—2 活性污泥法的基本流程

经适当预处理后的污水与二次沉淀池回流的活性污泥同时进入曝气池。由曝气与空气扩散系统送出的空气，以小气泡的形式进入污水中，其作用是除向污水充氧外，还使曝气池内的污水、污泥处于剧烈的搅拌状态，活性污泥与污水互相混合、充分接触，使活性污泥反应得以正常进行。

活性污泥反应的结果是污水中有机污染物得到降解和去除，污水得到净化，同时由于微生物的生长和繁殖，活性污泥也得到增长。曝气池中混合液（活性污泥和污水、空气的混合液体）进入二次沉淀池进行沉淀分离，上层出水排放，分离后的污泥一部分返回曝气池，以保持曝气池内有足够的生物量，用来氧化分解污水中的有机物，其余为剩余污泥，由系统排除。

5.1.3 活性污泥法的净化过程

活性污泥连续从污水中去除有机污染物的过程，是由以下几个净化阶段组成的。

（1）初期吸附去除

在活性污泥系统内，污水与活性污泥微生物充分接触，形成混合液，在很短的时间（5～10 min）内，就会出现很高的有机物（BOD）去除率。这种初期高速去除现象是吸附作用所引起的。由于活性污泥比表面积很大（介于2 000～10 000 m^2/m^3 混合液），且表面具有多糖类黏质层，因此，污水中悬浮和胶体物质被絮凝和吸附去除。吸附在微生物细胞表面的BOD，经过几小时的曝气后，才会相继摄入代谢。在初期，被污泥去除的有机物数量是有一定限度的，它取决于污水的类型以及与污水接触时的污泥性能。例如，污水中呈悬浮的和胶体的有机物多，则初期去除率大；反之如溶解性有机物多，则初期去除率小。又如，回流污泥未经足够曝气，预先贮存在污泥里的有机物将代谢不充分，污泥未得到再生，不能很好恢复活性，因而必将降低初期去除率；但是，如回流污泥经过长时间的曝气，则会使污泥长期处于内源呼吸阶段，由于过分自身氧化失去活性，同样降低初期去除率。

（2）微生物的代谢

进入细胞体内的有机污染物通过微生物的代谢反应而被降解，或被彻底氧化为 CO_2

和 H_2O 等，或转化为新的有机体，使细胞增殖。一般来说，自然界中的有机物都可以被某些微生物所分解，多数合成有机物也可以被经过驯化的微生物分解。活性污泥法是多基质多菌种的混合培养系统，其中存在错综复杂的代谢方式和途径，它们相互联系，相互影响。

(3) 凝聚体的形成与凝聚沉淀

絮凝体是活性污泥的基本结构，它能够防止微型动物对游离细菌的吞噬，并承受曝气等外界不利因素的影响，更有利于与处理水分离。水中能形成絮凝体的微生物很多，如动胶菌属、埃希氏大肠杆菌、产碱杆菌属、假单胞菌属、芽孢杆菌属、黄杆菌属等，都具有凝聚性能，可形成大块菌胶团。凝聚的原因主要是微生物摄食过程释放的黏性物质促进凝聚。另外，在不同的条件下，细菌内部的能量不同，当外界营养不足时，细菌内部能量降低，表面电荷减少，细菌间的结合力大于排斥力，形成颗粒；而当营养物充足时，细菌内部能量大，表面电荷增大，形成的颗粒重新分散。

沉淀是混合液中固相活性污泥颗粒同处理水分离的过程。固液分离的好坏直接影响出水水质。如果处理水挟带生物体，出水 BOD 和 SS 将增大。所以，活性污泥法的处理效率，同其他生化处理方法一样，应包括二次沉淀池的效率，即用曝气池及二次沉淀池的总效率表示。

5.2 活性污泥的性能指标及活性污泥法设计运行参数

活性污泥法处理技术是通过采取一系列人工强化、控制的技术措施，使活性污泥微生物所具有的氧化、分解有机物的生理功能，得到充分发挥，以达到污水净化目的的生物工程技术。

在活性污泥系统中，人工强化、控制的技术措施是在认真考虑活性污泥微生物净化反应的各项影响因素，并切实实施的基础上制定的控制指标，这些指标也是对活性污泥的评价，在工程上就是活性污泥处理系统的设计运行参数。

5.2.1 活性污泥性能指标

活性污泥是活性污泥处理系统的主体作用物质，在曝气池内保持一定数量的活性污泥是保证活性污泥处理系统正常运行的必要条件。为了增加活性污泥与污水的接触面积，提高处理效率，活性污泥应具有颗粒松散、易于吸附氧化有机物的能力。但是经过曝气池之后，在澄清时，又希望活性污泥与水迅速分离，因此，又要求活性污泥具有良好的凝聚沉降性能。活性污泥是否具有良好的凝聚沉降性能将关系到沉淀后出水水质、回流污泥量的多少、二次沉淀池的大小和剩余污泥后处理的难易程度。

评价活性污泥性能的指标主要有以下几项：

(1) 污泥浓度（MLSS、MLVSS）

污泥浓度是指曝气池中单位体积混合液内所含的悬浮固体（MLSS）或挥发性悬浮固体（MLVSS）的质量，单位为 g/L 或 mg/L。

MLSS 为混合液中活性微生物、非活性有机物和无机物的总和。MLVSS 为混合液中挥发性有机物浓度。虽然污泥浓度（MLSS和MLVSS）不等于活性微生物浓度，但在正常运行的活性污泥处理系统，它们之间存在着稳定的相关性，因此，可以用MLSS或MLVSS间接代表混合液活性微生物的含量。目前，在活性污泥处理系统的设计和运行管理工作中，应用较多的是MLSS。

污泥浓度越高，活性微生物浓度也越高，净化效果越好，曝气池容积也可以小一些。就污水中的有毒物质而言，污泥浓度高，运行较安全，泡沫少。但是污泥浓度不宜过高，否则混合液黏滞度变大，氧的吸收率下降，沉淀池泥水分离也困难。一般认为，在活性污泥曝气池内常保持MLSS浓度在2～4 g/L为宜。

(2) 污泥沉降比（SV）

污泥沉降比是指一定量的曝气池混合液静置30 min后，沉淀污泥容积占混合液总容积的百分数，以%表示，即：

$$SV = \frac{\text{混合液经 30 min 静沉后的活性污泥容积}}{\text{混合液容积}} \times 100\% \tag{5—1}$$

活性污泥混合液经30 min沉淀后，沉淀污泥可接近最大密度，因此，以30 min作为测定活性污泥沉淀性能的依据。由于SV测定方法简便、迅速，所以常用SV来指导活性污泥系统的运行。

如果活性污泥的凝聚、沉降性能良好，SV的大小可以反映曝气池正常运行过程的污泥量。因此，在污水处理厂往往用SV来控制和调节剩余污泥排放量。当SV超过某个数值时，就应该排泥，使曝气池中维持所需的浓度范围。如果SV出现突变，就要查找原因看是否出现故障。

活性污泥处理系统运行过程中，常用SV作为活性污泥的重要指标，一般认为SV值的正常范围在15%～30%之间。

污泥沉降比的测定方法简单易行，可以在曝气池现场进行。

(3) 污泥容积指数（SVI）

简称污泥指数，是指曝气池混合液经30 min沉淀后，1 g干污泥所对应的沉淀污泥的体积，单位为mL/g，习惯上，只称数字，而将单位略去。污泥容积指数（SVI）的计算式为：

$$SVI = \frac{\text{1 L 混合液经 30 min 静沉后的活性污泥容积（mL）}}{\text{1 L 混合液中悬浮固体干重（g）}} = \frac{SV\text{（mL/L）}}{MLSS\text{（g/L）}} = \frac{SV\text{（\%）}\times 10\text{（mL/L）}}{MLSS\text{（g/L）}} \tag{5—2}$$

SVI值比SV更能准确地评价活性污泥的凝聚和沉降性能。一般来说，如SVI值低，则表明活性污泥沉降性能好；SVI值高，活性污泥沉降性能差。但是，如SVI值过低，则污泥颗粒细小而密实，无机成分含量高，这时污泥活性和吸附性都较差；如SVI值过高，则污泥可能要发生膨胀，这时污泥往往是丝状菌占了优势。

通常认为，SVI值＜100时，污泥具有良好的沉降性能；当SVI值为100～200时，污泥沉淀性能一般；而当SVI值＞200时，则说明活性污泥的沉淀性能较差，已有产生膨胀现象的可能。

对于生活污水和城市污水，一般控制SVI在70～100之间为宜，但根据污水性质不同，这个指标也有差异。如污水中溶解性有机物含量高时，正常的 SVI 值可能较高；相反，污水中含无机性悬浮物较多时，正常的 SVI 值可能较低。

5.2.2 活性污泥法的设计运行参数

（1）污泥负荷

在活性污泥法中，一般将有机污染物量与活性污泥量的比值（F/M），也就是曝气池内单位质量（kg）的活性污泥，在单位时间（1 d）内，能够接受并将其降解到预定程度的有机污染物（BOD）的量，称为污泥负荷，常用 N_s 表示。即：

$$\frac{F}{M}=N_s\frac{QS_a}{VX}\ [\text{kg BOD/(kg MLSS}\cdot\text{d)}] \tag{5—3}$$

式中 Q——污水流量，m^3/d；

S_a——原污水中有机污染物（BOD）浓度，mg/L；

V——曝气池容积，m^3；

X——混合液悬浮固体（MLSS）浓度，mg/L。

在活性污泥处理系统的设计与运行中，还使用另一种负荷指标，即容积负荷（Nv），其表示式为：

$$N_v=\frac{QS_a}{V}\ [\text{kg BOD/(m}^3\ \text{曝气池}\cdot\text{d)}] \tag{5—4}$$

即单位曝气池容积（m^3），在单位时间（1 d）内，能够接受，并将其降解到预定程度的有机污染物（BOD）的量。

N_s 值与 N_v 值之间的关系为：

$$N_v=N_sX \tag{5—5}$$

污泥负荷与污水处理效率、活性污泥特性、污泥生成量、氧的消耗量等有很大关系，污水温度对污泥负荷的选择也有一定影响。在活性污泥的不同增长阶段，污泥负荷各不相同，净化效果也不一样，因此，污泥负荷是活性污泥法设计和运行的主要参数。

一般来说，对于城市污水，污泥负荷在 0.3～0.5 kg BOD_5/（kg MLSS·d）范围内，BOD_5 去除率可达 90%以上，SVI 为 80～150，污泥吸附和沉降性能都较好。

（2）污泥龄（θ_c）

污泥龄表示曝气池内活性污泥平均增长一倍所需的时间，一般用 θ_c 表示。它反映了活性污泥吸附了有机物后，进行稳定氧化的时间长短。污泥龄长，有机物氧化得越彻底，处理效果越好，剩余污泥量越少。但污泥龄也不能太长，否则污泥会老化，影响沉淀效果。污泥龄不应短于活性污泥中微生物的世代时间，如硝化菌在 20℃时，其世代时间为 3 d，当 $\theta_c<$ 3 d时，硝化菌就不能大量繁殖，就不能在曝气池中产生硝化反应。

在活性污泥系统实际运行时，用污泥龄作为控制参数，只要求调节每日的排泥量。处理城市污水的普通活性污泥法的污泥龄一般采用 5～15 d。

（3）污泥回流比

污泥回流比是指回流污泥量与污水流量之比，常用%表示。曝气池内混合液污泥浓度与污泥回流比及回流污泥浓度之间的关系是：

$$X=\frac{R}{1+R}X_r \tag{5—6}$$

式中 X——曝气池混合液污泥浓度，mg/L；

R——污泥回流比；

X_r——回流污泥浓度，mg/L。

X_r值取决于二次沉淀池的污泥浓缩程度，正常条件下，其与污泥容积指数有密切关系。污泥容积指数高，则回流污泥浓度低，含水率大。

可通过污泥回流比来进行调节，保持曝气池中混合液污泥浓度为一定值。

(4) 有机污染物降解与活性污泥增长

在活性污泥微生物的代谢作用下，曝气池内污水中的有机污染物得到降解、去除，与此同步产生的则是活性污泥本身的增殖和随之而来的活性污泥的增长。在微生物细胞合成的同时，还存在着微生物的内源呼吸，即进行自身氧化过程。因此，活性污泥每日在曝气池内的净增殖量应为微生物细胞的产生量与内源呼吸消耗量的差值，即：

$$\Delta X = aQS_r - bVX \tag{5—7}$$

式中 ΔX——曝气池每日增长的污泥量，即剩余污泥每日排放量，kg/d；

Q——污水流量，m^3/d；

S_r——污水中被降解、去除的有机污染物（BOD）的量，kg/m^3，$S_r = S_a - S_e$；

S_a——进入曝气池的污水中含有的有机污染物（BOD）量，kg/m^3；

S_e——经活性污泥处理系统处理后，处理水中含有的有机污染物（BOD）量，kg/m^3；

V——曝气池有效容积，m^3；

X——曝气池内混合液悬浮固体浓度，kg/m^3；

a——污泥增长系数，即去除每 kg BOD 所产生的活性污泥 kg 数；

b——污泥自身氧化率，即曝气池内每日每 kg 活性污泥由于内源呼吸所消耗的 kg 数。

活性污泥增长系数，因有机污染物的组成不同而异，生活污水一般为 0.49～0.73，而自身氧化率为 0.07～0.075。工业废水的污泥增长系数与自身氧化率宜通过试验确定。

(5) 有机污染物降解与需氧量

在曝气池内，微生物对有机物的氧化分解和其本身氧化自身细胞的内源代谢都是耗氧过程。这两部分所需的氧量一般由下列公式求得：

$$O_2 = a'QS_r + b'VX_v \tag{5—8}$$

式中 O_2——曝气池混合液需氧量，kg/d；

a'——微生物氧化分解有机物过程中的需氧率，即活性污泥微生物每代谢 1 kg BOD 所需的氧量，kg；

S_r——有机污染物降解量，kg/m^3；

b'——微生物内源代谢氧化自身细胞过程中的需氧率，即 1 kg 活性污泥（MLVSS）每日自身氧化所需氧量，kg；

X_v——曝气池内混合液悬浮固体浓度，kg/m^3。

城市污水的 a'、b'、ΔO_2 值见表 5—1。

表 5—1　　城市污水的 a'、b'、ΔO_2 值

运行方式	a'	b'	ΔO_2
完全混合法	0.42	0.11	0.7～1.1
生物吸附法	↓	↓	0.7～1.1
传统曝气法	↓	↓	0.8～1.1
延时曝气法	0.53	0.118	1.4～1.8

注：表中 $\Delta O_2 = O_2/QS_r$，为去除 1 kg BOD 的需氧量，kg/kg·d。

5.3　曝气与曝气设备

曝气是采用相应的设备和技术措施，使空气中的氧转移到曝气池混合液中而被微生物利用的过程。曝气的主要作用除供氧外，还有搅拌混合作用，使曝气池内的活性污泥保持悬浮状态，与污水中的有机物和溶解氧充分混合接触，从而保证池内微生物在有充足溶解氧的条件下，对污水中有机物进行氧化分解。曝气设备的好坏，不仅影响污水生物处理效果，而且直接影响到污水处理厂站的占地面积、投资及运行费用等。

5.3.1　曝气原理

空气中的氧通过曝气传递到混合液中，氧由气相向液相中转移，最后被微生物所利用。这种转移通常以双膜理论为理论基础。双膜理论认为，在气—水界面上存在着气膜和液膜，当气液两相做相对运动时，气膜和液膜间属层流状态，而在其外的两相体系中均为紊流，氧的转移是通过气、液膜间进行的分子扩散和在膜外进行的对流扩散完成的。对于难溶于水的氧来说，分子扩散的阻力大于对流扩散，传递的阻力主要集中在液膜上。因此，采用曝气搅拌是快速变换气—水界面、克服液膜阻力的最有效方法。

5.3.2　曝气装置

曝气装置，又名空气扩散装置，是活性污泥系统的重要设备，按曝气方式可将其分为鼓风曝气装置和机械曝气装置两大类。

衡量曝气装置的主要技术性能指标有动力效率（E_P），氧的利用效率（E_A）和氧的转移效率（E_L）。动力效率是每消耗 1 kW 电能转移到混合液中的氧量（kg/kW·h）；氧的利用效率是通过鼓风曝气转移到混合液中的氧量，占总供氧量的百分比（%）；氧的转移效率也称充氧能力，是通过机械曝气装置，在单位时间内转移到混合液中的氧量（kg/h）。

5.3.2.1　鼓风曝气装置

鼓风曝气系统由鼓风机、曝气装置和空气输送管道组成。鼓风机将空气通过一系列管道输送到安装于曝气池底部的曝气装置，经过曝气装置，将空气中的氧转移到混合液中去。

（1）鼓风机

鼓风机是鼓风曝气系统的主要组成设备，其主要类型有离心风机、罗茨风机和回转式风机等。

离心风机属于恒压风机，工作的主参数是风压，输出的风量随管道和负载的变化而变

化，风压变化不大，噪声相对较小，而且效率较高。罗茨风机属于恒流量风机，工作的主参数是风量，输出的压力随管道和负载的变化而变化，风量变化很小，噪声大。回转式鼓风机同样属于恒流量风机，其主要特点是转速低、低噪声、低振动、高效率、高节能。为了使鼓风机产生的噪声符合《工业企业厂界环境噪声排放标准》，一般应采用消声和隔声设施。

通常根据鼓风机的设计风量和风压选择鼓风机。离心鼓风机的设计风量较大，适用于大中型污水处理厂，罗茨风机一般用于中小型污水处理厂（站）。对需要风量比较小、噪声要求比较高的小型污水处理站，如工业废水处理站等，可选用回转式鼓风机。

（2）曝气装置

鼓风曝气系统的曝气装置主要分为微气泡、中气泡、水力剪切式、水力冲击式等类型。

1）微气泡曝气器。也称多孔性空气扩散装置。这一类扩散装置的特点是产生微小气泡，气、液接触面积大，氧利用率高；缺点是气压损失大，易堵塞，送入的空气一般应预先经过过滤处理。

①固定式平板型微孔曝气器。平板型微孔曝气器主要组成包括扩散板、布气底盘、通气螺栓、配气管、三通短管、橡胶密封圈、压盖和连接池底的配件等，如图 5—3 所示。

常见的平板型微孔曝气器有钛板微孔曝气器、微孔陶板、青刚玉和绿刚玉为骨料烧结成的曝气板。其主要技术参数：平均孔径 100～200 μm；服务面积 0.3～0.75 m^2/个；动力效率 4～6 $kgO_2/kW \cdot h$；氧利用率 20%～25%。

②固定式钟罩型微孔曝气器（见图 5—4）。有微孔陶瓷钟罩型盘、青刚玉骨料烧结成的钟罩型盘。其技术参数与平板型微孔曝气器基本相同。

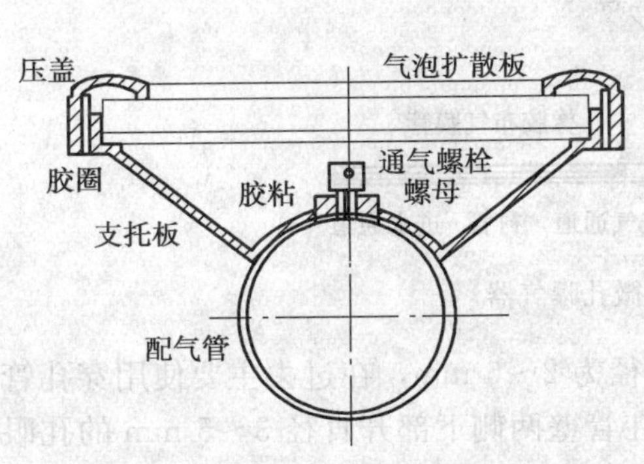

图 5—3　固定式平板型微孔曝气器

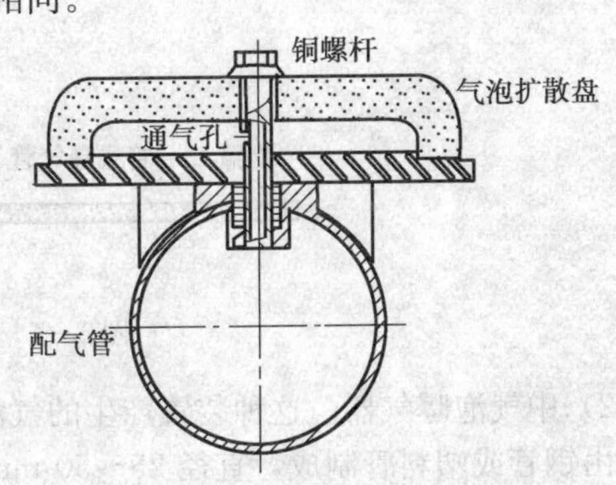

图 5—4　固定式钟罩型微孔曝气器

③膜片式微孔曝气器（见图 5—5）。该曝气器的底部为聚丙烯制作的底座，底座上覆盖着合成橡胶制成的微孔膜片，膜片被金属丝箍固定在底座上。在膜片上开有按同心圆形式布置的孔眼。鼓风时，空气通过底座上的通气孔进入膜片和底座之间，使膜片微微鼓起，孔眼张开，空气从孔眼逸出，达到布气扩散的目的。供气停止，压力消失，在膜片的弹性作用下，孔眼自动闭合，由于水压的作用膜片压实在底座之上。曝气池内的混合液不能倒流，因此，不会堵塞膜片孔眼。这种曝气器可扩散出直径为 1.5～3.0 mm 的气泡，即使空气中含有少量尘埃，也可以通过孔眼，不会堵塞，也不需设除尘设备。

④管式微孔曝气器。图 5—6 所示为管式微孔曝气器，其主要由橡胶布气膜管、支承管

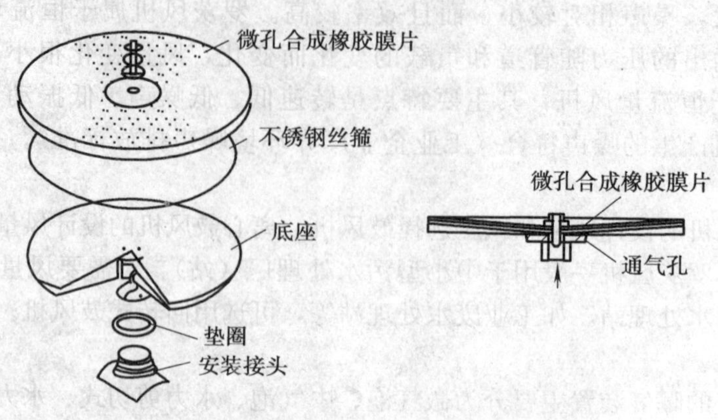

图 5—5　膜片式微孔曝气器

(即衬管)、抱箍等构成，布气膜管平滑地包在支撑管外表面，两端用抱箍锁紧。通过改进支承管的表面结构，在支承管的两边或多边增加凹槽，气体可直接从进气管进入支承管表面凹槽的空气通道，从而可大大降低空气的阻力损失。工作时布气膜管的微孔在空气压力下会自动张开，空气就进入曝气池中进行充氧；如果压力消失，曝气管的微孔就会自动闭合，因此，不产生孔眼堵塞、沾污等弊病，同时，进入曝气器的空气不需进行除尘净化，当曝气池停止运行时，污水混合液也不会倒灌。这种曝气器的服务面积为 0.3～1.5 m^2/m，通气量1～10 m^3/m·h，氧利用率 30%以上，动力效率 6～8 kgO_2/kW·h，气孔密度 15 000～20 000 个/m，行程气泡直径 0.5～5 mm。

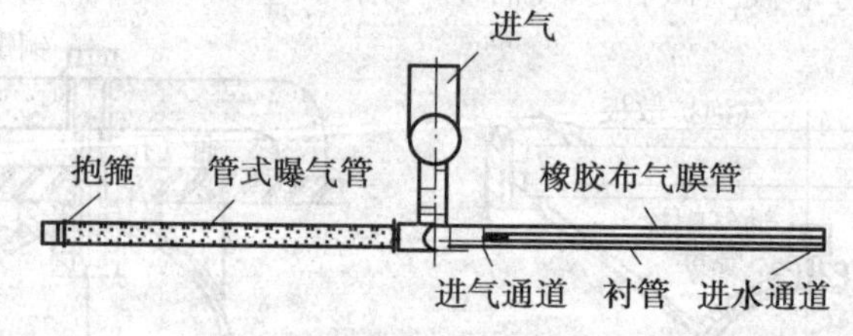

图 5—6　管式微孔曝气器

2）中气泡曝气器。这种装置产生的气泡直径为 2～6 mm，在过去主要使用穿孔管。穿孔管由钢管或塑料管制成，直径 25～50 mm，在管壁两侧下部开直径 3～5 mm 的孔眼，间距 50～100 mm。穿孔管不易堵塞，构造简单，阻力小；但氧的利用率低，动力效率低。因此，目前在活性污泥曝气池中较少采用。

网状膜曝气器是具有代表性的中气泡曝气器，如图 5—7 所示。其特点是不易堵塞，布气均匀，构造简单，便于维护管理，氧的利用率较高。该曝气器由主体、螺盖、网状膜、分配器和密封圈所组成；空气由曝气器底部进入，经分配器第一次切割并均匀分配到气室，然后通过网状膜进行二次切割，形成微小气泡扩散到混合液中。

每个网状膜曝气器的服务面积为 0.5 m^2，动力效率 2.7～3.7 kgO_2/kW·h，氧利用率 12%～15%。

3）水力剪切式空气曝气器

①倒伞式曝气器。倒伞式曝气器由伞形塑料壳体、橡胶板、塑料螺杆和压盖等组成，如图 5—8 所示。空气从上部进气管进入，由伞形壳体和橡胶板间的缝隙向周边喷出，在水力剪切的作用下，空气泡被剪切成小气泡。停止供气，借助橡胶板的回弹力，使缝隙自行封口，防止混合液倒灌。

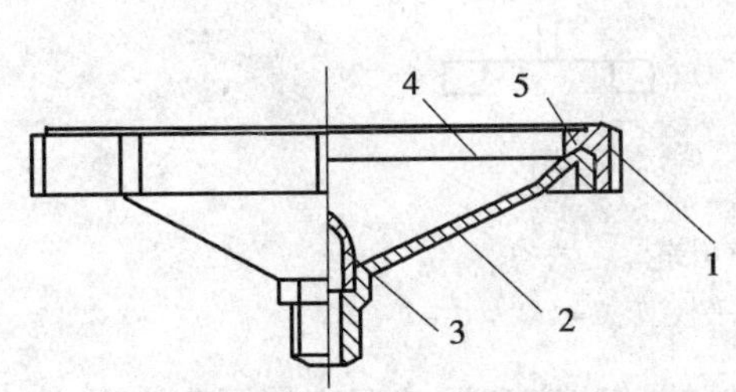

图 5—7 网状膜曝气器

1—螺盖 2—曝气器主体 3—分配器
4—网状膜 5—密封圈

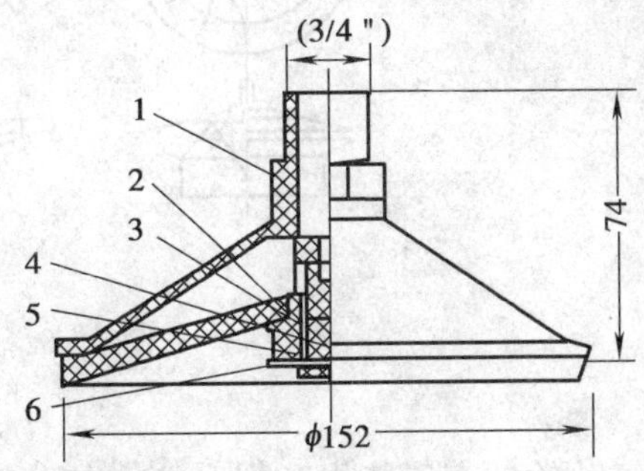

图 5—8 倒伞式曝气器

1—伞形塑料壳体 2—橡胶板 3—密封圈
4—塑料螺杆 5—塑料螺母 6—不锈钢开口销

该曝气器的服务面积为 6×2 m^2；动力效率 1.75～2.88 $kgO_2/kW \cdot h$，氧利用率 6.5%～8.5%。

②固定螺旋曝气器。该曝气器由直径 300 或 400 mm、高 1 500 mm 的圆形外壳和固定在壳体内部的螺旋叶片组成，每个螺旋叶片扭曲 180°，两个相邻叶片的螺旋方向相反。空气由布气管从底部的布气孔进入装置内，向上流动，由于壳体内外混合液的密度差，产生提升作用，使混合液在壳体内外不断循环流动。空气泡在上升过程中，被螺旋叶片反复切割，形成小气泡。

该曝气器有固定单螺旋、固定双螺旋和固定三螺旋三种形式。

4）水力冲击式曝气器。该种曝气器以射流式空气扩散装置为主，利用水泵打入的泥、水混合液的高速水流的动能，吸入大量空气，泥、水、气混合液在喉管中强烈混合搅动，将气泡粉碎为雾状，使氧迅速转移至混合液中，氧的转移率可高达 20%，但动力效率不高。近年来，由于泵的防水性能的改进，已实现动力装置和扩散装置的一体化。

5.3.2.2 机械曝气装置

机械曝气装置安装在曝气池水面，在动力的驱动下转动，通过下述 3 方面的作用使空气中的氧转移到污水中去：

①曝气装置转动时，表面的混合液不断地从曝气装置周边抛向四周，形成水跃，液面剧烈搅动，卷入空气；

②曝气装置转动，具有提升液体的作用，使池内混合液连续上下循环流动，气液接触界面不断更新，不断地使空气中的氧向液体内转移；

③曝气装置转动，在其后侧形成负压区，吸入空气。

按转动轴的安装方向，机械曝气装置可分为竖轴式和卧轴式两类。

（1）竖轴式曝气装置

竖轴式曝气装置又称竖轴叶轮曝气机，常用的曝气叶轮有泵型叶轮、倒伞型叶轮、平板型叶轮等，如图 5—9 所示。

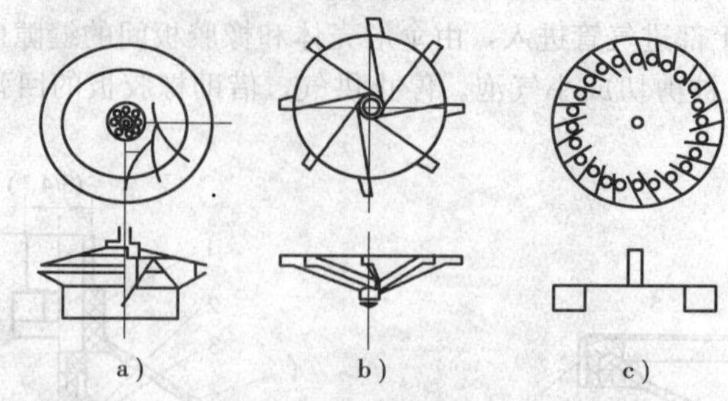

图 5—9　几种表面曝气叶轮

a) 泵型　b) 倒伞型　c) 平板型

曝气叶轮的充氧能力和提升能力与叶轮直径、叶轮旋转速度和浸液深度等因素有关。叶轮直径一定，叶轮旋转的线速度大，充氧能力也强，但线速度过大时，会打碎活性污泥颗粒，影响沉淀效率。一般叶轮周边线速度以 2～5 m/s 为宜。叶轮浸液深度适当时，充氧效率高；浸液深度过大，没有水跃产生，叶轮只起搅拌作用，充氧量极小，甚至没有空气吸入；浸液深度过小，则提水和输水作用减小，池内水流缓慢，甚至存在死区，造成表面水充氧好，而底层充氧不足。因此，常将叶轮旋转的线速度和浸液深度设计成可调的，以便运行中随时调整。一般竖轴叶轮曝气机的氧转移率为 15%～25%，动力效率为 2.5～3.5 kgO_2/kW・h。

(2) 卧轴式曝气装置

卧轴式曝气装置主要是转刷曝气器。图 5—10 所示为一种应用较多的转刷曝气器，由水平转轴和固定在轴上的叶片所组成，转轴带动叶片转动，搅动水面溅成水花，空气中的氧通过气液界面转移到水中。

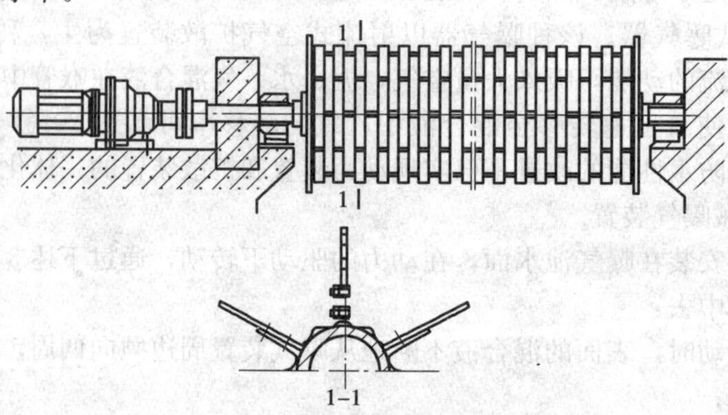

图 5—10　转刷曝气器

转刷曝气器主要用于氧化沟，它具有负荷调节方便、维护管理容易、动力效率高等优点。

5.3.3　曝气池

活性污泥法处理污水的主要构筑物是曝气池。按混合液在曝气池中的流态可分为推流式、完全混合式和循环混合式三种池型；按平面几何形状可分为长方形、廊道形、圆形、方形和环形跑道形四种；按所采用的曝气方法可分为鼓风曝气池、机械曝气池和两种方法联合使用的机械—鼓风曝气池；按曝气池和二次沉淀池的关系可分为曝气—沉淀合建式和分建式两种。

5.3.3.1 推流式曝气池

推流式曝气池多为长方廊道形，常采用鼓风曝气。传统的作法是将空气扩散装置安装在曝气池廊道底部的一侧（见图5—11a），这样布置可使水流在池中呈螺旋状流动，提高气泡和混合液的接触时间。如果曝气池的宽度较大，则应考虑将空气扩散装置安装在曝气池廊道底部的两侧（见图5—11b）。也可按一定的形式，如互相垂直的正交形式或呈梅花形交错式均衡地布置在整个曝气池池底。

曝气池的数目随污水处理厂的规模而定，一般在结构上分成若干单元，每个单元包括一座或几座曝气池，每座曝气池常由1个或2～5个廊道组成，如图5—12所示。当廊道数为单数时，污水的进、出口在曝气池的两端；而廊道数为双数时，则位于廊道的同一端。

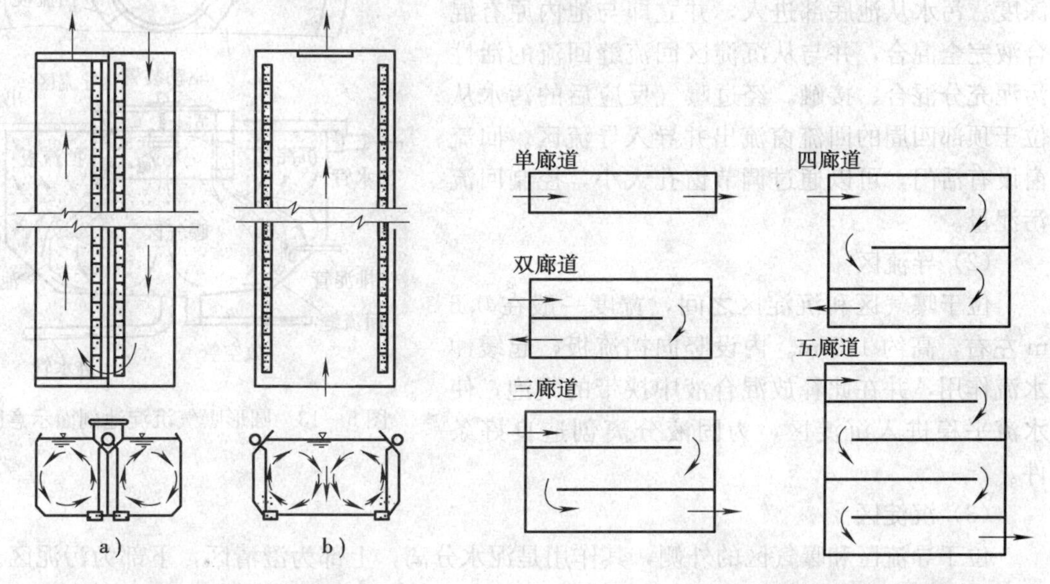

图5—11 推流式鼓风曝气池空气扩散装置布置形式与水流在横断面的流态

a）在池底一侧 b）在池底的两侧

图5—12 曝气池的廊道组合

曝气池廊道的长度可达100 m，一般以50～70 m为宜。为了防止短流，廊道的长度和宽度之比应大于5，甚至大于10。曝气池的宽深比常在1.5～2之间。池深与造价和动力费用密切相关。池深大，有利于氧的利用，但造价和动力费用将有所提高。反之，造价和动力费用降低，但氧的利用率也将降低。

此外，还应考虑土建结构和曝气池的功能要求、允许占用的土地面积、能够购置到的鼓风机所具有的压力等因素。目前我国对推流式曝气池采用的深度多为3～5 m。

为了使混合液在曝气池内的旋转流动能够减少阻力，并避免形成死区，将廊道横剖面池壁两墙的墙顶和墙脚作成45°斜面。为了节约空气管道，相邻廊道的空气扩散装置常沿公共隔墙布置。

曝气池的进水口和进泥口均设于水面以下，采用淹没出流方式，以免形成短流，并设闸门以调节流量；出水一般采用溢流堰的方式，处理水流过堰顶，溢流入排水渠道。

在曝气池底部设直径为 80～100 mm 放空管，用于维修或池子清洗时放空。考虑到在活性污泥培养、驯化周期排放上清液的要求，根据具体情况，在距池底一定距离处设 2～3 根排水管，直径也是 80～100 mm。

5.3.3.2 完全混合曝气池

完全混合曝气池常采用表面机械曝气装置供氧，其表面多呈圆形、方形或多边形。使用较多的是合建式完全混合曝气沉淀池，简称曝气沉淀池，由曝气区、导流区和沉淀区 3 部分组成，如图 5—13 所示。

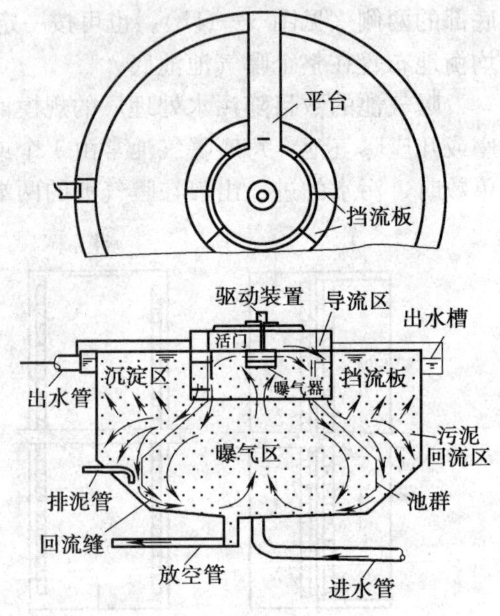

图 5—13 圆形曝气沉淀池剖面示意图

(1) 曝气区

曝气装置设于池顶部中央，并深入水下某一深度。污水从池底部进入，并立即与池内原有混合液完全混合，并与从沉淀区回流缝回流的活性污泥充分混合、接触。经过曝气反应后的污水从位于顶部四周的回流窗流出并导入导流区。回流窗设有活门，可以通过调节窗孔大小，控制回流污泥量。

(2) 导流区

位于曝气区和沉淀区之间，宽度一般在 0.6 m 左右，高约 1.5 m。内设竖向挡流板，起缓冲水流作用，并在此释放混合液中挟带的气泡，使水流平稳进入沉淀区，为固液分离创造良好条件。

(3) 沉淀区

位于导流区和曝气区的外侧，其作用是泥水分离，上部为澄清区，下部为污泥区。澄清区的深度不宜小于 1.5 m，污泥区的容积应不小于 2 h 的存泥量。澄清的处理水沿设于池四周的出流堰进入排水槽，出流堰常采用锯齿状的三角堰。

污泥通过回流缝回流曝气区，回流缝一般宽 0.15～0.20 m，在回流缝上侧设池裙，以避免死角。在污泥区的一定深度设排泥管，以排出剩余污泥。

图 5—14 所示为长方形的曝气沉淀池，一侧为曝气区，另一侧为沉淀区，采用鼓风曝气系统。原污水从曝气区的一侧均匀地进入池内，处理水均匀地从沉淀区溢出。

在生产实践中还有与沉淀池分建的完全混合曝气池，如图 5—15 所示。污水和回流污泥沿曝气池池长均匀引入，并均匀地排出混合液，进入二次沉淀池。

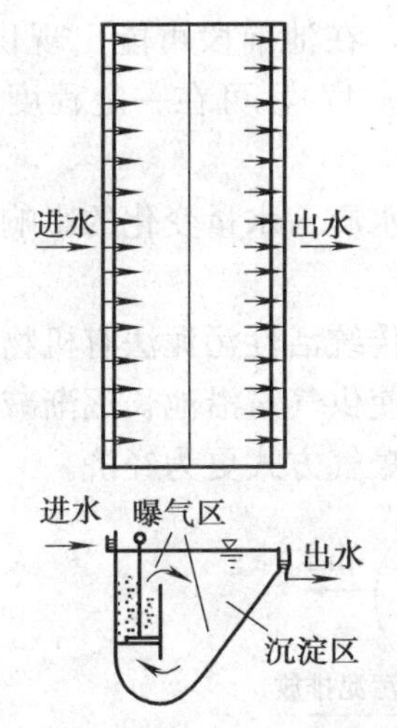

图 5—14 长方形曝气沉淀池

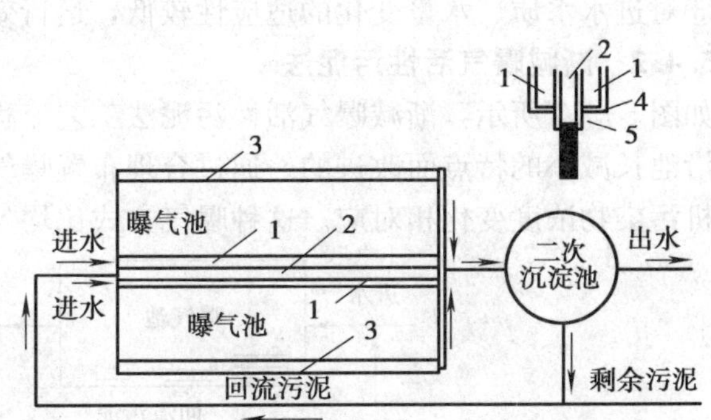

图 5—15 分建式完全混合曝气池

1—进水槽 2—进泥槽 3—出水槽

4—进水孔口 5—进泥孔口

5.4 活性污泥法的运行方式

在长期的工程实践过程中，根据水质的变化、微生物代谢活动的特点、运行管理、技术经济和排放要求等方面的情况，活性污泥法又发展出多种行之有效的运行方式和工艺流程。

5.4.1 传统活性污泥法

传统活性污泥法，又称普通活性污泥法，是早期开始使用并沿用至今的运行方式。其工艺流程如图 5—2 所示。污水与回流污泥从长方形曝气池的首端同步流入，污水与回流污泥形成的混合液在池内呈推流形式由池末端流出池外，进入二次沉淀池，处理后的污水与活性污泥在二次沉淀池内分离，部分污泥回流曝气池，剩余污泥由系统排除。

在曝气池内，有机污染物的降解经历了第一阶段的吸附和第二阶段的微生物代谢的完整过程。有机污染物浓度沿池长逐渐降低，需氧量也沿池长逐渐降低（见图 5—16），活性污泥也经历了一个从池首端的对数增长，经减速增长到池末端的内源呼吸的完整生长周期。

传统活性污泥法系统处理效果好，BOD 去除率可达 90%以上，适用于处理净化程度高而水质较稳定的污水。

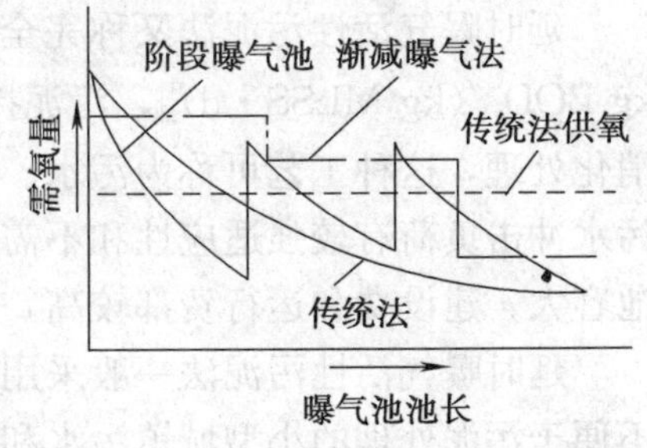

图 5—16 曝气池内需氧量的变化示意图

传统活性污泥法系统存在下列问题：

①曝气池首端有机污染物负荷高，需氧量也高，为了避免池首端由于缺氧而引起厌氧状态，进水有机物负荷不宜过高，因此，曝气池容积大，占地面积大、基建投资高。

②曝气池供氧量往往沿池长均匀分布（见图 5—

16)，而需氧量沿池长变化，供氧速度难以与其吻合、适应，在池前段可能出现供氧不足，后段溶解氧过剩的现象，对此，采用渐减供氧方式（见图 5—17），可在一定程度上解决这一问题。

③对进水水质、水量变化的适应性较低，运行效果易受水质、水量变化的影响。

5.4.2 渐减曝气活性污泥法

如图 5—17 所示，渐减曝气活性污泥法工艺流程是针对传统活性污泥法有机物浓度和需氧量沿池长减小的特点而改进的。通过合理布置曝气装置，使供气量沿池长逐渐减小，与池内有机污染物浓度变化相对应。这种曝气方式比均匀供气的曝气方式更为经济。

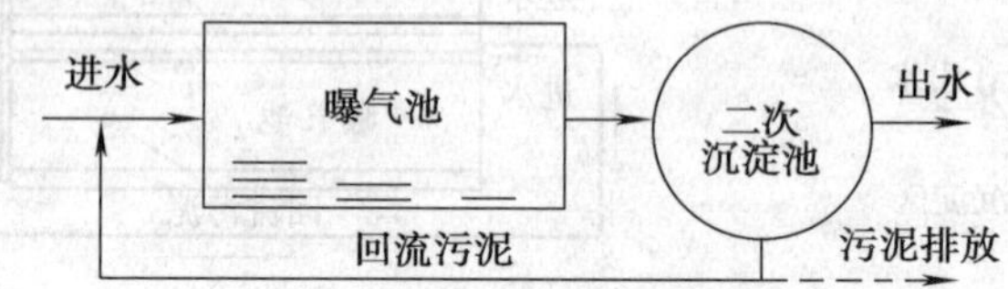

图 5—17 渐减曝气法活性污泥法

5.4.3 阶段曝气活性污泥法

阶段曝气活性污泥法又称分段进水活性污泥法或多段进水活性污泥法，是针对传统活性污泥法系统存在问题而改进的，其工艺流程如图 5—18 所示。

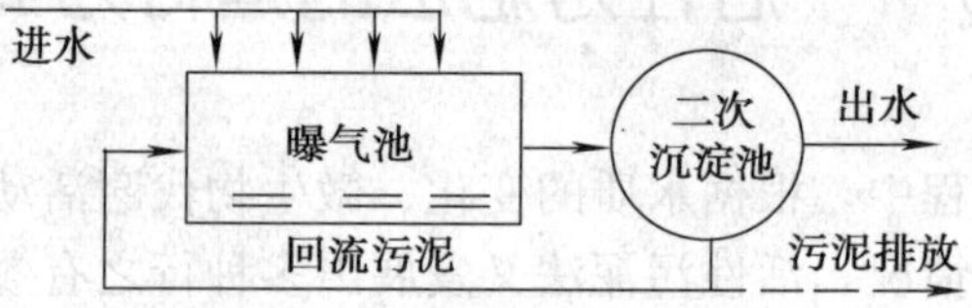

图 5—18 阶段曝气活性污泥法

污水沿曝气池池长分多点进入，以均衡池内有机负荷，克服了传统活性污泥法系统供氧弊病（见图 5—16），有助于能耗的降低，活性污泥的降解功能也得以充分发挥。此外，由于分散进水，污水在池内稀释程度较高，混合液活性污泥浓度也沿池长降低，从而有利于二次沉淀池的泥水分离。与传统活性污泥法系统相比，处理相同的污水时，所需池容积可减小 30%，BOD 去除率一般可达 90%。

5.4.4 延时曝气活性污泥法

延时曝气活性污泥法又称完全氧化活性污泥法，其主要特点是有机负荷低［0.05～0.2 kg BOD_5/(kg MLSS·d)］，污泥持续处于内源呼吸状态，剩余污泥少且稳定，不需再进行消化处理，这种工艺可称为污水、污泥综合处理工艺。本工艺还具有处理水质稳定性高，对污水冲击负荷有较强适应性和不需设初次沉淀池等优点。主要缺点是曝气时间长（1～2 d），池容大，建设费和运行费都较高，而且占地面积大。

延时曝气活性污泥法一般采用流态为完全混合式的曝气池，适用于处理水质要求高而又不便于污泥处理的小型城镇污水和工业废水。

5.4.5 吸附—再生活性污泥法

吸附—再生活性污泥法又称生物吸附活性污泥法或接触稳定法，是使活性污泥降解有机污染物的吸附和代谢过程分别在各自的反应池中进行。工艺流程如图 5—19 所示。

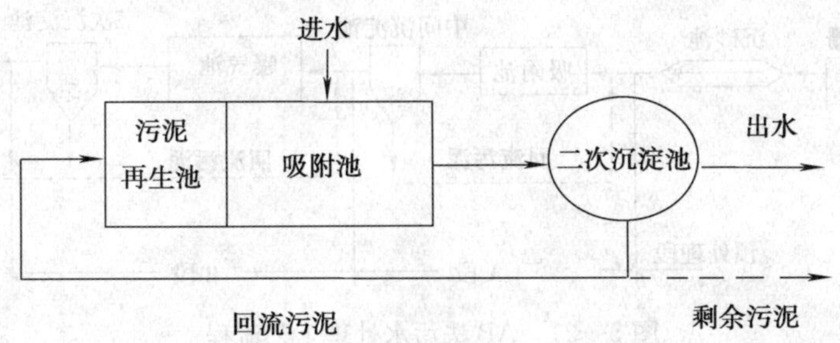

图 5—19 吸附—再生活性污泥法

污水和经过在再生池中充分再生、活性很强的活性污泥同步进入吸附池，两者在吸附池中充分接触，污水中有机污染物被活性污泥所吸附，污水得到净化。由二次沉淀池分离出的污泥进入再生池，活性污泥微生物在这里将所吸附的有机物代谢，并进入内源呼吸期，使其活性和吸附功能得到充分恢复，然后再与污水一起进入吸附池。

在吸附—再生活性污泥法系统中，污水与活性污泥在吸附池的接触时间较短，吸附池容积较小，由于再生池接纳的仅是浓度较高的回流污泥，再生池的容积亦小，因此，吸附池与再生池容积之和仍低于传统法曝气池容积。本方法能够承受一定的冲击负荷，当吸附池的活性污泥遭到破坏时，可由再生池的污泥予以补救。

本方法的处理效率低于传统活性污泥法。此外，对溶解性有机物高的污水，处理效果差。

5.4.6 完全混合活性污泥法

在完全混合活性污泥法系统内，污水与回流污泥进入曝气池后，立即与池内混合液充分混合。可以认为池内混合液是已经处理而未经泥水分离的处理水。因此，池内混合液的组成、F/M 值、微生物群体和数量是完全均匀一致的。整个处理过程在污泥增长曲线上的位置仅是一个点，这意味着在曝气池内各部位有机污染物降解的生化反应是相同的，氧吸收率也都相同。其工艺流程如图 5—20 所示。

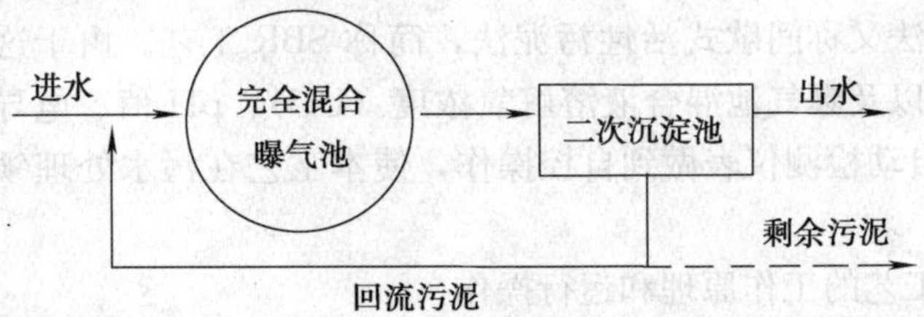

图 5—20 完全混合活性污泥法

完全混合曝气池内混合液对污水起稀释作用，能较好地承受冲击负荷；由于全池需氧要求相同，能节省动力；曝气池和沉淀池也可合建，不单独设置污泥回流系统，便于运行管理。

5.4.7 吸附—生物降解活性污泥法

吸附—生物降解活性污泥法简称 AB 法。工艺系统共分三段，即预处理段、A 段和 B

段，如图 5—21 所示。

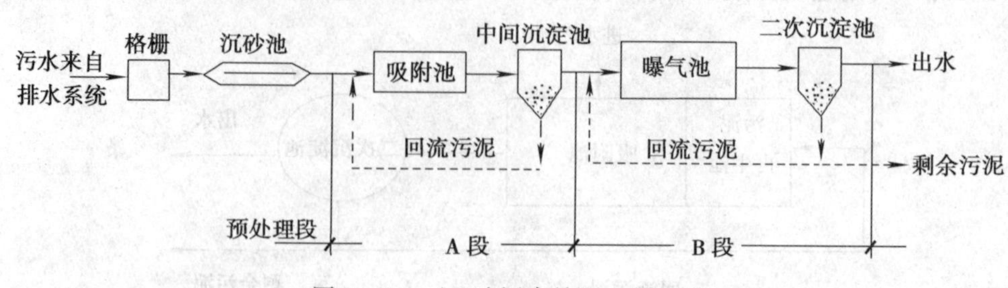

图 5—21　AB 法污水处理工艺流程

在预处理段只设格栅、沉砂池等简易设备，不设沉淀池；A 段由吸附池和中间沉淀池组成，B 段则由曝气池和二沉池组成；A 段和 B 段串联运行，污泥独立回流，形成两种各自与其水质和运行条件相适应的完全不同的微生物群落。

由于不设初次沉淀池，A 段在直接接受城市排水系统中污水的同时，也接种和充分利用了经偌大的排水系统所优选的适应原污水的微生物种群；由于 A 段负荷高，能够成活的微生物种群只能是抗冲击负荷能力强的原核细菌，而原生动物和后生动物不能存活；A 段对污染物的去除主要依靠活性污泥的吸附作用，这样，某些重金属、难降解有机物和氮、磷等都能通过 A 段得到一定程度的去除。

A 段的污泥负荷一般为 2～6 kg BOD/kg MLSS・d；污泥龄 0.3～0.5 d；水力停留时间 30 min；池内溶解氧浓度 0.2～0.7 mg/L；BOD 去除率大致为 40%～70%。经 A 段处理后的污水，可生化性得到改善，有利于后续 B 段的生物降解作用。

B 段接受 A 段的处理水，负荷较低，水质、水量也较稳定，许多原生动物可以很好地生长繁殖，由于不受冲击负荷影响，其净化功能得以充分发挥，较传统活性污泥处理系统，曝气池的容积可减少 40%左右。

B 段的污泥负荷一般为 0.15～0.3 kg BOD/kg MLSS・d；污泥龄 15～20 d；水力停留时间 2～3 h；池内溶解氧浓度 1～2 mg/L。

5.4.8　序批式活性污泥法

序批式活性污泥法又称间歇式活性污泥法，简称 SBR 工艺。由于这项工艺在技术上具有某些独特的优越性以及曝气池混合液溶解氧浓度（DO）、pH 值、电导率、氧化还原电位（ORP）等都能通过自动检测仪表做到自控操作，使本工艺在污水处理领域得到较为广泛的应用。

5.4.8.1　SBR 工艺的工作原理和运行操作

SBR 工艺采用间歇运行方式，污水间歇进入系统并间歇排出。系统内只设一个处理单元，该单元在不同的时间发挥不同的作用，污水进入该单元后，按顺序进行不同的处理。SBR 工艺的一个运行周期是由流入、反应、沉淀、排放、待机（闲置）等 5 个工序组成，如图 5—22 所示。

（1）流入工序

流入工序是反应池接纳污水的过程。在污水流入之前是前一周期的排水或待机状态，反应池内剩有高浓度的活性污泥混合液，相当于传统活性污泥法的回流污泥，此时反应池水位

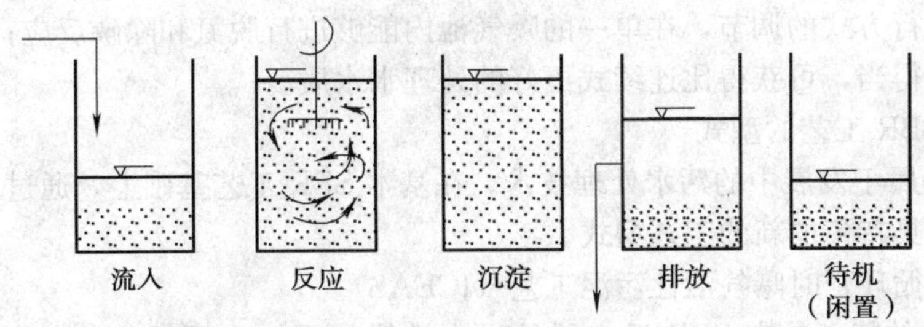

图 5—22　间歇式活性污泥法曝气池运行操作 5 个工序示意图

最低。

由于流入工序只流入污水，不排放处理水，反应池起到了调节作用，因此，反应池对水质、水量的变动有一定的适应性。

污水流入，水位上升，可以根据其他工艺上的要求，配合进行其他的操作过程，如曝气可取得预曝气的效果，又可使活性污泥再生恢复活性；也可以根据要求，如脱氮、释放磷等，则进行缓速搅拌；又如根据限制曝气的要求，不进行其他技术措施，而单纯注水等。

本工序所需时间，可根据实际排水情况和设备条件确定，从工艺效果来说要求，以短促为宜，瞬间最好。

（2）反应工序

污水注入达到预定容积后，即开始反应操作。根据污水处理的目的，如 BOD 去除、硝化和磷的吸收，采取的相应措施为曝气，反硝化脱氮则为缓速搅拌，并根据需要达到的程度来决定反应的延续时间。

为保证沉淀工序的效果，在反应工序后期，沉淀工序之前，还需进行暂短的微量曝气，吹脱附着在污泥上的氮气。如需排泥，也在本工序后期进行。

（3）沉淀工序

本工序相当于传统活性污泥法的二次沉淀池，停止曝气和搅拌，使活性污泥与水在静止状态分离，因而有更高的沉淀效率。

沉淀工序采取的时间与二次沉淀池相同，一般为 1.5～2.0 h。

（4）排放工序

经过沉淀后产生的上清液，作为处理水排放至最低水位，反应池底部沉淀的活性污泥大部分作为下个处理周期的回流污泥使用，排出剩余污泥。

（5）待机工序

也称闲置工序，即在处理水排放后，等待下一个工作周期的阶段。此工序时间，根据现场具体情况确定。

5.4.8.2　SBR 工艺的特点

在实际工程中，根据需要可分别采用不同型式的 SBR 工艺系统。无论采用哪种型式，SBR 工艺作为污水处理方法都有其共同的特征。

①处理构筑物的构成简单，设备费、运行管理费较连续式少；

②SVI 值较低，污泥易于沉淀，一般情况下，不产生污泥膨胀现象；

③大多数情况下，不需要流量调节池，曝气池容积较连续式小；

④通过对运行方式的调节，在单一的曝气池内能够进行脱氮和除磷反应；

⑤运行管理得当，可获得比连续式更好的处理水水质。

5.4.8.3　SBR 工艺的型式

SBR 工艺仍属于发展中的污水处理技术。在基本 SBR 工艺基础上，通过工程应用实践，逐渐开发出了各具特色的新的工艺型式。

（1）间歇式循环延时曝气活性污泥工艺（ICEAS）

ICEAS 工艺的特点是在 SBR 反应器的进水端增加了一个预反应区（也称为生物选择器），为连续进水间歇排水工艺，不但在反应阶段进水，在沉淀和排水阶段也进水。预反应区容积约占反应器池容的 10%～15%。一般采用两个矩形池为一组的 SBR 反应器，每池分为预反应区和主反应区两部分。预反应区一般处于厌氧和缺氧状态，主反应区是曝气反应的主体，占反应器池容的 85%～90%。

ICEAS 工艺的排水由安装在主反应区后部的滗水器完成。其运行工序由曝气、沉淀、滗水组成，运行周期较短，一般为 4～6 h，两组池交替运行。这种工艺比传统的 SBR 工艺费用更节约，管理更方便。但是由于进水贯穿于整个运行周期的每一阶段，沉淀期进水在主反应区底部会造成扰动，因此，进水量受到了一定的限制。

（2）循环式活性污泥工艺（CASS /CAST/CASP）

CASS 工艺是在 ICEAS 工艺基础上开发出来的，与 ICEAS 工艺相比，预反应区容积较小，是设计更加优化合理的生物选择器。该工艺的主反应区中部分剩余活性污泥回流至生物选择器中，在运行方式上沉淀阶段不进水，使排水的稳定性得到保障。通常 CASS 反应器分为三个区：生物选择区、缺氧区、好氧区（主反应区），各区容积之比为 1∶5∶30。

在 CASS 反应器内，活性污泥由主反应区回流，在生物选择器内与进入的污水混合、接触，创造微生物种群在高负荷、高浓度环境下的竞争生存条件，从而选择出适应该系统生存的独特微生物菌群，并有效地抑制丝状菌的过分增殖，避免污泥膨胀，提高系统的稳定性。

与 ICEAS 工艺相比，CASS 工艺增加了生物选择区和污泥回流系统；加大了缺氧区的容积。因此，加大了对溶解性有机物的去除和对难降解有机物的水解作用；强化了氮、磷的去除，脱氮除磷效果比 ICEAS 要好。由于回流需要有潜水泵，增加了投资和运行费用。

（3）DAT-IAT 工艺

DAT-IAT 工艺主体构筑物由需氧池（DAT）和间歇式曝气池（IAT）串联组成，是一种连续进水的 SBR 工艺。

在 DAT 池，污水与从 IAT 回流的活性污泥同时连续流入，通过高强度的连续曝气，强化了活性污泥的生物吸附作用，充分发挥了活性污泥的初期降解功能，去除大部分有机物。

在 IAT 池，由于 DAT 的初步生化、调节、均衡作用，进水水质稳定、负荷低，提高了对水质变化的适应性。由于 C/N 较低，能够发生硝化反应。又由于进行间歇曝气和搅拌，能够形成缺氧—好氧—厌氧—好氧的交替环境，在去除 BOD 的同时，获得脱氮除磷的效果。

本工艺的沉淀和排放工序也连续进水。与 CASS 和 ICEAS 相比，DAT－IAT 能够保持较长的污泥龄和很高的混合液浓度，对有机负荷及毒物有较强的抗冲击能力。

除以上各工艺外，开发出的新型工艺还有 IDEA、UNITANK 等，并已得到工程化应用。

5.4.9 活性污泥法的发展

活性污泥法在污水处理领域是应用最广泛的处理技术之一。它有效地用于生活污水、城市污水和有机性工业废水的处理。为了进一步提高活性污泥法的处理效果，简化设备构造和方便运行管理，丰富净化功能，各企业和研究机构对活性污泥法工艺进行了大量研究，活性污泥法工艺在近几十年来取得了显著发展。

5.4.9.1 氧化沟

氧化沟是一种呈封闭环状沟渠形的污水处理构筑物，又称环形曝气池。从本质上看，氧化沟是传统活性污泥工艺的一种改良，污水与活性污泥混合液在氧化沟中循环流动而得到净化。

(1) 氧化沟的工作原理与特征

1) 构造方面的特征

①氧化沟一般呈环形沟渠状，平面多为环形或椭圆形，总长可达几十米，甚至百米以上。沟深取决于曝气装置，一般 2～6 m。

②单池进水装置比较简单，采用管道进水即可，如双池以上工作时，则应设配水井，采用交替工作系统时，配水井内还应设自动控制装置，以变换水流方向。

出水一般宜采用可升降式溢流堰，以调节池内水深。采用交替工作系统时，溢流堰应能自动启闭，并与进水装置相呼应，以控制池内水流方向。

2) 在水流混合方面的特征。在流态上，氧化沟介于完全混合与推流之间。污水在沟内的平均流速一般为 0.4 m/s，如氧化沟的总长为 100～500 m 时，污水完成一个循环所需的时间为 4～20 min，如水力停留时间定为 24 h，则在整个停留时间内要作 72～360 个循环。因此，可以认为氧化沟内混合液的水质是一致的，氧化沟内的流态是完全混合式。但又有某些推流式的特征，如曝气装置的下游溶解氧沿池长从高向低变动，甚至可能出现缺氧段。

3) 在工艺方面的特征

①由于氧化沟水力停留时间长、污泥负荷低、污泥龄长，在氧化沟内的有机性悬浮物和溶解性有机物能够得到较彻底的降解，排出的剩余污泥已得到高度稳定，因此，氧化沟不设初次沉淀池，污泥不需要厌氧消化；

②通过采用一定形式的氧化沟系统，将氧化沟和二次沉淀池合建，以及近年来开发的交替工作的氧化沟，可不用二次沉淀池和污泥回流系统，从而使处理流程更为简化；

③污泥龄一般为 15～30 d，可以存活、繁殖世代时间长、增殖速度慢的微生物，如硝化菌在氧化沟内产生硝化反应；

④对水温、水质、水量的变动有较强的适应性，能够承受冲击负荷，而不致于影响处理性能。

(2) 常用的氧化沟系统

1) 卡鲁塞尔 (Carrousel) 氧化沟。卡鲁塞尔氧化沟系统是由多沟串联的氧化沟和二次沉淀池、污泥回流系统所组成，如图 5—23 所示。

图 5—24 所示为六廊道并采用垂直安装的低速表面曝气器的卡鲁塞尔氧化沟，每组沟渠的转弯处安装一台表面曝气器，靠近曝气器下游为富氧区，而曝气器上游则为低氧区，外环

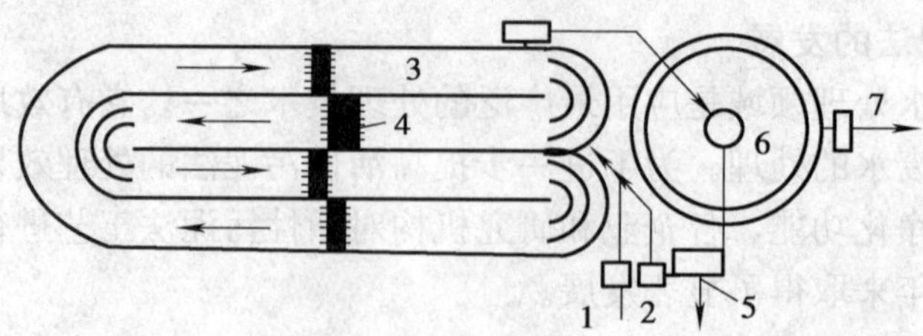

图 5—23 卡鲁塞尔氧化沟系统 1
1—污水泵站 2—回流污泥泵站 3—氧化沟 4—转刷曝气器
5—剩余污泥排放 6—二次沉淀池 7—处理水排放

还可能成为缺氧区，这样，在氧化沟内能够形成生物脱氮的环境条件。

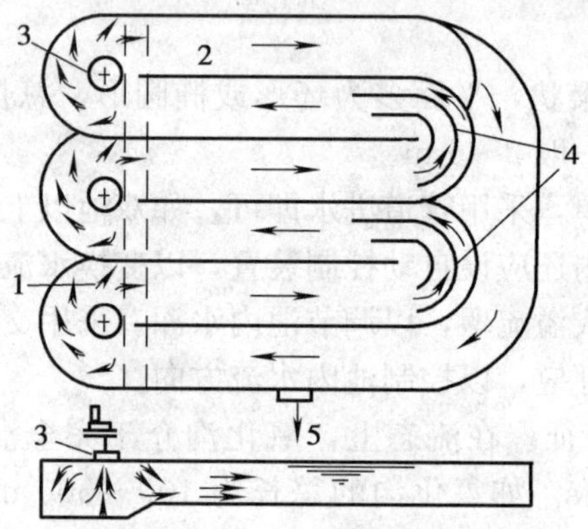

图 5—24 卡鲁塞尔氧化沟系统 2
1—原污水 2—氧化沟 3—表面机械曝气器
4—导向隔墙 5—处理水去往二沉池

卡鲁塞尔氧化沟系统在世界各地广泛应用，规模大小不等，从 200 m^3/d 到 650 000 m^3/d，BOD_5 去除率可达 95%～99%，脱氮效率约为 90%，除磷效率约为 50%。

2）交替工作氧化沟。主要有 2 池和 3 池交替工作氧化沟系统，如图 5—25 和图 5—26 所示。2 池交替氧化沟，由容积相同的 A、B 两池组成，串联运行，交替地作为曝气池和沉淀池，不需设置污泥回流系统。该系统可获得优良的处理水和稳定的污泥。

3 池交替工作氧化沟，两侧的 A 池和 C 池交替地作为曝气池和沉淀池，中间的 B 池则一直作为曝气池，原污水交替地进入 A 池或 C 池，处理水则相应地从作为沉淀池的 A 池或 C 池流出。

氧化沟内的曝气转刷具有混合器和曝气器的双重功能，氧化沟的好氧和缺氧过程完全可由转刷转速的改变进行自动控制。经过适当运行，3 池交替工作氧化沟能够完成 BOD 去除和硝化、反硝化过程，取得优异的 BOD 去除和脱氮效果，同样不需要污泥回流系统。

3）奥贝尔（Orbal）氧化沟

奥贝尔氧化沟由多个呈椭圆形的同心沟渠组成，沟渠中安装有水平旋转的曝气转盘，用来充氧和混合。污水首先进入最外环的沟渠，在其中不断循环的同时，依次进入下一个沟渠，最后从中心沟渠流出进入二次沉淀池，如图 5—27 所示。

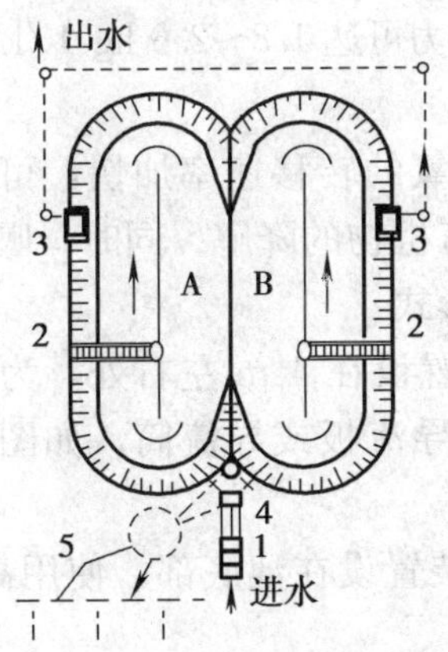

图 5—25　2 池交替工作氧化沟

1—沉砂池　2—曝气转刷　3—出水堰

4—排泥井　5—污泥井

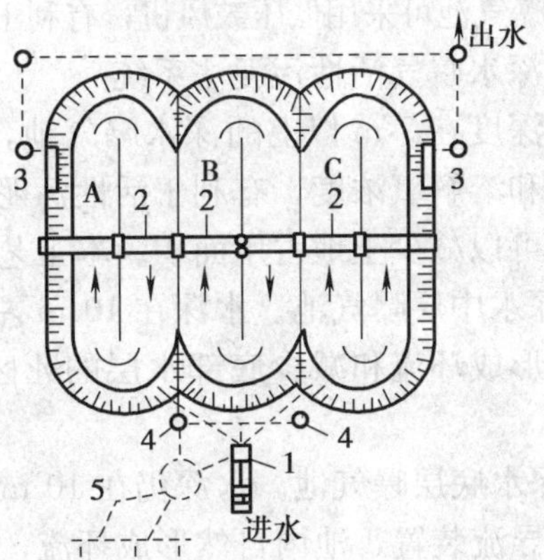

图 5—26　3 池交替工作氧化沟

1—沉砂池　2　曝气转刷　3—出水堰

4—排泥井　5—污泥井

奥贝尔氧化沟多采用三层沟渠，最外层的容积最大，约为总容积的 60%～70%，第二渠约为 20%～30%，第三渠则仅占总容积的 10%左右。

在运行时，应保持外、中、内 3 层沟渠混合液的溶解氧分别为 0、1、2 mg/L，即三沟溶解氧的 0—1—2 梯度分布，这样既有利于提高充氧效果，又有可能使沟渠具有脱氮除磷的功能。

5.4.9.2　浅层曝气、深水曝气活性污泥法

(1) 浅层曝气活性污泥法

浅层曝气活性污泥法如图 5—28 所示。其原理基于气泡在形成和破碎的一瞬间，氧的转移率最高。曝气池的空气扩散装置多为穿孔管制成的曝气栅，设置在曝气池的一侧，距水面约 0.6～0.8 m。为了在池内形成环流，在池中间设置导流板。

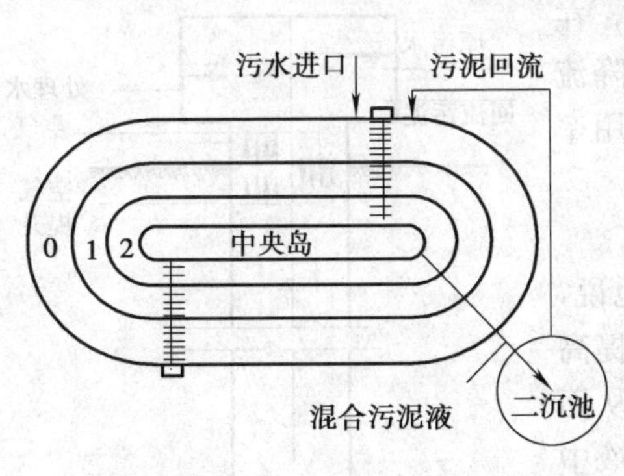

图 5—27　Orbal 氧化沟

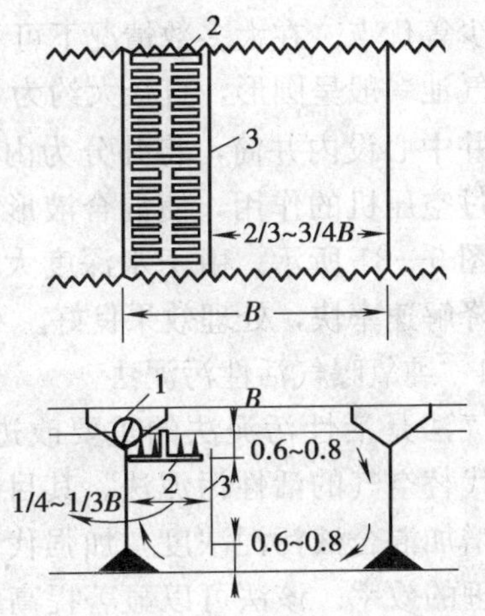

图 5—28　浅层曝气池

1—空气管　2—曝气栅　3—导流板

浅层曝气池可采用低压鼓风机，有利于节省电耗，充氧能力可达 1.8～2.6 kgO_2/kW·h。

(2) 深水曝气活性污泥法系统

采用深度在 7 m 以上的深水曝气池，由于水压增大，氧的转移速率加快，可以提高混合液的饱和溶解氧浓度，有利于活性污泥微生物的增殖和有机物的降解。同时，曝气池向竖向扩展，可以减少土地占用面积。本工艺主要有下列两种形式：

1）深水中层曝气池。水深在 10 m 左右，空气扩散装置设在 4 m 左右处，为了使混合液在池内形成环流和减少底部水层的死区，一般在池内设导流板或导流筒，如图 5—29 所示。

2）深水底层曝气池。水深仍在 10 m 左右，空气扩散装置设在池底部，使用高压风机，不需要设导流装置，池内自然形成环流，如图 5—30 所示。

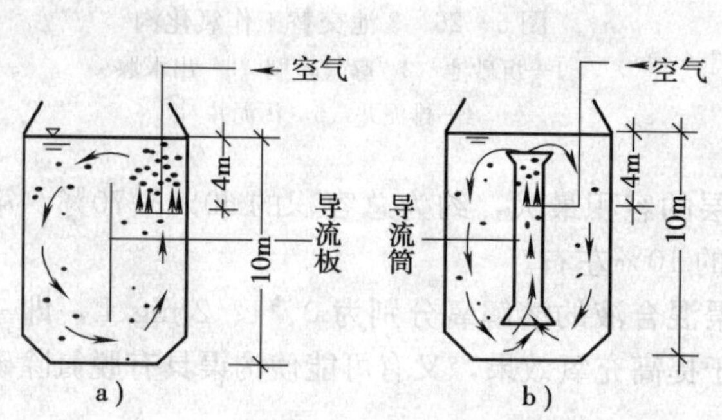

图 5—29　深水中层曝气池

a）设导流板　b）设导流筒

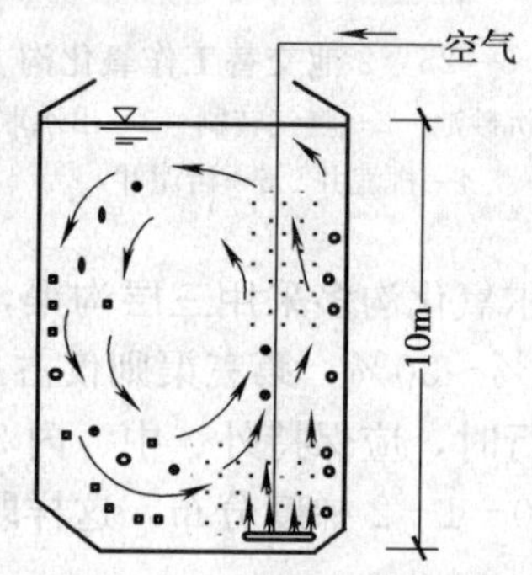

图 5—30　深水底层曝气池

5.4.9.3　深井曝气活性污泥法

深井曝气活性污泥法，具有充氧能力强、动力效率高、设备简单、易于操作、不受气候影响和占地少等优点。在大多数情况下可不设初次沉淀池，适用于处理高浓度有机废水。

深井曝气池一般呈圆形，直径大约为 1～6 m，深度 50～100 m，井中间设隔墙将井一分为二或在井中心设内井筒，将井分为内外两部分，在井身内，通过空压机的作用，使混合液形成升流和降流的流动，如图 5—31 所示。由于水深度大，氧的利用率高，有机物降解速率快，处理效果良好。

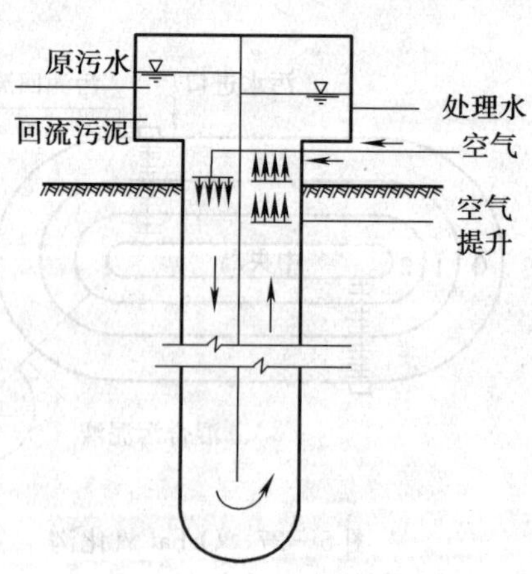

图 5—31　深井曝气池

5.4.9.4　纯氧曝气活性污泥法

纯氧曝气法是活性污泥法的重要改进，简单地说，就是用纯氧代替空气的活性污泥法。其目的是通过提高供氧能力，增加混合液污泥浓度，加强代谢过程，从而提高污水处理的效率。该法可以显著提高氧在混合液中的溶解度和传递速度，使池内高浓度活性污泥处于好氧状态，在污泥负荷相同时，曝气池容积负荷可大大提高。

纯氧曝气能使曝气池内溶解氧浓度维持在6～10 mg/L，在这种高浓度的溶解氧状态下，能产生密实易沉的活性污泥，在曝气池内，污泥浓度可达5～10 mg/L，因此，容积负荷增大了约2～6倍，缩短了曝气时间。

曝气池内溶解氧浓度的提高，能够加大氧在污泥絮体颗粒内的渗透深度，使絮体中好氧微生物所占比例增大，污泥活性保持在较高水平上，因而净化功能良好；不会发生由于缺氧而引起的丝状菌污泥膨胀，活性污泥SVI值较小，一般为30～50。

纯氧曝气法产生的剩余污泥量少，且浓度高，易于脱水；尾气排放量少，只有空气法的1%～2%，可减少二次污染；设备占地面积少。由于溶解氧和活性污泥的浓度高，曝气池系统耐冲击负荷和工作稳定性都好。因此，在国内外，纯氧曝气法都得到了越来越多的应用。

5.4.9.5 活性污泥法脱氮除磷工艺

大量含氮和磷的污水排入湖泊、河口、海湾等水体，将造成水体的富营养化，引起藻类及其他浮游生物的过度繁殖，以致水质恶化、湖泊退化；同时氨氮的存在使水体的溶解氧降低，从而导致水体黑臭和鱼类死亡。

由于水质富营养化问题的日益尖锐化，人们对环境质量的要求越来越高。进入20世纪90年代，随着水处理技术的研究取得的进步，活性污泥法生物脱氮除磷工艺也有了长足的发展，并得到了越来越广泛的应用。

（1）活性污泥脱氮除磷原理

1）活性污泥脱氮工艺原理。氮在污水中主要以氨氮和有机氮形式存在，通常只含有少量或没有亚硝酸氮和硝酸氮，在二级处理水中，氮则是以氨态氮、亚硝酸氮和硝酸氮形式存在的。

活性污泥脱氮是生物脱氮的主要方式，主要是靠一些专性细菌实现氮形式的转化，最终转化成无害气体——氮气，从污水中去除。

①氨化反应。有机氮化物，在氨化菌的作用下，分解、转化为氨态氮，以氨基酸为例，其反应式为：

$$RCHNH_2COOH + O_2 \xrightarrow{\text{氨化菌}} RCOOH + CO_2 + NH_3$$

②硝化反应。硝化反应分两步进行，氨态氮在硝化菌的作用下，进一步氧化分解，首先在亚硝酸菌的作用下，使氨转化为亚硝酸氮，反应式为：

$$NH_4^+ + 3/2O_2 \xrightarrow{\text{亚硝酸菌}} NO_2^- + H_2O + 2H^+$$

然后，亚硝酸氮在硝酸菌的作用下，进一步转化为硝酸氮，其反应式为：

$$NO_2^- + 1/2O_2 \xrightarrow{\text{硝酸菌}} NO_3^-$$

亚硝酸菌和硝酸菌统称硝化菌，硝化菌对环境的变化很敏感，为了使硝化反应正常进行，必须保持好氧条件和一定的碱度，并且混合液中有机物含量不应过高。

③反硝化反应。反硝化反应是硝酸氮（NO_3-N）和亚硝酸氮（NO_2-N）在反硝化菌作用下，被还原为气态氮的过程。反硝化过程分为两步进行，第一步由硝酸氮转化为亚硝酸氮，第二步由亚硝酸氮转化为一氧化氮、氧化二氮和氮气，转化过程如下：

$$NO_3 \rightarrow NO_2 \rightarrow NO \rightarrow N_2O \rightarrow N_2$$

反硝化过程要在缺氧条件下进行，溶解氧浓度不能超过 0.2 mg/L，否则反硝化过程就要停止。

2）活性污泥除磷原理。污水中磷的存在主要有正磷酸盐、聚合磷酸盐和有机磷 3 种形式，后两种形式约占进水总磷量的 70%。在某些好氧条件下，聚磷菌一类的微生物，能够过量地（在数量上超过其正常的生理需求）从外部环境摄取磷，而在缺氧条件下，会把摄取的磷释放掉。在反应器中按顺序创造适宜的条件，利用这类微生物超量摄取磷的特性，将磷以聚合的形态贮藏在菌体内，形成高磷污泥，排出系统外，有效地去除污水中的磷。这就是活性污泥除磷的基本原理。

①聚磷菌对磷的过量摄取。在好氧条件下，聚磷菌进行有氧呼吸，不断地从外部摄取有机物，由于氧化分解，不断地放出能量，能量为 ADP（二磷酸腺苷）所获得，并结合 H_3PO_4 合成 ATP（三磷酸腺苷），即：

$$ADP + H_3PO_4 + 能量 \longrightarrow ATP + H_2O$$

同时，以聚磷的形式存储超出生长所需求的磷量，将磷从液相中去除，完成对磷的过量摄取。

②聚磷菌的放磷。在厌氧条件下，（$DO \approx 0$，$NO_x^- \approx 0$），聚磷菌体内的 ATP 进行水解，放出 H_3PO_4 和能量，形成 ADP，即：

$$ATP + H_2O \longrightarrow ADP + H_3PO_4 + 能量$$

（2）缺氧—好氧活性污泥法脱氮工艺

简称 A/O 工艺，其主要特点是将反硝化反应器放置在系统之首，是目前采用比较广泛的一种脱氮工艺，如图 5—32 所示。

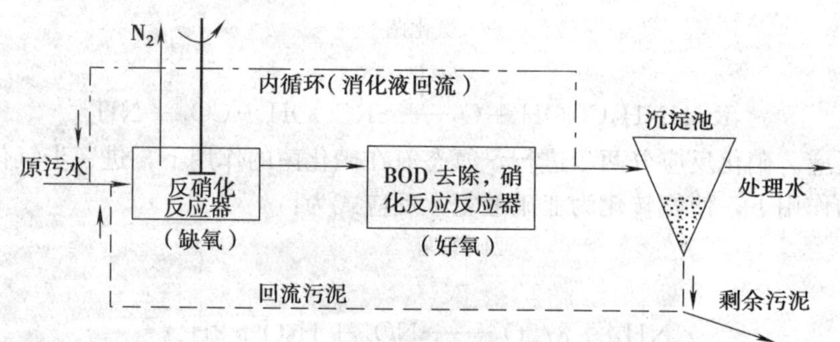

图 5—32　缺氧—好氧活性污泥法脱氮工艺流程

图 5—32 所示为分建式缺氧—好氧活性污泥法脱氮系统，反硝化、硝化和 BOD 去除分别在两座不同的反应器内进行。硝化反应器内的已进行充分反应的硝化液的一部分回流反硝化反应器，而反硝化反应器内的脱氮菌以原污水中的有机物为碳源，将回流液中的硝态氮还原为气态氮（N_2）。

本工艺还可以建成合建式装置，即反硝化、硝化和 BOD 去除都在一座反应器内进行，但中间需要隔以挡板。

(3) 厌氧—缺氧—好氧活性污泥法同步脱氮除磷工艺

简称 A－A－O 工艺，亦称 A^2/O 工艺，是一项能够同步脱氮除磷的污水处理工艺，如图 5—33 所示。

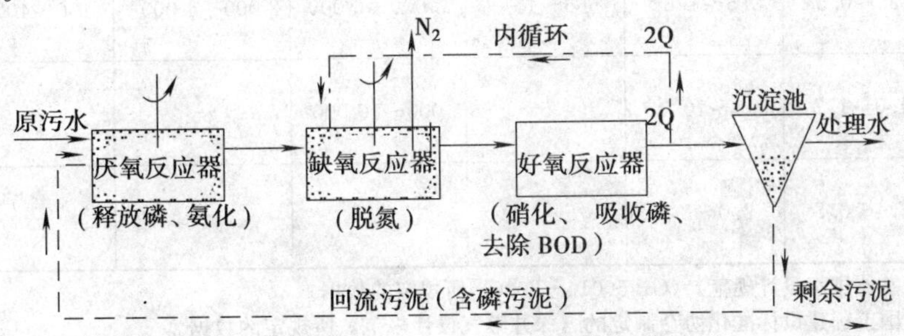

图 5—33 A－A－O 法同步脱氮除磷工艺流程

原污水与沉淀池回流的含磷污泥同步进入厌氧反应器，在厌氧反应器内释放磷，同时部分有机物进行氨化，污水经过厌氧反应器进入缺氧反应器，在缺氧反应器内，通过内循环由好氧反应器送来的硝态氮进行反硝化脱氮，混合液从缺氧反应器进入好氧反应器——曝气池，去除 BOD、硝化和吸收磷等反应在本反应器中进行。这三项反应都很重要，混合液中含有 NO_3－N，一般以 2Q（Q 为原污水流量）的流量循环至缺氧反应池反硝化脱氮；污泥中含有过剩的磷，通过排放剩余污泥同步除磷；而原污水中的 BOD（或 OD）也同时得以去除。

本工艺是最简单的同步脱氮除磷工艺，在厌氧（缺氧）好氧交替运行条件下，丝状菌不能大量繁殖，基本不存在污泥膨胀现象；剩余污泥中含磷浓度高，具有很高的肥效。

表 5—2 中列举了城市污水的几种活性污泥法处理工艺的设计与运行参数，可供参考。

表 5—2　　几种活性污泥法处理系统的设计与运行参数

工艺类型	污泥负荷 ($kgBOD_5$/kgMLVSS·d)	容积负荷 ($kgBOD_5$/m^3·d)	污泥龄 (d)	混合液悬浮固体浓度（mg/L）		污泥回流比 (%)	曝气时间 (h)
				MLSS	MLVSS		
传统活性污泥法	0.2～0.4	0.4～0.9※	5～15	1 500～3 000	1 500～2 500※	25～75※	4～8
阶段曝气活性污泥法	0.2～0.4※	0.4～1.2	5～15	2 000～3 500	1 500～2 500	25～75	3～5
吸附—再生活性污泥法	0.2～0.4※	5～15※	5～15	吸附池 1 000～3 000 再生池 4 000～10 000	吸附池 800～2 400 再生池 3 200～8 000	50～100※	吸附池 0.5～1.0 再生池 3.0～6.0
延时曝气活性污泥法	0.05～0.1※	0.15～0.3※	20～30	3 000～6 000	2 500～5 000※	60～200※	20～36～48

续表

工艺类型	污泥负荷（kgBOD$_5$/kgMLVSS·d）	容积负荷（kgBOD$_5$/m^3·d）	污泥龄（d）	混合液悬浮固体浓度（mg/L）		污泥回流比（%）	曝气时间（h）
				MLSS	MLVSS		
合建式完全混合活性污泥法	0.25～0.5※	0.5～1.8※	5～15	3 000～6 000	2 000～4 000※	100～400※	—
深井曝气活性污泥法	1.0～1.2	5.0～10.0☆	5	5 000～10 000☆	—	—	>0.5☆
纯氧曝气活性污泥法	0.4～0.8	2.0～3.2	5～15	—	—	—	—

注：※　为《室外排水设计规范》(GB 50014—2006) 所规定的数据。

☆　为中国工程建设标准化协会制定的《深井曝气设计规范》所规定的数据。

5.5　活性污泥法工艺的设计与运行管理

5.5.1　设计曝气池

在进行曝气池容积计算时，应在一定范围内合理地确定污泥负荷（N_s）和污泥浓度（X）值，此外，还应同时考虑处理效率、污泥容积指数（SVI）和污泥龄等参数。

设计参数的获得主要有两个途径，一是经验数据，另一个是通过试验获得。以生活污水为主体的城市污水，主要设计参数已比较成熟，可以直接取用于设计，但是对于工业废水，则应通过试验和现场实测以确定其各项设计参数。在工程实践中，由于受试验条件的限制，一般也可根据经验选取。

5.5.1.1　曝气池容积的设计计算

曝气池容积，常用的是有机负荷计算法，负荷有两种表示方法，即污泥负荷和容积负荷。一般采用污泥负荷，根据污泥负荷的定义：$N_s=QS_a/XV$，可以求得曝气池的容积。

$$V=\frac{QS_a}{XN_s}\ (\mathrm{m}^3) \tag{5—9}$$

式中　V——曝气池容积，m^3；

Q——污水流量，m^3/d；

S_a——原污水中 BOD$_5$ 浓度，mg/L 或 kg/m^3；

X——混合液悬浮固体（MLSS）浓度，mg/L 或 kg/m^3；

N_s——污泥负荷，kg BOD$_5$/（kgMLSS·d）。

由上式可见，正确、合理和适度地确定污泥负荷（N_s）和混合液污泥浓度（X）是正确确定曝气池容积的关键。

（1）污泥负荷的确定

污泥负荷一般根据经验确定，对于城市污水多取值为 0.3～0.5 kg BOD$_5$/（kg MLSS·d），亦可参考表 5—2 所列数值。但为稳妥计，需加以校核，校核公式如下：

$$N_s = \frac{K_2 S_e f}{\eta} \tag{5—10}$$

式中 S_e——处理水中 BOD_5 浓度，mg/L 或 kg/m³；

f——曝气池混合液挥发性悬浮固体与混合液悬浮固体比值，即 MLVSS/MLSS，对于城市污水一般在 0.75～0.85 之间；

η——原污水 BOD_5 去除率，%，即 $(S_a - S_e)/S_a$；

K_2——系数，对于城市污水一般在 0.016 8～0.028 1 之间。

（2）混合液污泥浓度的确定

混合液中的污泥来自二次沉淀池的回流污泥，而回流污泥的浓度（X_r）与污泥沉淀性能及其在二次沉淀池中浓缩的时间有关。一般回流污泥的浓度可近似地按下式计算：

$$X_r = \frac{10^6}{SVI} \cdot r \quad (\text{mg/L}) \tag{5—11}$$

式中 r——二次沉淀池中污泥综合系数，一般取值 1.2 左右。

将式（5—11）代入混合液污泥浓度（X）和污泥回流比（R）以及回流污泥的浓度（X_r）之间的关系式（5—6），可得出估算混合液污泥浓度的公式：

$$X = \frac{R}{1+R} \cdot \frac{10^6}{SVI} \cdot r \tag{5—12}$$

表 5—2 所列举的不同运行方式活性污泥处理系统，常采用的混合液污泥浓度（X）数值，亦可作为设计参考。

5.5.1.2 计算需氧量和供气量

（1）需氧量

活性污泥法处理系统的需氧量一般可由式（5—8）求得，污水的 a'、b' 值可以从表 5—1 中选取。

（2）供气量

1）影响氧转移的因素

①氧的饱和浓度（C_s）。氧转移效率与氧的饱和浓度成正比，不同温度下饱和溶解氧的浓度也不同（见表 5—3）。

表 5—3 氧在蒸馏水中的溶解度（即饱和度）

水温（℃）	1	2	3	4	5	6	7	8	9	10
溶解度（mg/L）	14.23	13.84	13.48	13.13	12.80	12.48	12.17	11.87	11.59	11.33
水温（℃）	11	12	13	14	15	16	17	18	19	20
溶解度（mg/L）	11.08	10.83	10.60	10.37	10.15	9.95	9.74	9.54	9.35	9.17
水温（℃）	21	22	23	24	25	26	27	28	29	30
溶解度（mg/L）	8.99	8.83	8.63	8.53	8.38	8.22	8.07	7.92	7.77	7.63

②水温。在相同的气压下，温度对氧总转移系数（K_{La}）和 C_s 也有影响。温度升高，有利于氧分子的转移，K_{La}值随着上升，而 C_s 值则下降。温度对 K_{La}值的影响，一般可通过下式校正：

$$K_{La(T)}=K_{La(20℃)}\theta^{(T-20)} \tag{5—13}$$

式中 $K_{La(20℃)}$——20℃时的 K_{La}；

$K_{La(T)}$——T℃时的 K_{La}；

θ——温度修正系数，其值介于 1.016～1.047，一般取 1.024。

③污水性质

a. 污水中含有的各种杂质对氧的转移产生一定的影响，将适用于清水的 K_{La} 用于污水时，需要用系数 α 进行修正。

$$\text{污水的 } K_{La}=\alpha \cdot \text{清水的 } K_{La} \tag{5—14}$$

修正系数 α 值可通过试验确定。一般 α 值为 0.8～0.85。

b. 污水中的盐类也影响氧在水中的饱和度（C_s），污水 C_s 值用清水 C_s 值乘以 β 值来修正，β 值一般介于 0.9～0.97 之间。

c. 大气压影响氧气的分压，因此影响氧的传递，进而影响 C_s。气压增高，C_s 值升高。对于大气压不是 1.013×10^5 Pa 的地区，C_s 值应乘以压力修正系数 ρ，ρ=所在地区的实际气压/（1.013×10^5 Pa）。

d. 对于鼓风曝气池，空气压力还与池水深度有关。安装在池底的空气扩散装置出口处的氧分压最大，C_s 值也最大。但随着气泡的上升，气压逐渐降低，在水面时，气压为 1.013×10^5 Pa（即 1 大气压），气泡上升过程中一部分氧已转移到液体中。鼓风曝气池内的 C_s 值应是扩散装置出口和混合液表面两处溶解氧饱和浓度的平均值，按下式计算：

$$C_{sb}=C_s\left(\frac{p_b}{2.026\times10^5}+\frac{O_t}{42}\right) \tag{5—15}$$

式中 C_{sb}——鼓风曝气池内混合液溶解氧饱和浓度的平均值，mg/L；

C_s——在 1.013×10^5 Pa 条件下氧的饱和浓度，mg/L；

p_b——空气扩散装置出口处的绝对压力，Pa，$p_b=p+9.8\times10^3H$；

p——标准大气压，$p=1.013\times10^5$ Pa；

H——空气扩散装置的安装深度，m；

O_t——曝气池逸出气体中的含氧百分率，无量纲，$O_t=\dfrac{21\times(1-E_A)}{79+21\times(1-E_A)}\times100\%$；

E_A——空气扩散装置的氧转移效率，一般为 6%～12%。

另外，氧的转移还和气泡的大小、液体的紊动程度、气泡与液体的接触时间有关。空气扩散装置的性能决定气泡直径的大小。气泡越小，接触面积越大，将提高 K_{La} 值，有利于氧的转移；但另一方面不利于紊动，从而不利于氧的转移。气泡与液体的接触时间越长，越利于氧的转移。

氧从气泡中转移到液体中，逐渐使气泡周围液膜的含氧量饱和，因而，氧的转移效率又取决于液膜的更新速度。紊流和气泡的形成、上升、破裂，都有助于气泡液膜的更新和氧的转移。

从上述分析可见，氧的转移效率取决于气相中氧分压梯度、液相中氧的浓度梯度、气液之间的接触面积和接触时间、水温、污水的性质和水流的紊动程度等因素。

2）供气量的计算。在标准条件下，转移到曝气池混合液的总氧量（R_0）为：

$$R_0 = K_{La(20℃)}C_{s(20℃)}V \tag{5—16}$$

生产厂家提供空气扩散装置的氧转移参数是在标准状态下测定的，所谓标准状态是指：水温 20℃，大气压为 1.013×10^5 Pa，测定用水是脱氧清水。因此，必须根据实际条件对厂商提供的氧转移速度等数值加以修正。在式（5—15）中引入各项修正系数，可得在实际条件下，转移到曝气池混合液的总氧量（R）为：

$$R = \alpha K_{La(20℃)}[\beta\rho C_{sb(T)} - C]1.024^{(T-20)}V \tag{5—17}$$

式中 C——混合液中含有的溶解氧浓度，mg/L。

联立式（5—15）和式（5—16）可得：

$$R_0 = \frac{RC_{s(20)}}{\alpha[\beta\rho C_{sb(T)} - C]1.024^{(T-20)}} \tag{5—18}$$

R 可以根据公式 $O_2 = a'QS_r + b'VX_v$ 求定。因此，R_0 值可以由式（5—18）求出。

在一般情况下，$R/R_0 = 1.33\sim1.61$，即在实际工程中所需的空气量比标准条件下多 33%～61%。

氧转移效率（氧利用效率）为：

$$E_A = \frac{R_0}{S}\times100\% \tag{5—19}$$

式中 S——供氧量，kg/h，$S = G_s\times0.21\times1.43\approx0.3\,G_s$；

G_s——供气量，m^3/h；

0.21——氧在空气中所占百分数；

1.43——氧的容重，kg/m^3。

对鼓风曝气，各种空气扩散装置在标准状态下，E_A 是厂商提供的，因此，供气量可以通过下式计算，即：

$$G_s = \frac{R_0}{0.3E_A}\times100 \tag{5—20}$$

式中，R_0 值可以由式（5—18）确定。

对机械曝气，各种叶轮的充氧量与叶轮直径和叶轮线速度的关系，也是厂商通过实际测定确定并提供的。如泵型叶轮的充氧量可按下列经验公式计算：

$$Q_{os} = 0.379\,Kv^{2.8}D^{1.88} \tag{5—21}$$

式中 Q_{os}——标准条件下（水温 20℃，大气压为 1.013×10^5 Pa）清水的充氧量，kg/h；

v——叶轮周边线速度，m/s；

D——叶轮公称直径，m；

K——池型结构对充氧量的修正系数，一般圆形池为 1；正方形池为 0.64；长方形池为 0.9。

5.5.2 设计曝气系统

5.5.2.1 空气扩散装置的选择及计算

空气扩散装置的类型较多，目前应用较多的是微孔曝气器。该类型曝气器氧利用率高，阻力损失小，混合效果好，不易堵塞，并且连接部位具有可靠、有效的密封性能。

微孔曝气器直径为 215～260 mm，服务面积为 0.3～0.8 m^2/个。根据曝气池池底面积和曝气器的服务面积，可以计算出所需曝气器的数量。

$$n = A/A_0 \tag{5—22}$$

式中 n——曝气器数量，个；

A——曝气池池底面积，m^2；

A_0——曝气器服务面积，m^2/个。

微孔曝气器的曝气量为 1.5～5.0 m^3/（个·h），根据此数值可以计算出曝气池的工作气量。曝气池的工作气量应与按需氧量计算出的供气量相匹配，否则应进行调整。微孔曝气器一般安装于曝气池池底，膜片距池底约 200～250 mm。

5.5.2.2　设计曝气器管网

曝气器一般采用回环式管网布置（见图 5—34），可使每个曝气器的进气压力相等，达到沿池面均匀曝气的效果。根据供气量和选取的流速计算空气管道的直径和阻力损失。空气干管流速一般取 10～15 m/s，支管流速取 5 m/s。曝气池外采用焊接钢管，池内采用 ABS 管连接。

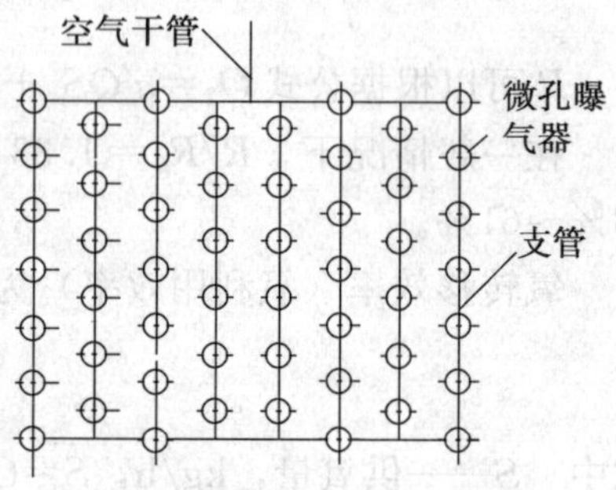

图 5—34　曝气器管网布置示意

5.5.2.3　选择鼓风机

根据所需的供气量和空气管道的阻力损失选择鼓风机。鼓风机的升压（H）≥微孔曝气器的膜片距曝气池液面的距离（H_0）＋阻力损失（Σh_f）。在缺少数据的情况下，也可按 $H \geqslant H_0 + 1$ (m)估算。

中、小型污水处理厂（站）一般选用罗茨鼓风机，大、中污水处理厂还可选用离心鼓风机。在同一供气系统中，应尽量选择同一型号的鼓风机。当工作鼓风机≤3 台时，备用 1 台；工作鼓风机≥4 台时，备用 2 台。鼓风机选好后，再按鼓风机的实际流量校核管网系统的流速和阻力，并进行适当调整。

5.5.3　污泥回流设备的选择与计算

5.5.3.1　计算污泥回流量

回流污泥量是关系到污水处理效果的重要设计参数，应根据不同的水质、水量和运行方式确定适宜的污泥回流比 R（参见表 5—2）。

回流污泥量 Q_R 的数值为：

$$Q_R = RQ \tag{5—23}$$

R 值可以通过下式求定：

$$R = \frac{X}{X_r - X} \tag{5—24}$$

污泥回流比的大小取决于混合液污泥浓度和回流污泥浓度，而回流污泥浓度又与 SVI 有关。在曝气池的实际运行中，由于 SVI 值在一定范围内变化，并且需要根据进水负荷的变化调整混合液污泥浓度，因此，在进行污泥回流设备的设计时，应按最大回流比设计，并使其具有在较小回流比时工作的可能性，以便使回流污泥量可以在一定幅度内变化。

5.5.3.2　选择污泥回流设备

活性污泥的回流设备有提升设备和输泥管渠等，常用的污泥提升设备是污泥泵和空气提升器。在选择回流设备时，应首先考虑的因素是不破坏污泥的特性，且运行稳定可靠等。污泥泵的型式主要有螺旋泵和轴流泵等，其运行效率较高，可用于各种规模的污水处理工程。空气提升器结构简单、管理方便，并可在提升过程中对污泥进行充氧，但效率较低，常用于小型污水处理厂（站）。

5.5.4 设计二沉池

二次沉淀池的作用是泥水分离，使混合液澄清，污泥浓缩，并且将分离的活性污泥回流到曝气池，以及为避免水质、水量变化的影响，暂时贮存污泥。其工作性能对活性污泥处理系统的出水水质和回流污泥浓度有着直接的影响。初沉池的设计原则一般也适用于二次沉淀池，但由于进入二次沉淀池的活性污泥混合液浓度高，具有絮凝性，属于成层沉淀，并且密度小，沉速较慢，因此，设计二次沉淀池时，最大允许水平流速（平流式、辐流式）或上升流速（竖流式）都应低于初沉池。由于二次沉淀池起着污泥浓缩的作用，所以需要适当地增大污泥区容积。

二次沉淀池设计的主要内容包括：池型的选择、沉淀池的面积、有效水深的计算、污泥区容积计算、污泥排放量计算等。

5.5.4.1 选择二次沉淀池池型

带有刮吸泥设施的辐流式沉淀池，比较适合大、中型污水处理厂；小型污水处理厂则多采用竖流式沉淀池或多斗式平流式沉淀池。

5.5.4.2 计算二次沉淀池面积和有效水深

二次沉淀池面积和有效水深的计算公式如下：

$$A=\frac{Q}{q}=\frac{Q}{3.6u} \tag{5—25}$$

$$H=\frac{Qt}{A}=qt \tag{5—26}$$

式中 Q——污水最大时流量，m^3/d；

q——表面负荷，$m^3/(m^2\cdot h)$；

u——活性污泥成层沉淀时的沉速，mm/s；

t——水力停留时间，h，一般为 1.5～2.5 h。

上面公式中的 u 值变化范围一般在 0.2～0.5 mm/s 之间。相应 q 值为 0.72～1.8 $m^3/(m^2\cdot h)$，该值的大小与污水水质和混合液污泥浓度有关。当污水中的无机物含量高时，可采用较高的 u 值；而当污水中的溶解性有机物含量较多时，则 u 值宜低。混合液污泥浓度对 u 值影响较大。表 5—4 所列举的是 u 值与混合液污泥浓度之间的关系，可供设计时参考。

表 5—4　　混合液污泥浓度与 u 值之间的关系

MLSS（mg/L）	u（mm/s）	MLSS（mg/L）	u（mm/s）
2 000	≤0.4	5 000	0.22
3 000	0.35	6 000	0.18
4 000	0.28	7 000	0.14

二次沉淀池面积以最大时流量作为设计流量，而不计回流污泥量。但中心管的计算，则应包括回流污泥量在内。

5.5.4.3 计算污泥斗容积

污泥斗的作用是贮存和浓缩沉淀污泥，由于活性污泥因缺氧而失去活性和腐败，所以污泥斗容积不宜过大。对于分建式二次沉淀池，一般污泥斗的贮泥时间为 2 h，故可采用下列公式计算污泥斗容积。

$$V_s=\frac{4(1+R)QX}{(X+X_r)\times 24}=\frac{(1+R)QX}{(X+X_r)\times 6} \tag{5—27}$$

式中 Q——污水流量，m^3/h；

X——混合液污泥浓度，mg/L；

X_r——回流污泥浓度，mg/L；

R——污泥回流比；

V_s——污泥斗容积，m^3。

5.5.4.4 计算污泥排放量

二次沉淀池中的部分污泥作为剩余污泥排放，其排放量应等于污泥增长量（ΔX），可用下式确定去除单位 BOD 所产生的 VSS 量：

$$Y_{obs}=\frac{Y}{1+K_d\theta_c} \tag{5—28}$$

$$\Delta X=Y_{obs}Q(S_0-S_e) \tag{5—29}$$

式中 Y_{obs}——表观产率系数，kg MLVSS/kg BOD，用来估算每天的污泥量。

Y、K_d值的确定是很重要的，以通过试验求得为宜。也可按经验参数进行计算。

污泥排放量也可以根据公式 $\Delta X=aQS_r-bVX$ 计算。

5.5.5 活性污泥法工艺设计计算实例

某城镇的污水日排放量为40 000 m^3，时变化系数为1.3，BOD_5 为350 mg/L，拟采用活性污泥法进行处理，要求处理后的出水 BOD_5 为 20 mg/L，试设计该活性污泥法处理系统。

解：(1) 污水处理程度及运行方式

1) 污水处理程度。污水的 BOD_5 为 350 mg/L，经初次沉淀池处理后，其 BOD_5 按降低25%计，则进入曝气池的污水 BOD_5 浓度（S_a）为：

$$S_a=350\times(1-25\%)\approx 260\text{ mg/L}$$

$$\eta=(S_a-S_e)/S_a=(260-20)/260=92.3\%$$

2) 活性污泥法的运行方式。根据提供的条件，考虑曝气池运行方式的灵活性和多样性，以传统活性污泥法系统作为基础，又有按阶段曝气法和生物吸附再生法运行的可能性。

(2) 曝气池的计算与各部位尺寸确定

1) 污泥负荷的确定。拟定采用的污泥负荷为 0.3 kg BOD_5/（kg MLSS·d），但为稳妥计，需加以校核，校核公式如下：

$$N_s=\frac{K_2S_ef}{\eta}$$

K_2 值取 0.018 5，f=MLVSS/MLSS=0.75，代入各值

$$N_s=\frac{0.018\,5\times 20\times 0.75}{92.3\%}\approx 0.3\text{ kg BOD}_5/(\text{kg MLSS}\cdot\text{d})$$

计算结果证实，N_s 值取 0.3 是适宜的。

2）确定混合液污泥浓度（X）。根据 N_s 值，SVI 值在 80～150 之间，取 SVI=120（满足要求）。另取 $r=1.2$，$R=50\%$，曝气池的混合液污泥浓度为：

$$X=\frac{R}{1+R}\times\frac{10^6}{\mathrm{SVI}}\times r=\frac{0.5\times1.2}{1+0.5}\times\frac{10^6}{120}=3\ 333\ \mathrm{mg/L}\approx3\ 300\ \mathrm{mg/L}$$

3）确定曝气池容积。曝气池的容积为：

$$V=\frac{QS_a}{XN_s}=\frac{40\ 000\times260}{3\ 300\times0.3}\approx10\ 500\ \mathrm{m^3}$$

4）确定曝气池各部尺寸

①曝气池面积：设两座曝气池（$n=2$），池深（H）取 4.2 m，则每座曝气池面积 $F_1=\frac{V}{nH}=\frac{10\ 500}{2\times4.2}=1\ 250\ \mathrm{m^2}$

②曝气池宽度：设池宽（B）为 6 m，$B/H=6/4.2=1.43$，在 1～2 之间，符合要求。

③曝气池长度：曝气池长度 $L=F_1/B=1\ 250/6=208$ m，$L/B=34.7$（大于 10），符合要求。

④曝气池的平面形式：设曝气池为三廊道式，则每廊道长 $L_1=208/3=69.3\approx69$ m。具体尺寸示之于图 5—35。

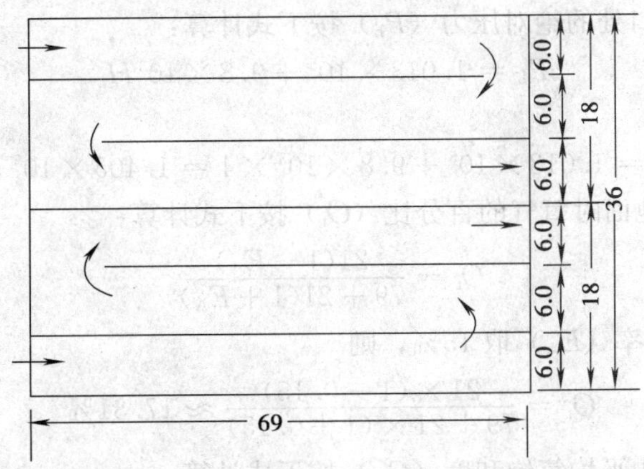

图 5—35 曝气平面图（单位：m）

取曝气池超高为 0.5 m，则曝气池的总高度为：4.2 m+0.5 m=4.7 m。

⑤进水方式设计：为使曝气池能按多种方式运行，将进水方式设计成既可在池首端集中进水，按传统活性污泥法运行；也可沿池长多点进水，按阶段曝气法运行；又可集中在池中部某点进水按生物吸附法运行。

（3）曝气系统的计算与设计

1）平均日需氧量按下式计算，即：

$$Q_2=a'QS_r+b'VX_v$$

查表 5—1，选用 $a'=0.5$；$b'=0.15$，代入各值，则

$$O_2=0.5\times40\ 000\times\left(\frac{260-20}{1\ 000}\right)+0.15\times10\ 500\times\left(\frac{3\ 300\times0.75}{1\ 000}\right)$$

$$\approx 8\,698.1\ \text{kg/d} \approx 362.4\ \text{kg/h}$$

2）最大时需氧量按下式计算，即：

$$O_{2(\max)} = 0.5 \times 40\,000 \times 1.3 \times \left(\frac{260-20}{1\,000}\right) + 0.15 \times 10\,500 \times \left(\frac{3\,300 \times 0.75}{1\,000}\right)$$

$$\approx 10\,138.1\ \text{kg/d} \approx 422.4\ \text{kg/h}$$

3）每日去除 BOD_5 值按下式计算：

$$\frac{40\,000 \times (260-20)}{1\,000} = 9\,600\ \text{kg/d}$$

4）去除每 kg BOD 的需氧量按下式计算：

$$\Delta O_2 = \frac{8\,698.1}{9\,600} = 0.9\ \text{kgO}_2/\text{kgBOD}$$

5）最大时需氧量与平均时需氧量之比按下式计算：

$$\frac{O_{2(\max)}}{O_2} = \frac{422.4}{362.4} \approx 1.2$$

（4）供气量的计算

采用微孔曝气器，敷设于距池底 0.2 m 处，淹没水深 4.0 m，计算温度按最不利条件考虑，本设计定为 30℃。查表 5—3 得：水中溶解氧饱和度 $C_{s(20)}=9.17$ mg/L；$C_{s(30)}=7.63$ mg/L。

1）空气扩散器出口处的绝对压力（P_b）按下式计算：

$$P_b = 1.013 \times 10^5 + 9.8 \times 10^3 H$$

代入各值，得：

$$P_b = 1.013 \times 10^5 + 9.8 \times 10^3 \times 4 = 1.405 \times 10^5\ \text{Pa}$$

2）空气离开曝气池面时氧气的百分比（O_t）按下式计算：

$$O_t = \frac{21(1-E_A)}{79+21(1+E_A)}$$

微孔曝气器的氧转移效率（E_A）取 15%，则

$$O_t = \frac{21 \times (1-0.15)}{79+21 \times (1+0.15)} \approx 17.31\%$$

3）曝气池混合液中平均氧饱和度（C_{sb}）按下式计算：

$$C_{sb(T)} = C_s\left(\frac{p_b}{2.026 \times 10^5} + \frac{O_t}{42}\right)$$

代入各值，得：

$$C_{sb(30)} = 7.63 \times \left(\frac{1.405 \times 10^5}{2.026 \times 10^5} + \frac{17.31}{42}\right) = 8.43\ \text{mg/L}$$

4）换算为在 20℃条件下脱氧清水的充氧量（R_0）。

$$R_0 = \frac{RC_{s(20)}}{\alpha[\beta\rho C_{sb(T)} - C]1.024^{(T-20)}}$$

取其值 $\alpha=0.82$；$\beta=0.95$；$C=2.0$；$\rho=1.0$，代入各值，得：

$$R_0 = \frac{362.4 \times 9.17}{0.82 \times (0.95 \times 1.0 \times 8.43 - 2.0) \times 1.024^{(30-20)}}$$

$$\approx 532\ \text{kg/h}$$

相应的最大时需氧量为：

$$R_{0(\max)} = \frac{422.4 \times 9.17}{0.82 \times (0.95 \times 1.0 \times 8.43 - 2.0) \times 1.024^{(30-20)}} \approx 620\ \text{kg/h}$$

5）曝气池平均时供气量（G_s）按下式计算：

$$G_s = \frac{R_0}{0.3E_A} \times 100$$

代入各值，得：

$$G_s = \frac{532}{0.3 \times 15} \times 100 \approx 11\,800\ \text{m}^3/\text{h} \approx 197\ \text{m}^3/\text{min}$$

6）曝气池最大时供气量按下式计算：

$$G_s = \frac{620}{0.3 \times 15} \times 100 = 13\,778\ \text{m}^3/\text{h} = 230\ \text{m}^3/\text{min}$$

7）去除每 $kgBOD_5$ 的供气量可按下式计算：

$$\frac{11\,800}{9\,600} \times 24 = 29.5\ \text{m}^3\ \text{空气}/\text{kgBOD}$$

8）每 m^3 污水的供气量可按下式计算：

$$\frac{11\,800}{40\,000} \times 24 = 7.08\ \text{m}^3\ \text{空气}/\text{m}^3\ \text{污水}$$

9）曝气系统。微孔曝气器的曝气量（g_0）取 3 m^3/（个·h），服务面积 0.5 m^2/个。

①曝气器数量为：

$$n = \frac{13\,778}{3} = 4\,593\ \text{个}$$

②曝气器实际服务面积 $A'_0 = \frac{A}{n} = \frac{(69 \times 18) \times 2}{4\,593} \approx 0.5\ \text{m}^2/\text{个}$，符合要求。

③选择鼓风机：采用风量为 57 m^3/min、静压力为 49 kPa 的罗茨鼓风机 6 台，其中 2 台备用。高负荷时 4 台工作，平时 3 台工作，低负荷时 2 台工作。

空气管道的直径根据管网布置情况计算。

5.5.6 活性污泥法的运行管理

污水处理厂（站）的运行管理人员不仅应熟悉处理设备的构造和功能，还应熟悉整个系统的管道布置，了解污泥培养的基本过程和控制要求。在污水处理工程建成以后，首先要进行单机试车和清水联动试车，如无问题，即开始进行活性污泥培养，使污水处理工程尽早发挥其污水处理功能。对于城市污水和性质与其相类似的工业废水，在投产前首先进行的是活性污泥的培养，对于其他工业废水，除培养活性污泥外，还需要对活性污泥进行驯化，使其适应所处理废水的特点。

当活性污泥的培养驯化结束后，还应进行试运行，以确定系统的最佳运行条件。

5.5.6.1 活性污泥的培养与注意事项

活性污泥有多种培养方法，但不同的方法所要求的培养时间不同，操作量及培养费用也不同。实践中，应根据废水水质、气候、实际允许的条件等因素来选择一种方法培养或几种方法并用。

(1) 自然培养法

自然培养法，也称直接培养法。它是利用污水中原有的少量微生物，逐步繁殖的培养过程。城市污水和一些氮磷等营养成分较全、毒性小的工业废水，如啤酒厂、食品厂、肉类加工厂等的废水，可以考虑这种培养方法，但培养时间相对较长。自然培养法又可分为间歇培养法和连续培养法两种。

1) 间歇培养法。将曝气池注满污水，然后停止进水，开始曝气。只曝气而不进水称为“闷曝”。闷曝 1～3 d 后，停止曝气，静沉 1～1.5 h，然后排放上清液或直接进入部分新鲜污水，这部分污水约占池容的 1/5。此后循环进行闷曝、静沉和进水三个过程，但每次进水量应比上次有所增加，每次闷曝时间应比上次缩短，即增加每天的进水次数。当污水的温度在 15℃以上，采用该种方法，经过 2～3 周即可初步培养出污泥。当曝气池中混合液的 MLSS 达到 1 000 mg/L 左右时，可停止闷曝，连续进水连续曝气，并开始污泥回流。由于培养初期污泥浓度较低，沉淀池内积累的污泥也较少，回流比要小一些，此后随着污泥量的增多，回流比也要相应增加。当污泥浓度达到工艺所需的浓度后，即可开始按设计流量进水，按工艺要求进行控制。

2) 连续培养法。连续培养法又分为低负荷连续培养法和满负荷连续培养法。

①低负荷连续培养法。将曝气池注满污水，停止进水，闷曝 1 d。然后连续进水，连续曝气，进水量控制在设计水量的 1/2 或更低。待污泥絮体出现时，开始回流，回流比随着活性污泥量的增多而相应提高。当混合液 MLSS 达到 1 000 mg/L 左右时，开始按设计流量进水，MLSS 至设计值时，开始以设计回流比回流，并开始排放剩余污泥。

②满负荷连续培养法。将曝气池注满污水，停止进水，闷曝 1 d。然后按设计流量连续进水，连续曝气，待污泥絮体形成后，开始回流，MLSS 至设计值时，开始排放剩余活性污泥。

由于自然培养法是用污水直接培养活性污泥，其培养过程也是微生物逐步适应污水性质并获得驯化的过程。

(2) 接种培养法

接种培养法是常用的活性污泥培养方法，污泥培养时间较短，适用于大部分工业废水处理厂（站）。城市污水处理厂如附近有种泥，也可采用此法，以缩短培养时间。接种培养法常用的有浓缩污泥接种培养法和干污泥培养法两种。

1) 浓缩污泥接种培养法。采用附近污水处理厂的浓缩污泥作菌种进行培养。城市污水和营养齐全、毒性较低的工业废水处理系统的活性污泥培养，可直接在所要处理的污水中加入种泥进行曝气，直至污泥转变颜色，混合液中出现原生动物时，即可连续进污水，进水量应由小到大逐渐增加，此时沉淀池也投入运行，使污泥在活性污泥处理系统内循环。为了加快培养进程，可在培养过程中投加稀释的粪便水或其他营养物。活性污泥浓度达到工艺要求值时，即完成了活性污泥的培养过程。投加的种泥量应尽可能少，以降低培养费用，一般可控制在稀释后使混合液污泥浓度在 0.5 g/L 左右。

对有毒工业废水，可先向曝气池引入生活污水或用自来水，然后投入种污泥和稀释的粪便水进行曝气，直至污泥转变颜色后，停止曝气，污泥沉降后，排掉一部分上清液，再次补充一定量的粪便水继续曝气，待污泥量明显增加，并出现原生动物后，投加工业废水，并逐步提高废水流量。在培菌的后期，污泥中微生物已能较好地适应工业废水水质，同时完成了污泥的驯化过程。

2）干污泥接种培养法。干污泥一般是指经过污泥脱水机脱水后的剩余污泥，其含水率约为70%～80%。该法适用于取种污泥运输距离较远的情况。干污泥接种培养的过程与浓缩污泥培菌法基本相同。接种污泥要选用刚脱水不久的新鲜污泥，投加至曝气池前需加水稀释成泥浆。干污泥的投加量一般为池容积的2%～5%。干污泥中可能含有一定浓度的用于污泥调理的化学药剂，如药剂含量过高、毒性较大，则不宜用作接种污泥。

（3）培养活性污泥的注意事项

1）活性污泥培养过程中，应经常测定进水的pH值、COD和曝气池溶解氧、SV、MLSS等指标，并随时观察生物相，以便根据具体情况对活性污泥培养过程进行动态调控。

2）活性污泥的培养应尽可能在温度适宜的季节进行。因为温度适宜，微生物生长快，培菌时间短。如污水处理工程恰在冬季完工，则应该采用接种培养法。

3）活性污泥培养初期，特别是污泥初步形成以后，应注意防止污泥过度自身氧化，因此，要随时测定曝气池内的溶解氧含量，控制曝气量和曝气时间，并及时进水以满足微生物对营养物质的需求。如进水浓度太低，则要补充营养物质，条件不具备时也可采用间歇曝气。

4）工业废水处理厂（站）在生产装置投产前往往没有废水进入，而一旦生产装置投产后，排放的废水就需及时处理。此时，应根据实际情况合理确定活性污泥培养时间，并提前准备种泥和营养物质等。

5）如曝气池中污泥已培养成熟，但仍没有废水进入，应停止曝气使污泥处于休眠状态，或间歇曝气，以尽可能降低污泥自身氧化的速度。有条件时，应投加营养物质，保持活性污泥微生物的正常生存状态。

5.5.6.2 活性污泥系统的试运行

活性污泥培养成熟后，就开始试运行。试运行的目的是确定活性污泥系统的最佳运行条件。在系统的运行中，作变数考虑的因素有混合液污泥浓度、空气量、污水注入方式等；如采用生物吸附法，则还有污泥再生时间和吸附时间的比值；如采用曝气沉淀池，还要确定回流窗孔开启高度；如工业废水养料不足，还应确定氮、磷的投加量等。将这些变数组合成几种运行条件分阶段试验，观察各种条件的处理效果，并确定最佳运行条件，这就是试运行的任务。

活性污泥法要求在曝气池内保持适宜的营养物与微生物的比值，供给所需要的氧，使微生物与有机污染物很好地接触，并保持适当的接触时间等。如前所述，营养物与微生物的比值一般用污泥负荷率加以控制，其中营养物数量由流入污水量和浓度所决定，因此应通过控制活性污泥的浓度来维持适宜的污泥负荷率。不同的运行方式有不同的污泥负荷率，运行的混合液污泥浓度就是以其运行方式的适宜污泥负荷率作为基础确定的，并在是试运行过程中确定最佳条件下的N_s值和MLSS值。

MLSS值最好每天都能够测定，如SVI值稳定时，也可用污泥沉降比暂时代替MLSS值的测定。根据测定的MLSS值或污泥沉降比，便可控制污泥回流量和剩余污泥量，并获得这方面的运行规律。此外，也可通过相应的污泥龄加以控制。

通入空气量应满足供氧和搅拌这两者的要求。在供氧上应使最高负荷时混合液溶解氧含量保持在 1～2 mg/L。搅拌的作用是使污水与污泥充分混合，因此搅拌程度应通过测定曝气池表面、中间和池底各点的污泥浓度是否均匀而定。

活性污泥系统有多种运行方式，在设计中应予以充分考虑，各种运行方式的处理效果，应通过试运行阶段加以比较观察，然后确定出最佳效果的运行方式及其各项参数。在正式运行过程中，还可以对各种运行方式的效果进行验证。

5.5.6.3　活性污泥系统运行效果的检测

试运行确定最佳条件后，即可转入正常运行。为了经常保持良好的处理效果，积累经验，需要对处理情况定期进行检测。检测项目如下：

①反映处理效果的项目。进出水总的和溶解性的 BOD、COD，进出水总的和挥发性的 SS，进出水的有毒物质（对应工业废水）。

②反映污泥情况的项目。污泥沉降比（SV%）、MLSS、MLVSS、SVI、溶解氧(DO)、微生物观察等。

③反映污泥营养和环境条件的项目。氮、磷、pH 值、水温等。

一般 SV%和溶解氧最好 2～4 h 测定一次，至少每班一次，以便及时调整回流污泥量和空气量。微生物观察最好每班一次，以预示污泥异常现象。除氮、磷、MLSS、MLVSS、SVI 可定期测定外，其他各项应每天测定一次。

此外，每天要记录进水量、回流污泥量和剩余污泥量，还要记录剩余污泥排放规律、曝气设备的工作情况、空气量和电耗等。上述检测项目如有条件，应尽可能进行自动检测和自动控制。

5.5.6.4　活性污泥系统运行中的异常现象与处理措施

活性污泥系统在运行过程中，有时会出现异常情况，使处理效果降低，污泥流失。下面介绍运行中可能出现的几种主要的异常现象和对其采取的相应措施。

(1) 污泥膨胀

正常的活性污泥沉降性能良好，含水率在 99%左右。当污泥变质时，污泥不易沉淀，SVI 值增高，污泥的结构松散，体积膨胀，含水率上升，澄清液稀少（但较清澈），颜色也有异变，这就是污泥膨胀。污泥膨胀主要是由于丝状菌大量繁殖所引起，也有由污泥中结合水异常增多导致的污泥膨胀。一般污水中碳水化合物较多，缺乏氮、磷、铁等养料，溶解氧不足，水温高或 pH 值较低等都容易引起丝状菌大量繁殖，导致污泥膨胀。此外，超负荷、污泥龄过长或有机物浓度梯度小等，也会引起污泥膨胀。排泥不通畅则引起结合水性污泥膨胀。

要防止污泥膨胀，应加强操作管理，经常检测污水水质、曝气池内溶解氧、污泥沉降比、污泥指数和进行显微镜观察等。如发现不正常现象，就需采取预防措施。一般可加大空气量，及时排泥，在有可能时采取分段进水，以减轻二次沉淀池的负荷等。

当污泥发生膨胀后，解决的办法是针对引起膨胀的原因采取措施。如缺氧、水温高等，可加大曝气量，或降低进水量以减轻负荷，或适当降低 MLSS 值，使需氧量减少等；如污泥负荷率过高，可适当提高 MLSS 值，以调整负荷。必要时还要停止进水，“闷曝”一段时间。如缺乏氮、磷、铁等养料，可投加硝化污泥或氮、磷等成分。如 pH 值过低，可投加石灰等调节 pH 值。若污泥大量流失，可投加 5～10 mg/L 氯化铁，帮助凝聚，刺激菌胶团生长；也可投加漂白粉或液氯（按干污泥的0.3%～0.6%投加），以抑制丝状菌繁殖，特别是控制结合水性污泥膨胀。也可投加石棉粉末、硅藻土、黏土等惰性物质，降低污泥指数。污泥膨胀的原因很多，以上只是污泥膨胀的一般处理措施。

（2）污泥腐化

在二次沉淀池有可能由于污泥长期滞留而产生厌气发酵，生成 H_2S、CH_4 等气体，从而产生大块污泥上浮的现象。上浮的污泥腐败变黑，产生恶臭。此时也不是全部污泥上浮，大部分污泥都是正常排出或回流。只有积在死角长期滞留的污泥才腐化上浮。防止污泥腐化上浮的措施有：安设不使污泥外溢的浮渣清除设备；消除沉淀池的死角区；加大池底坡度或改进池底刮泥设备，不使污泥滞留于池底；及时排泥和疏通堵塞等。

（3）污泥上浮

污泥在二次沉淀池呈块状上浮的现象，并不是由于腐败所造成的，而是由于在曝气池内污泥龄过长，硝化进程较高（一般硝酸铵达5 mg/L），在沉淀池底部产生反硝化，硝酸盐中的氧被利用，氮即呈气体脱出附于污泥上，从而使污泥比重降低，整块上浮。所谓反硝化是指硝酸盐被反硝化菌还原成氨和氮的现象。反硝化作用一般在溶解氧低于0.5 mg/L时发生，并在试验室条件下静沉30～90 min以后发生。因此，为防止这一异常现象发生，应增加污泥回流量或及时排出剩余污泥，在脱氮之前即将污泥排除，或降低混合液污泥浓度，缩短污泥龄和降低溶解氧等，使之不进行到硝化阶段。

（4）污泥解体

处理水质混浊，污泥絮体微细化，处理效果变坏等则是污泥解体现象。导致这种异常现象的原因可能是运行不当，也有可能是由于污水中混入了有毒物质。

运行不当，如曝气过量，会使活性污泥微生物—营养的平衡遭到破坏，使微生物量减少并失去活性，吸附能力降低，絮凝体缩小质密，一部分则成为不易沉淀的羽毛状污泥，处理水质浑浊，SVI值降低等。当污水中存在有毒物质时，微生物会受到抑制或伤害，净化功能下降或完全停止，从而使污泥失去活性。一般可通过显微镜观察来判别产生的原因。当鉴别出是运行方面的问题时，应对污水量、回流污泥量、空气量和排泥状态以及SV%、MLSS、DO、N_s 等多项指标进行检查，加以调整。当确定是污水中混入有毒物质时，需查明来源，采取相应措施。

（5）泡沫问题

曝气池中产生泡沫，主要原因是污水中存在大量合成洗涤剂或其他起泡物质。泡沫给生产操作带来一定困难，如影响操作环境，带走大量污泥。当采用机械曝气时，还能影响叶轮的充氧能力。消除泡沫的措施有：分段注水以提高混合液浓度；进行喷水或投加除沫剂。常用的除沫剂有机油、煤油等，投量约为0.5～1.5 mg/L。此外，用风机机械消泡，也是有效措施。

5.5.7 A/O工艺处理城市污水工程实例

哈尔滨市某城市污水处理厂采用A/O工艺，设计污水处理规模为 32.5×10^4 m^3/d，占地14.72 hm^2，总投资3.6亿元。污水处理工艺流程如图5—36所示。

污水处理部分设有4座初沉池，2座二沉池。每座初沉池对应一座AO池，每座AO池分为5个廊道，每个廊道长为100 m，池宽为51 m，池高7.8 m，有效水深为6.7 m。第1

廊道为A段，3、4、5廊道为O段，第2廊道为机动段。1、2廊道设有水下搅拌器，2、3、4、5廊道池底安装有管式膜曝气器，其中第2廊道为工艺调节部分，可根据需要调节DO浓度。

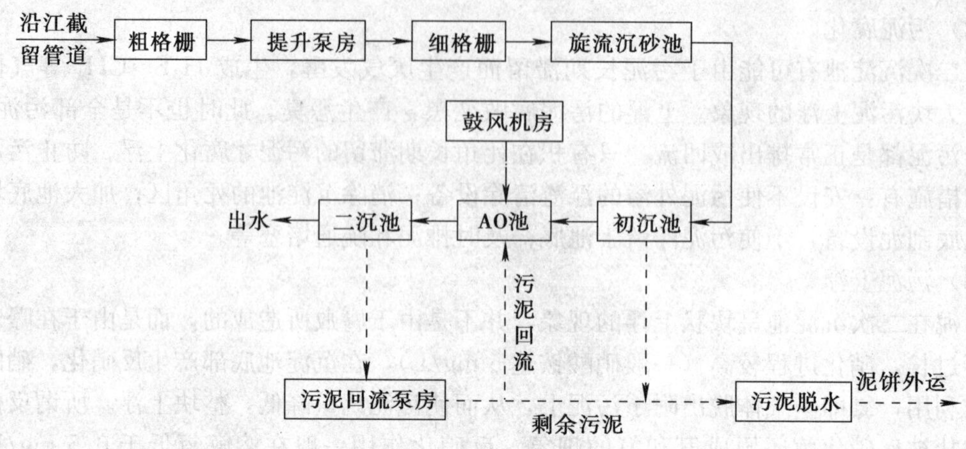

图5—36　污水厂工艺流程

主要设计参数见表5—5。

表5—5　　主要设计参数

项　目	进　水	出　水
COD（mg/）L	420	≤100
BOD_5（mg/L）	220	≤20
NH_3－N（mg/L）	50	≤15
SS（mg/L）	250	≤20
Ns［kg BOD_5/（kgMLSS·d）］	0.131	—
MLSS/mg/L	2 500	—

该污水厂的启动运行正值北方低温期，通过采用生物强化技术等有效措施，很好地解决低气温、低水温和水量波动大等问题，成功启动了AO池。达产运行后，进水COD156～280.7为mg/L、NH_3－N为32.0～43.1 mg/L、SS为112～360 mg/L，出水COD为8～64 mg/L、NH_3－N为0.8～6.4 mg/L、SS为12～24 mg/L，各项出水水质指标均优于设计目标。

本章小结

本章主要介绍活性污泥法的净化机理、工艺流程及特点，活性污泥的物质组成及评价指标，活性污泥处理系统的运行管理及工艺设计计算。同时对活性污泥法的其他运行方式及发展等也作了概要介绍。在学习过程中，可以从活性污泥法的净化机理、方法特点、污水处理设备、工艺条件、污染物去除效率经济效益等方面对各种活性污泥法的运行方式进行比较，针对不同的污水处理项目提出适当的净化方法和工艺流程，并能选择配套污水处理设备，调试和运行管理活性污泥污水处理系统。

练习题

1. 名词解释

(1) 污泥浓度（MLSS、MLVSS）

(2) 污泥沉降比（SV）

(3) 污泥容积指数（SVI）

(4) 污泥负荷

(5) 污泥回流比

2. 填空题

(1) 活性污泥中的微生物群体是由________、________、________和________组成的混合培养体。

(2) 曝气的主要作用除________外，还起________作用，使曝气池内的活性污泥与污水充分接触混合，保证曝气池的处理效果。

(3) 曝气方式主要可分为________和________两大类。

(4) 活性污泥连续从污水中去除有机物的过程，是由________、________和________三个净化阶段组成的。

3. 判断题

(1) 活性污泥法是水体自净的人工强化方法。 ( )

(2) 活性污泥法的主要承担者是原生动物。 ( )

(3) 在污水处理厂往往用 SV 来控制剩余污泥的排放量。 ( )

(4) 混合液悬浮固体浓度 MLSS 能确切地代表活性污泥的数量。 ( )

(5) 活性污泥处理过程的试运行是为了确定最佳运行条件。 ( )

(6) 曝气池有臭味说明曝气池供氧不足。 ( )

(7) 二沉池上清液浑浊，则说明表面负荷过高，污染物分解不彻底。 ( )

4. 选择题

(1) 污泥回流的作用是（ ）。

A. 减少浓缩池负荷　　B. 减少曝气池负荷　　C. 保持曝气池内生物量

(2) 从活性污泥曝气池中取混合液 100 mL，注入 100 mL 量筒内，30 min 后沉淀的污泥量为 20 mL，污泥沉降比为（ ）。

A. 100　　B. 30　　C. 20

5. 简答题

(1) 什么是活性污泥？简述活性污泥的组成及其功能。

(2) 简述活性污泥法去除污染物质的过程。

(3) 简述活性污泥法系统的组成及基本流程。

(4) 常用评价活性污泥性能的指标有哪些？为什么污泥沉降比和污泥体积指数在活行污泥法系统运行中有着重要意义？

(5) 传统活性污泥法、吸附再生活性污泥法和完全混合活性污泥法各有什么特点？

(6) 活性污泥法有哪些主要的运行方式？各有什么特点？

(7) 简述吸附—生物降解活性污泥法（AB 法）和间歇式活性污泥法（SBR 法）操作过程及工艺特点。

(8) 简述活性污泥脱氮和除磷原理、主要控制条件及工艺流程，并写出有关化学方程式。

(9) 活性污泥系统会出现哪些异常现象？宜采取哪些相应措施？

6. 计算题

(1) 已知曝气池的 MLSS 为 2.2 g/L，混合液在 1 000 mL 量筒中经 30 min 沉淀后污泥量为 180 mL，计算污泥指数、回流污泥浓度和所需的污泥回流比。

(2) 某城镇排放的污水量为 30 000 m^3/d，污水的时变化系数为 1.4，拟采用活性污泥法进行处理，BOD_5 为 300 mg/L，初次沉淀池的 BOD_5 去除率为 25%，要求处理后出水 BOD_5 为 20 mg/L，试设计该活性污泥法处理系统。

技能实训　观察活性污泥中的微生物

1. 实训目的

(1) 进一步熟悉和掌握显微镜的使用方法。

(2) 认识水中常见的微生物和菌胶团的形态。

(3) 学习用压片法制作标本片。

2. 实训原理

在活性污泥中微生物的浓度较大，它们是由细菌、丝状菌、霉菌、放线菌、酵母菌、原生动物和后生动物等组成的微生物群体，特别以细菌和原生动物较多见。因此，在活性污泥中可以观察到水中常见的微生物和菌胶团。

3. 实训仪器和材料

(1) 显微镜、载玻片、盖玻片、100 mL 量筒、胶头滴管、吸水纸、擦镜纸、镊子、培养皿。

(2) 活性污泥 [取自污水处理厂（站）曝气池]。

4. 操作步骤

(1) 肉眼观察

取曝气池的混合液 100 mL，置于 100 mL 量筒内，观察活性污泥在量筒中呈现的絮绒体外观及沉降性能（根据混合液沉降 30 min 后的污泥体积可计算污泥沉降比）。

(2) 制片

取活性污泥混合液一小滴（如混合液中污泥较少，可待其沉淀后取沉淀液；如混合液中污泥较多，可先稀释），放在洁净的载玻片中央，加盖玻片（应使盖玻片中央已接触到水滴后才放下，否则会在片内形成气泡，影响观察），制成活性污泥标本片。

（3）镜检

1）先用低倍镜观察以上标本。观察水中微生物的形态、运动和菌胶团的形状。

2）改用高倍镜观察。分别选择各类微生物的一个典型个体，观察其形态结构。

5. 数据处理

（1）记录低倍镜观察时见到的各种微生物及其生活状态（运动或固着），注明放大倍数。

（2）绘出高倍镜观察时见到的任意三种微生物。

（3）绘出见到的菌胶团形状，分别指出活性污泥中最多见哪一类微生物。

6. 思考题

根据观察情况，试对活性污泥的质量和污水厂（站）运行状况作出初步判断。

6 生物膜法

本章学习目标

1. 了解生物膜法的净化机理及其类型与各自特征；

2. 理解和掌握生物滤池、生物转盘、生物接触氧化池、生物流化床和曝气生物滤池的构造特点、工艺流程，并能运用生物膜法的设计参数进行构筑物的设计计算；

3. 掌握不同类型生物膜法的运行管理中常见的问题及解决方法。

6.1 概　　述

污水的生物膜处理法是与活性污泥法并列的一种污水好氧生物处理技术，但活性污泥法是依靠曝气池中悬浮流动着的活性污泥来分解有机物的，而生物膜法则是依靠固着于载体表面的生物膜来净化有机物。生物膜法的实质是使细菌和真菌类的微生物和原生动物、后生动物一类的微型动物附着在滤料或某些载体上生长繁育，并在其上形成膜状生物污泥——生物膜。污水与生物膜接触，污水中的有机污染物作为营养物质，为生物膜上的微生物所摄取，污水得到净化，微生物自身也得到繁衍增殖。

生物膜法的工艺类型很多，按生物膜与污水的接触方式不同，可分为填充式和浸渍式两类。在填充式生物膜法中，污水和空气沿固定的填料或转动的盘片表面流过，与其上生长的生物膜接触，典型设备有生物滤池和生物转盘。在浸渍式生物膜法中，生物膜载体完全浸没在水中，通过鼓风曝气供氧。如载体固定，称为生物接触氧化法；如载体流化则称为生物流化床。

6.1.1　生物膜的构造及其净化机理

污水与滤料或某些载体流动接触时，污水中的悬浮和胶体物质被吸附于滤料或载体的表面上，它们中的有机物使微生物很快繁殖起来，这些微生物又进一步吸附、分解污水中呈悬浮、胶体和溶解状态的物质，逐渐在滤料或载体上形成一层黏液状的生物膜。经过一段时间后，生物膜沿水流方向分布，在其上由细菌和各种微生物组成的生态系及其对有机污染物降解功能都达到了平衡和稳定状态。

图 6—1 所示是将一小块附着在生物滤池滤料上的生物膜放大了的示意图。

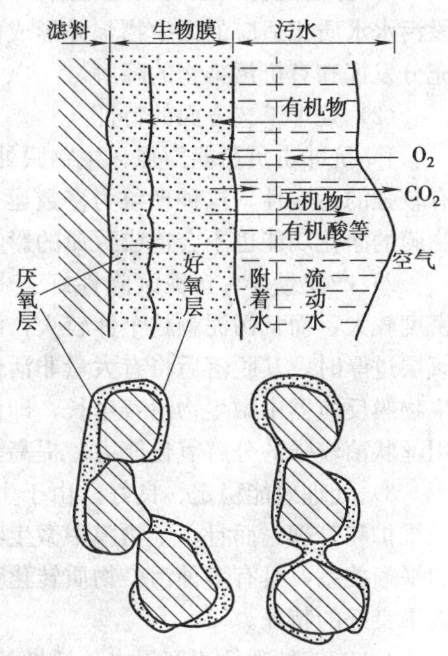

图 6—1 生物膜的构造与净化作用

在污水不断流动的条件下，生物膜外侧总是存在着一层附着水层。生物膜本身又是微生物高度密集的物质，在膜的表面和一定深度的内部，生长繁殖着大量的各种类型的微生物和微型动物，并形成有机污染物—细菌—原生动物、后生动物的食物链。

随着污水处理过程的进行，微生物不断增殖，生物膜的厚度不断增加，在增厚到一定程度后，在膜深处氧的传递阻力逐渐加大，将会转变为厌氧状态，形成厌氧性膜。这样，生物膜便由好氧层和厌氧层组成。好氧层的厚度一般为 2 mm 左右，有机物的降解主要是在好氧层内进行。

在生物膜内、外，生物膜与水层之间进行着多种物质的传递过程。空气中的氧溶解于流动水层中，通过附着水层传递给生物膜，供微生物呼吸；污水中的有机污染物则由流动水层传递给附着水层，然后进入生物膜，并通过微生物的代谢活动而被降解，使污水在流动过程中逐步得到净化。微生物的代谢产物如 H_2O 等通过附着水层进入流动水层，并随其排走，而 CO_2、NH_3 和 CH_4 等气态代谢产物则从水层逸出进入空气中。

当厌氧层还不厚时，它与好氧层保持着一定的平衡与稳定关系，好氧层能够维持正常的净化功能，但当厌氧层逐渐增厚到一定程度时，其代谢产物也逐渐增多，向外逸出而透过好氧层，使好氧层生态系统的稳定遭到破坏，从而失去了这两种膜层之间的平衡关系，又因气态代谢产物的逸出，减弱了生物膜在滤料或载体上的固着力，处于这种状态的生物膜即为老化生物膜，在水力冲刷作用下易于脱落。老化的生物膜脱落后，滤料或载体表面又可重新吸附、生长、增厚生物膜直至重新脱落，而完成一个生长周期。在正常运行情况下，整个滤池的生物膜各个部分总是交替脱落的，池内活性生物膜数量相对稳定。

6.1.2 生物膜法的主要特征

(1) 微生物相方面的特征

1）参与净化反应微生物多样化。生物膜固着在滤料或填料上，其生物固体平均停留时间（污泥龄）较长，因此在生物膜上能够生长世代时间较长、比增殖速度很小的微生物，如硝化菌等。在生物膜上还可能大量出现丝状菌，而且不会发生污泥膨胀。线虫类、轮虫类以及寡毛虫类的微型动物出现的频率也较高。在日光照射到的部位能够出现藻类，在生物滤池上，能够出现苍蝇这样的昆虫类生物。

2）生物的食物链长。在生物膜上生长繁育的生物中，动物营养一类所占比例较大，微型动物的存活率亦高。因此，在生物膜上形成的食物链长于活性污泥上的食物链。正是这个原因，生物膜处理法产生的污泥量少于活性污泥处理系统。

3）分段运行。生物膜处理法多分段运行，在正常运行的条件下，每段都繁衍与进入本段污水水质相适应的微生物，并形成优势种属，这种现象非常有利于微生物新陈代谢功能的充分发挥和有机污染物的降解。

（2）处理工艺方面的特征

1）抗冲击负荷能力强。生物膜处理法的各种工艺，对流入污水水质、水量的变化都具有较强的适应性，这种现象为多数运行的实际设备所证实，即使有一段时间中断进水，对生物膜的净化功能也不会造成致命的影响，通水后能够较快地得到恢复。

2）产泥量少、污泥沉降性好。由生物膜上脱落下来的生物污泥，所含动物成分较多，密度较大，而且污泥颗粒个体较大，沉降性能良好，易于固液分离。但生物膜内部形成的厌氧层过厚时，其脱落后将有大量非活性的细小悬浮物分散在水中，使处理水的澄清度降低。生物膜反应器中微生物附着生长，即使丝状菌大量生长，也不会导致污泥膨胀，相反还可利用丝状菌较强的分解氧化能力，提高处理效果。

3）处理效能稳定、良好。由于生物膜反应器具有较高的生物量，不需要污泥回流，易于维护和管理，而且，生物膜中微生物种类丰富、活性较强，各菌群之间存在着竞争、互生的平衡关系，具有多种污染物质转化和降解途径，故生物膜反应器具有处理效能稳定、处理效果良好的特征。

4）能够处理低浓度污水。活性污泥法处理系统，不宜处理低浓度的污水，如原污水的BOD长期低于50～60 mg/L，将影响活性污泥絮凝体的形成和增长，净化功能降低，处理水水质低下。但是，生物膜法对低浓度污水，也能够取得较好的处理效果，运行正常可使BOD_5为20～30 mg/L的污水，降至BOD_5为5～10 mg/L。

5）易于维护运行。与活性污泥处理系统相比，生物膜处理法中的各种工艺都比较易于维护管理，而且像生物滤池、生物转盘等工艺，运行费用较低，去除单位质量BOD_5的耗电量较少，能够节约能源。

6）投资费用较大。生物膜法需要填料和支撑结构，投资费用较大。

6.2 生物滤池

生物滤池是19世纪末发展起来的，是当代污水生物处理中认识最早的工艺。早期出现的普通生物滤池水力负荷和有机负荷均很低，虽然净化效果好，但占地面积大，易于堵塞。后来又开发出一种伴有处理水回流、水力负荷和有机负荷均较高的高负荷生物滤池。1951年，德国人舒尔兹又根据气体洗涤塔原理创立了塔式生物滤池，其单位体积填料去除有机物的能力大为提高，且设备占地面积大为减少。一般将生物滤池分为低负荷生物滤池、高负荷生物滤池和塔式生物滤池三种。

6.2.1 生物滤池的一般构造

生物滤池一般采用钢筋混凝土或砖石筑造，池平面有方形、矩形或圆形，其中以圆形为多，主要部分是由滤料、池壁、布水系统和排水系统组成，其构造如图6—2所示。

（1）滤料

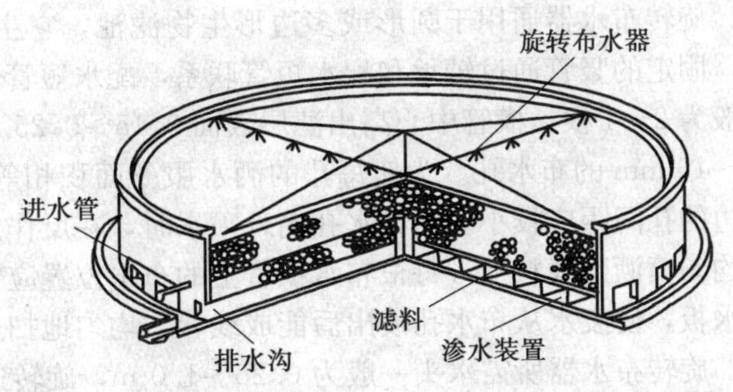

图 6—2 生物滤池构

滤料作为生物膜的载体，对生物滤池的净化功能影响较大。滤料表面积越大，生物量越大。但是，单位体积滤料所具有的表面积越大，滤料粒径必然越小，滤料间孔隙也会相应减少，影响滤池通风，对滤池工作不利。

滤料粒径的选择应综合考虑有机负荷和水力负荷等因素，当有机物浓度高时，应采用较大的粒径。滤料应有足够的机械强度，能承受一定的压力；其容重应小，以减少支承结构的荷载；滤料既应能抵抗污水、空气、微生物的侵蚀，又不应含影响微生物生命活动的杂质；滤料应能就地取材，价格便宜，加工容易。

生物滤池以前常采用的滤料有碎石、卵石、炉渣、焦炭等，粒径为 25～100 mm，滤层厚度为 0.9～2.5 m，平均 1.8～2.0 m。近年来，生物滤池多采用塑料填料，主要是由聚氯乙烯、聚乙烯、聚苯乙烯、聚酰胺等材料加工成波纹板、蜂窝管、环状及空圆柱等复合式滤料。这些滤料的比表面积高达 100～340 m^2/m^3，空隙率高达 90%以上，从而改善了生物膜生长和通风条件，使处理能力大大提高。

（2）池壁

池体在平面上多呈方形、矩形或圆形；池壁起围挡滤料的作用，一些滤池的池壁上带有许多孔洞，用以促进滤层的内部通风。一般池壁顶应高出滤层表面 0.4～0.5 m，防止风力对池表面均匀布水的影响。池壁下部通风孔总表面积不应小于滤池表面积的 1%。

（3）布水系统

布水装置设在填料层的上方，用以均匀喷洒废水。早期使用的布水装置是间歇喷淋式的，每两次喷淋的间隔时间为 20～30 min，让生物膜充分通风。后来发展为连续喷淋，使生物膜表面形成一层流动的水膜，这种布水装置布水均匀，能保证生物膜得到连续的冲刷。一般采用的连续式布水装置是旋转布水器，如图 6—3 所示。

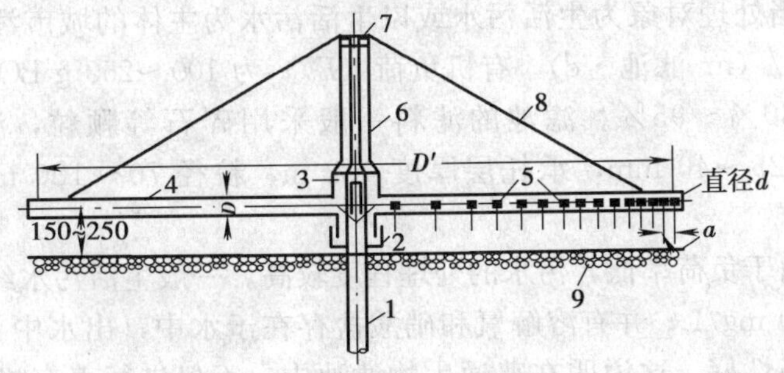

图 6—3 旋转式布水器

1—进水竖管 2—水封 3—配水短管 4—布水横管 5—布水小孔
6—旋转竖管 7—上部轴承 8—钢丝拉绳 9—滤料

旋转布水器通用于圆形或多边形生物滤池，它主要由进水竖管和可转动的布水横管组成，固定的竖管通过轴承和配水短管联系，配水短管连接布水横管，并一起旋转。布水横管一般为2～4根，横管中心高出滤层表面0.15～0.25 m，横管沿一侧的水平方向开设有直径10～15 mm的布水孔。为使每孔的洒水服务面积相等，靠近池中心的孔间距应较大，靠近池边的孔间距应较小。当布水孔向外喷水时，在反作用力推动下布水横管旋转。为了使废水能均匀喷洒到滤料上，每根布水横管上的布水位置应错开，或者在布水孔外设可调节角度的挡水板，使废水从布水孔喷出后能成线状，均匀地扫过滤料表面。

旋转布水器所需水头一般为0.25～1.0 m，旋转速度为0.5～9 r/min。

(4) 排水系统

排水系统用以排除处理水，支承滤料及保证通风。排水系统通常分为两层，即滤料下的渗水装置和底板处的集水沟和排水沟。常见的渗水装置如图6—4所示。

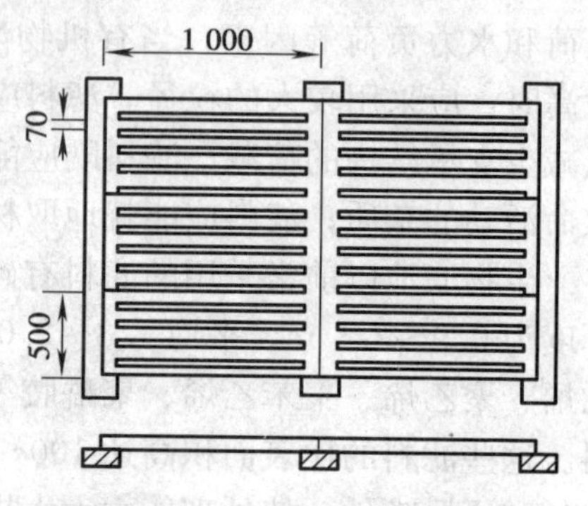

图6—4　滤池支承渗水装置

渗水装置的排水面积应不小于滤池表面积的20%，它同池底之间的间距应不小于0.4 m。滤池底部可用坡度0.01的向池底集水沟，废水经集水沟汇流入总排水沟，总排水沟的坡度应不小于0.005。

总排水沟及集水沟的过水断面应不大于沟断面积的50%，以保留一定的空气流通空间。沟内水流的设计流速应不小于0.6 m/s。

如生物滤池的占地面积不大，池底可不设集水沟，而采用坡度为0.005～0.01的池底将水流汇向池内或四周的总排水沟。

6.2.2　生物滤池的分类与运行系统

6.2.2.1　生物滤池的分类

生物滤池可根据设备形式不同分为普通生物滤池和塔式生物滤池，也可根据承受污水负荷大小分为普通生物滤池和高负荷生物滤池。

(1) 普通生物滤池

又名滴滤池，当处理对象为生活污水或以生活污水为主体的城市污水时，其水力负荷(q)为1～3 m^3污水/(m^2滤池·d)，有机负荷(F_w)为100～250 g BOD_5/(m^3滤料·d)，BOD_5的去除率为80%～95%。滤池的滤料一般采用碎石等颗粒，滤料的工作厚度为1.3～1.8 m，粒径25～40 mm，承托层厚度0.2 m，粒径70～100 mm，滤料总厚度为1.5～2.0 m。

普通生物滤池由于负荷率低，污水的处理程度较高。一般生活污水经滤池处理后，出水BOD_5常小于20～30 mg/L，并有溶解氧和硝酸盐存在于水中，出水中夹带的固体物量小，无机化程度高，沉降性好。这说明在普通生物滤池中，不仅进行着有机污染物的吸附、氧化，而且也进行硝化反应。缺点是水力负荷、有机负荷均较低，占地面积大，水力冲刷能力小，容易引起滤层堵塞，影响滤池通风。一般适用于处理每日污水量不高于1 000 m^3的小城镇污水。

(2) 高负荷生物滤池

高负荷生物滤池所采用的滤料粒径和厚度都较普通生物滤池大，水力负荷（q）较高，一般为10～30 m^3 污水/（m^2 滤池·d），是普通生物滤池的10倍，有机负荷（F_w）为800～1 200 g BOD_5/（m^3 滤料·d）。因此，滤池体积较小，占地面积省，但出水 BOD_5 一般要超过30 mg/L，BOD_5 的去除率一般为75%～90%。一般出水中很少有硝酸盐。

高负荷生物滤池滤料的直径一般为40～100 mm，滤料层较厚，一般为2～4 m；当采用自然通风时，滤料厚度一般不应大于2 m，采用塑料或树脂制成的滤料时，可以增大滤料高度，并可采用自然通风。

提高了有机负荷后，微生物的代谢速度加快，生物膜的生长速度亦加快。由于同时提高了水力负荷，也使滤池的冲刷作用加强，滤池中的生物膜不再像普通生物滤池那样，主要是由于生物膜老化和昆虫活动而呈周期性脱落，而是主要由于污水的冲刷而表现为经常性脱落。脱落的生物膜中，新生物细胞较多，没有得到彻底的氧化，因此，稳定性较普通生物滤池的生物膜差，产泥量大。

为了保证在提高有机负荷率的同时又能保持一定的出水水质，并防止滤池的堵塞，高负荷生物滤池常采用回流的方式运行。将生物滤池的一部分出水回流到滤池之前与进水混合，这样，即降低了进水浓度，又保证了需要的水力负荷，防止滤池堵塞，使出水达到要求的水质标准。

回流的方式很多，可以采用滤池出水直接回流或通过二次沉淀池后再回流的方式（见图6—5），采用的回流比（r）一般为0.5～3.0。

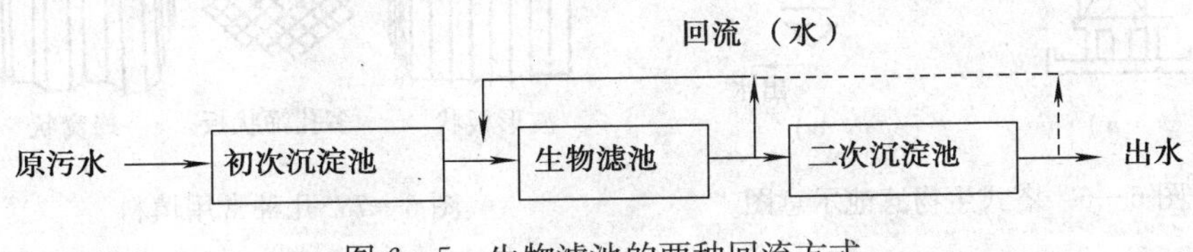

图6—5　生物滤池的两种回流方式

采用回流后，进入生物滤池的污水量为（$1+r$）Q。如果污水与回流水混合后的有机物浓度即滤池进水的有机物浓度为 L_1，则需满足下式：

$$L_1=\frac{L'+rL_2}{1+r} \tag{6—1}$$

式中 L'——原污水通过初次沉淀池后的有机物浓度，mg/L；

L_2——滤池（二次沉淀池）出水的有机物浓度，mg/L；

L_1——滤池进水的有机物浓度，mg/L，一般不应高于200 mg/L（以 BOD_5 计）。

当对污水处理程度要求高时，可以将两个高负荷生物滤池串联起来，称之为两级生物滤池。在两级生物滤池中常常能进行硝化过程，有机物的去除率可达90%以上，出水中常会含有硝酸盐和溶解氧。

(3) 塔式生物滤池

塔式生物滤池，简称塔滤，平面多呈圆形，一般高达8～24 m，直径1～3.5 m，塔高为塔径的6～8倍，由塔身、滤料、布水系统、通风和排水装置所组成，如图6—6所示。

1）塔身。塔身一般可用砖砌筑，也可以现场浇筑钢筋混凝土或预制构建在现场组装。

也可以采用钢框架结构，四周用塑料板或金属板围嵌，这样能使整个池体重量大为减轻。

塔身一般沿高度分层建造，在分层处设格栅，格栅承托在塔身上，使滤料重荷分层负担，每层以不大于 2 m 为宜，以免将滤料压碎。每层都应设检修孔，以便更换滤料。还应设测温孔和观察孔，以便测量池内温度和观察塔内生物膜的生长情况和滤料表面布水均匀程度，并取样分析。

塔顶上缘应高出最上层滤料表面 0.5 m 左右，以免风吹影响污水均匀分布。

一般来说，增加塔身高度，能够提高处理效果，改善出水水质，但超过一定限度，在经济上是不适宜的。

2）滤料。塔式生物滤池宜采用轻质滤料，使用比较多的是玻璃钢蜂窝状和波形板状等填料（见图 6—7）。这种滤料具有较大的表面积，结构均匀，有利于空气流通和污水的均匀配布，流量调节幅度大，不易堵塞，效果良好。

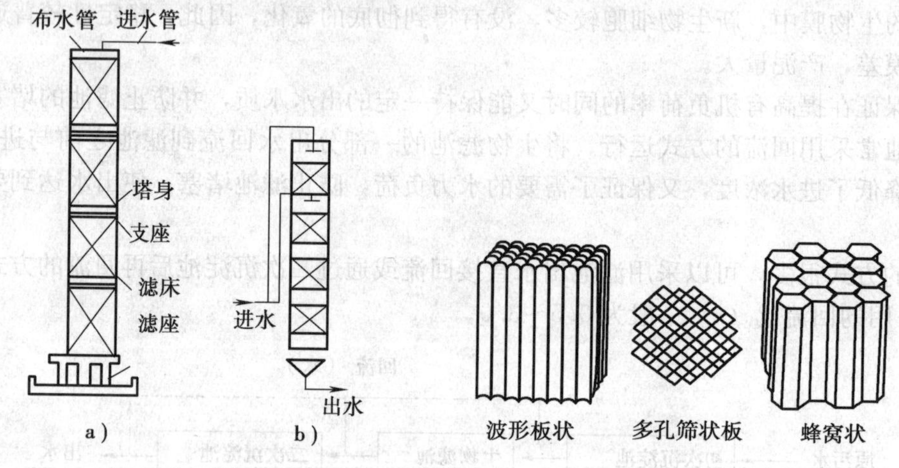

图 6—6　塔式生物滤池示意图　　图 6—7　几种常用填料

3）布水装置。布水装置与一般生物滤池相同。对于大中型塔滤多采用旋转布水器，可用电动机驱动，也可靠污水的反作用力驱动。对于小型塔滤则多采用固定喷嘴布水系统，也可用多孔管和溅水筛板。

4）通风。塔式生物滤池一般都采用自然通风，塔底有高度为 0.4～0.6 m 的空间，周围留有通风孔，其有效面积不得小于滤池面积的 7.5%～10%。也可采用机械通风，并能吹脱有害气体。当采用机械通风时，可在滤池的上部和下部设吸气或鼓风的风机。要注意空气在滤池平面上的均匀分布，并防止冬季池温降低，影响处理效果。

6.2.2.2　生物滤池的运行系统

生物滤池的运行系统基本上由初沉池、生物滤池、二沉池三部分组合而成。污水先进入初沉池，在去除可沉性悬浮固体后，进入生物滤池，经过生物滤池的污水与脱落的生物膜一起进入二沉池，再经过固液分离，净化后的污水排出系统。

生物滤池的组合形式有单级运行系统和多级运行系统。

(1) 单级运行系统

单级运行系统如图 6—8 所示。图 6—8a 为单级直流系统，多用于低负荷生物滤池；图

6—8b 和图 6—8c 为单级回流系统，多用于高负荷生物滤池。图 6—8b 的处理水回流至生物滤池前，用以加强水力负荷，又不加大初沉池的容积，但二次沉淀池要适当大些。图 6—8c 不设二沉池，滤池出水回流到初沉池前，加强初沉池生物絮凝作用，促进沉淀效果。

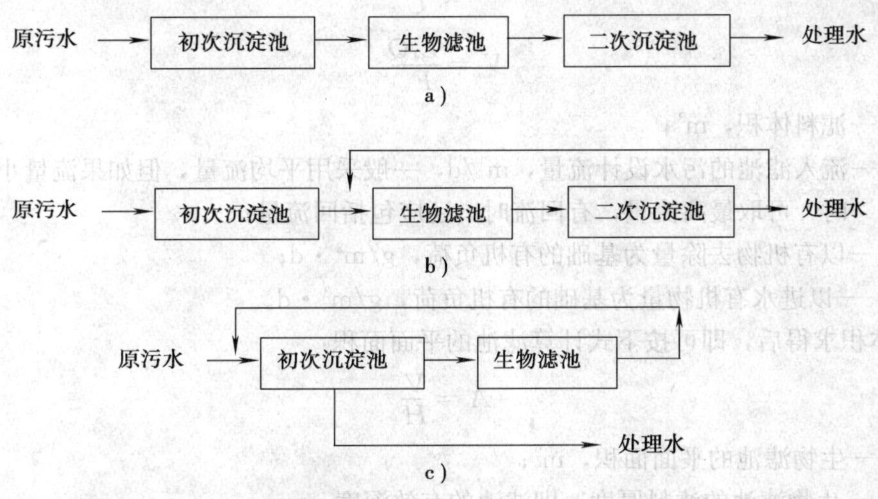

图 6—8　生物滤池的单级运行系统

（2）多级运行系统

原污水浓度较高，且对处理水的要求也较高时，常采用多级运行系统。依据实验和分析，在多级运行系统中，第一级生物滤池处理效率可达 70%，第二级处理效率可达 20%，而第三、四级的处理效率很低，仅为 5%左右，所以，一般采用二级生物滤池处理系统，如图 6—9 所示。二级串联工作的生物滤池滤层深度可适当减小，通风条件好，两次洒水充氧，出水水质较好。但增加了提升泵，加大了占地面积。一般第 1 级生物滤池采用粒径较大的滤料，第 2 级采用粒径较小的滤料。

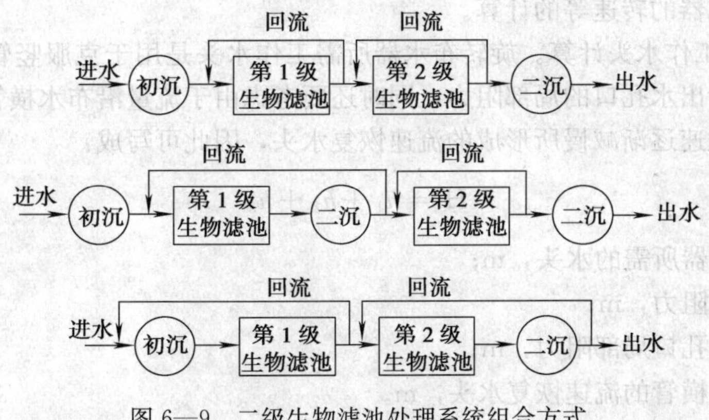

图 6—9　二级生物滤池处理系统组合方式

6.2.3　生物滤池的设计与计算实例

6.2.3.1　生物滤池的设计

生物滤池的设计计算包括滤池的深度和平面尺寸、布水系统和排水系统等。

(1) 滤池

根据污水水量和需要处理的程度，可以利用有机负荷按下列公式计算出滤料的体积：

$$V=\frac{(L_1-L_2)Q}{U} \tag{6—2}$$

$$V=\frac{L_1Q}{F_w} \tag{6—3}$$

式中 V——滤料体积，m^3；

Q——流入滤池的污水设计流量，m^3/d，一般采用平均流量，但如果流量小或变化大时，可取最高流量，有回流时，还应包括回流量；

U——以有机物去除量为基础的有机负荷，$g/m^3 \cdot d$；

F_w——以进水有机物量为基础的有机负荷，$g/m^3 \cdot d$。

滤料体积求得后，即可按下式计算滤池的平面面积：

$$A=\frac{V}{H} \tag{6—4}$$

式中 A——生物滤池的平面面积，m^2；

H——生物滤池的滤料厚度，即滤池的有效深度，m。

求得滤池面积后，还应利用水力负荷进行校核：

$$q=\frac{Q}{A} \tag{6—5}$$

式中 q——生物滤池的水力负荷，$m^3 m^2 \cdot d$。

对于普通生物滤池和高负荷生物滤池，上述计算方法基本相同，高负荷生物滤池需考虑回流的问题。

(2) 旋转布水器的设计计算

旋转布水器的设计计算包括所需要的工作水头、布水横管出水孔口数和任一孔口距池中心距离，以及布水器的转速等的计算。

1) 所需要的工作水头计算。旋转布水器所需工作水头是用于克服竖管及布水横管的沿程阻力和布水横管出水孔口的局部阻力，同时还要考虑由于流量沿布水横管从池中心向池壁方向逐渐降低、流速逐渐减慢所形成的流速恢复水头，因此可写成：

$$H=h_1+h_2+h_3 \tag{6—6}$$

式中 H——布水器所需的水头，m；

h_1——沿程阻力，m；

h_2——出水孔口局部阻力，m；

h_3——布水横管的流速恢复水头，m。

按水力学基本公式：

$$h_1=\frac{q^2\times 294\times D'}{K^2\times 10^3} \tag{6—7}$$

$$h_2=\frac{q^2\times 256\times 10^6}{m^2 d^4} \tag{6—8}$$

$$h_3 = \frac{q^2 \times 81 \times 10^6}{D''^4} \quad (6—9)$$

式中 q——每根布水横管的污水流量，L/s；

m——每根布水横管的孔口数；

d——孔口直径，mm；

D''——布水横管的管径，mm；

D'——旋转布水器的直径（滤池直径减去 200mm），mm；

K——流量模数，L/s，可按表 6—1 所列数值选用。

表 6—1 **流量模数 *K***

D''（mm）	50	63	75	100	125	150	175	200	250
流量模数 K（L/s）	6	11.5	19	43	86.5	134	209	300	560
K^2	36	132	361	1 849	6 500	18 000	43 680	90 000	311 000

于是，旋转布水器所需工作水头的计算公式为：

$$H = q^2\left(\frac{294D'}{K^2 \times 10^3} + \frac{256 \times 10^6}{m^2 d^4} + \frac{81 \times 10^6}{D''^4}\right) \quad (6—10)$$

实践证明，旋转布水器实际上所需要的水头大于上述计算结果。因此，在设计时采用的实际水头应比计算值增加 50%～100%。

2）布水横管的数目及其管径。一般取 2～4 根布水横管，其管径以污水在管中的流速 v=0.5～1.0 m/s 的条件下，经计算确定。

$$D'' = \sqrt{\frac{q}{4\pi v}} \quad (6—11)$$

式中 q——每根布水横管的流量，m^3/s。

3）布水横管的孔口数。假定每个孔口所喷洒的面积基本相等，布水横管的出水孔口数的计算公式为：

$$m = \frac{1}{1-\left(1-\frac{a}{D'}\right)} \quad (6—12)$$

式中 a——最末端两个孔口间距的两倍，m，a 的取值大致为 80 mm。

任一孔口距滤池中心的距离（r_i）为：

$$r_i = R\sqrt{\frac{i}{m}} \quad (6—13)$$

式中 R——布水器半径，m；

i——从池中心算起，任一孔口在布水横管上的排列顺序。

4）布水器的旋转周数。布水器的每分钟旋转周数（n），可以近似地按下列公式计算：

$$n = \frac{34.78 \times 10^6}{md^2D'}q \quad (6—14)$$

式中 q——布水器的流量，m^3/s。

布水横管可以采用钢管或塑料管，管上的孔口直径在 10～15 mm 之间，孔口间距从池中心向池周边逐步减小，一般从 300 mm 开始，逐渐减小到 40 mm，以满足均匀布水的要求。

旋转布水器的优点是布水较为均匀，所需水头较小，易于管理；缺点是必须将滤池修成圆形，不够紧凑，占地面积较大。

6.2.3.2　生物滤池的计算实例

某城镇的生活污水排放量为 8 000 m^3/d，通过初次沉淀池后的污水 BOD_5 浓度为 220 mg/L，处理后要求出水 BOD_5 达到 30 mg/L。试计算高负荷生物滤池的基本尺寸。

解：(1) 回流比的确定

进入高负荷生物滤池的 BOD_5 浓度一般不应大于 200 mg/L，现取 150 mg/L，则可按式 (6—1) 有：

$$150 = \frac{220 + 30r}{1 + r}$$

则得 $r=0.58\approx0.6$。

(2) 滤池体积的计算

采用碎石滤料。取滤池的有机负荷 $F_w=800$ g BOD_5/ ($m^3\cdot$d) (取不利条件)，推测此时出水的 BOD_5 可降至 30 mg/L。由式 (6—3) 得滤池总体积为：

$$V = \frac{8\ 000 \times (1 + 0.6) \times 150}{800} = 2\ 400(m^3)$$

(3) 滤池面积计算

取滤料厚度为 2 m，滤池总面积为：

$$A = 2\ 400/2 = 1\ 200(m^2)$$

校核水力负荷是否满足要求：

$$V = \frac{8\ 000 \times (1 + 0.6)}{1\ 200} \approx 10.7[m^3/(m^2\cdot d)]$$

校核结果，所得水力负荷略大于 10 m^3/ ($m^2\cdot$d)，满足要求。

(4) 滤池直径计算

采用 4 座圆形滤池，每座的直径为：

$$D = \sqrt{\frac{4 \times 1\ 200}{\pi \times 4}} \approx 19.5\ (m)$$

共采用直径为 19.5 m，有效深度为 2 m 的高负荷生物滤池 4 座。

6.3　生物转盘

生物转盘又称浸没式生物滤池，是由普通生物滤池演变而来。生物膜的形成、生长繁殖及其降解有机物的机理，与生物滤池基本相同。主要区别是它以一系列转动的盘片代替固定的滤料。生物转盘的主要组成部分是旋转圆盘、转动横轴、动力及减速装置、接触反应槽等，如图 6—10 所示。在接触反应槽内充满污水，盘片面积的 40%左右浸没在槽内的污水中，当污水在槽内缓慢流动时，盘片在转动横轴的带动下缓慢转动。

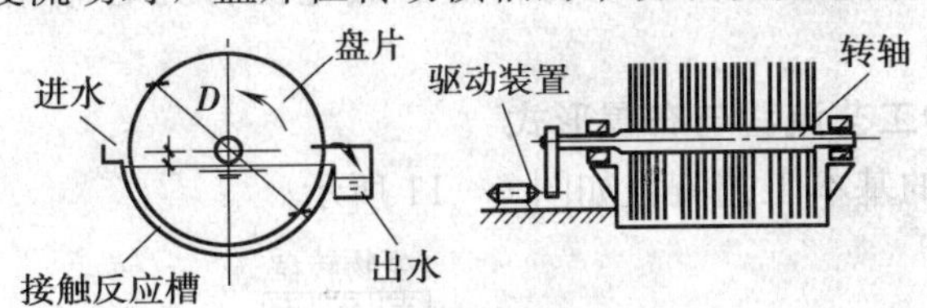

图 6—10 生物转盘示意图

盘片上面生长着厚约 1～4 mm 的生物膜，当圆盘浸没于污水中时，污水中的有机物被盘片上的生物膜所吸附；当圆盘离开污水时盘片表面形成一层薄薄的水膜。水膜从空气中吸氧，同时在生物酶的催化下，被吸附的有机物在生物膜上被氧化分解。这样，转盘每转动一圈，即进行一次吸附—吸氧—氧化分解过程。转盘不断转动，使污染物不断分解氧化。圆盘转出液面部分经过空气时，氧气就进入盘片上的液膜中达到过饱和状态，当这部分盘片再回到接触反应槽中时，使槽内污水中的溶解氧含量增加。此外，圆盘搅动造成的紊流，也将大气中的氧带入接触反应槽中。槽内的混合作用使液体中的溶解氧相对均匀。

在运行过程中，生物膜逐渐增厚，在其内部形成厌氧层，并开始老化。老化的生物膜在污水与盘片之间产生的剪切力作用下而剥落，从盘片上剥落下来的生物膜在二次沉淀池内被截留，生物膜脱落形成的污泥，密度较高，易于沉淀。

6.3.1 生物转盘的构造

生物转盘设备是由盘片、转轴、驱动装置和接触反应槽等部分组成。

(1) 盘片

盘片是生物转盘的主要部件，直径一般 1～4 m，厚度为 2～10 mm。为了防止盘片间因生物膜增厚而造成堵塞，并保证良好的通风，盘片间距的标准值为 30 mm，如采用多级转盘，则前数级的间距为 25～35 mm，后数级为 10～20 mm。

为了减轻盘片的重量，盘片材料大多以塑料为主，平板盘片多以聚氯乙烯塑料制成，而波纹板盘片则多用聚酯玻璃钢材料。

(2) 转轴

转轴是用来固定盘片并带动其旋转的重要部件，转轴一般采用实心钢轴或无缝钢管，转轴两端固定安装在接触反应槽两端的支座上。转轴长度一般为 0.5～7.0 m，直径为 50～80 mm。转轴中心与接触反应槽液面距离一般不应小于 150 mm。

(3) 驱动装置

驱动装置包括动力设备、减速箱和链条等。驱动装置通过转轴带动转盘一起转动，其旋转速度对水中氧的溶解程度和槽内水流状态均有较大影响，转速过大，有损于设备的机械强度，耗电量大，易使生物膜过早剥离。转盘的转速以 0.8～3.0 r/min，外缘的线速度以 15～18 m/min 为宜。

(4) 接触反应槽

接触反应槽又称氧化槽，一般用钢筋混凝土制成，也可用钢板或塑料板焊制。氧化槽呈与盘片外形基本吻合的半圆形，各部尺寸和长度应根据转盘的直径和轴长决定，盘片边缘与槽内面应留有不小于 150 mm 的间距。氧化槽底部设有排泥管和放空管，两侧的进出水设备多采用锯齿形溢流堰。多级生物转盘，氧化槽分为若干格，格与格之间设导流墙。

6.3.2 生物转盘的工艺流程与布置形式

生物转盘处理系统的基本工艺流程如图 6—11 所示。

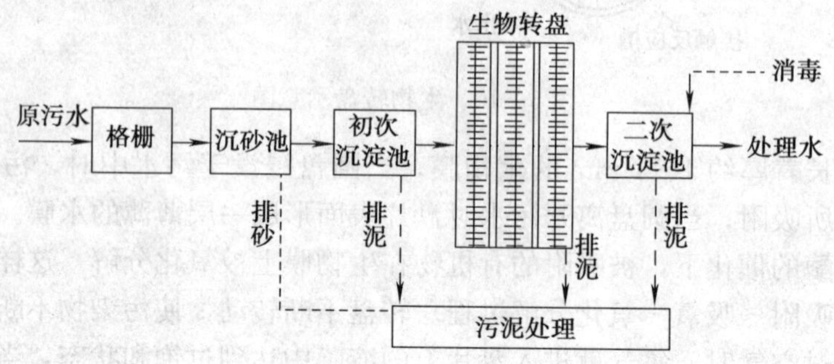

图 6—11 生物转盘处理系统基本工艺流程

生物转盘的布置形式，一般分为单级单轴、单轴多级和多轴多级（见图 6—12 和图 6—13）。级数多少和采取何种布置形式主要根据污水的水质、水量、处理水所要达到的程度以及现场条件等因素决定。在设计时特别应注意的是第一级，因其承受负荷高，如供氧不足，可能使其形成厌氧状态。对此，应采取适当措施，如增加第一级的盘片面积，加大转速等。

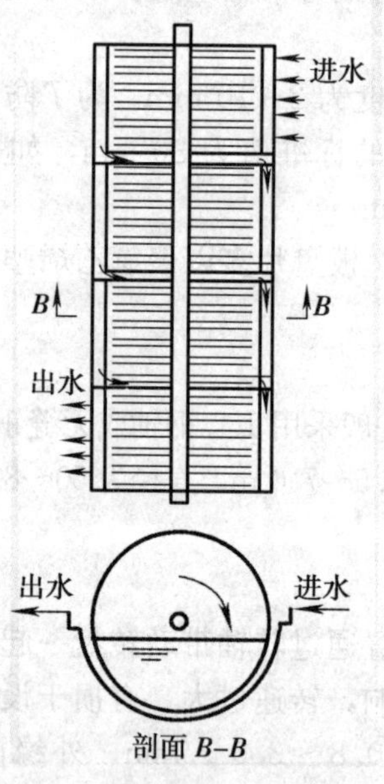

图 6—12 单轴四级生物转盘平面与剖面示意图

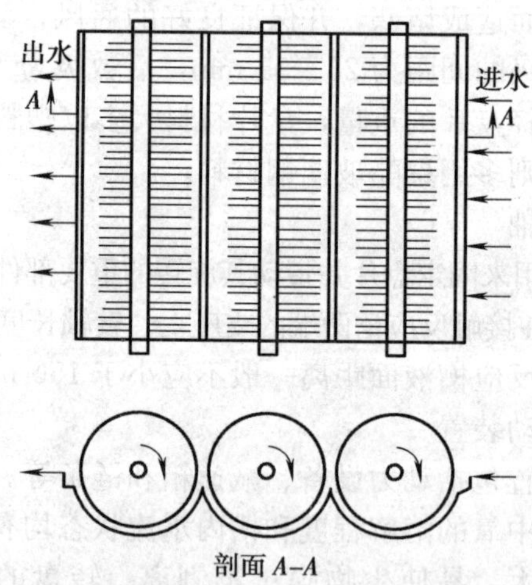

图 6—13 多轴多级（三轴三级）生物转盘平面与剖面示意图

实践证明，处理同一种污水，如果盘片面积不变，将转盘分为多级串联运行，能够提高处理水水质和污水中溶解氧含量。

6.3.3　生物转盘的设计计算

生物转盘设计计算的主要内容是求定所需转盘的总面积，以该参数为基础进一步确定转盘总片数、氧化槽总容积、转轴长度和污水在氧化槽内的停留时间等参数。

（1）转盘总面积

按 BOD_5 面积负荷率计算：

$$A=\frac{QS_0}{N_A} \tag{6—15}$$

式中　A——转盘总面积，m^2；

Q——平均日污水量，m^3/d；

S_0——原污水 BOD_5 值，g/m^3；

N_A——BOD_5 面积负荷率，即单位盘片表面积（m^2）在 1 d 内能够接受并使转盘处理达到预期效果的 BOD_5 值，$g/(m^2 \cdot d)$，一般取 10～20 $g/(m^2 \cdot d)$。

按水力负荷计算：

$$A=\frac{Q}{N_q} \tag{6—16}$$

式中　N_q——水力负荷率，即单位盘片表面积（m^2）在 1 d 内能够接受并使转盘处理达到预期效果的污水量，$m^3/(m^2 \cdot d)$，一般取 50～100 $m^3/(m^2 \cdot d)$。

（2）转盘总片数

当盘片为圆形时，转盘总片数计算公式为：

$$M=\frac{4A}{2\pi D^2}\approx 0.637\frac{A}{D^2} \tag{6—17}$$

式中　M——转盘总片数；

D——圆形转盘直径，m^2。

当转盘为多边形或波纹板时，计算公式为：

$$M=\frac{A}{2a} \tag{6—18}$$

式中　a——多边形或波纹板面积，m^2。

上两式分母中的 2 是因为转盘两面均为有效面积。计算出转盘总片数后，根据具体情况确定转盘的级数，从而计算出每台转盘的盘片片数（m）。

（3）氧化槽有效长度

氧化槽有效长度计算公式如下：

$$L=m(d+b)K \tag{6—19}$$

式中　L——氧化槽有效长度，m；

m——每台转盘的盘片片数；

d——盘片间距，m；

b——盘片厚度，m，与盘片材料有关，一般为 0.001～0.013 m；

K——考虑污水流动的循环沟道的系数，取 1.2。

（4）氧化槽有效容积

此值与氧化槽形状有关，当采用半圆形时，氧化槽的总有效容积为：

$$V=(0.294\sim 0.335)\times(D+2\delta)^2L \quad (6—20)$$

氧化槽净有效容积为：

$$V'=(0.294\sim 0.335)\times(D+2\delta)^2\times(L-mb) \quad (6—21)$$

式中 δ——盘片边缘与氧化槽内壁净间距，m。

r/D一般取 0.06～0.1（r 为转轴中心距水面高度，一般为 150～300 mm）。当 r/D=0.1 时，系数取 0.294；当 r/D=0.06 时，系数取 0.335。

（5）转盘旋转速度

早期提出转盘旋转速度以 20 m/min 为宜，但当转盘水力负荷大而转速小时，氧化槽内的污水得不到充分混合。为达到混合目的，转盘的最小转速可按下列公式计算：

$$n_{最小}=\frac{6.37}{D}\times\left(0.9-\frac{1}{N_q}\right) \quad (6—22)$$

式中 $n_{最小}$——转盘最小转速，r/min。

（6）电动机功率

$$N_P=\frac{3.85R^4}{d\times 10}m\alpha\beta \quad (6—23)$$

式中 N_P——电动机功率，kW；

R——盘片半径，cm；

m——一根转轴上的盘片数；

α——同一电动机带动的转轴数；

β——生物膜厚度系数，见表 6—2。

表 6—2 生物膜厚度系数 β 值

膜厚度（mm）	0～1	1～2	2～3
β值	2	3	4

（7）污水在氧化槽内的停留时间

$$t=\frac{V'}{Q} \quad (6—24)$$

式中 t——污水在氧化槽内的停留时间，h，一般为 0.25～2.0 h；

V'——氧化槽净有效容积，m^3。

6.3.4 生物转盘处理技术的进展

为降低生物转盘法的动力消耗、节省工程投资和提高处理设施的效率，近年来，生物转盘技术取得了一些新的进展。主要包括由空气驱动的生物转盘、与沉淀池合建的生物转盘和与曝气池组合的生物转盘等。

（1）空气驱动式生物转盘

空气驱动式生物转盘如图 6—14 所示，在盘片外缘周围设空气罩，在转盘下侧设曝气管，管上装有扩散器，空气从扩散器吹向空气罩，产生浮力，使转盘转动。它主要应用于城市污水的二级处理。

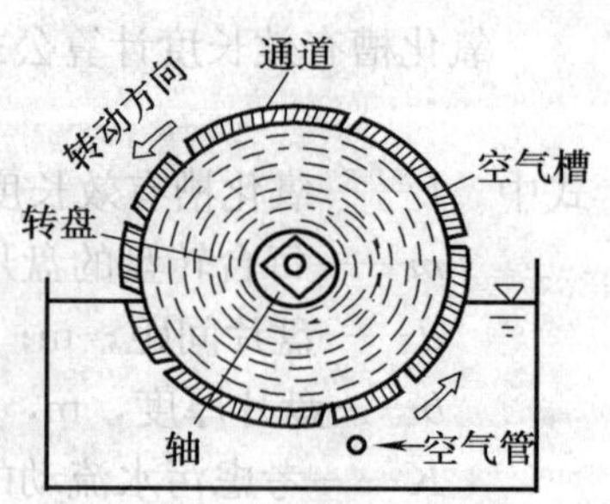

图 6—14 空气驱动式生物转盘

(2) 合建式生物转盘

与沉淀池合建的生物转盘如图 6—15 所示，将平流沉淀池做成二层，上层设置生物转盘，下层是沉淀区。生物转盘用于初沉池可起生物处理作用，用于二沉池可进一步改善出水水质。

(3) 与曝气池相组合的生物转盘

与曝气池组合的生物转盘如图 6—16 所示，它是在活性污泥曝气池中设生物转盘，以提高原有设备的处理效果和处理能力。

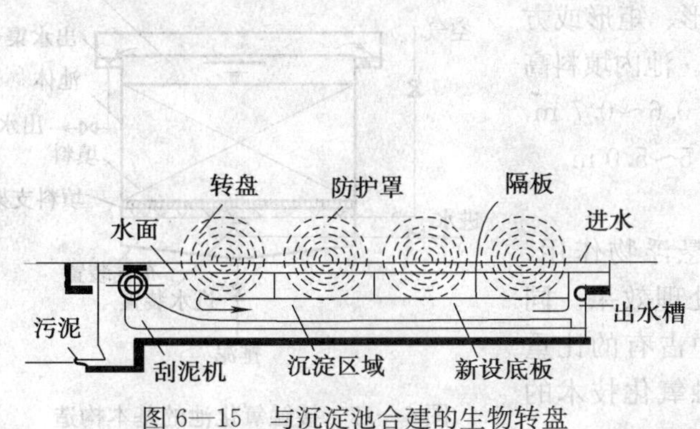

图 6—15　与沉淀池合建的生物转盘

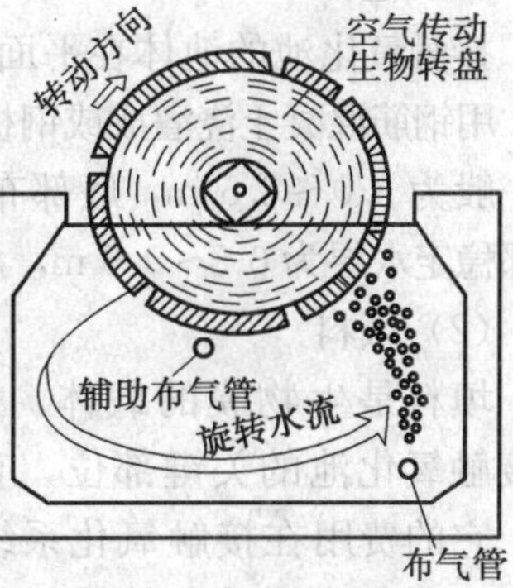

图 6—16　与曝气池组合的生物转盘

6.4　生物接触氧化池

生物接触氧化池又称为淹没式生物滤池，在其池内充填填料，使污水淹没填料，采用与曝气池相同的曝气方法，经曝气的污水以一定的流速流经填料层，使填料表面长满生物膜。曝气使污水与生物膜广泛接触，在生物膜上微生物的作用下，污水中有机污染物被去除，污水得到净化。

生物接触氧化法融合了生物膜法和活性污泥法的优点，既有生物膜工作稳定和耐冲击、操作简单的特点，又有活性污泥悬浮生长、与污水接触良好的特点。因此，深受污水处理领域的广泛重视。

生物接触氧化法的处理构筑物是接触氧化池，池内使用多种型式的填料，由于曝气，在池内形成液、固、气三相共存体系，有利于氧的转移，溶解氧充沛，适于微生物生存繁殖。在生物膜上的微生物除细菌、原生动物和后生动物外，还有氧化能力较强的丝状菌，而不发生污泥膨胀现象，在生物膜上形成稳定的生态系统和食物链。

由于丝状菌的大量滋生，在填料上的生物膜有条件形成一个呈立体结构的密集的生物网，使污水在其中通过起到“生物过滤”作用，能够有效地提高净化作用。

由于进行曝气有利于保持生物膜的活性和抑制厌氧膜的增殖，宜于提高氧的利用率，因此，能够保证较高浓度的活性生物量，其单位体积内水中和填料上的微生物浓度可达 10～20 g/L。由于微生物浓度高，使得生物接触氧化处理技术能够接受较高的有机负荷率，处理效率较高，有利于缩小池容，减少占地面积。

生物接触氧化处理技术具有较强的适应冲击负荷的能力，操作简单、运行方便，不需要污泥回流，并且污泥生成量少，污泥颗粒较大，易于沉淀。

6.4.1 生物接触氧化池的构造及形式

6.4.1.1 生物接触氧化池的构造

生物接触氧化池主要是由池体、填料、支架、曝气装置、进出水装置和排泥管等组成，如图 6—17 所示。

(1) 池体

接触氧化池的池体在平面上多呈圆形、矩形或方形，用钢筋混凝土浇灌成或钢板焊接制成。池内填料高度一般为 3.0～3.5 m，底部布水层高为 0.6～0.7 m，顶部稳定水层为 0.5～0.6 m，总高度为 4.5～5.0 m。

(2) 填料

填料是生物膜的载体，也起截留悬浮物作用，是接触氧化池的关键部位，直接影响处理效果。同时，它的费用在接触氧化系统的建设中占有的比重较大，所以选择适宜的填料关系到接触氧化技术的经济合理性。

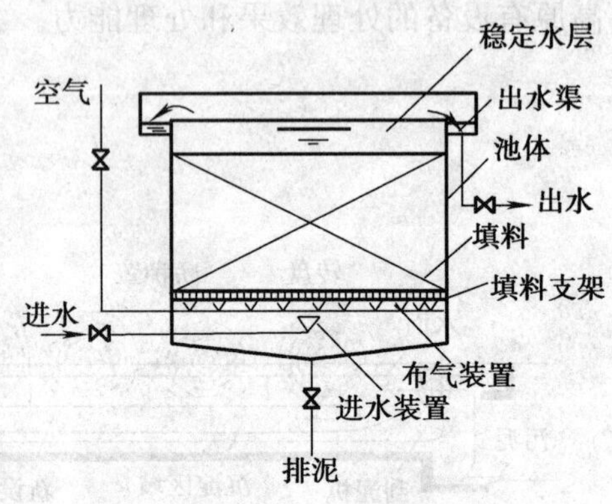

图 6—17 接触氧化池的基本构造

接触氧化池填料的选择要求是比表面积大、空隙率大，水力阻力小，水流流态好，利于发挥传质效应；有一定的生物附着力，形状规则，尺寸均一，表面粗糙度较大；化学与物理性能稳定，经久耐用；货源充足，价格便宜，运输和施工安装方便。

目前，生物接触氧化池中常用的填料有组合填料、软性纤维填料、弹性填料、蜂窝状填料等（见图 6—18)，此外，还有波纹板状填料、悬浮球填料和不规则填料等。

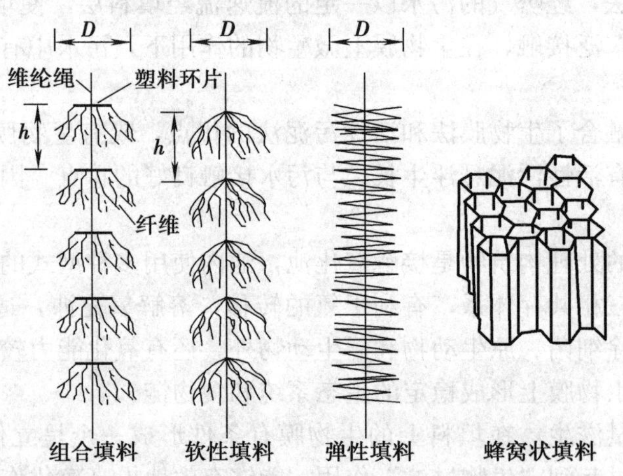

图 6—18 几种接触氧化池常用填料

(3) 布水装置

布水装置的作用是使进入生物接触氧化池的污水均匀分布。当处理水量较小时，可采用直接进水方式；当处理水量较大时，可采用进水堰或进水廊道等方式。

（4）曝气装置

曝气装置是接触氧化池的重要组成部分，与填料上的生物膜充分发挥降解有机污染物的作用、维持氧化池的正常运行和提高生化处理效率有很大关系，并且同氧化池的动力消耗有关。曝气装置的作用是充氧以维持微生物正常活动；进行充分搅动，形成紊流；防止填料堵塞，促进生物膜更新。

6.4.1.2　生物接触氧化池的结构形式

根据水流流态的不同，生物接触氧化池的结构形式可分为直流式和分流式两种，如图6—19所示。

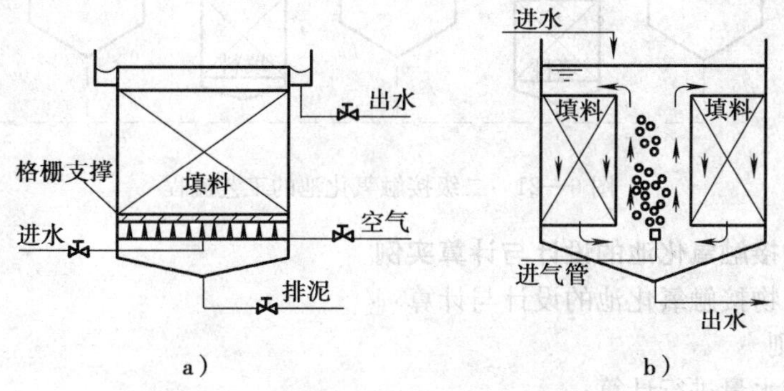

图 6—19　生物接触氧化池的结构形式

a）直流式　b）分流式

直流式生物接触氧化池直接从填料底部进行充氧，这种接触氧化池在国内使用较多。由于在填料下直接曝气，生物膜直接受到上升气流的搅动与剪切作用，加速了老化生物膜的脱落，有利于生物膜的更新，填料不易堵塞。

在分流式接触氧化池中，污水的充氧和同生物膜的接触分别在不同的隔间内进行，污水在单独的隔间内充氧，在池内进行单项或双向循环。而在填料间内，污水水流缓慢，与生物膜柔性接触，有利于微生物的生长繁殖。这种结构形式的接触氧化池的缺点是生物膜更新速度慢，易于堵塞。

6.4.2　生物接触氧化处理技术的工艺流程

生物接触氧化法的工艺流程一般可以分为一级（见图 6—20）、二级（见图 6—21）和多级等几种形式。在一级处理流程中，污水经初次沉淀池预处理后进入接触氧化池，出水经过二次沉淀池进行泥水分离后作为处理水排放。在二级处理流程中，两段接触氧化池串联运行，两个氧化池中间的沉淀池可设也可不设，在第一级氧化池内有机污染物与微生物比值较高（F/M），微生物处于对数增长期，BOD 负荷高，有机物去除较快，同时生物膜增长较快，在后一级氧化池内 F/M 较低，微生物增殖处于减速增长期或内源呼吸期，BOD 负荷低，处理水水质提高；多级处理流程是连续串联三座或多座生物接触氧化池组成的系统，在各池内有机污染物的浓度差异较大，前级池内 BOD 浓度高，后级则较低，因此，每池内的生物相也有很大不同，前级以细菌为主，后级则可出现原生动物或后生动物，这对处理效果有利，处理水水质非常稳定。另外，多级接触氧化池具有硝化和生物脱氮功能。

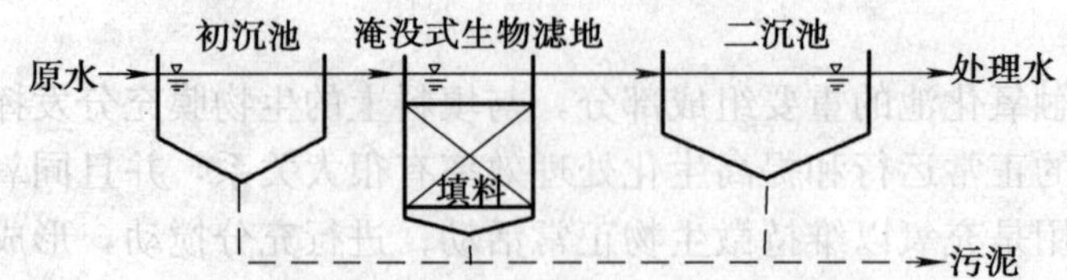

图 6—20　一级接触氧化池的工艺流程

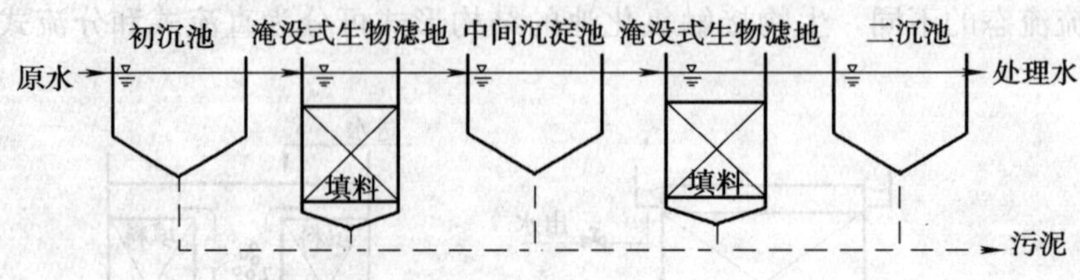

图 6—21　二级接触氧化池的工艺流程

6.4.3　生物接触氧化池的设计与计算实例

6.4.3.1　生物接触氧化池的设计与计算

（1）一般原则

1）按平均污水量进行计算；

2）池座数一般不应少于两座，并按同时工作考虑；

3）填料层高度一般取 3.0 m，当采用蜂窝状填料时，应分层装填，每层高 1.0 m，蜂窝内孔径不宜小于 25 mm；

4）池中污水的溶解氧含量一般应维持在 2.5～3.5 mg/L 之间，通常根据试验结果以气水比确定供气量。在处理城市污水时，气水比约为（3～5）：1，一般工业废水约为（15～20）：1；

5）为了保证布气布水均匀，每单元池面积一般不宜大于 25 m^2；

6）污水在池内的接触时间不得少于 2 h；

7）设计时采用的 BOD 负荷率最好通过试验确定，也可审慎地采用经验数据。一般处理城市污水可采用 1.0～1.8 kg BOD_5/（m^3·d）。

（2）设计计算公式

1）氧化池的有效容积。计算公式如下：

$$V=\frac{Q(L_a-L_t)}{M} \tag{6—25}$$

式中　V——氧化池的有效容积，m^3；

Q——平均日污水量，m^3/d；

L_a——进水 BOD_5 浓度，mg/L；

L_t——出水 BOD_5 浓度，mg/L；

M——容积负荷，g BOD_5/（m^3·d）。

2）氧化池总面积。计算公式如下：

$$F=\frac{V}{H} \tag{6—26}$$

式中 F——氧化池总面积，m^3；

H——滤料层总高度，m，一般 $H=3$ m。

3）氧化池格数。计算公式如下：

$$n=\frac{F}{f} \tag{6—27}$$

式中 n——氧化池格数，个，一般不小于 2 个；

f——每格氧化池面积，m^2，一般不大于 25 m^2。

4）校核接触时间。计算公式如下：

$$t=\frac{nfH}{Q}\times 24 \tag{6—28}$$

式中 t——氧化池有效接触时间，h。

5）氧化池总高度。计算公式如下：

$$H_0=H+h_1+h_2+(m-1)h_3+h_4 \tag{6—29}$$

式中 H_0——氧化池总高度，m；

h_1——超高，m，$h_1=0.5\sim0.6$ m；

h_2——填料上水深，m，$h_2=0.4\sim0.5$ m；

h_3——填料层间隙高，m，$h_3=0.2\sim0.3$ m；

h_4——配水区高度，m，当采用多孔管曝气时，不进入检修者的，$h_4=0.5$ m；可进入检验者的，$h_4=1.5$ m；

m——填料层数。

6）需气量。计算公式如下：

$$D=D_0Q \tag{6—30}$$

式中 D——需气量，m^3/d；

D_0——1 m^3 污水需气量，m^3/m^3。

6.4.3.2 生物接触氧化池的计算实例

已知某居民区日平均污水量 $Q=2\ 500\ m^3/d$，污水 BOD_5 浓度 $L_a=100\sim150$ mg/L，拟采用生物接触氧化法处理，出水 BOD_5 浓度 $L_t\leqslant20$ mg/L。试设计生物接触氧化池。

解：已知 $Q=2\ 500\ m^3/d$，$L_a=150$ mg/L，$L_t=20$ mg/L，取容积负荷 $M=1\ 500$ g $BOD_5/(m^3\cdot d)$，接触时间 $t=2$ h，则接触氧化池有效容积为：

$$V=\frac{Q(L_a-L_t)}{M}=\frac{2\ 500\times(150-20)}{1\ 500}\approx216.7\ (m^3)$$

取接触氧化填料层总高度 $H=3$ m，则接触氧化池面积为：

$$F=\frac{V}{H}=\frac{216.7}{3}\approx72.2\ (m^2)$$

取接触氧化池格数 $n=8$，则每格接触氧化池面积为：

$$f=\frac{F}{n}=\frac{72.2}{8}\approx9\ (m^2)$$

每格接触氧化池尺寸 $L\times B=3\times3$ m。

有效接触时间为：

$$t = \frac{nfH}{Q} \times 24 = \frac{8 \times 9 \times 3}{2\,500} \times 24 \approx 2.1\ (\text{h})\ (符合要求)$$

取 $h_1 = 0.6$ m，$h_2 = 0.5$ m，$h_3 = 0.3$ m，$h_4 = 1.5$ m，填料层数 $m = 3$ 层，则接触氧化池总高度为：

$$H_0 = H + h_1 + h_2 + (m-1)h_3 + h_4 = 3 + 0.6 + 0.5 + 2 \times 0.3 + 1.5 = 6.2\ (\text{m})$$

污水在池内的实际停留时间：

$$t' = \frac{nf(H_0 - h_1)}{Q} \times 24 = \frac{8 \times 9 \times (6.2 - 0.6)}{2\,500} \times 24 \approx 3.87\ (\text{h})$$

选用 $\varphi 25$ mm 的玻璃钢蜂窝状填料，则填料总体积为：

$$V' = nfH = 8 \times 9 \times 3 = 216\ (\text{m}^3)$$

采用多孔管鼓风曝气供氧，取气水比 $D_0 = 15\ \text{m}^3/\text{m}^3$，则所需总空气量：

$$D = D_0 Q = 15 \times 2\,500 = 37\,500\ (\text{m}^3/\text{d})$$

每格需气量：

$$D_1 = D_0 / n = 37\,500/8 = 4\,687.5\ (\text{m}^3/\text{d})$$

6.5 生物流化床

生物流化床是以砂、活性炭、焦炭一类的较小惰性颗粒为载体填充在床内，载体表面被生物膜所覆盖，污水以一定的流速从下向上流动，使载体处于流化状态。由于载体颗粒小，总体表面积大，每立方米载体的表面积可达 2 000～3 000 m^2，因此，具有较大的生物量。此外，载体处于流化状态，污水从其下部和左、右侧流过，不断地和载体上的生物膜接触，又由于载体颗粒小，在床内比较密集，互相碰撞摩擦，生物膜活性也高，从而强化了传质过程，并由于载体不停地流动，还能够有效地防止堵塞问题。因此，生物流化床具有 BOD 容积负荷高、处理效果好、占地少以及投资省等特点。

6.5.1 生物流化床的工艺类型

按使载体流化的动力来源进行分类，生物流化床可分为液流动力流化床、气流动力流化床和机械搅拌流化床。

(1) 液流动力流化床

又称为二相流化床，即在流化床内只有污水（液相）和载体（固相）相接触，而在单独的设备内对污水进行充氧，完全依靠水流使载体流化。工艺流程如图 6—22 所示。

本工艺以纯氧或空气为氧源，使污水与回流水在充氧设备中与纯氧或空气相接触，氧转移至污水中，使污水中溶解氧含量得以提高。当使用纯氧时，污水中溶解氧含量可提高到 30 mg/L 以上；一般以空气为氧源时，污水中溶解氧较低，一般在 8～10 mg/L。

经过充氧后的污水从底部通过布水器进入生物流化床，推动载体处于流化状态，污水中的有机物在载体上生物膜的作用下进行生物降解，处理后的污水从上部流出床外，进入二次沉淀池，分离脱落的生物膜，处理水得到澄清。

为了及时脱除载体上的老化生物膜，在流程中设有脱膜设备。脱膜设备间歇工作，脱膜

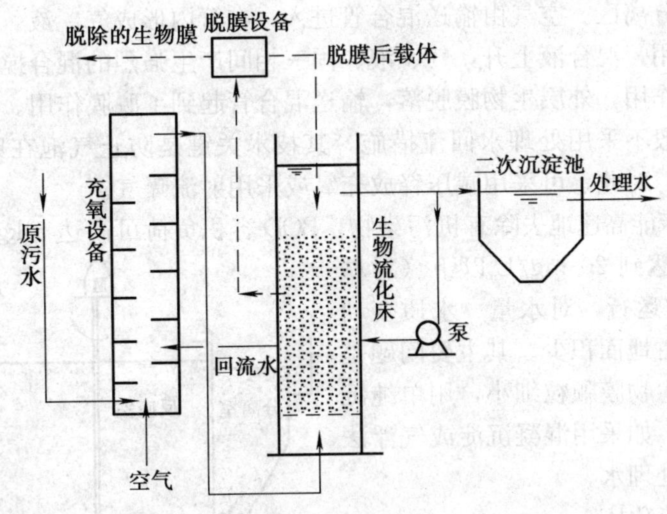

图 6—22 液流动力流化床（二相流化床）

后的载体再次返回流化床，脱除下来的生物膜作为剩余污泥排出系统外。

长满生物膜的载体，生物高度密集，耗氧速率很高，对污水的一次充氧通常不足以保证对氧的需求，此外，单纯依靠原污水的流量也不足以使载体流化，因此，要使部分处理水循环回流。

回流水循环率（R）可由以下公式计算：

$$R=\frac{(S_0-S_e)D}{O_0-O_e}-1 \tag{6—31}$$

式中 S_0——原污水的 BOD_5 浓度，mg/L；

S_e——处理水的 BOD_5 浓度，mg/L；

D——去除每千克 BOD_5 所需的氧量，kg，对于城市污水，此值一般为 1.2～1.4；

O_0——原污水的溶解氧浓度，mg/L；

O_e——处理水的溶解氧浓度，mg/L。

R 值确定后还应通过试验校核载体是否流化，一般 R 值应以使载体流化为准。

如以空气为氧源，由于污水中溶解氧含量较低，往往需要采用较大的循环率，因此，动力消耗较大。

（2）气流动力流化床

又称为三相流化床，即污水（液）、载体（固）和空气（气）三相物质同步进入床体，污水充氧和载体流化同时进行。工艺流程如图 6—23 所示。

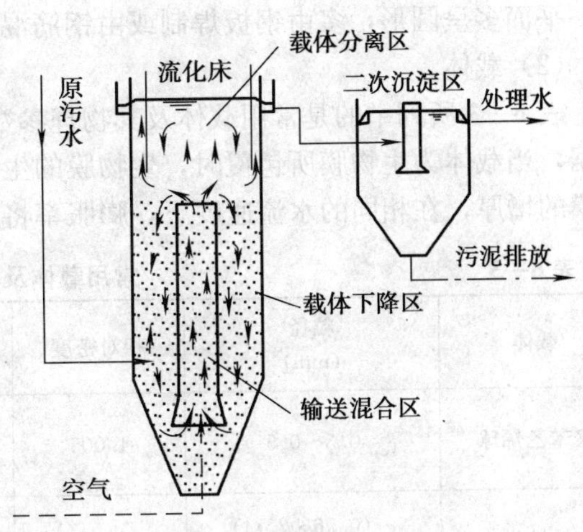

图 6—23 气流动力流化床（三相流化床）

气流动力流化床由三部分组成，在床体中心设输送混合管，其外侧为载体下降区，上部则为载体分离区。空气由输送混合管进入，在管内形成气、液、固三相混合体，空气起到扬水器的作用，混合液上升，气、液、固三相间产生强烈的混合搅拌作用，载体之间也产生强烈的摩擦作用，外层生物膜脱落，输送混合管起到了脱膜作用。

这种流化床一般不采用处理水回流措施，其技术关键是防止气泡在床内并合形成大气泡，影响充氧效果，对此，可采用减压释放充氧或采用射流曝气。

气流动力流化床能高速地去除有机污染物，BOD 容积负荷可达 5 kg BOD_5/（m^3·d），处理水的 BOD_5 可达到 20 mg/L 以下（对城市污水）；便于维护运行，对水量、水质变动有一定的适应性；占地面积少。其主要问题是脱落在处理水中的生物膜颗粒细小，用单纯沉淀法难以全部去除，如采用混凝沉淀或气浮法则能够获得优质的处理水。

（3）机械搅拌流化床

又称悬浮粒子生物膜处理工艺，如图 6—24 所示。

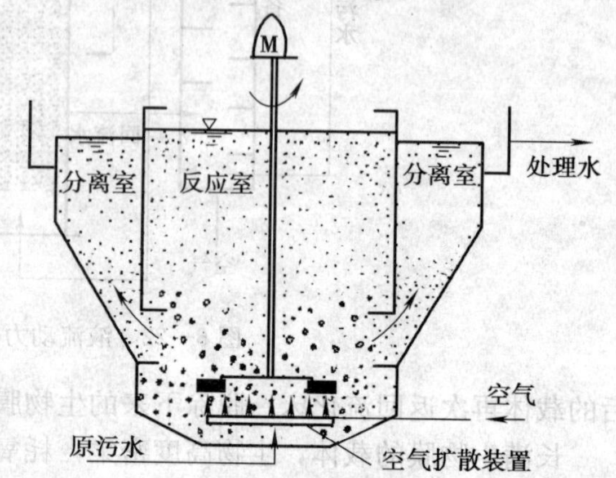

图 6—24　机械搅拌流化床

采用一般的空气扩散装置充氧，池内分为反应室和固液分离室两部分，在池中央接近于底部安装叶片搅拌器，通过搅拌使载体呈流化悬浮状态。填充的载体为粒径 0.1～0.4 mm 之间的砂、焦炭或活性炭，粒径小于一般的载体。

机械搅拌流化床的降解速率高，反应室载体的比表面积较大，可达 8 000～9 000 m^2/m^3；载体流化、悬浮，反应可保持均一性，生物膜与污水接触效率较高；MLVSS 值比较固定。

6.5.2　生物流化床的构造

生物流化床由床体、载体、布水装置、充氧装置和脱膜装置等部分组成。

（1）床体

平面多呈圆形，多由钢板焊制或由钢筋混凝土浇筑砌制。

（2）载体

表 6—3 所列举的是常用载体及其物理参数。表中数据是载体在无生物膜生长条件下的数据，当载体为生物膜所包覆时，生物膜的生长情况对载体的膨胀率有明显影响，即随着生物膜的增厚，在相同的水流速度下，膨胀率将显著增加。

表 6—3　　常用载体及其物理参数

载体	粒径（mm）	相对密度	载体高度（m）	膨胀率（%）	空床时水流上升速度（m/h）
聚苯乙烯球	0.3～0.5	1.005	0.7	50	2.95
				100	6.90
活性炭	φ（0.96～2.14）×L（1.3～4.7）	1.50	0.7	50	84.26
				100	160.50

续表

载体	粒径 (mm)	相对密度	载体高度 (m)	膨胀率 (%)	空床时水流上升速度 (m/h)
焦炭	0.25～3.0	1.38	0.7	50	56
				100	77
无烟煤	0.5～1.2	1.67	0.7	50	53
				100	62
细石英砂	0.25～0.5	2.50	0.7	50	21.60
				100	40

(3) 布水装置

均匀布水是流化床能够发挥正常净化功能的技术关键。布水不均可能导致部分载体堆积，破坏床体工作。此外，布水装置又是载体的承托层，要在床体停水时保证载体不流失，并易于再次启动。

常用的布水装置有单层多孔板、多孔板砾石层、圆锥布水装置和泡罩分布板等。

(4) 脱膜装置

脱膜装置主要用于液动流化床，可单独设置，也可设在流化床的上部，依靠载体之间的摩擦和剪切作用脱膜。

6.6 曝气生物滤池

曝气生物滤池（Biological Aerated Filter）简称 BAF，是 20 世纪 80 年代末 90 年代初在普通生物滤池的基础上，借鉴给水滤池工艺而开发的污水处理新工艺，最初用于污水的三级处理，后发展成直接用于二级处理。该技术不仅可用于水体富营养化处理，而且可广泛地用于城市污水、小区生活污水、生活杂排水和食品加工废水、酿造和造纸等高浓度废水的处理。目前，曝气生物滤池已从单一的工艺逐渐发展成系列综合工艺，具有去除 SS、COD、BOD，硝化，脱氮除磷，除去 AOX（有害物质）的作用，其最大特点是集生物氧化和截留悬浮固体于一体，节省了后续的二次沉淀池，在保证处理效果的前提下，使污水处理工艺得到简化。此外，曝气生物滤池的有机污染物容积负荷高、水力负荷大、水力停留时间短、所需基建投资少、能耗及运行成本低，同时该工艺出水水质高。

曝气生物滤池是普通生物滤池的一种变形形式，也可看成是生物接触氧化法的一种特殊形式，即在生物反应器内装填比表面积大的颗粒滤料，以提供生物膜生长的载体，并根据污水流向不同分为下向流或上向流两种形式，污水由上向下或由下向上流过滤料层，在滤料层下部鼓风曝气，使空气与污水逆向或同向接触，使污水中的有机污染物与生长在滤料表面上的生物膜接触，通过生化反应而得到稳定，滤料同时也起到物理过滤作用。

20 世纪 90 年代初，我国就已开始对曝气生物滤池工艺进行试验研究和开发，中冶集团马鞍山钢铁设计研究总院环境工程公司、北京环境保护科学研究院、清华大学等是我国研究开发该技术较早的单位，并已将曝气生物滤池成功地应用于多个大、中、小型污水处理工程，随着实际工程的投产运行，曝气生物滤池所具有的特殊优点越来越受到我国水处理界各方的高度关注。

6.6.1 曝气生物滤池的构造

根据污水在滤池运行中过滤方向的不同，曝气生物滤池可分为上向流和下向流滤池，除污水在滤池中的流向不同外，上向流和下向流滤池的池型结构基本相同。早期曝气生物滤池的应用形式大多都是下向流态，但随着上向流态曝气生物滤池比之下向流滤池的众多优点被人们所认同，近年来国内外实际工程中绝大多数采用上向流曝气生物滤池结构。本节以上向流曝气生物滤池为例，对其结构进行介绍。图6—25为典型的曝气生物滤池构造图。从图6—25可看出，曝气生物滤池的结构形式与普通快滤池类似，曝气生物滤池主体由滤池池体、滤料层、承托层、布水系统、布气系统、反冲洗系统、出水系统、管道和自控系统组成。

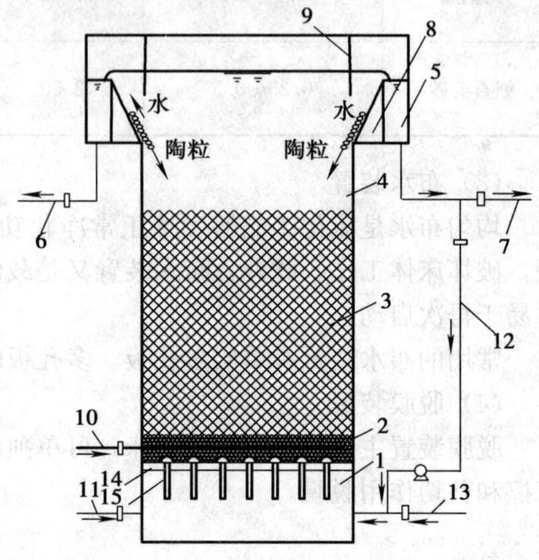

图6—25 曝气生物滤池

1—缓冲配水区 2—承托层 3—滤料层 4—出水区 5—出水槽 6—反冲洗排水管 7—净化水排出管 8—斜板沉淀区 9—栅型稳流板 10—曝气管 11—反冲洗供气管 12—反冲洗供水管 13—滤池进水管 14—滤料支撑板 15—长柄滤头

曝气生物滤池从结构上共分成三个区域，即缓冲配水区1、承托层2及滤料层3、出水区4及出水槽5。待处理污水由管道13流入缓冲配水区1，污水在向上流过滤料层时，经滤料上附着生长的生物膜净化处理后，经过出水区4和出水槽5由管道7排出。缓冲配水区的作用是使污水均匀流过滤池。在待处理污水进入滤池的同时，由鼓风机鼓风并通过管道10向池内供给生物膜代谢所需的空气（氧源），生长在滤料上的生物膜从污水中吸取可溶性有机污染物作为其生理活动所需的营养物质，在代谢过程中将有机污染物分解，使污水得到净化。在滤池反冲洗时，较轻的滤料有可能被水流带至出水口处，并在斜板沉淀区8处沉降，而回流至滤池内，以保证滤池内的微生物浓度。斜板沉淀器的倾斜角度是根据实际运行经验而设定，以保证脱落的生物膜在运行或反冲洗时能随水流被带到池外，而滤料则不会带到池外。当滤池运行到一定程度时，由于滤料上增厚生物膜的脱落，出水中会带有部分脱落的生物膜，使出水水质变差，这时必须关闭进水管阀门，启动反冲洗水泵，利用储备在清水池中的处理出水对滤池进行反冲洗，反冲洗采用气、水联合反冲洗。为保证布水、布气均匀，在滤料支撑板12上均匀布置有曝气生物滤池专用的配水、配气滤头15。

6.6.2 曝气生物滤池的设计运行参数

曝气生物滤池的有关设计运行参数参见表6—4。

表 6—4 曝气生物滤池的有关参数

特征参数	滤料直径（mm） 生物滤床高度（m） 生物滤床单位面积（m^2）	3～8 2～4 100
运行参数	过滤速度（$m^3/m^2\cdot h$） 曝气速率（$m^3/m^2\cdot h$） BOD_5 去除负荷率（$kg/m^3\cdot d$）	2～8 4～15 4～7
生物滤池冲洗	冲洗水流速（$m^3/m^2\cdot h$） 冲洗气速（$m^3/m^2\cdot h$） 冲洗间隙 冲洗时间（min） 冲洗水量（%）	0.1～1.5（最大 2.0） 0.8～4.0（最大 5.0） 12 h，3 d 30～40 5～40

在采用曝气生物滤池工艺的工程设计时，必须针对污水种类和处理水水质要求，并根据同类污废水处理厂站的实际运行或实验数据加以分析后选择确定设计运行参数，在设计时还要留有一定余量。

6.7 生物膜法的运行管理

生物膜法和活性污泥法有着不同的特点，其运行管理有所不同。同为生物膜法的生物滤池、生物转盘、生物接触氧化和生物流化床的运行管理也存在着差异。

6.7.1 生物膜的培养

生物膜的培养称为挂膜，有自然挂膜法和接种挂膜法两种。

（1）自然挂膜法

可生化性较强的污水一般都含有已适应水质环境的微生物，可采用自然挂膜法培养生物膜。该法先用待处理污水小负荷进入生物膜反应器，进行闭路循环。1～2 d 更换一次循环液，直到载体表面出现一层黏性生物膜后，改为小负荷连续进水（如果进水浓度高，应回流），这一过程一般需要 3～7 d。

连续进水后，若生物膜逐渐增厚，则加大进水有机负荷率（减小回流比，加大原污水流量）。当进出水指标达到设计要求时，即完成生物膜培养，进入正常运行。

（2）接种挂膜法

可生化性较差的污水含微生物少，一般要采用接种挂膜法培养生物膜。接种挂膜法须在生物膜培养过程中引入污泥作菌种，让污泥中的微生物附着生长到载体上形成稳定的生物膜。该法将待处理污水与菌种污泥混合，进入生物膜反应器，闭路循环 3～7 d，待载体上长出一层黏性生物膜，再改为小负荷连续进水。直到各项指标达到设计要求，即完成挂膜。

如果菌种污泥来自水质与待处理污水相同或相似的处理系统，则可直接挂膜培养；如果菌种污泥的水质与待处理污水相差较远，应先进行菌种污泥的驯化，再挂膜培养。

对难降解有机工业废水，可接种专性优势菌种培养生物膜。这样可缩短挂膜时间，提高净化效率。

6.7.2 生物膜法运行过程中的异常现象与处理措施

生物膜法不易发生污泥膨胀，无污泥回流，操作简单，运行稳定。但有时也会出现一些异常现象。

6.7.2.1 生物滤池运行中异常问题及处理措施

(1) 滤池积水

滤池积水的原因主要有：① 滤料的粒径太小或不够均匀；② 由于温度的骤变使滤料破裂以致堵塞空隙；③ 处理设备运转不正常，导致滤池进水中的悬浮物浓度过高；④ 生物膜的过度剥落堵塞了滤料间的空隙；⑤ 滤料的有机负荷过高。

滤池积水的预防和处理措施有：① 耙松滤池表面的滤料；② 用高压水流冲洗滤料表面；③ 停止运行积水面积上的布水器，让连续的废水流将滤料上的生物膜冲走；④ 向滤池进水中投配一定量的游离氯（15 mg/L），历时数小时，隔周投配；投配时间可在晚间低流量时期，以减小氯的需要量；⑤ 停转滤池一天或更长一些时间以便使积水滤干；⑥ 对于有水封墙和可以封住排水渠的滤池，可用废水淹没滤池并持续至少一天的时间；⑦ 如以上方法均无效时，可以更换滤料，这样做比清洗旧滤料更经济。

(2) 滤池蝇问题

防治滤池蝇的方法有：① 滤池连续进水不可间断；② 按照与减少积水相类似方法减少过量的生物膜；③ 每周或隔周用废水淹没滤池一天；④ 彻底冲淋滤池暴露部分的内壁，如尽可能延长布水横管，使废水能洒布于壁上，若池壁保持潮湿，则滤池蝇不能生存；⑤ 在厂区内消除滤池蝇的避难所；⑥ 在进水中加氯，使余氯为 0.5～1 mg/L，加药周期为 1～2 周，以避免滤池蝇完成生命周期；⑦ 在滤池壁表面施药杀灭欲进入滤池的成蝇，施药周期约 4～6 周，即可控制滤池蝇，但在施药前应考虑杀虫剂对受纳水体的影响。

(3) 臭味

滤池是好氧的，一般不会有严重的臭味，若有臭鸡蛋味，则表明存在厌氧的区域。臭味的防治措施有：① 维持所有设备（包括沉淀和废水系统）均为好氧状态；② 降低污泥和生物膜的积累量；③ 当流量低时向滤池进水中短期加氯；④ 出水回流；⑤ 保持整个污水厂的清洁；⑥ 避免下水系统出现堵塞；⑦清洗所有滤池通风口；⑧ 将空气压入滤池的排水系统以加大通风量；⑨ 避免高负荷冲击，如避免牛奶加工厂、罐头厂高浓度废水的进入，以免引起污泥的积累；⑩ 在滤池上加盖并对排放气体除臭。

此外，美国曾用加过氧化氢到初级塑料滤池出水除臭，丹麦还曾用塑料球覆盖在滤池表面上除臭等。

(4) 滤池表面结冰问题

滤池在冬天不仅处理效率低，有时还可能结冰，使其完全失效。

防止滤池结冰的措施有：① 减少出水回流倍数，有时可完全不回流，直至气候缓和为止；② 调节喷嘴，使之布水均匀；③ 在上风向设置挡风屏；④ 及时清除滤池边表面出现的冰块；⑤ 当采用二级滤池时，可使其并联运行，减少回流量或不回流，直至气候转暖。

(5) 布水管及喷嘴的堵塞问题

布水管及喷嘴的堵塞使废水在滤料表面上分布不均，结果进水面积减少，处理效率降低。严重时大部分喷嘴堵塞，会使布水器内压增高而爆裂。

布水管及喷嘴堵塞的防治措施有：清洗所有孔口，提高初次沉淀池对油脂和悬浮物的去除率，维持滤池适当的水力负荷以及按规定对布水器进行涂油润滑等。

(6) 生物膜过厚的问题

生物膜内部厌氧层的异常增厚，可发生硫酸盐还原，污泥发黑发臭，可导致生物膜活性低下，大块脱落，使滤池局部堵塞，造成布水不均，不堵的部位流量及负荷偏高，出水水质下降。

防止生物膜过厚的措施有：① 加大回流量，借助水力冲脱过厚的生物膜；② 采取两级滤池串联，交替进水；③ 低频进水，使布水器的转速减慢，从而使生物膜厚度下降。

6.7.2.2 生物转盘运行中异常问题及处理措施

(1) 生物膜严重脱落

在转盘启动的两周内，盘面上生物膜大量脱落是正常的，当转盘采用其他水质的活性污泥来接种时，脱落现象更为严重。但在正常运行阶段，膜的大量脱落会给运行带来困难。产生这种情况的主要原因可能是由于进水中含有过量毒物或抑制生物生长的物质，如重金属、氯或其他有机毒物。此时应及时查明毒物来源、浓度、排放的频率与时间，立即将氧化槽内的水排空，用其他废水稀释。彻底解决的办法是防止毒物进入；如不能控制毒物进入时应避免负荷达到高峰，或在污染源采取均衡的办法，使毒物负荷控制在允许的范围内。

pH 值突变是造成生物膜严重脱落的另一原因，当进水 pH 值在 6.0～8.5 范围时，运行正常，膜不会大量脱落。若进水 pH 值急剧变化，pH 值小于 5 或大于 10.5，将导致生物膜大量脱落。此时，应投加化学药剂予以中和，以使进水 pH 值保持在 6.0～8.5 的正常范围内。

(2) 产生白色生物膜

当进水发生腐败或含有高浓度的硫化物如硫化氢、硫化钠、硫酸钠等，或负荷过高使氧化槽内混合液缺氧时，生物膜中硫细菌会大量繁殖，并占优势。有时除上述条件外，进水偏酸性，膜中丝状菌会大量繁殖。此时，盘面会呈白色，处理效果大大下降。

防止产生白色生物膜的措施有：① 对原水进行预曝气；② 投加氧化剂（如双氧水、硝酸钠等）；③ 对废水进行脱硫预处理；④ 消除超负荷状况，增加第一级转盘的面积，将一、二级串联运行改为并联运行以降低第一级转盘的负荷。

(3) 固体的累积

沉砂池或初沉池中悬浮固体去除率不佳，会导致悬浮固体在氧化槽内累积并堵塞废水进入的通道。挥发性悬浮固体（脱落的生物膜）在氧化槽内大量积累也会产生腐败、发臭并影响系统运行。

在氧化槽中累积的固体物数量上升时，应用泵将其抽去，并检验固体的类型，以针对产生累积的原因加以解决。如属原生固体累积则应加强生物转盘预处理系统的运行管理；若属次生固体累积，则应适当增加转盘的转速，增加搅拌强度，使其便于同出水一道排出。

(4) 污泥漂浮

从盘片上脱落的生物膜呈大块絮状，一般用二次沉淀池加以去除。二次沉淀池的排泥周期通常采用 4 h。周期过长会产生污泥腐化；周期过短，则会增加污泥处理系统的负担。但二次沉淀池去除效果不佳、排泥不足或排泥不及时等都会形成污泥漂浮现象。由于生物转盘不需要回流污泥，污泥漂浮现象不会影响转盘生化需氧量的去除率，但会严重影响出水水质。因此，应及时检查排污设备，确定是否需要维修，并根据实际情况适当增加排泥次数，以防止污泥漂浮现象的发生。

6.7.2.3　接触氧化池运行中异常问题及处理措施

（1）生物膜过厚、结球

在采用生物接触氧化法工艺的废水处理系统中，在进入正常运行阶段后的初期，效果往往逐渐下降，究其原因是因为在挂膜结束后的初期生物膜较薄，生物代谢旺盛、活性强，随着运行的兼性生物膜不断生长加厚，由于周围悬浮液中溶解氧被生物膜吸收后须从膜表面向内渗透转移，途中不断被生物膜上的好氧微生物所吸收利用，膜内层微生物活性低下，进而影响到处理的效果。

在固定悬浮式填料的处理系统中，应在氧化池不同区段悬挂下部不固定的一段填料，操作人员应定期将填料提出水面观察其生物膜的厚度，在发现生物膜不断增厚，生物膜呈黑色并散发出臭味，运行日报表也显示处理效果不断下降时应采取措施“脱膜”，此时可通过瞬时的大流量、大气量的冲刷使过厚的生物膜从填料上脱落下来，此外还可以采用“闷”的方法，即停止曝气一段时间，产生的气体使生物膜与填料间的“黏性”降低，此时再以大气量冲刷脱膜效果较佳。

（2）积泥过多

在接触氧化池中悬浮生长的“污泥”主要来源于脱落的老化生物膜，预处理阶段未分离彻底的悬浮固体也是其中一个原因。较小絮体及解絮的游离细菌可随出水外流，而吸附了大量砂粒杂质的大块絮体比重较大，难以随出水流出而沉积在池底，这类大块的絮体若未能从池中及时排出，会逐渐自身氧化，同时释放出的代谢产物称之为“二次基质”，会提高处理系统的负荷，其中一部分代谢产物属于不可生物降解的组分，会使出水COD升高，并因而影响处理的效果。另外，池底积泥过多还会引起曝气器微孔堵塞。为了避免这种情况的发生，应定期检查氧化池底部是否积泥，池中悬浮固体的浓度（脱落的生物膜）是否过高，一旦发现池底积有黑臭污泥或悬浮物浓度过高时应及时借助于氧化池中的排泥系统排泥。由于排泥口较少，在排泥时常常发现排泥数分钟甚至几十秒后黑臭污泥迅速减少，而代之以上层的悬浊液，这是因为沉积在池底的污泥流动性较差所致，这时可采用一面曝气一面排泥的方式，通过曝气使池底积泥松动后再排，必要时还可以在空压机的出气口中临时安装橡胶管，管前端安装一细小的铜管或塑料管，人工移动管口朝着池子的四角及易积泥的底部充气，使积泥重新悬浮后随出水外排或从排泥口排走。如此操作有利于污泥的更新，促使污泥“吐故纳新”。

本章小结

本章主要介绍了生物膜法的净化机理、类型、工艺流程、构造、设计计算与生物膜法的运行管理。在学习过程中，可以从污水处理设备、方法特点、经济效益等方面对各种类型的生物膜处理方法进行比较，针对不同的污水处理项目提出处理方法和工艺流程。

生物膜法不易发生污泥膨胀，无污泥回流，操作简单，运行稳定。但有时也会出现一些异常现象，根据实际情况采用相应的方法加以控制。

练习题

1. 填空题

（1）生物滤池由__________、__________、__________和__________四部分组成，可分为__________、__________、和__________三种。一般情况下，生物滤池进水 BOD_5 不得高于__________ mg/L，否则应采用出水回流稀释。

（2）生物转盘主要由________、________、________和________四部分组成，生物转盘的组合形式有________、________、________。

（3）生物接触氧化池主要由__________、__________、__________、__________、__________和__________等组成，其中填料主要有__________、__________、__________、__________等类型。

（4）生物流化床主要由________、________、________、________和________构成。

（5）影响曝气生物滤池运行的主要参数有__________、__________、__________等类别。

2. 判断题

（1）生物膜处理法的主要运行形式有氧化塘、生物转盘、生物接触氧化池和生物流化床。（　）

（2）曝气生物滤池有臭味说明供氧不足。（　）

（3）温度的骤变不会导致生物滤池积水。（　）

（4）在生物膜培养过程中，如果菌种污泥的水质与待处理污水相差较远，可先进行菌种污泥的驯化，再挂膜培养。（　）

（5）只有当生物转盘进水发生腐败或含有高浓度的硫化物时，才会产生白色生物膜。（　）

（6）固定悬浮式填料的处理系统出现生物膜不断增厚，可通过冲刷或“闷”的方法，使生物膜与填料间的“黏性”降低，从而降低生物膜的厚度。（　）

3. 简答题

（1）生物膜法净化废水的基本原理是什么？

（2）简述生物膜的生物相特征。

（3）影响生物膜生长的因素有哪些？

（4）生物膜法有哪几种形式？各有什么特点？

（5）在进行生物滤池的设计时，低负荷滤池一般不需设计回流系统，而高负荷滤池必须设计回流系统，为什么？

（6）采用生物膜法处理污水时，常用的挂膜方法有哪些？如何进行挂膜？

（7）生物转盘有什么优缺点？

(8) 为什么生物转盘的处理能力高于生物滤池?

(9) 试叙述生物接触氧化法的特点。

(10) 简述生物流化床的分类和工作原理。

(11) 试分析比较生物膜法和活性污泥法的优缺点。一般来说，在什么情况下采用活性污泥法?什么情况下采用生物膜法?

4. 综合题

(1) 某污水流量 1 000 m^3/d，COD=500 mg/L，采用生物接触氧化法处理，要求出水 COD≤80 mg/L。实验得容积负荷 N_v=1.8 kgCOD/(m^3·d)，适宜气水比为 15～20 m^2/m^3。试设计推流式生物接触氧化池。

(2) 某生活污水 500 m^3/d，BOD_5 为 400 mg/L，用生物滤池处理，要求出水 BOD_5≤30 mg/L，试设计高负荷生物滤池。

7 污水的厌氧生物处理

本章学习目标

1. 了解污水厌氧生物处理的机理及其主要特征。

2. 理解并掌握厌氧接触法、厌氧滤池、升流式厌氧污泥床（UASB）、厌氧复合床等厌氧反应器的构造特点、净化功能、设计要点及工程应用。

3. 熟悉污水厌氧生物处理影响因素，掌握启动厌氧反应器的方法，能控制厌氧反应器运行。

7.1 概 述

污水厌氧生物处理研究开始于19世纪末，从1881年法国人Louis H. Mouras采用一种“自动净化器”处理粪便污水至今，废水厌氧生物处理技术的研究与开发已经有120余年的历史。20世纪50年代以前，厌氧生物处理技术主要应用于城市污水污泥的处理，普遍应用的是普通厌氧生物处理法。普通厌氧生物处理法的主要缺点是水力停留时间长、有机负荷低、消化池的容积大及基建费用高，这些缺点限制了厌氧生物处理技术在各种有机废水处理中的应用。

随着城市化、工业化的快速发展，有机废水水量急剧增加，若仍全部采用好氧处理，则需要耗费大量的能量。20世纪70年代以后，由于能源危机导致能源价格上涨，厌氧发酵技术以其节能并产能的特点日益受到重视，人们意识到开发高效节能厌氧生物处理技术的重要性，对这一技术在废水处理领域的应用开展了广泛、深入的科学研究工作，开发了一系列效率高的厌氧生物处理工艺与设备，大幅度地提高了厌氧反应器内污泥的持有量，使废水处理时间大大缩短，处理效率成倍提高，在废水处理领域显示出它的优越性。

近年来，厌氧过程反应机理和新型高效厌氧反应技术的研究都取得重要进展，厌氧生物处理技术不仅用于处理有机污泥、高浓度有机废水，而且还能有效地处理诸如城市污水这样的低浓度污水，具有十分广阔的发展前景，在废水生物处理领域发挥着越来越大的作用。

7.1.1 厌氧生物处理的机理

废水的厌氧生物处理，也称厌氧消化，是指在无分子氧条件下，通过厌氧微生物（包括兼性厌氧微生物）的新陈代谢作用，将污水中各种复杂的有机物分解转化为小分子物质（主要是 CH_4、CO_2、H_2S 等）的处理过程。厌氧消化涉及众多的微生物种群，并且各种微生物种群都有相应的营养物质和各自的代谢产物。各微生物种群通过直接或间接的营养关系，组成了一个复杂的共生系统。

由于厌氧反应是一个极其复杂的过程，从 20 世纪 30 年代开始，有机物的厌氧消化过程被认为是由不产甲烷的发酵细菌和产甲烷的产甲烷细菌共同作用的两阶段厌氧消化过程，如图 7—1 所示。

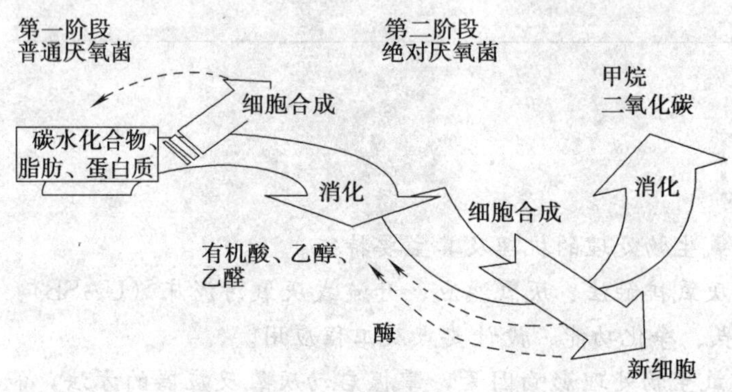

图 7—1　两阶段厌氧消化过程示意图

第一阶段常被称做酸性发酵阶段，即由发酵细菌把复杂的有机物水解和发酵（酸化）成低分子中间产物，如形成脂肪酸（挥发酸）、醇类、CO_2 和 H_2 等；因为在该阶段有大量脂肪酸产生，使发酵液的 pH 值降低，所以此阶段被称为酸性发酵阶段或产酸阶段。第二阶段常被称做碱性或甲烷发酵阶段，是由产甲烷细菌将第一阶段的一些发酵产物进一步转化为 CH_4 和 CO_2 的过程。由于有机酸在第二阶段不断被转化为 CH_4 和 CO_2，同时系统中有 NH_4^+ 的存在，使发酵液的 pH 值不断上升，所以此阶段被称为碱性发酵阶段或产甲烷阶段。

两阶段理论简要地描述了厌氧生物处理过程，但没有全面反映厌氧消化的本质。研究表明，产甲烷菌能利用甲酸、乙酸、甲醇、甲基胺类和 H_2/CO_2，但不能利用两碳以上的脂肪酸和除甲醇以外的醇类产生甲烷，因此两阶段理论难以确切地解释这些脂肪酸或醇类是如何转化为 CH_4 和 CO_2 的。

随着对厌氧消化微生物研究的不断深入，厌氧消化中不产甲烷细菌和产甲烷细菌之间的相互关系更加明确。1979 年，伯力特（Bryant）等人根据微生物的生理种群，提出的厌氧消化三阶段理论，是当前较为公认的理论模式。该理论认为产甲烷菌不能利用除乙酸、H_2/CO_2 和甲醇等以外的有机酸和醇类，长链脂肪酸和醇类必须经过产氢产乙酸菌转化为乙酸、H_2 和 CO_2 等后，才能被甲烷菌利用。三阶段厌氧消化过程如图 7—2 所示。

第一阶段为水解发酵阶段。在该阶段，复杂的有机物在厌氧菌胞外酶的作用下，首先被分解成简单的有机物，如纤维素经水解转化成较简单的糖类；蛋白质转化成较简单的氨基

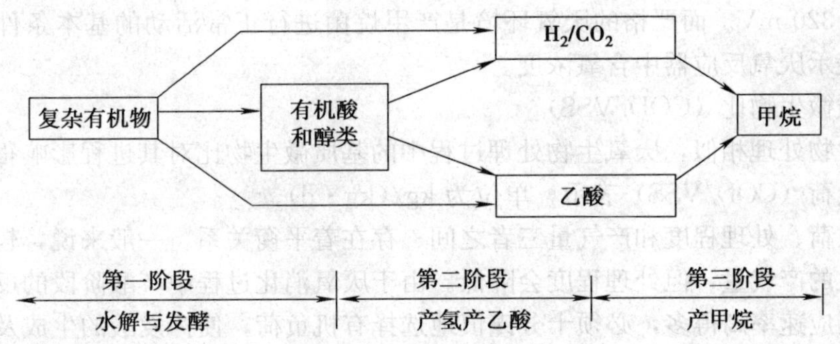

图 7—2 三阶段厌氧消化过程示意图

酸；脂类转化成脂肪酸和甘油等。继而这些简单的有机物在产酸菌的作用下经过厌氧发酵和氧化转化成乙酸、丙酸、丁酸等脂肪酸和醇类等。参与这个阶段的水解发酵菌主要是专性厌氧菌和兼性厌氧菌。

第二阶段为产氢产乙酸阶段。在该阶段，产氢产乙酸菌把除乙酸、甲烷、甲醇以外的第一阶段产生的中间产物，如丙酸、丁酸等脂肪酸和醇类等转化成乙酸和氢，并有 CO_2 产生。

第三阶段为产甲烷阶段。在该阶段中，产甲烷菌把第一阶段和第二阶段产生的乙酸、H_2 和 CO_2 等转化为甲烷。

产酸细菌有兼性的，也有厌氧的，而甲烷细菌则是严格的厌氧菌。甲烷细菌对环境的变化，如 pH 值、重金属离子、温度等的变化，较产酸细菌敏感得多，细胞的增殖和产 CH_4 的速度都慢得多。因此，厌氧反应的控制阶段是产甲烷阶段，产甲烷阶段的反应速度和条件决定了厌氧反应的速度和条件。实质上，厌氧反应的控制条件和影响因素就是产甲烷阶段的控制条件和影响因素。

7.1.2 厌氧生物处理的影响因素

在工程技术上，研究产甲烷菌的通性是重要的，这将有助于打破厌氧生物处理过程分阶段的现象，从而最大限度地缩短处理过程的历时。因此厌氧反应的各项影响因素也以对产甲烷菌的影响因素为准。

(1) pH 值

产甲烷菌适宜的 pH 值应在 6.8～7.2 之间。污水和泥液中的碱度有缓冲作用，如果有足够的碱度中和有机酸，其 pH 值有可能维持在 6.8 以上，酸化和甲烷化两大类细菌就有可能共存，从而消除分阶段现象。此外，消化池池液的充分混合，对调整 pH 值也是必要的。

(2) 温度

从液温看，消化可在中温（35～38℃）进行（称中温消化），也可在高温（52～55℃）进行（称高温消化）。中温消化的消化时间（产气量达到总量 90%所需的时间）约为 20 d，高温消化的消化时间约为 10 d。因中温消化的温度与人体温度接近，故对寄生虫卵及大肠菌的杀灭率较低，高温消化对寄生虫卵的杀灭率可达 99%，但高温消化需要的热量比中温消化要高很多。

(3) 氧化还原电位

产酸发酵细菌氧化还原电位可以为－400～100 mV，培养产甲烷菌的初期，氧化还原电位不能高于−320 mV。而严格的厌氧环境是产甲烷菌进行正常活动的基本条件，可以用氧化还原电位表示厌氧反应器中含氧浓度。

（4）基质微生物比（COD/VSS）

与好氧生物处理相似，厌氧生物处理过程中的基质微生物比对其进程影响很大，在实用中常以有机负荷（COD/VSS）表示，单位为 kg/(kg·d)。

在有机负荷、处理程度和产气量三者之间，存在着平衡关系。一般来说，较高的有机负荷可获得较大的产气量，但处理程度会降低。由于厌氧消化过程中产酸阶段的反应速率比产甲烷阶段的反应速率高得多，必须十分谨慎地选择有机负荷，使挥发酸的生成及消耗不致失调，形成挥发酸的积累。为保持系统的平衡，有机负荷的绝对值不宜太高。随着反应器中生物量（厌氧污泥浓度）的增加，有可能在保持相对较低污泥负荷的条件下得到较高的容积负荷，这样，能够在满足一定处理程度的同时，缩短消化时间，减少反应器容积。总的说来，厌氧生物处理 COD 容积负荷率可以达到 5～10 kg/(m^3·d)，有的甚至高达 50 kg/(m^3·d)。

（5）厌氧活性污泥

厌氧活性污泥主要由厌氧微生物及其代谢的产物和吸附的有机物、无机物组成。厌氧活性污泥的浓度和性能与厌氧消化的效率有密切的关系。性状良好的污泥是厌氧消化效率的基础保证。厌氧活性污泥的性质主要表现为它的作用效能与沉淀性能，前者主要取决于污泥中活微生物的比例及其对底物的适应性。活性污泥的沉淀性能是指污泥混合液在静止状态下的沉降速度，它与污泥的凝聚性有关，与好氧处理一样，厌氧活性污泥的沉淀性也以 SVI 衡量。G. Lettinga 认为在升流式厌氧污泥床（UASB）反应器中，当活性污泥的 SVI 为 15～20 mL/g时，污泥具有良好的沉淀性能。

厌氧处理时，污水中的有机物主要靠活性污泥中的微生物分解去除，故在一定的范围内，活性污泥浓度越高，厌氧消化的效率也越高。但至一定程度后，效率的提高不再明显。这主要因为：①厌氧污泥的生长率低、增长速度慢，积累时间过长后，污泥中无机成分比例增高，活性降低；②污泥浓度过高有时易于引起堵塞而影响正常运行。

（6）搅拌与混合

厌氧消化是由细菌体的内酶和外酶与底物进行的接触反应，因此，必须使两者充分混合。此外，产乙酸菌和产甲烷菌之间存在着严格的共生关系。这种共生关系对于厌氧工艺的改进有实际意义，但如果在系统内进行连续地剧烈搅拌则会破坏这种共生关系。污水厌氧处理装置的运行实践也证实，当采用低速循环泵代替高速泵进行搅拌时，处理效果就会提高。搅拌的方法一般有水射器搅拌法、消化气循环搅拌法和混合搅拌法。

（7）基质的营养比例

为了满足厌氧发酵微生物的营养要求，需要一定的营养物质，在工程中主要是控制进入厌氧反应器污水的碳、氮、磷的比例。一般来说，处理含天然有机物的污水时不用调节，在处理化工废水时特别要注意使反应器进水中的碳、氮、磷保持一定的比例。

对于这三种主要营养元素之间的比例，不论是好氧反应还是厌氧反应，氮与磷比值是很好确定的，即 N∶P＝5∶1，但碳与它们的比值则差异很大。首先是由于厌氧反应与好氧反应之间的差异，好氧反应的细胞合成率高，而厌氧反应的细胞合成率低，因此，厌氧反应中所需的碳就会高很多。另一方面，不同性质的污水中所含的碳的可生物利用性不同，因此，不同性质的污水要求碳的比值不同。

大量试验表明，厌氧处理的碳∶氮∶磷宜控制在（200～300）∶5∶1（其中碳以COD表示，氮、磷以元素含量计）。在装置启动时，稍微增加氮素，有利于微生物的增殖，有利于提高反应器的缓冲能力。

（8）毒性物质

与其他生物系统一样，厌氧处理系统也应当避免有毒物质进入。一些含有特殊基团或者活性键的化合物对某些未经驯化的微生物常常是有毒的，但这些有毒的有机化合物本身也是可以被厌氧生物降解的，如三氯甲烷、三氯乙烯等。由于微生物对各种基质的适应能力是有一定限度的，一些化学物质超过一定浓度，就会对厌氧发酵产生抑制作用，甚至完全破坏厌氧过程。

1）金属元素的影响。金属元素对产甲烷菌的影响按Cr、Cu、Zn、Cd、Ni的顺序减小，也有资料介绍其顺序为Zn＞Cu＞Cd＞Cr^{6+}＞Cr^{3+}＞Fe。适量的碱金属和碱土金属有助于厌氧微生物的生命活动，可刺激微生物的活性。但含量过多，则会抑制微生物的生长。表7—1是部分常见阳离子对甲烷发酵速率的影响浓度。

表7—1　碱金属和碱土金属的刺激浓度和抑制浓度

种　类	刺激浓度（mg/L）	中等抑制浓度（mg/L）	强抑制浓度（mg/L）
钠（Na^+）	100～200	3 500～5 500	8 000
钾（K^+）	200～400	2 500～4 500	12 000
钙（Ca^{2+}）	100～200	2 500～4 500	8 000
镁（Mg^{2+}）	75～150	1 000～1 500	3 000

2）重金属的影响。重金属对细菌的毒害主要是由溶解成离子状态的重金属所致，表7—2列出了一些重金属离子的抑制浓度。此外，可溶性重金属与硫化物结合形成不溶性盐类，对微生物无毒害影响。因此，重金属即使浓度很高，如同时存在着与其相应的硫化物，也不致产生抑制作用。使1 mg/L的重金属沉淀所需要的硫化物大约为0.5 mg/L。

表7—2　几种重金属的抑制浓度

种　类	抑制浓度（mg/L）	种　类	抑制浓度（mg/L）
铜（Cu^{2+}）	1	汞（Hg^{2+}）	＜760
铬（Cr^{6+}）	1～3	铝（Al^{3+}）	50
铬（Cr^{3+}）	25	锌（Zn^{2+}）	5
镍（Ni^{2+}）	60～120	锂（Li^+）	350（500）

3）氨氮的影响。与碱金属和碱土金属一样，氨氮也有刺激浓度和抑制浓度之分。氨氮浓度为50～200 mg/L时，对厌氧反应器中的微生物有刺激作用；而氨氮浓度为1 500～3 000 mg/L时，则有明显的抑制作用。需要注意的是，反应器内的pH值决定了水中氨和铵离子间的分配百分比。当pH值较高时，对甲烷菌有毒性的游离氨的比例也会相应提高。表7—3列举了氨对厌氧微生物的影响浓度。

表 7—3　　氨对甲烷发酵的影响

影响程度	氨浓度（以 N 计）(mg/L)	影响程度	氨浓度（以 N 计）(mg/L)
有益	50～200	在高 pH 值时有抑制作用	1 500～3 000
无不利影响	200～1 000	有毒	高于 3 000

上述因素的影响和调控是厌氧生物处理技术中需要考虑的共性问题，同时，还必须关注不同处理工艺中的特殊因素。如在利用两相厌氧工艺的产酸相反应器处理硫酸盐废水时，硫酸盐转化为硫化物是生成碱度的反应，必然会使系统的碱度值与一般厌氧工艺有所区别，必须加以单独考察和分析。

7.2　厌氧接触法

7.2.1　厌氧接触法工艺流程

对于悬浮固体较高的有机污水，可以采用厌氧接触法，其流程如图 7—3 所示。污水先进入混合接触池（消化池）与回流的厌氧污泥相混合，然后经真空脱气器流入沉淀池。接触池中的污泥浓度要求很高，在 12 000～15 000 mg/L 之间，因此污泥回流量很大，一般是污水流量的 2～3 倍。

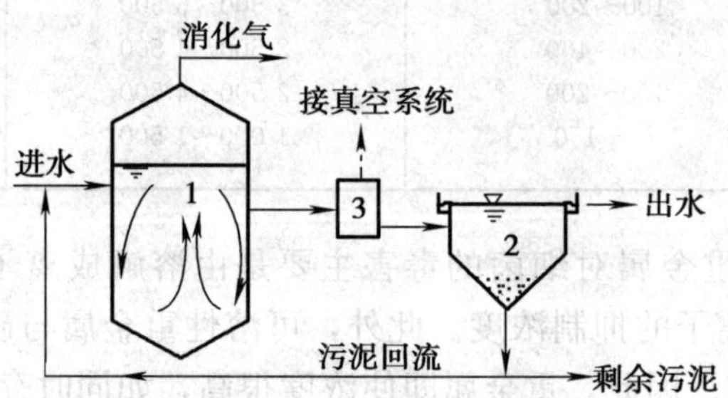

图 7—3　厌氧接触法工艺流程
1—混合接触池　2—沉淀池　3—真空脱气器

厌氧接触法实质上是厌氧活性污泥法，不需要曝气而需要脱气。厌氧接触法对悬浮固体含量高的有机污水（如肉类加工污水等）效果很好，悬浮颗粒成为微生物的载体，并且很容易在沉淀池中沉淀。在混合接触池中，要进行适当搅拌以使污泥保持悬浮状态。搅拌可以用机械方法，也可以用泵循环池水。据报道，肉类加工污水（BOD_5 约 1 000～1 800 mg/L）在中温消化时，经过 6～12 h（以污水流入量计）的厌氧接触池消化，BOD_5 去除率可达 90%以上。

7.2.2　厌氧接触法的特点

厌氧接触法的特点如下：

①通过污泥回流（回流量一般约为污水量的 2～3 倍），可以使消化池内保持较高的污泥浓度，一般可达 10～15 g/L，因此，该工艺耐冲击能力较强。

②消化池的容积负荷较普通消化池高，中温消化时，一般为 2～10 kg COD/（m^3 · d），

但不宜过高，在高的污泥负荷下，厌氧接触工艺也会产生类似好氧活性污泥法的污泥膨胀问题，一般认为接触反应器中的污泥容积指数（SVI）应为70～150 mL/g。

③水力停留时间比普通消化池大大缩短，如常温下，普通消化池为15～30 d，而接触法小于10 d。

④该工艺不仅可以处理溶解性有机污水，而且可以用于处理悬浮物含量较高的高浓度有机污水，但浓度不宜过高，否则将使污泥的分离发生困难。

⑤混合液经沉淀后，出水水质好，但需增加沉淀池、污泥回流和脱气等设备，厌氧接触法还存在混合液难以在沉淀池中进行固液分离的缺点。

7.2.3 厌氧接触法运行中常见问题与处理措施

从厌氧反应器排出的混合液中的污泥由于附着大量气泡，在沉淀池中易上浮到水面而被出水带走。此外进入沉淀池的污泥仍有产甲烷菌在活动，并产生沼气，使已沉淀的污泥上翻，固液分离效果不佳，回流污泥浓度因此降低，影响到反应器内污泥浓度的提高。对此，可采取下列技术措施：

①在反应器与沉淀池之间设脱气器，尽可能将混合液中的沼气脱除。但这种措施不能抑制产甲烷菌在沉淀池内继续产气。

②在反应器与沉淀池之间设冷却器，使混合液的温度由35℃降至15℃，以抑制产甲烷菌在沉淀池内活动，将冷却器与脱气器联用能够比较有效地防止产生污泥上浮现象。

③投加混凝剂，提高沉淀效果。

④用膜过滤代替沉淀池。

此外，为保证沉淀池分离效果，在设计时，沉淀池内表面负荷应比一般污水沉淀池表面负荷小，一般不大于1 m/h，混合液在沉淀池内停留时间比一般污水沉淀时间要长，可采用4 h。

7.3 厌氧生物滤池

7.3.1 厌氧生物滤池的构造

厌氧生物滤池（AF）又称厌氧固定膜反应器，是20世纪60年代末开发的新型高效厌氧处理装置，滤池呈圆柱形，池内装有填料，且整个填料浸没于水中，池顶密封。厌氧微生物附着于填料的表面生长，当污水通过填料层时，在填料表面的厌氧生物膜作用下，污水中的有机物被降解，并产生沼气，沼气从池顶部排出。滤池中的生物膜不断地进行新陈代谢，脱落的生物膜随出水流出池外，为分离被出水挟带的生物膜，一般在滤池后需设沉淀池。

填料是厌氧生物滤池的主体，其主要作用是提供微生物附着生长的表面及悬浮生长的空间。对填料的要求为：比表面积大，孔隙率高，表面粗糙，生物膜易附着，对微生物细胞无抑制和毒害作用，有一定强度，且质轻、价廉、来源广。常用的滤料有碎石、卵石、焦炭和各种形式的塑料滤料。碎石、卵石填料的比表面积较小（40～50 m^2/m^3），孔隙率较低（50%～60%），产生的生物膜较少，生物固体的浓度不高，有机负荷较低仅为3～6 kg COD/（$m^3 \cdot d$），此类滤池运行中容易发生堵塞现象与短流现象。塑料填料的比表面积和孔隙率都比较大，如波纹板滤料的比表面积达 100～200 m^2/m^3，孔隙率达 80%～90%，因此，有机负荷大为提高，在中温条件下，可达 5～15 kg COD/（m^3 · d），滤池在运行时不易堵塞。填料层高度，对于拳状滤料，高度以不超过 1.2 m 为宜；对于塑料填料，高度以 1～6 m 为宜。

厌氧生物滤池中除填料外，还有布水系统和沼气收集系统。

进水系统需考虑易于维修而又使布水均匀，且有一定的水力冲刷强度。对直径较小的厌氧滤池常用短管布水，对直径较大的厌氧滤池多用可拆卸的多孔管布水。

沼气收集系统包括水封、气体流量计等。

7.3.2 厌氧生物滤池的类型与特点

7.3.2.1 厌氧生物滤池的类型

按水流的方向厌氧生物滤池可分为两种主要形式（见图 7—4）。废水向上流动通过反应器的厌氧滤池称为升流式厌氧滤池，当有机物浓度和性质适宜时采用的有机负荷可高达 10～20 kgCOD/（m^3 · d）。另外还有降流式厌氧滤池，也叫降流式厌氧固定膜反应器（DSFF）。不管是什么形式，系统中的填料都是固定的，废水进入反应器内，逐渐被细菌水解酸化，转变为乙酸，最终被产甲烷菌转化为 CH_4，废水组成随反应器不同高度而变化。因此微生物种群分布也相应地发生规律性变化。在废水入口处，产酸菌和发酵细菌占较大比例；随着水流方向，产乙酸菌和产甲烷菌逐渐增多并占据主导地位。

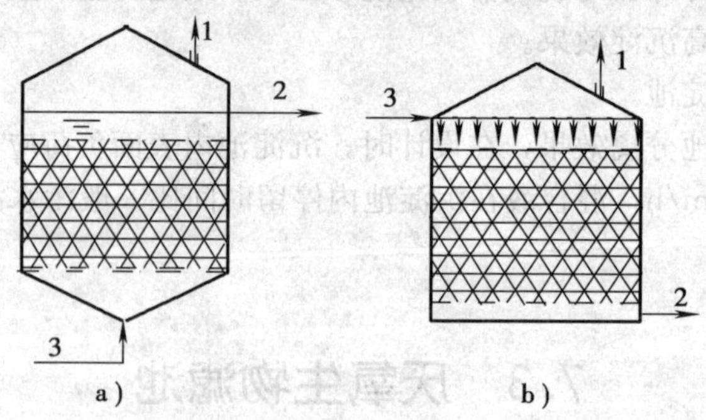

图 7—4 厌氧生物滤池的两种形式

1—沼气 2—出水 3—进水

a）升流式（AF） b）降流式（DSFF）

在厌氧滤池中，厌氧微生物大部分存在生物膜中，少部分以厌氧活性污泥的形式存在于滤料的孔隙中，厌氧生物滤池内厌氧微生物的浓度随填料高度的不同，存在很大的差别。升流式厌氧生物滤池底部的微生物浓度有时是其顶部微生物浓度的几十倍，因此底部容易出现部分填料间水流通道堵塞、水流短路现象。而降流式厌氧生物滤池向下的水流有利于避免填料层的堵塞，其中微生物浓度的分布比较均匀。在处理含硫废水时，由于产生毒性的 H_2S 大部分可以从上层逸出，因此在整个反应器内，H_2S 的浓度较小，有利于克服毒性的影响。经验表明，在相同的水质条件和水力停留时间下，升流式厌氧生物滤池的污染物去除率要比降流式厌氧生物滤池高，因此实际应用中的厌氧生物滤池多采用升流式。

7.3.2.2 厌氧生物滤池的特点

厌氧生物滤池的优点如下：

①生物固体浓度高，因此可以获得较高的有机负荷；

②微生物固体停留时间长，因此可以缩短水力停留时间，耐冲击负荷能力也较强；

③启动时间短，停止运行后再启动比较容易；

④不需污泥回流，运行管理方便。

厌氧生物滤池的缺点如下：一是载体较贵；二是如采用的填料不当，在污水中悬浮物较多的情况下容易发生短路和堵塞。

7.3.3 厌氧生物滤池的运行管理

(1) 启动厌氧生物滤池的步骤和注意事项

1) 选择合适的接种污泥，可用污水处理厂的消化污泥作为接种污泥，接种的体积至少为10%，如果接种污泥不含有毒抑制物，可将接种体积提高至30%～50%。

2) 接种污泥在投加前与一定量的待处理废水混合后一同加入反应器停留3～5 d后，系统内循环一段时间（几小时到几天），然后开始连续进液。

3) 启动初期，有机负荷应低于1.0 kg COD/（m^3·d）[或小于0.1 kg COD/（kg VSS·d）]。

4) 在启动期间，生物絮体浓度应保持在20 g VSS/L，以保证菌种的附着生长和防止污泥流失。

5) 负荷应当逐渐增加，一般当废水中可生物降解的COD去除率达到约80%时，即可适当提高负荷。如此重复进行直到达到反应器的设计能力。

6) 对于高浓度与有毒的废水要进行适当的稀释，并在启动过程中使稀释倍数逐渐减少。

厌氧滤池启动完成的标志是通过增殖与驯化，使生物膜和细胞聚集体达到预定的污泥浓度和活性，从而使反应器可在设计负荷下正常运行。

(2) 厌氧生物滤池运行中常见问题与处理措施

厌氧生物滤池运行中常见问题是处理含悬浮物浓度高的有机污水时，常发生堵塞和由此而引起的水流短路现象，而影响处理效率，此类问题在升流式厌氧生物滤池中更突出。处理措施如下：

1) 采用出水回流，以降低原废水中悬浮固体与有机物质浓度，提高水力负荷，提高池内水流的上升速度，减少滤料空隙间的悬浮物，减轻堵塞的可能性，可使滤料中的生物膜量趋于均匀分布，充分发挥滤池作用，提高净化功能；

2) 采用适当的预处理措施，降低进水悬浮物的浓度，防止填料的堵塞；

3) 还可以将厌氧生物滤池的进水方式由升流式改为平流式，即滤池前段下部进水，后段上部溢流出水，顶部设气室，同时使用软性填料。

7.4 升流式厌氧污泥床反应器

升流式厌氧污泥床反应器（UASB）是由荷兰的Lettinga等人在20世纪70年代开发的。他们在研究用升流式厌氧滤池处理马铃薯加工和甲醇废水时取消了池内的全部填料，并在池子的上部设置了气、液、固三相分离器，于是一种结构简单、处理效能很高的新型厌氧反应器便诞生了。UASB反应器一出现很快便获得广泛的关注与认可，并在世界范围内得到广泛的应用。1999 年统计的 1 522 个厌氧工艺中有超过 920 个采用了 UASB 反应器，占全部项目的 60%左右。到目前为止，UASB 反应器是最为成功的厌氧生物处理工艺。

UASB 反应器区别于其他厌氧生物处理装置的不同之处在于：①废水由下向上流过反应器；②污泥无需特殊的搅拌设备；③反应器顶部有特殊的三相分离器。其突出的优点是处理能力大、处理效率高、运行性能稳定。

7.4.1 升流式厌氧污泥床反应器的工作原理

UASB 反应器如图 7—5 所示。其工作原理是：在底部反应区内存留大量厌氧污泥，具有良好的沉淀性能和凝聚性能的污泥在下部形成污泥层；污水从厌氧污泥床底部均匀流入与污泥层中的污泥混合接触，污泥中的微生物分解污水中的有机物，并将其转化为沼气；沼气以微小气泡形式不断放出，微小气泡在上升过程中，不断合并，逐渐形成较大的气泡，在污泥床上部由于沼气的搅动形成一个污泥浓度较稀薄的悬浮污泥层，一起上升进入三相分离器，沼气碰到分离器下部的反射板时，折向反射板的四周，然后穿过水层进入气室，集中在气室的沼气，通过导管导出；固液混合液经过反射进入三相分离器的沉淀区，污水中的污泥发生絮凝，颗粒逐渐增大，并在重力作用下沉降，沉淀至斜壁上的污泥沿着斜壁滑回厌氧反应区内，使反应区内积累大量的污泥，与污泥分离后的处理出水从沉淀区上部溢流堰溢出，然后排出反应器。

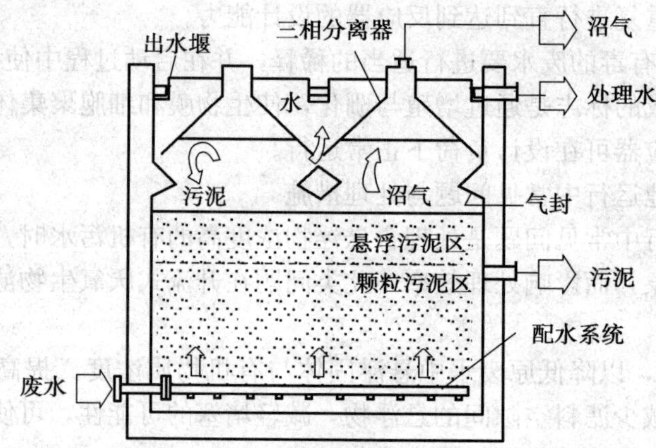

图 7—5 升流式厌氧污泥床反应器示意图

7.4.2 升流式厌氧污泥床反应器的构造与特点

7.4.2.1 UASB 反应器的构造

UASB 反应器主要由下列几部分构成：

①进水配水系统。进水配水系统的作用主要是将废水尽可能均匀地分配到整个反应器，并具有一定的水力搅拌功能。它是反应器高效运行的关键之一。

②反应区。其中包括污泥床区和污泥悬浮层区，有机物主要在这里被厌氧菌所分解，是反应器的主要部位。污泥床主要由沉降性能良好的厌氧污泥组成，SS 质量浓度可达 50～100 g/L 或更高。污泥悬浮层主要靠反应过程中产生的气体的上升搅拌作用形成，污泥质量浓度较低，SS 一般在 5～40 g/L 范围内。

③三相分离器。由沉淀区、回流缝和气封组成，其功能是把沼气、污泥和液体分开。污

泥经沉淀区沉淀后由回流缝回流到反应区，沼气分离后进入气室。三相分离器的分离效果将直接影响反应器的处理效果。

④出水系统。其作用是把沉淀区表层处理过的水均匀地加以收集，排出反应器。

⑤气室。也称集气罩，其作用是收集沼气。

⑥浮渣清除系统。其功能是清除沉淀区液面和气室表面的浮渣。如浮渣不多可省略。

⑦排泥系统。其功能是均匀地排除反应区的剩余污泥。

在 UASB 反应器中，最重要的设备是三相分离器，这一设备安装在反应器的顶部并将反应器分为下部的反应区和上部的沉淀区。三相分离器的一个主要目的就是尽可能有效地分离从污泥床中产生的沼气，特别是在高负荷的情况下。集气室下面反射板的作用是防止沼气通过集气室之间的缝隙逸出沉淀室。另外挡板还有利于减少反应室内高产气量所造成的液体紊动。

7.4.2.2　UASB 反应器的特点

由于在 UASB 反应器中能够培养得到一种具有良好沉降性能和高产甲烷活性的颗粒厌氧污泥，因而相对于其他同类装置，颗粒污泥 UASB 反应器具有一定的优势。其突出特点为：

①有机负荷较高，水力负荷能满足要求。

②提供一个有利于污泥絮凝和颗粒化的物理条件，并通过工艺条件的合理控制，使厌氧污泥能保持良好的沉淀性能。

③通过污泥的颗粒化和流化作用，形成一个相对稳定的厌氧微生物生态环境，并使其与基质充分接触，最大限度地发挥生物的转化能力。

④污泥颗粒化后使反应器对不利条件的抗性增强。

⑤用于将污泥或流出液人工回流的机械搅拌一般维持在最低限度，甚至可完全取消，尤其是颗粒污泥 UASB 反应器，由于颗粒污泥的密度比人工载体小，在一定的水力负荷下，可以靠反应器内产生的气体来实现污泥与基质的充分接触。因此，UASB 可省去搅拌和回流污泥所需的设备和能耗。

⑥在反应器上部设置的三相分离器，使消化液携带的污泥能自动返回反应区内，对沉降良好的污泥或颗粒污泥避免了附设沉淀分离装置、辅助脱气装置和回流污泥设备，简化了工艺，节约了投资和运行费用。

⑦在反应器内不需投加填料和载体，提高了容积利用率，避免了堵塞问题。

正因如此，UASB 反应器已成为第二代厌氧处理反应器中发展最为迅速、应用最为广泛的装置。目前 UASB 反应器不仅用于处理高、中等浓度的有机废水，也开始用于处理诸如城市污水这样的低浓度污水。但大量工程应用显示，以 UASB 为代表的第二代厌氧反应器还存在一些不足，当反应器布水系统等已经确定后，如果在低温条件下运行，或在启动初期（只能在低负荷下运行），或处理较低浓度有机废水时，由于不可能产生大量沼气的较强扰动，反应器中混合效果较差，从而出现短流。如果提高反应器的水力负荷来改善混合状况，则会出现污泥流失等。

7.4.3　升流式厌氧污泥床反应器的工艺设计

(1) 容积负荷

在厌氧生物处理法中，有机负荷通常指容积有机负荷，简称容积负荷，即厌氧反应器单位有效容积每天接受的有机物量［kg COD/（m^3·d）］。容积负荷对有机物降解、污泥增长和污泥活性产生直接影响。提高容积负荷可以加快污泥增长和有机物降解效率，同时减少了反应器容积。但当容积负荷过高时，可能发生有机酸积累，pH 值下降，抑制消化过程。对某种特定污水，反应器的容积负荷一般应通过试验确定，容积负荷值与反应器的温度、污水的性质和浓度有关。如果有同类型的污水处理资料，可以作为参考选用。

下面介绍几类典型的 UASB 处理污水的容积负荷。

1）处理低浓度污水（COD＝1 000～2 000 mg/L）的允许负荷。处理低浓度污水，UASB 的最大允许负荷列于表 7—4，表中的数据可以用来指导不同温度下低浓度溶解性污水的设计。

表 7—4　不同温度下 UASB 反应器处理低浓度污水的允许负荷

温度（℃）	容积负荷［kg COD/（m^3·d）］ 4～6 m 高反应器 平　均
16～19	3
22～26	4～5
＞26	6～8

2）处理中、高浓度污水（COD≥2 000 mg/L）的允许负荷

①中、高浓度溶解性污水。中、高浓度溶解性污水的设计负荷依赖于活性污泥的量、接触程度和有机物的可生化性，特别是污泥的产甲烷活性，从而依赖于温度。表 7—5 给出了 UASB 工艺的设计参数。这一类污水的代表是柠檬酸废水、淀粉废水（去除悬浮物后）和其他溶解性工业废水。

表 7—5　不同温度下颗粒污泥 UASB 反应器处理溶解性 VFA[①] 和非 VFA（稍微酸化）废水

温度（℃）	UASB［kg COD/（m^3·d）］	
	VFA 废水	非 VFA 废
15	2～4	1.5～3
20	4～6	2～4
25	6～12	4～8
30	10～18	8～12
35	15～24	12～18
40	20～32	15～24

注：①VFA：挥发性脂肪酸。

②中、高浓度复杂废水。这一类废水比较多，大部分工业废水都可以纳入。可供采用的 UASB 反应器设计负荷列于表 7—6，由于废水中存在 SS 和限制性化合物，可采用的容积负荷显著低于溶解性废水。

表 7—6 不同不溶性 COD 条件下颗粒和絮状污泥 UASB 反应器可采用的容积负荷

废水 COD 浓度（mg/L）	不溶性 COD 组分（%）	在 30℃时采用的负荷 [kg COD/（m^3·d）]	
		絮状污泥	颗粒污泥
		低 TS 去除	高 TS 去除
2 000	10～30 30～60 60～100	8～12 8～14 不能采用	2～4 2～4 不能采用
2 000～6 000	10～30 30～60 60～100	12～18 12～24 不能采用	3～5 2～6 2～6
6 000～9 000	10～30 30～60 60～100	15～20 15～24 不能采用	4～6 3～7 3～8
9 000～18 000	10～30 30～60 60～100	8～12 TSS>6～8 g/L 有问题	2～4 3～7 3～7

注：TS 指总固体；TSS 指总悬浮固体。

(2) 水力停留时间（HRT）

目前，UASB 反应器有效容积（包括沉淀区和反应区）的计算公式之一是：

$$V = AH = Qt \tag{7—1}$$

式中 V——反应器有效容积，m^3；

A——反应器横截面积，m^2；

H——反应器有效高度，m；

t——允许的最大水力停留时间，h 或 d；

Q——废水流量，m^3/d。

从 $V=Qt$ 可知，在低浓度废水处理时，反应器的容积主要取决于水力停留时间，而与其负荷大小无关。其中 t 的大小与反应器内污泥类型（是否形成颗粒污泥）和三相分离器的效果有关。

表 7—7 给出了不同温度下 UASB 反应器处理低浓度污水时的水力停留时间（HRT）。

表 7—7 不同温度下 UASB 反应器处理低浓度污水的水力停留时间

温度（℃）	HRT（h）	
	4～6 m 高反应器	
	日平均	峰值（2～6 h）
16～19 22～26 >26	4～6 3～4 2～3	3～4 2～3 1.5～2

表 7—8 给出了处理低浓度城市污水和屠宰废水时采用 UASB 反应器系统设计参数（温度>20℃）。

表 7—8 低浓度城市污水和屠宰废水采用的 UASB 反应器系统设计参数（温度>20℃）

系统	上升流速（m/h）	COD 去除率（%）	水力停留时间（h）
絮状污泥 UASB 反应器	<1.0	60～80	6～8
颗粒污泥 UASB 反应器	<1.0	60～80	4～6

（3）三相分离器

在 UASB 反应器中，三相分离器是 UASB 反应器最有特点和最重要的装置。三相分离器横断面几何关系如图 7—6 所示。它同时具有以下两个功能：①能收集从分离器下的反应室产生的沼气；②使得在分离器之上的悬浮物沉淀下来。

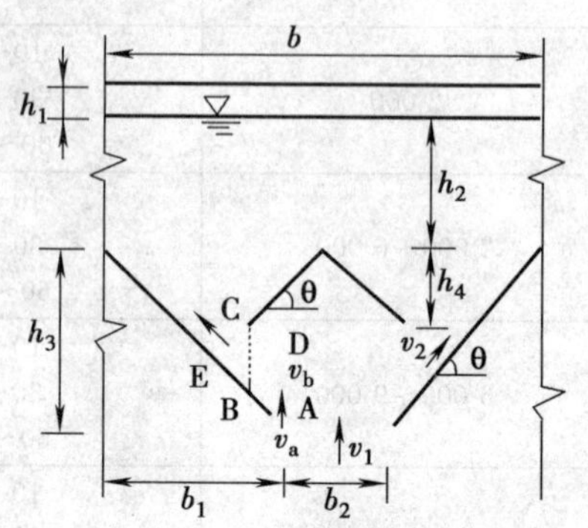

图 7—6 三相分离器横断面几何关系

上述两种功能均要求三相分离器的设计避免沼气气泡上升到沉淀区，如其上升到表面将引起出水浑浊，降低沉淀效率，并且损失了所产生的沼气。

三相分离器的设计可分为三个内容：沉淀区设计、回流缝设计和气液分离设计。在实际的工程应用中，图 7—6 所示的分离器形式较为常用，在此以其为例来进行三相分离器断面的几何设计计算。

1）沉淀区设计。三相分离器沉淀区的设计方法与普通二次沉淀池的设计相似，主要考虑两项因素，即沉淀面积和水深。沉淀区的面积根据废水量和沉淀区的表面负荷确定，由于在沉淀区的厌氧污泥与水中残余的有机物尚能产生生化反应，有少量的沼气产生，对固液分离有一定的干扰，这种情况在处理高浓度有机废水时可能更为明显，所以建议表面负荷一般应小于 1.0 m^3/（m^2·d）。三相分离器集气罩（气室）顶以上的覆盖水深可采用 0.5～1.0 m，集气罩斜面的坡度应采用 55°～60°，沉淀区斜面（或斗）的高度建议采用 0.5～1.0 m。不论何种形式三相分离器，其沉淀区的总水深应不小于 1.5 m，并保证在沉淀区的停留时间为 1.5～2.0 h。满足上述条件可取得良好的固液分离效果。

2）回流缝设计。由图 7—6 可知，三相分离器由上、下两组重叠的三角形集气罩组成，根据几何关系可得：

$$b_1 = h_3/\tan\theta \tag{7—2}$$

式中 b_1——下三角形集气罩底的 1/2 宽度，m；

h_3——下三角形集气罩的垂直高，m；

θ——下三角形集气罩斜面的水平夹角，一般采用 55°～60°。

下三角形集气罩之间的污泥回流缝中混合液的上升流速（v_1）可用下式计算：

$$v_1 = Q/S_1 \tag{7—3}$$

$$S_1 = b_2 ln \tag{7—4}$$

式中 v_1——回流缝中混合液的上升流速，m/h；

Q——反应器设计废水流量，m^3/h；

S_1——下三角形集气罩回流缝的总面积，m^2；

b_2——相邻两个下三角形集气罩之间的水平距离，m，即污泥回流缝之一；

l——反应器的宽度，即三相分离器的长度，m；

n——反应器的三相分离器单元数。

为了使回流缝的水流稳定，污泥能顺利地回流，建议流速 $v_1<2$ m/h。上三角形集气罩与下三角形集气罩斜面之间回流缝的流速（v_2）可用下式计算：

$$v_2 = Q/S_2 \tag{7—5}$$

$$S_2 = 2ncl \tag{7—6}$$

式中 S_2——上三角形集气罩回流缝的总面积，m^2；

c——上三角形集气罩回流缝的宽度，即为图 7—6 中的 C 点至 AB 斜面的垂直距离 CE，建议 $c>0.2$ m，m。

为了使回流缝和沉淀区的水流稳定，确保良好的固液分离效果和污泥回流，要求满足：$v_2<v_1<2.0$ m/h。

3）气液分离设计。由三相分离器构造可知，欲达到良好的气液分离效果，上、下两组三角形集气罩的斜边下端必须有一定的重叠。重叠的水平距离（AB 的水平投影）越大，气体分离效果越好，去除气泡的直径越小，对沉淀区固液分离效果的影响越小。所以，重叠量的大小是决定气液分离效果好坏的关键，重叠量一般应达 10～20 cm 或由计算确定。

（4）反应器高度

选择适当的反应器高度，应从设备运行和经济两方面综合考虑。

1）从运行方面考虑，影响因素如下：

①高度会影响上升流速。高流速增加反应器系统的扰动和污泥与进水有机物之间的接触，但流速过高会引起污泥流失。为保持反应器内有足够多的污泥，上升流速不能超过一定的限值，因而反应器的高度也就会受到限制。在采用传统的 UASB 系统的情况下，上升流速的平均值一般不超过 0.5 m/h；

②高度对于厌氧消化效率的影响与 CO_2 的溶解度有关。反应器越高溶解的 CO_2 浓度越高，因此，pH 值越低。如果 pH 值低于最优值，会危害系统厌氧消化的效率。

2）从经济上考虑，影响因素如下：

①土方工程随反应器池深的增加而增加，但占地面积则相反；

②考虑当地的气候和地形条件，一般将反应器建造在半地下，以减少建筑和保温费用；

③高程选择应该使得污水（或出水）不用或少用提升。

综上所述，最经济的反应器高度（深度）一般是在 4～6 m 之间，并且在大多数情况下这也是系统最优化的运行范围。

7.4.4 启动升流式厌氧污泥床反应器

7.4.4.1 反应器初次启动

废水厌氧生物处理反应器成功启动的标志是，在反应器中短期内培养出活性高、沉降性能优良并适用于处理废水水质的厌氧污泥。在实际生产中，生产性厌氧反应器建造完成后，快速顺利地启动反应器是整个废水处理工程中的关键性因素。

UASB 反应器能有良好的去除效果，关键在于 UASB 反应器内有极好沉降性能和较高生物活性的颗粒状污泥。与絮状污泥相比，颗粒状的厌氧污泥有如下特点：①沉降性能好，不容易被冲刷出反应器；②污染负荷高，颗粒状的厌氧活性污泥的污染容积负荷可达 30～

50 kg COD/（m^3·d），在 UASB 反应器中 90%的有机物是由颗粒状的污泥去除的；③颗粒状污泥产气量高。

UASB 反应器启动可以有以下几个阶段：

第一阶段：启动初始阶段。在此阶段，反应器中的污染容积负荷应该低于 2 kg COD/（m^3·d），或污泥有机负荷应在 0.05～0.1 kg COD/（kg·d）。在这一阶段中，因为上升水流的冲刷与逐渐产生的少量沼气上逸的推动，一些细小分散的污泥可能会被冲刷流出反应器。因此在 UASB 反应器启动阶段不能追求反应器的处理效果、产气率与出水水质，而应该将污泥的驯化与颗粒化作为主要工作目标。

第二阶段：在这一阶段可以将反应器容积有机负荷上升至 2～5 kg COD/（m^3·d）。在此阶段中污泥逐渐出现颗粒状，同时在出水中被冲刷洗出的污泥相比第一阶段逐渐减少，这时被洗出的污泥多为沉降性能较差的絮状污泥。厌氧污泥的驯化过程在这个阶段完成。

第三阶段：这一阶段反应器的容积负荷增加到 5 kg COD/（m^3·d）。絮状污泥迅速减少，颗粒状污泥的含量进一步增高，当反应器中普遍以颗粒污泥为主时，反应器的最大容积负荷可达到 50 kg COD/（m^3·d）。当反应器中污泥颗粒化完成之后，反应器的启动也就完成。

UASB 反应器启动的要点：

①接种 VSS 污泥量为 12～15 kg/m^3（中温性）；

②初始污泥 COD 负荷率为 0.05～0.1 kg/（kg·d）；

③当进水 COD 质量浓度大于 5 000 mg/L 时，采用出水循环或稀释进水；

④保持乙酸质量浓度约为 800～1 000 mg/L；

⑤除非 VFA 的降解率超过 80%，否则不增加污泥负荷率；

⑥允许稳定性差的污泥流失，洗出的污泥不再返回反应器；

⑦截住重质污泥。

7.4.4.2 工艺条件的控制

UASB 的启动分为两个阶段：第一阶段是接种污泥在适宜的驯化过程中获得一个合理分布的微生物群体；第二阶段是这种合理分布群体的大量生长、繁殖。

（1）接种污泥

厌氧消化污泥、河底淤泥、牲畜粪便、化粪池污泥及好氧活性污泥等均可作为反应器的接种污泥而培养出颗粒污泥。接种污泥的数量和活性是影响反应器成功启动的重要因素。不同的污泥接种量宏观地表现为反应器中污泥床高度不同。污泥床厚度以 2～3 m 为宜，太厚或过浅会加大沟流和短流。Lettinga 认为，中温性 UASB 反应器接种稠密型污泥时接种量范围为 12～15 kg/m^3，接种稀薄型污泥时接种量大约为 6 kg/m^3 左右；高温性 UASB 反应器最佳接种量范围为 6～15 kg/m^3。

（2）废水性质

Lettinga 认为，低浓度废水有利于 UASB 反应器的启动，主要是有利于其中污泥的结团，在低浓度下可避免毒物积累。COD 质量浓度大于 4 000 mg/L 时，废水采用出水回流或稀释为宜，以降低局部区域的基质浓度。

启动过程中，悬浮物质量浓度应控制在 2 g/L 以下。在处理粪便污水时，进水 SS 质量浓度应控制在 3.25～4.02 g/L 之间。UASB 反应器若采用颗粒污泥接种，随着启动过程的推进，反应器中颗粒污泥逐渐消失，究其原因，除了氨态氮的毒害作用外，悬浮物的影响也较大。对可生化性较差的废水，启动时适当加入易生化物质是有益的，如北京环保所处理醋酸生产废水和苯二甲酸生产废水时，分别添加了生活污水和淀粉，对 UASB 反应器的启动起到了很好的加速作用。

(3) 反应器的升温速率

不同种群产甲烷细菌对其适宜的生长温度范围均有严格要求。研究发现，反应器升温速率太快，会导致内部污泥的产甲烷活性短期下降。较合理的升温速率为 2～3℃/d，最快不宜超过 5℃/d。

(4) 进水 pH 值控制

在厌氧发酵过程中，环境的 pH 值对产甲烷细菌的活性影响很大，通常认为最适宜的 pH 值为 6.5～7.5。因此，启动初期进水 pH 值应根据出水 pH 值来进行控制，通常控制在 7.5～8.0 范围内比较适宜。由于在有些情况下待处理废水的 pH 值较低，因此，开始启动时进水需经中和后再进入反应器中，当反应器出水 pH 值稳定在 6.8～7.5 之间时可逐步由回流水和原水混合进水过渡到直接采用原水进水。

(5) 进水方式

进水方式可在一定程度上影响反应器的启动时间。在反应器的启动初期，由于反应器所能承受的有机负荷较低，可以采用出水回流与原水混合，间歇脉冲的进料方式，反应器可在预定的时间内完成正常的启动，通过对反应器的产气速率进行分析发现，每天进料 5～6 次，每次进料时间以 4 h 左右为宜。

(6) 反应器进水温度控制

与厌氧消化池相同，温度对反应器的启动与运行都具有很大影响，反应器消化温度的影响因素主要包括：进水中的热量值、反应器中有机物的降解产能反应和反应器的散热速率。在生产性反应器的启动期，应采取一定的有效措施，平衡诸影响因素对反应器消化温度的影响，控制和维持反应器的正常消化温度。研究发现，通过对回流水加热，将进水温度维持在高于反应器工作温度 8～15℃范围，可保证反应器中微生物在规定的工作条件下进行正常的厌氧发酵。

(7) 反应器容积负荷增加方式

反应器的容积负荷直接反映了基质与微生物之间的平衡关系。在确定的反应器中，不同运行时期微生物对有机物降解能力存在着差异。反应器启动初期，容积负荷应控制在合理的限度内，否则将会引起反应器性能的恶化。

有机负荷操作控制条件为：当 COD 去除率大于 80%，出水 pH 值为 7.0～7.5，稳定运行 4～6 d 后，再提高负荷。每次 COD 负荷提高的幅度为 0.5～1.0 kg/（m^3 · d）。

(8) 启动阶段完成的判断

反应器的有机负荷、污泥活性和沉降性能、污泥中微生物群体、气体中甲烷含量等参数在启动过程中均发生不同程度的变化。可以通过分析反应器耐冲击负荷的稳定性来评价反应器启动终止与否。

有机负荷的突然增大，使得反应器出水 COD、产气量和 pH 值都迅速发生变化。但如果反应器中已培养出活性较高、沉降性能优良的厌氧污泥，当冲击负荷结束后，系统就能很快恢复原来状态。此时可认为反应器已经完成了启动过程，可以进入负荷提高或运行阶段。

7.4.4.3　缩短 UASB 启动时间的新途径

针对 UASB 反应器启动慢这一限制其广泛利用的因素，环保工作者进行了大量的研究，已获得有效缩短其启动时间的措施。

（1）投加无机絮凝剂或高聚物

为了保证反应器内的最佳生长条件，必要时可改变废水的成分，其方法是向进水中投加养分、维生素和促进剂等。Macarie 和 Gryot 研究发现，在处理生物难降解有机污染物亚甲基安息香酸废水时，向废水中投加 $FeSO_4$ 和生物易降解培养基后，可以有效地降低原系统的氧化还原能力，达到一个合适的亚甲基源水平，缩短 UASB 的启动时间。另一项研究表明，在 UASB 反应器启动时，向反应器内加入质量浓度为 750 mg/L 的亲水性高聚物（WAP）能够加速颗粒污泥的形成，从而缩短启动时间。

（2）投加细微颗粒物

在 UASB 启动初期，人为地向反应器中投加适量的细微颗粒物如黏土、陶粒、颗粒活性炭等，有利于缩短颗粒污泥的出现时间，但投加过量的惰性颗粒会在水力冲刷和沼气搅拌下相互撞击、摩擦，造成强烈的剪切作用，阻碍初成体的聚集和黏结，对于颗粒污泥的成长有害无益。周律在反应器中投加了少量陶粒、颗粒活性炭等，启动时间明显缩短，这部分细颗粒物的体积约占反应器有效容积的 2%～3%。

7.4.4.4　UASB 反应器的二次启动

尽管 UASB 的初次启动所消耗的时间很长，但一旦启动成功，即使放置不使用，要再次启动起来仍然比较容易。UASB 反应器二次启动过程可以比初次启动更快地增大有机负荷。若初次进水 COD 浓度为 3 g/L，24 d 后进水的 COD 浓度可以增至 6 g/L，48 d 后进水的 COD 浓度可以上升到 12 g/L。二次启动，进水的污染负荷与浓度的增加方法与初次启动相似，每次增加负荷不应该超过原有负荷的 50%。在二次启动的运行过程中，反应器产气情况、出水的 VFA 浓度、COD 去除率、反应器中 pH 值等指标仍然是需要控制的因素。其控制方法与初次启动相同。

7.5　两相厌氧生物处理法

7.5.1　两相厌氧生物处理工艺

两相厌氧生物处理工艺亦称为两步或两段厌氧消化。在传统的厌氧消化工艺中，产酸菌和产甲烷菌在同一个反应器内完成厌氧消化的全过程，二者的厌氧特性有较大的差异且对环境条件的要求不同（产酸菌和产甲烷菌特性差异见表 7—9），无法使它们都处于最佳的生理生态环境条件，因而影响了反应器的效率。1971 年，Ghosh 和 Pohland 根据厌氧生物分解机理和微生物类群的理论提出了两相厌氧消化的概念，将产酸菌和产甲烷菌分别置于两个串联的反应器内并提供各自所需的最佳条件，使这两类细菌群都能发挥最大的活性，有利于提高容积负荷率，增加运行稳定性，提高反应器的处理效率。这两个串联的反应器分别称为产酸反应器（产酸相）和产甲烷反应器（产甲烷相）。

表 7—9　　产酸菌和产甲烷菌的特性

参数	产甲烷菌	产酸菌
种 类	相对较少	多
世代时间	长（0.5～7.0 d）	短（0.125 d）
细胞活力［g COD/（g VSS·d）］	5.0～19.6	39.6
对 pH 值的敏感性	敏感	不太敏感
最佳 pH 值	6.8～7.2	5.5～7.0
氧化还原电位（mV）	＜－350（中温），＜－560（高温）	＜－150～200
最佳温度（℃）	30～38，50～55	20～35
对毒物的敏感性	敏感	一般性敏感

产酸相与产甲烷相的分离使得反应器的分工更加明确，产酸相的主要功能是改变基质的可生化性，为产甲烷相提供适宜的基质，COD 的去除主要由产甲烷相来完成。许多研究者对两相厌氧消化工艺和单相厌氧消化工艺进行了对比试验研究，研究结果表明，两相厌氧消化系统的产甲烷活性明显高于单相厌氧消化的产甲烷活性，这说明两相厌氧消化工艺确实比单相系统具有优良的性能。

图 7—7 所示的两相厌氧工艺流程主要用来处理易于降解的、含低悬浮物的有机废水，其中的产酸相反应器一般可以是完全混合式的 CSTR（连续搅拌反应器）或是 UASB、AF 等不同形式的厌氧反应器，产甲烷反应器则主要是 UASB 反应器，也可以是 UBF、AF 等。

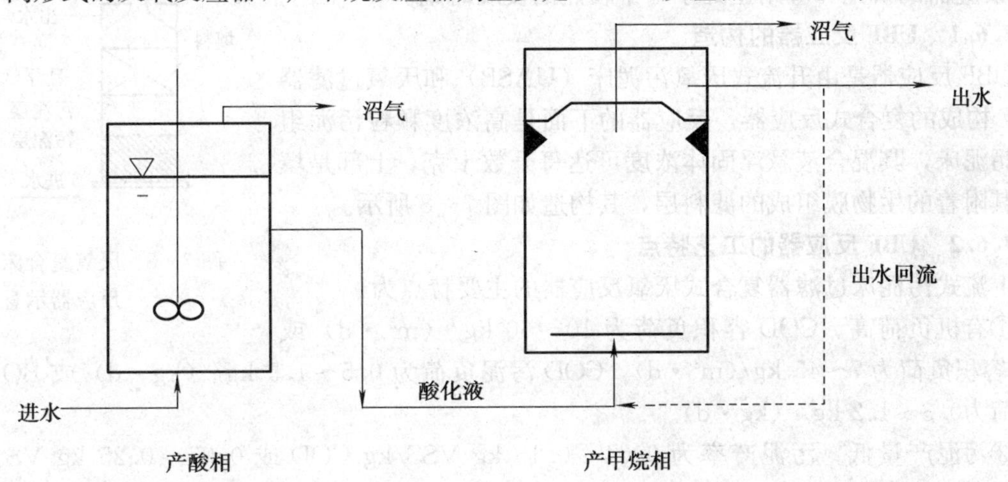

图 7—7　处理易于降解的、含低悬浮物的有机废水的两相厌氧工艺

7.5.2　两相厌氧生物处理工艺的特点

两相厌氧生物处理工艺的特点如下：

①两相厌氧消化工艺将产酸菌和产甲烷菌分别置于两个反应器内并为它们提供了最佳的生长和代谢条件，使它们能够发挥各自最大的活性，较单相厌氧消化工艺的处理能力和效率大大提高。

②两相分离后，各反应器的分工更明确，产酸反应器对污水进行预处理，不仅为产甲烷反应器提供了更适宜的基质，还能够解除或降低水中的有毒物质如硫酸根、重金属离子的毒性，改变

难降解有机物的结构，减少对产甲烷菌的毒害作用和影响，增强了系统运行的稳定性。

③为抑制产酸相中的产甲烷菌的生长而有意识地提高产酸相的有机负荷，从而提高了产酸相的处理能力。产酸菌的缓冲能力较强，因而冲击负荷造成的酸积累不会对产酸相有明显的影响，也不会对后续的产甲烷相造成危害，能够有效地预防在单相厌氧消化工艺中常出现的酸败现象，出现后也易于调整与恢复，提高了系统的抗冲击能力。

④产酸菌的世代时间远远短于产甲烷菌，产酸菌的产酸速度高于产甲烷菌降解酸的速度，在两相厌氧消化工艺中产酸反应器的体积总是小于单相产甲烷反应器的体积。

⑤同单相厌氧消化工艺相比，对于高浓度有机污水、悬浮物浓度很高的污水、含有毒物质及难降解物质的工业废水和污泥的处理，两相厌氧消化工艺具有很大的优势。

7.6 厌氧复合床反应器

1984 年，加拿大的 Guiot 在 AF 和 UASB 的基础上开发出了上流式厌氧污泥床—滤层反应器（Upflow Anaerobic Bed － Filter，简称 UBF 反应器）。上流式厌氧污泥床—滤层反应器可以充分发挥厌氧滤池和上流式厌氧污泥床这两种高效反应器的优点，是水污染防治领域中一项极具开发应用前景的生物处理新技术。目前，国内外对 UBF 反应器的研究和应用正处于一个较热的发展时期。

7.6.1 UBF 反应器的构造

UBF 反应器是由升流式厌氧污泥床（UASB）和厌氧过滤器（AF）构成的复合式反应器，反应器的下面是高浓度颗粒污泥组成的污泥床，其混合液悬浮固体浓度可达每升数十克，上部是填料及其附着的生物膜组成的滤料层，其构造如图 7—8 所示。

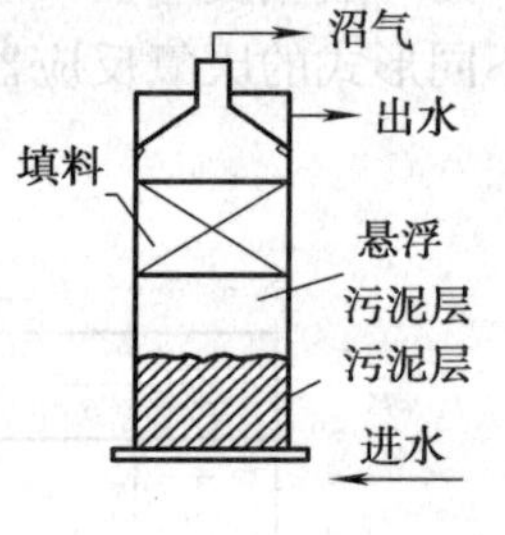

图 7—8 厌氧复合床反应器示意

7.6.2 UBF 反应器的工艺特点

上流式污泥床过滤器复合式厌氧反应器的主要特点为：

①有机负荷高。COD 容积负荷为 10～60 kg/（m^3 · d）或 BOD 容积负荷为 7～45 kg/(m^3 · d)，COD 污泥负荷为 0.5～1.5 kg/（kg · d）或 BOD 污泥负荷为0.3～1.2 kg/（kg · d）。

②污泥产量低。污泥产率为 0.04～0.15 kg VSS/kg COD 或 0.07～0.25 kg VSS/kg BOD。

③能耗低。溶解氧质量浓度一般为 0～0.5 mg/L。

④应用范围广，可用来处理多种高浓度有机废水，对好氧微生物不能降解的有机废水也能处理。

⑤UBF 反应器极大地延长了 HRT。污泥在反应器中的停留时间一般均在 100 d 以上，在高负荷状态下运行，仍然保持相当高的有机物去除率。

⑥对水质的适应性高。因为反应器内污泥的浓度高，增强了反应器对不良因素，例如有毒物质的适应性，能够高效、稳定地处理高浓度难降解有机废水。

⑦厌氧反应在底部所产生的气体从 UBF 底部上升到气室的过程中形成一个污泥悬浮层，

使泥水混合充分，接触面积大，有利于微生物同进水基质的充分接触，也有助于形成颗粒污泥。由于填料的存在，夹带污泥的气泡在上升过程中与之发生碰撞，加速了污泥与气泡的分离，从而降低了污泥的流失，反应器积累微生物的能力大为增强，反应器的有机负荷更高。反应器上部空间所架设的填料既利用原有的无效容积增加了生物总量，又防止了生物量的突然洗出，而且对 COD 有 20%左右的去除率。

⑧UBF 启动速度快，处理效率高，运行稳定，且运行管理简单。

7.7 厌氧生物转盘

厌氧生物转盘的构造与好氧生物转盘相似，不同之处在于其上部加盖密封，以收集沼气和防止液面上的空间存氧。厌氧生物转盘的构造如图 7—9 所示。污水处理靠盘片表面生物膜和悬浮在反应槽中的厌氧活性污泥共同完成。盘片转动时，作用在生物膜上的剪切力将老化的生物膜剥下，剥下的生物膜在水中呈悬浮状态，随水流出槽外。沼气从槽顶排出。

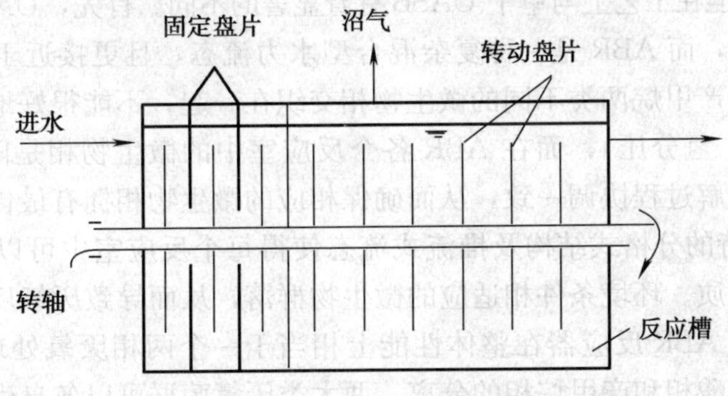

图 7—9 厌氧生物转盘构造

厌氧生物转盘的优点是可承受较高有机负荷和冲击负荷，COD 去除率可达 90%以上；不存在载体堵塞问题，生物膜可经常保持较高活性，便于操作，易于管理。其缺点是造价较高。

7.8 厌氧折板反应器

厌氧折板反应器（ABR）是最初由斯坦福大学的 McCarty 教授于 20 世纪 80 年代中期开发研究的新型、高效污水厌氧生物处理工艺。该技术集当今在全球盛行的上流式厌氧污泥床（UASB）和极有应用前途的分阶段多相厌氧反应技术（SMPA）于一体，不但大大提高了厌氧反应器的负荷和处理效率，而且使其稳定性和对不良因素（如有毒物质）的适应性大为增强，是水污染防治领域一项有效的新技术。

7.8.1 厌氧折板反应器工作原理

ABR 反应器的结构示意图如图 7—10 所示，在反应器内设置若干竖向导流板，将反应器分隔成串联的几个反应室，每个反应室都可以看作一个相对独立的上流式厌氧污泥床系统，废水在反应器内沿导流板作上下折流运动，逐个通过每个反应室并与反应室内的颗粒或絮状污泥相接触，而使废水中的有机物得以降解。

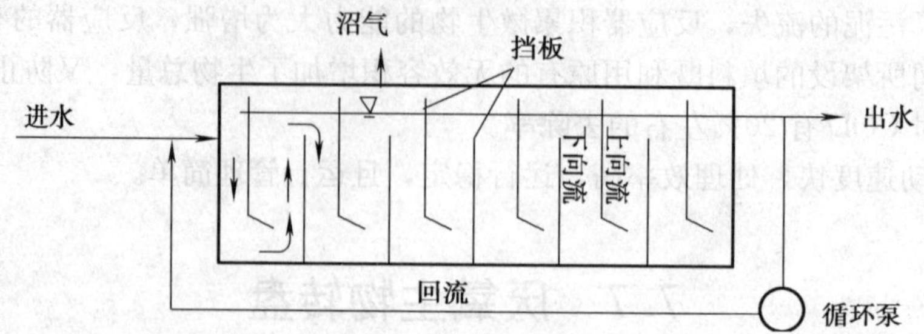

图 7—10　厌氧折板反应器示意图

借助于废水流动和沼气上升的作用，反应室中的污泥上下运动，水流绕导流板流动而使其流经的总长度加长；再加之折流板的阻挡及污泥的沉降作用，污泥在水平方向上的流速极其缓慢，生物固体被有效地截留在反应器内。由此可见，虽然在构造上 ABR 可以看做是多个 UASB 的简单串联，但在工艺上与单个 UASB 有着显著的不同。首先，UASB 可近似看作是一种完全混合式反应器，而 ABR 是一种复杂混合型水力流态，且更接近于推流式反应器；其次，UASB 中酸化和产甲烷两类不同的微生物相交织在一起，不能很好地适应相应的底物组分及环境因子（pH、氢分压），而在 ABR 各个反应室中的微生物相是随流程逐级递变的，递变的规律与底物降解过程协调一致，从而确保相应的微生物相拥有最佳的工作活性。

ABR 反应器独特的分格式结构及推流式流态使得每个反应室中可以驯化培养出与流至该反应室中的污水水质、环境条件相适应的微生物群落，从而导致厌氧反应产酸相和产甲烷相沿程得到分离，使 ABR 反应器在整体性能上相当于一个两相厌氧处理系统。一般认为，两相厌氧工艺通过产酸相和产甲烷相的分离，两大类厌氧菌群可以各自生长在最适宜的环境条件下，有利于充分发挥厌氧菌群的活性，提高系统的处理效果和运行的稳定性。

7.8.2　厌氧折板反应器特点

厌氧折板反应器具有如下优点：

①上下多次折流，有良好的水力条件，混合效果良好，反应器死区少，使得废水中有机物与厌氧微生物充分接触，有利于有机物的分解。

②不需要设置三相分离器，没有填料，不设搅拌设备，反应器构造较为简单。

③由于进水污泥负荷逐级降低，沼气搅动也逐段减少，不会发生因厌氧污泥床膨胀而大量流失污泥的现象，出水 SS 较低。

④反应器内可形成沉淀性能良好、活性高的厌氧颗粒污泥，可维持较多的生物量。折流板的阻挡减弱了隔室间的返混作用，液体的上流和下流减少了细菌的流出量，使反应器能在高负荷条件下有效地截留活性微生物固体，泥龄增长。

⑤因反应器没有填料，不会发生堵塞。

⑥ABR 反应器中有良好的微生物种群分布，反应器中不同隔室内的厌氧微生物易呈现出良好的种群分布和处理功能的配合，不同隔室中生长适应流入该隔室废水水质的优势微生物种群，从而有利于形成良好的微生态系统。

⑦较强的抗冲击负荷能力，ABR较强的抗冲击负荷能力来源于对废水中固体较强的截留能力和微生物种群的合理分布。ABR反应器有利于产酸段和产甲烷段的运行，减弱了由于高负荷条件下引起的低pH值对产甲烷菌的抑制作用，在上流室不同隔室中形成性能稳定、种群良好的微生物链，使反应器具有较强抗冲击负荷的能力。Nachaiyasit研究表明，当COD负荷从3.5 kg/（m^3·d）增加到28 kg/（m^3·d）时，COD去除率一直稳定在80%。

⑧优良的处理效果。由于ABR具有上述特性，因而具有良好的处理效果。

总的来说，ABR反应器具有构造简单、能耗低、抗冲击负荷能力强、处理效率高等一系列优点。当然，ABR反应器也有其不利的方面，主要表现在以下方面：

①为了保证一定的水流和产气上升速度，ABR反应器不能太深。

②进水如何均匀分布是一个问题。

③与单级UASB反应器相比，ABR反应器的第一格不得不承受远大于平均负荷的局部负荷，这可能会导致处理效率的下降。ABR的第一室往往处于厌氧过程的产酸阶段，pH值易于下降，需采取出水回流措施缓解pH值的下降程度。

7.9　厌氧流化床及膨胀床

厌氧膨胀床及流化床如图7—11所示，在床体内充填细小的固体颗粒填料，如石英砂、无烟煤、活性炭、陶粒和沸石等，填料粒径一般为0.2～1 mm。污水从床底部流入，为使填料层膨胀，需将部分出水用循环泵回流，提高床内水流的上升流速。厌氧膨胀床和流化床基本上是相同的，只是在运动过程中床内载体膨胀率不同。一般认为膨胀率为10%～20%的为厌氧膨胀床，膨胀床的颗粒保持相互接触；膨胀率为20%～70%的为厌氧流化床，流化床的颗粒做无规则的自由运动。

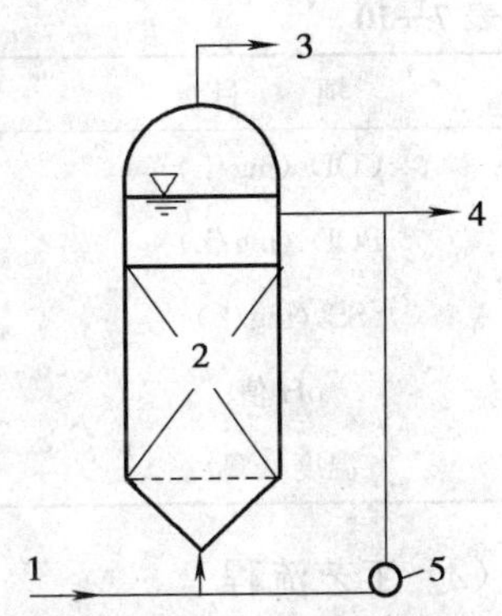

图7—11　厌氧膨胀床和厌氧流化床工艺流程

1—废水　2—载体　3—沼气　4—出水　5—循环泵

厌氧膨胀床及流化床的优点是有机物容积负荷较高，水力停留时间短，耐冲击负荷能力强，运行稳定，载体不易堵塞。其缺点是耗能较大。

7.10　水解工艺

7.10.1　工艺流程

水解工艺同两段厌氧工艺一样，都是根据厌氧消化机理进行设计的。不同之处在于水解工艺仅利用厌氧反应中的水解酸化阶段（厌氧反应中的前两个阶段，酸化也可能不十分彻底），而放弃了停留时间长的甲烷发酵阶段。因此，水解工艺是一种预处理工艺，其后可以根据需要采用不同的生物处理工艺（包括厌氧和好氧的）。水解工艺所采用的构筑物——水解池一般是改进的 UASB 反应器，但不设三相分离器。因此，水解池的全称为水解上流式污泥床（HUSB）反应器，简称水解池。

7.10.2 水解工艺的特点

水解工艺的特点如下：

①不需要密闭的池子、搅拌器和三相分离器，降低了造价并便于维护。

②水解、产酸阶段的产物主要为小分子的有机物，可生物降解性一般较好，故水解工艺可以改变原污水的可生化性，从而减少反应时间和处理的能耗。

③由于第一、二阶段反应迅速，故水解池体积小，与初次沉淀池相当，节省基建投资。由于水解池对固体有机物的降解，减少了污泥量，其功能与消化池一样。

④该工艺仅产生很少剩余活性污泥，实现污水、污泥一次处理，不需要中温消化池。

7.10.3 水解工艺在污水处理中的应用

黑龙江某麦芽有限公司的生产废水排放量为 4 000 m^3/d。废水中含有的主要污染物为苦味质、丹宁物质、糖类、半纤维素和蛋白质等，其 COD 为 1 658.2～2 775.4 mg/L；BOD 为 631.4～1 125.6 mg/L；SS 为 146.8～230.0 mg/L，污染物浓度较高。

（1）设计废水水质及排放要求

设计废水水质和废水排放要求见表 7—10。

表 7—10　设计原水水质指标和排放要求

项　目	原　水	出　水
COD（mg/L）	2 498.4	≤100
BOD（mg/L）	1 196.0	≤20
SS（mg/L）	153.8	≤70
pH 值	—	6～9
温度（℃）	15	—

（2）工艺流程

由于麦芽生产废水主要来源于制麦过程大麦的浸泡、冲洗和发芽喷淋时产生的有机废水，COD、BOD 浓度较高，采用以水解酸化—生物接触氧化法为主体工艺处理该废水，利用水解产酸菌迅速分解有机物并能提高废水的可生化性的特点，使接触氧化池更易高效地降解水解酸化后废水中剩余的有机物。具体工艺流程如图 7—12 所示。

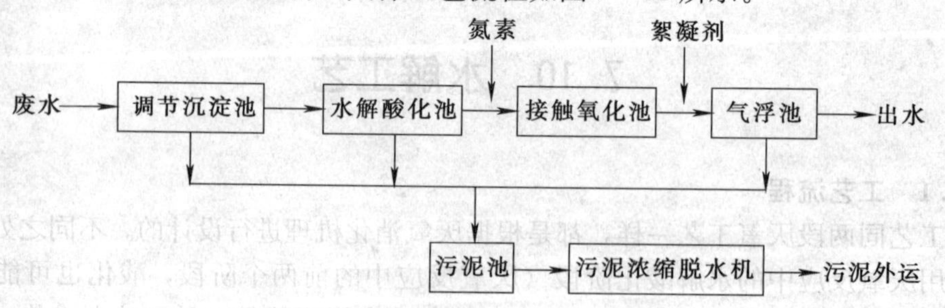

图 7—12　麦芽废水处理工艺流程

(3) 主要处理构筑物的设计参数

1) 调节沉淀池。钢混结构，内设潜污泵 3 台，水力停留时间为 8.0 h。

2) 水解酸化池。钢混结构，有效容积为 581 m^3，水力停留时间为 3.5 h，池内设置弹性立体填料，填料层高度为 2 m。水解酸化池采用上流式结构，水面设出水堰，池底设穿孔布水管和水流反射体（见图 7—13），使池内废水自下而上穿透污泥层和填料层。穿孔布水管兼有向池外排泥功能，定期排泥，以防止堵塞。

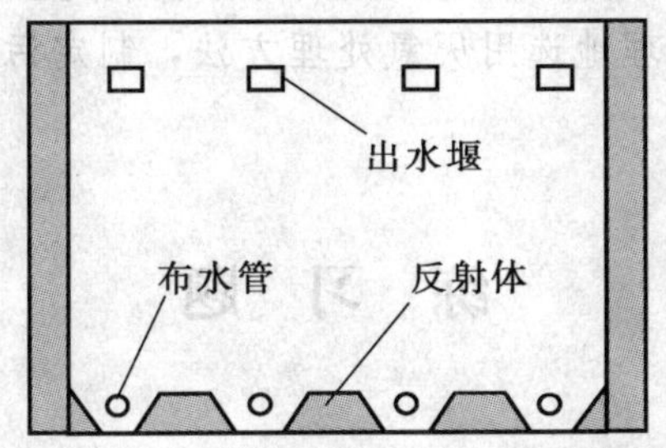

图 7—13 水解酸化池构造示意图

3) 生物接触氧化池。采用推流式生物接触氧化池，钢混结构，共 2 座，每座分为 12 格，每格有效容积为 84 m^3，水力停留时间为 12 h。池内设置弹性立体填料，填料层高度为 3 m。气水比为（15～20）：1。

(4) 废水处理系统的启动与运行结果

1) 废水处理系统的启动。首先采用小负荷进水方式，使废水连续流过水解酸化池和接触氧化池，待废水中出现较大絮体，在显微镜下见菌胶团和鞭毛类原生动物后，每周逐渐增加水力负荷 20%～30%。当池内填料上生物膜生长良好，出现钟虫、累枝虫等原生动物，开始正常满负荷运行。

2) 运行结果。运行结果见表 7—11。

表 7—11 水解酸化—接触氧化氧工艺处理麦芽生产废水的运行结果

水质指标	原水 (mg/L)	调节沉淀池		水解酸化池		接触氧化池		气浮池		总去除率 (%)
		出水 (mg/L)	去除率 (%)	出水 (mg /L)	去除率 (%)	出水 (mg/L)	去除率 (%)	出水 (mg/L)	去除率 (%)	
COD	1 658.2～2 775.4	1 045～2 129.2	30～35	520.4～1 100.8	45～50	78.6～106.8	85～90	54.4～75.2	20～25	96.7～97.3
BOD	631.4～1 125.6	482.5～856.0	20～25	276.0～486.7	40～45	16.6～22.5	90～95	13.4～18.0	15～20	97.8～98.4
SS	146.8～230.0	107.3～152.4	20～30	—	—	—	—	15.0～48.6	65～85	79.0～89.7
pH	7.2～7.8	6.8～7.0	—	6.5～6.8	—	7.0～7.4	—	7.0～7.2	—	—

5) 运行费用。本工程满负荷运行后，日耗电量 2 371.2 kW·h，消耗化学药剂（混凝剂、助凝剂、氮素）约 290 kg，直接运行成本为 0.81 元/m^3（其中人员工资 0.20 元/m^3，电费 0.36 元/m^3，药剂费 0.25 元/m^3）。

本章小结

本章主要介绍了污水厌氧生物处理的机理及其影响因素、厌氧处理工艺设备的构造、特点设计与工程应用实例。通过学习和比较不同的污水厌氧处理工艺、设备构造及特点等，能结合具体的污水处理项目，合理地选用厌氧处理方法，制定污水处理工艺流程，并能启动、控制和运行调试厌氧反应器。

练 习 题

1. 选择题

(1) 在 UASB 反应器中，最重要的部分是（　　）。

A. 进水配水系统　　B. 反应区　　C. 三相分离器　　D. 出水系统

(2) 大量试验表明，厌生物氧处理的碳∶氮∶磷控制为（　　）为宜（其中碳以 COD 表示，氮、磷以元素含量计）。

A. (200～300)∶5∶1　　B. 100∶5∶1

C. 100∶6∶1　　D. (200～300)∶6∶1

(3) 在厌氧发酵过程中，环境的 pH 值对产甲烷细菌的活性影响很大，通常认为最适宜的 pH 值为（　　）。

A. 6～7　　B. 6.5～7.5　　C. 7.5～8.5　　D. 8～9

2. 填空题

(1) 厌氧消化三阶段包括：________、________、________。

(2) 污水厌氧生物处理的影响因素有：______、______、______、______、______、______、______、______。

(3) UASB 反应器主要由______、______、______、______、______、______、______构成。

(4) UBF 反应器是由________和________构成的复合式反应器。

3. 判断题

(1) 厌氧生物处理技术仅用于处理有机污泥、高浓度有机废水。（　　）

(2) 厌氧活性污泥主要由厌氧微生物及其代谢的产物和吸附的有机物、无机物组成。（　　）

(3) 厌氧接触法实质上是厌氧活性污泥法，不需要曝气而需要脱气。（　　）

(4) 厌氧生物滤池运行中常见问题是：处理含悬浮物浓度高的有机污水，常发生堵塞和由此而引起的水流短路现象，影响处理效率，此类问题在升流式厌氧生物滤池中更突出。（　　）

4. 简答题

（1）UASB 反应器启动的要点是什么？

（2）缩短 UASB 启动时间的新途径有哪些？

（3）厌氧接触法运行中常见问题与处理措施是什么？

（4）厌氧折板反应器特点是什么？

技能实训　厌氧消化实验

一、实验目的

1. 了解和掌握废水厌氧消化实验方法。

2. 分析葡萄糖和苯酚的厌氧可生物降解性及生物抑制性。

二、实验装置及材料

1. 实验装置。废水厌氧消化实验装置如图 7—14 所示。它主要由锥形瓶和恒温水浴箱组成，3 个锥形瓶分别作为消化瓶、集气瓶和计量瓶。恒温水浴箱提供适宜的温度。

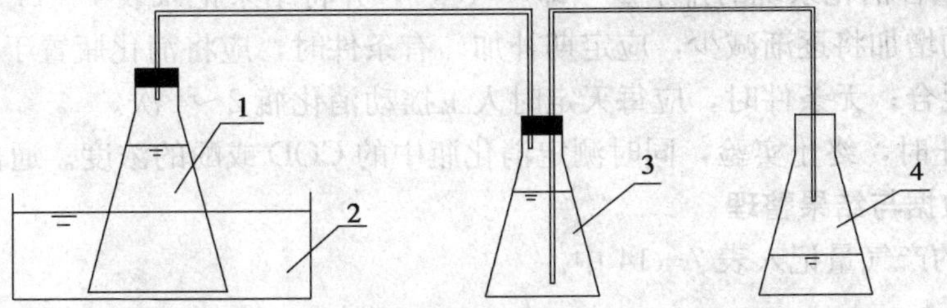

图 7—14　厌氧消化实验装置示意图

1—消化瓶　2—恒温水浴箱　3—集气瓶　4—计量瓶

2. 锥形瓶（计量瓶可直接用量筒代替）。

3. COD 和苯酚测定装置。

4. 葡萄糖、苯酚、碳酸氢钠、硫酸铵、氯化铁、磷酸二氢钾等。

5. 厌氧污泥。

三、实验步骤

1. 含酚废水的配制：用脱 O_2 蒸馏水配制 5 种不同浓度的含酚废水，见表 7—12。

表 7—12　　不同浓度的含酚废水配制表

苯酚（mg/L）	75	150	450	750	1 500
COD（mg/L）	157.5	315	945	1 575	3 150
硫酸铵（mg/L）	22	44	130	217	435
K_2HPO_4（mg/L）	5	10	30	51	102
$NaHCO_3$（mg/L）	75	150	450	750	1 500
$FeCl_3$（mg/L）	10	10	10	10	10

2. 含葡萄糖废水的配制：用脱 O_2 蒸馏水配制 5 种不同浓度的含葡萄糖废水，见表 7—13。

表 7—13　　不同浓度的含葡萄糖废水配制表

葡萄糖（mg/L）	75	150	450	750	1 500
COD（mg/L）	80	160	480	800	1 600
硫酸铵（mg/L）	22	44	130	217	435
K_2HPO_4（mg/L）	5	10	30	51	102
$NaHCO_3$（mg/L）	75	150	450	750	1 500
$FeCl_3$（mg/L）	10	10	10	10	10

3. 接种污泥：取城市污水处理厂消化污泥或其他工业废水厌氧处理系统的污泥，经筛选（<20 目）后测定 VSS 含量，作为接种污泥。

4. 在恒温室，安装如图 7—14 所示装置 11 套，检查管路是否密封，并编号待用。

5. 在各消化瓶中分别加入 250 mL 接种污泥。然后，在 1# ～5# 分别加入 5 种葡萄糖废水各 250 mL；在 6# ～10# 消化瓶中加入 5 种含酚废水各 250 mL；在 11# 消化瓶中加入脱 O_2 蒸馏水。密封放入恒温室。

6. 每日计量各消化系统的排水量（即产气量），并将结果记入表 7—14 中。集气瓶中的水随着产气量的增加将逐渐减少，应定期补加。有条件时，应将消化瓶置于振荡器上，使基质与污泥充分混合；无条件时，应每天定时人工摇动消化瓶 2～4 次。

7. 产气停止时，终止实验，同时测定消化瓶中的 COD 或酚的浓度。通常约 30 d 左右。

四、实验数据与结果整理

1. 将每天的产气量记入表 7—14 中。

表 7—14　　实验记录表

			葡萄糖					苯酚				
投加浓度（mg/L）	0		150		300		…	150		300		…
时间（d）	日产气量	累积产气量	日产气量	累积产气量	日产气量	累积产气量	…	日产气量	累积产气量	日产气量	累积产气量	…
1												
2												
3												
…												

注：产气量单位为 L。

2. 以时间为横坐标，累积产气量为纵坐标，绘出内源呼吸及各种不同投加浓度下的葡萄糖和苯酚的累积产气量曲线。

3. 依据产气量曲线分析，判断苯酚的可降解特性。

五、注意事项

1. 实验在恒温室（或恒温水浴中）进行，注意维持反应温度在 33～35℃。

2. 注意实验装置，尤其是消化瓶的密封。否则数据将产生很大误差。

8 污水的自然生物处理

本章学习目标

1. 了解污水自然生物处理的类型与净化机理；

2. 熟悉污水自然生物处理系统的类型、构造和工艺特点，并能根据具体的水质和处理要求，选择适宜的污水自然生物处理系统工艺。

8.1 稳定塘

8.1.1 稳定塘的类型与净化机理

稳定塘又称氧化塘或生物塘，是在经过人工修整的土地上，设围堤和防渗层的污水池塘，是一种构造简单、易于管理、处理效果稳定可靠的污水自然生物处理设施。污水在塘内停留时间较长，其有机物通过微生物的代谢活动而被降解。

按塘内微生物种类、溶解氧水平、供氧方式和功能的不同，可将稳定塘分为好氧塘、兼性塘、厌氧塘和曝气塘。

8.1.1.1 好氧塘

好氧塘的水深一般在 0.5 m 左右，阳光能够直透塘底。塘内的藻类利用透过的阳光进行光合作用，合成新的藻类，并在水中放出游离氧。好氧微生物利用藻类放出的游离氧，通过代谢作用对有机污染物进行降解，使污水得到净化，而在代谢活动中所产生的 CO_2 又为藻类光合作用所利用，在塘内形成藻－菌共生生态系统，如图 8—1 所示。

藻类是氧化塘的主要供氧者，不同的藻类放出的游离氧的数量不同。一般氧化塘在午后溶解氧可以高至过饱和，而午夜至凌晨可低至 0.5 mg/L 以下。塘内的 pH 值也是变化的，白天，塘水中 CO_2 被利用的速度大于产生速度，pH 值升高；夜间，藻菌共同呼吸而释出 CO_2，pH 值下降。

一般污水在塘内停留时间为 2～6 d，BOD_5 的去除率可达 80％以上。好氧塘出水中含有大量藻类，排放前要经沉淀或过滤等去除。

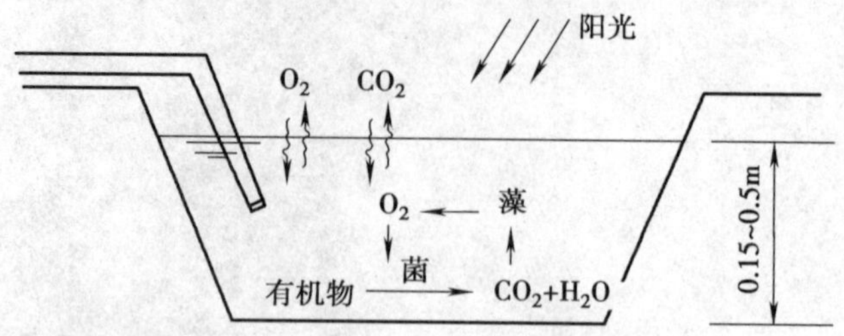

图 8—1　好氧塘的作用机理示意图

8.1.1.2　兼性塘

兼性塘水深一般为 1.2～2.5 m，塘内存在不同的区域。上层是阳光能透射到的区域，溶解氧充足，藻类光合作用旺盛，好氧微生物活跃，为好氧区；塘的底部有污泥积累，溶解氧几乎为零，厌氧微生物占优势，对沉淀于塘底的有机物进行代谢，为厌氧区；中部则为兼性区，溶解氧不足，兼性微生物占优势，随环境变化以不同方式对有机物进行分解代谢。兼性塘的作用机理如图 8—2 所示。

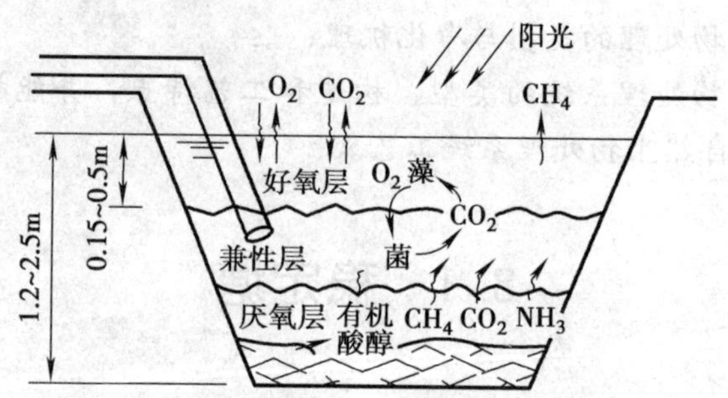

图 8—2　兼性塘作用机理示意图

在兼性塘内，厌氧区生成的 CO_2 等气体，经过其上部两区的水层逸出，且容易被好氧区中的藻类所利用；生成的有机酸、醇等会转移至兼氧区和好氧区，进一步被微生物分解利用。好氧区和兼氧区中的微生物和藻类，也会因死亡而沉至厌氧区，由厌氧菌对其分解。

兼性塘可以接纳原污水或经预处理的污水，易于运行管理，其有机负荷不如好氧塘高，出水水质也不如好氧塘好，常作为好氧塘的前级处理塘。

8.1.1.3　厌氧塘

厌氧塘深一般在 2.5～5.0 m，塘内呈厌氧状态，有水解产酸菌、产氢产乙酸菌和产甲烷菌在塘内共存。进入厌氧塘的可生物降解的颗粒性有机物，先被水解为可溶性有机物，在通过产氢产乙酸菌转化为 H_2、乙酸及 CO_2 等，产甲烷菌将 H_2、乙酸、CO_2 转化为 CH_4 等最终产物，如图 8—3 所示。

厌氧塘多用于处理高浓度、水量不大的有机废水，如肉类加工、食品工业、牲畜饲养场等废水。由于城市污水有机物含量较低，一般很少采用厌氧塘处理。此外，厌氧塘的处理水，有机物含量仍很高，还需要进一步通过兼性塘和好氧塘处理。

厌氧塘除对污水进行厌氧处理以外，还能起到污水初次沉淀、污泥消化和污泥浓缩作用。其存在的问题是无法回收甲烷，产生臭味，环境效果差。

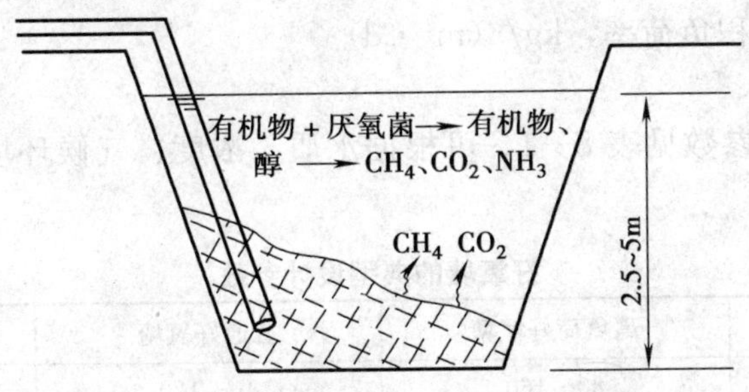

图 8—3　厌氧塘作用机理示意图

8.1.1.4　曝气塘

曝气塘是经过人工强化的稳定塘。采用人工曝气设备向塘中污水供氧，并使塘水搅动。曝气设备多采用表面机械曝气器。

曝气塘分为好氧曝气塘和兼性曝气塘。当曝气设备足以使塘内污水中所含全部生物污泥处于悬浮状态，并向塘内提供足够的溶解氧时，即为好氧曝气塘。如果曝气设备只能使部分固体物质处于悬浮状态，其余沉积塘底，进行厌氧分解，溶解氧也不满足全部需要，即为兼性曝气塘，如图 8—4 所示。

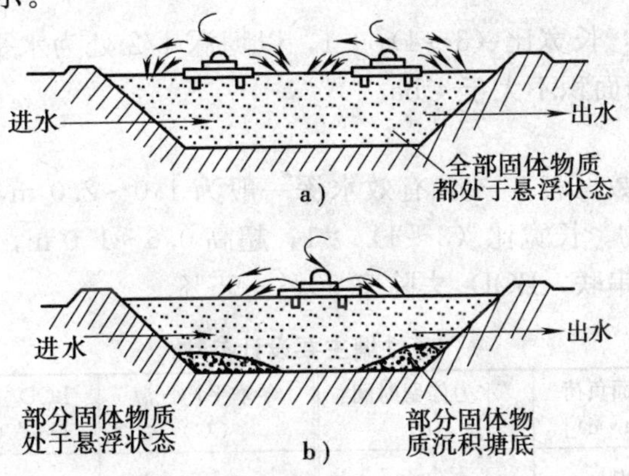

图 8—4　好氧曝气塘和兼性曝气塘

a) 好氧曝气塘　b) 兼性曝气塘

由于经过人工强化，曝气塘的净化功能、净化效果及工作效率都明显高于其他稳定塘。污水在塘内的停留时间较短，曝气塘所需容积和占地面积均较小，但由于采用曝气设备，耗能增加，运行费用也有所提高。

8.1.2　稳定塘的设计

稳定塘的设计，主要用经验数据法，即按表面有机负荷率进行计算。

$$A = \frac{QS_0}{N_A} \tag{8—1}$$

式中　A——稳定塘有效面积，m^2；

Q——污水设计流量，m^3/d；

S_0——原污水 BOD_5 浓度，kg/m^3；

N_A——BOD_5 面积负荷率，kg/（m^2·d）。

（1）好氧塘

好氧塘的典型设计参数见表 8—1。可根据水质、浓度、气候环境条件和实践经验选择设计参数。

表 8—1　　好氧塘的典型设计参数

设计参数	高负荷好氧塘	普通好氧塘	深度处理好氧塘
BOD_5 负荷［kg/（ha·d）］	80～160	40～120	<5
水力停留时间（d）	4～6	10～40	5～20
有效水深（h）	0.3～0.45	0.5～1.5	0.5～1.5
pH 值	6.5～10.5	6.5～10.5	6.5～10.5
温度（℃）	0～30	0～30	0～30
BOD_5 去除率（%）	80～95	80～95	60～80
藻类浓度（mg/L）	100～260	40～100	5～10
出水 SS（mg/L）	150～300	80～140	10～30

注：1 ha（公顷）=10 000 m^2。

好氧塘一般为矩形，长宽比（3～4）：1，以塘深 1/2 处为水平截面作为计算塘面。塘超高 0.6～1.0 m，单塘面积不大于 4 ha。

（2）兼性塘

兼性塘主要设计参数见表 8—2。有效水深一般为 1.0～2.0 m，但第一塘水深可达 3～4 m，以去除进水悬浮物。长宽比（3～4）：1，超高 0.6～1.0 m，储泥层高度大于 0.3 m，一般不少于 3 座，多为串联，BOD_5 去除率 60%～95%。

表 8—2　　兼性塘主要设计参数

冬季平均气温（℃）	BOD_5 表面负荷［kg/（ha·d）］	水力停留时间（d）	冬季平均气温（℃）	BOD_5 表面负荷［kg/（ha·d）］	水力停留时间（d）
15 以上	70～100	不小于 7	－10～0	20～30	100～40
10～15	50～70	20～7	－20～10	10～20	150～120
0～10	30～50	40～20	－20 以下	<10	180～150

（3）厌氧塘

厌氧塘处理城市污水的面积负荷为 200～600 kg BOD_5/（ha·d），停留时间20～50 d，BOD_5 去除率 70%左右。塘面为矩形，长宽比（2～2.5）：1，单塘面积不大于 4 ha，有效水深为 2.0～4.5 m，储泥层高度大于 0.5 m，超高 0.6～1.0 m。

（4）曝气塘

曝气塘水力停留时间 3～10 d，有机负荷 10～300 kg BOD_5/（ha·d），有效水深为 2.0～6.0 m，BOD_5 去除率 60%～90%。

稳定塘应设在城镇下风向较远的地方，以防止臭气和蚊蝇影响居民生活。还应采取防渗措施，防止地下水污染，设计时还应避免短流和死区。为防止塘内淤积，应设置格栅、沉砂池和沉淀池去除进水中的泥沙等悬浮物。

一般需根据水质和自然条件，将各种类型的氧化塘单元优化组合成不同的运行方式以取得最佳运行效果。

(5) 稳定塘的优缺点

稳定塘处理污水有以下优点：基建投资低；运行费用低，消耗低，管理方便；因停留时间长，对水量、水质的变动有很强的适应能力；与养鱼 、培植水生作物相结合，使污水得到资源化利用。

稳定塘的主要缺点如下：污水停留时间长，占地面积大，使用上受到很大限制；受气温的影响很大，净化能力受季节性控制。在北方，冬季封冰，必须把冬季的污水储存起来，使稳定塘的占地面积更大；卫生条件较差，易滋生蚊蝇，散发臭气；如塘底处理不好，可能会引起对地下水的污染。

稳定塘应设在城镇下风向较远的地方，以防止臭气和蚊蝇影响居民生活。还应采取防渗措施，防止地下水污染，设计时还应避免短流和死区。为防止塘内淤积，应设置格栅、沉砂池和沉淀池去除进水中的泥沙等悬浮物。一般需根据水质和自然条件，将各种类型的氧化塘单元优化组合成不同的运行方式以取得最佳运行效果。

8.1.3　几种新型稳定塘

8.1.3.1　水生植物塘

在水面放养水生植物的稳定塘称为水生植物塘。凤眼莲、水浮莲、水花生、浮萍、水葫芦、芦苇、香蒲和茭白等水生植物对水中污染物有显著的去除效果，其中凤眼莲、水浮莲和水花生效果最佳。在水面放养水生植物将显著改善稳定塘的净化效果。试验表明，若水生植物塘进水 COD 在 700 mg/L，水力停留时间 7 d，则 COD 去除率可达到 95%。

(1) 水生植物塘的净化机理

水生植物塘的进水一般为厌氧塘出水或原污水，有机物浓度较高。其净化机理如下：

1) 水生植物的净化作用。水生植物吸收污水中的氮、磷等营养元素，有些水生植物，如某些种类的浮萍，还能直接吸收利用小分子有机物。

2) 微生物的净化作用。水生植物塘的微生物类似兼性塘和好氧塘，由于水生植物对阳光的遮挡，藻类较少。细菌和藻类等微生物的代谢作用使污染物得到去除。

3) 水生植物的供氧作用。水生植物根系发达，有很大的传质面积。光合作用产生的 O_2 和空气中的 O_2 通过茎、叶传输到根系，再扩散到周围水域或土壤中去，形成好氧环境，为好氧微生物的生长创造条件。

4) 水生植物根系附着微生物的作用。水生植物的根系表面积巨大，附着生长微生物，形成面积巨大的生物膜，通过生物膜的代谢作用不断吸收转化污染物。

5) 水生植物根系的吸附过滤作用。水生植物的根系及生物膜对污水中的悬浮物和有毒物质具有很强的吸附过滤作用。

水生植物塘中水生植物和微生物的共同作用使污水水质得到净化。

(2) 水生植物塘的设计要点

水生植物塘的设计主要包括塘体设计和水生植物品种选择。水生植物一般生长在水面，对污染物的净化作用主要发生在表层水域，因此，水生植物塘不宜太深，一般按兼性塘水深

1.0～2.0 m设计。其他设计参数也同兼性塘。水生植物品种应适应当地气候，生长速度快、传氧和净化能力强、耐污染、抗病虫害和易于管理。凤眼莲、水浮莲、浮萍和水葫芦是可选择的水生植物品种。进行混合放养，效果更佳。

(3) 水生植物塘的特点

水生植物塘除具有稳定塘的共性外，还具有以下特点：

1) 净化效率高。水生植物塘使稳定塘的功能得到强化，去除污染物的能力增强，尤其对病菌、病毒和有毒有机物的净化效果显著。

2) 污水资源化。水生植物可作饲料，喂养生猪和养鱼等，创造经济效益。

3) 管理工作量增大，易发生二次污染。水生植物需及时采收，将其生长量控制在一定水平。水生植物过多并不显著提高污水处理效率，相反会死亡腐烂，造成二次污染。

4) 冬季效果下降。冬季水生植物大都死亡，使净化效率下降。死亡的水生植物待气候转暖、水温回升后腐烂变质，造成二次污染。可用温室让水生植物安全过冬，或在冬季来临前采收水生植物。

8.1.3.2 生态系统塘

生态系统塘是利用低洼地和沼泽地经人工修整建立起来的浅水稳定塘。生态系统塘底凹凸不平，各处深浅不一，许多地方露出水面，塘水最深处不超过1.0 m。塘中种植芦苇、香蒲、凤眼莲、水浮萍和水花生等水生植物，放养鱼、蚌、螺丝等水生动物，与前来栖息的野生动物一起形成复杂的生态系统。

生态系统塘中的微生物和水生植物将有机物和氮、磷等污染物转化为自身细胞和无机物。水生动物（鱼、蚌）等以浮游微生物、固体有机物和水生植物等为食生长繁殖。野生或放养的大型动物以水生动植物为食。动植物排泄物及其尸体被微生物分解转化。如此形成的生态系统自我调节达到平衡，污染物得到净化。与此同时，实现了污水资源化，获得显著经济效益。

生态系统塘投资运行费用低，出水中有机物、藻类和无机盐含量比一般的稳定塘大大降低，净化效果明显改善。因此，生态系统塘具有推广应用价值，并可作为污水二级处理和深度处理及生态修复设施。

8.1.3.3 复合塘系统

将生态特征各异的稳定塘组合而成的稳定塘系统称为复合塘系统。复合塘系统的工艺流程如图 8—5 所示。

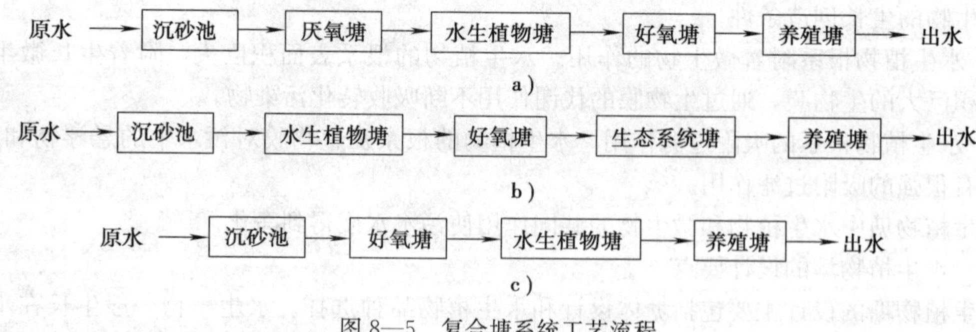

图 8—5 复合塘系统工艺流程

有机物浓度较高的污水（BOD_5 150～200 mg/L），可采用如图 8—5a 所示工艺处理；有机物浓度较低的污水（BOD_5 100～150 mg/L），用如图 8—5b 所示工艺处理；有机物浓度低的污水（BOD_5 50～100 mg/L）用如图 8—5b 或图 8—5c 所示工艺处理，冬季出水 $BOD_5 \leqslant$ 10 mg/L，COD$\leqslant$40 mg/L。

在复合塘系统中，各具特点的稳定塘协同作用，完成水质净化。各稳定塘单元有机结合形成复杂的生态系统，构成由低级到高级的食物链，靠人为调控达到生态平衡，使污水得到净化，并实现污水资源化。

8.2 污水的土地处理系统

污水土地处理系统是在人工控制的条件下，将污水投配在土地上，通过土壤、植物和微生物等构成的生态系统，进行一系列的物理、化学和生物化学的净化过程，使污水得到净化的一种污水处理工艺。

污水土地处理系统源于农田灌溉，主要用于污水的三级处理，也可用于某些污水的二级处理。采用土地处理系统进行三级处理，去除 N、P 元素的投资运行费用低，净化效果好。污水进入土地处理系统前，应进行预处理，并对整个系统采取防渗措施，以避免地下水和植物体内有毒物质的积累。

土地处理系统的组成部分包括污水输送、预处理、贮存（水库）、配布和排水系统等部分。

8.2.1 土地处理系统的净化机理

土地处理系统主要依靠土壤过滤、微生物代谢、植物吸收、物理或化学及离子交换等过程去除污染物。

①悬浮物。污水流经土壤时，悬浮物和胶体物质被过滤、截留在土壤颗粒的孔隙中与水分离。

②有机物。土壤的透气性良好，在上层存在大量好氧微生物，在下层有较多兼氧或厌氧微生物。微生物的代谢作用使污水得到净化，处理二级出水的 BOD 去除率可达 85%～99%。

③氮和磷。氮主要通过植物吸收、微生物脱氮等方式被去除；磷主要通过植物吸收、化学沉淀（与 Ca^{2+}、Al^{3+}、Fe^{3+} 等形成难溶物）、吸附等方式去除。

④病原体。土地处理系统可吸附杀死病原体，去除率在 95%以上。

⑤重金属。重金属主要通过化学沉淀、吸附和植物吸收等方式被去除。

8.2.2 污水土地处理系统的基本工艺

土地处理系统的基本工艺有慢速渗滤、快速渗滤、地表漫流、湿地和地下渗滤等 5 种系统。

8.2.2.1 慢速渗滤处理系统

慢速渗滤处理系统是将污水投配到种有作物的土地表面，污水缓慢地在土地表面流动，并向土壤中渗滤，一部分污水被作物吸收，一部分则渗入土壤中，从而使污水得到净化的一种土地处理工艺，如图 8—6 所示。

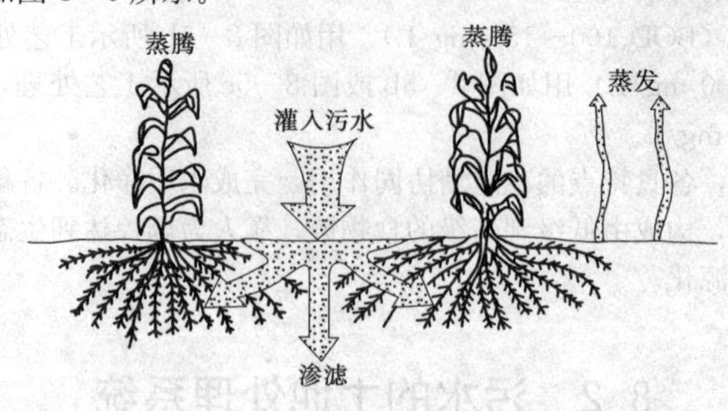

图 8—6　慢速渗滤示意图

向土地布水一般采用表面布水和喷灌布水。污水的投配率较低，在土壤层的渗滤速度慢，在含有大量微生物的表层土壤中停留时间长，可以得到良好的水质净化效果。该系统一般不考虑处理水流出。

当以处理污水为主要目的时，本工艺可以多年生牧草作为种植的作物，牧草的生长期长，对氮的利用率高，可耐受较高的水力负荷。当以利用污水为主要目的时，可选种谷物，由于作物生长受季节及气候条件的限制，对污水的水质和调蓄管理应加强。

本工艺适用于渗水性能良好的土壤和蒸发量小、气候湿润的地区。其对 BOD 的去除率，一般可达 95%以上，COD 去除率达 85%～90%，氮的去除率则在 70%～80%之间。

8.2.2.2　快速渗滤处理系统

快速渗滤处理系统是将污水有控制地投配到具有良好渗滤性能的土地表面，在污水向下渗滤的过程中，通过过滤、沉淀、化学氧化还原以及在生物氧化、硝化、反硝化等一系列作用下，使污水得到净化。

本工艺的污水周期性地向渗滤田灌水和休灌，使土层处于淹水或干燥，即厌氧和好氧交替状态。在休灌期，表层土壤恢复好氧状态，产生强烈的好氧降解反应，土壤层截流的有机物被微生物所分解，休灌期土壤层脱水干化，有利于下一灌水周期污水的下渗和排出。在灌水期表层土壤则转化为缺氧、厌氧状态。在土壤层形成的厌氧、好氧交替的状态，有利于氮、磷的去除。快速渗滤系统如图 8—7 所示。

本工艺的有机负荷率及水力负荷率高于其他类型的土地处理系统，如果严格控制灌水—休灌周期，净化效果仍然很高。一般情况下，BOD 的去除率可达 95%，COD 去除率达 91%；氨氮的去除率为 85%左右，总磷去除率为 80%。此外，本工艺还具有较强的去除大肠菌的能力，去除率可达 99.9%。

进入快速渗滤系统的污水应经过适当的预处理，一般经过一级处理即可，如场地面积有限，需加大滤速或质量要求较高的出水，则应以二级处理作为预处理。

处理水一般用地下排水管或井群进行回收，可用于补给地下水。

8.2.2.3　地表漫流处理系统

地表漫流系统是将污水有控制地投配到多年生牧草、坡度和缓、土壤渗透性差的土地上，污水以薄层方式沿土地缓慢流动，在流动过程中得到净化，然后收集排放和利用。

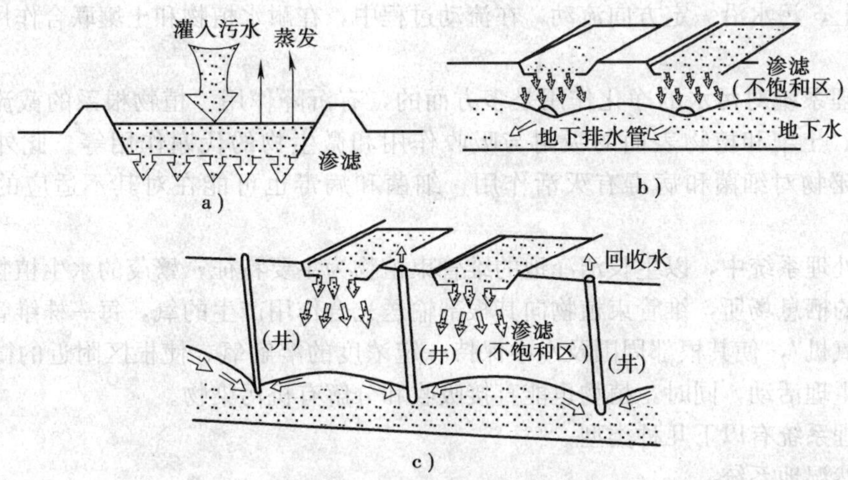

图 8—7 快速渗滤系统示意图

a）污水灌入 b）由地下管道回收处理水 c）由井群回收处理水

本工艺以处理污水为主，兼行生长牧草，具有一定的经济效益。处理水由地表径流收集，对地下水污染较轻。污水在地表漫流的过程中，只有少量蒸发和渗入地下，大部分汇入建于低处的集水沟。地表漫流处理系统的场地和水流途径如图 8—8 所示。

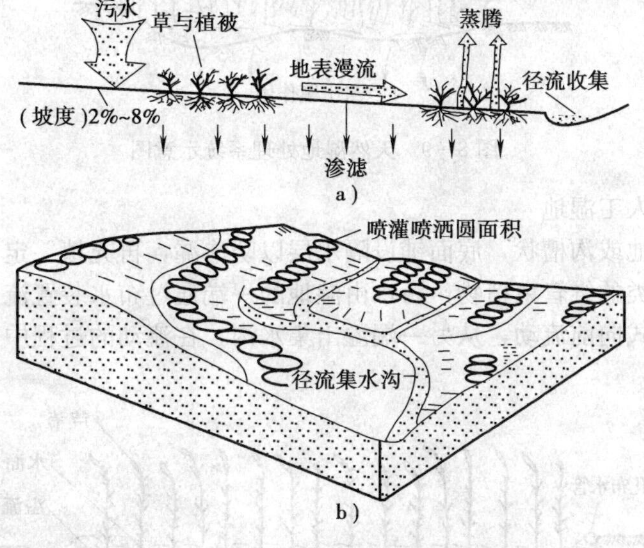

图 8—8 地表漫流处理系统

a）污水地表漫流系统 b）采用喷灌的污水地表漫流系统

本系统适用于渗透性较低的黏土、亚黏土，最佳坡度为 2%～8%，其进水需进行适当的预处理，如格栅、筛滤等，出水水质则相当于传统生物处理的出水水质。对 BOD 的去除率可达 90%，总氮的去除率为 70%～80%，悬浮物的去除率达到 90%～95%。

8.2.2.4 湿地处理系统

湿地处理系统是将污水投放到土壤经常处于水饱和状态而且生长有芦苇、香蒲等耐水植物的沼泽地上，污水沿一定方向流动，在流动过程中，在耐水植物和土壤联合作用下，使污水得到净化。

湿地处理系统对污水的净化作用是多方面的，有沉降作用、植物根系的截流作用、化学沉降作用、土壤和植物表面的吸附与吸收作用和微生物的代谢作用等。此外，植物根系的某些分泌物对细菌和病毒有灭活作用，细菌和病毒也可能在对其不适应的环境中自然死亡。

在湿地处理系统中，以生长沼泽地的维管束植物为主要特征，繁茂的水生植物为微生物提供了良好的栖息场所，维管束植物向其根部输送光合作用产生的氧，每一株维管束植物都是一部“制氧机”，使其根部周围及水中保持一定浓度的溶解氧，使根区附近的微生物能够维持正常的生理活动，同时，植物也能直接吸收和分解有机污染物。

湿地处理系统有以下几种类型：

（1）天然湿地系统

利用天然洼地、苇塘，并加以人工修整而成。中设导流土堤，使污水沿一定方向流动，水深一般在 0.30～0.80 m 之间，不超过 1.0 m，净化作用与好氧塘相似，适宜作污水深度处理，如图 8—9 所示。

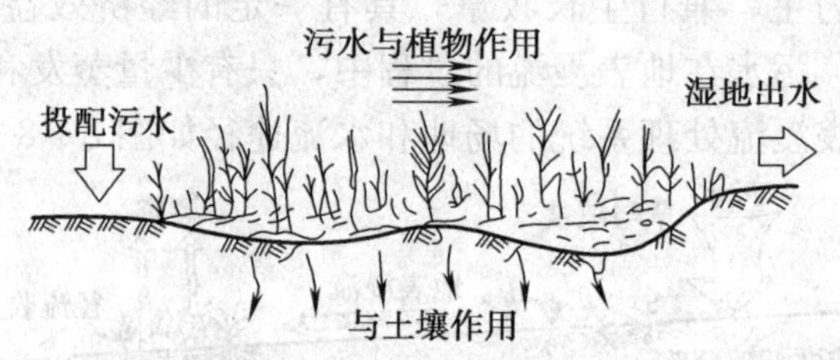

图 8—9　天然湿地处理系统示意图

（2）自由水面人工湿地

用人工筑成水池或沟槽状，底面铺设隔水层以防渗漏，再充填一定深度的土壤层，在土壤层中种植芦苇一类的维管束植物，污水由湿地的一端通过布水装置流入，并以较浅的水层在地表上以推流方式向前流动，从另一端溢出集水沟，在流动的过程中保持着自由水面，如图 8—10 所示。

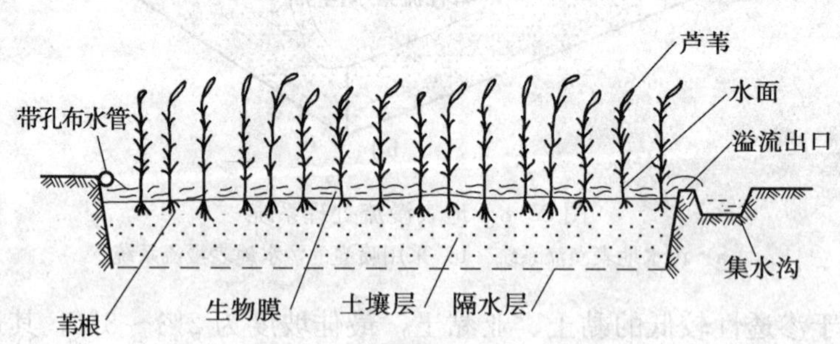

图 8—10　自由水面人工湿地示意图

本工艺的有机负荷率及水力负荷率的确定，应考虑气候、土壤状况、植物类型及接纳水体对水质的要求等因素，特别是应将水层保持好氧状态作为首要条件，一般采用较低的负荷率。

本工艺的有机负荷率在 18～110 kg BOD_5/（ha·d）。当进水 BOD_5 为150 mg/L时，水力负荷取 150～200 m^3/（ha·d），出水可达二级处理水标准。

（3）人工潜流湿地处理系统

人工潜流湿地处理系统是人工筑成的床槽，床内充填介质支持芦苇类的挺水植物生长。床底设黏土隔水层，并具有一定坡度。污水沿床宽度设置的布水装置进入，水平流动通过介质，与布满生物膜的介质表面及溶解氧充分接触而得到净化。

根据床内填充的介质不同，人工潜流湿地处理系统又可分为两种类型。一种如图 8—11 所示，床内介质由上下两层所组成，上层为土壤，种植芦苇等耐水植物，下层为易于使水流通的介质，如碎石等，则为植物的根系层。沿床宽设布水沟，内充填碎石，污水由布水管流入。在出水端碎石层的底部设多孔集水管并与出水管相连，出水管设闸阀，以便调节床内水位。

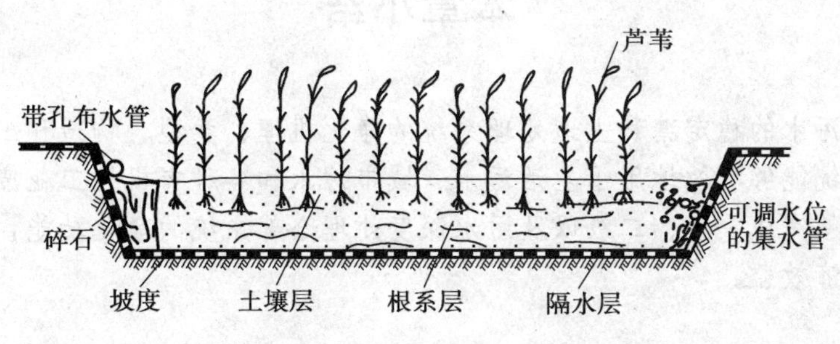

图 8—11　人工潜流湿地处理系统

另一种类型的人工潜流湿地处理构筑物称为碎石床，即在床内充填的只是碎石、砾石一类的介质，耐水性植物直接种植于介质上。进水与出水装置与前一种类型的人工湿地基本相同。碎石充填深度应根据种植的植物根系能够达到的深度而定。一般芦苇为 60～70 cm。介质粒径可在 10～30 mm 之间。

8.2.2.5　污水地下渗滤处理系统

污水地下渗滤处理系统是将经过化粪池或水解酸化池预处理后的污水有控制地通入设于地下距地面约 0.5 m 深处的渗滤田，在土壤的渗滤和毛细管作用下，污水向四周扩散，通过过滤、沉淀、吸附和在微生物作用下的降解作用，使污水得到净化。

本工艺的特征是其整体系统都设于地下，底面上可种植绿色植物美化环境；不受或较少受到外界气温变化的影响；易于建设，便于管理，不堵塞，建设投资省，运行费用低；对进水负荷的变化适应性强，耐冲击负荷；运行得当可回收到水质良好、稳定的处理水，用于农田灌溉、浇灌城市绿地、街心公园等。

污水地下渗滤处理系统是一种以原生态为基础，以节能、减少污染、充分利用水资源为目的的一种新型的小规模污水处理工艺技术，适用于处理居住小区、旅游点、度假村、疗养院等未与城市排水系统接通的分散建筑物排除的小流量污水。

地下渗滤处理系统在一些发达国家，如日本、美国等受到重视，得到了很大发展，其工艺流程、净化方法、处理设备等做到了定型化、系列化，并制定了相应的技术规范。我国近年来对这一技术也日益重视，但尚处于初步的启动阶段。

8.2.3 采用土地处理工艺应注意的问题

①预处理。污水进入土地处理系统前应进行预处理。一般情况下，污水经一级处理即可达到预处理要求。但在负荷较大时、出水要求高时，应采用二级处理方法（如活性污泥法、稳定塘等）进行预处理。对于含重金属和有机毒物的污水，必须进行点源预处理。

②完全处理。污水的土地处理存在着季节性。冬季农作物、牧草等大都已收获，气候寒冷，土地处理系统的效率下降，处理负荷降低。应具有足够的调蓄容量（如水库），储存未处理的污水，待气候转暖后再处理，已达到完全处理的目的。

③地下水污染。应做好防渗，控制适宜的负荷率，避免地下水污染。

④土质恶化，污水中的有毒物质（如重金属、有机毒物）、盐类、酸性或碱性物质等都会破坏土壤的品质，使土地恶化。

本章小结

本章介绍了污水的稳定塘和土地处理系统的净化机理、类型、构造和工艺特点。污水的自然生物处理系统能够有效地用于生活污水、城市污水和各种有机性工业废水的处理。如将其串联起来，能够完成一级、二级以及污水深度处理全部系统的净化功能，并能实现污水的资源化，创造经济效益。

练　习　题

1. 名词解释

稳定塘　污水土地处理系统　湿地处理系统

2. 简答题

(1) 稳定塘的类型有哪些？稳定塘对污水的净化作用有哪些？

(2) 污水土地处理系统有哪些？土地处理系统对污水的净化机理是什么？

(3) 湿地处理系统有哪些类型？

(4) 画出好氧塘、兼性塘和厌氧塘的净化功能模式图。

(5) 稳定塘有哪些优缺点？

(6) 采用土地处理工艺应注意哪些问题？

9 污泥的处理和处置

本章学习目标

1. 了解污泥厌氧与好氧消化的类型及其构筑物的构造；
2. 熟悉污泥浓缩工艺和常用的污泥脱水设备；
3. 掌握污泥浓缩、污泥脱水工艺和设备构造及其特点，能合理选用污泥处理工艺设备。

9.1 概 述

在污水处理过程中，会产生大量污泥，其数量约占处理污水量的0.3%～0.5%（以含水率97%计）。污泥中含有大量的有毒有害物质，如细菌、病原微生物、寄生虫卵、合成有机物及重金属离子，还含有植物营养素（氮、磷、钾）、有机物和水分等。产生的污泥如不及时地从污水处理系统中排除，会影响系统的正常运行，难以保证污水处理的质量与效果；但如不经过处理而直接排放到环境中，又会造成二次污染，故在排入自然环境前需进行某种形式的处理和处置。另外，污泥中含有大量的有用物质，通过一定的处理后可以回收利用，节省宝贵资源，达到变害为利、保护环境的目的。因此，污泥需要及时加以处理与处置，使污泥减量、稳定、无害化及综合利用。

在选择污泥处理工艺方案时，应根据污泥的性质与数量、处理目标、投资情况与运行管理费用、环境保护要求及有关法律和法规、城市农业发展情况及当地自然条件等因素，综合考虑后选定。

当以污泥稳定化为目标时，可选择以厌氧消化为主的处理工艺，消化过程产生的沼气（或称消化气、污泥气）可作为能源利用，如作燃料或发电；当污泥符合农用肥料条件，且附近有农田、林地、牧场等时可考虑采用以堆肥、农用为主的工艺；当污泥不适于进行消化处理，或不符合农用条件，或受污水处理厂用地面积限制等地区可以考虑以干燥焚烧为主。焚烧产生的热能，可作为能源。

污泥最终处置方法包括作为肥料施于农田、森林、草地或沙漠改良或填地；作为能源或建材；焚烧等。

9.1.1 污泥的分类与性质

9.1.1.1 污泥的分类

(1) 按成分不同分类

1) 污泥。以有机物为主要成分的称为污泥。污泥的性质是易于发臭，颗粒较细，相对密度较小（约为1.02～1.006），含水率高且不易脱水，属于胶体结构的亲水性物质。初次沉淀池与二次沉淀池的沉淀物均属污泥。

2) 沉渣。以无机物为主要成分的称沉渣。沉渣的主要性质是颗粒较粗，相对密度较大（约为2左右），含水率高且易于脱水，流动性差。沉砂池与某些工业废水处理沉淀物属沉渣。

(2) 按来源不同分类

1) 初次沉淀污泥。来自初次沉淀池。

2) 剩余活性污泥。来自活性污泥法后的二次沉淀池。

3) 腐殖污泥。来自生物膜法后的二次沉淀池。

以上3种污泥可统称为生污泥或鲜污泥。

4) 消化污泥。生污泥经厌氧消化或好氧消化处理后，称为消化污泥或熟污泥。

5) 化学污泥。用化学沉淀法处理污水后产生的沉淀物称为化学污泥或化学沉渣。如用混凝沉淀法去除污水中的磷；投加硫化物去除污水中的重金属离子；投加石灰中和酸性污水产生的沉渣以及酸、碱污水中和处理产生的沉渣均称为化学污泥或化学沉渣。

9.1.1.2 污泥的性质指标

(1) 污泥的含水率

污泥中所含水分的质量与污泥总质量之比的百分数称为污泥含水率。污泥的含水率一般都很高，其相对密度接近于1。污泥的体积、质量及所含固体物浓度之间的关系可用下式表示：

$$\frac{V_1}{V_2}=\frac{W_1}{W_2}=\frac{100-p_2}{100-p_1}=\frac{C_2}{C_1} \tag{9—1}$$

式中 V_1、W_1、C_1——污泥含水率为 p_1 时的污泥体积、质量与固体物浓度；

V_2、W_2、C_2——污泥含水率为 p_2 时的污泥体积、质量与固体物浓度。

式（9—1）适用于含水率大于65%的污泥。因含水率低于65%以后，污泥颗粒之间不再被水填满，体积内有气泡出现，体积与质量不再符合式（9—1）所述关系。污泥含水率从99%降低至96%时，污泥体积可减少3/4，即：

$$V_2=V_1\frac{100-p_1}{100-p_2}=V_1\frac{100-99}{100-96}=\frac{1}{4}V_1$$

(2) 挥发性固体（VSS）和灰分

挥发性固体，是指在600℃的燃烧炉中能被燃烧，并以气体逸出的那部分固体，一般常用于表示污泥中有机物含量；灰分则是剩余的那部分固体，用于表示无机物含量。

(3) 污泥中的有毒有害物质

城市污水处理厂的污泥中含有相当数量的氮（约含污泥干重的4%）、磷（约含2.5%）、钾（约含0.5%），有一定的肥效，可用于改良土壤。但其中含有病菌、病原微生物、寄生虫卵等，在施用前应有必要的处理（如污泥消化）。污泥中的重金属是主要的有害物质，其含量决定于城市污水中工业废水所占的比例及工业性质。污水经二级处理后，污水中的重金属离子约有50%转移到污泥中。因此，重金属含量超过规定的污泥不能用作农肥。

9.1.2 污泥量

初次沉淀池的污泥量可根据污水中悬浮物浓度、污水流量、去除率及污泥含水率，用下式计算：

$$V=\frac{100C_0\eta Q}{10^3(100-p)\rho} \tag{9—2}$$

式中 V——初次沉淀污泥体积，m^3/d；

Q——污水流量，m^3/d；

C_0——进水悬浮物浓度，mg/L；

η——去除率，%；

p——污泥含水率，%；

ρ——沉淀污泥密度，以1 000 kg/m^3 计。

初次沉淀池的污泥量也可按每人每天产泥量计算：

$$V=\frac{NS}{1\,000} \tag{9—3}$$

式中 N——城市人口数，人；

S——产泥量，L/（d·人）。

剩余活性污泥量可用活性污泥法中的公式进行计算，即：

$$Q_S=\frac{\Delta X}{fX_r} \tag{9—4}$$

式中 Q_S——每日排放剩余污泥量，m^3/d；

ΔX——挥发性剩余污泥量（干重），kg/d；

f—污泥的MLVSS/MLSS，对于生活污水$f=0.75$，工业废水的f值通过测定确定；

X_r——污泥浓度，g/L。

9.1.3 污泥的水力特征与管道输送

污泥在管道内流动的情况和水流大不相同，污泥的流动阻力随其流速大小而变化。在层流状态下时，污泥黏滞性大，悬浮物又容易在管道中沉降，因此污泥流动的阻力比水流大。当流速提高，达到紊流时，由于污泥的黏滞性能够消除边界层产生的漩涡，使管壁的粗糙度减少，污泥流动的阻力反而较水流小。污泥的含水率越低，黏滞性越大，上述状态就越明显；含水率越高，污泥黏滞性越小，其流动状态越接近水流。根据污泥的流动特性，在设计输泥管道时，应采用较大的流速，使污泥处于紊流状态。

污泥厂内输送时，重力输泥管一般采用0.01～0.02的坡度；压力输泥管一般采用表9—1所列举的最小设计流速。

表 9—1　　压力输泥管最小设计流速

污泥含水率（%）	最小流速（m/s）		污泥含水率（%）	最小流速（m/s）	
	管径 150～250 mm	管径 300～400 mm		管径 150～250 mm	管径 300～400 mm
90	1.5	1.6	95	1.0	1.1
91	1.4	1.5	96	0.9	1.0
92	1.3	1.4	97	0.8	0.9
93	1.2	1.3	98	0.7	0.8
94	1.1	1.2			

当采用压力管道输送污泥时，一般需要污泥泵抽升污泥。污泥泵在构造上必须满足不易被堵塞与磨损、耐腐蚀等基本条件。常用的污泥抽升设备有隔膜泵、螺杆泵、混流泵、柱塞泵、PW 型和 PWL 型离心泵等。

9.2　污泥浓缩

污泥浓缩是减小污泥体积的第一道工序，这种方法简单易行，不需要消耗大量的能量。浓缩的目的在于缩小污泥体积，减少后续处理构筑物的容积和降低污泥后续处理费用。如进行厌氧消化，则可以缩小消化池的有效容积，减少加热和保温的费用；如进行机械脱水，则可减少混凝剂投加量和脱水设备数量。污泥浓缩的脱水对象是污泥颗粒间的空隙水。经浓缩后的污泥仍保持流动性。由于剩余活性污泥的含水率很高，达到 99%以上，一般都应进行浓缩处理。

污泥浓缩的方法主要有重力浓缩法、气浮浓缩法和离心浓缩法等。

9.2.1　重力浓缩法

利用污泥自身的重力将污泥颗粒间隙的液体挤出，从而将污泥的含水率降低的方法称为重力浓缩法。其处理构筑物称为污泥浓缩池。根据运行方式不同，可分为连续式和间歇式两种。前者用于大型污水处理厂，后者多用于小型污水处理厂（站）。

（1）间歇式污泥浓缩池

间歇式污泥浓缩池可建成矩形或圆形，如图 9—1 所示。运行时，应先排出浓缩池中的上清液，腾出池容，再投入待浓缩的污泥。为此，应在池深度方向的不同高度设上清液排出管。浓缩时间，一般不宜小于 12 h。

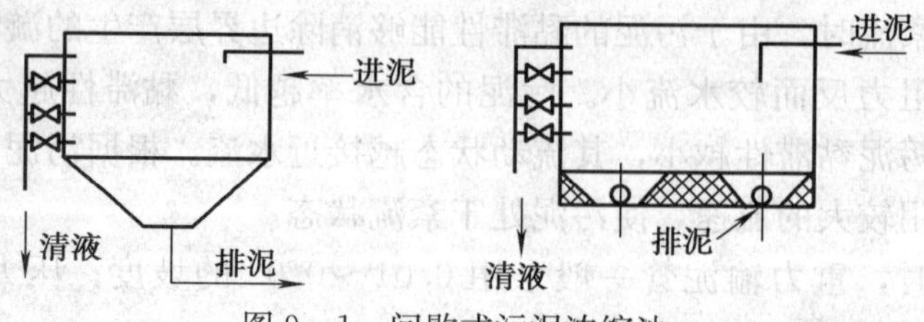

图 9—1　间歇式污泥浓缩池

浓缩池的上清液，应回到初次沉淀池前重新进行处理。

（2）连续式污泥浓缩池

连续式污泥浓缩池可采用沉淀池的形式，一般为竖流式或辐流式，图 9—2 所示为带刮泥机和搅拌装置的连续式浓缩池。

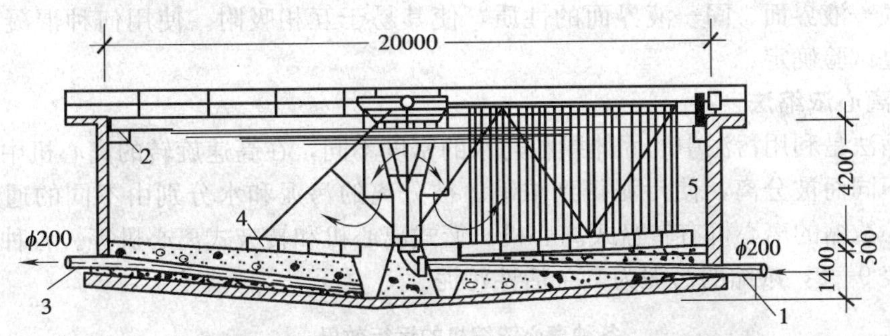

图 9—2　有刮泥机及搅动栅的连续式污泥浓缩池

1—中心进泥管　2—上清液溢流堰　3—排泥管　4—刮泥机　5—搅动栅

污泥由中心管连续进入池内，上清液由溢流堰流出，浓缩污泥用刮泥机缓缓刮至池中心的污泥斗，并从污泥管排出，刮泥机上装有搅拌栅，随着刮泥机转动，周边线速度为 1～2 m/min，每条栅条后面可形成微小涡流，有助于污泥颗粒之间的絮凝，使颗粒逐渐变大，并可造成空穴，促使污泥颗粒的空隙水和气泡逸出。搅拌栅有促进浓缩作用，浓缩效果约可提高 20%以上。浓缩池的底坡采用 1/100～1/12 坡度。

浓缩池的有效水深一般采用 4 m，当采用竖流式浓缩池时，其水深按沉淀部分上升流速不大于 0.1 mm/s 计算。浓缩池的停留时间一般为 10～16 h。

重力浓缩法主要用于浓缩初沉污泥及初沉污泥与剩余污泥或初沉污泥与腐殖污泥的混合液。

9.2.2　气浮浓缩法

气浮浓缩法是通过压力容器罐溶入过量空气，然后骤然减压释放出大量微小气泡，并附着在污泥颗粒的周围，使其密度相对减小而被强制上浮，达到浓缩目的。因此，气浮法较适用于污泥密度接近于 1 的活性污泥。

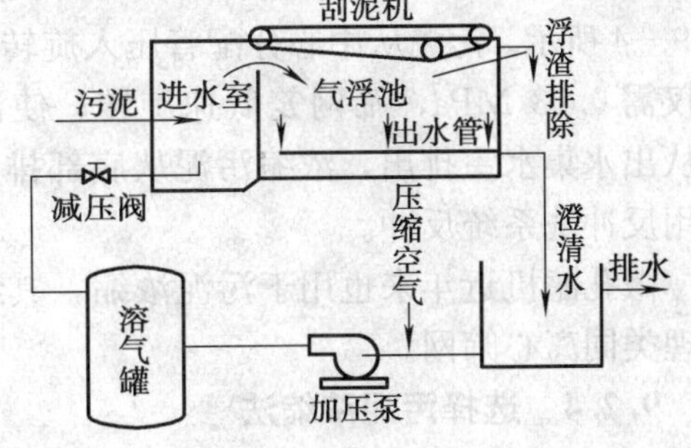

图 9—3　气浮浓缩工艺流程

气浮浓缩的工艺流程与污水的气浮处理基本相同，如图 9—3 所示。进水室的作用是使减压后的溶气水大量释放出微细气泡，并迅速附着在污泥颗粒上。气浮池的作用是上浮浓缩，在池表面形成浓缩污泥层，由刮泥机刮出池外。不能上浮的颗粒沉至池底，随设在池底的清液出水管一起排除。部分清液回流加压，并在溶气罐中压入压缩空气，使空气大量地溶解在水中。减压阀的作用是使加压溶气水减压至常压，进入进水室起气浮作用。

气浮法一般用于浓缩活性污泥，也用于腐殖污泥。其浓缩效果比重力浓缩法好，浓缩时间短，污泥处于好氧环境，基本没有气味问题，但运行费用较重力法高。

为了提高气浮浓缩的效果，可采用无机混凝剂如铝盐、铁盐、活性二氧化硅等，或有机高分子聚合电解质如聚丙烯酰胺（PAM）等，在水中形成易于吸附或俘获空气泡的表面和构架，改变气—液界面、固—液界面的性质，使其易于互相吸附。使用何种混凝剂及其剂量，一般通过试验确定。

9.2.3　离心浓缩法

离心浓缩法是利用污泥中的固体颗粒与水的密度不同，在高速旋转的离心机中，二者所受的离心力不同而被分离，使污泥得到浓缩。被分离的污泥和水分别由不同的通道导出机外。用于离心浓缩的离心机有转盘式离心机、篮式离心机和转鼓式离心机等。各种离心机的运行效果见表 9—2，浓缩的污泥为剩余活性污泥。

表 9—2　　各种离心浓缩机的运行效果

离心机类型	入流污泥量（L/s）	污泥浓缩前含固率（%）	污泥浓缩后含固率（%）	固体回收率（%）
转盘式	9.5	0.75～1.0	5.0～5.5	90
转盘式	3.2～5.1	0.7	5.0～7.0	93～87
篮式	2.1～4.4	0.7	9.0～10	90～70
转鼓式	4.75～6.30	0.44～0.78	5～7	90～80
转鼓式	6.9～10.1	0.5～0.7	5～8	65 85（加少量混凝剂）

离心浓缩法的效率高，需时短，占地面积小，一般需添加混凝剂和助凝剂，运行费用和机械维修费用较高。

另外一种常用的离心设备是离心筛网浓缩器，如图 9—4 所示。污泥从中心分配管压入旋转筛网笼，压力仅需 0.03 MPa，筛网笼低速旋转，使清液通过筛网从出水集水室排出，浓缩污泥从底部排出，筛网定期用反冲洗系统反冲。

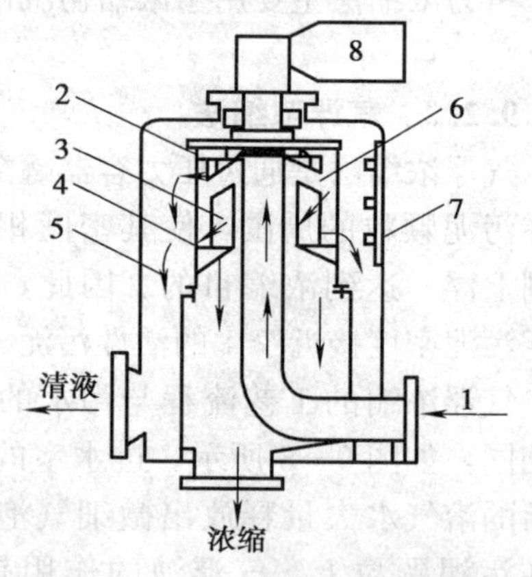

图 9—4　离心筛网浓缩器
1—中心分配管　2—进水布水器　3—排出器　4—旋转筛网笼　5—出水集水室　6—流量调节转向器　7—反冲洗系统　8—电动机

微孔滤机近年来也用于污泥浓缩，其结构和工作原理类同离心筛网。

9.2.4　选择污泥浓缩法

污泥浓缩法的选择应根据处理厂（站）的规模、占地大小、周边环境要求、污泥性质等多方面因素综合考虑。各种浓缩法的优缺点列举于表 9—3，供选择时参考。

表 9—3 各种浓缩方法的优缺点

方法	优点	缺点
重力浓缩法	储存污泥的能量高，操作要求不高，运行费用低	占地大，且会产生臭气，对于某些污泥工作不稳定，经浓缩后的污泥非常稀薄
气浮浓缩法	比重力浓缩的泥水分离效果好，占地少，臭气问题小，污泥含水率低，可使砂砾不混于浓缩污泥中，能去除油脂	运行费用较重力法高，占地比离心法多，污泥储存能力小，
离心机浓缩法	占地少，处理能力高，没有或几乎没有臭气问题	要求专用离心机，耗电量大，对操作人员要求高

9.3 污泥的厌氧消化

污泥的厌氧消化是污泥稳定化处理的最通用的方法。其主要处理对象是初次沉淀污泥、剩余活性污泥和腐殖污泥。污泥中的有机物在厌氧微生物的作用下，被分解为甲烷与二氧化碳等最终产物，使污泥得到稳定。

厌氧消化法的主要构筑物有消化池、化粪池、双层沉淀池和沼气池等。厌氧消化法可分为人工消化法和自然消化法（如前面讲到的厌氧塘就是污水的自然消化法）。在人工消化法中，根据池盖构造的不同，又分为定容式（固定盖）消化池和动容式（浮动盖）消化池。按容积大小可分为小型消化池（1 500～2 500 m^3）、中型消化池（2 500～5 000 m^3）、大型消化池（5 000～10 000 m^3）。按消化温度的不同又可分为低温消化（低于 20℃）、中温消化（30～37℃）、高温消化（45～55℃）。按运行方式可分为一级消化、二级消化。

9.3.1 消化工艺

(1) 一级消化工艺

最早使用的消化池称为传统消化池，又称低速消化池，是一个单级过程，称为一级消化工艺，污泥的消化和浓缩均在单个池内同时完成。这种消化池内一般不设搅拌设备，因而池内污泥有分层现象，仅一部分池容起有机物分解作用，池底部容积主要用于储存和浓缩熟污泥。由于微生物不能与有机物充分接触，消化速率很低，消化时间很长，一般为 30～60 d。虽然池子容积很大，但有效利用率低。因此，一级消化工艺仅适用于小型装置，目前已很少用。其构造原理如图 9—5 所示。

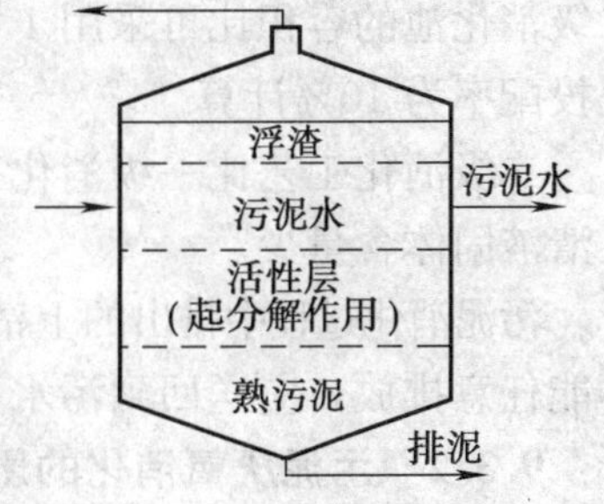

图 9—5 传统消化池构造原理

图 9—6 为一座典型的单级浮动盖式消化池的断面图。生污泥从池的中心或集气罩内投入消化池，从集气罩内进入的污泥能打碎在消化池液面形成的浮渣层。已消化过的污泥在池底排出，通过从消化池抽出的污泥经热交换器加热后送回消化池，进行消化池的加热。由于池内不设搅拌装置，消化池内出现了分层现象，顶部为浮渣层，消化了的熟污泥在池

底浓缩，中间层包括一层清液（污泥水）和起厌氧分解作用的活性层。污泥水根据具体水层厚度从池子不同高度的抽出管排出。浮盖由液面承托，可以上下移动。单级浮动盖式消化池的功能为：挥发性有机物的消化、熟污泥的浓缩和贮存。其特点是提供的储存容积约等于池子容积的1/3。

（2）二级消化工艺

如图9—7所示，二级消化工艺为两个消化池串联运行，生污泥连续或分批投入一级消化池中并进行搅拌和加热，使池内的污泥保持完全混合状态。温度一般维持中温34℃左右。由于搅拌使池内有机物浓度、微生物分布、温度、pH值等都均匀一致，微生物得到了较稳定的生活环境，并与有机物均匀接触，因而提高了消化速率，缩短了消化时间。污泥中有机物的分解主要在一级消化池中进行，产气量约占总产气量的80%，因此该系统中的一级消化池也称之为高速消化池。一级消化池的污泥靠重力排入二级消化池中。二级消化池无需搅拌和加热，而是利用一级消化池排出污泥的余热继续消化，其消化温度可保持20～26℃。二级消化池上设有集气管和上清液排出管，产气量约占总产气量的20%。二级消化池起着污泥浓缩的作用。

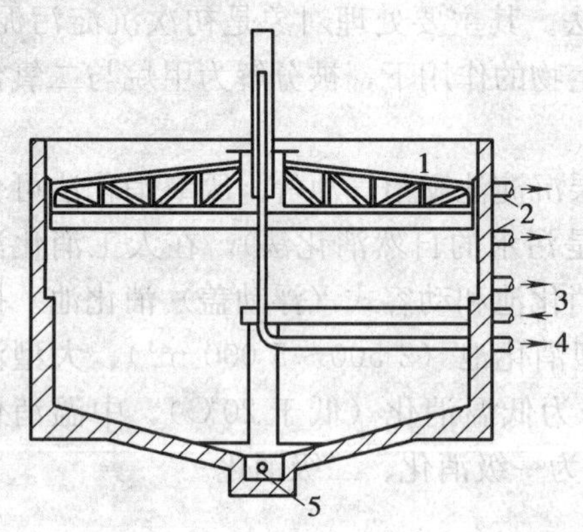

图9—6　单级浮动盖消化池

1—浮盖　2—污泥水管　3—进泥管

4—出气管　5—排泥阀

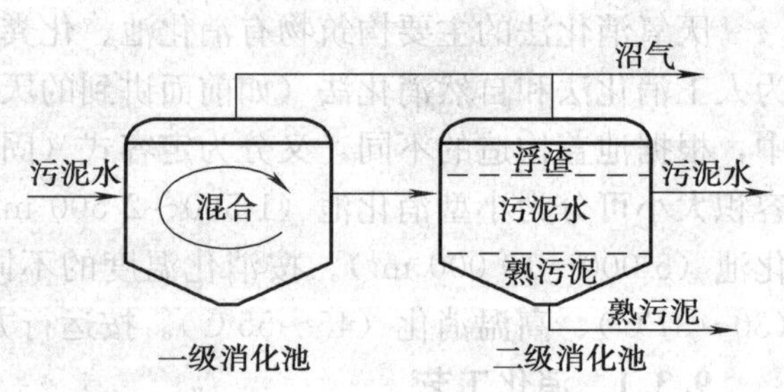

图9—7　二级消化池系统示意

二级消化工艺中第一级消化池容积通常按污泥投配率为5%来计算，第一级消化池与第二级消化池的容积比可采用1∶1、2∶1或3∶2，但常用2∶1，即第二级消化池的容积按污泥投配率为10%计算。

二级消化工艺比一级消化工艺总的耗热量少，并减少了搅拌的能耗，熟污泥含水率低，上清液固体含量少。

污泥消化过程中排出的上清液（污泥水）有机物含量较高，BOD_5 约为500～1 000 mg/L，不能任意排放，应送回到污水生物处理构筑物内进一步处理。

9.3.2　污泥厌氧消化的影响因素

由于甲烷发酵阶段是厌氧消化反应的限制步骤，因此，厌氧反应的各项影响因素也以对甲烷菌的影响为准。

（1）温度

污泥的厌氧消化受温度的影响很大。甲烷菌对于温度的适应性可分为两类，即中温甲烷菌（适应温度区为30～35℃）、高温甲烷菌（适应温度区为50～53℃）。当温度处于两类甲烷菌的适应温度区之间时，反应速度反而减退。由此可见，消化反应与温度之间的关系是不连续的。

温度与有机物负荷、产气量关系如图9—8所示，在中温消化条件下，有机物负荷为2.5～3.0 kg/（m^3·d），产气量为1.0～1.3 m^3/（m^3·d）；而高温消化条件下，有机物负荷为6.0～7.0 kg/（m^3·d），产气量为3.0～4.0 m^3/（m^3·d）。

利用中温甲烷菌进行厌氧消化的系统称为中温消化，利用高温甲烷菌则称为高温消化。中温或高温消化允许的温度变动范围为±1.5～2.0℃，当有±3.0℃的变化时，就会抑制消化反应速率，有±5.0℃的急剧变化时，就会突然停止产气，使有机酸大量积累而破坏厌氧消化。

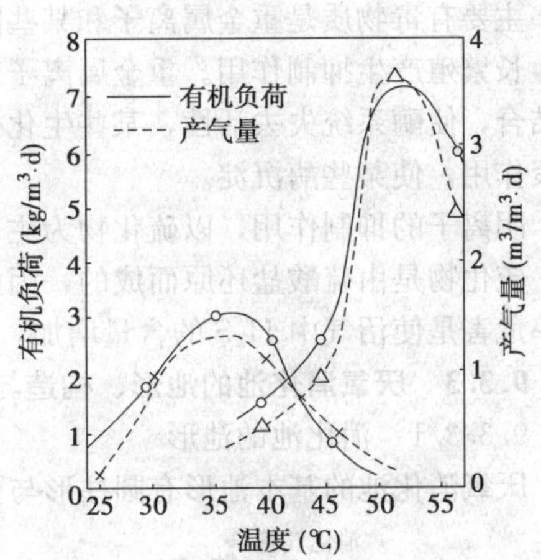

图9—8 温度与有机物负荷、产气量关系图

中温消化对病原微生物的杀灭率较低，高温消化的杀灭率较高。由于高温消化加热费用大，操作管理复杂，因此常选用中温消化处理。只有在卫生要求高时，或有废弃余热的企业才考虑高温消化。

（2）pH值、酸碱度和消化液的缓冲作用

水解与发酵菌和产氢产乙酸菌对pH值的适应范围大致为5～6.5，而甲烷菌对pH值的适应范围为6.6～7.5之间。

在消化系统中，如果水解发酵阶段与产酸阶段的反应速率超过产甲烷阶段，则pH值会降低，影响甲烷菌的生活环境。但是，在消化系统中，由于消化液的缓冲作用，在一定范围内可以避免发生这种情况。缓冲剂是在有机物分解过程中产生的，即消化液中的CO_2（形成碳酸）和NH_3（以NH_3和NH_4^+的形式存在），NH_4^+一般是以NH_4HCO_3形式存在，重碳酸盐（HCO_3^-）与碳酸（H_2CO_3）组成缓冲溶液。因此，在消化系统中，应保持碱度在2 000 mg/L以上，使其有足够的缓冲能力，可有效地防止pH值的下降。

（3）有机负荷

在污泥消化中，有机负荷习惯上以投配率表示，即每日所投加的新鲜污泥体积占消化池有效容积的百分数。投配率是消化池设计的重要参数，投配率过高，消化池内脂肪酸可能积累，pH值下降，污泥消化不完全；投配率过低，污泥消化较完全，产气率较高，消化池容积大。城市污水处理厂污泥中温消化的投配率以5%～8%为宜，相应的消化时间为20 d（5%）～12.5 d（8%）。

（4）搅拌与混合

新鲜污泥投入消化池后，应及时加以搅拌与混合，使新投入的新鲜污泥与熟污泥充分接触，整个池内的温度、底物及厌氧菌分布均匀，并防止消化池表面形成污泥壳，加速沼气的释放。

常用搅拌方法有泵加水射器搅拌法、沼气循环搅拌法和联合搅拌法等。

（5）营养与C/N比

厌氧消化池中，合成细胞所需的碳（C）源具有双重作用，一方面是作为反应过程的能源，另一方面是合成新细胞。如果C/N比太高，细胞的氮量不足，消化液的缓冲能力低，pH值容易降低；C/N比太低，氮量过多，pH值可能上升，铵盐容易积累，会抑制消化进程。一般认为，C/N比达到（10～20）：1为宜。

（6）有毒物质

主要有毒物质是重金属离子和某些阴离子。这些物质含量达到一定浓度时，会对甲烷菌的生长繁殖产生抑制作用。重金属离子对厌氧过程的抑制作用主要表现在两个方面：一是与酶结合，使酶系统失去活性，某些生化代谢不能进行；二是某些重金属离子及其氢氧化物的凝聚作用，使某些酶沉淀。

阴离子的抑制作用，以硫化物为主，当其浓度大于100 mg/L时，对甲烷菌就有抑制作用。硫化物是由硫酸盐还原而成的，因此，控制消化池中硫酸盐的含量非常重要。硫化物的另一危害是使沼气中H_2S的含量增加，不利于沼气的利用。

9.3.3 厌氧消化池的池形、构造与设计

9.3.3.1 消化池的池形

厌氧消化池的基本池形有圆柱形与蛋形两种，如图9—9所示。

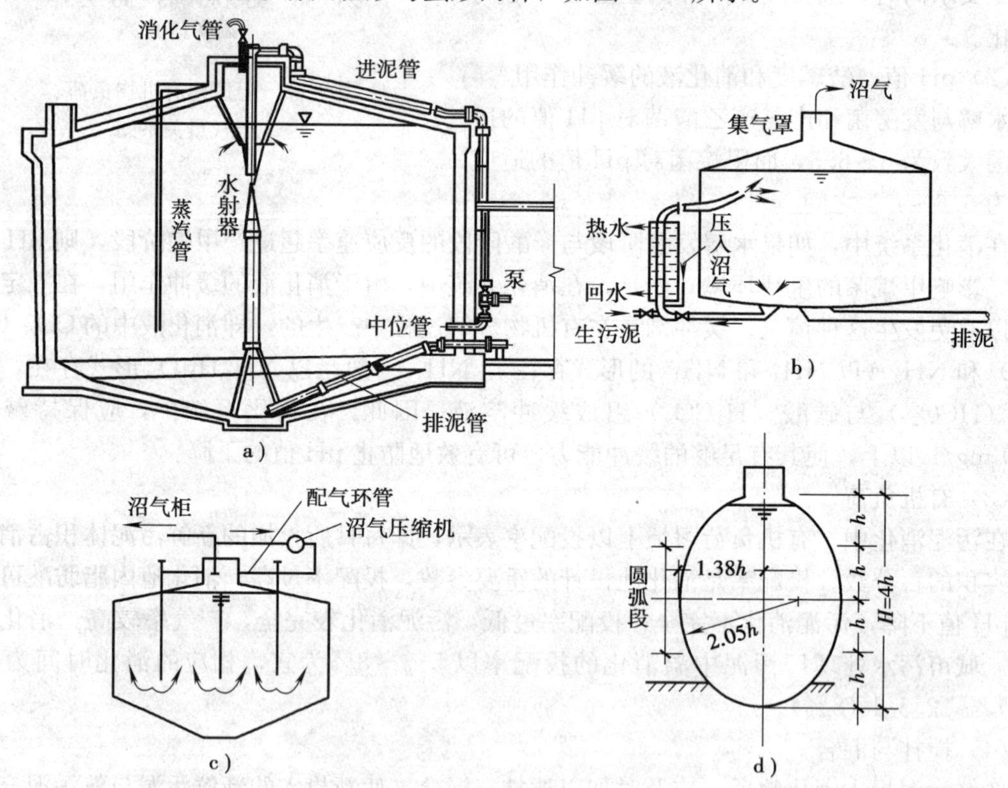

图9—9 消化池基本池形

a）、b）、c）圆柱形 d）蛋形

图 9—9a、b、c 为圆柱形，池径一般为 6～35 m，视污水厂规模而定，池总高与池径之比取 0.8～1.0，池底、池盖倾角一般取 15°～20°，池顶集气罩直径取 2～5 m，高 1～3 m；图 9—9d 为蛋形，大型消化池可采用蛋形，容积可做到 10 000 m^3 以上，蛋形消化池在工艺与结构方面，具有如下优点：

①搅拌充分、均匀、无死角，池底部与顶部的截面积较小，污泥不会在池底固结，也不易产生浮渣层；

②在容积相等的条件下，池子总表面积比圆柱形小，散热面积小，易于保温；

③结构与受力条件最好，只承受轴向与径向压力与张力，如采用钢筋混凝土结构，可节省材料；

④防渗水性能好，聚集沼气效果也好。

9.3.3.2　消化池构造

消化池的构造主要包括污泥的投配、排泥及溢流系统，沼气排出、收集与贮气设备，搅拌设备，加热设备等。

(1) 投配、排泥及溢流系统

生污泥需先排入污泥投配池，然后用泵抽送至消化池。污泥投配池一般为矩形，至少设两个，常以 12 h 贮泥量设计。投配池加盖，设排气管及溢流管。如果采用消化池外加热生污泥的方式，则投配池可兼作污泥加热池。

消化池排泥管设在池底，依靠消化池内静水压力将熟污泥排至污泥的后续处理装置。

消化池投配过量、排泥不及时或沼气产量与用量不平衡等情况发生时，沼气室内的沼气受压缩，气压增加，甚至可能压破池顶盖。因此，沼气池必须设置溢流装置，及时溢流，以保持沼气室内压力恒定。溢流装置应绝对避免集气罩与大气相通。溢流装置常用形式有倒虹管式、大气压式和水封式等。

(2) 沼气的收集与贮存设备

由于产气量与用气量经常不平衡，因此，必须设储气柜调节沼气量。图 9—10 所示的两种储气柜为低压浮盖式和高压球形罐。

储气柜的容积一般按平均日产气量的 25%～40%，即 6～10 h 的平均产气量计算。

低压浮盖式的浮盖重量决定于柜内气压，气压的大小可用盖顶加减铸铁块的数量进行调节。浮盖的直径与高度比一般采用 1.5∶1，浮盖插入水封柜以免沼气外泄。

当需长距离输送沼气时，可采用高压球形罐。

(3) 搅拌设备

消化池的搅拌方法有三种，可进行连续搅拌，也可间歇搅拌。

1) 泵加水射器搅拌。图 9—9a 是泵加水射器搅拌示意图。生污泥用污泥泵加压后，射入水射器，水射器顶端浸没在污泥面以下 0.2～0.3 m，泵压应大于 0.2 MPa，生污泥量与水射器吸入的污泥量之比为 1∶(3～5)。消化池直径大于 10 m 时，可设两个或两个以上水射器。

2) 联合搅拌法。联合搅拌法是将生污泥加温、沼气搅拌联合在一个装置内完成，如图 9—9b 所示，经空气压缩机加压后的沼气和经污泥泵加压后的生污泥分别从热交换器（兼作生、熟污泥与沼气的混合器）的下端射入，并将消化池内的熟污泥抽吸出来，共同在热交换

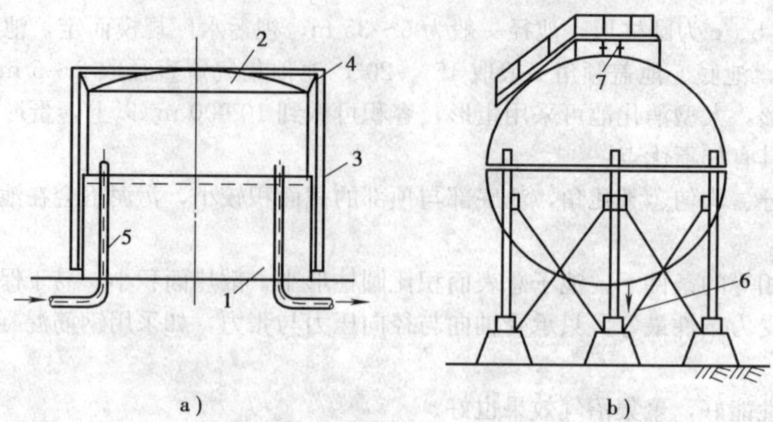

图 9—10　储气柜

a）低压浮盖式　b）高压球形罐

1—水封柜　2—浮盖　3—外轨　4—滑轮　5—导气管　6—导气管　7—安全阀

器中加热混合，然后从消化池的上部向下喷入，完成加温搅拌过程。如消化池直径大于 10 m，可设两个或两个以上热交换器。

3）沼气搅拌。沼气搅拌比较充分，可促进厌氧分解，缩短消化时间。沼气搅拌装置如图 9—9c 所示。经空气压缩机压缩后的沼气通过消化池顶盖上面的配气环管，通入每根立管，立管数量根据搅拌气量和立管内的气流速度而定。搅拌气量按每 1 000 m^3 池容5～7 m^3/min 计，气流速度按 7～15 m/s 计。立管末端在同一平面上，距池底 1～2 m，或在池壁与池底连接面上。

4）污泥加热。污泥加热方法有池内蒸汽直接加热和池外加热两种。

池内蒸汽直接加热法是利用插在消化池内的蒸汽竖管直接向消化池内送入蒸汽，加热污泥（参见图 9—9a）。这种加热方法比较简单，热效率高。但竖管周围的污泥易过热，消化污泥的含水率也会增加。

池外加热法，是将生污泥预先加热后，投配到消化池中。池外加热法可分为投配池内加热和热交换器两种。

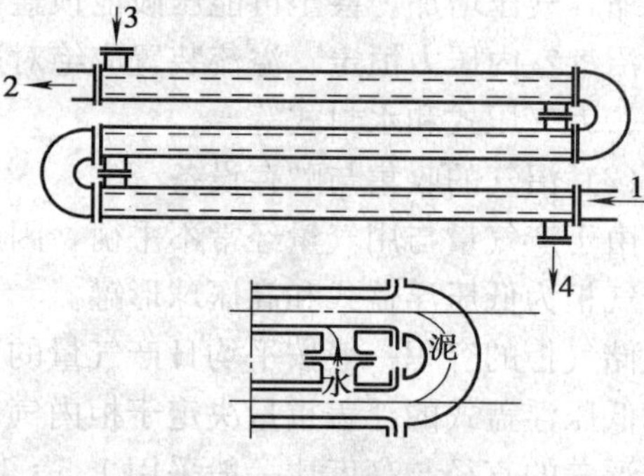

图 9—11　套管式热交换器

1—污泥入口　2—污泥出口

3—热媒进口　4—热媒出口

投配池内加热，即在投配池内，用蒸汽将生污泥加热到所需温度，然后一次投入消化池。而热交换器法是在消化池外，用热交换器将生污泥加热后，送入消化池（参见图 9—9b）。热交换器一般采用套管式，以热水为热媒，如图 9—11 所示。生污泥从管内通过，流速1.5～2.0 m/s，热水从套管通过，流速 1.0～1.5 m/s。

9.3.3.3　计算消化池的有效容积

（1）计算公式

污泥消化池的有效容积，可按每天加入的新鲜污泥量与污泥投配率进行计算。计算公式如下：

$$V=\frac{V'}{p}\times 100 \tag{9—5}$$

式中　V——消化池的有效容积，m^3；

V'——新鲜污泥量，m^3/d；

p——污泥投配率（每日投加的新鲜污泥量占消化池有效容积的百分数）。

污泥投配率最好通过试验或调研确定。当无资料时，对于生活污水污泥，中温高速消化池 p 可采用 5%～12%，传统消化池可采用 2%～3%。

(2) 计算实例

某城镇污水处理厂污水量为 30 000 m^3/d，其中生活污水水量为 10 000 m^3/d，其余为工业废水，原污水悬浮固体（SS）浓度为 240 mg/L，经初沉池沉淀后 BOD_5 为 200 mg/L，初沉池 SS 去除率为 40%，采用普通活性污泥法处理，曝气池有效容积为 5 000 m^3，MLSS 浓度为 4 g/L，VSS/SS=0.75，曝气池 BOD_5 去除率为 95%，现决定污水厂的污泥采用中温（35℃）厌氧消化处理，投配率为 7%，试确定消化池的有效容积。

解：(1) 新鲜污泥量的计算

初次沉淀池的污泥体积（以含水率为 96.5%计）为

$$V_1=\frac{240\times 0.4\times 30\,000}{(1-0.965)\times 1\,000\times 1\,000}\approx 82\ (m^3/d)$$

每日剩余污泥量（取 $a=0.5$，$b=0.1$）为

$$\begin{aligned}\Delta X&=aQS_r-bVX\\&=0.5\times 200\times 0.95\times 30\,000/1\,000-0.1\times 4\times 0.75\times 5\,000\\&=1\,350\ (kg\ VSS/d)=1\,300\div 0.75\ (kg\ SS/d)\\&=1\,800\ (kg\ SS/d)\end{aligned}$$

当浓缩至含水率为 96.5%时其体积为

$$V_2=\frac{1\,800}{(1-0.965)\times 1\,000}\approx 51\ (m^3/d)$$

污泥总体积为

$$V'=V_1+V_2=82+51=133\ (m^3/d)$$

(2) 消化池有效容积计算

已知污泥投配率为 7%，消化池的有效容积为

$$V=\frac{V'}{p}\times 100=\frac{133}{7}\times 100=1\,900\ (m^3)$$

考虑到检修方便，采用 2 座消化池，每个消化池的有效容积为 950 m^3。

9.3.4　消化池的运行管理

(1) 消化污泥的培养驯化

新建消化池，需要培养消化污泥。培养方法有两种。

1) 逐步培养法。将每天排放的初次沉淀污泥和浓缩后的污泥投入消化池，然后加热，使每小时温度升高 1℃，当温度升高至消化温度时，维持温度，再逐渐加入新鲜污泥，直至设计泥面，停止加泥，维持消化温度，使有机物水解、液化，约需 30～40 d，待污泥成熟、

产生沼气后，方可投入正常运行。

2）一次培养法。将池塘污泥，经 2 mm×2 mm 孔网过滤后投入消化池，投加量应占消化池容积 1/10，以后逐日加入新鲜污泥至设计泥面。然后加温，控制升温速度为 1℃/h，直至达到消化温度，控制池内 pH 值为 6.5～7.5，稳定 3～5 d，污泥成熟，产生沼气后，再投加新鲜污泥。如当地已有消化池，则可取消化污泥更为简便。

（2）正常运行的化验指标

正常运行的化验指标有：投配污泥含水率 94%～96%、有机物含量 60%～70%、有机物分解程度 45%～55%、脂肪酸（以乙酸计）约 2 000 mg/L、总碱度（以重碳酸盐计）大于 2 000 mg/L、氨氮 500～1 000 mg/L、产气率正常、沼气成分（CO_2 与 CH_4 所占百分数）正常。

（3）正常运行的控制参数

新鲜污泥投配率、消化温度应严格控制。

1）搅拌：采用沼气搅拌可全日工作。采用水力提升器搅拌，每日搅拌量应为消化池容积的 2 倍，间歇进行，如搅拌 0.5 h，间歇 1.5～2 h。

2）排泥：消化池有上清液排出装置时，应先排上清液后再排泥。否则应采用中、低位管混合排泥或搅拌均匀后排泥，以保持消化池内污泥浓度不低于 30 mg/L，否则消化很难进行。

3）沼气压力：消化池正常工作时产生的沼气气压在 1.2～2.0 kPa 之间，最高可达 3.5～5.0 kPa。消化系统正常运行时，沼气压力是稳定的。过高和过低都说明池组工作不正常或输气管网中有故障。

（4）消化池发生异常现象时的管理

1）产气量下降。产气量下降的原因与解决办法主要有：

①投加的污泥量过低，甲烷菌的底物不足，应设法提高投配污泥浓度。

②消化污泥排量过大，使消化池内甲烷菌减少，破坏甲烷菌与营养的平衡。应减少排泥量。

③消化池温度降低，可能是由于投配污泥过多或加热设备发生故障。解决办法是减少投配量与排泥量，检查加热设备，保持消化温度。

④消化池容积减少。由于池内浮渣与沉砂量增多，使消化池容积减小，应检查池内搅拌效果及沉砂池效果，及时排除浮渣与沉砂。

⑤有机酸积累，碱度不足。解决办法是减少投配量，继续加热，观察池内碱度变化，如不能改善，则应投加如石灰等以提升碱度。

2）上清液水质恶化。上清液水质恶化表现在 BOD 和 SS 浓度增加，原因可能是排泥量不够，固体负荷过大，消化程度不够，搅拌过度等。解决办法是分析上列可能原因，分别加以解决。

3）沼气的气泡异常。沼气的气泡异常表现形式如下：

①连续喷出像啤酒开盖后出现的气泡，这是消化状态严重恶化的征兆。原因可能是排泥量过大，池内污泥量不足，或有机负荷过高，或搅拌不充分。解决的办法是减少或停止排泥，加强搅拌，减少污泥投配。

②大量气泡剧烈喷出，但产气量正常，这是由于池内浮渣层过厚，沼气在层下集聚，一

且沼气穿过浮渣层，就有大量沼气喷出，对策是破碎浮渣层，充分搅拌。

③不起泡，可暂时减少或终止投配污泥。

9.4 污泥的好氧消化

污泥厌氧消化运行管理要求高，消化池需密闭、池容大、池数多。因此，当污泥量不大时可采用好氧消化，即在不投加底物的条件下，对污泥进行较长时间的曝气，使污泥中微生物处于内源呼吸阶段进行自身氧化。因此微生物机体的可生物降解部分（约占 MLVSS 的 80%）可被氧化去除，消化程度高，剩余消化污泥量少。污泥好氧消化主要优缺点如下：

①优点：污泥中可生物降解有机物的降解程度高；上清液 BOD 浓度低；消化污泥量少，无臭、稳定、易脱水，处置方便；消化污泥的肥分高，易被植物吸收；好氧消化池运行管理方便简单，构筑物基建费用低。

②缺点：运行能耗多，运行费用高；不能回收沼气；因好氧消化不加热，所以污泥有机物分解程度随温度波动大；消化后的污泥进行重力浓缩时，上清液 SS 浓度高。

9.4.1 好氧消化的机理

污泥好氧消化处于内源呼吸阶段，细胞质反应方程如下：

$$\underset{113}{C_5H_7NO_2} + \underset{224}{7O_2} \rightarrow 5CO_2 + 3H_2O + H^+ + NO_3^-$$

可见，氧化 1 kg 细胞质需氧 224/113≈2 kg。

在好氧消化中，氨氮被氧化为 NO_3^-，pH 值将降低，因此，需要有足够的碱度来调节，以便使好氧消化池内的 pH 值维持在 7 左右。池内溶解氧不得低于 2 mg/L，并应使污泥保持悬浮状态，因此，必须要有充足的搅拌强度，污泥的含水率在 95%左右，以便于搅拌。

9.4.2 好氧消化池的构造与工艺设计

（1）好氧消化池的构造

好氧消化池的构造与完全混合式活性污泥法曝气池相似，如图 9—12 所示。

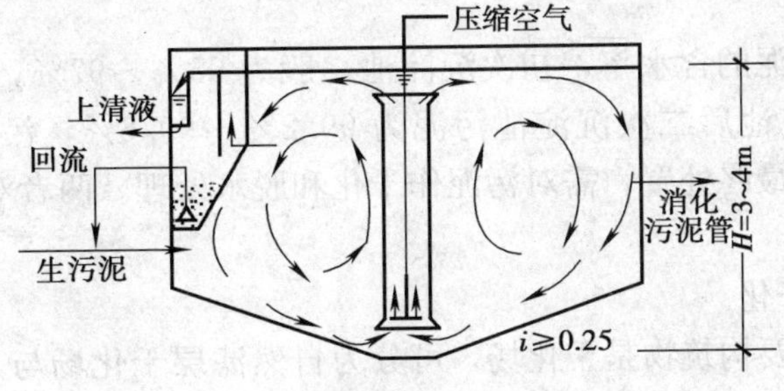

图 9—12 好氧消化池工艺图

主要构造包括好氧消化室，进行污泥消化；泥液分离室，使污泥沉淀回流并把上清液排出；消化污泥排除管；曝气系统，由压缩空气管、中心导流筒组成，提供氧气并起搅拌作用。

消化池坡底 i 不小于 0.25，水深决定于鼓风机的风压，一般采用 3～4 m。

(2) 好氧消化池的设计

通常以有机负荷为设计参数，计算好氧消化池的有效容积，计算公式如下：

$$V=\frac{Q_0 X_0}{S} \tag{9—6}$$

式中 V——好氧消化池的有效容积，m^3；

Q_0——进入好氧消化池的生污泥量，m^3/d；

X_0——生污泥中挥发性悬浮固体浓度，g VSS/L；

S——挥发性有机负荷，kg VSS/（m^3 · d)。

好氧消化池的有关设计参数列举于表 9—4 中，可供设计计算时参考。

表 9—4　　好氧消化池的设计参数

序　号	设计参数	数　值
1	污泥停留时间（d）： 活性污泥 初沉污泥、初沉污泥与活性污泥混合	 10～15 15～20
2	有机负荷［kgVSS/（m^3 · d)］	0.38～2.24
3	空气需要量［鼓风曝气（m^3/m^3 · min)］： 活性污泥 初沉污泥、初沉污泥与活性污泥混合	 0.02～0.04 ≥0.06
4	最低溶解氧（mg/L）	2
5	温度（℃）	≥15
6	挥发性固体（VSS）去除率（%）	50 左右

9.5　污泥的干化与脱水

城市污水处理厂污泥的含水率，初次沉淀池一般为 95%～97%，生物滤池后的二次沉淀池污泥为 97%，曝气池后二次沉淀池污泥为 99.2%～99.6%，污泥消化池消化污泥为 97%。为了综合利用和最终处置，需对污泥作干化和脱水处理。两者对脱除污泥的水分具有同等的效果。

9.5.1　污泥自然干化

污泥自然干化的主要构筑物是干化场，可分为自然滤层干化场与人工滤层干化场两种。前者适用于自然土质渗透性能好，地下水位低的地区。人工滤层干化场的滤层是人工铺设的，又可分为敞开式干化场和有盖式干化场两种。

人工滤层干化场的构造如图 9—13 所示，它由不透水底层、排水系统、滤水层、输泥管、隔墙及围堤等部分组成。有盖式的，设有可移开或盖上的顶盖，顶盖一般用弓形复有塑料薄膜制成，移、置方便。

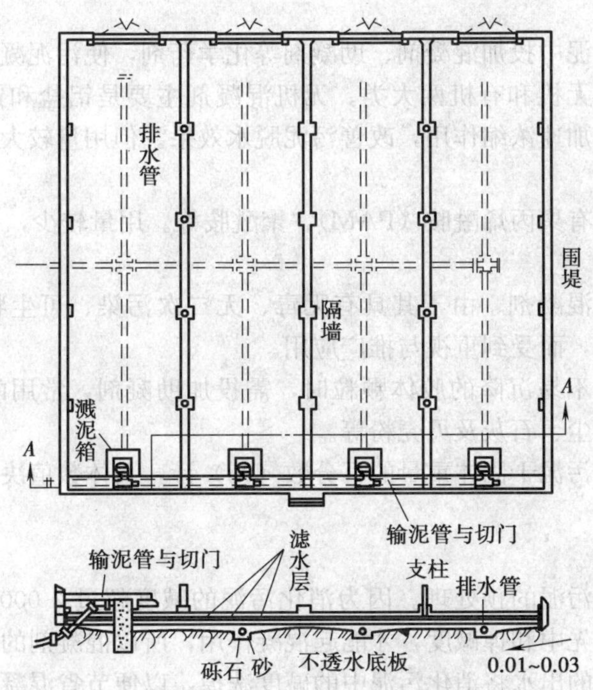

图 9—13 人工滤层干化场

滤水层下层用粗矿渣或砾石层铺设，厚度 200～300 mm，上层用细矿渣或砂，厚 200～300 mm。

排水管道系统用 100～150 mm 陶土管或盲沟铺成，管子接头不密封，以便排水。管道之间中心距 4～8 m，纵坡 0.002～0.003，排水管起点覆土深（至砂层顶面）为 0.6 m 左右。

不透水地板由 200～400 mm 厚的黏土层或 150～300 mm 三七灰土夯实而成。也可用 100～150 mm 的素混凝土铺成。底板有向排水管的坡度 0.01～0.03 的坡。

隔墙与围堤，将整个干化场分割成若干分块，轮流使用，以便提高干化场利用率。

近年来，出现一种由沥青或混凝土浇筑，不用滤层的干化场，其优点是泥饼容易铲除。

污泥在干化场上的脱水主要依靠渗透、蒸发与人工撇除等过程。

9.5.2 污泥机械脱水

9.5.2.1 机械脱水的基本原理

污泥机械脱水是以过滤介质（如滤布）两面的压力差作为推动力，使污泥中的水分强制通过过滤介质，称为滤液，固体颗粒被截留在介质上，称为滤饼，从而使污泥达到脱水目的。污泥脱水的推动力，可以是在过滤介质的一面造成负压（如真空吸滤脱水），或加压污泥将水分压过过滤介质（如压滤脱水）或造成离心力（如离心脱水）等。

9.5.2.2 污泥脱水前的预处理

机械脱水前的预处理的目的是改善污泥脱水性能，提高脱水设备的生产能力。方法包括化学调节法、淘洗法、热处理法和冷冻法等，其中化学调节法由于可靠，设备简单，操作方便，被长期广泛采用。

(1) 化学调节法

化学调节法是向污泥中投加混凝剂、助凝剂等化学药剂，使污泥凝聚，提高脱水性能。

常用的混凝剂分为无机和有机两大类。无机混凝剂主要是铝盐和铁盐及其高分子聚合物。投加后，可以大大加速浓缩作用，改善污泥脱水效果。但用量较大，一般为污泥干固体重量的 5%～20%。

有机高分子混凝剂有聚丙烯酰胺（PAM）、聚酰胺等。用量较少，一般为污泥干固体重量的 0.1%～0.5%。

此外，还有微生物混凝剂，由于其具有无毒、无二次污染、可生物降解、混凝絮体密实、对环境无害等优点，而受到重视与推广应用。

当污泥中含有许多不易沉降的胶体颗粒时，需投加助凝剂，常用的助凝剂主要有硅藻土、酸性白土、电厂粉尘、石灰及贝壳粉等。

混凝剂的投加量以污泥干固体重量的百分数（%）计，具体数值决定于污泥性质，一般通过试验确定。

(2) 淘洗法

淘洗法适用于消化污泥的预处理。因为消化污泥的碱度超过 2 000 mg/L，在进行化学调节时所加的混凝剂需先中和掉碱度，才能起混凝作用，所以混凝剂的用量大大增加。淘洗法通常是用污水处理厂的出水将消化污泥中的碱度洗掉，以便节省混凝剂用量，但需增设淘洗池及搅拌设备。

9.5.2.3 机械脱水设备

污泥机械脱水的方法有真空过滤法、压滤法和离心法等。常用的脱水机械有真空过滤脱水机、板框压滤机、带式压滤机和离心脱水机等。

(1) 真空过滤脱水机

真空过滤脱水使用的机械称为真空过滤脱水机，可用于经预处理后初次沉淀污泥、化学污泥及消化污泥等的脱水。

1) 真空过滤机的构造与脱水过程。国内使用较多的是 GP 型转鼓真空过滤机，其构造与工作过程如图 9—14 所示。

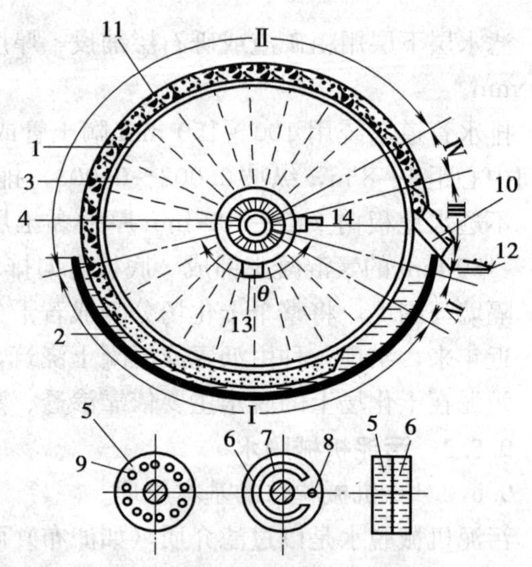

图 9—14 转鼓真空过滤机

Ⅰ—滤饼形成区 Ⅱ—吸干区 Ⅲ—反吹区 Ⅳ—休止区
1—空心转鼓 2—污泥槽 3—扇形间格 4—分配头
5—转动部件 6—固定部件 7—与真空泵通的缝
8—与空压机通的孔 9—与各扇形相通的孔
10—刮刀 11—泥饼 12—皮带输送器
13—真空管路 14—压缩空气管路

覆盖有过滤介质的空心转鼓 1 浸在污泥槽 2 内，转鼓用径向隔板分隔成许多扇形间格 3，每格有单独的连通管，管端与分配头 4 连接。分配头有两片紧靠在一起的转动部件 5 和固定部件 6 组成。6 开有缝 7 与真空管路 13 相通，孔 8 与压缩空气管路 14 相通。转动部件 5 设有一列小孔 9，每孔通过连接管与各扇形间格相连。转鼓旋转时，由于真空的作用，将污泥吸附在过滤介质上，液体沿管 13 流到气水分离罐。吸附在转鼓上的滤饼转出污泥槽后，若扇形间格的连通管 9 在固定部件的缝 7 范围内，则处于泥饼形成区Ⅰ及吸干区Ⅱ内继续脱水，当管孔 9 与固定件的孔 8 相通时，便进入反吹区Ⅲ与压缩空气相通，滤饼被反吹松动剥落，由刮刀 10 刮除。经皮带输送器 12 外输。再转过休止区Ⅳ进入泥饼形成区Ⅰ，周而复始。转鼓真空过滤机脱水的工艺流程如图 9—15 所示。

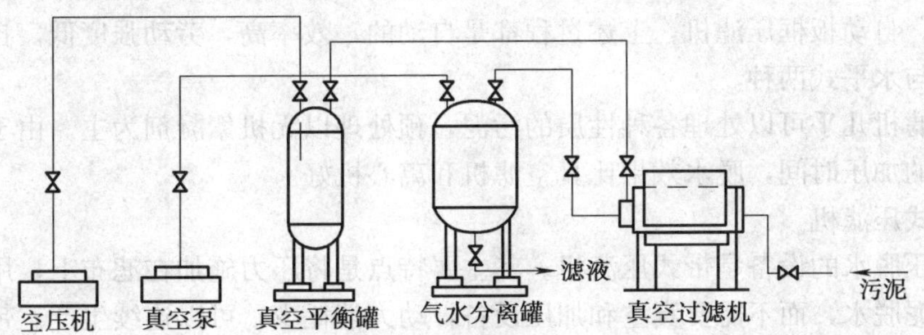

图 9—15　转鼓真空过滤机工艺流程

GP 型转鼓真空过滤机的一个主要缺点是过滤介质紧包在转鼓上，清洗不充分，易于堵塞，影响生产效率。为此，可用链带式转鼓真空过滤机，用辊轴把过滤介质转出，即便于卸料，又易于介质清洗，如图 9—16 所示。

2）真空过滤机脱水所需附属设备

①真空泵：真空度为 26.7～66.5 kPa，最大为 79.8 kPa，抽气量为每 m^2 过滤面积 0.5～1.0 m^3/min。真空泵不少于 2 台。

②空压机：压缩空气量为每 m^2 过滤面积 0.1 m^3/min，压力（绝对压力）为 0.2～0.3 MPa。空压机不少于 2 台。

③气水分离罐：容积按 3 min 空气量计算。

（2）板框压滤脱水机

1）压滤脱水机构造与脱水过程。压滤脱水采用板框压滤机。它的构造简单，过滤推动力大，适于各种污泥，但不能连续运行。板框压滤机基本构造如图 9—17 所示，由板与框相间排列而成。在滤板两侧覆有滤布，用压紧装置把板与框压紧，即在板与框之间构成压滤

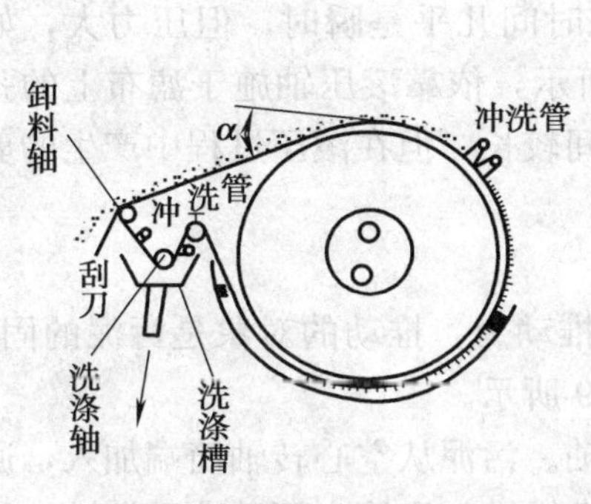

图 9—16　链带式转鼓真空过滤机

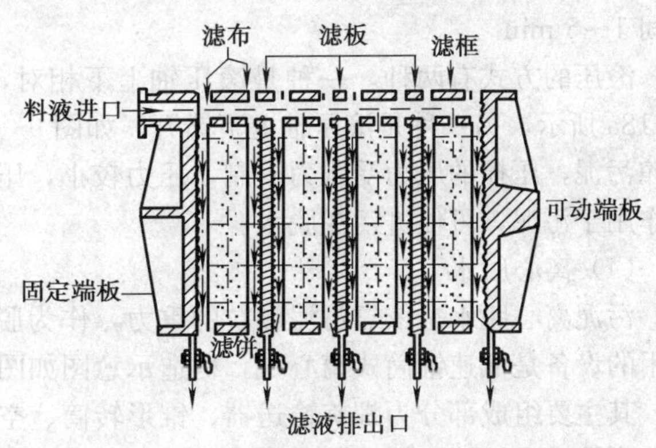

图 9—17　板框压滤机的工作原理

室，在板与框的上端中间相同部位开有小孔，压紧后成为一条通道，加压到 0.2～0.4 MPa 的污泥，由该通道进入压滤室，滤板的表面刻有沟槽，下端钻有供滤液排出的孔道，滤液在压力下，通过滤布，沿沟槽与孔道排出滤机，使污泥脱水。

2）压滤机的类型。压滤机可分为人工板框压滤机和自动板框压滤机两种。

人工板框压滤机需一块一块地卸下，剥离泥饼并清洗滤布后，再逐块装上，劳动强度大，效率低。自动板框压滤机，上述过程都是自动的，效率高，劳动强度低。自动板框压滤机有垂直式与水平式两种。

板框压滤机几乎可以处理各种性质的污泥，预处理以无机絮凝剂为主。由于使用较高的压力和较长的加压时间，脱水效果比真空滤机和离心机好。

（3）带式压滤机

用于滚压脱水的设备是带式压滤机。其主要特点是将压力施加在滤布上，用滤布的压力和张力使污泥脱水，而不需要真空和加压设备，动力消耗少，可以连续生产。带式压滤机基本构造如图 9—18 所示。

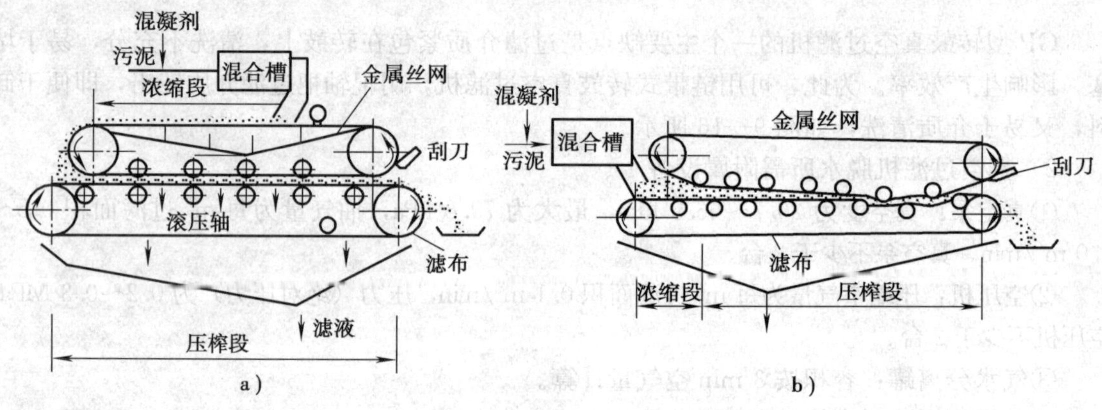

图 9—18　带式压滤机

带式压滤机由滚压轴及滤布带组成。污泥先经浓缩段（主要依靠重力过滤），使污泥失去流动性，以免在压榨段被挤出滤布，浓缩段的停留时间 10～20 s。然后进入压榨段，压榨时间 1～5 min。

滚压的方式有两种，一种是滚压轴上下相对，压榨时间几乎是瞬时，但压力大，如图 9—18a 所示，另一种是滚压轴上下错开，如图 9—18b 所示，依靠滚压轴施于滤布上的张力压榨污泥，压榨的压力受张力限制，压力较小，压榨时间较长，但在滚压过程中产生的剪切力作用于污泥，可促进污泥脱水。

（4）离心脱水

污泥离心脱水是依靠污泥颗粒的重力，作为脱水的推动力，推动的对象是污泥的固相。常用的设备是低速锥筒式离心机，构造示意图如图 9—19 所示。

其主要组成部分为螺旋输送器、锥形转筒、空心转轴。污泥从空心转轴筒端加入，通过轴上小孔进入锥筒，螺旋输送器固定在空心转轴上，空心转轴与锥筒由驱动装置转动，同向转动，但两者之间有速差，前者稍慢，后者稍快。污泥中的水分和污泥颗粒由于受到离心力不同而分离，污泥颗粒聚集在转筒外缘周围，由螺旋输送器将泥饼从锥口推出，随着泥饼的向前推进，不断被离心压密而不会受到进泥的扰动。分离液由转筒末端排出。

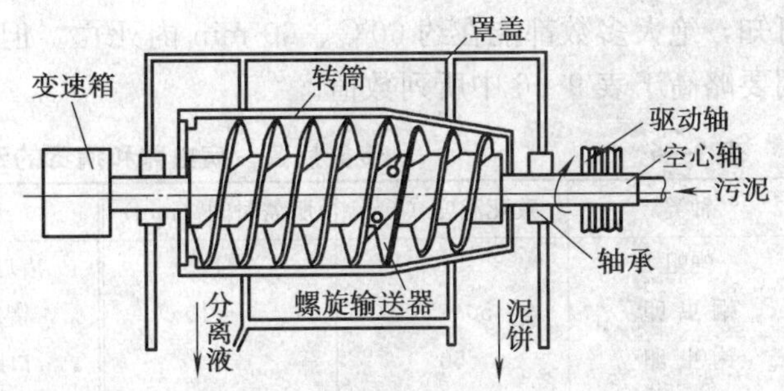

图 9—19　锥筒式离心机构造示意图

空心转轴与锥筒的速差越大，离心机的产率越大，污泥在离心机内的停留时间越短，泥饼的含水率越高，其固体回收率越低。低速离心机由于转速低，所以动力消耗、机械磨损、噪声等都较低，构造简单、脱水效果好。但对预处理要求较高，需要使用高分子调节剂进行污泥调节。

表 9—5 列举出了常用的 4 种机械脱水设备性能指标，供选择脱水设备时参考。

表 9—5　　4 种机械脱水设备性能比较

性能指标＼脱水方式	真空转鼓过滤机	自动板框压滤机	带式压滤机	离心脱水机
脱水泥饼含水率（%）	75～80	65～70	70～80	75～80
运行情况	连续操作自动控制	间歇操作自动控制	连续操作自动控制	连续操作自动控制
附属设备	多	较多	较少	较少
操作管理工作量	小	大	小	小
投资费用	较高	高	较低	较高
运行费用	四种方式运行费用基本接近			
适用场合	中、小型污水厂初沉污泥和消化污泥	中、小型污水厂各种污泥	大、中型污水厂初沉污泥、消化污泥、腐殖污泥	大、中型污水厂各种污泥

近年来，国内开发研制出的污泥浓缩脱水一体机已在多家污水处理厂（站）应用，取得了良好的效果。

污泥浓缩脱水一体机的主要特点是将污泥的浓缩和脱水两个功能组合在一起完成，省去重力浓缩池。所需的停留时间短，占地面积小，浓缩、脱水效果好。

9.6　污泥的消毒、干燥与焚烧

9.6.1　污泥消毒

在污水处理过程中，大量病原菌、病虫卵和病毒都转移至污泥。为避免在污泥处理和利用时对人体产生危害，造成污染，需要对污泥进行经常性或季节性消毒。

各种传染病菌、病虫卵和病毒对温度都较敏感，其致死温度与时间见表 9—6。从表中可知，绝大多数都能在约60℃、60 min内死亡。但由于受到污泥的包裹，其致死温度与时间要略高于表9—6中所列数值。

表9—6　传染病菌、病虫卵和病毒的致死温度与时间

种类	致死温度（℃）	所需时间（min）	种类	致死温度（℃）	所需时间（min）
蝇蛆	51	1	猪丹毒杆菌	50	15
蛔虫卵	50～55	5～10	猪瘟病虫	50～60	迅速
钩虫卵	50	3	口蹄疫菌	60	30
蛲虫卵	50	1	畜病虫卵与幼虫	50～60	1
痢疾杆菌	60	10～20	二化螟虫	60	1
伤寒杆菌	60	10	谷象	50	5
霍乱菌	55	30	小豆象虫	60	4
大肠杆菌	55	60	小麦黑穗病菌	54	10
结核杆菌	60	30	稻热病菌	51～54	10
炭疽杆菌	50～55	60	病毒	70	25

在污泥处理工艺中，很多兼有消毒功能，如高温消化，病虫卵的杀灭率达95%～100%，伤寒和痢疾杆菌杀灭率为100%。其他如消化前的污泥加温、机械脱水前的热处理、污泥干燥与焚烧、湿式氧化、堆肥等方法均有很高的杀灭率。

专用的污泥消毒方法有巴氏消毒法、石灰稳定法、加氯消毒法等。

（1）巴氏消毒法（即低热消毒法）

巴氏消毒法有两种方式：一是直接消毒加温法，即以蒸汽直接通入污泥，使泥温达到70℃，持续30～60 min，所需蒸汽量根据污泥温度计算确定。本法的优点是热效率高，但污泥的含水量将增加，污泥体积将增加7%～20%；二是间接加温法，即用热交换器，使泥温达到70℃，此法的优点是污泥的体积不会增加，但如果污泥硬度较高，会在热交换器表面产生结垢。

巴氏消毒法的操作比较简单，效果好，但成本较高。热源可用消化气，消毒后的污泥余热可回收用于预热待消毒的污泥以降低耗热量。

（2）石灰稳定法

投加消石灰调节污泥的pH值，使pH值达到11.5，持续2 h可杀灭传染病菌，并有防腐与抑制气味产生的效果。此法消毒后的污泥，因pH值太高不能用于农田，可用作填地或制造建材。

（3）加氯消毒法

污泥加氯可起消毒作用，成本低，操作简单。但加氯后，会与污泥中的H^+产生HCl，使pH值急剧降低并可能产生氯胺。HCl会溶解污泥中的重金属，使污泥的重金属含量增加。因此，采用加氯消毒法应慎重。

9.6.2　污泥的干燥

污泥的干燥是使污泥与热干燥介质（热干气体）接触，将污泥中的水分蒸发而随干燥介质除去的过程。污泥经干燥处理后，含水率可降至约20%左右，体积可大大减小，从而便于运输、利用或最终处理。污泥的干燥与焚烧各有专用设备，也可在同一设备中进行。

根据干燥器的形状可将其分为回转圆筒式干燥器、急骤干燥器和带式干燥器 3 种类型。其中，回转圆筒式干燥器的应用较为广泛，其主体是用耐火材料制成的旋转滚筒，按干燥介质与污泥的流动方向的不同分为并流、逆流和错流 3 种类型。

并流干燥器中干燥介质与污泥的流动方向相同。含水率高、温度低的污泥与含湿量低、温度高的干燥介质在同一端进入干燥器，两者之间的温差大，干燥推动力也大。流至干燥器的另一端时，干燥介质的温度降低，含湿量增加，污泥被干燥且温度升高。并流干燥器的沿程推动力不断降低，被介质带走的热量少，热损失较小。

逆流干燥器中干燥介质与污泥的流动方向相反。沿程干燥推动力较均匀，干燥速度也较均匀，干燥程度高。但是，由于含水率高、温度低的污泥与含湿量高且温度已降低的干燥介质接触，介质所含湿量有可能冷凝，反而使污泥含水率提高。此外，干燥介质排出时温度较高，热损失较大。

错流干燥器的干燥筒进口端较大，出口端较小，筒内壁固定有炒板，污泥与干燥介质同端进入后，由于筒体在旋转时，炒板将污泥炒起再落下，与干燥介质垂直相交运动，形成错流。错流干燥器可克服并流、逆流的缺点，但构造比较复杂。

9.6.3 污泥的焚烧

在下列情况下，可以考虑采用污泥焚烧工艺：①污泥不符合卫生要求，有毒物质含量高，不能为农副业利用；②卫生要求高，用地紧张的大、中城市；③污泥自身的燃烧热值高，可自然并利用燃烧热量发电；④与城市垃圾混合焚烧并利用燃烧热量发电。

污泥经焚烧后，含水率可降为 0，使运输与最后处置大为简化。污泥在焚烧前应有效地脱水干燥。焚烧所需热量由污泥自身所含有机物的燃烧热值或辅助燃料提供。如采用污泥焚烧工艺时，则前处理不必用污泥消化或其他稳定处理，以免由于有机物减少而降低的燃烧热值。

污泥焚烧可分为两种类型：完全焚烧和湿式燃烧（即不完全焚烧）。

(1) 完全焚烧

在高温、供氧充足、常压条件下，焚烧污泥，使污泥所含水分被完全蒸发，有机物质被完全氧化，焚烧的最终产物是 CO_2、H_2O 等气体及焚烧灰。

1) 污泥的燃烧热值。污泥的燃烧热值由污泥的有机物含量所决定。可根据污泥性质及有机物含量计算得出，也可查阅表 9—7。

表 9—7　各种污泥的燃烧热值

污泥种类	燃烧热值（干）(kJ/kg)	污泥种类	燃烧热值（干）(kJ/kg)
初次沉淀污泥	15 826～18 191.6	初沉污泥与活性污泥	16 956.5
经消化的初次沉淀污泥	7 201.3	消化后的初沉污泥与活性污泥	7 452.5
初沉污泥与腐殖污泥	14 905	活性污泥	14 905～15 214.8
消化后的初沉污泥与腐殖污泥	6 740.7～8 122.4		

2) 完全焚烧设备。完全焚烧设备主要有回转焚烧炉、立式多段炉及流化床焚烧炉等。详见有关设备手册。

(2) 湿式燃烧

湿式燃烧是经浓缩的污泥（含水率约为96%），在液态下加温加压并压入压缩空气，使有机物被氧化去除，从而改变污泥结构与成分，脱水性能大大提高。湿式燃烧约有80%～90%的有机物被氧化，故又称为不完全焚烧或湿式氧化。

湿式燃烧是在高温、高压下进行，所用的氧化剂为空气中的氧气或纯氧、富氧。

湿式燃烧法主要应用于：①污泥或高浓度工业废水；②含危险物、有毒物、爆炸物废水；③回收有用物质如混凝剂、碱等；④再生活性炭等。

湿式燃烧法的主要优点：①适应性较强，难生物降解有机物也可被氧化；②达到完全杀菌；③反应在密闭的容器内进行，无臭，管理自动化；④反应时间短，仅约1h，好氧与厌氧微生物难以在短时间内降解的物质如吡啶、苯类、纤维、乙烯类、橡胶制品等，都可被碳化；⑤残渣量少，仅为原污泥的1%以下，脱水性能好；⑥ 分离液中氨氮含量高，有利于生物处理。

缺点：①反应塔在高温高压下氧化过程中，产生的有机酸与无机酸对塔壁有腐蚀作用，设备需用不锈钢，造价昂贵；②需要专门的高压作业人员管理；③高压泵与空压机电耗大，噪声大；④热交换器、反应塔必须经常除垢，前者每个月需用5%硝酸清洗一次，后者每年清洗一次；⑤需要有一套气体脱臭装置。

9.7 污泥的最终处置与利用

污泥的最终处置与利用的主要方法有作为农肥利用、建筑材料利用、填地与填海造地利用等。污泥的最终处置与利用与污泥处理工艺流程的选择密切相关，因而要通盘考虑。

9.7.1 污泥的最终处置

9.7.1.1 农肥利用与土地处理

(1) 污泥的农肥利用

我国城市污水处理厂污泥中含有的氮、磷、钾等植物性营养物质非常丰富，可作为农业肥料使用，污泥中含有的有机物又可作为土壤改良剂。

污泥作为肥料施用时必须符合：①满足卫生学要求，即不得含有病菌、寄生虫卵与病毒，故在施用前应对污泥作消毒处理或季节性施用，在传染病流行时应停止使用；②污泥所含重金属离子浓度必须符合我国《农用污泥中污染物控制标准》，因重金属离子最易被植物摄取并在根、茎、叶与果实内积累；③总氮含量不能太高，氮是作物的主要肥分，但浓度太高会使作物的枝叶疯长而倒伏减产。

(2) 土地处理

土地处理有两种方式：改造土壤和污泥的专用处理场。

如将污泥投放于废露天矿场、尾矿场、采石场、粉煤灰堆场、戈壁滩与沙漠等地，可改造不毛之地为可耕地。污泥投放期间，应经常测定地下水和地面水，控制投放量。

专用的污泥处理场，污泥的施用量可达农田施用量的20倍以上，专用场应设截流地面径流沟及渗透水收集管，以免污染地面水与地下水。收集的渗透水应进行适当处理，专用场地严禁种植农作物。污泥投放量达到额定值后，可作为公园、绿地使用。

9.7.1.2 污泥堆肥

污泥堆肥是农业利用的有效途径。堆肥方法有污泥单独堆肥、污泥与城市垃圾混合堆肥两种。

污泥堆肥一般采用在好氧条件下，利用嗜温菌、嗜热菌的作用，分解污泥中有机物质并杀灭传染病菌、寄生虫卵与病毒，提高污泥肥分。

堆肥时一般添加适量的膨胀剂，以增加孔隙率，改善通风以及调节污泥含水率与碳氮比。膨胀剂可用堆熟的污泥、稻草、木屑或城市垃圾等。

堆肥可分为两个阶段，即一级堆肥阶段与二级堆肥阶段。

一级堆肥可分为3个过程：发热、高温消毒及腐熟，一级堆肥阶段约耗时7～9 d，在堆肥仓内完成。

二级堆肥阶段是在一级堆肥完成后，停止强制通风，采用自然堆放方式，使其进一步熟化、干燥、成粒。堆肥成熟的标志是物料呈黑褐色，无臭味，手感松散，颗粒均匀，蚊蝇不繁殖，病原菌、寄生虫卵、病毒以及植物种子均被杀灭，氮、磷、钾等肥效增加且易被作物吸收，符合我国卫生部颁布的高温堆肥的卫生评价标准。

堆肥过程中产生的废液就地处理或送污水处理厂处理。

9.7.2 污泥的利用

（1）制造建筑材料

1）提取活性污泥中含有的丰富的粗蛋白与球蛋白酶，配制成活性污泥树脂，与纤维填料混匀，压制成型，制造生化纤维板。

2）利用污泥或焚烧污泥灰生产污泥砖、地砖。

（2）污泥裂解

污泥经干化、干燥后，可以用煤裂解的工艺方法，将污泥裂解制成可燃气、焦油、苯酚、丙酮、甲醇等化工原料。

（3）污泥填埋与填海造地

填埋是我国目前污泥处置的主要方法，可以建卫生填埋场，与城市固体废弃物一起进行卫生填埋。当地需要时，可利用不符合利用条件的干化污泥填地、填海造地。

本章小结

本章主要介绍了污泥的分类和性质指标、厌氧与好氧消化的特点、消化池构造与设计计算、污泥处理工艺和常用的机械脱水设备，并对污泥的最终处置作了简要介绍。通过学习和比较污泥处理工艺、相关构筑物及污泥脱水设备的特点、构造等，能结合具体污泥处理项目合理地选用污泥处理方法，设计制定污泥浓缩和脱水工艺流程。

练 习 题

1. 填空题

（1）污泥厌氧消化池的搅拌方法常用的有________、________和________三种。

（2）甲烷菌对 pH 值的适应范围为________之间，pH 值低于________或高于________都会对甲烷菌产生抑制和破坏作用。

（3）在厌氧消化中，中温消化的适宜温度为________；高温消化的适宜温度为________。

2. 简答题

（1）污泥是怎样分类的？有哪些性质指标？

（2）污泥的水力特征怎样？

（3）什么是污泥的好氧消化？污泥的好氧消化有哪些优缺点？

（4）影响污泥厌氧消化的因素有哪些？

（5）污泥浓缩和脱水有哪些方法？并指出各自的优缺点。

（6）简述污泥的最终处置方法。

（7）污泥的含水率从 97.5%降低到 95%，求污泥体积的变化。

10 污水的物理化学处理

本章学习目标

1. 了解和熟悉气浮、吸附、离子交换、膜分离等物理化学处理工艺过程和相关设备；

2. 掌握气浮、吸附、离子交换、膜分离等工艺设备的操作，能根据不同的水质要求合理选用物理化学法。

10.1 气　浮

气浮法亦称浮选，它是通过某种方法产生大量的微细气泡，使其与污水中密度接近于水的固体或液体污染物颗粒黏附，形成密度小于水的浮体，上浮至水面形成浮渣，进行固液或液液分离的一种方法。气浮法的处理对象是靠自然沉降和上浮难以去除的乳化油或相对密度近于1的微小悬浮颗粒。

在污水处理中，气浮广泛应用于分离水中细小悬浮物、藻类和微絮体等；代替二次沉淀池，分离和浓缩剩余活性污泥；回收含油污水中的悬浮油和乳化油；回收工业废水中的有用物质，如造纸废水中的纸浆纤维等。

10.1.1 气浮的基本原理

10.1.1.1 水中悬浮颗粒与气泡黏附的条件

气浮过程包括微小气泡的产生、微小气泡与固体或液体颗粒的黏附以及上浮分离等步骤。实现气浮分离必须满足两个条件：一是向水中提供足够数量的微小气泡；二是使气泡黏附于分离的悬浮物而上浮分离。后者则是气浮的最基本条件。

水中通入气泡后，并非任何悬浮物都能与之黏附。这取决于该物质的润湿性，即被水润湿的程度。通常将容易被水润湿的物质称为亲水性物质；反之，难以被水润湿的物质称为疏水性物质。水对各种物质润湿性的大小，可用它与水的接触角 θ（以朝向水的角为准）来衡量。接触角是气、液、固三相界面处于平衡状态时由界面张力所形成的。设有同一液体，分别和具有不同表面特征的固体接触时，可出现两大类的气、液、固三相界面平衡状态，如图10—1所示，即$\theta>90°$和$\theta<90°$两大类。

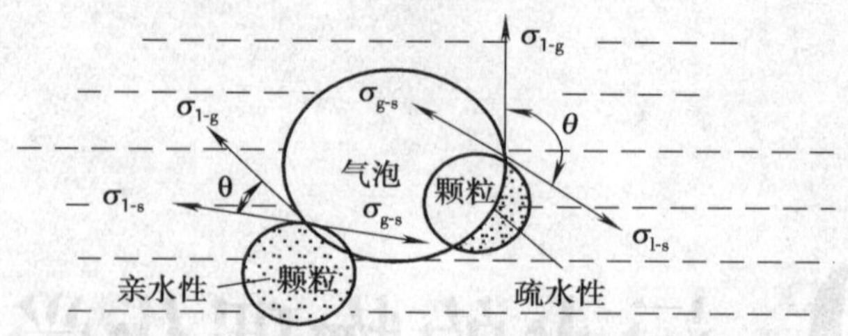

图10—1　亲水性和疏水性颗粒的接触角

图10—1中，σ_{l-g}为液体—气体界面张力，σ_{l-s}为液体—固体界面张力，σ_{g-s}为气体—固体界面张力。接触角越小，表示固体物质被水润湿性能强，即亲水性强。反之，触角越大，表示固体物质被水润湿性弱，即亲水性弱。当$\theta\to180°$时，这种物质最易被气浮。若$\theta>90°$，则颗粒为疏水性，容易与气泡黏附，可直接用气浮法去除。当$\theta\to0°$时，这种物质不能气浮。

10.1.1.2　浮选剂对气浮效果的影响

对于细小的亲水性颗粒，若用气浮法进行分离，需要投加浮选剂，使其表面特征变成疏水性，才可与气泡黏附。浮选剂是一种能改变水中悬浮颗粒表面润湿性的表面活性物质，它通常是由极性基团和非极性基团所组成的双亲分子，即对水亲和疏水性物质都能“亲密”。浮选剂的极性基团能选择性地被亲水性物质所吸附，非极性基团则指向水相，这样，亲水性物质的表面则有疏水性而黏附在气泡上，并随气泡一起上浮至水面形成浮渣而被除去。

浮选剂种类很多，按其作用不同，可分为捕收剂、起泡剂、调整剂等。捕收剂能改善颗粒—水溶液界面、颗粒—空气界面自由能，提高可浮性。常见品种有硬脂酸、脂肪酸及其盐类、胺类等。起泡剂的作用是确保产生大量微细且均匀的气泡，并保持气泡的稳定。起泡剂通常为表面活性剂，但用量不能超过限度，否则泡沫在水面上聚集过多，由于严重乳化，将显著降低气浮效果。调整剂的作用是提高气浮过程的选择性、加强捕收剂的作用并改善气浮条件。调整剂包括抑制剂、活化剂和介质调整剂三类。

另外各种无机和有机高分子混凝剂，不仅可以改变污水中悬浮颗粒的亲水性能，而且还能使污水中的细小颗粒絮凝成较大的絮体以吸附、截留气泡，加速颗粒上浮。

10.1.1.3　微气泡的数量和分散度对气浮效果的影响

在气浮过程中，需要形成大量的微细而均匀的气泡作为载体，与被浮选物质吸附。气浮效果的好坏，在很大程度上取决于水中空气的溶解量、饱和度、气泡的分散程度及稳定性。

实践证明，气泡越多，分散度越高，则气泡与悬浮粒接触、黏附的机会越多，气浮效果越好。气泡直径在100 μm以下才能很好地附着在悬浮物颗粒上。如果形成大气泡，在上升过程中将产生剧烈的扰动，产生的惯性撞击力不仅不能使气泡很好地附着在颗粒表面，反而会撞碎絮体颗粒，甚至把以附着的小气泡也撞开。其次，鼓入水中一定量的空气，如果形成大气泡，则表面积将显著减少。例如，一个直径1 mm的气泡所含的空气相当于8 000个50 μm直径的气泡所含有的空气，后者的总面积为前者的400倍。这样为数众多、表面积巨大的微细气泡群与悬浮物颗粒撞击黏附的机会必然多，气浮效率也就增大了。

水面上的泡沫应保持一定程度的稳定性，但又不能过于稳定，过分稳定的泡沫难以运送和脱水。泡沫最适宜的稳定时间为数分钟。为此，在污水中应含有一定浓度的表面活性物质。

10.1.2 气浮设备的类型

气浮法按微气泡产生方式的不同可分为充气气浮法、溶气气浮法和电解气浮法 3 种类型。

10.1.2.1 充气气浮法

充气气浮法是利用机械剪切力，将混合于水中的空气粉碎成细小的气泡以进行浮选的方法。充气气浮所形成的气泡直径大约为 1 000 μm。充气气浮按粉碎气泡方法的不同，分为水泵吸水管吸气气浮、射流气浮、扩散板曝气气浮和叶轮气浮 4 种。目前使用较多的是叶轮气浮。

叶轮气浮设备如图 10—2 所示。在气浮池底部设有旋转叶轮，在叶轮的上部装着带有导向叶片的固定盖板，盖板上有孔洞。当电动机带动叶轮旋转时，在盖板下形成负压，从进气管吸入空气，污水由盖板上的小孔进入，在叶轮的搅动下，空气被粉碎成细小的气泡，并与水充分混合为水气混合体，甩出叶片之外，导向叶片使水流阻力减小，又经整流板稳流后，在池体内平稳地垂直上升，进行浮选。形成的浮渣不断地被刮渣板刮出池外。

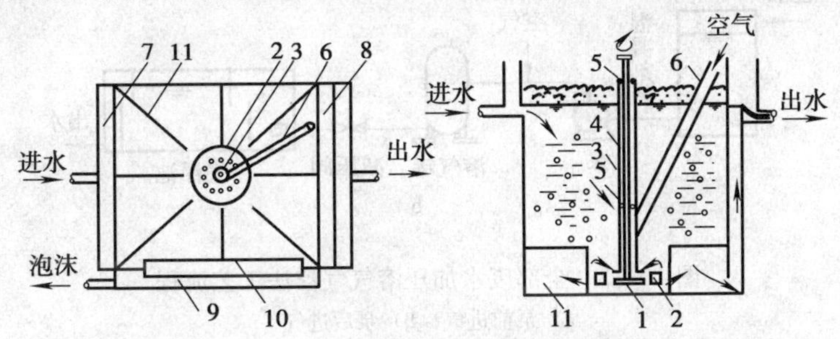

图 10—2 叶轮气浮设备构造示意图

1—叶轮 2—盖板 3—转轴 4—轮套 5—轴承 6—进气管
7—进水槽 8—出水槽 9—泡沫槽 10—刮沫板 11—整流板

这种气浮池一般采用正方形，边长不超过叶轮直径的 6 倍。叶轮直径一般为 200～400 mm，最大不超过 600～700 mm，叶轮转速为 900～1 500 r/min。池有效水深一般为 1.5～2.0 m，最大不超过 3.0 m。气浮时间为 15～20 min。

充气气浮法的优点是设备不易堵塞，适用于处理水量不大、污染物浓度较高的污水，除油效果可达 80%左右。缺点是其产生的气泡较大，气浮效果较低。

10.1.2.2 溶气气浮法

溶气气浮法是依靠水中过饱和空气在减压时以微细的气泡释放出来，从而使水中的杂质颗粒被黏附而上浮。溶气气浮法形成的气泡直径只有 80 μm 左右，并且在操作过程中可人为控制气泡与污水的接触时间，净化效果好。目前，应用较为广泛的是加压溶气气浮法。

(1) 加压溶气气浮的操作原理

在加压情况下，将空气溶解在污水中达到饱和状态，然后骤然减至常压，这时溶解在水中空气就处过饱和状态，以极微小的气泡释放出来。悬浮颗粒就黏附于气泡周围而随其上浮，在水面上形成浮渣然后由刮渣机清除，使污水得到净化。

(2) 加压溶气气浮的基本流程

根据废水中所含悬浮物的浓度、种类、性质以及处理水净化程度和加压方式的不同，其基本流程分为以下 3 种。

1) 全溶气气浮法。全溶气气浮法是将全部废水用水泵加压，在泵前或泵后注入空气，如图 10—3 所示。全部废水在溶气罐内加压至 3～4 atm (1 atm=101 325 Pa)，使空气溶解于废水中，然后通过减压阀将废水送入气浮池。在废水中形成的许多微小气泡黏附于废水中的悬浮物表面而逸出水面，在水面上形成浮渣，用刮板将浮渣刮入浮渣槽，经排渣管排出池外。

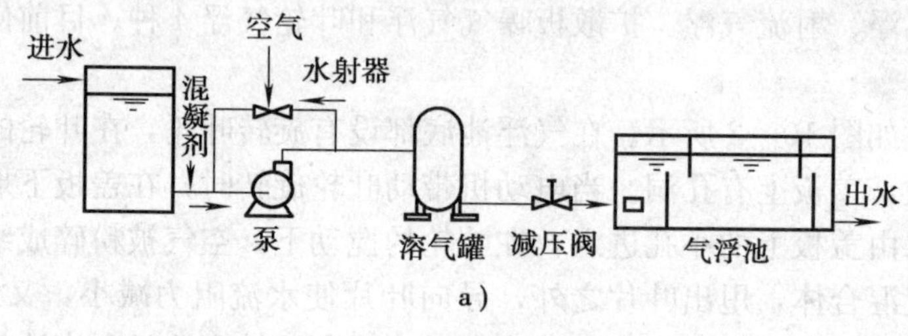

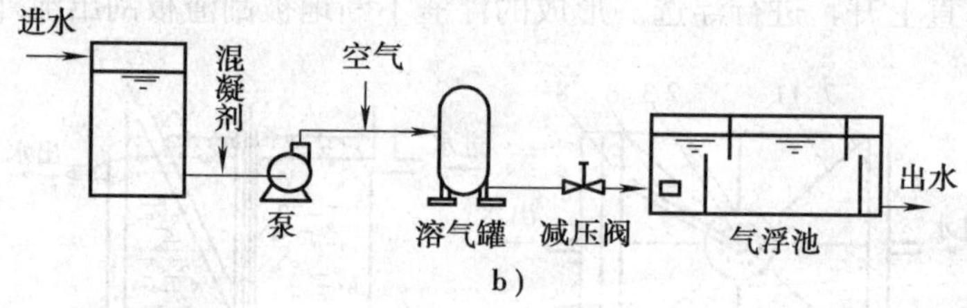

图 10—3 全部废水加压溶气气浮法工艺流程

a) 泵前进气 b) 泵后进气

全溶气气浮法的特点如下：溶气量大，增多了悬浮颗粒与气泡的接触机会；在处理水量相同的条件下，它较部分回流溶气气浮法所需的气浮池小，可减少基建投资；若处理含油废水，因全部废水加压，会增加含油废水的乳化程度，而且所需的压力泵和溶气罐的容积均较大，因此设备投资和动力消耗较大；若气浮前进行混凝处理，则混凝所形成的絮体在加压与减压过程中易破碎，影响混凝效果。

2) 部分溶气气浮法。部分溶气气浮法是取部分废水加压溶气，通常加压溶气水占总废水量的 15%～40%。其余废水直接进入气浮池与溶气水混合，如图 10—4 所示。

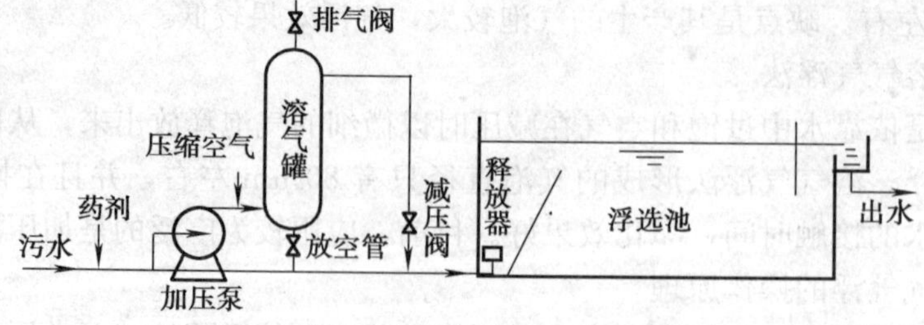

图 10—4 部分溶气气浮法工艺流程

部分溶气气浮法的特点如下：较全溶气气浮法动力消耗低；处理含油废水时，压力泵所造成的乳化油量较全溶气气浮法少；气浮池容积与全溶气气浮法相同，但较部分回流溶气气浮法小。

3）部分回流溶气气浮法。部分回流溶气气浮法是取一部分处理后的澄清出水回流进行加压溶气，溶气水减压后直接进入气浮池，与入流废水混合浮选，如图 10—5 所示。回流溶气水量一般为废水量的 25% ～50%。

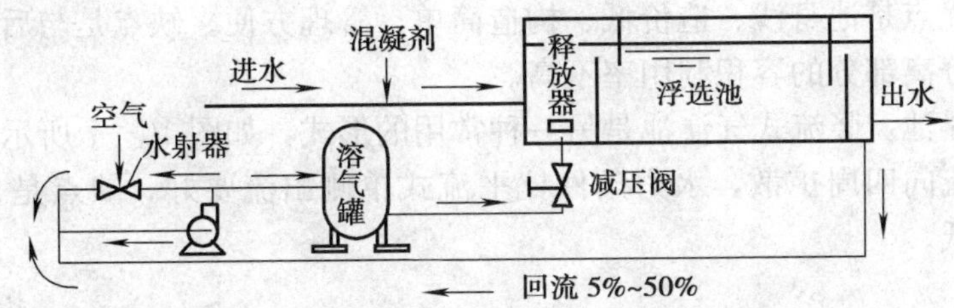

图 10—5　部分回流溶气气浮法工艺流程

部分回流溶气气浮法的特点如下：加压水量少，动力消耗省；若处理含油废水，气浮过程不促进乳化；对混凝处理的效果影响小；气浮池容积较前两种大。

为了提高气浮的处理效果，需要向废水中投加混凝剂或浮选剂，投加量因水质不同而异，一般应通过实验确定。

（3）加压溶气气浮系统设备

加压溶气气浮系统的主要组成设备有加压泵、空气供给设备、压力溶气罐、减压阀、溶气释放器和气浮池等。

1）加压泵与空气供给设备。加压泵用于提升废水，并对水气混合物加压，使受压空气溶于水中。

加压溶气可分为泵前进气和泵后进气两种方式。泵前进气是由水泵压水管引出一支管返回水泵吸水管，在支管上安装水力喷射器（水射器），废水经过时形成负压，将空气与废水混合，经吸水管、水泵送入溶气罐。此方法较简单，水气混合均匀，但水泵必须采用自吸式进水，而且要保持 1 m 以上的水头。此外，其最大吸气量不能大于水泵吸水量的 10%，否则，水泵工作不稳定，会产生气蚀现象。

泵后进气，一般是采用空气压缩机供给空气，在压水管上通入压缩空气。这种方法使水泵工作稳定，而且不必要求在正压下工作。为了保证良好的溶气效率，一般采用填充式压力溶气罐。

2）压力溶气罐。压力溶气罐是用钢板卷制而成的耐压钢罐，为了提高溶气效率，罐内常设若干隔板或装填填料。溶气罐的运行压力为 0.2～0.4 MPa，混合时间为 2～5 min。为保持罐内最佳液位，常采用浮球液位传感器自动控制罐内液位。

3）减压阀和溶气释放器。减压阀的作用，在于保持溶气罐出口处的压力恒定，从而可以控制溶气水出罐后产生气泡的粒径和数量。目前多采用溶气释放器代替减压阀，溶气释放器可将溶气水骤然消能、减压，使溶入水中的气体以微气泡的形式释放出来。

4）气浮池。加压溶气气浮池一般有平流式和竖流式两种类型。其作用是确保一定的容积和池表面积，使微气泡群与水中絮凝体充分混合、接触、黏附，以及带气絮体与清水分离。

①平流式气浮池。平流式气浮池是目前在净水工艺中用的最多的一种。采用反应池与气浮池合建的形式，如图 10—6 所示。

废水进入反应池完成反应后，将水流导向底部，以便从下部进入气浮接触室，延长絮体与气泡的接触时间，池面浮渣刮入集渣槽，清水由池底部集水管集取。

这种形式的优点是池身浅、造价低、构造简单、管理方便。缺点是与后续构筑物在高程上配合较困难，分离部分的容积利用率不高。

②竖流式气浮池。竖流式气浮池是另一种常用的形式，如图 10—7 所示。其优点是接触室在池中央，水流向四周扩散，水力条件比平流式单侧出流要好。缺点是与反应池较难衔接，容积利用率低。

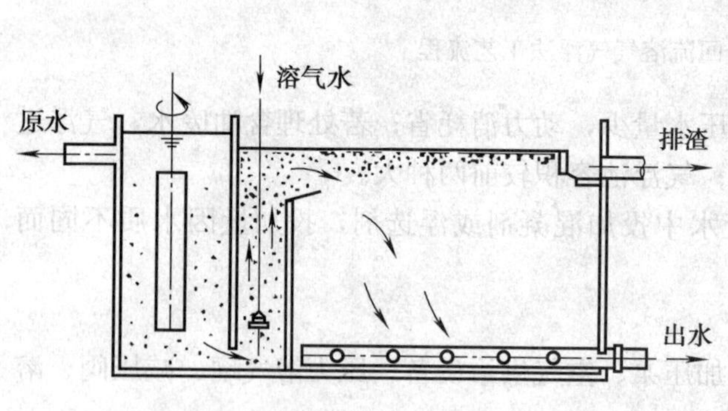

图 10—6　平流式气浮池

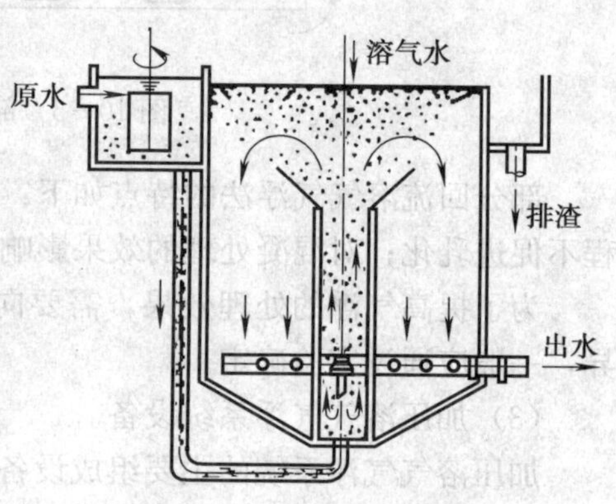

图 10—7　竖流式气浮池

（4）溶气气浮设计计算

1）主要设计参数

①溶气罐的压力为 0.2～0.4 MPa，混合时间一般为 2～5 min。

②气固比 G/S（即去除单位悬浮物所需空气量）应按气浮效率要求，通过实验确定。当无实验数据时，一般可取 0.005～0.060，原水悬浮物含量高时，取下限，低时则取上限。

②气浮池的表面负荷一般为 5～10 m^3/（m^2·h），废水在池内停留时间一般为 10～20 min。

④气浮池的有效水深一般取 1.5～2.0 m，不超过 2.5 m。长宽比无严格要求，一般以单格宽度不超过 10 m，池长不超过 15 m 为宜。

⑤一般采用刮渣机定期排渣，刮渣机的行车速度宜控制在 5 m/min 以内。

⑥气浮池集水应力求均匀，一般采用穿孔集水管，集水管最大流速宜控制在 0.5 m/h 左右。

2）设计计算

①压力溶气水量。

$$Q_r = \frac{c_0 Q(G/S)}{a_0(fp-1)} \tag{10—1}$$

式中　Q_r——压力溶气水量，m/h；

c_0——污水中悬浮物浓度，mg/L；

Q——污水流量，m^3/h；

G/S——气固比；

a_0——101.3 kPa 下空气在水中的饱和度，mg/L，其数值与温度有关（见表 10—1）；

f——溶气效率，取值与溶气罐结构、溶气压力和时间有关，一般为 0.5～0.8；

p——溶气绝对压力，$p=\frac{p_{表}+101.3}{101.3}$，$p_{表}$ 为表压，kPa。

表 10—1　空气在水中的饱和溶解度（101.3 kPa）

温度（℃）	0	10	20	30	40
溶解度 a_0（mg/L）	36.06	27.26	21.77	18.14	15.51

②所需提供空气量。

$$Q_a=\frac{Q_r K_T p}{f} \tag{10—2}$$

式中　Q_a——所需提供空气量，m/h；

K_T——溶解常数，随温度而变化，L/（m^3·kPa），不同温度下的 K_T 值见表 10—2。

表 10—2　不同温度下的 K_T 值

温度（℃）	0	10	20	30	40	50
K_T［L/（m^3·kPa）］	0.285	0.218	0.180	0.158	0.135	0.120

设计空气量应按所提供空气量的 1.25 倍供给，以留有余地。通常空气的实际用量为处理水量的 1%～5%（体积比）。

③气浮池面积。

$$A=\frac{Q_r+Q}{v_s} \tag{10—3}$$

式中　A——气浮池面积，m^2；

v_s——气浮池内水流下降的平均速度，其数值等于气浮池的表面负荷，m/h。

气浮池的具体尺寸，参照前面的主要参数确定。

10.1.2.3　电解气浮法

电解气浮是对废水进行电解，这时在阴极和阴极上分别产生大量的氢和氧的微小气泡，废水中的悬浮颗粒黏附在气泡上，随其上浮，从而达到净化废水的目的。与此同时，在阳极上电解形成的氢氧化物起着混凝剂的作用，能使气浮过程和混凝过程结合进行，有助于废水中的污染物上浮或下沉。电解气浮法所产生的气泡直径很小，仅有 20～100 μm，浮升时不会引起水流紊动，特别适用于脆弱絮凝状悬浮物的分离。电解气浮对废水负荷变化的适应性强，处理有机废水除可降低 BOD 外，还具有氧化、脱色和杀菌作用，生成污泥量少，占地面积小。由于存在耗电大，运行成本高，操作管理复杂，电极结垢等问题，通常不用于处理水量大的场合。

电解气浮装置如图 10—8 所示。

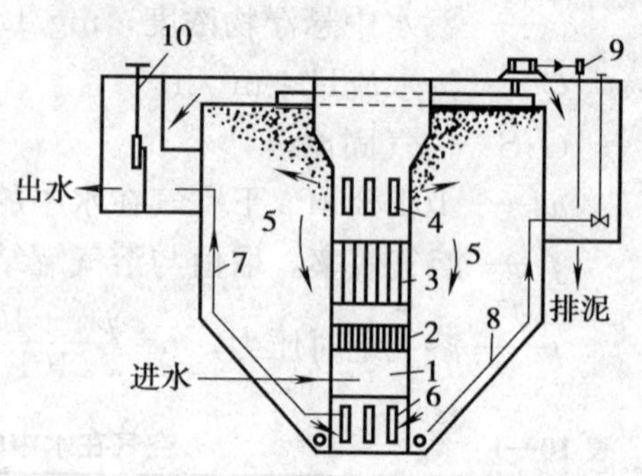

图 10—8 电解气浮池

1—入流室 2—整流栅 3—电极组 4—出流孔 5—分离室 6—集水孔 7—出水管 8—排泥管 9—刮渣机 10—水位调节器

10.1.3 气浮运行操作中应注意的事项

①当与混凝处理配合使用时，应根据混凝反应池的絮凝情况及气浮池出水水质，注意调节混凝剂的投加量，特别要防止加药管的堵塞。

②经常观察气浮池池面情况，如果发现接触区浮渣面不平，局部冒出大气泡，则多半是释放器受到堵塞；如果分离区浮渣面不平，池面上经常有大气泡破裂，则表明气泡与絮粒黏附不好，应采取适当措施，如投加表面活性剂等。

③掌握浮渣积累规律，选择最佳的浮渣含水率，以及按最大限度的不影响出水水质的要求进行刮渣，建立每隔几小时刮渣一次的制度。

④经常观察溶气罐上的液位计，使液位控制在一定的范围内，以保证溶气效果和气浮池稳定运行。避免因溶气罐水位脱空，导致大量空气窜入气浮池而破坏净水效果和浮渣层。对安装有溶气罐液位自动控制装置的气浮系统，则需注意自控系统中浮球液位传感器、电磁阀等的维护和保养。

⑤做好日常运行记录，包括处理水量、投药量、溶气水量、溶气罐压力、水温、耗电量、进出水水质、刮渣周期和泥渣含水率等。

10.1.4 气浮法在污水处理中的应用

某食品有限公司排放的油脂加工废水经平流式隔油池处理后，其中主要污染物含量：COD_{Cr} 3 470 mg/L、BOD_5 2 370 mg/L、SS 416 mg/L、动植物油 870 mg/L，然后采用如图 10—9 所示的部分回流溶气气浮法工艺流程处理，气浮出水再经生物处理后达标排放。

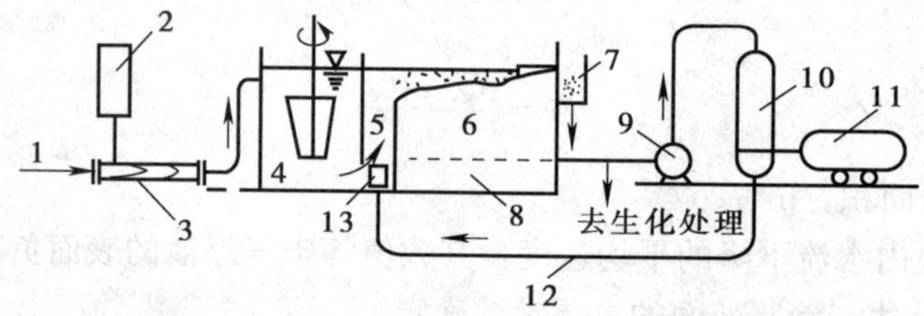

图 10—9 气浮法处理油脂加工废水工艺流程示意

1—隔油池出水 2—混凝剂投加设备 3—管道混合器 4—絮凝反应池 5—气浮接触池 6—气浮分离池 7—排渣槽 8—集水管 9—回流水泵 10—压力溶气罐 11—空气压缩机 12—溶气水管 13—溶气释放器

油脂加工废水先经平流式隔油池处理，其出水在管道混合器内与投加的混凝剂充分混合，经絮凝反应后，气浮分离。气浮池出水，一部分通过加压泵送入压力溶气罐，在 0.3～0.4 MPa 压力下与压缩空气接触混合，形成饱和溶气水，由释放器回流进入气浮池。上浮至池面的浮渣用刮渣机刮至排渣槽，回收利用。

气浮池出水水质：COD_{Cr} 1 390 mg/L；BOD_5 950 mg/L；SS 129 mg/L；动植物油

162 mg/L。废水再经复合厌氧—生物接触氧化工艺处理后达到了《综合污水排放标准》中的一级标准。

10.2 吸　　附

吸附是一种物质在另一种物质表面上进行自动积累或浓集的过程，它可以发生在气—液、气—固、液—固两相之间。在污水处理中，吸附则是利用多孔性固体物质的表面吸附污水中的一种或多种污染物，从而使水质得到净化的过程。通常将能起吸附作用的多孔性固体物质称为吸附剂，被吸附的物质称为吸附质。

在水处理领域，吸附法主要用于去除水中的微量污染物，应用范围包括脱色、除臭，脱除重金属、溶解性有机物、放射性元素等。在水处理流程中，吸附法可作为离子交换、膜分离等方法的预处理，以去除有机物、胶体物质和余氯等；也可作为污水二级处理后的深度处理手段，以保证再生回用水的质量。

吸附法具有应用范围广、处理效果好、可回收有用物料、吸附剂可重复使用等优点，但对进水预处理要求较高，运行成本也较高，操作较麻烦。

10.2.1　吸附的基本原理及类型

吸附过程是一种界面现象，吸附质从水中移向固体颗粒表面发生吸附，是水、吸附质和固体颗粒三者相互作用的主要结果。例如活性炭与污水相接触，污水中的污染物会从水中转移到活性炭的表面上，这就是吸附作用。引起吸附的原因首先在于吸附质对水的疏水特性和对固体颗粒的高度亲和性。吸附质的溶解度是决定其疏水特性的重要因素，溶解度越大，则向吸附界面移动的可能性越小；反之，吸附质的疏水性越大，向吸附界面移动的可能性越大。另外，吸附作用还可由吸附质与吸附剂之间的静电引力、分子引力（范德华力）和化学键力所引起。根据固体表面吸附力的不同，可将吸附分为 3 个基本类型。

10.2.1.1　物理吸附

物理吸附是吸附质与吸附剂之间的分子引力（范德华力）所产生的吸附，这是一种常见的吸附现象。特点是吸附过程无化学反应，可以在低温下进行；吸附过程放热，但放热量较小，约 42 kJ/mol 或更少；吸附的选择性不强，且牢固程度不如化学吸附，容易发生解吸（脱附）。因此，物理吸附后吸附剂再生容易，利于回收。

10.2.1.2　化学吸附

化学吸附是吸附质与吸附剂之间发生化学反应，形成牢固的吸附化学键和表面配合物的过程。特点是吸附过程一般在较高的温度下进行，吸附时放热量较大，与化学反应的反应热相近，约 84～420 kJ/mol；化学吸附具有选择性，即一种吸附剂只对某种或特定几种吸附质有吸附作用；化学吸附较稳定，不易解吸。因此，发生化学吸附后吸附剂再生较难，必须在高温下才能脱附。

10.2.1.3　离子交换吸附

离子交换吸附即通常所指的离子交换（见 10.3 节）。其吸附过程是吸附质的离子在静电引力的作用下，聚集到吸附剂表面的带电点上，并置换出原先固定在这些带电点上的其他离子。离子的电荷是交换吸附的决定因素，离子所带电荷越多，它在吸附剂表面上的反电荷点上的吸附力越强。

在污水处理中，吸附过程往往是上述几种吸附作用的综合结果。由于吸附质、吸附剂及其他因素的影响，可能其中某种吸附作用是主要的。

10.2.2 吸附容量与吸附等温线

10.2.2.1 吸附容量和吸附速度

(1) 吸附容量

当污水和吸附剂充分接触后，一方面吸附质被吸附剂吸附；另一方面，一部分已被吸附的吸附质因热运动而脱离吸附剂表面，又回到液相中去。前者为吸附过程，后者为解吸过程。当吸附速度和解吸速度相等时，即达到吸附平衡。此时，吸附质在吸附剂及溶液中的浓度都将不再改变，吸附质在液相中的浓度称为平衡浓度。

吸附剂对吸附质的吸附能力的大小可用吸附容量来衡量。吸附容量指在一定温度和压力下达到吸附平衡时，单位质量吸附剂所吸附的吸附质的质量。吸附容量可由式（10—4）计算。

$$q=\frac{V(c_0-c)}{W} \tag{10—4}$$

式中 q——吸附容量，g/g；

V——污水体积，L；

c_0——原水中吸附质浓度，g/L；

c——吸附平衡时水中剩余的吸附质浓度，g/L；

W——吸附剂投加量，g。

显然，吸附容量越大，单位吸附剂处理的水量越大，吸附周期越长，运行管理费用越少。

(2) 吸附速度

吸附速度是指单位质量的吸附剂在单位时间内所吸附的物质量。吸附速度决定了污水和吸附剂的接触时间。吸附速度越快，接触时间就越短，所需的吸附设备的容积也就越小。吸附速度决定于吸附剂对吸附质的吸附过程，通常由实验来确定。

10.2.2.2 吸附等温线

在温度一定时，吸附容量随吸附质平衡浓度的提高而增加。通常将吸附容量 q 与相应的吸附质的平衡浓度 c 的关系绘制成图，所得的曲线称为吸附等温线。

描述吸附等温线的数学表达式称为吸附等温式。在水处理中，通常浓度下，普遍采用弗兰德里希（Freundlich）经验公式，表示如下：

$$q=Kc^{\frac{1}{n}} \tag{10—5}$$

式中 K——弗兰德里希吸附系数；

n——系数。

式（10—5）虽为经验式，但与实验数据相当吻合，通常将该式绘制在双对数坐标纸上，以便确定 K 和 n 值，将式（10—5）改写为对数式，得：

$$\lg q=\lg K+\frac{1}{n}\lg c \tag{10—6}$$

由实验数据按式（10—6）作图，可得到一条直线，如图 10—10 所示，其斜率为$\frac{1}{n}$，截距为 lg$K$。一般认为，$\frac{1}{n}$=0.1～0.5 时，则易于吸附；$\frac{1}{n}$>2 时，则难以吸附。表 10—3 列举了活性炭吸附污水中酚、乙酸等时的 K 和 n 值，可供参考。

表 10—3　　活性炭在某些物质水溶液中的吸附

吸附质	温度（℃）	K	n	吸附质	温度（℃）	K	n
苯酚	20	17.18	0.23	乙酸	50	0.08	0.66
苯酚	70	2.19	0.47	乙酸	70	0.04	0.75
甲酚	20	2.00	0.48	乙酸戊酯	20	4.80	0.49
乙酸	20	0.97	0.4				

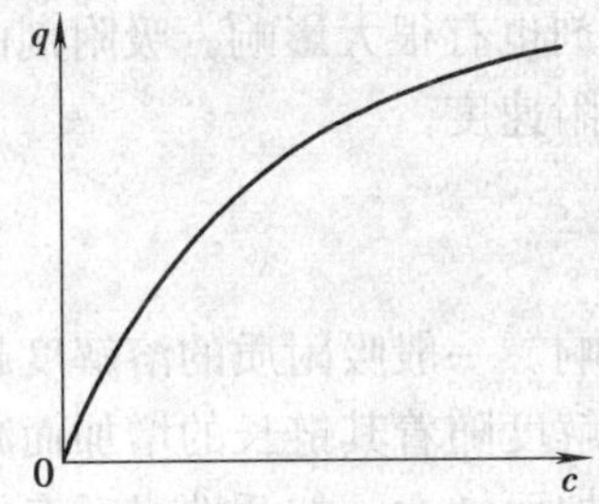

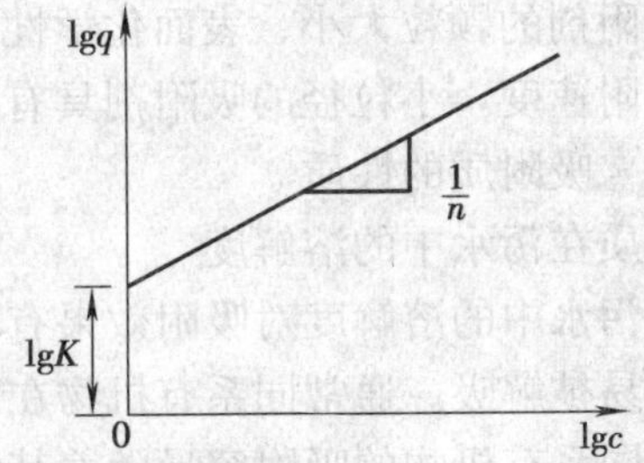

图 10—10　弗兰德里希吸附吸附等温线

［例 1］用活性炭吸附水中色素的试验方程式为 $q=3.9c^{0.5}$。现有 100 L 溶液，色素浓度为 0.05 g/L，欲将色素去除 90%，需加多少活性炭？

解：吸附平衡时的 c=0.05×（1−90%）=0.005（g/L）

$$q=3.9\times0.005^{0.5}\approx0.276\ (\mathrm{g/g})$$

$$W=\frac{V\ (c_0-c)}{q}=\frac{100\times\ (0.05-0.005)}{0.276}\approx16.3\ (\mathrm{g})$$

通过吸附等温线所得吸附量，能为选择吸附剂提供可比较的数据，对吸附设备的设计有一定的参考价值。

10.2.3　吸附的影响因素

了解影响吸附因素的目的是为了选择合适的吸附剂和控制适宜的操作条件。影响吸附的因素很多，其中主要有吸附剂的种类和性质、吸附质的性质和吸附过程的操作条件。

10.2.3.1　吸附剂的种类及性质

（1）吸附剂的种类

吸附剂的种类不同，吸附的效果不同。一般说来，极性吸附剂易吸附极性吸附质，非极性吸附剂易吸附非极性吸附质。如硅胶和活性氧化铝为极性吸附剂，可以从污水中选择性吸附极性分子。

（2）比表面积

单位质量吸附剂的表面积称为比表面积。由于吸附现象是发生在吸附剂的表面上，所以吸附剂的比表面积越大，吸附能力越强，吸附容量也越大。在能够满足吸附质分子扩散的条件下，吸附剂的比表面积越大越好。如粉末状活性炭比粒状活性炭吸附性能好的主要原因就在于其比表面积比粒状活性炭的大。

(3) 孔隙结构

孔隙结构是吸附剂的最重要的性质之一。吸附剂内孔的大小和分布对吸附性能影响很大。孔径太大，比表面积小，吸附能力差。孔径太小，则不利于吸附质扩散，并对直径较大的分子起屏蔽作用。吸附剂的内孔一般是不规则的，且孔径大小不一，通常将孔半径大于 0.1 μm 的称为大孔，介于 2×10^{-3}～0.1 μm 之间的称过渡孔，而小于 2×10^{-3} μm 的称微孔。大孔的表面对吸附贡献不大，仅提供吸附质和溶剂的扩散通道。在气相吸附中，吸附容量在很大程度上决定于微孔，而在液相吸附时，由于吸附质分子直径较大(如着色成分的分子直径多在 3×10^{-3} μm 以上)，这时微孔几乎不起作用，吸附容量主要取决于过渡孔。

此外，吸附剂的颗粒大小、表面化学性质对吸附剂也有很大影响。吸附剂的颗粒大小主要影响它的吸附速度，小粒径的吸附剂具有较高的吸附速度。

10.2.3.2 吸附质的性质

(1) 吸附质在污水中的溶解度

吸附质在污水中的溶解度对吸附效果有较大的影响。一般吸附质的溶解度越低，越容易被吸附，而不易被解吸。通常同系有机物在水中的溶解度随着其链长的增加而减小，而活性炭在污水中对同系有机物的吸附容量随着其链长的增加而增大。如活性炭对有机酸的吸附容量次序是：甲酸＜乙酸＜丙酸＜丁酸。

(2) 吸附质的结构

吸附质的结构对吸附也有较大的影响。如活性炭处理污水时，对芳香化合物的吸附效果较脂肪族化合物好，对不饱和链有机物的吸附效果较饱和有机物好，对非极性或极性小的吸附质的吸附效果较极性强的吸附质好。

应当指出，实际处理的污水中往往含有多种有机物，其性质和浓度各不相同，而且受生产工艺的影响，它们的变化也大，互相之间可以互相促进、互相干扰或互不相干。

10.2.3.3 操作条件

在污水处理中，进水水质和选用的吸附剂确定后，吸附效果主要取决于吸附过程的操作条件，如温度、污水的 pH 值及吸附接触时间等。

(1) 温度

污水处理的吸附过程主要是物理吸附，是放热过程，低温有利于吸附，升温有利于脱附，因此往往采用常温吸附，高温解吸。

(2) pH 值

污水处理中，溶液的 pH 值对吸附质在污水中的存在形式(分子、离子、配合物)有影响，也影响到吸附剂的表面特性，进而影响吸附效果。pH 值影响着某些化合物的离解度和溶液度，不同污染物吸附的最佳 pH 值应通过试验确定。

(3) 接触时间

在进行吸附操作时，应保证吸附剂与吸附质有适当的接触时间，使吸附接近平衡，以充分发挥吸附剂的吸附能力。接触时间的长短取决于吸附速度的大小，吸附速度大，则接触时间可相应缩短；反之，则需延长接触时间。接触时间 t 可按下式计算：

$$t=\frac{V}{Q}=\frac{h}{v} \tag{10—7}$$

式中 V——吸附层容积，m^3；

Q——污水的流量，m^3/h；

h——吸附层高度，m；

v——空塔过滤速度，m/h。

由此可见，在实际操作时，可通过控制污水的流速来控制接触时间。但流速过大，接触时间过短，吸附未达到平衡，吸附量小；流速过小，虽能提高一些吸附效果，但接触时间过长，影响设备的生产能力。通常采用的接触时间在 0.5～1.0 h 范围内。

10.2.3.4 生物协同作用

在水处理，特别是在污水处理中，活性炭使用一段时间之后，在炭粒表面上会繁殖微生物，这些微生物也会参与对有机物的去除，使活性炭的去除负荷及使用周期延长甚至会成倍地增加；同时也带来不利的影响，如水头损失增加，需要经常反冲洗，容易造成厌氧状态，产生硫化氢臭气等。经过试验研究，采用向炭层曝气和加强反冲等措施可以基本上解决这些不利影响，这样就使得污水处理中使用活性炭的可能性大大增加，因而逐步发展了生物活性炭处理新工艺。目前，生物活性炭处理新工艺已越来越多地被应用于出水指标要求较高的污水处理或污水深度处理再生回用工程中。

10.2.4 吸附剂及其再生

10.2.4.1 吸附剂

一般而言，一切固体物质的表面都有吸附作用。但实际上，只有多孔性物质或磨得极细的物质，由于具有很大的比表面积，才有明显的吸附能力，也才能作为吸附剂。工业应用的吸附剂应满足下列要求：吸附能力强、吸附选择性好、吸附平衡浓度低、容易再生与再利用、化学稳定性好、机械强度好、来源广及价格低廉等。一般工业吸附剂很难同时满足以上要求，因此，应根据不同场合选用合适的吸附剂。

在污水处理过程中，常用的吸附剂有活性炭、磺化煤、沸石、焦炭、硅藻土、木炭、活性白土、腐殖酸以及大孔径吸附树脂等。

活性炭是目前应用最为广泛的吸附剂。它是一种非极性吸附剂，是以含碳为主的物质作原料，经高温碳化和活化制得的疏水性吸附剂。外观为暗黑色，有粒状和粉状两种，目前工业上大量采用粒状活性炭。活性炭主要成分为炭，此外还含有少量的氧、氢、硫等元素，以及水分、灰分。它具有良好的吸附性能和稳定的化学性质，可以耐强酸、强碱，能经受水浸、高温、高压作用，不易破碎。

活性炭最重要的物理性质是其特有的孔隙结构和巨大的比表面积（600～1 500 m^2/g），这是活性炭吸附能力强，吸附容量大的主要原因。一般活性炭的微孔容积约为 0.15～0.9 mL/g，其表面积却占总表面积的95%；过渡孔容积约为 0.02～0.1 mL/g，除特殊活化方式外，其表面积不超过总表面积的 5%，大孔容积约为 0.2～0.5 mL/g，其表面积仅为 0.2～0.5 m^2/g。

活性炭的吸附一般以物理吸附为主，但由于表面氧化物存在，也进行一些化学选择性吸附。如果在活性炭中渗入一些具有催化作用的金属离子（如渗银）可以改善处理效果。

纤维活性炭是一种新型高效吸附材料。它是有机碳纤维经活化处理后形成的，具有发达的微孔结构、巨大的比表面积，以及众多的官能团，因此，吸附性能大大超过目前普通的活性炭。

目前，活性炭主要用于炼油、含酚印染、氯丁橡胶、腈纶、三硝基甲苯等污水的处理以及污水的深度处理再生回用。

10.2.4.2　吸附剂的再生

吸附剂在达到吸附饱和后，必须进行脱附再生才能重复使用。所谓再生，就是在吸附剂本身结构不发生或很少发生变化的情况下，用某种方式把吸附质从吸附剂孔隙中除去，恢复它的吸附能力，以达到重复使用的目的。这样可以大大减少水处理中活性炭的成本费用。活性炭的再生主要有以下几种方法。

（1）加热再生法

加热再生法是目前粒状活性炭的最常用最有效的再生方法。在高温下，吸附质分子易于从吸附剂活性中心脱离；同时吸附的有机物在高温下氧化分解，或以气态分子存在，或断裂成短链，降低了吸附剂对它的吸附能力。加热再生过程由下列几个步骤进行：

1）脱水。使活性炭和输送液分离。

2）干燥。加温到 100～150℃，将活性炭细孔中的水分蒸发出来，同时使一部分低沸点的有机物也挥发出来。

3）碳化。加热到 300～700℃，使高沸点有机物热分解，一部分低沸点物质挥发，另一部分被碳化留在活性炭细孔中。

4）活化。加热到 700～1 000℃，使留在细孔中的残留物与活化气体（如水蒸气、CO_2 和 O_2）反应，反应产物以气态形式逸出，达到重新造孔的目的。

5）冷却。把活化后的活性炭用水急剧冷却，防止氧化。

上述干燥、碳化、活化三步在一个直接燃烧立式多段再生炉中进行，图 10—11 是目前采用最广泛的一种。再生炉为钢壳内衬耐火材料，内部分成 4～9 段炉床。中心转动时带动把柄使活性炭自上段向下段移动。该再生炉分为 6 段炉床，第 1、2 段用于干燥，第 3、4 段用于碳化，第 5、6 段为活化。

从再生炉排出的废气中含有甲烷、乙烷、乙烯、焦油蒸气、SO_2、CO_2、H_2 和过剩 O_2 等。为防止废气污染大气，可将排出的废气先送入燃烧器燃烧后，再送入水洗塔除去粉尘和有臭味物质。

高温再生过程中，氧对活性炭的基质影响很大，因此，必须在微正压条件下运行。过量的氧将使活性炭烧损灰化，而过低的氧量又将影响炉内温度和再生效果。因此，一般的高温加热再生炉内对氧必须严格控制，余氧量小于 1%，CO 含量为 2.5%左右，水蒸气注入量为 0.2～1 kg/kg 活性炭。

（2）化学氧化法

活性炭的化学氧化法再生可分为下列几种方法。

1）湿式氧化法。在某些污水处理工程中，为了提高曝气池的处理能力，向曝气池内投加粉状炭，吸附饱和后的粉状炭可采用湿式氧化法进行再生。其工艺流程如图 10—12 所示。饱和炭用高压泵经换热器和水蒸气加热后送入氧化反应塔。在塔内被活性炭吸附的有机物与空气中的氧反应，进行氧化分解，使活性炭得到再生。再生后的炭经热交换器冷却后，送入再生炭储槽。在反应器底积集的无机物（灰分）定期排出。

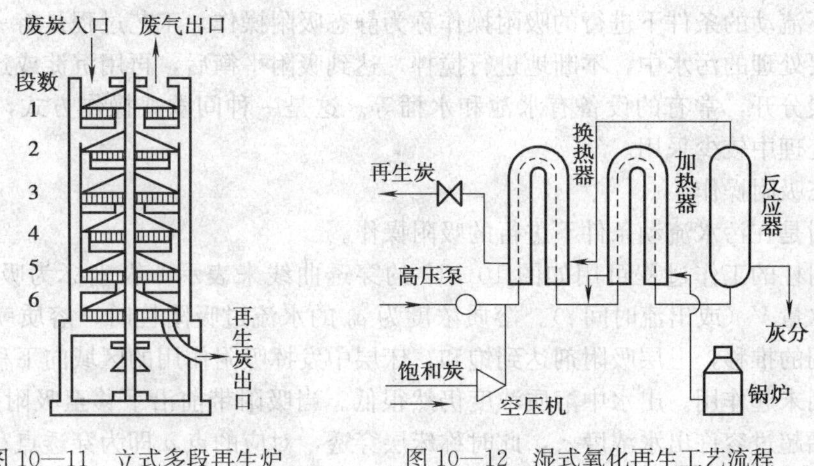

图 10—11 立式多段再生炉　　图 10—12 湿式氧化再生工艺流程

2）电解氧化法。将炭作为阳极进行水的电解，在活性炭表面产生的氧气将吸附质氧化分解。

3）臭氧氧化法。利用强氧化剂臭氧，将吸附在活性炭上的有机物加以分解。由于经济指标等方面原因，此法实际应用不多。

（3）溶剂再生法

用溶剂将被活性炭吸附的物质解吸下来。常用的溶剂有酸、碱、苯、丙酮、甲醇等。此方法在制药等行业常有应用，有时还可以进一步由再生液中回收有用物质。

（4）生物法

利用微生物的作用，将被活性炭吸附的有机物加以氧化分解。在再生周期较长、处理水量不大的情况下，可以将炭床内的活性炭一次性卸出，然后放置在固定的容器内进行生物再生，待一段时间后活性炭内吸附的有机物基本上被氧化分解，炭的吸附性能基本恢复时即可重新使用。

另外，也可以在活性炭吸附处理过程中，同时向炭床内鼓入空气，利用活性炭对水中有机物和溶解氧的强吸附特性，以及活性炭表面作为微生物聚集繁殖生长的良好载体，同时发挥活性炭的吸附作用和微生物的生物降解作用。这种协同作用的水处理技术就是前面提到的生物活性炭处理新工艺。这种方法可使活性炭使用周期比通常的吸附周期延长多倍，甚至在有的工程实例中一批炭可以连续使用五年以上。

活性炭再生后，炭本身及炭的吸附量都不可避免地会有损失。对加热再生法，再生一次损耗炭约 5%～10%，微孔减少，过渡孔增加，比表面积和碘值均有所降低。对于主要利用微孔的吸附操作，再生次数对吸附有较重要的影响，因而做吸附试验时应采用再生后的活性炭，才能得到可靠的试验结果。对于主要利用过渡孔的吸附操作，则再生次数对吸附性能的影响不大。

10.2.5 吸附操作方式和设计

10.2.5.1 吸附的操作方式

在污水处理中，吸附操作分为静态吸附和动态吸附两种方式。

（1）静态吸附操作

在污水不流动的条件下进行的吸附操作称为静态吸附操作。工艺过程是将一定数量的活性炭投入到要处理的污水中，不断地进行搅拌，达到吸附平衡后，再用沉淀或过滤的方法使污水和活性炭分开，常有的设备有水池和水桶等。这是一种间歇式操作方式，由于操作麻烦，在污水处理中较少采用。

（2）动态吸附操作

动态吸附是在污水流动条件下进行的吸附操作。

动态吸附柱的工作过程可用如图 10—13 的穿透曲线来表示。纵坐标为吸附质浓度 c，横坐标为出水量 V（或出流时间 t）。溶质浓度为 c_0 的水流过吸附柱时，溶质就逐渐地被吸附。随着时间的推移，上层吸附剂达到饱和，床层中发挥吸附作用的区域向下移动。吸附区前面的床层尚未起作用。出水中溶质浓度仍然很低。当吸附带前沿下移至吸附剂层底端时，出水浓度开始超过容许出水浓度 c_a，此时称床层穿透，对应的点 a 即为穿透点；以后出水浓度迅速增加，当吸附区后端下移到床层底端时，整个床层接近饱和，出水浓度接近进水浓度，此时称床层耗竭。通常当出水溶质浓度达到进水浓度的 90%～95%，即 c_b 时，可认为吸附柱的吸附能力已经耗竭，此点即为吸附终点 b。从 a 到 b 这段时间 Δt 内，吸附带所移动的距离即为吸附带的长度 δ。很明显，若吸附柱的总深度小于吸附带的长度，则出水中的溶质浓度一开始就不合格。

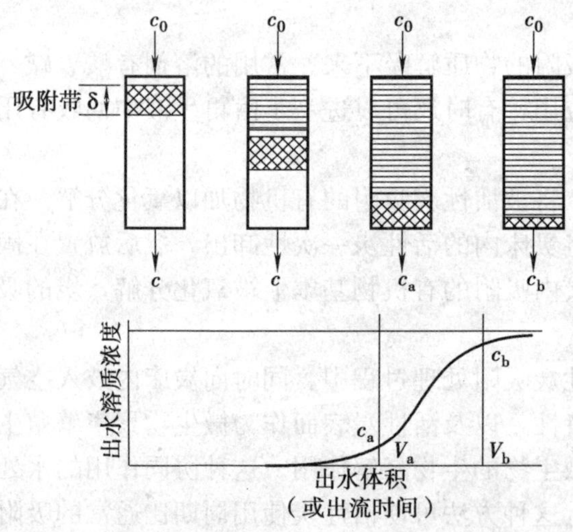

图 10—13 穿透曲线

吸附床的设计及运行方式的选择，在很大程度上取决于穿透曲线。由穿透曲线可以了解床层吸附负荷的分布、穿透点及耗竭点。穿透曲线越陡，表明吸附速度越快，吸附带越短。

污水处理中采用的动态吸附设备有固定床、移动床和流化床三种方式。

1）固定床。固定床是污水处理工艺中最常用的吸附装置。根据水流方向又分为升流式和降流式两种方式。降流式固定床如图 10—14 所示。降流式固定床的出水水质较好，但经过吸附层的水头损失较大，特别是处理含悬浮物较高的污水时，为了防止悬浮物堵塞吸附层，需先将污水经过砂滤柱过滤预处理，并定期进行反冲洗，有时还需要在吸附层上部设冲洗设备。

在升流式固定床中，当发现水头损失增大时，可适当提高水流流速，使填充层稍有膨胀（上下层不能互相混合），就可以达到自清的目的。这种方式由于层内水头损失增加较慢，所以运行时间较长，但对污水入口处（底层）吸附层的冲洗难于降流式。另外，由于流量变动或操作一时失误就会使吸附剂流失。

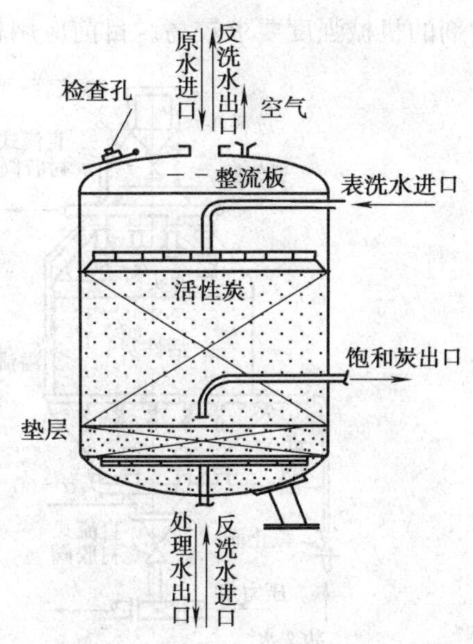

图 10—14 降流式固定床吸附塔构造示意图

根据处理水量、原水的水质和处理要求，固定床可分为单床式、多床系统。一般单床使用较少，仅在处理规模很小时采用。多床又有串联式和并联式两种，如图 10—15 所示。前者适合于大规模处理，出水要求低，后者适于处理流量小，出水要求高的场合。

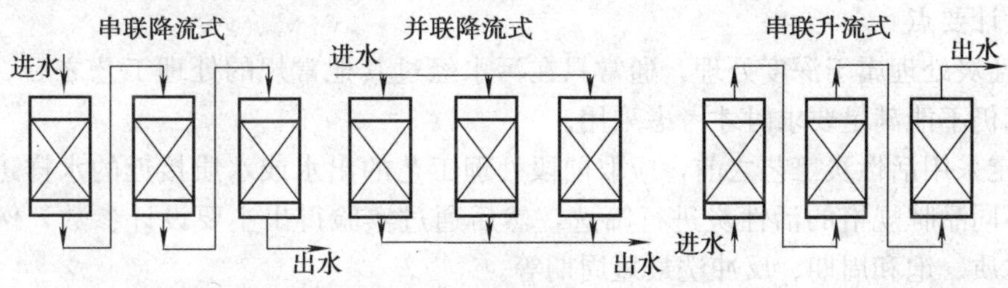

图 10—15 固定床多床操作示意

2）移动床。图 10—16 所示为移动床吸附塔构造示意图。移动床运行时，原水从吸附塔底部流入和活性炭进行逆流接触，处理后的水从塔顶流出。再生后的活性炭从塔顶加入，接近吸附饱和的炭从塔底间歇或连续地排出。间歇移动床处理规模大时，每天从塔底定时卸炭 1～2 次，每次卸炭量为塔内总炭量的 5%～10%；连续移动床，即饱和吸附剂连续卸出，同时新吸附剂连续从顶部补入。

移动床这种方式较之固定床能够充分利用吸附剂的吸附容量，水头损失小。由于采用升流式，污水从塔底流入，水中夹带的悬浮物随饱和吸附剂排出，因而不需要反冲洗设备。但这种操作方式要求塔内吸附剂上下层不能互相混合，操作管理要求严格。较大规模污水处理时多采用这种操作方式。

3）流化床。流化床构造示意如图 10—17 所示。吸附剂在塔中处于流化状态，塔中吸附剂与污水逆向连续流动。与固定床相比，可使用小颗粒的吸附剂，吸附剂一次投加量小，不需反洗，设备小，生产能力大，预处理要求低。但运转中操作要求高，不易控制，同时对吸附剂的机械强度要求较高。目前应用较少。

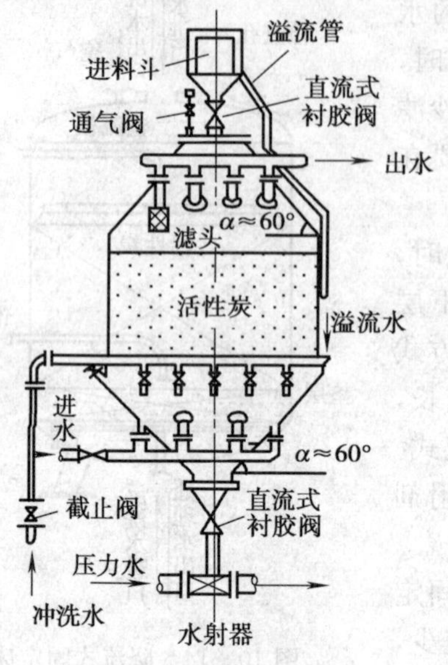

图 10—16　移动床吸附塔构造示意

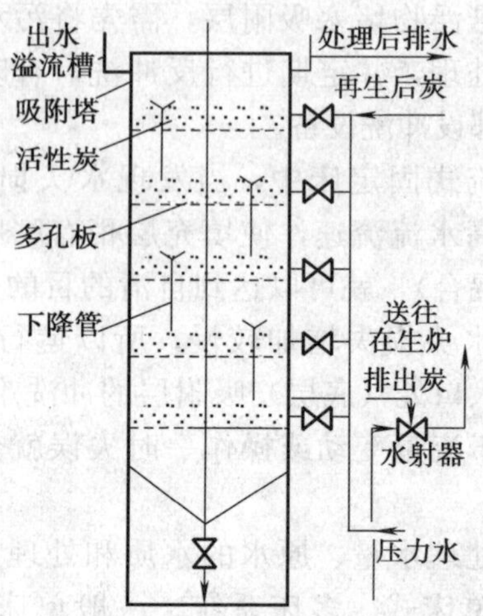

图 10—17　多层流化床吸附塔构造示意

10.2.5.2　吸附装置的设计计算

(1) 设计要点

1) 活性炭处理属于深度处理，通常只在污水经过其他常规的处理工艺之后，出水的个别水质指标仍不能满足要求时才考虑采用。

2) 确定采用活性炭工艺之前，应取前段处理工艺的出水或水质接近的水样进行炭柱实验，并对不同品牌规格的活性炭进行筛选，然后通过实验得出主要设计参数，例如水的滤速、出水水质、饱和周期、反冲洗最短周期等。

3) 活性炭工艺一般应先经过过滤处理，以防止由于悬浮物较多造成炭层表面堵塞。同时进水有机物浓度不应过高，避免造成活性炭过快饱和，这样才能保证合理的再生周期和运行成本。当进水 COD 浓度超过 50～80 mg/L 时，一般应该考虑采用生物活性炭工艺进行处理。

4) 对于中水处理或某些超标污染物浓度经常变化的处理工艺，对活性炭处理单位应设超越或旁通管路，当前段工艺来水在一段时间内不超标，则可以及时停用活性炭单元，这样可以节省活性炭床的吸附容量，有效地延长再生或更换周期。

5) 采用固定床应根据活性炭再生或更换周期情况，考虑设计备用的池子或炭塔。移动床在必要时也应考虑备用。

(2) 吸附装置的工艺设计实例

某机械制造企业排放的废水量 $Q=150\ m^3/h$，该废水经常规工艺处理后达到了排放标准，其 COD_{Cr} 值平均为 90 mg/L，为节约水资源，实现企业的节能减排目标，拟采用活性炭吸附工艺对达标废水进行深度处理再生回用，要求回用水 COD_{Cr} 值小于 30 mg/L，试确定吸附塔的基本尺寸。

根据动态吸附实验结果，决定采用降流式固定床，其设计参数如下：①该活性炭的吸附容量 $p=0.12$ g COD_{Cr}/g 炭；②污水在塔中的下降流速 $v_2=6$ m/h；③接触时间 $t=40$ min；④炭层密度 $\rho=0.43$ t/m^3。

解：(1) 吸附塔的面积 A。其计算式为：

$$A=\frac{Q}{v_2}=\frac{150}{6}=25\ (\text{m}^3)$$

采用二塔并联降流式固定床。

(2) 每个塔的面积 A'。其计算式为：

$$A'=\frac{A}{n}=\frac{25}{2}=12.5\ (\text{m}^2)$$

(3) 吸附塔炭层直径 D。其计算式为：

$$D=\sqrt{\frac{4A'}{\pi}}=\sqrt{\frac{4\times 12.5}{\pi}}\approx 3.99\ (\text{m})$$

(4) 吸附塔炭层高度 h。其计算式为：

$$h=v_2t=6\times\frac{40}{60}=4\ (\text{m})$$

(5) 每个吸附塔炭层的容积 V。其计算式为：

$$V=A'h=12.5\times 4=50\ (\text{m}^3)$$

(6) 每塔填充活性炭质量 G。其计算式为：

$$G=V\rho=50\times 0.43=21.5\ (\text{t})$$

(7) 每塔每天应处理的水量 Q_1。其计算式为：

$$Q_1=\frac{Q}{2}\times 24=\frac{150}{2}\times 24=1\,800\ (\text{t})$$

(8) 每个吸附塔每天应吸附的 COD_{Cr} 值 W。其计算式为：

$$W=V(c_0-c)=\frac{(90-30)\times 1\,800}{1\,000}=108\ (\text{kg/d})$$

(9) 活性炭再生周期 T。其计算式为：

$$T=\frac{Gq}{W}=\frac{21.5\times 1\,000\times 0.12}{108}=24\ (\text{d})$$

10.2.6 吸附法在污水处理中的应用

在污水处理中，吸附法处理的主要对象是污水中用生化法难于降解的有机物，或用一般氧化法难于氧化的溶解性有机物及各种重金属离子。当用活性炭对这类污水进行处理时，它不但能够吸附这些难降解有机物，降低 COD，还能使污水脱色、脱臭，将污水处理到重复利用的程度。所以，吸附法在污水的深度处理中得到了广泛地应用。

在处理流程上，吸附法可与其他物理、化学法联合，组成所谓物化流程。如先用混凝沉淀、过滤等去除悬浮物和胶体杂质，然后用吸附法去除溶解性有机物。吸附法也可与生化法联合，如向曝气池投加粉状活性炭；利用粒状吸附剂作为微生物的生长载体或作为生物流化床的介质；或在生物处理之后进行吸附深度处理等。这些联合工艺都在工业上得到应用。

(1) 工业废水深度处理再生回用

某食品有限公司排放的油脂加工废水经预处理—复合厌氧—生物接触氧化工艺处理后，达到了一级排放标准。该公司以生物活性炭为主工艺对二级处理出水进行深度处理再生，作为循环冷却水补给充水和杂用水，以节约新鲜水源和使废水资源化。

废水深度处理工艺流程如图 10—18 所示。

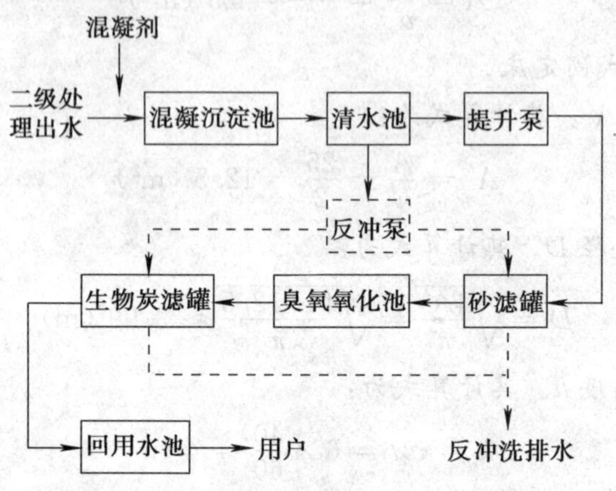

图 10—18 废水深度处理工艺流程图

二级处理出水，经混凝沉淀、砂滤和臭氧氧化后，进入生物活性炭罐，活性炭能够迅速地吸附废水中的溶解性有机物，在炭床中形成生物膜，微生物的氧化分解作用使活性炭的吸附能力得到恢复，而活性炭的吸附又使微生物获得丰富的养料，两者互相促进，得到了稳定的处理效果。生物活性炭罐出水流入回用水池贮存回用。

本工程设计处理能力为 450 m^3/d。生物活性炭罐定期反冲洗，其反冲洗强度为 10～12 $L/m^2 \cdot s$；反冲洗历时 5～10 min；反冲洗周期 48 h。主要处理设备见表 10—4。

表 10—4　　废水深度处理系统主要设备

序号	名称	规格型号	性能参数	数量	备注
1	提升泵	WQ2130—205	H=15 m；Q=20 m^3/h	2 台	1 用 1 备
2	反冲洗泵	WQ2210—417	H=20 m；Q=110 m^3/h	1 台	
3	制氧机	TC—4	4 m^3/h	1 套	
4	臭氧发生器	XL—100	Q=100 g/h	2 台	1 用 1 备
5	臭氧扩散器	HWB—215	服务面积=0.25 m^2/只	24 只	
6	砂滤罐	非 标	滤速 10.0 m/h；滤料高度 1.4 m	2 座	
7	生物活性炭罐	非 标	滤速 8.5 m/h；滤料高度 1.2 m	2 座	

废水深度处理效果见表 10—5。系统进水 COD 为 61.0～85.7 mg/L、SS26.0～52.0 mg/L、油类 1.55～5.19 mg/L 时，出水 COD、SS、油类分别为 9.6～22.4 mg/L、3.60～7.42 mg/L 和 0.62～1.59 mg/L；溶解性固体为 864.2 mg/L、pH7.4～7.8、浊度<3NTU，可以满足回用水水质要求。

表 10—5　　废水深度处理系统的运行结果

项目	进水	出水	循环冷却水水质要求	城市杂用水水质要求
pH 值	7.92～8.76	7.4～7.8	6.5～8.5	6.0～9.0
COD（mg/L）	61.0～85.7	9.6～22.4	≤60	—
SS（mg/L）	26.0～52.0	3.6～7.42	—	—
浊度（NTU）	—	<3	≤5	≤5
溶解性固体（mg/L）	—	864.2	≤1 000	≤1 000
油类（mg/L）	1.55～5.19	0.62～1.59	≤1	

10.3　离子交换

离子交换法是一种借助于离子交换剂上的可交换离子和污水中的其他同性离子进行交换反应而使水质净化的方法。离子交换法在工业上首先用于给水处理，如硬水的软化、脱碱除盐、去硅除氟和制备纯水等。在工业废水处理中可用于回收和去除工业废水中金、镍、镉、铜、铬等金属离子；用于去除原子能工业废水中的放射性同位素；还能去除污水中磷酸、硝酸、氨等。

尽管离子交换法对污水的预处理要求很高，应用范围较窄，且离子交换剂的再生及再生液的处理有时也是一个难以解决的问题。但此法具有离子去除效率高、设备较简单、操作易控制、离子交换材料可以按照需要人工合成等优点，因而在工业上有着广泛的应用。

10.3.1　离子交换剂

10.3.1.1　离子交换剂的结构组成及分类

离子交换剂分为无机和有机两大类。无机类离子交换剂有天然沸石和人工合成沸石。沸石既可作阳离子交换剂，也能用作吸附剂。有机类离子交换剂有磺化煤和各种离子交换树脂。在污水处理中，应用较多的是离子交换树脂。

（1）离子交换树脂的结构组成

离子交换树脂是一类具有离子交换特性的有机高分子聚合电解质，是一种疏松的具有多孔结构的固体球形颗粒，粒径一般为 0.3～1.2 mm，不溶于水也不溶于电解质溶液，它由不溶性的树脂母体和具有活性的交换基团两部分组成。树脂母体为有机化合物和交联剂组成的高分子共聚物。交联剂的作用是使树脂母体形成立体的网状结构。交换基团由起交换作用的离子和与树脂母体联结的离子组成。如磺酸性阳离子交换树脂 $RSO_3^- H^+$ 中，$SO_3^- H^+$ 是交换基团，其中 H^+ 是可交换离子，如图 10—19 所示。

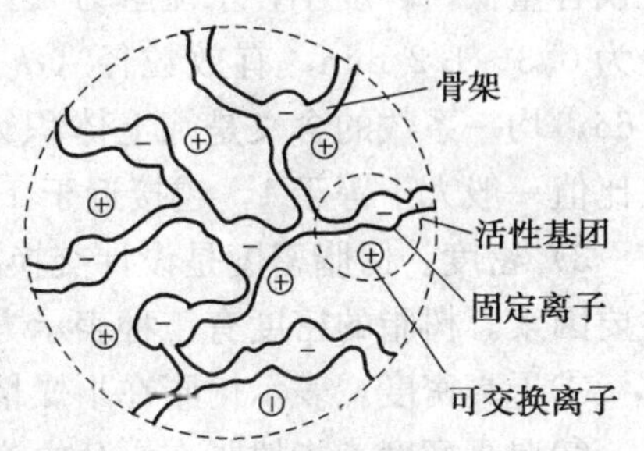

图 10—19　离子交换树脂结构示意

（2）离子交换树脂的分类

离子交换树脂的分类方法很多，其中常见的分类方法如下：

1）按离子交换的选择性分类。离子交换树脂可分为阳离子交换树脂和阴离子交换树脂。阳离子交换树脂内的活性基团是酸性的，它能够与溶液中的阳离子进行交换。如 RSO_3H，酸性基团上的 H^+ 可以电离，能与其他阳离子进行等物质的量的离子交换。阴离子交换树脂内的活性基团是碱性的，它能够与溶液中的阴离子进行交换。如 RNH_2 活性基团水合后形成含有可离解的 OH^- 离子。

$$RNH_2 \xrightarrow{\text{水合}} RNH_3^+ OH^-$$

OH^- 可以和其他阴离子进行等物质的量的交换。

阳离子交换树脂中的 H^+ 可用钠离子 Na^+ 代替，阴离子交换树脂中的氢氧根离子 OH^- 可以用氯离子 Cl^- 代替。因此阳离子交换树脂中又有氢型和钠型之分，阴离子交换树脂中又有氢氧型和氯型之分。

2）按活性基团中酸碱的强弱分类。离子交换树脂可分为以下四类：①强酸性阳离子交换树脂，活性基团一般为 $-SO_3H$，故又称磺酸型阳离子交换树脂；②弱酸性阳离子交换树脂，活性基团一般为 $-COOH$，故又称为羧酸型阳离子交换树脂；③强碱性阴离子交换树脂，活性基团一般为 $-NOH^-$，故又称为季铵型阴离子交换树脂；④弱碱性阴离子交换树脂活性基团一般有 $-NH_3OH$、$=NH_2OH$、$\equiv NHOH$（未水化时分解为 $-NH_2$、$=NH$、$\equiv N$）之分，故分别又称为伯胺型、仲胺型和叔胺型离子交换树脂。

3）根据颗粒内部的结构特点分类。离子交换树脂又分为凝胶型和大孔型两类。目前，使用的树脂多数为凝胶型离子交换树脂。

此外，还有一些具有特殊活性基团的离子交换树脂，如氧化还原树脂、两性树脂及螯合树脂等。

10.3.1.2　离子交换树脂的性能

离子交换树脂的性能对处理效率、再生周期及再生剂的耗量都有很大的影响，其物理性能和化学性能如下：

（1）物理性能

1）外观。常用凝胶型离子交换树脂为透明或半透明的珠体，其颜色有乳白、淡黄或棕褐色等。优良的树脂圆球率高，无裂纹，颜色均匀，无杂质。

2）粒度。树脂粒度对交换速度、水流阻力和反冲洗有很大影响。粒度大，交换速度慢，交换容量低；粒度小，水流阻力大。因此，树脂粒度大小要适当，分布要合理。一般树脂粒径为 0.3～1.2 mm，有效粒径（d_0）为 0.36～0.61 mm，均一系数（d_{40}/d_{90}）为 1.22～1.66，均一系数的含义是筛上体积为 40%的筛孔孔径与筛上体积为 90%的筛孔孔径之比。该比值一般大于等于 1，越接近于 1，说明粒度越均匀。

3）密度。树脂密度是设计交换柱、确定反冲洗强度的重要指标，也是影响树脂分层的主要因素。树脂的密度有三种表示方法：干真密度、湿真密度和湿视密度。

①干真密度。表示树脂在干燥情况下的真实密度，一般用 g/mL 表示。

②湿真密度。指树脂在水分中充分溶解后的质量与真体积之比，树脂的湿真密度对交换器反冲洗强度的大小、混合床再生前分层的好坏影响很大。其值一般为 1.04～1.3 g/mL。

通常阳离子型的湿真密度比阴离子型的大，强型的比弱型大。树脂在使用过程中，因基团脱落，骨架中链的断裂，其密度略有减小。

③湿视密度。指树脂在水中溶解后的质量与堆积体积之比，湿视密度用来计算交换柱所需装填湿树脂的质量，一般为 0.6～0.85 g/mL。

4）含水量。是指在水中充分溶胀的湿树脂所含溶胀水质量占湿树脂质量的百分数。含水量主要取决于树脂的交联度、活性基因的类型和数量等。一般在 50%左右。

5）树脂的溶胀性。用水浸泡干树脂时，由于水分子的逐渐渗入，活性基团的离解水合作用，导致树脂交联网孔增大、体积膨胀的现象叫做树脂的溶胀性。树脂的溶胀程度可用溶胀率来表示。树脂的溶胀率与交联度、活性基团的数量及性质有着密切的关系，它直接影响树脂的机械性能和交换容量，是树脂的重要性质之一。树脂的交联度大时，其溶胀度则小，交换容量亦低。

6）机械强度。反映树脂保持颗粒完整性的能力。树脂在使用中由于受到冲击、碰撞、摩擦以及胀缩作用，会发生破碎。因此，树脂应具有足够的机械强度，以保证每年树脂的损耗量不超过 3%～7%。树脂的机械强度主要取决于交联度和溶胀率。交联度越大，溶胀率越小，则机械强度越高。

7）耐热性。各种树脂均有一定的工作温度范围，若操作温度过高，就会发生比较严重的热分解现象，影响交换容量和使用寿命；温度过低，树脂内水分冻结，使颗粒破裂。通常控制树脂的储藏和使用温度在 5～40℃为宜。

除上述各项物理性能参数外，还有树脂的孔结构、耐磨性、在水中的不溶性等。

（2）化学性能

1）离子交换容量。交换容量是树脂交换能力大小的标度，可以用重量法和容积法两种方法表示。重量法是指单位质量的干树脂中离子交换基团的数量，用 mmol/g 或 mol/kg 来表示。容积法是指单位体积的湿树脂中离子交换基团的数量，用 mmol/L 或 mol/L 来表示。由于树脂一般在湿态下使用，因此常用的是容积法表示。

离子交换容量可分为全交换容量、工作交换容量和有效交换容量。全交换容量是指单位数量的离子交换树脂中能够起交换作用的活性基团的总数量。工作交换容量是指在动态工作条件下的交换容量。由于运行条件不同，测得的工作交换容量也就不同。有效交换容量是工作交换容量减去因正、反洗损失的交换容量。

2）酸碱性。H 型阳树脂和 OH 型阴树脂在水中电离出 H^+ 和 OH^-，而表现出酸碱性。根据活性基团在水中离解能力的大小，树脂的酸碱性有强弱之分。强酸强碱树脂的活性基团电离能力强，其交换容量基本上与 pH 值无关。弱酸树脂在水的 pH 值低时，不电离或仅部分电离，因而只能在碱性溶液中才会有较高的交换能力；弱碱树脂则相反，只能在酸性溶液中才会有较高的交换能力。各类型交换树脂的有效 pH 值范围见表 10—6。

表 10—6　　各类型交换树脂有效 pH 值范围

树脂类型	离子交换树脂			
	强酸型	弱酸型	强碱型	弱碱型
有效 pH 值范围	1～14	5～14	1～12	0～7

3）交联度。即线性树脂分子与交联剂间发生交联反应所形成的交联键的密度。通常交联剂的用量直接影响树脂分子的交联度。交联度对树脂的许多性能具有决定性的影响。交联度较高的树脂，孔隙率较低，密度较大，离子扩散速度较低，对半径较大的离子和水合离子的交换量较小，浸泡在水中时，水化度较低，形变较小，也就较稳定，不易破碎。水处理中使用的离子交换树脂，交联度为7%～10%。

4）化学稳定性。污水中的氧化剂，如氧、氯、铬酸、硝酸等，由于其氧化作用能使树脂的网状结构破坏，活性基团的数量和性质也会发生变化。

防止树脂因氧化而化学降解的办法有三种：一是采用高交联度的树脂，二是在污水中加入适量的还原剂，三是使交换柱内的pH值保持在6左右。

5）选择性。离子交换树脂在离子交换反应时，对水中各种离子交换吸附的能力并不相同，对于其中一些离子很容易被吸附，而对另一些离子却很难吸附；被吸附的离子在树脂再生的时候，有的离子很容易被置换下来，而有的确很难被置换。离子交换树脂具有的这种对水中某些离子优先交换的特性称为选择性。离子交换树脂的选择性是决定离子交换法处理效果的一个重要因素。一般树脂对某种离子的亲和力越大，树脂对该离子的选择性亦越高，交换反应也越容易进行。因此，采用离子交换法处理污水时，必须考虑树脂的选择性。在常温低浓度下，各种树脂对各种离子的选择性可归纳出如下规律：

①强酸性阳离子交换树脂的选择性顺序。

$Fe^{3+} > Cr^{3+} > Al^{3+} > Ca^{2+} > Ni^{2+} > Cd^{2+} > Cu^{2+} > Co^{2+} > Zn^{2+} > Mg^{2+} > K^{+} = NH_4^{+} > Na^{+} > H^{+} > Li^{+}$

②弱酸性阳离子交换树脂的选择性顺序。

$H^{+} > Fe^{3+} > Cr^{3+} > Al^{3+} > Ba^{2+} > Ca^{2+} > Ni^{2+} > Cd^{2+} > Cu^{2+} > Co^{2+} > Zn^{2+} > Mg^{2+} > K^{+} = NH_4^{+} > Na^{+} > Li^{+}$

③强碱性阴离子交换树脂的选择性顺序。

$Cr_2O_7^{2-} > SO_4^{2-} > Cr_2O_4^{2-} > NO_3^{-} > Cl^{-} > OH^{-} > F^{-} > HCO_3^{-} > HSiO_3^{-}$

④弱碱性阴离子树脂的选择性顺序。

$OH^{-} > Cr_2O_7^{2-} > SO_4^{2-} > Cr_2O_4^{2-} > NO_3^{-} > Cl^{-} > HCO_3^{-}$

螯合树脂的选择性顺序与树脂种类有关。螯合树脂在化学性质方面与弱酸阳离子树脂相似，但比弱酸树脂对重金属的选择性高。

10.3.1.3 选择、保存、使用和鉴别离子交换树脂

(1) 选择树脂

离子交换法主要用于除去水中可溶性盐类。选择树脂时应综合考虑原水水质、处理要求、交换工艺以及投资和运行费用等因素。当分离无机阳离子或有机碱性物质时，宜选用阳离子交换树脂；分离无机阴离子或有机酸时，宜采用阴离子交换树脂。对氨基酸等两性物质的分离，既可用阳树脂，也可用阴树脂。对某些贵金属和有毒金属离子（如Hg^{2+}），可选择螯合树脂。对有机物，宜用低交联度的大孔树脂处理。绝大多数脱盐系统都采用强型树脂。

污水处理时，对交换势大的离子宜采用弱性树脂。此时弱性树脂的交换能力强、再生容易，运行费用低。当污水中含有多种离子时，可利用交换选择性进行多级回收，如不需回收

时，可用阳、阴树脂混合床处理。

（2）保存树脂

树脂应在 0～40℃下存放，当环境温度低于 0℃，或发现树脂脱水后，应向包装袋内加入饱和食盐水浸泡。对长期停运而闲置在交换器中的树脂应定期换水。

通常强型树脂以盐型保存，弱酸树脂以氢型保存，弱碱树脂以游离胺型保存，性能最稳定。

（3）使用树脂

树脂在使用前应进行适当的预处理，以除去杂质。最好分别用水、5% HCl 溶液、2%～4%NaOH 溶液反复浸泡清洗两次，每次 4～8 h。

树脂在使用过程中，其性能会逐步降低，尤其在处理工业废水时，主要有三类原因：①物理破损和流失；②活性基团的化学分解；③无机和有机物覆盖树脂表面。针对不同的原因可采取相应的对策，如定期补充新树脂，强化预处理，去除原水中游离氯和悬浮物，用酸、碱和有机溶剂等洗脱树脂表面的垢和污染物。

（4）鉴别树脂

水处理中常用的四大类树脂往往不能从外观鉴别。根据其化学性能，可用表 10—7 方法区分。

表 10—7　未知树脂的鉴别

操作①	取未知树脂样品 2 mL，置于 30 mL 试管中			
操作②	加 1 mol/L 的 HCl 溶液 15 mL，摇 1～2 min，重复 2～3 次			
操作③	水洗 2～3 次			
操作④	加 10%$CuSO_4$ 溶液（其中含 1%H_2SO_4）5 mL，摇 1 min，放 5 min			
检查	浅绿色		不变色	
操作⑤	加 5 mol/L 氨液 2 mL，摇 1 min，水洗		加 1 mol/L 的 NaOH 溶液 5 mL 摇 1 min，水洗，加乙酸，水洗	
检查	深蓝	颜色不变	红色	不变色
结果	强酸性阳树脂	弱酸性阳树脂	强碱性阴树脂	弱碱性阴树脂

10.3.1.4　离子交换平衡与污水水质的影响

（1）离子交换平衡

离子交换的本质是发生离子交换反应，其反应一般都是可逆的。它是一种特殊吸附过程，其过程特征为离子交换剂吸附水中的离子，并与水中的离子进行等量交换。其反应过程可表达如下：

对阳离子交换过程　$$nR^- A^+ + B^{n+} \rightleftharpoons R_n B^{n+} + nA^+ \quad (10—7a)$$

对阴离子交换过程　$$nR^+ C^- + D^{n-} \rightleftharpoons R_n^+ D^{n-} + nC^- \quad (10—7b)$$

式中　A^+，C^-——树脂上的可交换离子；

B^{n+}，D^{n-}——溶液中的交换离子；

R——树脂母体。

在式（10－7a）中，阳离子交换树脂被原有的可交换离子 A^+ 所饱和，当其与含有 B^{n+} 离子的溶液接触时，就发生溶液中的 B^{n+} 对树脂上 A^+ 的交换反应，而使 B^{n+} 从溶液中去除或分离。但在一定条件下也可以进行逆反应，即溶液中 A^+ 对树脂上 B^{n+} 进行交换。此逆反应称为树脂的再生。式（10—7b）为阴离子交换反应。

对于式（10—7a），在交换平衡状态下，反应物浓度符合下列关系式：

$$K=\frac{[R_nB][A^+]^n}{[RA]^n[B^{n+}]}$$

K 是平衡常数。当 $K>1$ 时，表示反应能顺利地向右方进行。K 值越大，越有利于交换反应，而不利于再生反应。

对式（10—7b），也可得到同样的结论。

（2）污水水质对离子交换树脂交换能力的影响

1）悬浮物和油脂。污水中的悬浮物会堵塞树脂孔隙，油脂会包住树脂颗粒，这些都会使交换能力下降。因此，当污水中这些物质含量较高时，应进行预处理。

2）有机物。污水中某些高分子有机物与树脂活性基团的固定离子结合力很强，一旦结合就很难进行再生，从而导致了树脂的再生率和交换能力的降低。为了减少树脂的有机物污染，可选用低交联度的树脂，或在污水进入离子交换处理之前进行预处理。

3）高价金属离子。Fe^{3+}、Al^{3+} 等高价金属离子可能引起树脂中毒。当树脂中毒时，会使树脂颜色变深。从阳离子的选择性可看出，高价离子易为树脂吸附，再生时难于将其洗脱下来，结果会降低离子交换能力。为了恢复的交换能力，可用高浓度酸长时间浸泡。

4）pH 值。强酸和强碱树脂的活性基团电离能力强，交换容量基本上与 pH 值无关，但弱酸树脂 pH 值低时，不能电离或仅有部分电离，因此，在碱性条件下才能得到较大的交换能力，而弱碱树脂在酸性溶液中才能得到较大的交换能力。螯合树脂对金属的结合与 pH 值有很大关系，对每种金属都有适宜的 pH 值范围。

5）氧化剂。污水中如果含有氧化剂，如 Cl_2、O_2、$H_2Cr_2O_7$ 等，会使树脂氧化分解。强碱阴离子交换树脂容易被氧化剂氧化，使交换基团变成非碱性物质，可能完全丧失交换能力。氧化作用也会影响交换树脂本体，使树脂加快老化，导致交换能力下降。为了减轻氧化剂对树脂的影响，可选用交联度大的树脂或加入适当的还原剂。

10.3.2 离子交换的工艺过程

与吸附操作相似，离子交换操作也有静态法和动态法两种。但无论哪种方法，其操作过程都包括离子交换和树脂再生两个基本过程。动态操作时，可采用固定床间歇操作和移动床及流化床连续操作。间歇操作时，离子交换与再生在固定床内交替进行。连续操作时，交换与再生分别在交换塔及再生塔内同时进行。

10.3.2.1 固定床离子交换操作

（1）离子交换

将离子交换树脂装于塔或罐内，以类似于过滤的方式运行。交换时树脂层不动，则构成固定床。现以钠型阳离子交换树脂处理硬水为例，说明离子交换过程（见图 10—20）。

离子交换过程可分为以下几个阶段。第一阶段是形成交换带的过程，在交换带内进行离子交换反应，如图 10—20a 所示（图中白点表示钙型树脂，黑点表示钠型树脂）。第二阶段是推进阶段，形成的交换带以一定速度向前推进，进而交换带的上层树脂被钙饱和，如图 10—20b 所示。最后交换带推移到树脂层底部，硬度开始泄漏，如图 10—20c 所示，此时，称树脂层穿透，即进入第三阶段。若再继续进水，则出水中硬度将迅速增加，当出水硬度到达规定值时 C_e 时（见图 10—20d），交换过程结束，树脂应予再生。

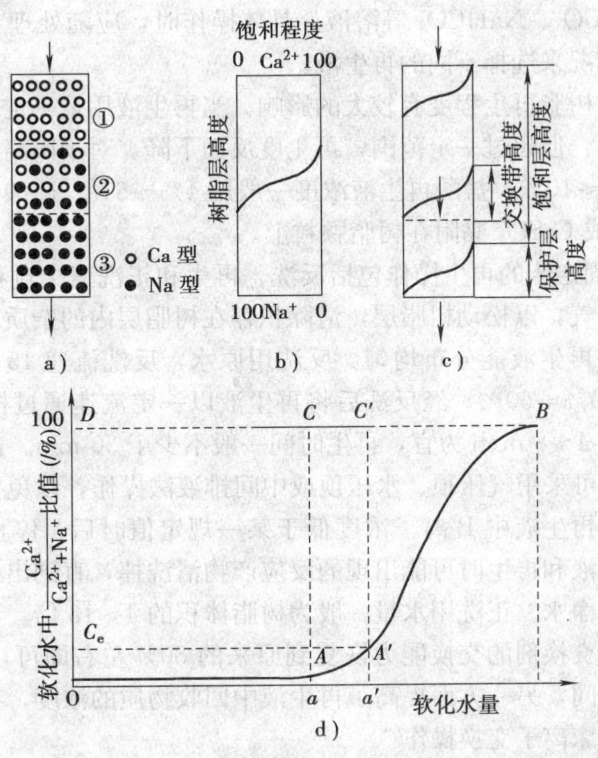

图 10—20 离子交换过程示意

交换带的推进速度及高度取决于所用树脂、水中交换离子 B 的种类和浓度以及工作条件。当前两者一定时，则主要取决于水流速度。这可用离子供应速度和离子交换速度的相对大小来解释。单位时间内流入某一树脂层的离子数量称为离子供应速度 v_1。在进水浓度一定时，流速越大，则离子供应速度越大。单位时间内交换的离子数量称为离子交换速度 v_2。对于给定的树脂和 B，交换速度基本上是一个常数。当 $v_1 \leqslant v_2$ 时，交换带高度小，推进速度慢，树脂利用率高；当 $v_1 > v_2$ 时，进入的 B 离子来不及交换就流走了，故交换带高度增加，推进速度也加快，树脂利用率低。合适的水流速度通常由实验确定，一般为 15～30 m/h。交换带高度可实验求出。

（2）交换树脂的再生过程

再生过程即为交换反应的逆过程。借助具有较高浓度的再生液流过树脂层，将先前吸附的离子置换出来，使树脂的交换能力得到恢复。

1）再生方式。固定床交换柱常用的再生方式有顺流再生和逆流再生两种。前者再生与交换过程的水流方向相同，后者流向相反。由于逆流再生法是使配制的再生液先与未呈饱和状态的交树脂接触，因而可以充分利用再生液的再生作用。但逆流再生时，应避免扰乱树脂层。

2）再生液及其浓度对再生效果的影响。对于不同性质的污水和不同类型的离子交换树脂，所采用的再生液是不同的。通常用于强酸性阳离子交换树脂的再生液有 HCl、H_2SO_4、NaCl、Na_2SO_4 等溶液，用于弱酸性阳离子交换树脂的再生液有 HCl、H_2SO_4 等溶液，用于强碱性阴离子交换树脂的再生液有 NaOH、NaCl 等溶液，用于弱碱性阴离子交换树脂的再生液有 NaOH、Na_2CO_3、$NaHCO_3$ 等溶液。具体操作时，应随处理工艺、再生效果、经济性和再生液的供应情况来选择不同的再生液。

再生液的浓度对树脂再生程度有较大的影响。当再生液用量一定时，在一定范围内，浓度越大再生程度越高，但超过一定范围，再生度反而下降。对于阳离子交换树脂，食盐再生液浓度一般采用 5%～10%；盐酸再生液浓度一般用 4%～6%；硫酸再生液浓度则不应大于 2%，以免再生时生成 $CaSO_4$ 黏附在树脂颗粒上。

3）再生操作。固定床的再生操作包括反洗、再生和正洗三个过程。反洗是逆交换水流方向通入冲洗水和空气，以松动树脂层，清除积存在树脂层内的杂质、碎粒和气泡，确保下一步再生时，注入的再生液能分布均匀。反洗用原水，反洗流速 15 m/h，时间约 15 min。反洗使树脂层膨胀 40%～60%。经反洗后将再生液以一定流速通过树脂层，对树脂层进行再生，再生液流速以 4～8 m/h 为宜，再生时间一般不少于 30 min。逆流再生时，再生液流速通常小于 2 m/h。可采用气压顶、水压顶或中间排液法操作，以免扰乱树脂层和避免大反洗。当流出固定床的再生液中 B 离子浓度低于某一规定值时后，停止再生，通水正洗。将树脂层内残留的再生液和再生时可能出现的反应产物清洗掉，直到出水符合要求为止。正洗最好用交换处理后的净水。正洗用水量一般为树脂体积的 4～13 倍。

再生时，一般将交换剂的交换能力恢复到原来的 80%左右即可，这样一方面可以节约再生剂，缩短再生时间，另一方面提高了再生液中回收物质的浓度，有利于回收。

10.3.2.2　连续床离子交换操作

固定床离子交换器内树脂不能边饱和边再生，树脂和容器利用率都很低；树脂层的交换能力使用不当，上层的饱和程度高，下层低，而且生产不连续，再生和冲洗时必须停止交换。为了克服上述缺陷，发展了连续式离子交换设备，包括移动床和流动床。

图 10—21 为三塔式移动床系统，由交换塔、再生塔和清洗塔三部分组成。运行时，原

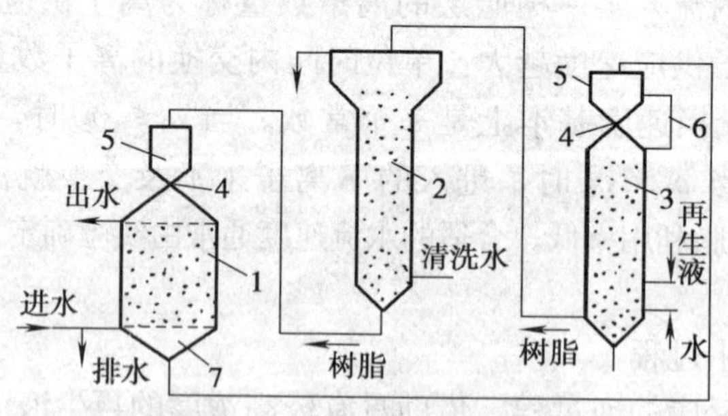

图 10—21　三塔式移动床

1—交换塔　2—清洗塔　3—再生塔　4—浮球阀
5—贮树脂斗　6—连通管　7—排树脂部分

水由交换塔下部配水系统流入塔内，向上快速流动，把整个树脂层承托起来并与之交换离子。经过一段时间以后，当出水离子开始穿透时，立即停止进水，并由塔下排水。排水时树脂层下降（称为落床）由塔底排出部分已饱和的树脂，同时浮球阀自动打开，放入等量已再生好的树脂。注意避免塔内树脂混层。每次落床时间很短（约 2 min）。之后又重新进水，托起树脂层，关闭浮球阀。失效树脂由水流输送至再生塔。再生塔的结构及运行与交换塔大体相同。

与固定床比较，移动床具有如下特点：树脂用量少，在相同产水量时，约为固定床的1/3～1/2，但树脂磨损率大；能连续产水，出水水质也较好，但对进水变化的适应性较差；设备小，投资省，但自动化程度要求高。

移动床操作，有一段落床时间，并不是完全的连续过程。若让饱和树脂连续流出交换塔，由塔顶连续补充再生好的树脂，同时连续产水，则构成流动床处理系统。流动床内树脂和水流方向与移动床相同，树脂循环可用压力输送或重力输送。为了防止交换塔内树脂混层，通常设置 2～3 块多孔隔板，将流化树脂层分成几个区，也起均匀配水作用。

流动床是一种较为先进的床型，树脂用量少，设备小，生产能力大，而且对原水预处理要求低。但由于操作复杂，目前应用不多。

10.3.3 离子交换设备和设计计算

10.3.3.1 固定床离子交换器的结构

固定床是目前广泛使用的工业离子交换设备。常用的固定床离子交换柱的形式有：单床（使用一种树脂的单层堆积结构）、多床（使用一种树脂，由两个以上交换器组成的交换系统）、复床（使用两种树脂的两个交换器的串联系统）、混合床（同一交换器内填装阴、阳两种树脂）和联合床（将复合床与混合床联合使用）等五种形式，如同 10—22 所示。其中以单层固定床离子交换装置最为基本，也最常用，这种交换器的构造与固定床吸附装置基本一致。

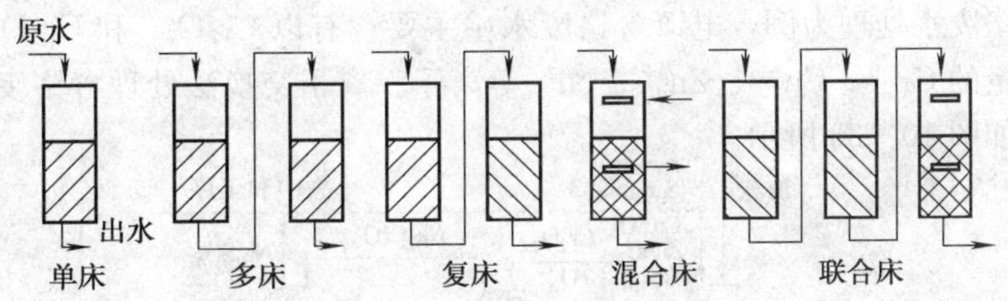

图 10—22 固定床离子交换柱组合方式

10.3.3.2 离子交换器的设计计算

离子交换器的设计包括选择合适的离子交换树脂，确定合理的工艺系统，计算离子交换器的尺寸、再生计算和阻力核算等。

离子交换器的尺寸计算主要是高度和直径的确定。交换器直径可由交换离子的物料衡算式计算。

$$Qc_0 t = q_w HA \tag{10—8}$$

由此可推得：

$$D=\sqrt{\frac{4Qc_0t}{\pi nq_w H}} \tag{10—9}$$

式中 Q——污水流量，m^3/h；

c_0——进水中交换离子浓度，mmol/L；

t——两次再生间隔时间，h；

n——交换器个数，一般应不少于 2 个；

q_w——交换剂的工作交换容量，mmol/L；

H——交换剂床层高，m；

A——交换器截面积，m^2；

D——交换器的直径，m，其值一般小于 3 m。

更简单地，也可由要求的进水量和选定的水流空塔流速来计算塔径。

$$Q=Av \tag{10—10}$$

式中，空塔流速 v 一般为 10～30 m/h。

交换剂筒体的高度包括树脂层高、底部排水区高和上部水垫层高三部分。设计时应首先确定交换剂层高度。树脂层越高，树脂的交换容量利用率越高，出水水质好，但阻力损失大，投资增多。一般树脂层高可选用 1.5～2.5 m。塔径越大，层高越高，一般层高不得低于 0.7 m。对于进水含盐量较高的场合，塔径和层高都应适当增加，以保证运行周期不低于 24 h。树脂上部水垫层的高度主要取决于反冲洗时的膨胀高度和保证配水的均匀性，顺流再生时膨胀一般采用 40%～60%。逆流再生时这个高度可以适当减小。底部排水区高度与排水装置的形式有关，一般取 0.4 m 左右。

离子交换树脂的质量，可由上述树脂层高、塔截面积和树脂密度计算得到。根据计算出的塔径和塔高选择合适尺寸的离子交换器，然后进行水力核算。

10.3.4 离子交换法在污水处理中的应用

以电镀含铬废水处理为例，电镀含铬废水中主要含有以 $Cr_2O_7^{2-}$ 和 $Cr_2O_4^{2-}$ 形态存在的六价铬以及少量的 Cr^{3+}、Cu^{2+}、Zn^{2+}、Ni^{2+} 等离子。离子交换法处理含铬废水多采用复床式工艺流程，如图 10—23 所示。

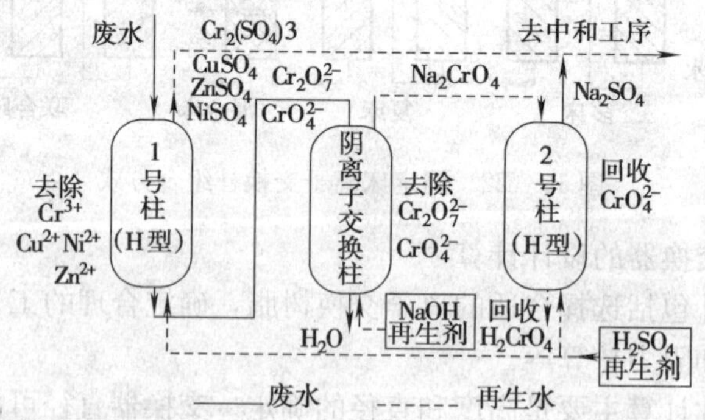

图 10—23 电镀废水的离子交换处理工艺流程

电镀含铬废水经预处理后，先用 1 号柱中的 H 型阳离子交换树脂去除 Cr^{3+}、Cu^{2+}、Zn^{2+}、Ni^{2+} 等阳离子三价铬离子，出水呈酸性，当 pH 值下降到 6 以下时，废水中的六价铬

大部分以 $Cr_2O_7^{2-}$ 形式存在。此时 1 号柱出水进入阴离子交换柱，废水中的六价铬被阴离子交换树脂去除。其交换反应，以强酸性阳离子交换树脂 RH 和强碱性阴离子交换树脂 ROH 为例。

阳离子的交换反应为：

$$nRH + M^{n+} \rightleftharpoons R_nM + nH^+ \qquad (M^{n+} = Cr^{3+}、Cu^{2+}、Zn^{2+}、Ni^{2+})$$

六价铬的交换反应为：

$$2ROH + Cr_2O_7^{2-} \rightleftharpoons R_2Cr_2O_7 + 2OH^-$$

$$2ROH + CrO_4^{2-} \rightleftharpoons R_2CrO_4 + 2OH^-$$

当出水中六价铬达到规定浓度时，阴离子树脂带有的 OH^- 基本上被废水中的 $Cr_2O_7^{2-}$、$Cr_2O_4^{2-}$ 等阴离子所取代。

经 1 号阳柱和阴离子交换柱后，废水中的金属阳离子和六价铬等阴离子转到树脂上，树脂上的 H^+ 和 OH^- 被置换下来结合成水，因此，可得到纯度较高的水。

1 号阳柱树脂失效后可用一定浓度的硫酸溶液进行再生，其交换反应为：

$$2R_3Cr + 3H_2SO_4 \rightleftharpoons 6RH + Cr_2(SO_4)_3$$

$$R_nM + H_2SO_4 \rightleftharpoons nRH + MSO_4 \quad (M = Cu^{2+}、Zn^{2+}、Ni^{2+})$$

阴柱树脂失效后，用一定浓度的 NaOH 进行再生，得到 $Na_2Cr_2O_4$ 再生洗脱液，反应如下：

$$R_2Cr_2O_7 + 4NaOH \rightleftharpoons 2ROH + 2Na_2CrO_4 + H_2O$$

为了收回铬酐，阴树脂的洗脱液再经 2 号阳柱内的 H 型阳离子交换树脂脱钠，即可得到铬酸，反应如下：

$$4RH + 2Na_2CrO_4 \rightleftharpoons 4RNa + H_2CrO_4 + H_2O$$

电镀含铬废水的 pH 值一般小于 6，含有强氧化剂 $H_2Cr_2O_7$ 和 H_2CrO_4，因此应选择具有较高抗氧化能力和高机械强度的阴、阳树脂。此外，交换柱、阀门、管道、泵等都应选择耐腐蚀材料的产品。

10.4 膜分离

膜分离法是利用特殊的薄膜对液体中的某些成分进行选择性透过的方法的统称。溶剂透过膜的过程称为渗透，溶质透过膜的过程称为渗析。常用的膜分离方法有电渗析、反渗透、超滤等。近年来，膜分离技术发展很快，已经在水和污水处理、化工、医疗、轻工、生化等领域得到广泛应用。

根据膜的种类、功能和过程推动力的不同，几种主要膜分离法的特征和它们之间的区别见表 10—8。

表 10—8　几种主要膜分离法的特征

膜过程	推动力	膜类型	传质机理	透过物	截留物	分离目的
微滤	压力差（约 0.1 MPa）	多孔膜和非对称膜	筛分及表面作用	溶液	0.02～10 μm 粒子	悬浮物微粒、细菌小颗粒

续表

膜过程	推动力	膜类型	传质机理	透过物	截留物	分离目的
超滤或纳滤	压力差（0.1～1 MPa）	非对称膜	筛分及表面作用	小分子溶液	1～20 nm 大分子溶质	截留大分子，去除油、色素、染料、微生物等
反渗透	压力差（1～10 MPa）	非对称膜或复合膜	溶剂扩散	溶剂	0.1～1 nm 小分子溶质	分离小分子溶质，用于去除无机离子或有机物、海水淡化
电渗析	电位差	离子交换膜	电解质离子选择性通过	小离子组分	非离解和大分子物质	分离离子，用于回收酸、碱和苦咸水淡化

膜分离法有以下共同特点：

①膜分离过程一般在常温下进行，不发生相变，不消耗热能。

②膜分离过程是纯物理过程，不会发生任何的化学变化，更不需要外加任何物质。

③膜设备的规模和处理能力可变，易于工业逐级放大推广应用。膜分离装置可以直接插入已有的生产工艺中，易与其他分离过程结合，方便进行原有工艺改建和上下工艺整合。

④装置简单，操作容易，易控制维护，可靠度很高，且分离效率高。

⑤作为一种新型的水处理方法，与常规水处理方法相比，具有占地面积小、适用范围广、处理效率高等特点。

10.4.1 电渗析

10.4.1.1 基本原理

电渗析是在直流电场作用下，利用阴、阳离子交换膜的选择透过性（即阳膜只允许阳离子通过、阴膜只允许阴离子通过），而使溶液中的溶质与水分离的物理化学过程。电渗析在水处理领域内，主要用于脱盐和酸碱回收。

图 10—24 所示为电渗析装置，阳离子交换膜和阴离子交换膜交替配置，两者分隔成多个隔室，在两端设阴阳两电极。将各隔室注满含有无机盐的水，并在两电极间通以直流电流。阳离子向阴极方向移动，阴离子则向阳极方向移动，而且阳离子交换膜只能允许阳离子通过，把阴离子截留下来，阴离子交换膜只允许阴离子通过，而把阳离子截留下来，结果这些隔室的一部分形成含离子很少的淡水室，排出淡水，与淡水室相邻的隔室则成为富集大量离子的浓水室，排出浓水，从而使无机盐类得到分离和浓缩。

由电极和膜组成的隔室称为极室。极室中发生的电化学反应与普通的电极反应相同。阳极室内发生氧化反应，产生氯气和氧气，阳极水（即阳极室的出水）呈酸性，阳极易被腐蚀。阴极室内发生还原反应，产生氢气，阴极水（即阴极室的出水）呈碱性，阴极上易结水垢。

离子交换膜是电渗析设备的关键部件，应具有较好的离子选择透过性、较高的交换容量、较小的电阻、较好的化学稳定性及良好的机械强度。

电渗析处理工艺，设备简单，不需要化学药剂，但消耗电能。

10.4.1.2 电渗析装置

电渗析装置是由膜堆（包括离子交换膜、隔板）、极区（包括电极、板框、垫板）和压紧装置三大部分组成。

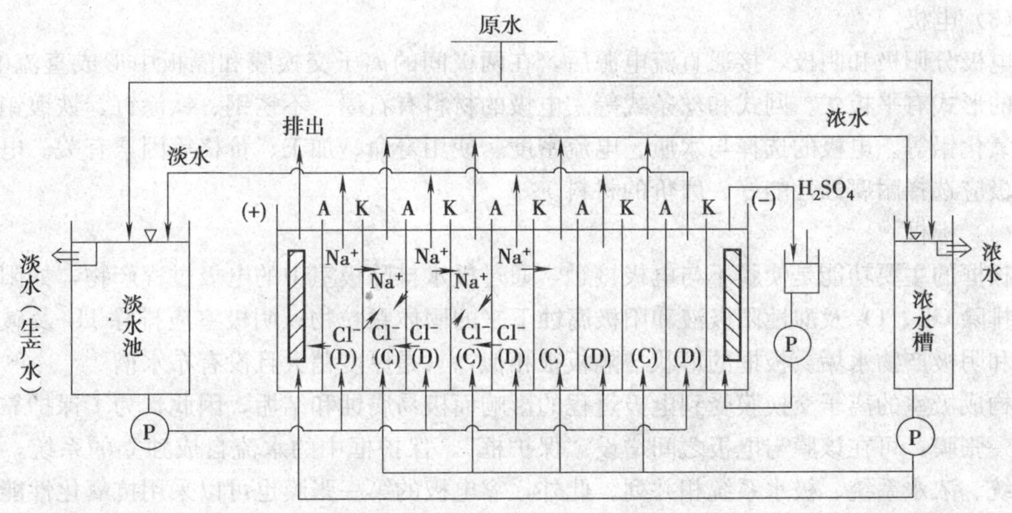

图 10—24　电渗析装置示意图

K—阳离子交换膜　A—阴离子交换膜　D—淡水室　C—浓水室

（1）离子交换膜

离子交换膜的化学组成与离子交换树脂相同，含有活性基团和可使离子透过的细孔，因此，可以把离子交换膜理解为薄膜状的离子交换树脂。

离子交换膜按解离的电荷性质分，有阳离子交换膜（简称阳膜）、阴离子交换膜（简称阴膜）和复合膜等几种。在电解质溶液中，阳膜允许阳离子透过而排斥阴离子，阴膜允许阴离子透过而排斥阳离子，这就是离子交换膜的选择透过性。按膜体的构造分，有异相膜、半均相膜和均相膜。均相膜比异相膜的电化性能好，耐温性能好，但制造较复杂。按膜的基材分，有聚苯乙烯膜、聚氯乙烯膜、全氟磺酸膜等。此外，还有很多特殊性能和用途的离子交换膜。

良好的离子交换膜应具备以下条件：

1）高的离子选择透过性，即阳膜只允许阳离子透过，阴膜则相反，实际应用的膜的选择透过率一般在 80%～95%。

2）渗水性低。

3）导电性好，膜的面电阻低，膜电阻通常为 $2\sim10\ \Omega\cdot cm^2$。

4）化学稳定性好，能耐酸、碱，抗氧，抗氯。

5）膜应平整、均一、无针孔，并具有一定的柔韧性和足够的机械强度。

离子交换膜的性能对电渗析效果影响很大。工业废水的成分与水质状况相当复杂，研制与选用适宜于污水处理的膜十分重要。

（2）隔板

隔板的作用一是用于隔开阴膜和阳膜，二是作为水流的通道。隔板四周的边框与离子交换膜在压紧时应保持水密性。隔板的种类与形式很多，目前使用最多的是厚度为 0.8～0.9 mm和 0.5 mm 的薄隔板，材质为聚丙烯，单流水道，编织网式。由于隔板薄，因而除盐效能高。

（3）电极

电极分阳极和阴极，接通直流电源后，在两极间的离子交换膜和隔板中形成直流电场。电极的形式有平板式、网式和丝条式等。电极的材料有石墨、不锈钢、钛涂钌、铁镀铂、铅和二氧化铅等。电极的选择与水质、电流密度、使用寿命、加工、价格等因素有关。电渗析的电极应选择耐腐蚀性能好、廉价的材料。

（4）板框

板框的主要功能是使膜不与电极接触，通过极水排除极室中的电极过程产物，如阳极应及时排除 Cl_2、O_2 及酸性阳极液和阳极腐蚀下来的固体颗粒物；阴极室应排除 H_2 及碱性阴极液和阴极产物水垢。板框的形状与隔板很相似，只是厚度稍大且没有布水槽。

构成极室的离子交换膜受到电极过程的影响而极易腐蚀和结垢，因此，为了保护靠电极的第一张膜，可在该膜与电极之间增设“保护框”，保护框中的水流自成独立的系统，与淡水系统、浓水系统、极水系统相并列。此外，靠电极的第一张膜也可以采用抗氧化性能好的特种膜。

（5）压紧装置

压紧装置的作用是将大量薄片状的部件压紧成一个整体，使得内部各水流系统互不串水，也不向外渗漏。压紧装置有螺栓夹板型和压滤机型两种。螺栓夹板型压紧装置的造价低，因而采用较多。

10.4.1.3　电渗析的除盐方式

电渗析的除盐方式有多级串联式、序批循环式和部分循环式等，如图 10—25 所示。

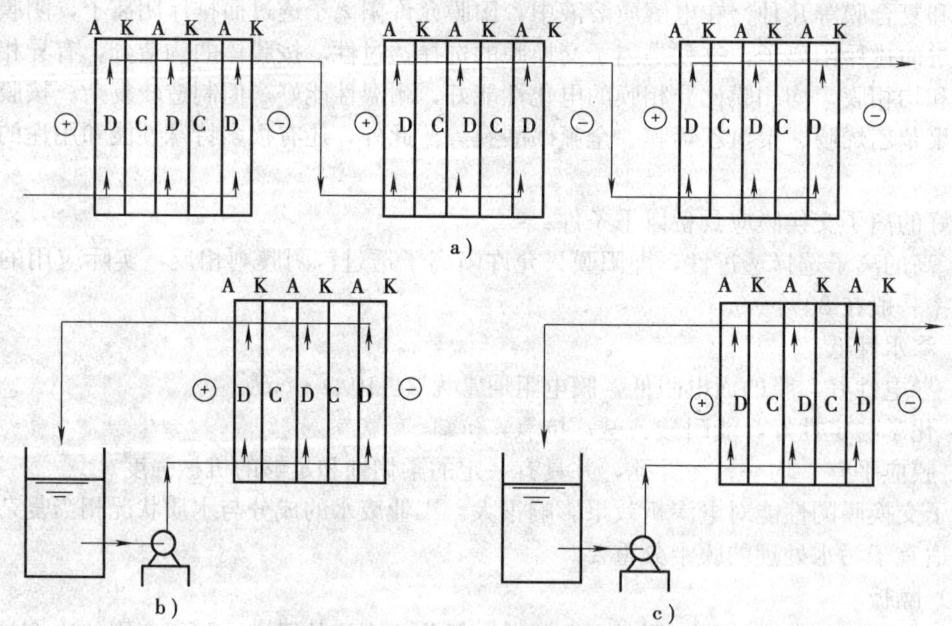

图 10—25　电渗析处理工艺的各种系统

K—阳离子交换膜　A—阴离子交换膜　D—淡水室　C—浓水室

a）多级串联式　b）序批循环式　c）部分循环式

在实际生产上多级串联式应用广泛；序批循环式应用不多；部分循环式适用于已经定型的电渗析器，用调整循环量的方式来适应不同的水质。

污水中通常含有大量的悬浮物、有机物、胶体等杂质，这些杂质能够影响电渗析的工作和膜的功能，必须将其去除。在污水处理中，电渗析多用于深度处理，主要去除废水中的盐分。经过生化处理的污水进入电渗析设备之前，需要经过过滤和活性炭吸附等预处理，以去除其中残留的悬浮物和有机物等，以免污染交换膜和在隔室内造成堵塞现象。

以城市污水二级处理水为对象，采用电渗析处理工艺，水回收率可达 90%以上。

10.4.2 反渗透（RO）

反渗透是一种以压力为驱动力的膜分离技术。由于分离过程无相变、能耗低、工艺简单、不污染环境等优点，因而得到了迅速发展，其应用已从早期脱盐，扩展到化工、医药、食品及电子行业的溶液分离浓缩、纯水制备、污水深度处理与再生回用等。

10.4.2.1 反渗透原理

如图 10—26 所示，在容器的中间放置半透膜，在其两侧注入浓度高低不同的两种溶液，这样，在两侧溶液之间便存在着使两侧溶液均衡的渗透压，在其作用下，水从低浓度的一侧向高浓度一侧渗入（参见图 10—26a）。如果向高浓度的一侧施加高于渗透压的压力（参见图 10—26b），水则相反地从高浓度的一侧向低浓度的一侧渗入。应用这一原理的水处理技术即为反渗透。

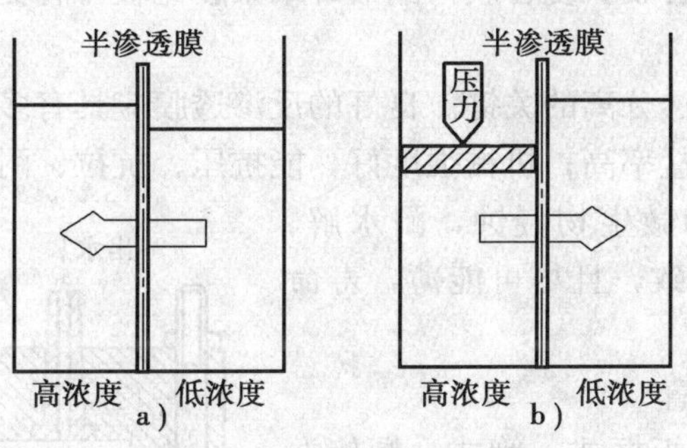

图 10—26 反渗透原理

由此可见，实现反渗透过程必须具备两个条件：一是必须有一种高选择性和高渗透性的半透膜；二是操作压力必须高于溶液的渗透压。

渗透压是区别溶液与纯水之间差别的标志，它以压力来表示，与溶液的性质无关，其数值为：

$$\pi = \Phi RT \sum_i c_i \qquad (10—11)$$

式中 π——溶液的渗透压力，Pa；

R——理想气体常数，8.314 J/（mol·K）

c_i——溶质 i 的浓度，mol/m^3；

T——绝对温度，K；

Φ——范特霍夫常数，表示溶液中溶质的离解状态，对于完全离解的电解质溶液，Φ 等于阴阳离子的总数，对非电解质，$\Phi=1$。

10.4.2.2　反渗透膜

反渗透膜是一类具有不带电荷的亲水性基团的膜，种类很多。如果按照其膜材料的化学组成来分，主要有纤维素膜和非纤维素膜两大类。如按膜材料的物理结构来分，大致可分为非对称膜和复合膜等。

(1) 纤维素膜（简称 CA 膜）

在纤维素类膜中最广泛使用的是醋酸纤维素膜（简称 CA 膜）。该膜总厚度约为 100 μm，全表皮层的厚度约为 0.25 μm，表皮层中布满微孔，孔径约 0.5～1 nm，而多孔支撑层中的孔径很大，约有几百纳米，故该种不对称结构的膜又称为非对称膜。

醋酸纤维素膜适用于地表水、污水及其他高污染水的处理，其适宜的 pH 值为 3～8，工作温度为低于 35℃，操作压力为中压。

(2) 非纤维素膜

非纤维素膜以芳香聚酰胺为主要品种，其他还有聚砜酰胺膜、聚四氟乙烯膜、聚乙烯亚胺膜等。

近年来发展起来的芳香聚酰胺复合膜通常底层是多孔结构的聚砜，表层分离层采用高交联度的芳香聚酰胺，厚度大约在 200 nm。高交联度芳香聚酰胺是由苯三甲酰氯和间苯二胺聚合成，复合膜的生产工艺可以优化支撑层和分离层的各自特点。由于这种膜是由多层不同材料复合而成，故称为复合膜。复合膜与醋酸纤维素膜比较，有更大的产水通量和更高的脱盐率。

反渗透膜是实现反渗透分离的关键。良好的反渗透膜应具有多种功能，如选择性好，单位膜面积上透水量大，脱盐率高；机械强度好，能抗压、抗拉、耐磨；热稳定性和化学稳定性好，能耐酸、碱腐蚀和微生物侵蚀，耐水解、辐射和氧化；结构均匀一致，且尽可能薄，寿命长，成本低。

10.4.2.3　反渗透装置

常用的反渗透装置有板框式、管式、螺旋卷式和中空纤维式等多种形式。

(1) 板框式反渗透装置

板框式反渗透装置的构造与压滤机相类似，如图 10—27 所示。整个装置由若干圆板一块一块地重叠起来组成。圆板外环有密封圈来支撑，使内部组成压力容器，高压水串流通过每块板。圆板中间部分是多孔性材料，用以支撑膜并引出被分离的水。每块板两面都装上反渗透膜，膜周边用胶黏剂和圆板外环密封。板式装置上下安装有进水和出水管，使处理水进入和排出，板周边用螺栓把整个装置压紧。

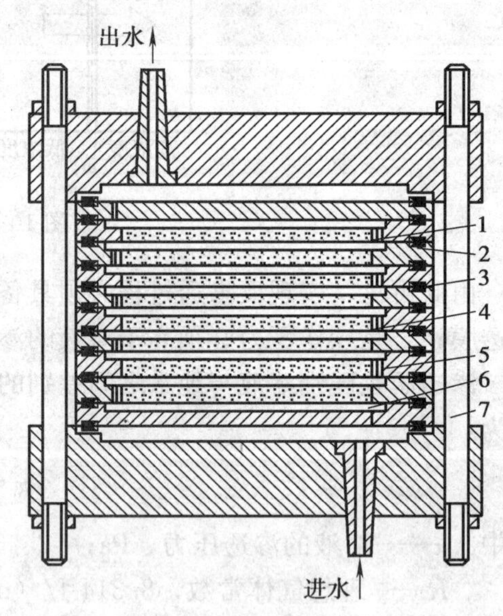

图 10—27　板框式反渗透装置

1—膜　2—水引出孔　3—橡胶密封圈　4—多孔性板　5—处理水通道　6—膜间流水道　7—双头螺栓

板式反渗透装置结构简单，体积比管式的小，其缺点是装卸复杂，单位体积膜表面积小。

（2）管式反渗透装置

管式反渗透装置使用管状膜，膜置于小直径（10～20 mm）耐压多孔管的内侧，膜与管之间衬以塑料网和纤维网。管式装置有多种形式，可分为单管式和管束式、内压管式和外压管式等，如图 10—28 所示。管式装置的特点是水力条件好，安装维修方便，易于换膜，能耐高压，可以处理高黏度原水。缺点是膜的有效面积小，建造费用较高。

（3）螺旋卷式反渗透装置

螺旋卷式反渗透装置由平板膜做成，在两层渗透膜中间夹衬着多孔支撑材料，把膜的三边密封形成膜袋，另一个开放的边与一根接受淡水的穿孔管密封联结，膜袋外再垫一层细网，作为间隔层，紧密卷绕而成一个组件，如图 10—29 所示。把一个或多个组件放入耐压筒内便可制成螺旋卷式反渗透装置。工作时，原水及浓缩液沿着与中心管平行方向在膜袋外细网间隔层中流动，浓缩液由筒的一端引出，渗透水则沿两层膜的垫层流动，最后由中心集水管引出。

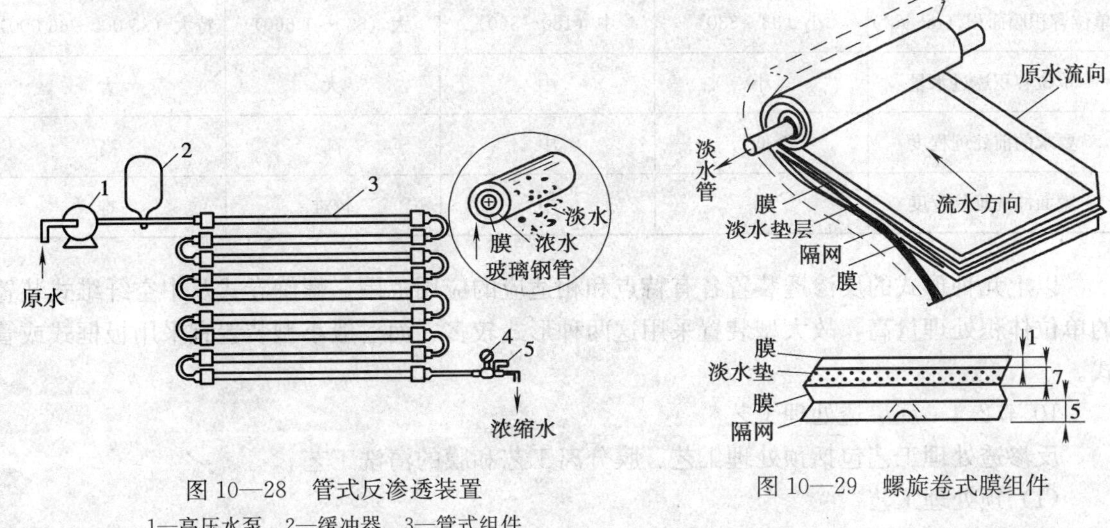

图 10—28　管式反渗透装置

1—高压水泵　2—缓冲器　3—管式组件
4—压力表　5—阀门

图 10—29　螺旋卷式膜组件

螺旋卷式装置的优点是单位容积的膜表面积较大，故透水量大；结构紧凑，占地面积小；操作方便。其缺点是原水流程短，压力损失大，膜玷污后消除污染物困难，不能处理含有悬浮物的液体。

（4）中空纤维式反渗透装置

中空纤维膜是一种细如头发的空心管，由制膜液空心纺丝而成。将数十万根中空纤维膜捆成膜束，弯成 U 形装入耐压圆筒容器中，并将纤维膜开口端固定在环氧树脂管板上，即可组成反渗透器，如图 10—30 所示。原水从纤维膜外侧以高压通入，净化水由纤维管中引出。其优点是单位体积的膜表面积很大，制造和安装简单，可在较低压力下运行，膜的压实现象减缓，膜寿命长。其缺点是装置制作工艺技术较复杂，易堵塞，清洗不便。

表 10—9 列出了上述 4 种类型的反渗透膜组件的技术特征及其比较。

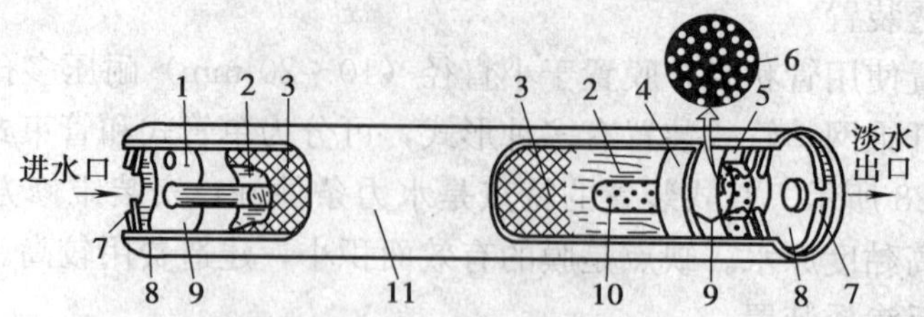

图 10—30 中空纤维式膜组件

1—浓水排出口 2—中空纤维束 3—导流网 4—环氧树脂管柱 5—多孔支撑圆盘 6—纤维束开孔端 7—弹性挡圈 8—端板 9—“O”型密封圈 10—多孔进水分布管 11—壳体

表 10—9 各种反渗透膜组件的技术特征及其比较

技术特征	管式	平板式	螺旋卷式	中空纤维式
单位容积膜面积（m^2/m^3）	小（33～330）	中（180～360）	大（830～1 660）	特大（33 000～66 000）
单位容积透过水量	小	中	大	大
要求的前处理程度	低	中	高	高
膜面冲洗难易程度	易	中	较难	难

以上几种形式的反渗透装置各有特点和相适应的应用范围。螺旋卷式及中空纤维式装置的单位体积处理量高，故大型装置采用这两种形式较多，而一般小型装置宜采用板框式或管式。

10.4.2.4 反渗透处理工艺

反渗透处理工艺包括预处理工艺、膜分离工艺和膜的清洗工艺。

(1) 预处理工艺

1）确定膜组件进水水质指标。采用污染密度指数 SDI 确定膜组件进水水质指标。用有效直径 42.7 mm，平均孔径 0.45 μm 的微孔滤膜，在 0.21 MPa 压力下，测定最初 500 mL 的进料液的过滤时间（t_1），在加压 15 min 后，再次测定 500 mL 的进料液的过滤时间（t_2），按下式计算 SDI 值：

$$SDI=\frac{t_2-t_1}{15t_2}\times 100\%$$

不同膜组件要求进水有不同的 SDI 值，中空纤维组件一般要求 SDI 值在 3 左右，卷式组件 SDI 值为 5 左右，管式组件为 15 左右。

2）预处理方法

①用混凝沉淀和精密过滤相结合工艺，去除水中 0.3～1 μm 以上的悬浮固体及胶体。

②采用氯或臭氧等氧化可有效地去除可溶性、胶体状有机物，也可根据有机物种类采用活性炭吸附。

③在反渗透分离过程中，可溶性无机物同时被浓缩，当其浓度超出它们的溶解度范围

后，会在水中析出并被截流在膜表面形成硬垢，因此，需要控制水的回收率，以防止硬垢生成。同时，可将进水 pH 值调整在 5～6，以控制水中碳酸钙和磷酸钙的形成。亦可借助投加六偏磷酸钠防止硫酸钙沉淀。

④超滤也可作为反渗透的预处理，以去除水中的油、胶体、微生物等。

⑤细菌、藻类、微生物易使膜表面产生软垢，可采用消毒法抑制其生长。

(2) 膜工艺组件的组合方式

在膜分离工艺中，采用组件的多种组合方式可满足不同水处理对象对溶液分离技术的要求。组件的组合方式分为一级和多级（一般为二级）。在各个级别中又分为一段或多段。一级是指一次加压的膜分离过程，多级是指进料必须经过多次加压的膜分离过程。反渗透常用的组合方式如图 10—31 所示。

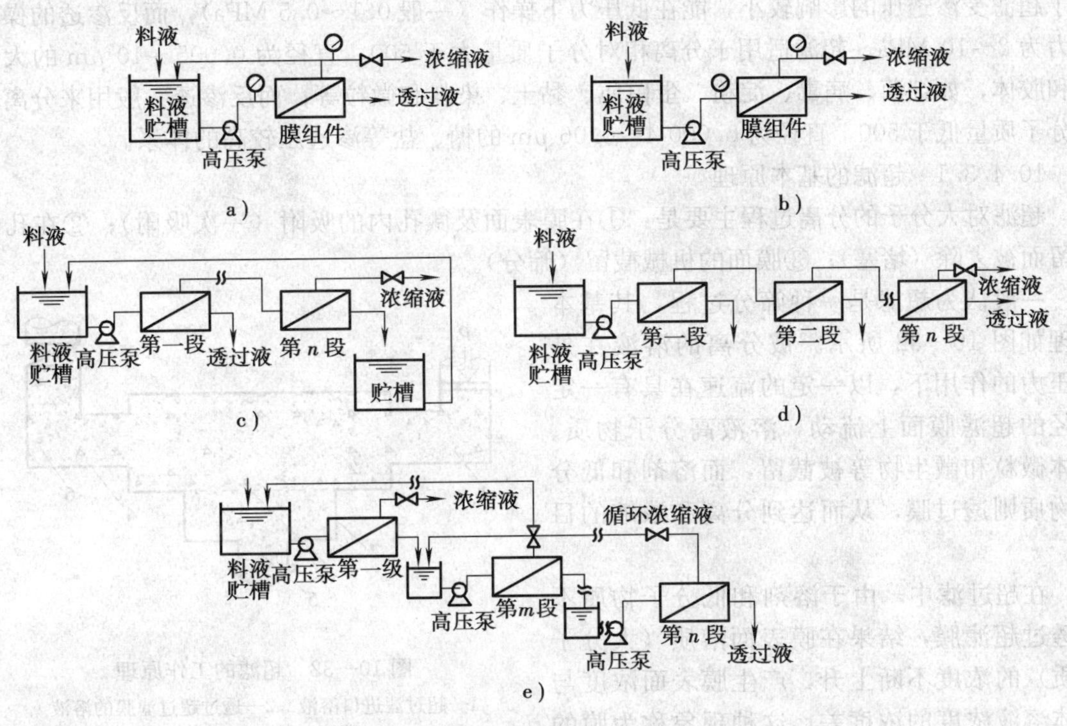

图 10—31 反渗透工艺组合方式

a) 一级一段循环式 b) 一级一段连续式 c) 一级多段循环式

d) 一级多段连续式 e) 多级多段循环式

(3) 膜清洗工艺

膜的清洗工艺分为物理法和化学法两类。

物理清洗法又分为水力清洗、水气混合冲洗、逆流清洗和海绵球清洗。水力清洗主要采用减压后高速的水力冲洗以去除膜面污染物。水气混合冲洗是借助气液与膜面发生剪切作用而消除极化层。逆流清洗是在卷式或中空纤维式组件中，将反向压力施加于支撑层，引起膜透过液的反向流动，以松动和去除进料侧活化层表面污染物。海绵球清洗，仅限于在内压管件中使用，是依靠水力冲击使直径稍大于管径的海绵球流经膜面，以去除膜表面的污染物。

化学清洗法是采用清洗溶液对膜面进行清洗的方法。常采用1%～2%的柠檬酸铵水溶液去除膜面的氢氧化铁污染。用盐酸将柠檬酸钠水溶液的 pH 值调至 4～5，用于去除无机沉垢。高浓度盐水常被用于胶体污染。加酶洗剂对蛋白质、多糖类及胶体有较好的清洗效果。乳化油废水，如机械加工企业的冷却液、羊毛加工企业的洗毛废水多采用表面活性剂和碱性水溶液对膜表面进行清洗。

根据不同污染物确定其清洗工艺时，要考虑到膜所允许使用的 pH 值范围、工作温度等。

10.4.3 超滤（UF）

超滤又称超过滤，与反渗透一样，也是在压力推动下进行的分离过程。两种方法的区别在于超滤受渗透压的影响较小，能在低压力下操作（一般 0.1～0.5 MPa），而反渗透的操作压力为 2～10 MPa。超滤适用于分离相对分子质量大于 500，直径为 0.005～10 μm 的大分子和胶体，如细菌、病毒、淀粉、蛋白质、黏土、染料和微粒等；而反渗透一般用来分离相对分子质量低于 500，直径为 0.000 4～0.06 μm 的糖、盐等渗透压较高的体系。

10.4.3.1 超滤的基本原理

超滤对大分子的分离过程主要是：①在膜表面及微孔内的吸附（一次吸附）；②在孔中停留而被去除（堵塞）；③膜面的机械截留（筛分）。

一般认为超滤是一种筛分过程，其基本原理如图 10—32 所示。被分离的溶液在外界压力的作用下，以一定的流速在具有一定孔径的超滤膜面上流动，溶液高分子物质、胶体微粒和微生物等被截留，而溶剂和低分子物质则透过膜，从而达到分离和浓缩的目的。

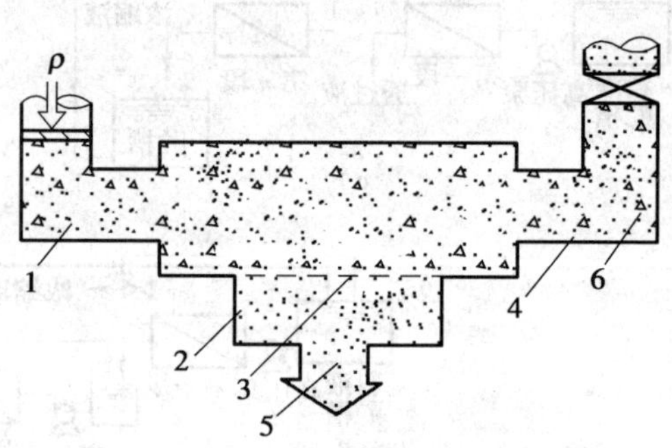

图 10—32 超滤的工作原理

1—超过滤进口溶液 2—透过超过滤膜的溶液 3—超过滤膜 4—超过滤出口溶液 5—透过超过滤膜的物质 6—被超过滤膜截留下的物质

在超过滤中，由于溶剂和低分子物质不断透过超滤膜，结果在膜表面溶质（大分子物质）的浓度不断上升，产生膜表面浓度与主体溶液浓度的浓度差，这种现象称为膜的浓差极化现象。发生浓差极化时，由于高分子物质和胶体物质在膜表面截留会形成凝胶层，使超滤的阻力增加，影响水透过超滤膜的通量。要减少浓差极化现象可采取以下两种措施：一是提高料液的流速，使其处于紊流状态，让膜面处的液体与主流更好地混合；二是对膜面不断地进行清洗，消除已形成的凝胶层。

超滤膜表面的空隙大小及膜表面的化学性质是超滤过程的两个重要控制因素，溶质能否被膜孔截留还取决于溶质粒子的大小、形状、柔韧性以及操作条件等。

10.4.3.2 超滤膜及超滤装置

超滤膜多数为不对称膜，其孔径通常要求比反渗透膜大（反渗透膜孔径一般小于10 nm，而超滤膜孔径为1～40 nm）。目前，商品化的超滤膜主要有醋酸纤维素膜（CA 膜）、聚砜膜

(PS)、聚砜酰胺膜（PSA)、聚丙烯腈膜（PAN)、聚偏氟乙烯（PVDF)、聚醚砜膜（PES）等。

超滤的膜组件也和反渗透一样，有管式、平板式、螺旋卷式和中空纤维式。超滤的运行方式应当根据超滤设备的规模、被截留物质的性质和最终用途等因素进行选择，另外，还应考虑经济问题。膜的通量、使用年限和更新费用构成了运行费用的关键部分，因而决定了运行的工艺条件。例如，若要求通量大、膜龄长和膜的更换费用低，则以采用低压层流运行方式较为经济；相反，若要求降低膜的基建费用，则应采用高压紊流运行方式。

10.4.4 膜分离法工程实例

10.4.4.1 双膜法深度处理味精生产废水

某味精厂在生产过程中产生的稀废液、清洗水、部分冷却水通过厌氧—好氧—接触氧化处理后，出水达到 GB 19431—2004《味精工业污染物排放标准》中的二级标准，废水排放量为 5 000 m^3/d。采用以超滤（uF）和反渗透（OR）为核心的双膜法对排放水进行深度处理后，回用作锅炉补水或工艺用水。

双膜法废水深度处理系统工艺流程如图 10—33 所示。

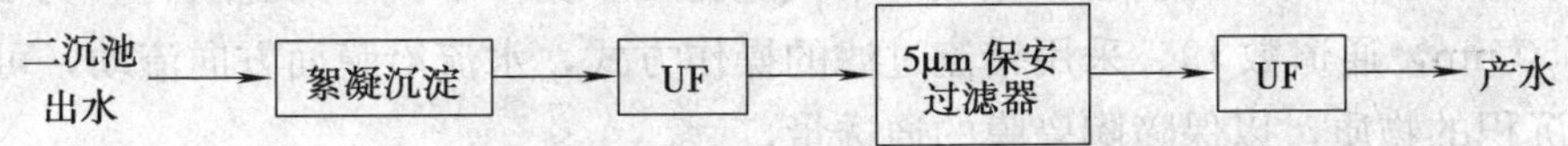

图 10—33 双膜法工艺流程

采用絮凝沉淀去除二沉池出水中悬浮物和残余的胶体颗粒，处理过程中投加质量浓度为 10 mg/L 的聚合铝絮凝剂。超滤采用全量过滤，过滤周期为 30 min，产水水质达到反渗透要求：进水浊度 5～25 NTU、出水浊度＜0.1 NTU、出水污染指数 SDI＜4。反渗透装置在水温 20～28℃情况下，脱盐率＞95%，水回收率约 70%，经二级反渗透进一步处理浓水，总水回收率可达 80%。

双膜法废水深度处理系统的处理效果见表 10—10。

表 10—10　双膜法废水深度处理系统的处理效果

项目	COD (mg/L)	SS (mg/L)	浊度（NTU）	pH 值	电导率（μS/cm）
进水	70～200	—	5～25	7.0～8.4	3 500～6 200
出水	＜20	＜1	＜1	6.5～8.5	＜60

絮凝沉淀、超滤装置和保安过滤器作为反渗透装置的预处理系统，能够去除废水中的悬浮物和大部分 COD。反渗透装置去除大部分离子和残余 COD，使出水达到锅炉补水或工艺用水标准。

该工程项目处理水量为 5 000 m^3/d，回收再生水量为 4 000 m^3/d，吨水处理成本为 3.69 元。回收水用于生产工艺和电厂锅炉补水，具有较大的社会效益和经济效益。

10.4.4.2 无机陶瓷膜分离回收油脂废水中脂肪物

(1) 无机陶瓷膜技术概况

陶瓷膜是以陶瓷材料如氧化铝、氧化锆、氧化钛等制成的不对称分离膜，呈单管状和多通道状，管壁密布微孔，在操作压差的作用下，料液在膜管内错流流动，小于膜孔径的部分通过膜孔进入渗透侧成为滤液，而大于孔径的物质被膜截留而成为浓缩液，从而达到物质的分离、浓缩目的。

无机陶瓷膜的特点如下：①化学稳定性好、耐酸、耐碱、耐有机溶剂；②机械强度大，可承受几十个大气压的外压，可反向冲洗，再生能力强；③抗微生物能力强，不与微生物发生作用；④孔径分布窄，分离效率高；⑤分离过程简单，配套装置少，能耗低，操作运转方便。

(2) 陶瓷膜分离回收油脂废水中脂肪物

某食品有限公司生产过程中排放油脂废水 450 m^3/d，废水中皂角、油类等脂肪物含量较高且处于乳化状态。为了便于处理，通过清浊分流，将废水分隔为两部分，一部分为高浓度的碱炼洗涤废水，另一部分为厂区排放的其他废水，其中高浓度的碱炼洗涤废水为 80 m^3/d。该公司采用陶瓷膜过滤设备分离碱炼洗涤废水中皂角、油类等，在降低废水中污染物浓度的同时，回收可利用资源物质。

陶瓷膜过滤设备由 2 套膜主机组成，单机过滤面积为 10 m^2，陶瓷膜材料为 $\alpha-Al_2O_3$，膜孔径为 50 nm，通道数 19。采用错流过滤的操作方式，水流沿膜面方向流动，可以带走部分膜面上沉积的物质，以保障陶瓷膜的通透量。

碱炼洗涤废水经泵提升至循环罐，然后再用循环泵送至陶瓷膜过滤系统，渗透液通过转子流量计计量后，流入污水处理站调节池，浓缩液返回循环罐，浓缩至 10 倍左右，导入浓缩液储存罐，供资源化利用。

膜污染的清洗主要采用气液瞬时自动反冲洗技术和周期性停机化学清洗相结合的方式。自动反冲周期为 25～30 min，反冲时间为 4～5 s，每 30 天左右分别用碱液和硝酸全面清洗膜组件 1 次，膜通量能得到较好的恢复。

进入陶瓷膜过滤系统的碱炼洗涤废水 COD 为 58 000～69 000 mg/L，油为 3 615.2～5 324.6 mg/L；在膜面流速为 3.0 m/s，过滤压差为 0.15 MPa，料液温度为 40～70℃条件下，渗透液中含有的 COD 为 1 630.6～1 841.5 mg/L，油为 34.7～172.0 mg/L，出水水质稳定；COD 去除率达到 97.3%，油去除率达到 96.8%～99.0%，回收皂角浓缩液 8 m^3/d 左右，取得了良好的废水处理效果和经济效益。

10.5 吹　　脱

吹脱法是用来脱除污水中的溶解气体和某些极易挥发的溶质的一种气液相转移分离法。其过程是将空气通入污水中，使其与污水充分接触，污水中的溶解气体和易挥发的溶质便穿过气液界面，进入空气相，从而达到脱除溶解气体（污染物）的目的。解吸的污染物可以经其回收或制取新产品。

吹脱法常用于去除溶解于污水中的气体，如 CO_2、H_2S、HCN、NH_3、CS_2、丙烯腈等一类物质。

10.5.1 吹脱基本原理

吹脱法的基本原理是气液相平衡及传质速度理论。在气液两相体系中，其气液相平衡关系符合亨利定律，即溶质气体在气相中的分压与该气体在液相中的浓度成正比。传质速度正比于组分平衡分压与气相分压之差。气液相平衡关系及传质速度与物系、温度、两相接触状况有关。对给定的物系，可以通过提高水温、使用新鲜空气或者采用负压操作，增大气液接触面积和时间，减少传质阻力，起到降低水中溶质浓度、增大传质速度的作用。

当空气通入水中，空气可以与溶解性气体产生吹脱作用及化学氧化作用。显然化学氧化仅对还原剂起作用，如 $H_2S+1/2O_2 \rightarrow H_2O+S$。对 CO_2 则不能氧化。氧化反应的程度取决于溶解气体的性质、浓度、温度、pH 值等因素，需由试验来决定。吹脱作用使水中溶解的挥发物质由液相转为气相，扩散到大气中去，因此，属于传质过程。推动力为污水中挥发性物质的浓度与大气中该物质的浓度差。

10.5.2 吹脱装置

污水处理中常用的吹脱设备有吹脱池和吹脱塔等。

10.5.2.1 吹脱池

吹脱池有自然吹脱池与强化吹脱池两种。前者是依靠池面液体与空气自然接触而脱除溶解气体的，它适用于溶解气体极易挥发、水温较高、分速较大、有开阔地段和不产生二次污染的场合。若向池内鼓入空气或在池面上安装喷水管，则构成强化吹脱池。图 10—33 是某维尼纶厂用于去除因中和处理而含游离 CO_2 的酸性污水的强化吹脱池。它为一矩形水池，水深 1.5 m，曝气强度 25～30 m^3/（m^3·h），吹脱时间 30～40 min，压缩空气量 5 m^3/m^3 水。空气用塑料穿孔管由池底送入，孔径 10 mm，孔间距 5 cm。吹脱后，游离 CO_2 由 700 mg/L 降至 120～140 mg/L，出水 pH 值为 6～6.5。存在的问题是布气孔易被 $CaSO_4$ 堵塞，造成曝气不均匀，当污水中含有大量表面活性物质时，易产生泡沫，影响操作和环境卫生。可以采用高压水喷射或加消泡剂进行除泡。

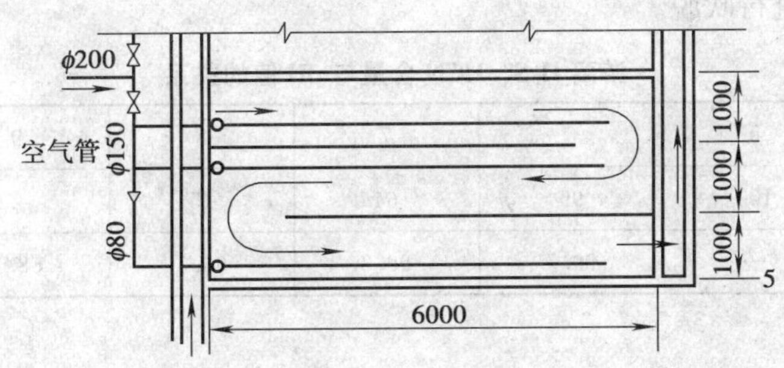

图 10—33 吹脱池

10.5.2.2 吹脱塔

采用塔式装置吹脱效率较高，有利于回收有用气体，防止二次污染。在塔内设置栅板或瓷环填料（见图 10—34）或筛板，以促进气液两相的混合，增加传质面积。

填塔料的主要特征是在塔内装置一定高度的填料层，污水由塔顶往下喷淋，空气由鼓风机从塔底送入，在塔内逆流接触，进行吹脱与氧化。污水吹脱后从塔底经水封管排出。自塔顶排出的气体可进行回收或进一步处理。工艺流程如图 10—35 所示。

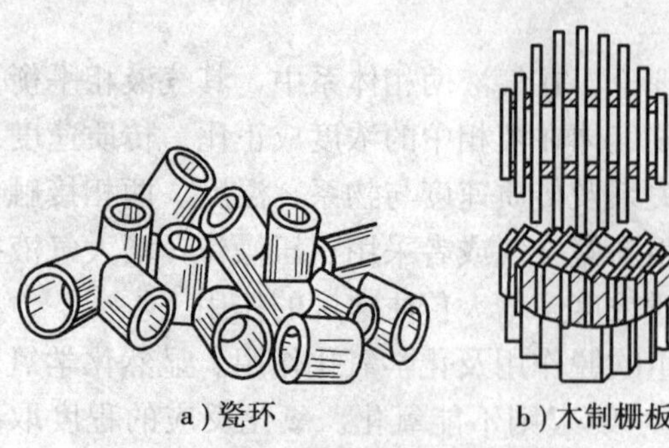

图 10—34 填料的种类

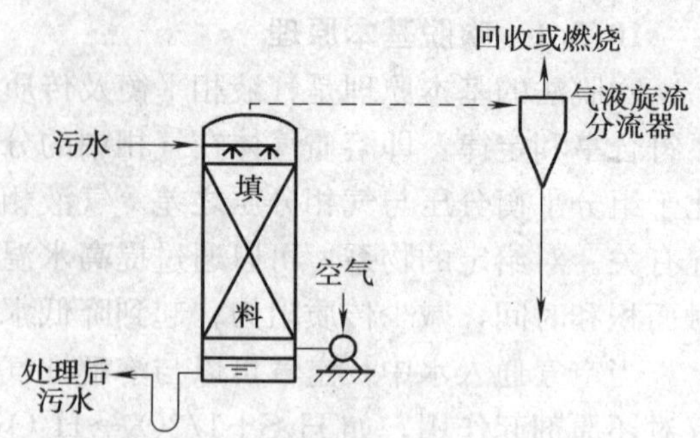

图 10—35 填料吹脱塔工艺流程示意

10.5.3 影响吹脱的主要因素

在吹脱过程中，影响吹脱的因素主要有温度、气液比、pH 值、油类物质等。

(1) 温度

在一定压力下，温度升高气体在水中的溶解度降低，对吹脱有利。如氰化钠在水中水解成氰化氢。

$$CN^- + H_2O \rightarrow HCN + OH^-$$

水解速度在 40℃以上迅速增加，产生的 HCN 的吹脱效率迅速升高。

(2) 气液比

空气量过少，气液两相接触不多；空气量过多，不仅不经济，还会造成液泛，即污水被气流带走，破坏正常操作。为了使传质效率高，工程上常采用液泛极限气液比的 80% 设计。

(3) pH 值

在不同的 pH 值条件下，气体的存在状态不同。例如游离 H_2S 和 HCN 的含量与 pH 值的关系，见表 10—11。因为只有游离的 H_2S、HCN 才能被吹脱，所以对含 S^{2-} 和 CN^- 的污水应在酸性条件下进行吹脱。

表 10—11　　游离 H_2S、HCN 含量与 pH 值的关系

pH 值	5	6	7	8	9	10
游离 H_2S (%)	100	95	64	15	2	0
游离 HCN (%)	—	99.7	99.3	93.3	58.1	12.2

(4) 油类物质

污水中油类物质会阻碍气体向大气中扩散，而且会阻塞填料，影响吹脱进行，应在预处理中除去。

(5) 表面活性剂

当污水中含有表面活性物质时，在吹脱过程中会产生大量泡沫，会给运行操作和环境卫生带来不良影响，同时也影响吹脱效率。因此，在吹脱前应采取措施消除泡沫。

本章小结

本章主要介绍污水的物理化学处理的基本原理、工艺条件、主要设备及其应用。其中气浮、吸附、离子交换及膜分离四种方法为基本的和主要的方法，在学习中应牢固掌握。通过学习和实训，应能对不同污水优选处理方法，设计适宜的工艺流程。

练　习　题

1. 名词解释

吸附剂　吸附质　吸附平衡　吸附容量　浓差极化

2. 填空题

(1) 实现气浮分离必须满足两个基本条件：________________；________________。

(2) 加压溶气气浮的基本流程分为________、________、________。

(3) 根据吸附的作用力不同，吸附可分为________、________、________三种类型。

(4) 离子交换操作有________和________两种，其操作过程都包括________和________两个基本过程。

(5) 实现反渗透过程必须具备两个条件：________________；________________。

(6) 常用的反渗透装置有________、________、________和________等多种形式。

(7) 在吹脱过程中，影响吹脱的因素主要有________、________、________、________和________等。

3. 判断题

(1) 气浮法的关键设备是压力容器罐。　(　)

(2) 气浮池接触区浮渣面不平，局部冒出大气泡，多半是释放器受到堵塞。　(　)

(3) 采用吸附法处理污水时，常用的吸附剂是活性炭。　(　)

(4) 离子交换法中最常用的离子交换剂是磺化煤。　(　)

(5) 反渗透与超滤的工作原理是一致的。　(　)

4. 简答题

(1) 气浮过程包括哪些步骤？混凝剂与浮选剂各起什么作用？

(2) 污水中的任何悬浮物质都能与空气泡黏附吗？为什么？

(3) 吸附有几种操作方式？通常采用哪种方式？为什么？

(4) 失效的离子交换树脂怎样再生？影响再生的因素有哪些？

(5) 简述离子交换工艺的操作程序，并说明污水水质对离子交换树脂交换能力有哪些影响。

(6) 试分析几种膜分离技术的原理、特点与应用。

(7) 反渗透装置有哪几种类型？其操作特点是什么？

(8) 从水中去除某些离子（如脱盐），可以用离子交换法和膜分离法。当水中含盐量较高时，你认为应该选用离子交换法还是膜分离法？为什么？

5. 计算题

(1) 某污水处理站待处理的污泥体积为 315 m^3/d，污泥浓度为 0.7%，要求浮选后获得的污泥浮渣浓度低于 3%，求压力溶气水回流量和所需提供空气量。

(2) 某化工厂排放的废水量为 50 m^3/h，其 COD 浓度为 30 mg/L，拟采用活性炭吸附处理，将 COD 降至 3 mg/L，再生作为循环水使用。由吸附实验得吸附等温式为 $q=0.058c^{0.5}$。需加多少活性炭？

技能实训 1　气浮实验

一、实验目的

1. 掌握压力溶气气浮实验方法和释气量测定方法。

2. 了解悬浮颗粒浓度、操作压力、气固比、澄清分离效率之间的关系，加深对基本概念的理解。

二、实验原理及流程

气浮法是进行固液分离的一种方法，它常被用来分离相对密度小于或接近 1、难以用重力自然沉降法去除的悬浮颗粒。气浮效率受悬浮颗粒的性质和浓度、微气泡的数量和直径等多种因素的影响，因此，气浮处理系统的设计运行参数常通过试验确定。

压力溶气气浮法的工艺流程如图 10—3、图 10—4 和图 10—5 所示，目前，以部分回流式应用最为广泛（见图 10—5）。

进行气浮时，用水泵将污水抽送到压力为 2～4 atm（1 atm=101 325 Pa）的溶气罐中，同时注入加压空气。空气在罐内溶解于加压的污水中，然后使经过溶气的水通过减压阀进入气浮池，此时由于压力突然降低，溶解于污水中的空气便以微气泡形式从水中释放出来。微细的气泡在上升的过程中附着于悬浮颗粒上，使颗粒密度减小，上浮到气浮池表面与液体分离。

由斯托克斯公式 $v=\frac{g}{18\mu}(\rho_{水}-\rho_{颗})d^2$ 可以知道，黏附于悬浮颗粒上的气泡越多，颗粒与水的密度差就越大，悬浮颗粒的特征直径也越大，两者都使悬浮颗粒上浮速度加快，提高固液分离的效果。水中悬浮颗粒浓度越高，气浮时需要的微气泡数量越多，通常以气固比表示单位质量悬浮颗粒需要的空气量。

气固比（G/S）与操作压力、悬浮固体的浓度、性质有关。它对气浮效果的影响及其数值的确定参见 10.1.2.2。

三、实验装置及设备

1. 测定气固比的实验装置及设备

(1) 实验装置

测定气固比的实验装置由吸水池、水泵、空气压缩机、溶气罐、溶气释放器、气浮池等部分组成，如图10—36所示。

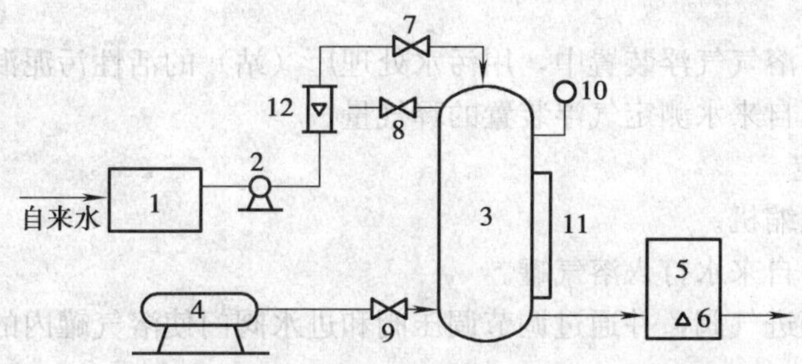

图10—36 压力溶气气浮实验装置

1—吸水池 2—水泵 3—溶气罐 4—空气压缩机 5—气浮池 6—溶气释放器 7—进水阀 8—调压阀 9—进气阀 10—压力表 11—水位计 12—玻璃转子流量计

溶气罐是个内径300 mm，高2.2 m，装有水位计的钢制压力罐。罐顶有调压阀，实验时用调压阀排去未溶空气和控制罐内压力。进气阀用以调节来自空压机的压缩空气量。水位计用以观察压力罐内水位，以便调节调压阀，使溶气罐内液位在实验期间基本保持稳定。

(2) 实验设备和仪器仪表

塑料吸水池一个（长×宽×高=0.7 m×0.7 m×0.8 m）；2BA—6型水泵1台（流量10～30 m^3/h，扬程24～35 m）；钢制溶气罐1台（高度H=2.2 m，直径D=300 m）；精密压力表1个（量程0.59 MPa）；Z—0.025/6型空气压缩机1台（风量0.025 m^3/min，额定压力0.59 MPa）；TS—1型释放器1个；有机玻璃制气浮池1个（长×宽×高=0.2 m×0.2 m×0.55 m）；LZB—40型玻璃转子流量计1个；烘箱1台；分析天平1台；100 mL量筒10个；200 mL三角烧杯10个；称量瓶10个；温度计1支。

2. 测定释气量的实验装置和设备

(1) 实验装置

测定释气量的实验装置由释气瓶、量筒、量气管、水准瓶等组成，如图10—37所示。释气瓶用2 500 mL抽滤瓶改装，瓶口橡皮塞宜加工成适于排尽空气的形状。

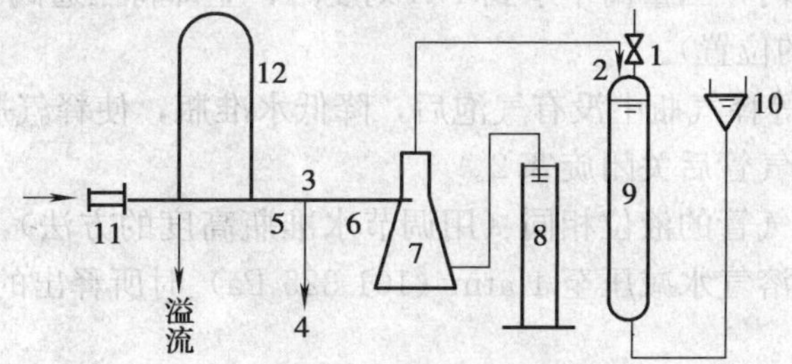

图10—37 测定释气量的实验装置

1，2 旋塞 3—三通阀 4，5，6—连接管 7—释气瓶 8—量筒 9—量气管 10—水准瓶 11—释放器 12—溢流管

（2）实验设备和仪器仪表

水准瓶（可用大漏斗代替）1个；100 mL 量气管1个；2 500 mL 抽滤瓶（释放瓶）1个；1 000 mL 量筒1个；三通阀1个；TS—1型释放器1个；秒表1块。

四、实验步骤

本实验是在压力溶气气浮装置中，用污水处理厂（站）的活性污泥混合液测定气固比对气浮效率的影响，用自来水测定气浮装置的释气量。

1. 气固比的测定

（1）启动空气压缩机。

（2）启动水泵将自来水打入溶气罐。

（3）开启溶气罐进气阀，并通过调节调压阀和进水阀门使溶气罐内的压力与液位基本稳定。

（4）按气浮池面积和回流比（0.4），计算应加入气浮池的活性污泥混合液的体积和溶气水的体积。

（5）按步骤（4）的计算结果将活性污泥混合液加入气浮池，同时取 200 mL 混合液测定 MLSS（每个样品取 100 mL，做两个平行样）。

（6）将释放器放入气浮池底部，按步骤（4）的计算结果注入溶气水。

（7）取出释放器后静置 5～6 min，从气浮池的底部取澄清水 200 mL，测定出流的悬浮固体浓度（每个样品取 100 mL，做两个平行样）。

（8）在工作压力、活性污泥浓度不变的条件下，改变回流比，使其为 0.6、0.7、0.8、1.0，按实验步骤（4）～（7）继续进行实验。

2. 释气量的测定

（1）如图 10—37 所示组装实验装置。

（2）将三通阀3置于连通管4和5相通的位置。

（3）调节溢流管的管顶标高，使分流到管4的流量为 0.75～1.0 L/min。

（4）用自来水充满整个实验装置。

（5）关闭旋塞1，打开旋塞2，降低水准瓶，以排除释放瓶中的空气泡，待空气泡排完后关闭旋塞2，倒掉量筒中的水。

（6）将三通阀3切换到管5和管6相通的位置。此时，溶气水流入释气瓶，瓶中原有的水被挤出，流入空量筒内，当量筒中水到1 L 刻度时，立即将三通阀3切换至测定前的位置（即连通管4与5相同的位置）。

（7）打开旋塞2，等释气瓶中没有气泡后，降低水准瓶，使释气瓶中水位上升，直到瓶中的气体全部被挤到量气管后关闭旋塞2。

（8）使水准瓶和量气管的液位相同（用调节水准瓶高度的方法），从量气管刻度读取气体体积。此体积为每升溶气水减压至 1 atm（101 325 Pa）时所释出的气体体积（mL/L）。

五、注意事项

1. 进行气固比测定时，回流比取值与活性污泥混合液浓度有关。当活性污泥浓度为 2 g/L左右时，按回流比 0.2、0.4、0.6、0.8、1.0 进行实验；当活性污泥浓度为 4 g/L 左右时，回流比可按 0.4、0.6、0.7、0.8、1.0 进行实验。

2. 实验选用的回流比数至少要有 5 个，以保证能较正确地绘出气固比与出水悬浮固体浓度关系曲线。

3. 试验装置中所列的水泵、吸水池和空压机可供 8 组学生同时进行实验。

六、实验结果整理

1. 记录实验条件。

实验日期：______年______月______日；活性污泥采样地点：________。

气温：________℃；空气的容重：________ mg/L；水温：________℃；空气溶解度________ mg/L。

溶气罐的工作压力：________ Pa。

2. 测定气固比实验数据记录参考表 10—12 进行。

表 10—12　　气固比实验数据记录

回流比 R（q/Q）	0.2	0.4	0.6	0.8	1.0	MLSS（mg/100 mL）
称量瓶序号						
后读数（g）						
前读数（g）						
差值（g）						

3. 将表 10—11 的实验数据整理填入表 10—13。

表 10—13　　气固比实验数据整理

回流比 R							
出水悬浮固体浓度（mg/mL）							
气固比							
去除率（%）							

4. 根据表 10—13 绘制气固比与出水悬浮固体浓度之间关系曲线。

5. 若实验测定了浮渣固体浓度，可根据实验结果绘制出气固比与浮渣固体浓度的关系曲线。

七、实验结果讨论

1. 应用已掌握的知识分析你所取得的释气量结果的正确性。

2. 试述工作压力对溶气效果的影响。

3. 拟定一个测定气固比与工作压力之间关系的实验方案。

技能实训 2　活性炭吸附实验

一、实验目的

1. 掌握吸附等温线的测定方法

2. 掌握静态吸附容量的计算

二、实验原理

利用活性炭可以吸附水中的污染物，从而起到净化污水的目的。静态吸附时，固体吸附剂在溶液中吸附溶质的程度可用吸附容量来表示。在一定温度下，达到吸附平衡的溶液中，吸附量与溶液浓度的关系遵循弗兰德里希（Freundlich）等温吸附方程，即可用式（10—5）和式（10—6）来表示。若以 $\lg q$ 对 $\lg c$ 作图，可得到一斜率为 n，截距为 $\lg K$ 的直线，由直线可求得 n 和 K 值。

吸附容量 q 可以通过吸附前后的溶液浓度的变化及活性炭准确称量求得，即可由式（10—4）计算得到。

三、实验仪器和试剂

磨口带塞锥形瓶（250 mL）6 个；普通锥形瓶（250 mL）12 个；烧杯（250 mL）6 个；酸式滴定管（配溶液用）2 支；漏斗 6 个；碱式滴定管 1 支；漏斗架 3 个；滴定管架 2 个；移液管（50 mL）2 支；移液管（20 mL）6 支；移液（10 mL）4 支；移液管（5 mL）2 支；振荡机 1 台。

0.4 mol/L 乙酸溶液；0.1 mol/L NaOH 溶液；滤纸；活性炭；酚酞指示剂。

四、实验步骤

1. 活性炭的预处理。市售活性炭在制备、储藏过程中常混有杂质，使吸附性能大为降低，故在使用前必须预处理。预处理方法如下（可根据活性炭污染情况任选其一）：

（1）在 150℃加热处理 4～5 h 备用。

（2）加 2～3 mol/L 盐酸至浸没活性炭，水浴加热半小时，减压滤干，以蒸馏水洗至 pH 值＝5～6，滤干，150℃烘干 4～8 h 备用。

2. 配制样品。取 6 个干净的磨口带塞锥形瓶，编号。每瓶内称取 1.5 g 活性炭（准确量至 mg），按表 10—14 所列的计量先加入水，再加入 0.4 mol/L 乙酸溶液。

表 10—14　　加水与乙酸溶液的量

项 目	1	2	3	4	5	6
加水体积（mL）	0	50	70	85	90	95
加乙酸溶液体积（mL）	100	50	30	15	10	5

将各瓶塞紧，在室温下振荡各瓶。让其中溶液与活性炭充分混合。频繁地振荡使其达到吸附平衡（一般需要 2 h 以上，所以可在实验前一天配制好样品溶液）。

3. 平衡组分的测定。达到平衡后，将溶液分别过滤，弃去开始滤出的数毫升溶液，然后把滤液接受在烧杯中。用移液管分别在 1、2 号瓶中取 10 mL，在第 3、4 号瓶中取 20 mL，在第 5、6 号瓶中取 40 mL，置于锥形瓶中。以酚酞为指示剂，用 0.1 mol/L NaOH 标准溶液滴定。所有的溶液滴定均需重复操作一次。

五、注意事项

本实验的关键是吸附一定达到平衡，6 个瓶的吸附温度要相同。

六、数据记录和处理

1. 根据 $c_1V_1=c_2V_2$，分别求出乙酸溶液的初始浓度 c_0 和平衡浓度 c；

2. 将 c_0 和平衡浓度 c 代入式（10—4）算出吸附容量 q 值，并算出 $\lg q$ 值和 $\lg c$ 值。将以上实验数据分别填入表 10—15 内。

表 10—15　　实验数据表

项　目	1	2	3	4	5	6
0.4 mol/L 乙酸溶液体积 V（mL）	100	50	30	15	10	5
蒸馏水体积 $V_{水}$（mL）	0	50	70	85	90	95
活性炭质量 m（g）						
滴定用 NaOH 溶液的体积 V_{NaOH}（mL）						
取样的体积 $V_{乙酸}$（mL）	10	10	20	20	40	40
乙酸的平衡浓度 c（mol/L）						
q 值						
$\lg q$ 值						
$\lg c$ 值						

3. 根据表内数据作出 q 对 c 的吸附等温线；并以 $\lg q$ 对 $\lg c$ 作图，从所得直线斜率和截距求出常数 K 和 n。

11 循环冷却水的处理

本章学习目标

1. 了解循环冷却水系统的类型、工艺构造、设备及应用范围；
2. 熟悉和理解循环冷却水系统存在的问题；
3. 掌握循环冷却水处理的基本概念及阻垢和缓蚀方法。

11.1 循环冷却水系统

工业生产过程中往往会产生大量热量，使生产设备或产品的温度升高，必须及时进行冷却，否则影响产品的质量、产量和生产的正常运行。由于水具有热容量大、传热效果好、化学稳定性好、常温下呈液态、便于管道输送、使用方便以及价格较低、来源广泛等特点，工业生产中常采用水作为冷却介质，作为冷却介质的水称为冷却水。冷却的对象有冷凝器、热交换器、油（气或液体）冷却器、发电机组与压缩机组、高炉、炼钢与轧钢机、化学反应器等。冷却水进入这些设备，与热壁接触而被加热。这种用水来冷却工艺介质的系统称为冷却水系统。

11.1.1 循环冷却水系统的类型

在循环冷却水系统中，冷却水被反复多次使用。水经换热设备后温度升高，由冷却塔或其他冷却设备将水温降低下来，再由泵将水送至冷却系统中重复使用，这样大大提高了水的重复利用率，节约了大量工业用水。循环冷却水系统分为封闭式和敞开式两种。

（1）封闭式循环冷却水系统

在封闭式循环冷却水系统中，冷却水用过不是马上放掉，而是回收再用，循环不已。在循环过程中，冷却水不暴露于空气中，所以水量损失很少。水中各种矿物质和离子含量一般不发生变化，而水的再冷却是在另一台换热设备中用其他冷却介质来进行冷却的，如图11—1所示，这种系统一般用于发电机、内燃机或有特殊要求的单台换热设备。

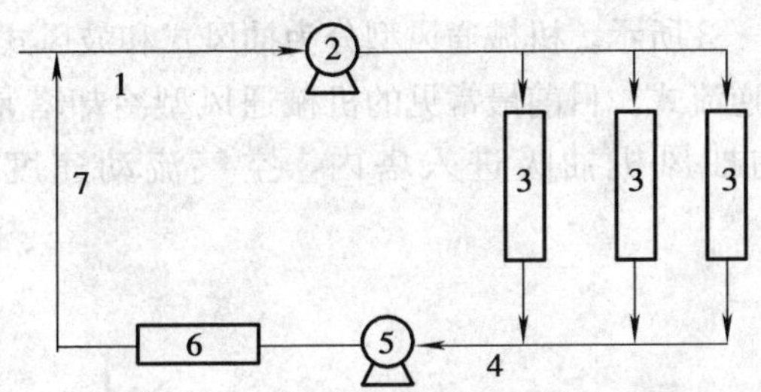

图 11—1 封闭式循环冷却水系统

1—冷却水 2—冷却水泵 3—冷却工艺介质的换热器 4—热水 5—热水泵 6—冷却热水的冷却器 7—冷水

(2) 敞开式循环冷却水系统

在敞开式循环冷却水系统中，冷却水用过后也不是立即排掉，而是收回循环使用。水的再冷却是通过冷却塔来进行的，因此冷却水在循环过程中要与空气接触，部分水在通过冷却塔时还会不断被蒸发损失掉，因而水中各种矿物质和离子含量也不断被浓缩增加。为了维持各种矿物质和离子含量稳定在某一个定值，必须对系统补充一定量的冷却水，通常称为补水，并排出一定量的浓缩水，通称排污水。为保证补充水的质量，将原水预处理后，才补充至循环系统中，其流程如图 11—2 所示。

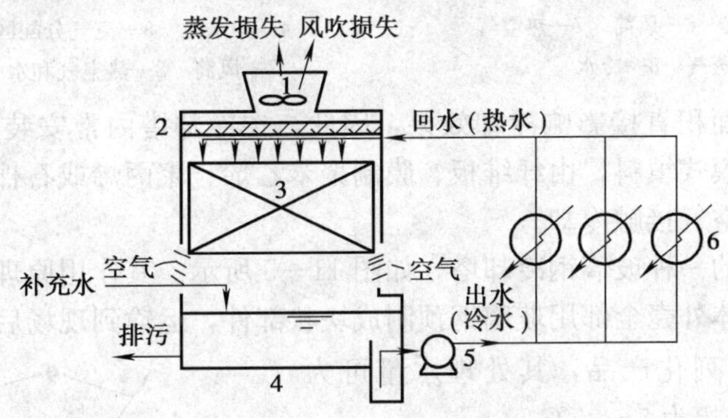

图 11—2 敞开式循环冷却水系统

1—风机 2—收水器 3—淋水装置 4—冷却塔集水池 5—水泵 6—换热器

11.1.2 循环冷却水系统基本设施

(1) 冷却塔

冷却塔又称凉水塔，为塔形建筑物。冷却塔是循环冷却水蒸发降温的关键设备，在冷却塔中，热水从塔顶向下喷溅成水滴或水膜状，空气则由下向上与水滴或水膜逆向流动，或水平方向交错流动，在气水接触过程中，进行热交换，使水温降低。冷却塔具有占地面积小，冷却效率高，水量损失少及处理水量较大和冷却幅宽较大等优点，在实际生产中应用很广泛。

冷却塔的种类很多，根据塔内通风方式的不同分为自然通风、机械通风两大类。自然通风型最常见的风筒式冷却塔，空气靠冷却塔筒体的高度，像烟囱一样自然拔风，将空气吸入塔内与水滴或水膜接触，如图 11—3 所示。机械通风型分为抽风式和鼓风式两种，根据水气流动方向机械通风型又分为横流式和逆流式。目前最常见的机械通风型冷却塔是抽风逆流式或抽风横流式冷却塔，空气由塔顶的抽风机抽吸进入塔内，空气流动速度可达到 1.5～3.5 m/s，如图 11—4 所示。

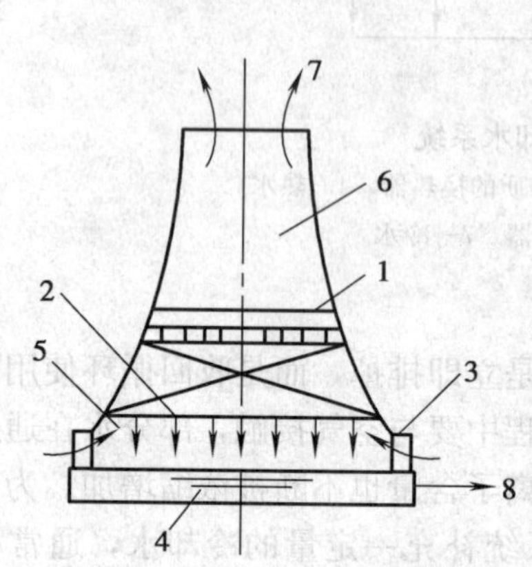

图 11—3　自然通风冷却塔

1—配水系统　2—填料　3—百叶窗　4—集水池　5—空气分配区　6—风筒　7—热空气和水蒸气　8—冷水

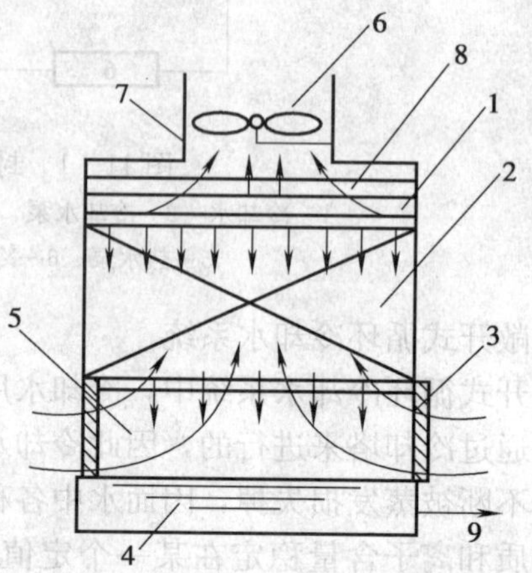

图 11—4　抽风逆流式冷却塔

1—配水系统　2—淋水系统　3—百叶窗　4—集水池　5—空气分配区　6—风机　7—风筒　8—热空气和水　9—冷水

水和空气的接触面积直接影响冷却效果，因此，在冷却塔内常安装填料以增加接触面积。常用的填料是薄膜式填料，由纤维板、膜制聚苯乙烯、聚丙烯或石棉板制成，水在填料表面上以薄膜形式与空气接触冷却。

目前市场上出售的一种玻璃钢冷却塔，如图 11—5 所示。其作用原理与机械通风冷却塔相似，所不同的是塔体外壳全部用玻璃钢预制成块状部件，运输到现场后再拼装而成。玻璃钢冷却塔目前已有系列化产品，其处理水量可为 8～500 m³/h，水温降幅为 5～25℃。

(2) 集水井

集水井是收集循环冷却水系统中回流热水的设施，在此通过栅栏和滤网除去粗大的碎屑等杂质后，均衡水质，并在井内沉降一部分固体悬浮杂质，然后输送至冷却塔顶部，进行冷却降温。

(3) 旁滤池

旁滤池是进行旁滤处理的设备，通过旁滤池去除循环冷却水中的悬浮物，滤清的冷却水再回流到循环冷却水系统中。旁滤池所用的过滤介质有几种类型，但使用最广的是石英砂，为了提高效率，可用无烟煤或混合的过滤介质来代替。如果水中有油污存在，旁滤池是不适用的，因为油污会很快地使

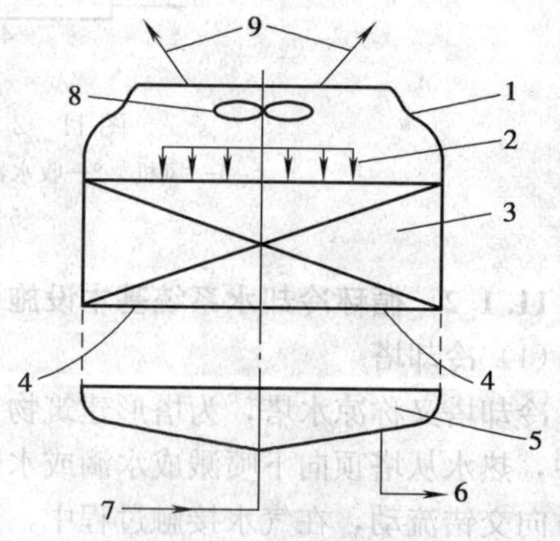

图 11—5　玻璃钢冷却塔

1—玻璃钢冷却塔　2—淋水装置　3—填料　4—空气　5—接水盘　6—冷却水　7—热水　8—排风扇　9—热空气和水蒸气

过滤介质堵塞。

11.1.3　循环冷却水系统存在的问题

在敞开式循环冷却水系统中，冷却水不断循环使用，由于水温升高，流速变化，水的蒸发，各种无机离子和有机物质的浓缩，冷却塔和冷水池在室外受到阳光照射、风吹雨淋、灰尘杂物的进入以及设备结构和材料等多种因素的综合作用，会产生严重的沉积物附着、设备腐蚀和菌藻微生物的大量滋生，以及由此形成的黏泥污垢堵塞管道等问题，威胁和破坏安全生产，甚至造成经济损失。因此，在使用敞开式循环冷却水系统时，必须要选择一种经济实用的循环冷却水处理方案，使上述问题得到解决或改善。

（1）水垢

一般天然水中都溶解有重碳酸盐，这种盐是冷却水发生水垢附着的主要成分。在敞开式循环冷却水系统中，重碳酸盐的浓度随着蒸发浓缩而增加，当浓度达到过饱和状态时，或者在经过换热器传热表面水温升高时，会发生分解反应，产生碳酸钙沉淀。

冷却水经过冷却塔向下喷淋时，溶解在水中的游离 CO_2 逸出后，促使碳酸钙沉淀的生成。碳酸钙沉积在换热器表面，形成致密的碳酸钙水垢，其导热性能很差，从而降低换热器的传热效率，严重时会使管道堵塞。

（2）微生物

冷却水中的微生物一般是指细菌和藻类。在循环水中，养分的浓缩、水温的升高和日光的照射，给细菌和藻类创造了迅速繁殖的条件。大量细菌分泌的黏液像胶黏剂一样，能使水中漂浮的灰尘杂质和化学沉淀物黏附在换热器的传热面上。这种沉淀物也常称为黏泥，也有人称之为软泥。

黏泥附着在金属表面，形成浓差电池，促使金属腐蚀。此外，还使得一些厌氧菌得以繁殖，当温度为 25～30℃时，硫酸盐还原菌繁殖更快，它分解水中的硫酸盐而产生 H_2S，引起碳钢腐蚀。其反应式如下：

$$SO_4^{2-}+8H^{+}+8e^{-}=S^{2-}+4H_2O+Q$$

$$Fe^{2+}+S^{2-}=FeS\downarrow$$

细菌能使 Fe^{2+} 氧化为 Fe^{3+}，并获得自身生存的能量，产生钢铁锈瘤。上述因素导致钢铁引起的腐蚀常会使换热器管壁穿孔，形成泄漏；或使工艺介质泄漏入冷却水中，损失物料，污染水体；或冷却水渗入工艺介质中，使产品质量受到影响。

黏泥黏附在换热器管壁上，除了会引起腐蚀外，还会使冷却水流量减少，从而降低换热器的冷却效率。严重时，这些生物黏泥会将管子堵塞，迫使停产清洗。

（3）溶解氧

敞开式循环冷却水系统中，水与空气充分接触，水中溶解氧可达到饱和状态。当碳钢与溶有 O_2 的冷却水接触时，由于金属表面的不均匀性和冷却水的导电性，在碳钢表面上会形成许许多多的微原电池，微原电池的阳极区和阴极区分别发生氧化和还原反应。

在阳极区　$Fe=Fe^{2+}+2e^{-}$

在阴极区　$\frac{1}{2}O_2+H_2O=2OH^{-}-2e^{-}$

在水中　$Fe^{2+}+2OH^{-}=Fe(OH)_2$

$$2Fe(OH)_2+\frac{1}{2}O_2+H_2O=2Fe(OH)_3$$

这些反应，促使微原电池中的阳极区的金属不断溶解而导致腐蚀。

(4) 有害离子

循环冷却水在浓缩过程中，重碳酸盐和其他盐类如氯化物、硫酸盐等也会增加。当 Cl^- 和 SO_4^{2-} 浓度增高时，金属上保护膜的保护性能降低，加速阳极过程的进行，从而会加速碳钢的腐蚀；此外，还可引起不锈钢制造的换热器的应力腐蚀。循环冷却水系统中如有不锈钢制造的换热器时，一般要求 Cl^- 和 SO_4^{2-} 的含量不超过50～100 mg/L。

(5) 设备腐蚀

设备腐蚀与水的特性及系统中金属的性质有关。腐蚀将使金属寿命缩短，腐蚀产物沉积也影响传热和水流量。冷却系统中，对于碳钢制成的换热器，长期使用循环冷却水，会发生腐蚀穿孔，其腐蚀原因是多种因素造成的。

11.2 循环冷却水的水质控制

11.2.1 水垢及其控制

11.2.1.1 水垢的种类与特点

天然水中溶解有各种盐类，如重碳酸盐、碳酸盐、氯化物、磷酸盐、硅酸盐等，其中以溶解的重碳酸盐最不稳定，容易分解生成碳酸盐。因此，如果使用重碳酸盐含量较高的水作为冷却水，当它通过换热器传热表面时，会受热分解。反应如下：

$$Ca(HCO_3)_2=CaCO_3+H_2O+CO_2$$

冷却水通过凉水塔时，相当于曝气作用，溶解在水中的 CO_2 会逸出，因此，水的 pH 值会升高，此时，重碳酸盐在碱性条件下也会发生如下反应：

$$Ca(HCO_3)_2+2OH^-=CaCO_3+2H_2O+CO_3^{2-}$$

当水中溶有大量氯化钙时，还会发生下列置换反应：

$$CaCl_2+CO_3^{2-}=CaCO_3+2Cl^-$$

如水中溶有适量的磷酸盐时，也会将氯化钙转化为磷酸钙，其反应为：

$$2PO_4^{3-}+3Ca^{2+}=Ca_3(PO_4)_2\downarrow$$

上述一系列反应中生成的碳酸钙和磷酸钙均属微溶性盐，它们的溶解度比起氯化钙和重碳酸钙要小得多，在 20℃时，氯化钙的溶解度是 37 700 mg/L。在 0℃时，重碳酸钙的溶解度为 2 639 mg/L，而碳酸钙的溶解度只有 20 mg/L，磷酸钙的溶解度就更小，是0.1 mg/L，同时它们的溶解度与一般的盐类不同，不是随着温度的升高而升高，而是随着温度的升高而降低。因此，在换热器传热表面上，这些微溶性盐很容易达到过饱和状态，由水中结晶析出，当水流速度比较小或传热面比较粗糙时，这些结晶沉淀物就容易沉淀在传热表面上。

此外，水中溶解有硫酸钙、硅酸钙、硅酸镁等，当其离子浓度的乘积超过其本身的溶度积时，也会生成沉淀，沉积在传热表面上。

这些沉积物在换热器传热表面上形成了通常所说的水垢，因为这些水垢均由无机盐组成，又称之为无机垢。由于这些水垢结晶致密，比较坚硬，又称之为硬垢。

大多情况下，换热器传热表面上形成的水垢是以碳酸钙为主的，这是因为硫酸钙的溶解度大于碳酸钙。在 0℃时，硫酸钙的溶解度为 1 800 mg/L，比碳酸钙约大 90 倍，所以碳酸钙比硫酸钙容易析出，同时，一般天然水中溶解的磷酸盐较少。因此，除非在水中投加过量的磷酸盐，否则磷酸钙水垢出现得较少。

11.2.1.2 水垢的控制

控制水垢析出的方法，大致有以下几点：

(1) 从冷却水中除去成垢的钙离子

1) 离子交换树脂法。离子交换树脂法就是让水通过离子交换树脂，将 Ca^{2+}、Mg^{2+} 从水中置换出来并结合在树脂上，达到从水中除去 Ca^{2+}、Mg^{2+} 的目的。软化时采用的树脂是钠型阳离子交换树脂。用离子交换法软化补充水，成本较高。因此只有补充水量小的循环冷却水系统时采用。

2) 石灰软化法。补充水未进入循环冷却水系统之前，在预处理时就投加适当的石灰，让水中的碳酸氢钙与石灰在澄清池中预先反应，生成碳酸钙沉淀析出，从而除去水中 Ca^{2+}。

投加石灰所耗的成本低。原水钙含量高而补水量又较大的循环冷却水系统常采用这种方法。但投加石灰时，灰尘较大，劳动条件差。如能从设计上改进石灰投加法，此法是值得采用的，尤其对暂时硬度大的结垢原水更适用。

(2) 加酸或通 CO_2 气体，降低 pH 值，稳定重碳酸盐

1) 加酸。通常是加硫酸。因为加盐酸会带入 Cl^-，增加水的腐蚀性，加硝酸则会带入硝酸根，有利硝化细菌的繁殖。由于碳酸盐在水中常呈下列平衡：

$$Ca(HCO_3)_2 = Ca^{2+} + 2HCO_3^-$$

$$HCO_3^- = H^+ + CO_3^{2-}$$

所以加酸带入 H^+，可使反应向左进行，使重碳酸盐稳定。加酸法目前仍有使用，由于硫酸加入后，循环水 pH 值会下降，如不注意控制而加酸过多，则会加速设备的腐蚀。因此，如果采用加酸法，最好配有自动加酸调节 pH 值的设备和仪表。

2) 通 CO_2。有些化肥厂在生产过程中常有多余的 CO_2，而有些化工厂的烟道气中也含有相当多的 CO_2。如果将 CO_2 或烟道气通入水中，则促使下列平衡向左进行，从而稳定了重碳酸盐。

$$Ca(HCO_3)_2 = CaCO_3 + H_2O + CO_2\uparrow$$

但此法常因冷却水通过冷却塔时，CO_2 气体容易从水中逸出，因而在冷却塔中析出碳酸钙，堵塞冷却塔中填料之间的孔隙。这种现象称钙垢转移，因此采用此法有困难。根据近年来实践的经验，只要在凉水塔中适当注意补充一些 CO_2，并控制好冷却水的 pH 值，就可减少或消除钙垢转移的危害，故此法对某些化肥厂或化工厂、电厂等仍有推广使用的价值。

(3) 投加阻垢剂

从水中析出碳酸钙等水垢的过程，就是微溶性盐从溶液中结晶沉淀的过程。按结晶动力学观点，结晶的过程首先是生成晶核，形成少量的微晶粒，然后这种微小的晶体在溶液中由于热运动（布朗运动）不断相互碰触，和金属器壁也不断地进行碰撞，碰撞的结果提供晶体生长的机会，使小晶体不断变成了大晶体，也就是说形成了覆盖传热面的垢层。图 11—6 为 $CaCO_3$

结晶过程示意图。

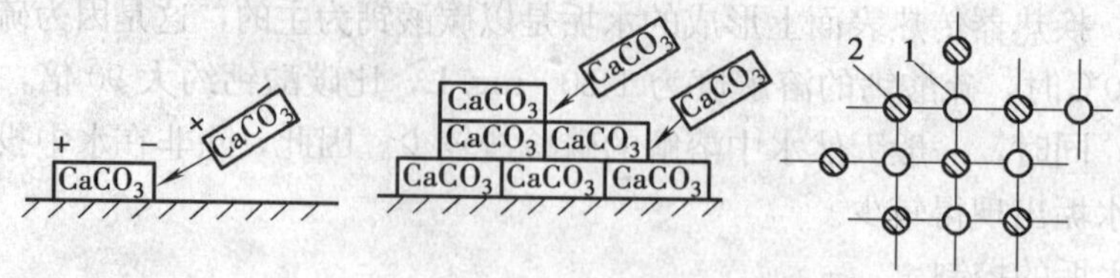

图 11—6　$CaCO_3$ 结晶过程示意图

1—Ca^{2+}　2—CO_3^{2-}

从 $CaCO_3$ 的结晶过程看，如能投加某些药剂，破坏其结晶增长，就可达到控制水垢形成的目的。目前使用的各种阻垢剂有聚磷酸盐、有机多元膦酸、有机磷酸酯、聚丙烯酸盐等。这些阻垢剂普遍具有阻垢效果好、化学稳定性高、无毒或低毒、容易被微生物降解、价格低廉等优点。

阻垢剂的作用机理可以分为三种类型。

一是阴离子型或非离子型的聚合物把胶体颗粒包围起来，使它们稳定在分散状态，这类药剂称为分散剂。例如磷酸盐、聚丙烯酸钠，经过它们的吸附，离解的羧酸提高了结垢物质微粒表面电荷密度，使这些微粒的排斥力增大，降低微粒的结晶速度，使晶体结构畸变而失去形成桥键的作用。如果循环水中这些聚合物的浓度足够的话，则会使结垢物质保持分散状态。

二是把金属离子变成一种螯合离子或配离子，从而抑制了它们和阴离子结合产生沉淀物，这类药剂称为螯合剂或配合剂。最典型的螯合剂为 EDTA（乙二胺四乙酸二钠）。EDTA 几乎可以同任何一种金属离子形成螯合物，金属离子和 EDTA 摩尔比为 1∶1。由于循环水中产生结垢的金属离子的浓度都很高，采用螯合剂来防止结垢的办法就需要很多的剂量，这是不经济的；但用少量的分散剂，就足以抑制 Ca^{2+} 所产生的 $CaCO_3$ 和 $CaSO_4$ 结晶颗粒的长大，防止它们黏结在金属表面上，比采用螯合剂的办法要经济很多。

三是利用高分子混凝剂的凝聚架桥作用，使胶体颗粒形成矾花，悬浮在水中。例如聚丙烯酰胺，通过架桥作用把水中的悬浮物凝聚成较大的颗粒，中和了悬浮物的表面电荷，减少了颗粒总表面积，相对密度也相应下降了，于是絮凝物仍悬浮在水中，这些分散的或悬浮在水中的颗粒，经旁流系统或排污而被除去。

11.2.2　污垢的控制

(1) 降低补充水浊度

天然水中尤其是地面水中总夹杂有许多泥沙、腐殖质以及各种悬浮物和胶体物，它们构成了水的浊度。作为循环水系统的补充水，其浊度越低，带入系统中可形成污垢就越少。干净的循环水不易形成污垢。当补充水浊度低于 5 mg/L 以下，如城镇自来水、井水等，可以不作预处理直接进入系统。当补充水浊度高时，必须进行预处理，使其浊度降低。为此《工业循环冷却水处理设计规范》中规定，循环冷却水中悬浮物浓度不宜大于 20 mg/L。当换热器的型式为板式、翅片管式和螺旋板式时，不宜大于 10 mg/L。

(2) 做好循环冷却水水质处理

冷却水在循环使用过程中，如不进行水质处理，必然会产生水垢或对设备腐蚀。同时必然会有大量菌藻滋生，从而形成污垢。如果循环水进行了水质处理，但处理得不太好，就会使原来形成的水垢因阻垢剂的加入而变得松软，再加上腐蚀产物和菌藻繁殖分泌的黏性物，它们就会黏在一起，形成污垢。因此，做好水质处理，是减小系统产生污垢的好方法。

(3) 投加分散剂

在进行阻垢、防腐和杀生水质处理时，投加一定量的分散剂，也是控制污垢的好方法。分散剂能将黏在一起的泥团杂质等分散成微粒使之悬浮于水中，随着水流流动而不沉积在传热表面上，从而减少污垢对传热的影响，同时部分悬浮物还可以随着水流排出循环水系统。

(4) 增加旁滤设备

即使在水质处理较好、补充水浊度也较低的情况下，循环水系统中的浊度仍会不断增加，从而加重污垢的形成。可在系统中增设旁流，控制旁流量和进、出旁流设备水的浊度，就可保证系统在长时间下运行。浊度应维持在控制的指标内，以减少污垢的生成。

冷却水的旁流处理，是指取部分循环水量进行处理后再返回系统内，以满足循环水水质的要求。按处理物质的形态，旁流处理可分为悬浮固体处理和溶解固体处理两类。但是实际上，一般是指处理循环水中的悬浮固体物质。因为从空气中带进系统的悬浮杂质以及微生物繁殖所产生的黏泥，常使循环水浊度增加，单靠排污不能解决，也不经济。如某工厂没有设置旁流处理，水的浊度常在（2～3）$\times 10^{-5}$ mg/L，影响到传热和腐蚀；若设置了旁流处理，浊度就保持在 10^{-5} mg/L 以下，微生物及黏泥量也减少了。由此可见，循环冷却水设置旁流处理是十分必要的。

11.2.3 微生物的控制

11.2.3.1 微生物对循环冷却水系统的影响

在循环冷却水系统中，水的温度和 pH 值的范围恰好适宜多种微生物的生长。同时水中微生物的数量和它们生长所需的营养源如有机物、碳酸盐、磷酸盐等，均因浓缩而增加，再加上冷却塔、凉水池常年露置于室外，阳光充分，因此为微生物的生长提供了良好的条件。

(1) 形成大量黏泥沉积物

黏泥又称软泥或污泥，是在冷却水系统中管道、冷却塔、水槽壁上菌藻产生的黏质膜的总称。

黏泥的组成随着水质和生成地点以及菌藻类属的不同而变化，一般均是由藻类、真菌类和细菌等聚集而成。如好氧性荚膜细菌、芽孢细菌分泌的黏液，能像黏合剂那样，将悬浮在水中的无机垢、腐蚀产物、灰沙淤泥等黏结在一起形成黏泥沉积物，附着在管壁、塔壁上，当其越积越厚时，不仅影响水侧传热效率，还会因水管截面积变小，限制水的流量而影响冷却效果。又如藻类在冷却塔填料上、水的分配槽上蔓延生长时，将堵塞填料孔隙和配水孔板上的小孔，使冷却水分布不均、水滴变大，影响气、水传质效率，致使冷却塔的温差下降，达不到设计要求。

黏泥还会形成氧浓差电池，从而引起垢下腐蚀；同时黏泥又给厌氧性细菌如硫酸盐还原菌提供良好的滋生场所，这样相互感染，加深了黏泥给冷却水系统带来的危害。

(2) 加速金属设备的腐蚀

细菌聚集形成的菌落附着在金属壁上，分泌出的黏液与水中的悬浮物等杂质黏在一起形成黏泥团，在黏泥团的周围和黏泥团的下方形成氧的浓差电池，黏泥团的下方因缺氧而成为活泼的阳极，铁不断被溶解引起严重的局部腐蚀。微生物不仅本身分泌黏液构成沉积物，而且也黏住在正常情况下可以保持在水中的其他悬浮杂质，从而增加了沉积物的形成，加速了垢下腐蚀。

微生物黏泥除了会加速垢下腐蚀外，有些细菌在代谢过程中生成的分泌物还会直接对金属构成腐蚀。如好氧性硫细菌的氧化产物硫酸，可使局部区域的pH值降到1.0～1.4，对这部分金属直接发生氢的去极化作用，加快金属的腐蚀。又如厌氧性硫酸盐还原菌，其还原产生 H_2S 可直接腐蚀金属，生成硫化亚铁，硫化亚铁沉积在钢铁表面与没有被硫化亚铁覆盖的表面又构成一个腐蚀电池，加速金属的腐蚀。而铁细菌可直接将 Fe^{2+} 氧化成 Fe^{3+}，加速金属的腐蚀。因此，细菌促进腐蚀的过程是多种多样的，在大多数情况下，可以认为是各种细菌共同作用所造成的。

藻类在日光的照射下，会与水中 CO_2、HCO_3^- 等碳源起光合作用，吸收碳素为营养而放出氧。因此，当藻类大量繁殖时，会增加水中溶解的含量，有利于氧的去极化作用，腐蚀过程因而加速。

11.2.3.2　影响系统运行的主要微生物

(1) 铁细菌

铁细菌依靠铁和氧进行生存和繁殖，能将细胞内所吸收的亚铁离子氧化为高铁离子，从而获得能量来维持生命。其反应如下：

$$4FeCO_3 + O_2 + 6H_2O \rightarrow 4Fe(OH)_3 + 4CO_2 + \text{能量}$$

反应之后高铁离子被排出体外，产生 $Fe(OH)_3$ 沉淀，在细菌周围形成大量棕色黏泥。铁细菌繁殖后，能在铁质管壁上生成锈疤或铁瘤，造成坑蚀。严重时引起管道堵塞。

(2) 硫细菌

硫细菌为好氧性细菌，一般在氧与硫化物同时存在的微氧环境下繁殖。能够把硫、硫化物或硫代硫酸盐氧化成硫酸，从而获取能量而生存繁殖。其反应如下：

$$2H_2S + O_2 \rightarrow 2H_2O + 2S + \text{能量}$$

$$2S + 3O_2 + 2H_2O \rightarrow 2H_2SO_4 + \text{能量}$$

$$Na_2S_2O_3 + 2O_2 + H_2O \rightarrow Na_2SO_4 + H_2SO_4 + \text{能量}$$

生成的硫酸使水的pH值降低。在局部区域内甚至可能生成相当于10%浓度的硫酸，使pH值降到1.0～2.4。低pH值使金属管或水泥管局部腐蚀破坏。

(3) 硫酸盐还原菌

硫酸盐还原菌为厌氧性细菌，在无氧状态下生存繁殖。它能将硫酸盐还原成硫化氢，从中获得生存的能量。其反应如下：

$$H_2SO_4 + 8H^+ + 8e^- \rightarrow H_2S + 4H_2O + \text{能量}$$

$$CaSO_4 + 8H^+ + 8e^- \rightarrow Ca(OH)_2 + 2H_2O + H_2S + \text{能量}$$

硫化氢具有恶臭，能腐蚀钢铁，并生成黑色的硫化铁沉积物，进一步引起垢下腐蚀。由于硫酸盐还原菌的厌氧性能，故在冷却水系统中均在垢下生存，常生存在好氧性细菌的沉积物之下，如铁细菌或硫细菌的沉积物下常有硫酸盐还原菌繁殖。

(4) 氨化细菌

能够进行氨化作用的细菌叫氨化细菌，所谓氨化作用是有机含氮化合物，经过微生物分解，产生氨的过程。循环冷却水中的氨化细菌将水中的有机氮化物分解而产生氨。其过程表示如下：

$$\text{有机氮化物} \xrightarrow{\text{氨化细菌}} NH_3 + \cdots$$

氨化作用对土壤来说，可以增加肥力，对农作物来说是有益的，但对于循环冷却水来说是有害的，水中氨含量增加，不但会增加氧耗，同时还会影响系统中 pH 值的控制。

(5) 硝化菌群

硝化菌群包括三种细菌，即亚硝化细菌、硝化细菌和反硝化细菌，它们的作用过程分别为氨的亚硝化、硝化以及硝酸的反硝化过程，可用下列反应式表示：

$$2NH_3 + 3O_3 \xrightarrow{\text{亚硝化细菌}} 2NHO_2 + 2H_2O + 148\ \text{kcal}\ (621.6\ \text{kJ})$$

$$2HNO_2 + O_2 \xrightarrow{\text{硝化细菌}} 2HNO_3 + 48\ \text{kcal}\ (201.6\ \text{kJ})$$

$$HNO_3 + H_2 \xrightarrow{\text{反硝化菌}} HNO_2 + H_2O$$

$$2NO_3^- + 5H_2 \xrightarrow{\text{反硝化菌}} N_2 \uparrow + 2OH^- + 4H_2O$$

$$HNO_3 + 4H_2 \xrightarrow{\text{反硝化菌}} NO_3 + 3H_2O$$

硝化菌群对水质的危害很大，尤其是反应产物中的亚硝酸根，它能与氯起反应，从而大大降低了氯的杀菌效能，使水质恶化。产物中的硝酸根，不但对水质的碱度产生影响，而且排出含量较多的硝酸盐会污染水源。

亚硝化菌和硝化菌属好氧菌，反硝化菌是一种兼性厌氧菌，在有氧和无氧的条件下都能生存。

11.2.3.3　微生物的控制方法

(1) 改善水质

冷却水系统的污染程度与补充水的水质有密切的关系。常用的补充水源——地面水的微生物污染程度是相当高的，因而对原水进行处理非常必要。使用混凝、澄清方法，不仅可降低浊度，而且一般可使细菌总数量降低到 10^3 以下，如果在澄清中投加氯杀菌效果更好。

(2) 投加杀生剂

在循环冷却水系统中，投加杀生剂是目前抑制微生物的常用方法。杀生剂常以各种方式杀伤微生物，有的可穿透细胞壁进入细胞质中，破坏维持生命的蛋白质基团；有些表面活性剂可起到破坏细胞的作用，细胞被摧毁，微生物也就被杀死；有的药剂则能抑制细菌中酶的反应，使酶的活性丧失，导致细胞迅速死亡，最终杀死微生物。

(3) 采用过滤方法

补充水进入冷却水系统前，可经过滤池过滤。过滤池装有石英砂或无烟煤、活性炭等滤料。过滤可除去水中藻类等悬浮杂质。在循环水系统中还可用旁流过滤处理方法，除去系统中悬浮物、污泥和微生物的尸骸，使循环水浊度降低。据一些工厂经验，增加旁滤池后可使循环水浊度降低到 10^{-5} mg/L 以下。

11.2.3.4　杀生剂的类型与选择

(1) 氧化型杀生剂

通常是一种强氧化剂。具有强烈氧化性的杀生药剂，对水中微生物的杀生作用很强。卤素中的氯、溴和碘，氯的化合物，臭氧等都是氧化型杀生剂。溴和碘由于成本太高，无法用于大规模工业生产上，工业上常用的是氯、次氯酸钠和次氯酸钙等。氧化型杀生剂对水中其他还原性物质能起氧化作用，故当水中存在有机物、硫化氢和亚铁离子时，会消耗一部分杀生剂，降低了它的杀生效果。这时如果采用的是氯及其化合物，则会因需氯量的增加而提高氯耗。氯气溶解在水中按下式水解：

$$Cl_2+H_2O=H^++Cl^-+HClO$$

$$HClO=H^++ClO^-$$

氯气水解后，系统中存在着游离氯、次氯酸或次氯酸根离子，且随溶液中 pH 值的变化，其存在方式也发生变化，次氯酸和次氯酸根之和称为游离有效氯。氯是很强的氧化剂，它能和水中存在的许多杂质，如氨、氨基酸、蛋白质、含碳的物质、Fe^{2+}、Mn^{2+}、S^{2-}和 CN^- 等起反应。和这些物质起反应时所需氯的总量叫做需氯量。

当水里有氨时，氯和氨起反应生成三种不同的氯胺，反应如下：

$$HClO+NH_3=NH_2Cl+H_2O$$

$$2HClO+NH_3=NHCl_2+2H_2O$$

$$3HClO+NH_3=NCl_3+3H_2O$$

水中氯胺所含有的总量称为化合性氯。当水中的 HClO 因消毒消耗后，上述反应向左进行，继续供应消毒所需的 HClO，故氯胺也有杀虫性能。游离有效氯的消毒效能比化合性氯高，一般氯胺的作用比氯慢，但当水中的 pH 值大于 10 时产生更好的效果，氯胺在水系统中有更好的持久性，当水中含氨量过高，游离有效氯不能保持时，可暂采用其他杀菌剂如非氧化型。

氯加入水中主要消耗在藻类或黏泥等产生的有机物上，还要被活性氮的化学物质（如氨、聚丙烯酰胺等）所消耗而形成氯胺，因此，只有满足了这些需氯的消耗后，加入的氯才会产生多余的游离有效氯（常称为余氯）。为了保证杀生效果，在冷却水系统中要保持一定的余氯量和维持一定的接触时间，余氯量和接触时间要视系统的情况而定，一般余氯量要保持在 0.4～1.0 mg/L。余氯量大于 2 mg/L 时，容易破坏冷却塔中的钢材，故必须注意。

投氯方式有连续式和间歇式两种。连续加氯是在冷却水中经常保持一定的余氯量，其杀生效果好，但费用大，故一般采用间歇式加氯，即在 1 天中，间歇加氯 1～3 次，每次达到规定余氯量后维持接触时间 2～3 h。必须注意的是加氯要按规定的时间运行，切莫中断，若加氯不及时，容易引起微生物的迅速繁殖，待微生物形成危害后，就很难加以控制了。

余氯的监测应在系统终端进行，即在入塔的回水管上采样，因为终端如能保持一定的余氯量，则在整个系统都可以保证余氯存在。氯加入系统时，会与碱中和，而消耗于有机物产生的 H_2S 和 SO_2 时，会产生氢离子，因此在加氯过程中，为避免循环水中 pH 值过低，必须中断或减少为调 pH 值而投加的酸量。

二氧化氯杀菌能力很强，是一种黄色气体，有刺激性气味，性质不稳定，并具有爆炸性，故使用时必须在现场有关溶液中产生。用于水处理时，常通过亚氯酸溶液与氯的溶液或稀硫酸反应来产生。二氧化氯对孢子和病毒的杀伤更有效，其溶解在水中并不与水起反应，水的 pH 值对二氧化氯杀菌效果没有多大影响，所以在高 pH 值时二氧化氯效果比起氯来要有效得多。由于二氧化氯不与氨和其他大多数胺起反应，所以其实际消耗量比氯少。对于合成氨、炼油厂来说，容易受氨、酚等污染，用二氧化氯代替氯可能更好些。但二氧化氯成本较高，故其使用也受到一定的限制。

(2) 非氧化型杀菌灭藻剂

在循环冷却水系统中使用最多的非氧化型杀生剂是氯酚、五氯酚钠和三氯酚钠。国内使用较普遍的氯酚杀菌剂的 NL—4，它的主要成分为 2，2’-二羟基-5，5’-二氯-二苯基甲烷（二氯酚）。它对于循环水中异养菌、铁细菌、硫酸盐还原菌等菌类及藻类均有很强的杀灭和抑制作用，对真菌的杀灭效果尤为显著。

氯酚毒性大，对人眼、鼻等黏膜和皮肤有刺激，使用时要注意防护。氯酚对鱼类具有较高的毒性，因此排入湖泊中受到了限制，在使用时，一般使冷却水系统停止排污，待氯酚在系统中充分降解后才能进行排水。

季铵盐是一种含氮的有机化合物，对藻类和细菌的杀灭最有效。季铵盐在水中电离后带正电荷，是一种阳离子表面活性剂，具有渗透至微生物内部的性能，而且容易附在带负电荷的微生物表面。微生物的生活过程由于受到季铵盐的干扰而发生变化，这就是季铵盐类的杀菌原理。循环水中许多带负电荷的物质如灰尘、油污和一些有机物质都会与季铵盐的正电荷相吸，使季铵盐的活性降低，从而失去杀菌作用。季铵盐对孢子没有什么作用，在较高浓度如 1～3 mg/L 下，对一些真菌有作用。季铵盐类的缺点是使用剂量比较高，这样往往会引起起泡现象，但没有什么害处。

目前国内经常使用的洁而灭（十二烷基二甲基苄基氯化铵）和新洁而灭（十二烷基二甲基苄基溴化铵）是季铵盐化合物，它们是广谱杀生剂，对藻类、真菌类和异养菌等均有较好的杀生效果，还对污泥有剥离作用，使用浓度一般为 5～10 mg/L。季铵盐用于循环水系统，多数选用两种以上的药剂交替使用，或选用复合配方，因而扩大了季铵盐类药剂的应用。但是在应用中要注意，季铵盐类与阴离子表面活性剂共用时，会产生沉淀而失效；但与非离子型活性剂共用时，无不良影响。

二硫氰基甲烷 $CH_2(SCN)_2$ 是浅黄色或接近于无色的针状结晶，有恶臭和刺激味。它是一种广谱杀生剂，对细菌、真菌、藻类及原生动物都有较好的杀生效果，它比一般杀生剂杀菌能力都强，特别是对硫酸盐还原菌效果最好。其使用浓度较低，约 5 mg/L 即可，并且在 6 h内可以连续获得 98%～99%的高杀生率。

二硫氰基甲烷中的硫氰酸根可阻碍微生物呼吸系统中电子的转移。在正常呼吸作用中，三价铁离子形成了弱盐 $Fe(SCN)_2$ 而使高铁离子失去活性，从而引起细菌死亡。因此凡含细胞色素的微生物均能被杀死，硫酸盐还原菌含有铁细胞色素，故而能被杀死。

二硫氰甲基适用的 pH 值范围为 7.5～8.5，它不易溶于水，通常在使用时要与一些特殊的分散剂和渗透剂共同应用，以增加药剂对藻类和细菌黏液层的穿透性。由于二硫氰基甲烷是防水型的，因而不会由于水系统有污染物而使其活性降低，但二硫氰基甲烷对鱼类毒性大，排入水域前必须要采取措施。

11.2.4 金属腐蚀与控制

金属的腐蚀是指金属在周围介质（液体和气体）的作用下，由于化学反应、电化学反应或物理作用而使金属受到破坏或性能恶化的现象。

11.2.4.1 金属腐蚀的机理

冷却水中的金属腐蚀是一个电化学反应过程，在此过程中，金属表面与冷却水中所含的电解质或溶解氧发生电化学作用而产生破坏，反应过程中均包括阳极反应和阴极反应两个过程。工业冷却水系统中大多数的换热器是碳钢制造的，因此，下面以碳钢作为金属的代表，讨论金属在水中的腐蚀机理。

由于种种原因，碳钢的金属表面并不是均匀的。当它与冷却水接触时，会形成许多微小的腐蚀电池（微电池）。其中活泼的部位成为阳极，腐蚀学上把它称为阳极区；而不活泼的部位则成为阴极，腐蚀学上把它称为阴极区。

在阳极区，碳钢氧化生成亚铁离子进入水中，并在碳钢的金属基体上留下两个电子。与此同时，水中的溶解氧则在阴极区接受从阳极区流过来的两个电子，还原为 OH^-。这两个电极反应可以表示为：

在阳极区　　$Fe = Fe^{2+} + 2e^-$

在阴极区　　$\frac{1}{2}O_2 + H_2O + 2e^- = 2OH^-$

当亚铁离子和氢氧根离子在水中相遇时，就会生成 $Fe(OH)_2$ 沉淀。

$$Fe^{2+} + 2OH^- = Fe(OH)_2 \downarrow$$

图 11—7 为碳钢在含氧中性水中腐蚀机理的示意图。

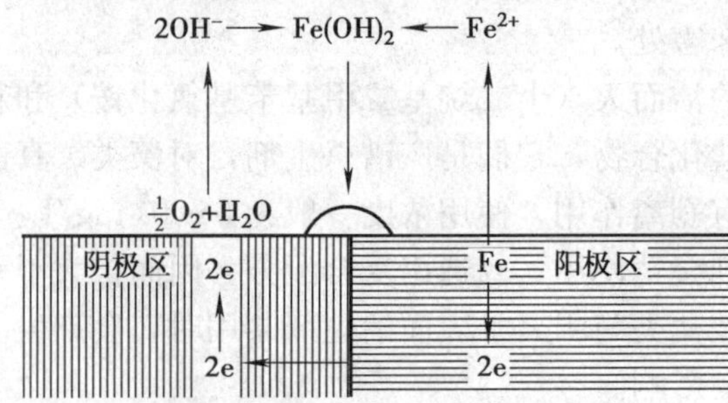

图 11—7　碳钢在含氧中性水中腐蚀机理

如果水中溶解氧量比较充足，则 $Fe(OH)_2$ 会进一步氧化，生成黄色的锈 FeOOH 或 $Fe_2O_3 \cdot H_2O$，而不是 $Fe(OH)_3$。如果水中的氧不足，则 $Fe(OH)_2$ 进一步氧化为绿色的水合四氧化三铁或黑色的无水四氧化三铁。

由以上的金属腐蚀机理可知，造成金属腐蚀的是金属的阳极溶解反应。因此，金属的腐蚀破坏仅出现在腐蚀电池中的阳极区，而腐蚀电池的阴极区是不腐蚀的。

11.2.4.2　金属腐蚀的分类

冷却水系统中的金属腐蚀根据金属被破坏的形式分为下面两类：

（1）全面腐蚀

腐蚀分布在整个金属表面上，它可以是均匀的，也可以是不均匀的，但总的来说，腐蚀分布相对较均匀。碳钢在强酸中发生的腐蚀就属于均匀腐蚀，这是一种质量损失较大而危险性较小的腐蚀。

（2）局部腐蚀

腐蚀主要集中在金属表面某一区域，由于这种腐蚀的分布、深度和发展很不均匀，常在整个设备较好的情况下，发生局部穿孔或破裂而引起严重事故，所以危险性很大。常见的金属局部腐蚀有以下形式（见图 11—8）：

1）应力腐蚀破裂。在局部腐蚀中出现得最多，化工设备由此造成的损失尤为突出。例如，碳钢、低合金钢处在熔碱、硫化氢或海水中，奥氏体不锈钢（11—8 型）在热氯化物水溶液中（NaCl、$MgCl_2$ 等溶液）。裂纹特征在显微观察下呈树枝状，根据腐蚀介质性质和应力状态形式又有不同，但裂纹走向与所受拉应力均呈垂直状（见图 11—8a），这种腐蚀形成的危害性极大。

2）点蚀（小孔腐蚀）。破坏主要集中在某些活性点上，并向金属内部深处发展，通常腐蚀深度大于孔径，严重的可使设备穿孔。不锈钢和铝合金在含 Cl^- 的溶液中常呈此种破坏形式（见图 11—8b）。

3）晶间腐蚀。腐蚀发生在晶界上，并沿晶界向纵深处发展（见图 11—8c），从金属外观看不出明显变化，而机械性能明显下降，通常晶间腐蚀出现于奥氏体不锈钢、铁素体不锈钢和铝合金的构件中。

4）电偶腐蚀。不同金属在一定介质中互相接触所发生的腐蚀。例如，热交换器的不锈钢和碳钢管板连接处，碳钢将加速腐蚀。

5）缝隙腐蚀。腐蚀发生在缝隙中，如法兰连接面、焊缝等处，是一切金属材料普遍能发生的一种局部腐蚀（见图 11—8d）。如发生在沉积物下面，则为垢下（沉积物）腐蚀（见图 11—8e）。

其他局部腐蚀还有冲刷腐蚀（见图 11—8f）、选择性腐蚀、氢脆、空泡腐蚀等。

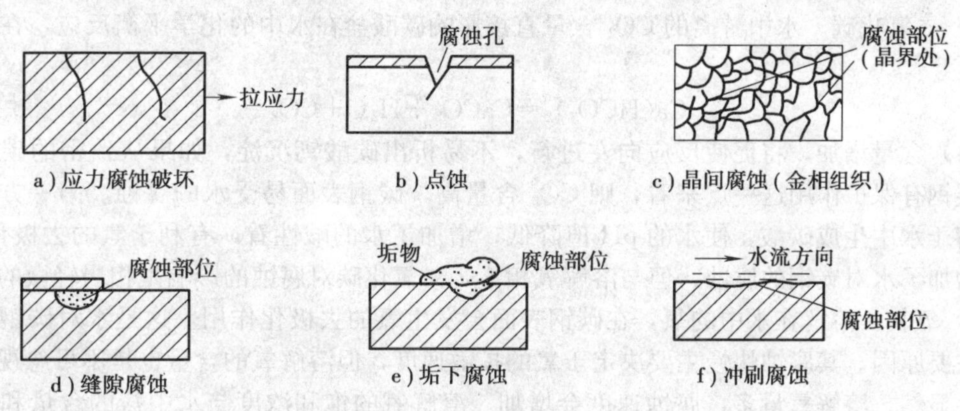

图 11—8 常见的金属局部腐蚀形式

11.2.4.3 金属腐蚀的影响因素

（1）水质的影响

金属受腐蚀的情况与水质关系密切。前面已经讨论过，钙硬较高的水质或钙硬虽不太高，但浓缩倍数高时，容易产生碳酸钙水垢，一旦在传热管壁上形成这种致密坚硬有保护膜作用的水垢后，碳钢的腐蚀即减缓，所以软水的腐蚀性比硬水严重。

同样，当水中溶解的盐类很高，水的导电性增加时，也会使腐蚀增加，所以海水的腐蚀性比淡水强。水中 Cl^-、SO_4^{2-} 的含量高时，也会增加水的腐蚀性。Cl^- 不仅会对不锈钢容易造成应力腐蚀，而且还会妨碍金属钝化，破坏金属表面上有保护作用的钝化膜（即氧化膜）。

当水中溶有氧化性的铬酸盐、钨酸盐、硅酸盐、亚硝酸盐时，可起到抑制腐蚀的作用，然而同样具有氧化性的 Cu^{2+}、Fe^{3+}、Hg^{2+}、ClO^- 等离子则会促使腐蚀进行。

因此，水质不同，其腐蚀情况也就各不相同，在采取抑制腐蚀措施时，必须对不同情况分别加以考虑，否则常常会出现某种处理方法对某个工厂是良好的，但对其他厂则可能是失败的情况。

(2) pH 值的影响

在自然界，正常温度下，水的 pH 值一般在 4.3～10 之间。碳钢在这样的天然水中，表面上所接触的一层水常常被氢氧化铁所饱和，并在碳钢表面上形成氢氧化铁覆盖膜。此时碳钢腐蚀速度主要决定于氧通过氢氧化亚铁覆盖膜，扩散到碳钢表面上的去极化作用。因此，pH 值的微小改变，不会严重影响碳钢的腐蚀程度。但是当 pH 值低于 4.3 时，在碳钢表面产生氢的去极化作用，腐蚀速度会加快。另外，当 pH 值偏酸性时，碳钢表面不易形成有保护性的致密的碳酸钙垢层，其腐蚀速率比 pH 值偏碱性时要高些。同时，当 pH 值大于 10 以上时，金属表面上形成的氢氧化铁覆盖膜的溶解度进一步减小，有利于极化作用，因此腐蚀速度更慢。

(3) 溶解气体的影响

天然水中溶解的气体是二氧化碳和氧气。但由于环境的污染，当冷却水从凉水塔向塔下喷淋与逆流进入的空气相遇时，混入空气中的硫化氢、氨、氯等气体就会溶入水中。这些溶解的气体，对水的腐蚀性影响很大。现分别述之。

1) 二氧化碳。水中游离的 CO_2 含量直接影响碳酸盐在水中的化学平衡反应，在下列反应中：

$$Ca(HCO_3)_2 = CaCO_3 + H_2O + CO_2$$

CO_2 含量增加，将促使反应向左进行，不易析出碳酸钙沉淀，如果从致密的碳酸钙水垢对碳钢有保护作用这一点来看，则 CO_2 含量高，碳钢表面易受水的腐蚀。另一方面，从 CO_2 溶于水中生成碳酸，使水的 pH 值降低，增加了水的酸性看，有利于氢的去极化发生，因而增加了水对碳钢的腐蚀，但与溶解氧相比，二氧化碳对腐蚀的影响是相当轻微的。

2) 氧气。溶解在水中的氧，在碳钢表面会发生氧的去极化作用，这是水对碳钢产生腐蚀的主要原因。其腐蚀快慢主要决定于氧的扩散速度，但溶解氧的含量也是不可忽视的重要因素。显然，溶解氧量多，腐蚀速度会增加。溶解氧的饱和浓度与水中盐的含量和温度有关，它们随着盐的浓度的增加和水温的升高而降低。然而当氧极其充分时，氧对金属表面会起氧化作用形成有保护性的氧化膜，此时腐蚀率反而下降。

3) 硫化氢气体。工厂周围空气常被硫化氢气体所污染，它们随着污染的空气而进入水中，此外，水中 SO_4^{2-} 被硫酸盐还原菌还原也会形成硫化氢气体溶于水中。

硫化氢气体溶入水中，会降低水的 pH 值，增加水的腐蚀性，同时硫化氢在水中与 Fe^{2+} 结合成硫化亚铁，所以硫化氢起了阴极去极化剂的作用，而硫化亚铁沉在金属表面上，对铁而言是阴极，会导致电偶腐蚀。

4) 氨气。化肥厂周围空气中氨气较多，也会溶入冷却水中，对铜合金制的换热器产生选择性腐蚀，因氨与 Cu^{2+} 离子生成可溶性的铜氨络合物。反应式如下：

$$4NH_4OH + Cu^{2+} \rightarrow [Cu(NH_3)_4]^{2+} + 4H_2O$$

5）氯气。除周围环境有氯气污染外，更多的是利用氯气来杀菌时带入水中。氯气溶于水中生成盐酸和次氯酸。

$$Cl_2 + H_2O \rightarrow HCl + HClO$$

盐酸和次氯酸都会降低水的 pH 值，增加水的腐蚀性，同时带入的 Cl^- 会加速不锈钢的应力腐蚀。Cl^- 还会对某些氧化性保护膜形成阻滞，甚至破坏作用。

(4) 水温的影响

一般情况下，温度上升 10℃，则腐蚀率约增加 30%。在密闭容器内，腐蚀速度随温度的升高而直线上升，但在开放系统中，起先随温度上升，腐蚀速率变大，到 80℃时，腐蚀速率最大，以后即随温度的升高而急剧下降。这是因为水中溶解氧的浓度因水温升高而减少的缘故。

热交换器在冷却水中，各部位除因结垢程度不同造成局部腐蚀外，还会因温度不同，形成腐蚀电池，高温部位相对低温部位而言是阳极。

(5) 水流速度的影响

碳钢在冷却水中被腐蚀的主要原因是氧的去极化作用，而腐蚀速度又与氧的扩散速度有关。当水在管内流动时，即使是湍流，在接近管壁处仍存在一滞流边界层，氧欲扩散到金属表面必须克服这一滞流边界层所造成的阻力，边界层越厚，氧的扩散越慢。因此，水流速度大，有利于氧的扩散，所以碳钢的腐蚀速度随着水流速度的升高而加大。同时，流速较大时，还可冲去沉积在金属表面上的腐蚀、结垢等生成物，使氧向金属表面扩散的量增加，导致腐蚀加速。水流速度进一步的升高，腐蚀速度反而会下降，这是因为流速过大，向金属表面提供的氧足以使金属表面形成氧化膜，起到了缓蚀作用。如果水流流速继续增加，则会破坏氧化膜，使腐蚀速度再次增大，当水流速度很高时，便会产生气蚀，引起严重的局部腐蚀。当然，水流速度的选择，不能只从腐蚀角度出发，还要考虑到传热的要求，水流速度过低，传热效果会降低，故冷却水流速一般在 1 m/s。

(6) 悬浮固体的影响

空气中的灰尘、砂粒通过凉水塔会带入冷却水中，凉水塔就像一个除尘器一样，因此，空气中尘砂越多，带入冷却水系统中的悬浮固体就越多。空气中的尘砂是随着地区、季节和气候而变的。

补充水的浓度如控制不严，也会给冷却系统带入悬浮固体。

悬浮固体在系统中，特别是在低流速部位（如水走壳程换热器），会发生沉积，这些沉积层是疏松多孔的，因此，沉积层下部金属容易和周围金属形成浓差电池，造成局部腐蚀。

(7) 微生物的影响

冷却水滋生的微生物会直接参与腐蚀反应，除了这些微生物排出的氨盐、硝酸盐、有机物、硫化物和碳酸盐等代谢物使水质组成发生变化而引起腐蚀外，最主要的是由于铁细菌和厌氧的硫酸盐还原菌的存在所引起的腐蚀。

碳钢表面由于溶解氧的去极化作用，Fe^{2+} 不断溶入水中，与阴极反应生成的 OH^- 结合形成氢氧化亚铁，沉积在金属表面上，在水中溶解氧的作用下，可以进一步被氧化成氢氧化铁，并形成铁锈（$FeO \cdot Fe_2O_3 \cdot nH_2O$）。当有铁细菌存在时，这种细菌有助于亚铁盐的接触氧化，因为下列反应：

$$Fe^{2+} \xrightarrow{\text{细菌，催化}} Fe^{3+} + e^-$$

要促使在阳极附近形成氢氧化铁和铁锈（$FeO \cdot Fe_2O_3 \cdot nH_2O$）的沉淀膜。当这种沉淀膜进一步增长时，将妨碍氧进入，所以沉淀膜的下方因缺氧而成为阳极，而沉淀膜的周围的金属则变成阴极，形成氧的浓差电池，加剧了腐蚀的进行，其腐蚀过程如图 11—9 所示。

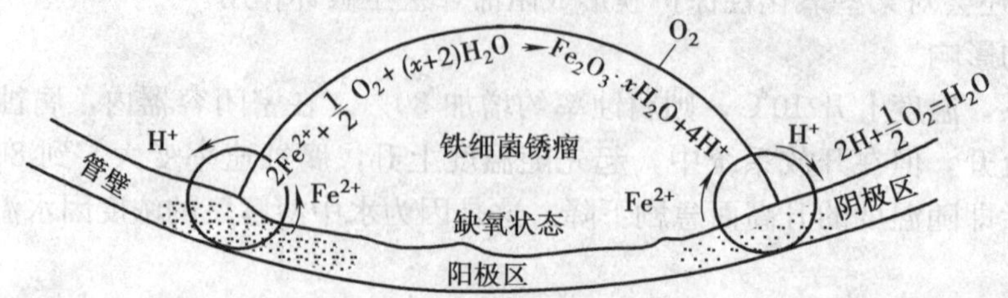

图 11—9　微生物腐蚀金属过程示意

这种沉淀膜附在管壁上就是通常所见的暗褐色的锈瘤。锈瘤的中心部位为黑色，其外侧有好几层淡褐色的色层，挖开锈瘤即可见到被腐蚀的凹坑，并且它可继续腐蚀下去，直至钢管穿孔，这种腐蚀用一般的有机或无机缓蚀剂也无济于事，必须添加杀菌措施，进行根除。

硫酸盐还原菌的腐蚀过程是，当黏泥及其与无机盐沉淀形成的泥团黏附在金属表面时，金属表面与黏泥团之间缺氧，因此，厌氧性的硫酸盐还原菌得以活动，这种细菌可以使硫酸盐还原成为硫化氢。硫化氢与亚铁离子反应生成硫化亚铁，减速了碳钢的腐蚀。硫化氢有臭味，硫化亚铁为黑色沉积物，因此，将沉积在金属表面上的黏泥团挖开，如发现有臭味或黑色核心，就证明有硫酸盐还原菌存在。

冷却水系统中，常溶有硫酸盐，特别是利用硫酸来调节 pH 值时，更会带入大量 SO_4^{2-}，为硫酸盐还原菌的繁殖提供了条件。

11.2.4.4　金属腐蚀的控制

（1）添加缓蚀剂

缓蚀剂又称抑制剂。凡是添加到腐蚀介质中能干扰腐蚀电化学作用，阻止或降低腐蚀速率的一类物质都称为缓蚀剂。其作用是通过在金属表面上形成一层保护膜来防止腐蚀的。

1）缓蚀剂的分类。缓蚀剂的种类很多，通常有以下三种分类方法。

①按药剂的化学组成可分为：无机缓蚀剂如铬酸盐、重铬酸盐、磷酸盐、聚磷酸盐、硝酸盐、亚硝酸盐、硅酸盐等；有机缓蚀剂如胺类、醛类、膦类、杂环化合物等。

②按药剂对电化学腐蚀过程的作用可分为：阳极缓蚀剂如铬酸盐、亚硝酸盐等，阴极缓蚀剂如聚磷酸盐、锌盐等，以及阴阳极缓蚀剂如有机胺类三种。阳极缓蚀剂和阴极缓蚀剂能分别阻止阳极或阴极作用过程的进行；而阴阳缓蚀剂能同时阻止阴、阳极作用过程的进行。

③按药剂的金属表面形成各种不同类型的膜则可分为氧化膜型、沉淀膜型和吸附膜型。

2）缓蚀剂的特性。缓蚀剂的类型不同，反映出来的特性各异。故按类型分别作介绍。

①氧化膜型缓蚀剂。这类缓蚀剂能使金属表面氧化，形成一层致密的耐腐蚀的钝化膜而防止腐蚀。如铬酸盐在溶液中使碳钢表面生成一层 $\gamma-Fe_2O_3$ 的膜，它紧密、牢固地黏附在

金属表面，改变了金属的腐蚀电位，并通过钝化现象降低腐蚀反应的速度。氧化膜型缓蚀剂的防腐作用是很好的，但是这类缓蚀剂如果加入量不够，会引起危险的点蚀，所以这类缓蚀剂用量往往较多。氧化膜缓蚀剂在成膜过程中会被消耗掉，故在这类缓蚀剂的使用初期需加入较多的量。待成膜后就可以减少用量，加入的药剂仅用来修补破坏的氧化膜。氯离子、高温及水流速度高都会破坏氧化膜，故应用时要考虑适当提高药剂浓度。

②沉淀膜型缓蚀剂。这类缓蚀剂能与水中某些离子和腐蚀下来的金属离子相互结合而沉淀在金属表面上，形成一层难溶的沉淀物或表面配合物，从而阻止了金属的继续腐蚀。由于这种防蚀膜没有和金属表面直接结合，是多孔的，常表现出对金属的附着不好。因此，从缓蚀效果来看，这种缓蚀剂稍差于氧化膜缓蚀剂。

③吸附膜型缓蚀剂。这类缓蚀剂都是有机化合物，在其分子结构中具有可吸附在金属表面的亲水基团和遮蔽金属表面的疏水基团。极性基团定向地吸附在金属表面，而疏水基团则阻碍水及溶解氧向金属扩散，从而达到缓蚀作用。当金属表面呈现活性和清洁的时候，这种缓蚀剂形成满意的吸附膜并表现出很好的防蚀效果。但如果在金属表面有腐蚀产物覆盖或有污泥沉积物，就不能提供适宜的条件形成吸附膜型防蚀膜。所以这类缓蚀剂在使用时可加入润湿剂，以帮助其向覆盖的金属表面渗透，提高缓蚀效果。

(2) 常用的冷却水缓蚀剂

1) 铬酸盐缓蚀剂。常用的铬酸盐缓蚀剂有 Na_2CrO_4、K_2CrO_4 和 $Na_2CrO_7 \cdot 2H_2O$ 或 $K_2CrO_7 \cdot 2H_2O$。这种缓蚀剂是阳极型或氧化膜型，起作用的是阴离子。当它加入到水中时，可产生下列反应：

$$CrO_4^{2-}+3Fe(OH)_2+4H_2O=Cr(OH)_3+3Fe(OH)_3+2OH^-$$

形成的两种水合氧化物，随后脱水生成 Cr_2O_3 和 Fe_2O_3 的混合物，在阳极上形成钝化膜，阻滞了阳极过程的进行。铬酸盐形成的钝化膜中含 10%的 Cr_2O_3 和 90%的 $\gamma-Fe_2O_3$。

铬酸盐是阳极缓蚀剂，在相当高的剂量时，是一种很有效的钝化缓蚀剂。但在低剂量使用时则有坑蚀危险，故一般单独使用铬酸盐时剂量都在 200～250 mg/L 之间。若与其他药剂如六偏磷酸钠、锌盐等配合使用，其剂量便可大大降低。

铬酸盐的使用范围较广，在碱性水中成膜效果最好，一般推荐 pH 值范围为 7.5～9.5。

使用铬酸盐最主要的问题是排放污水对环境引起的污染，因为铬对水生物和人体有毒性。国外许多国家规定，排放污水中 Cr^{3+} 的含量不能超过 0.05 mg/L。这是一般污水处理方法所不易达到的标准。因此，铬酸盐作缓蚀剂虽然有缓蚀效果好、不易滋生菌藻的优点；但由于排水的污染问题，目前尚未在国内推广使用。

2) 聚磷酸盐缓蚀剂。常用聚磷酸盐缓蚀剂有三聚磷酸钠和六偏磷酸钠，后者使用最为广泛。聚磷酸盐除了作为缓蚀剂用外，还可以作为阻垢剂来使用。一般认为聚磷酸盐是阴极型或沉淀型缓蚀剂，它与水中溶解的金属离子形成配合物，沉积在金属表面上形成保护膜而减缓腐蚀。因此，要使聚磷酸盐发挥较好的缓蚀作用，冷却水中要求有一定的两价金属离子，例如 Ca^{2+}、Fe^{2+} 或 Zn^{2+} 等。在 Ca^{2+} 含量较少的软水中不宜用聚磷酸盐作缓蚀剂用。反之，如果不含溶解氧，水中的聚磷酸盐会与铁形成可溶性配合物而促进腐蚀。因此，在选用聚磷酸盐作缓蚀剂时，必须满足对 Ca^{2+} 等二价金属离了和溶解氧含量的要求，否则不能获得良好的效果。一般说来，在敞开式循环冷却水系统中，溶解氧基本上是饱和的，因此关键还是水中要有足够的 Ca^{2+}。

聚磷酸盐易水解成正磷酸盐，后者是阳极缓蚀剂，但缓蚀效果较弱，用量不足反而促进腐蚀；而最要害的问题在于 Ca^{2+} 含量较高时，正磷酸盐会过多，以致容易形成难溶的磷酸钙水垢。所以在使用聚磷酸盐时，要注意减少其水解作用。影响聚磷酸盐水解的因素是药剂的停留时间、微生物、水的温度和 pH 值。高温、高 pH 值和低 pH 值都会促进聚磷酸盐的水解。因此，要针对水质情况选择最适宜的运行条件。

聚磷酸盐与锌盐相加作缓蚀剂，其排污处理不像铬酸盐那么严格，并可加速膜的形成。膜的成分是 $\gamma-Fe_2O_3$、磷酸铁配合物、磷酸锌和氢氧化锌。其保护效果比单独使用聚磷酸盐形成的膜要致密，所以缓蚀效果得到提高。但加锌时要注意控制 pH 值≤8.3，Zn^{2+} 浓度不宜大于 4 mg/L，否则锌盐有形成沉积的危险。

3）锌盐缓蚀剂。在冷却水循环系统中，锌盐是最常用的阴极缓蚀剂，起作用的是锌离子。锌离子在阴极部位，由于 pH 值的升高，能迅速形成 $Zn(OH)_2$ 沉积在阴极表面，起了保护膜的作用。锌盐相应的阴离子一般不影响它的缓蚀性能，氯化锌、硫酸锌及硝酸锌等都可以选用。

锌盐的成膜比较迅速，但这种膜不耐久，因此，锌盐是一种安全但低效的缓蚀剂，所以不宜单独使用。但与其他缓蚀剂配合使用可以取得较好的缓蚀效果，因为锌能加速这些缓蚀剂的成膜作用，同时又能保持这些缓蚀剂所形成膜的耐久性。

锌对水生物也有毒性，因此它的应用也受到限制。另外，在 pH 值>8.3 时，锌有产生沉淀的倾向。故目前国内工厂多采用［Zn^{2+}］<4 mg/L，使所用的锌离子浓度低于规定的排放标准。

4）有机缓蚀剂。有机磷酸盐如氨基亚甲基磷酸盐（ATMP）、乙二胺四亚甲基磷酸盐（EDTMP）、羟基亚乙基二磷酸盐（HEDP）等，具有良好的缓蚀性能，但又都是很有效的阻垢剂。它们都有配合金属离子的能力，能够与铁和钙等离子结合，在金属表面形成一层有抑制作用的保护膜。相比之下，有机磷酸盐阻垢剂性能比聚磷酸盐好，而聚磷酸盐缓蚀性能又比有机磷酸盐好。因此在实际应用时很少单独使用有机磷酸盐，而总是将有机磷酸盐和聚磷酸盐混合使用。为提高缓蚀、阻垢效果，再添加一些锌盐和聚丙烯酸等分散剂，这样的配方已成功地使用在高硬度、高碱性的系统中。

巯基苯并噻唑（MBT）是循环冷却水系统中对铜及铜合金设备使用的最有效的缓蚀剂之一，因此，复合药剂配方里经常含有 1～2 mg/L 的巯基苯并噻唑，它的缓蚀作用主要是依靠其与金属铜表面上的活性铜原子或铜离子产生一种化学吸附剂的作用，进而发生螯合作用，形成了一层致密而牢固的保护层，使铜设备受到良好的保护。

在使用铜材设备的冷却水系统中，巯基苯并噻唑除了保护铜设备以外，也相应地保护其他钢材设备。生产中，一旦铜设备因腐蚀严重，致使水中铜离子超过一定浓度时，会引起钢材的电化学腐蚀和电偶腐蚀。因此，凡系统中含有铜材或原水中含有一定铜离子浓度时，一般都考虑投加 MBT 或类似的药剂。MBT 在水中的溶解度较小，固体 MBT 加入时，常发生漂浮于水面的现象，为此，常以它的碱性水溶液投加，因为 MBT 的钠盐溶解度大些。MBT 只有在水质的 pH 值为 3～10 时才是有效的。MBT 的投加浓度，一般为 1～2 mg/L，有保障的浓度为 2 mg/L。有人认为除非在磷系配方中加入锌盐，否则 MBT 会损害聚磷酸盐的缓蚀作用。另外，MBT 的抗氯性较差，当有氯存在时，易被氯氧化为二硫化物，使保护膜被破坏。

苯并三氮唑对铜及铜合金也是一种很有效的缓蚀剂，它的负离子和亚铜离子形成一种不溶性的极稳定的配合物。这种配合物吸附在金属表面上形成一层稳定的、惰性的保护膜从而使金属得到保护。苯并三氮唑的使用浓度一般为 1 mg/L。在 pH 值为 5.5～10 时缓蚀作用很好，但苯并三氮唑在 pH 值低的介质中缓蚀作用降低。尽管如此，在流动的、非氧化性的酸中，苯并三氮唑仍可有效地抑制铜的腐蚀。

苯并三氮唑对聚磷酸盐的缓蚀作用不产生干扰，对氧化作用的抵抗力很强。但当它与游离性氯同时存在时，则丧失了对铜的缓蚀作用，而在氯消失后，其缓蚀作用便得到恢复，这是 MBT 未能具有的性质，但其价格较高，故其在应用上不如 MBT 广泛。

5）硅酸盐缓蚀剂。主要是硅酸钠（即市场上的水玻璃，又称泡花碱）。硅酸钠在水中呈一种带电荷的胶体微粒，与金属表面溶解下来的 Fe^{2+} 结合，形成硅酸等凝胶，覆盖在金属表面起到缓蚀作用，硅酸盐是沉淀膜型缓蚀剂，溶液中的腐蚀产物 Fe^{2+} 是形成沉淀膜必不可少的条件。因此，在成膜过程中，必须是先腐蚀后成膜，一旦膜形成，腐蚀也就减缓。硅酸盐作为缓蚀剂，其最大优点是操作容易，没有危险；在正常使用浓度下完全无毒，不会产生排污水污染问题，药剂来源丰富，价格低廉。但在有硬度的水中会生成硅酸钙或硅酸镁水垢，一旦水垢生成则很难消除，故硅系缓蚀剂目前只少数使用。

6）钼系水质稳定剂。钼酸盐与铬酸盐一样，也是阳极缓蚀剂，它在铁阳极上生成一层具有保护膜作用的亚铁一高铁一钼氧化物的配合物的钝化膜。这种膜的缓蚀效果接近高浓度铬酸盐或硝酸盐所形成的钝化膜，但在成膜过程中，它又与聚磷酸盐相似，必须有足够的溶解氧存在。

钼酸盐单独使用需要投加较高剂量才能获得满意的缓蚀效果。故为了减少钼酸盐的投加浓度、降低处理费用和提高缓蚀效果，它常与其他药剂如聚磷酸盐、葡萄糖酸盐、锌盐等同用，具有良好的缓蚀效能。

钼系水质稳定剂缓蚀效果好，尤其是和其他药剂共用可大大地抑制点蚀的发生；毒性较低，不像铬、锌对环境有严重的污染影响。但存在使用剂量大、成本较高的缺点，如能降低剂量和费用，钼系可能是具有前途的一类缓蚀剂。

7）磷系配方的酸性和碱性处理。磷系配方按其操作条件可分为酸性处理和碱性处理。磷系配方的酸性处理又称低 pH 值高磷酸盐处理，处理一般加硫酸，将循环冷却水的 pH 值调至 6.0～7.0。在这个 pH 值范围内，可稳住 $Ca(HCO_3)_2$，而没有 $CaCO_3$ 析出的危险，从而防止换热器中水垢的形成。酸性处理将使结垢的可能性减小，但腐蚀的倾向却增加了，所以将缓蚀剂的用量增大来抑制腐蚀，一般要加入 20～40 mg/L 的聚磷酸盐液。酸性处理一般可以取得较好的缓蚀、阻垢效果，同时药剂费用也较低。但其有以下缺点：一是加酸调 pH 值时，如果操作不慎可能会使 pH 值忽高忽低的波动而引起设备的腐蚀或结垢；二是高剂量的磷排放会引起对环境的污染；三是要求水中 Ca^{2+} 浓度不能太高，Ca^{2+} 浓度高了需要软化处理。

磷系配方的碱性处理又称高 pII 值低磷酸盐处理。碱性处理是使循环冷却水的 pH 值保持在碱性范围，一般控制 pH 值在 7.5～8.5。碱性处理与酸性处理相比，水的腐蚀减轻但结垢可能性增加了，所以碱性处理除了加酸量减少外，缓蚀剂量也减少了很多，一般用量为5～20 mg/L。此外，在碱性处理的配方中还加入高效的阻垢剂和分散剂以抑制水垢和污垢的形成。

由于碱性处理结垢是主要矛盾，且影响结垢的因素又较多，故操作应严格控制。同时在碱性环境下氯的杀菌效果较差，所以要特别注意对菌藻的控制。

8）增效作用。当采用两种以上药剂组成缓蚀剂时，往往比单用这些药剂的缓蚀效果好且用量少，这个现象叫做缓蚀剂的增效作用或协同效应。例如单用铬酸盐或锌盐为缓蚀剂时效果较差，但当两者联合低剂量使用时，5～10 mg/L 的 $Na_2Cr_2O_7$ 及 5～10 mg/L 的 Zn^{2+} 就可得到很好的缓蚀效果。由于复方缓蚀剂的增效作用，同时还节约了药剂，因此目前很少采用单一的缓蚀剂。如现在使用较普遍的磷系配方中，除了聚磷酸盐外，还添加有机磷酸盐或锌盐等药剂。

（3）发展趋向

随着冷却水处理工艺的深入发展，对缓蚀剂的需求的数量越来越多，对其性能的要求也越来越高，给冷却水缓蚀剂的开发工作带来了新的机遇。缓蚀剂开发工作的趋向是，针对不同水质、不同工艺条件、不同材质和不同要求，开发复合缓蚀剂；开发各种能使锌盐和聚磷酸盐稳定在冷却水中的稳定剂；开发更耐氯的缓蚀剂；开发无毒或低毒的缓蚀剂。

11.3 循环冷却水系统工程实例

11.3.1 适用于高盐类冷却水系统的工程实例

盐类浓度（氯离子、硫酸根离子）是影响缓蚀剂效果的环境因素之一。盐类浓度是腐蚀性水质的主要因素，盐类浓度不同，则缓蚀剂的缓蚀效果不同，其耐盐性也不同，为了尽可能适用于较宽的水质范围，应采用与金属盐合用的缓蚀剂。

这种情况可能出现在把河口附近作为工业用水水源的时候。在夏天枯水期，海水会潜流渗入工业用水中，这时水中除盐类外，硬度成分的浓度也高，需大力加强缓蚀剂与阻垢处理，例如，在约 4 个月的夏天期间，一部分海水渗入工业用水，在冷却水中（浓缩倍数约 2 倍），盐类浓度达 3 000～5 000 mg/L（$Cl^-+SO_4^{2-}$）（最高 20 000 mg/L）。在此期间，相应采用聚磷酸盐二价金属盐类缓蚀剂和阻垢剂（聚合物），当年定期打开检查时，效果良好，4 个月之中，完全没有发现海水渗入的影响。

某高盐类冷却水系统的处理实例见表 11—1。该系统内因盐类浓度（Cl^- 463 mg/L，SO_4^{2-} 411 mg/L）高，所以采用聚磷酸盐—二价金属盐类缓蚀剂。因钙硬度也高，达 300 mg/L（$CaCO_3$），从阻垢的观点考虑，采取 pH 值控制和阻垢剂（聚合物类）合用的方法。定期打开换热器检查和监测的结果，几乎看不出腐蚀、污垢、黏泥等故障。

表 11—1　　高盐类冷却水系统的处理实例

项目		内容	数值
冷却塔的运行条件		循环水量	11 000 m^3/h
		系统水量	3 600 m^3
		冷却塔温度差	5～6℃
		浓缩倍数	3 倍
使用药剂		基础投加处理：	
		缓蚀剂（聚磷酸盐十二价金属盐类）	200 mg/L
		阻垢剂（聚合物类）	300 mg/L
		正常运行时：	
		缓蚀剂（聚磷酸盐十二价金属盐类）	15 mg/L
		阻垢剂（聚合物类）	200 mg/L
		氯处理（氯气）	3 h×2 次/d
		pH 值控制（H_2SO_4）	7.0～8.0（pH）
循环水的水质		浊度（°）	13
		pH 值（25℃）	7.6
		电导率（μS/cm）	2 300
		钙硬度（$CaCO_3$）（mg/L）	295
		M 碱度（$CaCO_3$）（mg/L）	34
		氯离子（Cl^-）（mg/L）	463
		硫酸根离子（SO_4^{2-}）（mg/L）	411
		二氧化硅（SiO_2）（mg/L）	13
监测用热交换器的效果	条件	冷却水温度	30℃（入口）→50℃（出口）
		冷却水流速	0.5 m/s
		冷却水的流动	管程
		蒸汽的流动	壳程
		传热量	1.8×10^5 kJ/（m^2·h）
		试验期间	2 个月
	结束	结垢附着速度［mg/（cm^2·月）］（简称 mcm）	入口部 2～3 中间部 3～4 出口部 6～7
		腐蚀速度［mg/（dm^2·d）］（简称 mdd）	出口部 4.8
处理时间	1 年		
定期检查结果	几乎没有发现腐蚀、结垢、黏泥故障，有良好的处理状况（管侧通水热交换器） 仅在壳程通水的热交换器的低流速部位，可看到少量泥状淤泥		

11.3.2 采用非磷酸盐缓蚀剂的处理冷却水的工程实例

目前，在敞开式循环冷却水系统广泛使用有机、无机的各种磷酸盐类缓蚀剂，都得到了良好的处理效果。但从环保角度考虑，都希望使用非磷系缓蚀剂。非磷酸盐类缓蚀剂，在不违反排水规定的范围内，除了用金属盐的药剂之外，可以考虑用有机酸盐类药剂、硅酸盐药剂。高分子电解质药剂（低分子量聚合物）及利用水中的缓蚀性因素进行缓蚀等种种方法。一般而言，这些非磷酸盐类缓蚀剂比磷酸盐类缓蚀剂适用的水质和温度范围等要窄。如果充分注意设备的运转条件和水质管理等，则非磷酸盐类缓蚀剂将有可能实际应用，处理效果也会不断增加。表 11—2 为非磷酸盐类缓蚀剂应用于实际设备的处理实例。

表 11—2　非磷酸盐类缓蚀剂的处理实例

<table>
<tr><td rowspan="4">冷却塔的运行条件</td><td>循环水量</td><td colspan="2">2 000 m^3/h</td></tr>
<tr><td>系统水量</td><td colspan="2">700 m^3</td></tr>
<tr><td>冷却塔温度差</td><td colspan="2">11℃</td></tr>
<tr><td>浓缩倍数</td><td colspan="2">3 倍</td></tr>
<tr><td rowspan="6">使用药剂</td><td>基础投加处理：</td><td colspan="2"></td></tr>
<tr><td>缓蚀剂（聚磷酸盐十二价金属盐类）</td><td colspan="2">800 mg/L</td></tr>
<tr><td>阻垢剂（聚合物类）</td><td colspan="2">300 mg/L</td></tr>
<tr><td>正常运转时：</td><td colspan="2"></td></tr>
<tr><td>非磷酸盐类缓蚀剂</td><td colspan="2">150～200 mg/L</td></tr>
<tr><td>氯处理</td><td colspan="2">0.5～1.0 mg/L（Cl_2）；3 h/d</td></tr>
<tr><td rowspan="7">水质</td><td></td><td>补充水</td><td>循环水</td></tr>
<tr><td>pH 值（25℃）</td><td>8.0</td><td>8.8</td></tr>
<tr><td>电导率（μS/cm）</td><td>116</td><td>387</td></tr>
<tr><td>钙硬度（$CaCO_3$）（mg/L）</td><td>32</td><td>108</td></tr>
<tr><td>M 碱度（$CaCO_3$）（mg/L）</td><td>44</td><td>138</td></tr>
<tr><td>氯离子（Cl^-）（mg/L）</td><td>7</td><td>20</td></tr>
<tr><td>二氧化硅（SiO_2）（mg/L）</td><td>12</td><td>32</td></tr>
<tr><td>试验部分的检查结果</td><td>腐蚀速度［mg/（dm^2·d）］
（简称 mdd）</td><td colspan="2">3.0～3.6</td></tr>
<tr><td>处理时间</td><td colspan="3">3 年</td></tr>
<tr><td>定期检查结果</td><td colspan="3">几乎没有发现腐蚀、结垢、黏泥故障，处理效果良好</td></tr>
</table>

本章小结

工业生产过程中往往会产生大量热量，使生产设备或产品的温度升高，必须及时进行冷却，否则影响生产的正常运行、产品的质量和产量。本章主要介绍了工业用水中循环水的冷却和处理的基本知识及工程实例。通过学习应能结合具体冷却水项目，选择适当的工艺设备和控制水质的方法，以节省用水量和降低生产成本。

练 习 题

1. 填空题

(1) 冷却水长期使用后必然带来________、________、________等危害。

(2) 冷却系统中的水垢主要成分是____________________。

(3) 水质稳定性鉴别常用的两个指标是________、________。

2. 判断题

(1) 循环水系统中浓缩倍数越大，补充水越少，系统中含盐量越小。 (　　)

(2) 黏泥和缓蚀剂在设备表面形成的薄膜是相同的。 (　　)

(3) 提高冷却水系统的 pH 值可以防止设备的结垢。 (　　)

(4) 冷却水系统的杀菌剂一旦选定后，不可以随便更换。 (　　)

3. 简答题

(1) 在敞开式循环冷却水系统中，冷却水长时间反复使用后，为什么会出现溶解性固体浓度增高?

(2) 敞开式循环冷却水系统存在的问题都有哪些?

(3) 腐蚀的基本原理是什么? 金属腐蚀有哪些类型? 影响腐蚀的因素有哪些? 控制腐蚀的方法有哪些?

(4) 缓蚀剂有哪些类型? 它们控制金属腐蚀的原理是什么?

(5) 试讨论循环冷却水水质处理的意义。

(6) 水垢的主要成分是什么? 它是怎样形成的? 如何控制水垢的形成?

(7) 循环水的补充水质为：Ca^{2+} 浓度为 34 mg/L，总碱度为 2 mmol/L（以 $CaCO_3$ 计），含盐量为 380 mg/L，pH=7.64，在循环水 t=40℃，浓缩倍数 K=3 时，预计 pH=8，判断补充水及循环水是否稳定，应采用什么措施?

(8) 微生物对冷却水系统有什么危害?

(9) 什么是黏泥? 它与污垢有什么区别?

(10) 如何控制冷却水系统中的微生物?

12 污水处理厂站的设计与运行管理

本章学习目标

1. 了解污水处理厂站的设计程序，能对污水处理方案进行技术与经济比较；
2. 熟悉污水处理厂设计内容及原则，能确定污水处理工艺流程，绘制平面图与高程图；
3. 熟悉污水工程的验收程序，能调试和运行管理污水处理系统。

12.1 污水处理厂站的设计程序

作为污水处理工程的基本设施，在进行污水处理厂站的工程设计时，应遵循一定的设计程序。污水处理厂站的设计程序可分为设计前期工作、初步设计和施工图设计三个阶段。对于技术复杂、处理规模大、重要的项目设计一般包括初步设计和施工图设计；技术程度、处理规模、重要性均小的项目一般只包括施工图设计。

在污水处理厂站的设计时，必须在上述阶段设计文件得到上级主管部门批准后方可进行下一阶段的设计工作。

12.1.1 设计前期的工作

前期工作的主要任务是编制项目建议书和工程可行性研究报告等。

(1) 项目建议书

编制项目建议书的目的是为上级部门的投资决策提供依据。项目建议书的主要内容有建设项目的必要性、建设项目的规模和地点、采用的技术标准、污水和污泥处理的主要工艺路线、工程投资估算以及预期达到的社会效益与环境效益等。

(2) 工程可行性研究

工程可行性研究应根据批准的项目建议书和建设单位提出的任务委托书进行。其主要任务是根据建设项目的工程目的和基础资料，对项目的技术可行性、经济合理性和实施可能性等进行综合分析论证、方案比较和评价，提出工程的推荐方案，以保证拟建项目技术先进、可行、经济合理，有良好的社会效益与经济效益。

工程可行性研究报告是国家投资决策的重要依据，主要内容如下：

1）概述。简述工程项目的背景、建设项目的必要性、编制可行性研究报告过程、编制依据、编制范围、编制原则、主要研究结论等。

2）概况。包括工程区域概况、工程区域性质及规模、自然条件、城市总体规划及排水规划、工程范围和相关区域排水现状、城市水域污染概况等。

3）方案论证。包括目标年限，雨、污水排水体制，厂址选择和排放口位置选择，污水处理程度，进出水水质和处理工艺流程，污水和污泥综合利用等论证。

4）推荐方案内容。包括设计原则、工艺、建筑、结构、供电、仪表和自控、暖通、设备、辅助设施以及环境保护、劳动保护、节能、消防、新技术应用等。

5）工程项目实施计划和管理、投资估算及资金筹措、经济评价。

6）结论、建议、附图及附件。

12.1.2 初步设计

初步设计应根据批准的工程可行性研究报告进行编制。主要任务是明确工程规模、设计原则和标准，深化设计方案，进行工程概算，确定主要工程数量和主要材料、设备数量，提出设计中需要进一步研究解决的问题、注意事项和有关建议。初步设计文件由设计说明书、工程数量、主要设备和材料数量、工程概算、设计图纸（平面布置图、工艺流程图及主要构筑物布置图等）构成，以满足审批、施工图设计、主要设备订货、控制工程投资和施工准备等环节的要求。主要内容如下：

①概述。包括设计依据、主要设计资料、设计采用的指标和技术标准概况及自然资料、排水现状等。

②设计内容。包括厂址选择，处理程度，污水、污泥处理工艺选择，总平面布置原则，预计处理后达到的标准，按流程顺序说明各构筑物的方案比较或选型，工艺布置、主要设计参数及尺寸，设备选型、台数与性能，采用新技术的工艺原理和特点；说明处理后的污水、污泥综合利用，对排放水体的环境卫生影响；说明厂内的给排水系统、道路标准、绿化设计；合流制污水处理厂设计，还应考虑雨水进入后的影响。

③建筑、结构、供电、仪表、自动控制及通信、采暖通风等内容。

④环境保护、劳动保护、消防、节能等措施及新技术应用说明。其中，环境保护措施包括处理厂、泵站对周围居民点的卫生、环境影响，防臭措施；排放水体的稀释能力、排放水对水体的影响以及用于污水灌溉的可能性；污水回用、污泥综合利用的可能性或处置方式；处理厂处理效果的监测手段；锅炉房消烟除尘措施和预期效果；降低噪声措施等。

⑤人员编制及经营管理、主要材料及设备数量表、工程概算。

⑥设计图纸。包括：

a. 工艺图。平面布置图，比例采用 1∶200～1∶500，标出坐标轴线、风玫瑰图、现有的和设计的构筑物，以及主要管渠、围墙、道路及相关位置，列出构筑物和辅助建筑物一览表和工程数量表；污水、污泥流程断面图，标出工艺流程中各构筑物及其水位标高关系、主要规模指标等。

b. 主要构筑物工艺图。比例采用 1∶100～1∶200，标出工艺布置、设备、仪表等安装尺寸、相对位置和标高，列出主要设备一览表和主要设计技术数据。

c. 主要构筑物建筑图。包括主要辅助建筑物的建筑图，供电系统和主要变配电设备布置图，自动控制仪表系统布置图，通风、锅炉房及供热系统图及各类配件和附件。

12.1.3 施工图设计

施工图应根据已批准的初步设计进行。其主要任务是提供能满足施工、安装和加工等要求的设计图纸、设计说明书和施工图预算。施工图设计文件应满足施工招标、施工、安装、材料设备订货、非标设备加工制作、工程验收等的要求。

施工图设计的任务是将污水处理厂各处理构筑物的平面位置和高程布置精确地表示在图纸上。将各处理构筑物的各个节点的构造、尺寸都用图纸表示出来，每张图纸都应按一定的比例，用标准图例精确绘制，使施工人员能够按照图纸准确施工。

施工图设计的内容如下：

①设计说明。包括设计依据，执行初步设计批复情况，阐明变更部分的内容、原因、依据等；采用新技术、新材料的说明；施工安装注意事项及质量验收要求；运转管理注意事项。

②主要材料及设备表、施工图预算。

③设计图纸。包括：

a. 平面布置图［必要时，可分构（建）筑物定位图和管线布置图两张］：比例1：200～1：500，包括坐标轴线、风玫瑰图、构（建）筑物、围墙、绿地、道路等的平面位置，注明厂界四角坐标及构（建）筑物四角坐标或相对位置、构（建）筑物的主要尺寸、各种管渠及室外地沟尺寸、地质钻孔位置等。附构（建）筑物一览表、工程量表、图例及说明。

b. 污水、污泥工艺流程纵断面图：标出各构筑物及其水位的标高、主要规模指标。

c. 竖向布置图：对地形复杂的处理厂应进行竖向设计，内容包括原地形、设计地面、设计路面、构筑物标高及土方平衡数量表。

d. 厂内管渠结构示意图：标出各类管渠的断面尺寸和长度、材料、闸门及所有附属构筑物、节点管件，附工程量及管件一览表。

e. 厂内各处理构筑物的工艺施工图，各处理构筑物和管渠附属设备的安装详图。

f. 管道综合图：当厂内管线种类较多时，应对干管、干线进行平面综合，绘出各管线的平面位置，注明各管线与构（建）筑物的距离尺寸和各管线间距尺寸。

g. 泵房、处理构筑物、综合楼、维修车间、仓库的建筑图、结构图；采暖、通风、照明、室内给排水安装图，电气图，自动控制图，非标准机械设备图等。

12.2 污水处理工程项目的方案比较

12.2.1 污水处理工程项目方案比较的内容

目前，中国经济建设资金的来源还是很有限的，要想将这些资金用在关键部位，真正达到发展生产、消除或减轻污染，改善环境的目的，就必须采用科学的方法，对污水处理工程方案进行比较研究，进行技术、经济、环保效果等方面的分析、计算，以便明确优先的治理项目和采用的途径。

污水处理工程方案比较，涉及以下几个方面：

(1) 污水处理系统的基本工艺路线比较

许多污水处理的基本工艺路线有许多差异较大的形式，如酒精糟液可以按照厌氧—好氧的生物处理路线进行处理，亦可以按照分离—烘干的基本工艺路线进行处理。基本工艺路线选定之后，只需要确定具体处理设施或设备，补充部分辅助工艺装置即可。

(2) 各处理单元的构筑物或设施形式、结构材料、控制方式的比较

各处理单元的构筑物或设施形式、结构材料、控制方式的比较结果对技术效果、工艺造价、运行管理均会有影响。

(3) 技术水平的比较和经济效益的比较

技术水平的比较的内容主要包括污水处理工艺技术、主要单元的结构技术、自动控制技术等方面是否先进合理，设施运行的稳定性与操作管理的复杂程度，各级处理的效果与总的处理效果，污水处理厂（站）占地面积，施工难易程度，劳动定员等。

经济比较包括工程总投资（包括工程造价和其他费用，如征地费、建设管理费、技术培训费、勘测设计调试费等）、经营管理费（如折旧与大维修、管理费用等）和处理成本（污水污泥处理所发生的各费用）等指标。

通过以上比较，目的是看哪个方案更加“多、快、好、省”。

12.2.2 污水处理工程项目的技术经济指标

污水处理工程项目的技术经济指标主要包括两方面内容。

(1) 给水排水工程综合技术经济指标

综合指标包括直接费、施工管理费、临时设施费、劳保基金、法定利润、税金、独立费用和其他费用。指标中其他费用包括：建设单位管理费、生产职工培训费、科研实验费、办公及生活家具购置费、勘察设计费和预备费等，不包括三通一平、土地征用、赔偿等费用。排水枢纽工程综合指标分为三种：①污水工程综合指标，分为污水管道和污水处理厂；②雨水管（渠）综合指标；③排水泵站综合指标，分为污水泵站和雨水泵站。综合指标中还包括投资指标、设备指标、用地指标、人工指标和材料指标。

(2) 排水工程单项构筑物技术经济指标

单项构筑物技术经济指标内简要说明了该项构筑物的工艺标准、结构特征、主要设备和简图，以便选用时参考比较，选用时应根据设计标准、地区条件等差异进行调整。单项构筑物技术经济指标分为直接费（分为土建、配管及安装、设备三部分）、主要工程量、主要工料三部分指标。

上述污水工程的综合技术经济指标和单项技术经济指标，反映基本建设工程的投资费用构成，是方案设计确定工程投资的基础，也是方案评价时的基础。

12.2.3 评价工程项目设计方案的技术经济指标

污水工程在设计时不仅要保证建设项目在建设过程的经济性，也要保证使用过程的经济性，因此评价设计方案的技术经济指标又可分为建设时期指标和使用时期指标。

建设时期与使用时期评价设计方案经济性的主要指标和辅助指标见表 12—1。

表 12—1　　评价设计方案的技术经济指标

序号	建设时期	序号	使用时期
	主要指标：		主要指标：
1	基本建设投资总额（万元）	1	经常费（万元） (1) 工业项目按年生产成本或单位产品成本 (2) 民用建筑按年使用费（包括折旧、维修、采暖、电梯费等）
2	单位生产能力投资（元/单位产量）		
3	单位造价（元/m^2）	2	劳动生产率（元/人年、实物/人年）
		3	利润
4	建设工期（月）	4	投资回收期（年、月）
5	建设安装投资占投资的比例（%）	5	投资效果系数
	辅助指标：		辅助指标：
1	建设体积系数	1	原料、燃料、动力消耗 (1) 总费用 (2) 实物量（t、m^3、kW·h、kW 等）
2	劳动耗用量（工日、工时）		
3	主要材料消耗［木材（m^3）、水泥（kg）、钢材（t）］		
		2	厂内运输费（万元）
4	建筑密度		
5	装配系数	3	工程管线使用费（万元/m）
6	建筑自重（kg/m^3）		
7	能源消耗（施工、运输的能耗、用实物计算）	4	建筑物使用期限（年）

主要指标和辅助指标是互相补充的，但评价设计方案经济性时必须以主要指标为主，辅助指标作为必要的补充。一个设计方案的经济效果指标不可能全部优于另一个方案，因此在多指标比较方案中，除注意可比性外，还必须结合不同时期、不同地区的实际。在特定情况下，某些辅助指标，有时反而在决定中起重要作用，例如，当能源缺乏时，能源消耗指标就很重要，在气候寒冷的地区，劳动力消耗指标就成为确定方案的重要因素。

12.2.4　污水处理工程项目设计方案的经济指标比较方法

设计方案经济效果的比较，有指标对比法和经济评价法两种。对于大中型基本建设项目，应按经济评价法进行设计方案的评价，对于小型简单项目可按指标对比法进行评价。

(1) 指标对比法

当几个方案的各项指标计算出来以后，将每一项指标与其他方案的相应指标逐项进行对比。这样，全面分析各指标所体现的经济效果即可选出推荐方案。

(2) 经济评价法

经济评价是建设项目可行性研究的有机组成部分和重要内容，它是在项目决策前可行性研究过程中，采用现代分析方法对拟建项目计算期（包括建设期和生产使用期）内投入产出诸多经济因素进行调查、预测、研究、计算和论证，从而遴选出最佳方案，是项目决策的重要依据。

12.2.5　污水处理工程项目的建设投资和运营管理费用

建设项目的综合经济评价应包括项目的建设总费用（基本建设投资）以及投产后的生产

经营管理总费用两大部分的综合评价。

基本建设投资由工程建设费用、其他基本建设费用、工程预备费用、设备材料差价和建设期利息组成。在估算和概算阶段通常称工程建设费用为第一部分费用，其他基本建设费用为第二部分费用。基本建设投资按时间因素可分为静态投资和动态投资。静态投资指第一部分费用、第二部分费用和工程预备费。动态投资指包括设备材料差价预备费和建设期利息的全部费用。

经营管理费用包括折旧费、大修理费、固定资产维护费、电费、药剂费、管理费及直接运营费（处理成本）。

12.3　污水处理厂站的设计

12.3.1　污水处理厂站的设计内容及原则

（1）污水处理厂站的设计内容

污水要达标排放，一般需经预处理、一级处理、二级处理才能达到要求，甚至需要三级处理才能达到目的。

污水处理厂的设施，一般可以分为处理构筑物、辅助生产构（建）筑物、附属生活建筑物。

根据污水的特征、水质、水量、处理后排放标准，比较确定了污水处理方案之后，就应根据批准的设计方案，完成设计计算与绘图工作。

污水处理工艺设计一般包括以下内容：根据城市或企业的总体规划或现状与设计方案选择处理厂厂址；处理工艺流程设计说明；处理构筑物型式选型说明；处理构筑物或设施的设计计算；主要辅助构（建）筑物设计计算；主要设备设计计算选择；污水处理厂总体布置（平面或竖向）及厂区道路、绿化和管线综合布置；处理构（建）筑物、主要辅助构（建）筑物、非标设备设计图绘制；编制主要设备材料表。

（2）污水处理厂站的设计原则

1）污水处理厂站的设计和其他工程设计一样，应符合适用的要求，首先必须确保污水经处理厂处理后达到排放要求。然后考虑现实的经济和技术条件，以及当地的具体情况（如施工条件），在可能的基础上，选择处理工艺流程、构（建）筑物型式、主要设备、设计标准等。应最大限度地满足污水处理厂站功能的实现，使处理后污水符合水质要求。

2）污水处理厂站设计采用的各项设计参数必须可靠。设计时必须充分掌握和认真研究各项自然条件，如水质水量资料、同类工程资料。按照工程的处理要求，全面地分析各种因素，选择好各项设计数据，在设计中一定要遵守现行的设计规范，保证必要的安全系数，对新工艺、新技术、新结构和新材料的采用持积极慎重的态度。

3）污水处理厂站设计必须符合经济的要求。污水处理工程方案设计完成后，总体布置、个体设计及药剂选用等要尽可能采取合理措施降低工程造价和运行管理费用。

4）污水处理厂站设计应当力求技术合理。在经济合理的原则下，必须根据需要，尽可能采用先进的工艺、机械和自控技术，但要确保安全可靠。

5）污水处理厂站设计必须注意近远期的结合，不宜分期建设的部分，如配水井、泵房及加药间等，其土建泵房应一次建成；在无远期规划的情况下，设计时应为今后发展留有挖潜和扩建的条件。

6）污水处理厂站设计必须考虑安全运行的条件，如适当设置分流设施、超越管线、甲烷气的安全贮存等。

7）污水处理厂站的设计在经济条件允许的情况下，厂内布局、构（建）筑物外观、环境及卫生等可以适当注意美观和绿化。

8）建设规模应考虑近期的投资能力。从城市污水处理大局来说，应根据排水出路确定污水处理厂规模，而不考虑投资能力，单纯从经济上分析，当然污水处理厂规模大，其单方造价、管理费用都比修建小型污水处理厂显得经济。但是，要修建大型污水处理厂，首先要建设一个庞大的排水系统，包括几百至几千公里管道及许多中途泵站，才能将污水收集后集中输送到污水处理厂。这个污水收集系统的投资将超过污水处理厂，而如果近期又缺乏资金，污水收集系统建不起来就更谈不上建污水处理厂。为此，应该根据城市近期的投资能力，从修改排污水规划入手，适当缩小排水系统，争取用较少的资金使系统完善起来，并随城镇建设的发展，逐年修建一批小型廉价的污水处理厂。

9）城市污水就近处理、就近排放有利于污水再生回用，且已被证实是可靠的水资源利用途径，而随着水处理技术的进步，污水再生技术已经广为应用。在这种情况下，增加一些投资，改善污水处理厂本身的环境保护条件，使城市污水可就近处理、就近回用是非常值得的。因为城市污水就近处理，可以节省大量管道投资；而处理达标后就近排放，为污水资源化、进行再生回用创造了条件。如果污水处理厂的出口远离再生水的回用点，又将出现回用水工程的管道投资过大问题，使本来就不容易推行的污水再生回用事业更加困难。

12.3.2 选择污水处理厂站厂址

污水处理厂站厂址选择是进行设计的前提，应根据选址条件和要求综合考虑，选出适用可靠、管道系统优化、工程造价低、施工及管理条件好的厂址。

污水处理厂站的厂址应根据当地有关水资源情况、受纳水体的功能划分类别、污染与自净状况、城市和工厂厂区的总体规划与自然条件等因素确定。此外，处理后污水与污泥利用的可能性与途径及出路，以及所选定的污水处理工艺流程等对厂址的选择也有一定的影响。污水处理厂位置选择十分复杂，各种因素相互矛盾，通常不可能各方面要求都得到满足，选择中要抓主要矛盾，分清主次条件，进行深入调查研究、分析比较。特别对于不能满足的某些条件，分析其影响大小及有无解决办法及弥补措施，一般的做法是提出多种可行的方案，进行技术经济的比较和定量的最优化分析，并通过专家的多次反复论证后再确定。具体来讲，污水厂厂址的选择应当考虑以下几项原则：

①应符合城市或企业现状和规划对厂址的要求；厂址必须位于集中给水水源下游，并应设在城镇与工厂区及居住区的下游。为保证卫生要求，厂址应与城镇工业区、居住区保持约300 m以上的距离。但也不宜太远，以免增加管道长度，提高造价。

②应与选定的污水处理工艺相适应，如选定氧化沟、稳定塘或土地处理系统为处理工艺时，必须有适当可利用的土地面积。

③无论采用何种工艺，必须从支援农业出发，要求厂址尽可能少占或不占农田，选择在

有扩建条件的地方，为以后发展留有余地；同时考虑便于污水灌溉农田，污泥作农肥的利用。厂址最好靠近灌溉区域，以缩短输送距离。

④厂址应在工程地质条件较好的地方，在有防震要求的地区还应考虑地层、地质条件。目的是减少基础处理和排水费用，降低工程造价并有利于施工。一般应选在地下水位较低，地基承载力较大，湿陷性等级不高，岩石无断裂带，以及对工程防震有利的地段。

⑤要充分利用地形，应选择有适当坡度的地区，以满足污水处理构筑物高程布置的需要，减少土方工程量。若有可能，宜采用污水不经水泵提升而自流进入处理构筑物的方案，以节省动力费用，降低处理成本。

⑥厂址宜设在城市夏季最小频率风向的上风侧及主导风向下风侧。

⑦厂址应尽量选在交通方便的地方，以利施工运输和运行管理，否则就要铺设道路，增加工程量和工程造价。

⑧污水处理厂的位置选择应与污水管道系统布局统一考虑。当污水处理厂位置确定后，主干管的流向也就定了。从利于污水自流排放出发，厂址宜选在城市低处，沿途尽量不设或少设提升泵站；当处理后的污水或污泥用于农业、工业或市政时，厂址应考虑与用户靠近，或方便运输。此外，当处理水排放时，通常污水处理厂应设在排放水体附近，便于处理后的出水就近排入水体，减少排放渠道的长度。

⑨厂址不宜设在雨季易受水淹的低洼处，靠近水体的处理厂要考虑不受洪水威胁。

⑩厂址应尽量靠近供电电源，以利安全运行和降低输电线路费用。对大型或不允许间断供水的工程需要连接两路电源。

12.3.3 确定污水处理工艺流程

处理工艺流程是指对各单元处理技术（构筑物）的优化组合。处理工艺流程的确定主要取决于要求的处理程度、工程规模、污水性质、建设地点的自然地理条件（如气候、地形）、厂区面积、工程投资和运行费用等因素。影响污水处理工艺流程选择的主要因素如下：

（1）污水的处理程度

处理程度是选择工艺流程的重要因素，通常根据处理后出水的出路来确定。①出水回用时，根据相应的回用水水质标准确定；②排入天然水体或城市下水道时，根据国家制定的《城镇污水处理厂污染物排放标准》（GB 18918—2002）、《污水综合排放标准》（GB 8978—1996）、《污水海洋处置工程污染控制标准》（GB 18486—2001）或相关地方标准，结合环境评价的要求确定。

（2）处理规模和水质特点

处理规模对工艺流程的选择有直接影响，有些工艺仅适用于规模较小的污水处理厂。污水水质水量变化幅度是影响工艺流程选择的另一因素，如水质水量变化大时应选用承受冲击能力较强的处理工艺；对于工业废水比例较高的城镇污水，污染物组分复杂，处理技术和工艺流程应根据水质的特点进行比较选择。

（3）工程造价和运行费用

工程造价和运行费用是工艺流程选择的重要因素，在处理出水达标的前提条件下，应结合地区社会经济发展水平，对一次性投资、日常设备维护费用和运行费用等进行系统分析，选择处理系统总造价较低、运行费用合理的污水处理工艺。

(4) 污水处理控制要求

仪器设备的控制要求对工艺流程的选择也有重要影响，如序批式活性污泥法（SBR）要求在线检测曝气池水位、运行时间等，并采用计算机进行自动控制。在工艺选择上要充分考虑控制要求的可行性和可靠性，使工艺过程运行能达到高效、安全与经济的目的。

(5) 选择合理的污泥处理工艺

污泥处理是污水处理厂工艺的重要组成部分，对环境有重要的影响。实践表明，污泥处理方案的选择合适与否，直接关系到工程投资、运行费用及日后的管理要求。

综上所述，工艺流程的选择必须对各项因素综合分析，进行多方案的技术经济比较，选择技术先进、经济合理、运行可靠的工艺及相应的工艺参数。

12.3.4 污水处理厂站的平面与高程布置

(1) 平面布置

污水处理厂的平面布置是在工艺设计计算之后进行的，根据工艺流程、单体功能要求及单体平面图形进行。

1) 对处理构筑物和建筑物进行组合安排。为了便于管理和节省用地、避免平面上的分散和零乱，往往可以考虑把几个构筑物和建筑物在平面、高程上组合起来，进行组合布置。布置时应对其平面位置、方位、操作条件、走向、面积等统筹考虑，并应对高程、管线和道路等进行协调。

①对工艺过程有利或无害，同时从结构、施工角度看也是允许的，可以组合。如曝气池与沉淀池的组合、反应池与沉淀池的组合、调节池与浓缩池的组合。

②从生产上看，关系密切的构筑物可以组合成一座构筑物，如调节池和泵房、变配电室与鼓风机房、投药间与药剂仓库等。

2) 生产辅助建筑物的布置。污水处理厂内的辅助建筑物有：泵房、鼓风机房、办公室、集中控制室、水质分析化验室、变电所、机修间、仓库、食堂等。它们是污水处理厂不可缺少的组成部分。其建筑面积大小应按具体情况与条件而定。辅助建筑物的位置应根据方便、安全等原则确定。如鼓风机房应设于曝气池附近，以节省管道与动力；变电所宜设于耗电量大的构筑物附近等。应尽量考虑组合布置，如机修间与材料库的组合，控制室、值班室、化验室、办公室的组合等。

3) 生活附属建筑物的布置。宜尽量与处理构筑物分开单独设置，可能时应尽量置于厂前区。应避免处理构（建）筑物与附属生活设施的风向干扰。化验室应远离机器间和污泥干化场，以保证良好的工作条件。办公室、化验室等均应与处理构筑物保持适当距离，并应位于处理构筑物的夏季主风向的上风向处。操作工人的值班室应尽量布置在使工人能够便于观察各处理构筑物运行情况的位置。

4) 道路、围墙及绿化带的布置。在污水处理厂内应合理地修筑道路，方便运输。通向一般构（建）筑物应设置人行道，宽度 1.5～2.0 m；通向库、检修间等应设车行道，其路面宽为 3～4 m，转弯半径为 6 m，厂区主要车行道宽 5～6 m；车行道边缘至房屋或构筑物外墙面的最小距离为 1.5 m。道路纵坡一般为 1%～2%，不大于 3%。

5) 污泥区的布置。由于污泥的处理一般与污水处理相互独立，且污泥处理过程卫生条件比污水处理差，一般将污泥处理放在厂区后部；若污泥处理过程中产生沼气，则应按消防要求设置防火间距。由于污泥来自污水处理部分，而污泥处理脱出的水分又要送回调节池或初沉池中，必要时，可考虑某些污泥处理设施与污水处理设施的组合。

6）管、渠的平面布置。在各处理构建物之间，设有贯通、连接的管、渠。此外，还应设有能够使各处构筑物独立运行的管、渠。当某一处理构筑物因故停止工作时，使其后续处理构筑物，仍能够保持正常的运行，污水厂应设超越全部或部分处理构筑物、直接排放水体的超越管。

在厂区内还设有给水管、空气管、消化气管、蒸汽管以及输配电线路。这些管线有的敷设在地下，但大部分都在地上，对它们的安排，既要便于施工和维护管理，但也要紧凑，少占用地，也可以考虑采用架空的方式敷设。

在污水处理厂区内，应有完善的排水管道系统，必要时考虑设防洪沟渠。

（2）高程布置

污水处理厂高程设计的任务是对各单元处理构筑物与辅助设施等的相对高程作竖向布置；通过计算确定各单元处理构筑物和泵站的高程、各单元处理构筑物之间连接管渠的高程和各部位的水面高程，使污水能够沿处理流程在构筑物之间通畅地流动。

高程布置的合理性也直接影响污水处理厂的工程造价、运行费用、维护管理和运行操作等。高程设计时，应综合考虑自然条件（如气温、水文情况，地质条件等）、工艺流程和平面布置等。必要时，在工艺流程不变的前提下，可根据具体情况对工艺设计作适当调整。如地质条件不好，地下水位较高时，可通过修正单元处理构筑物的数目或池型以减小池子深度。

污水处理厂的高程布置应满足如下要求：

1）尽量采用重力流，减少提升，以降低电耗，方便运行。一般进厂污水经一次提升就应该能靠重力通过整个处理系统，中间一般不再加压提升。

2）应选择距离最长、水头损失最大的流程进行水力计算，并应留有余地，以免因水头不够而发生涌水，影响构筑物的正常运行。

3）水力计算时，一般以近期流量（水泵最大流量）作为设计流量；涉及远期流量的管渠和设施，应按远期设计流量进行计算，并适当预留贮备水头。

4）注意污水流程与污泥流程间的配合，尽量减少污泥处理流程的提升，污泥处理设施排出的废水应能自流入集水井或调节池。

5）污水处理厂出水管渠高程，应使最后一个处理构筑物的出水能自流排出，不受水体顶托。

6）设置调节池的污水处理厂，调节池宜采用半地下式或地下式，以实现一次提升的目的。

污水处理厂初步设计时，污水流经处理构筑物的水头损失，可用经验值或参比类似工程估算。各种处理构筑物的水头损失值（包括进、出水渠道的水头损失）可参见表12—2估算。

表 12—2　　污水流经处理构筑物的水头损失

构筑物名称	水头损失（cm）	构筑物名称	水头损失（cm）
格栅	10～25	普通快滤池	200～250
沉砂池	10～25	压力池	500～600
平流式沉淀池	20～40	通气滤池（工作高度 4 m）	650～670
竖流式沉淀池	40～50	生物滤池： （1）装有旋转布水器 （2）装有固定喷洒布水器	 270～280 450～475
辐流式沉淀池	50～60	曝气池： （1）污水潜流入池 （2）污水跌水入池	 25～50 50～150
反应池	40～50	混合式接触池	10～30

在施工图设计时必须通过水力计算来确定水力损失。

高程布置图需标明污水处理构筑物和污泥处理构筑物的池底、池顶及水面高程，表达出各处理构筑物间（污水、污泥）的高程关系和处理工艺流程。

高程布置图在纵向和横向上采用不同的比例尺绘制，横向与总平面布置图相同，可采用 1∶500～1∶1 000，纵向为 1∶50～1∶100。

12.3.5　污水处理厂站的工程结构与辅助工程

（1）工程结构

1）工程结构形式。污水处理结构形式有钢筋混凝土形式和钢结构形式，在某些情况下，可能采用砖混或配筋砖石结构形式。大多数辅助设施是建筑物，一般采用砖混结构。若为多层综合楼，可用框架结构。某些辅助设施可能是钢筋混凝土结构（如回用水水池）、钢结构（溶气罐、投药罐等）或钢筋混凝土与钢的混合形式（如沼气气柜）。厂区其他小型设施或管（渠）系统附属构筑物多采用砖混凝结构。厂区道路一般采用灰土、炉渣、石块、沥青、混凝土等材料。

2）工程结构与工艺设计的协作关系。工程设计的任务是依据已经完成的工艺设计，根据工程地质、水文情况、气象特点和材料供应等，分析构筑物受力特点，确定结构形式与计算简图后，选定结构材料的品种与规格，再根据内力分析结果计算构筑物结构尺寸、数量、构造措施、制作加工与装配措施及其技术要求，最后完成结构施工图。

结构设计应向工艺设计提供对工艺构筑物构造设计（尤其是细部构造）的意见，构件、设备、管道与附件加工制作安装意见，以及构筑物结构设计尺寸。结构设计应从工艺设计获得以下资料：构筑物工艺施工图（包括细部构造详图、设备、构件、管道及其附件安装图），大型设备荷重、基础设置要求，预埋件和预留孔洞的位置和尺寸要求。同样，构筑物工艺布置时就结构方面应考虑以下问题：

① 小型处理构筑物平面尺寸布置时，长度宜控制在 20 m×（1.1～1.2）之间，否则池长方向需设沉降缝等，池直臂深度与池宽之比 H/B 宜控制在 2.0 之内，否则垂直墙厚度变化过大。

② 工艺设计时要经常想到设备等如何与结构部件衔接，特别是由于工艺的特殊要求，

需要在墙、板上开孔或穿洞时更要注意，否则结构设计就不好处理。

③ 工艺构筑物内可能会出现水压变化的情况，应与结构设计协调考虑，如构筑物内水面的升降变化情况；构筑物本身深度的差异（平流沉淀池与污泥斗处的深度差，混凝沉淀池反应区浅沉降区深等）。

④ 构筑物埋深主要考虑以下因素：在冰冻线以下，在埋没深度处土壤耐压力是否足够，尽量避免埋在地下水位下（土壤的允许耐压力是随深度增加而增加，但遇水时施工需排水，且可能有浮力影响问题）。

（2）污水管道系统设计

污水管道系统设计的主要内容是：根据确定的方案，在适当比例的总体布置图上划分排水流域，布置管道系统；计算污水设计流量；进行污水管道水力计算，确定管渠断面尺寸、坡度、埋设深度；绘制管道系统平面图和纵剖面图。在进行污水管道设计时，还要考虑并确定污水管道的埋设深度、污水泵站的位置和控制点、污水管道衔接方法等。

1）污水设计流量计算。污水的设计流量是污水排水系统应保证通过的污水量，通常以最大日最大时流量作为污水管道系统的设计流量。

①生活污水设计流量计算。居住区生活污水设计流量按下式计算：

$$Q_1=q_0NK_Z/（24\times3\ 600） \quad (12—1)$$

式中 Q_1——居住区生活污水设计流量，L/s；

q_0——居住区平均日生活污水量标准，L/（人·d）；

N——居住区设计人口，人；

K_Z——总变化系数，可按表 12—3 计算。

表 12—3 生活污水设计流量总变化系数

污水平均日流量（L/s）	总变化系数 K_Z	污水平均日流量（L/s）	总变化系数 K_Z
4	2.3	70	1.69
6	2.2	120	1.59
10	2.1	200	1.51
15	2.0	400	1.40
25	1.89	750	1.30
40	1.80	1 600	1.20

某些公用建筑用水量较大，设计时应作为集中污水量单独计算。

②工业企业生活污水设计流量。工业企业生活污水设计流量按下式计算：

$$Q_2=（A_1B_1K_1+A_2B_2K_2）/3\ 600\ t+（C_1D_1+C_2D_2）/3\ 600 \quad (12—2)$$

式中 Q_2——工业企业生活污水设计流量，L/s；

A_1——一般车间最大班人数，人；

A_2——热车间最大班人数，人；

B_1——一般车间职工生活污水量标准，$B_1=25$ L/（人·班）

B_2——热车间职工生活污水量标准，$B_2=35$ L/（人·班）；

K_1——一般车间生活污水量时变化系数，以 3.0 计；

K_2——热车间生活污水量时变化系数，以 2.5 计；

C_1——一般车间最大班淋浴的职工人数，人；

C_2——热车间最大班淋浴的职工人数，人；

D_1——一般车间淋浴污水量标准，$D_1=40$ L/（人·班）；

D_2——热车间淋浴污水量标准，$D_2=60$ L/（人·班）；

t——每天工作时数，h。

③工业废水设计流量。工业废水设计流量按下式计算：

$$Q_3=mMK_Z/3\ 600\ t \quad (12-3)$$

式中 Q_3——工业废水设计流量，L/s；

m——单位产品污水量标准，m^3/单位产品；

M——产品的平均日产量；

t——每日生产时数，h；

K_Z——总变化系数。

④ 城市污水设计总流量。城市污水总流量应为居民区生活污水设计流量、工业企业生活污水设计流量和工业废水设计流量三者之和，即

$$Q=Q_1+Q_2+Q_3 \quad (12-4)$$

2）污水管道的水力计算

①污水在污水管中的流动的特点。污水在管道内的流动，通常是重力流，即依靠水本身的重力从高处流向低处。污水用压力管道输送比较少见。尽管污水中含有各种悬浮杂质，但数量一般不超过 1%，因此，可以认为污水的流动遵循一般水流动规律，可采用水力学公式进行计算。目前，在污水管道的水力计算时采用均匀流公式。

污水在管道中的流动有两种状态：一种是污水充满整个管道断面的满流状态，一种是污水仅占部分管道断面的状态。中国现行规范规定按仅占部分管道断面设计污水管道。这样规定的理由是：污水量每日在变化，很难精确计算，按仅占部分管道断面设计管道留出了部分断面，避免水溢出地面；另外，污水中及污泥中可能分解出一些有害气体，保证适当的空隙是有利的。

②排水管渠断面形式。污水管的横断面必须满足静力学、水力学及经济上和养护管理方面的要求：要有足够的稳定性、坚固性；要有良好的输水能力；要求用材省、造价低，便于清通。常用的断面形式有圆形、矩形、马蹄形、半椭圆形、梯形及蛋形。

圆形断面管道水力性能较好，在一定坡度下，指定断面积具有最大水力半径，因此流速快，流速大。圆形管易于制造，用材少，抗压性能好，在运输、施工和养护方面较便利，因此圆形是最常用的一种断面形式。

梯形断面适用于明渠。矩形断面适用于路面较窄的街道。其他断面形式各有特点，但由于形状复杂，施工难度较大，实际中应用不多。

③污水管道水力计算一般规定

a. 设计充满度。《室内排水设计规范》规定，污水管道应按不满流进行设计。当管道流量等于设计流量时，污水在管道中的深度 h 与管道直径（或明渠的高度）的比值称为设计充

满度。最大设计充满度见表 12—4。

表 12—4　　最大设计充满度

管径（D）或渠高（H）(mm)	最大设计充满度（h/D 或 h/H）	管径（D）或渠高（H）(mm)	最大设计充满度（h/D 或 h/H）
150～300	0.60	500～900	0.75
350～450	0.70	≥1 000	0.80

压力管道、雨水管道和合流制管道按满流情况设计。

b. 设计流速。管渠在设计充满度时，排泄设计流量时的平均流速叫设计流速。为防止管道内发生淤积，流速不宜过小。流速也不宜过大，否则污水管道易被冲刷损坏。现行室外排水设计规范规定，当管径 $D \leqslant 500$ mm 时，污水管道的最小设计流速为 0.7 m/s；D＝600～1 000 mm，最小设计流速为 0.8 m/s；D＝1 100～1 400 mm，最小设计流速为 0.9 m/s；$D \geqslant 1\ 500$ mm，最小设计流速为 1.0 m/s。

污水管渠的最大流速与管渠材料有关，中国排水规范规定金属管道最大流速为 10 m/s，非金属管道最大流速为 5 m/s。

c. 最小设计坡度。管渠坡度与流速之间存在一定关系。相应于最小允许流速的坡度就是最小设计坡度，最小设计坡度是保证管渠不发生淤积时的坡度。

最小设计坡度与水力半径和充满度有关，即使是相同管径的管道，当充满度不同时，其水力半径不同，应有不同的最小设计坡度。但是通常对同一管径的管道只规定一个最小坡度，以满流或半满流时的最小坡度作为最小设计坡度。中国目前采用的最小管径为200 mm，其最小设计坡度为 0.004。管径增大时，最小设计坡度可减少。

d. 最小管径。污水管道上游管段设计流量很小时，管径可以很小，但经验表明，过小的管道极易堵塞，且不易清通。为此，常在设计时规定一个最小管径。污水管道最小管径为 200 mm。当污水管道上游管段受水面积小时，可先作估算，若估算的管径小于最小管径，就直接采用最小管径，不必进行详细计算。

3）污水管理的埋设深度。管道的埋设深度指管道内底到地面的距离。管道的覆土厚度则是指管道外顶到地面的距离。管道埋深越大，施工越困难，工程造价越高。显然，管道埋深越小越好。但管道的覆土厚度在技术上有一个最小限度，称为最小覆土厚度。它取决于三个因素。

①必须防止管道内污水冰冻和土壤冰冻膨胀而损坏管道。污水在管道内冰冻的可能性和当地土壤冰冻深度有关，但管道并不要求全部埋设在冰冻线以下，因为生活污水和工业废水水温一般较高，污水中有机物分解也会产生一定热量，加上污水管道的传热系数较低，污水在管道内是不易冰冻的。中国室外排水规范规定，没有保温的生活污水和温度与此接近的工业废水管理，内底面可埋设在冰冻线以上 0.15 m；有保温时，埋深还可提高。

②必须防止管壁因地面动荷载压坏。为防止管道因交通车辆等动荷载压坏，管顶须有一定深度的覆土。最小覆土深度与管壁的强度、地面载重的大小和传递方式有关。中国规范规定，在车行道下的最小覆土厚度不应小于 0.7 m；在非车行道下，最小覆土存度可适当减小。

③必须满足出户管在衔接上的要求。从安装技术上讲，住宅出户管最小埋深通常采用0.55～0.65 m，因此，污水支管起端的最小埋深一般不小于0.6～0.7 m。由此，根据管道坡度、管长及地面高程可算得某管段的埋深。

对某一管段，根据上述三个方面考虑可得出三个不同的管底埋深或管顶覆土厚度，其中最大者即为该管段允许最小覆土厚度或埋深。

管道埋深不宜过大，否则增加施工困难和工程造价。在干燥土壤中最大埋深不超过7～8 m，在多水、流沙、石灰、石灰岩地层中不超过5 m。

4）控制点的确定。在排水区域内，对管道系统的埋深深度起控制作用的地点称为控制点。各条管道的始端大都是这条管道的控制点。这些控制点中，离出水口或污水厂最远或最低的排出口是整个排水系统的控制点。

在确定控制点时，既要尽可能保证排水区域内各点污水能顺利排出，并在埋深上留有一定余地，又不能因顾及个别控制点而增加整个系统的埋深。当遇到后面的情况，须采取一定措施，减少某些控制点管道的埋深，例如设置泵站，这样可减少整个系统的造价。

5）污水管道的衔接。在污水管道的设计中，必须考虑检查井上游管段和下游管段衔接的高程关系。这里应满足两方面的要求：避免上游管段中形成回水，从而造成淤积；尽可能提高下游管段，以减小埋深。

污水管道的衔接方法有水面平接和管顶平接。

水面平接的方法是指检查井中上游管段和下游管段在指定的设计充满度情况下，水面相平。由于水管中水面变化频繁，采用这种衔接方法上游管段的水面有可能会低于下游管道水面，易形成回水，这是它的缺点。但它与管顶平接相比，可以提高下游管段的标高，减少埋深。因此，这种方法适用于平坦地区或设置较深的管道的情况。

管顶平接的方法是指上游管段与下游管段的管顶平接，异口径的污水管和异高污水管渠常采用管顶或渠顶平接。

（3）电气与自控

污水处理工程电气与自控设计的任务包括：确定供电的负荷等级、变（配）电所的位置、线路走向及电气与自控的设计标准，完成变（配）电所、控制室的布置、线路布置和用电设备安装等施工图。

进行电气与自控设计之前，设计人员应了解污水处理工程的概况，并由工艺设计提供以下资料：

1）工艺总体布置图、工艺流程图；

2）工程用电设备布置图的型号、规格、工作制、安装和备用的台数、安装位置（工艺施工图）等；

3）工艺对用电设备控制的设计要求；

4）工艺过程或设备的自动运行程序和要求。

电气与自控设计是提高科技管理水平、降低劳动强度、保证处理质量、节约能耗和药耗的重要技术措施。该专业设计应力求简单、运行可靠、操作方便、设备少且便于维修。

（4）计量与检测

完善的计量与检测是污水处理厂保证处理效果和提高技术管理水平的重要而必要的手

段。污水处理厂的设计即使是非常合理，但如运行管理不善，也不能使整个处理厂运行正常和充分发挥其净化功能。

通过计量和检测手段，对污水处理厂的运行做好观测、监测、记录与调节控制，具体内容如下：

1）处理的污水量；

2）污泥产量或污泥处理量；

3）消化气（沼气）量；

4）空气、药剂、蒸汽耗用量；

5）污水处理厂站和主要处理构筑物的处理效率；

6）某些指导运行的参数，如曝气池的溶解氧、污泥浓度、回流污泥浓度；

7）微生物观测（主要对生化处理装置）。

（5）其他辅助工程

城市大中型污水处理厂，一般需设置独立的给水、雨水、采暖与通风系统。企业小型污水处理厂站的这些辅助工程由总厂直接配套，污水处理项目可不做设计。

12.3.6 污水处理厂站节能设计

污水处理厂的建设不仅要考虑污水处理工艺的先进性、可靠性和实用性，考虑工程投资的大小，而且更重要的是要考虑处理过程的能耗。污水处理所消耗的能量通常包括直接能耗和间接能耗。

直接能耗是指污水处理厂运行过程中现场消耗的能量。直接能耗一般包括电力、燃油或煤、天然气。

间接能耗是指污水处理厂建设和运行过程使用的非能源产品所涉及的能耗，一般包括：建设时所用建设材料、机电设备的生产所需的能耗，施工与安装过程消耗品的生产所需的能耗，施工与安装所用设备的生产和使用涉及的能耗，运输过程能耗，运行时所用药剂和其他原材料涉及的能耗（如自来水、蒸汽），尤其是药剂、絮凝剂、酸或碱、化学分析所用药剂等，消耗量大、价格高，使运行成本大大提高。

从污水处理厂的能耗分析、污水处理厂设计和运行的实际来看，污水处理厂的节能技术主要表现在：确定合理的处理工艺（包括尽量不用化学药剂来处理污水），高能效的总体设计，选用节能的设备与装置，污水与污泥综合利用。

设计中应该选择高能效的处理工艺。污水处理的工艺方法中，物理处理方法能耗较低，其次是厌氧生物处理法，处理费用约为前者的5～10倍；好氧生物处理法能耗较高，处理费用约为厌氧生物处理的5～8倍；物理化学处理法则能耗最高，尤其是对于难处理的工业废水，选用价格高的絮凝剂、吸附剂时。

12.4 污水处理厂站的运行管理与自动控制

12.4.1 污水处理工程的验收

当污水厂的处理构筑物、辅助构筑物及附属建筑物的土建工程、主要工艺设备安装工程、室内室外管道安装工程已全部结束，已形成生产运行能力（达到设计规模），即使有少数非主要设备及某些特殊材料短期内不能解决或工程虽未按设计规定的内容全部建成（指附属设施），但对投产、使用影响不大，此时可报请竣工验收。

（1）工程验收的组织与程序

工程施工完毕后必须经过竣工验收。竣工验收由建设单位组织施工、设计、管理（使用）、质量监督及有关单位联合进行。隐蔽工程必须通过中间验收，中间验收由施工单位会同建设、设计及质量监督部门共同进行。

工程项目的竣工验收程序主要有自检自验（施工单位完成）、提交正式验收申请和验收报告与资料（施工单位完成）、现场预验收（由施工、建设单位、设计及质检部门完成）、正式验收（由以上单位完成）。并做好以下工作：

1）对各单位工程进行预验，查看有无遗漏，是否符合设计要求；

2）核实竣工验收资料，进行必要的复检和外观检查；

3）对土建、安装和管道工程的施工位置、质量进行鉴定，并填写竣工验收鉴定书；

4）办理验收和交接手续；

5）建设单位将施工及竣工验收文件归档。

验收依据一般包括设计任务书、扩初设计、设计报告、施工图设计、设计变更通知单、国家现行标准和规范。

一般验收标准包括建设工程验收标准、安装工程验收标准、生产准备验收标准和档案验收。

（2）工程验收的准备

工程项目在验收前，施工单位应做好下列验收的准备工作：

1）完成收尾工程。收尾工程的特点是零星、分散、工程量小、分布面广，如果不及时完成，将会直接影响工程项目的竣工验收及投产使用。

2）竣工验收的资料准备。竣工验收资料和文件是工程项目竣工验收的重要依据，从施工开始就完整地积累和保管，竣工验收时经编目建档。

3）竣工验收自检自验。竣工项目自检自验是指工程项目完成后施工单位自行组织的内部模拟验收，自检自验是顺利通过正式验收的可靠保证。通过自检自验，可及时发现遗漏问题，事先予以处理，为了工作顺利进行，自检自验宜请监理人员参加。

（3）工程验收的内容

工程项目验收内容分为工程资料验收和工程内容验收两部分。前者包括工程综合资料、工程技术资料和竣工图。后者包括土建工程验收、设备和管段安装工程验收。

1）工程综合资料。工程综合资料主要包括以下内容：

①项目建议书及批件；

②设计任务书；

③土地征用申报与批准文件及红线图、拆迁补偿协议书；

④承包发包合同，招标与投标等协议文件；

⑤施工执照；

⑥整个建设项目的竣工验收报告；

⑦验收批准文件、验收鉴定书；

⑧项目工程质量检验与评审材料；

⑨工程现场声像资料；

⑩消防、劳动卫生等设施验收资料。

2）工程技术资料。工程技术资料主要包括以下内容：

①工程地质、水文、气象、地震资料；

②地形、地貌、控制点、构筑物、主要设备安装测量定位、观测记录；

③设计文件及审查批复卡，图纸会审和设计交底记录；

④工程项目开工、竣工报告；

⑤分项、分部工程和单位工程施工技术人员名单；

⑥设计变更通知单、变更核实单；

⑦工程质量事故的调查和处理资料；

⑧材料、设备、构件的质量合格证明资料，或相关试验、检验报告；

⑨水准点的位置、定位测量记录、沉降及位移观测点的记录；

⑩隐蔽工程验收记录及施工日志；

⑪分项、分部、单位工程质检评定资料；电气与仪表安装工程竣工验收报告；

⑫设备试车、运转验收记录；

⑬国外采购设备的技术协议或资料。

3）竣工图。工程项目竣工图是真实记录各种地下、地上工程等详细情况的技术文件，是对工程交工验收、维护、扩改建的依据，也是使用单位长期保存的技术资料。

若施工中没有变更或仅有少数一般性变更时，则由施工图在原施工图或局部修改补充的施工图上，加盖“竣工图”标志后，即作为竣工图。

凡结构形式、工艺结构、平面布置、技术项目改变以及其他重大改变，不宜再在原施工图上修改补充，应重新绘制改变后的竣工图。

12.4.2 污水处理厂站的调试

验收工作结束后，即可进行污水处理构筑物的调试。调试包括单体调试、联动调试和达标调试。通过试运行进一步检验土建工程、设备和安装工程的质量，验收工程运行是否能够达到设计的处理效果，以保证正常运行过程能够达到污水治理项目的环境效益、社会效益和经济效益。

污水处理工程的试运行，包括复杂的生物化学反应过程的启动和调试，过程缓慢，耗时较长。通过试运行对机械、设备及仪表的设计合理性、运行操作注意事项等提出建议。试运行一般由建设单位、试运行承担单位来共同完成，设计单位和设备供货方参与配合，达到设计要求后，由建设主管单位、环保主管部门进行达标验收。

12.4.3 污水处理厂站的运行管理

（1）运行管理的内容

城市污水处理厂站的运行管理，同其他行业的运行管理一样，是对企业生产活动进行计划、组织、控制和协调等工作的总称，是企业各种管理活动（如行政管理、技术管理、设备管理、“三产”管理）的一部分，是企业各种经营活动中最重要的部分。

城市污水处理厂站的运行管理，指从接纳原污水至净化处理排出“达标”污水的全过程的管理，其主要内容有：

1）准备。包括物资、人力、资金、能源及组织等的准备，如污水厂运行所需的技术人员、操作工人的培训；污水厂各种处理单元所需化学药剂的准备；污水处理工艺控制及设备维护所应有的技术准备等。

2）计划。编制污水、污泥处理的运行控制方案和阶段执行计划，以便让生产有据可依，也有利于企业节能降耗，提高管理效益。

3）组织。合理安排运行过程中操作岗位，并做好各岗位之间的协调，制定好岗位责任制和岗位操作规程。

4）控制。控制是运行计划的实施，是对运行过程实行全面控制，包括进度、消耗、成本、质量、故障等的控制。

(2) 运行管理基本要求

污水处理厂站运行管理过程中的基本要求是：

1）按需生产。应满足城市与水环境对污水厂运行的基本要求，保证按处理量使污水经处理后达标。

2）经济生产。以最低的成本处理好污水，使其达标。

3）文明生产。要求具有全新素质的操作管理人员，以先进的技术、文明方式，安全地搞好生产运行。

(3) 对运行管理人员的要求

污水处理厂操作管理人员的任务是，充分发挥各种处理方法的优点，根据设计要求进行科学的管理，在水质条件和环境条件发生变化时，充分利用各种工艺的弹性进行适当的调整，及时发现并解决异常问题，使处理系统高效低耗地完成净化处理作用，以达到理想的环境效益、经济效益和社会效益。

1）熟练掌握本职业务。运行管理人员对本厂的工艺流程，处理设施、设备规格、性能、技术参数必须掌握，同时对设施设备的运行要求和技术指标也必须熟悉。这就要求所有运行管理人员除了具有一定文化程度外，对物理、化学及微生物学方面的知识应具有更高的要求，也包括机械及电气方面的知识。操作人员应该明确本岗位的工作性质、目的和操作方法。对不同工种的工人都有不同级别的业务知识和能力要求。但是不论哪一个岗位、哪一个工种，所有运行管理人员，均应熟知本厂污水的水质特征、处理系统的工艺流程及各单元的原理、各岗位在系统中的作用及如何相互配合协调。

2）遵守规章制度。为了保证污水处理厂稳定地运行，除了操作管理人员应具备业务知识和能力外，还应有一系列规章制度必须要共同遵守。除了岗位责任制以外，还包括设施巡视制、设备保养制、交接班制、安全操作制等。

操作人员除了负责工艺反应池和车间的正常工作外，还应按工艺流程和各池、各设施的管理要求，定时进行巡视，观察进出水流是否通畅、曝气是否均匀、活性污泥的颜色是否正常、二沉池有无污泥上浮或翻泥的现象以及各种电气设备运转部位有无异常的噪声、温升、振动、漏电等，做好交接班，为下一班介绍情况，若发现异常情况或隐患应强调指出、重点监视。

各种机械设备应保持清洁、无漏水、漏气等情况。根据不同机电设备的要求，各种机电设备要定期检查、保养及维修。对于各种设备，应设专卡专门记录产地、价格、运行状况、维修次数、保养责任人等。对所有设备，应有足够的零配件、耗损材料的备件。

在运行过程中，操作人员应及时准确地填写运行记录，要求内容完整，包括当班运行数据、操作要点、测试结果、异常情况及如何处置等；并由专人检查原始记录的准确性和真实性，同时应做好收集、整理、汇总的工作。

除了以上共同的职责外，对每个岗位都应制定专门的职责范围、操作规程、奖罚条例等。

12.4.4　污水处理厂站的水质指标监测

污水处理厂站的设计即使非常合理，但运行管理不善，也不能使处理厂运行正常和充分发挥其净化功能。因此，重视污水处理厂站的运行管理工作，提高操作人员的基本知识、操作技能和管理水平，做好观察、控制、记录与水质分析监测工作，建立异常情况处理预案制度，对运行中的不正常情况及时采取相应措施，是污水处理厂充分发挥环境效益、社会效益和经济效益的保障。

水质监测可以反映原污水水质、各处理单元的处理效果和最终出水水质等，运用这些资料可以及时了解运行情况，及时发现问题和解决问题，对于确保污水处理厂的正常运行起着重要作用。目前，国内水质监测的自动化程度还较低，很多指标仍然依赖于实验室的化学分析，不能动态跟踪，因此，往往不能及时发现和处理问题。大力推进监测仪器自动化，向多参数监测、遥测方向发展，同时，不断提高实验室分析的自动化、电子计算机化，实现在线监控，对提高处理效果有十分重要的作用。

污水处理厂水质监测指标，因污水性质和处理方法不同有所差异。一般监测的主要指标为水温、pH 值、BOD、COD、DO、NH_3-N、TN、TP、SS 等。当有特殊工业废水进入时，应根据具体情况增加监测项目。例如，焦化厂的含酚废水需增加酚、氰、油、色度等指标；皮革工业废水需测定 Cr^{3+}、S^{2-}、氯化物等项指标。

12.4.5　污水处理厂运行的自动控制

随着社会发展和科技进步，污水处理厂运行过程对自动控制的要求越来越高，自动控制系统已逐步成为城镇污水厂的重要组成部分，对稳定处理效果、降低运行成本、提高劳动生产率起着重要的作用。基本的自动控制系统是由检测仪表、自动控制器、执行装置和控制对象等组成。

（1）检测仪表

检测仪表是用来感受并测量被控参数，将其转变为标准信号输出的仪表。污水处理工程常用的检测仪表有处理过程中的温度、压力、流量、液位等检测仪表，各种水质（或特性）参数如 pH 值、溶解氧（DO）、氮磷等在线检测仪表。随着计算机技术的迅速发展，同计算机融为一体的智能化仪表快速发展，能对信息进行综合处理，对系统状态进行预测，全面反映测量的综合信息。

（2）自动控制器

控制器是自动控制系统的核心。在控制器内，将给定值与测量值进行比较，并按一定的控制规律，发出相应的输出信号去推动执行机构。随着计算机技术的不断发展，在自动化控制系统中越来越多地采用以微处理器为核心的计算机作为其自动控制器。另外，可编程控制器由于具有可靠性高、控制功能强、编程方便等优点也越来越受到人们的重视。近年来，我国新建的污水处理厂工程中大多采用了可编程控制器作为自动控制器。

(3) 执行装置

执行装置是实现控制调节命令的装置。在污水处理自动控制系统中，主要的执行设备有各种泵，如离心泵、往复式计量泵；各种阀门，如调节阀、电磁阀等；以及鼓风机、加药设备等。通过对自动执行装置的控制，实现对工艺参数、动力设备等的自动调节，从而使污水处理厂的运行经常处于优化的工况条件，节约动力费用，提高运行效率。

另外，污水处理采用的自动控制系统的结构形式，从自控的角度可以划分为数据采集与控制管理系统、集中控制系统、集散控制系统等。数据采集与控制管理系统联网通信功能较强，侧重于监测和少量的控制，一般适用于被测点地域分布较广的场合。集中控制系统是将现场所有的信息采集后全部输送到中心计算机或 PLC 进行处理运算后，再由中心计算机系统或 PLC 发出指令，对系统实行控制操作，主要用于小型的水处理自控系统。

集散控制系统（DCS）是目前污水处理自动控制系统中应用较多、具有较大发展和应用空间的控制系统。针对污水处理工艺自动化要求越来越高，需要检测的工艺参数不断增加，以及大型污水处理厂处理构筑物分散、管线复杂、控制设备多等特点，集散型控制系统能更有效地对过程予以全面控制。集散控制系统一般由分散过程控制装置部分、操作管理装置部分和通信系统部分所组成。

12.4.6 污水处理厂站安全操作注意事项

污水处理厂的工艺涉及许多方面，设备的种类也非常多，污水处理厂有高压电路、高速风机、易燃气体和压力容器等，所以安全生产特别重要。因此为了保证处理厂的高效正常运转，每一座污水处理厂必须有相应的运行管理、安全操作和维护保养条例。下面仅归纳了污水处理厂安全生产的一些注意事项。新建的污水处理厂可根据和参考我国相关的国家行业标准《城市污水处理厂运行、维护及其安全技术规程》(CJJ 60) 制定更符合本企业实际情况的条例。

污水处理厂各岗位操作人员和维修人员必须经过技术培训和生产实践，在掌握了该岗位所需要的理论知识、管理知识和能力，并且掌握了岗位上的各种机电设备的性能和特点，具备操作和维护的技能，并经考试合格后方可上岗。

凡是在具有有害气体或可燃性气体的构筑物或容器进行放空清理和维修时，必须采取通风、换气等措施，待有害气体或可燃性气体含量符合规定时，方可操作。通常应将甲烷含量（体积分数，下同）控制在 5%以下，H_2S 含量、HCN 和 CO 的含量分别控制在 4.3%、5.6%和 12.5%以下，同时含氧量不得低于 18%。

污泥处理区域、沼气鼓风机房、沼气锅炉房等地严禁烟火，并严禁违章明火作业；具有有害气体、易燃气体、异味、粉尘和环境潮湿的车间，必须通风，防止有害气体含量超标，危害人体健康。有电气设备的车间和易燃易爆的场所，应按消防部门的有关规定设置消防器材和消防设施，以减少发生火灾所造成的损失。

启动设备应在做好启动准备工作后进行。电源电压大于或小于额定电压 5%时，启动电机会使电机过热，不宜启动电机。操作人员在启闭电器开关时，应按电工操作规程进行，各种设备维修时必须断电，并应在开关处悬挂维修标牌后方可操作。

雨天或冰雪天气，操作人员在构筑物上巡视或操作时应注意防滑。

污水处理厂各种机械设备应保持清洁，无漏水、漏气等。水处理构筑物堰口、池壁应保持清洁、完好。根据不同机电设备的要求，应定时检查、添加或更换润滑油或润滑脂。各种闸井内应保持无积水。清理机电设备及周围环境卫生时，严禁擦拭设备运转部位，冲洗水不得溅到电缆头和电机带电部位及润滑部位。

厂内各岗位操作人员应穿戴齐全劳保用品，做好安全防范工作。起重设备应有专人负责操作，吊物下方严禁站人。在处理构筑物护栏的明显位置上要安放救生圈或救生衣等，为落水人员提供救护用品。严禁非岗位人员启闭该岗位的机电设备。

当污水处理厂的变、配电装置在运行中发生气体继电器动作或继电保护动作跳闸、电容器或电力电缆的断路跳闸时，在未查明原因前不得重新合闸运行。在电气设备上进行倒闸操作时，应遵守“倒闸操作票”制度及有关的安全规定，并应严格按程序操作。变压器、电容器等变、配电装置在运行中发生异常情况不能排除时，应立即停止运行。电容器在重新合闸前，必须使断路器断开，将电容器放电。如隔离开关接触部分过热，应断开断路器，切断电源，不允许断电时则应降低负荷，加强监视。在变压器台上停电检修时，应使用工作票，如高压则不停电，但工作负责人应向全体工作人员说明线路有电，并加强监护。所有高压电气设备应有标示牌。

由于各工段和构筑物有不同的工艺要求，因此具体的运行管理和安全要求还有所不同，一般需要针对工段和岗位制定相应的运行管理和安全操作规定或条例，以便增强可操作性，有关污水处理厂安全操作的规定见国家行业标准《城市污水处理厂运行、维护及其安全技术规程》。

本章小结

本章介绍了污水处理厂站的设计程序、污水处理厂站的设计内容及原则、污水处理工艺流程的确定原则、污水处理厂平面和高程布置的要求，重点介绍了污水处理厂验收和运行管理，通过学习，理解和掌握污水处理厂设计及运行管理的实际意义。

练　习　题

1. 选择题

(1) 在初步设计中，比例采用1∶100～1∶200，标出工艺布置、设备、仪表等安装尺寸、相对位置和标高，列出主要设备一览表和主要设计技术数据的设计图纸是（　　）。

A. 工艺图　　B. 主要构筑物工艺图　　C. 主要构筑物建筑图

(2) 下列不属于基本建设投资的是（　　）。

A. 工程建设费用　　B. 工程预备费用　　C. 电费

(3) 下列属于工程内容验收的是（　　）。

A. 工程综合资料　　　　B. 竣工图　　　　C. 土建工程验收

2. 填空题

(1) 污水处理厂站的设计程序可分为______、______、______三个阶段。

(2) 前期工作的主要任务是编制______和______等。

(3) 处理工艺流程的确定主要取决于______、______、______、______、______等因素。

3. 判断题

(1) 施工图设计应根据批准的工程可行性研究报告进行编制。（　　）

(2) 初步设计的任务是将污水处理厂各处理构筑物的平面位置和高程布置精确地表示在图纸上。（　　）

(3) 凡是在具有有害气体或可燃性气体的构筑物或容器进行放空清理和维修时，必须采取通风、换气等措施，待有害气体或可燃性气体含量符合规定时，方可操作。（　　）

4. 简答题

(1) 工程可行性研究报告是国家投资决策的重要依据，主要内容是什么？

(2) 污水处理工程方案比较涉及哪些方面？

(3) 污水处理工艺设计一般包括哪些内容？

附录

附录1 污水综合排放标准（GB 8978—1996）

附录表1—1 第一类污染物最高允许排放浓度（单位：mg/L，特别注明除外）

污染物	最高允许排放浓度	污染物	最高允许排放浓度	污染物	最高允许排放浓度
1. 总汞	0.05[①]	6. 总砷	0.5	11. 总银	0.5
2. 烷基汞	不得检出	7. 总铅	1.0	12. 总 α 放射性	1 Bq/L
3. 总镉	0.1	8. 总镍	1.0	13. 总 β 放射性	10 Bq/L
4. 总铬	1.5	9. 苯并[α] 芘[②]	0.000 03		
5. 六价铬	0.5	10. 总铍	0.005		

注：①烧碱行业（新建、扩建、改建企业）采用0.005 mg/L。
②为试行标准，二级、三级标准区暂不考核。

附录表1—2 第二类污染物最高允许排放浓度（单位：mg/L，特别注明和pH除外）

序号	污染物	适用范围	一级标准	二级标准	三级标准
1	pH	一切排污单位	6～9	6～9	6～9
2	色度（稀释倍数）	一切排污单位	50	80	—
3	悬浮物（SS）	采矿、选矿、选煤工业	70	300	—
		脉金选矿	70	400	—
		边远地区砂金选矿	70	800	—
		城镇二级污水处理厂	20	30	—
		其他排污单位	70	150	400
4	五日生化需氧量（BOD_5）	甘蔗制糖、苎麻脱胶、湿法纤维板工业	20	60	600
		甜菜制糖、乙醇、味精、皮革、化纤浆粕工业	20	100	600
		城镇二级污水处理厂	20	30	—
		其他排污单位	20	30	300
5	化学需氧量（COD_{Cr}）	甜菜制糖、全盛脂肪酸、湿法纤维板、染料、洗毛、有机磷农药工业	100	200	1 000
		味精、乙醇、医药原料药、生物制药、苎麻脱胶、皮革、化纤浆粕工业	100	300	1 000
		石油化工工业（包括石油炼制）	100	120	500
		城镇二级污水处理厂	60	120	—
		其他排污单位	100	150	500
6	石油类	一切排污单位	5	10	20
7	动植物油	一切排污单位	10	15	100
8	挥发酚	一切排污单位	0.5	0.5	2.0

续表

序号	污染物	适用范围	一级标准	二级标准	三级标准
9	总氰化合物	一切排污单位	0.5	0.5	1.0
10	硫化物	一切排污单位	1.0	1.0	1.0
11	氨氮	医药原料药、染料、石油化工工业	15	50	—
		其他排污单位	15	25	—
12	氟化物	黄磷单位	10	15	20
		低氟地区（水体含氟量<0.5 mg/L)	10	20	30
		其他排污单位	10	10	20
13	磷酸盐（以P计）	一切排污单位	0.5	1.0	—
14	甲醛	一切排污单位	1.0	2.0	5.0
15	苯胺类	一切排污单位	1.0	2.0	5.0
16	硝基苯类	一切排污单位	2.0	3.0	5.0
17	阴离子合成洗涤剂（LAS)	其他排污单位	5.0	10	20
18	总铜	一切排污单位	0.5	1.0	2.0
19	总锌	一切排污单位	2.0	5.0	5.0
20	总锰	合成脂肪酸工业	2.0	5.0	5.0
		其他排污单位	2.0	2.0	5.0
21	彩色显影剂	电影洗片	1.0	2.0	3.0
22	显影剂及氧化物总量	电影洗片	3.0	3.0	6.0
23	元素磷	一切排污单位	0.1	0.1	0.3
24	有机磷农药（以P计）	一切排污单位	不得检出	0.5	0.5
25	乐果	一切排污单位	不得检出	1.0	2.0
26	对硫磷	一切排污单位	不得检出	1.0	2.0
27	甲基对硫磷	一切排污单位	不得检出	1.0	2.0
28	马拉硫磷	一切排污单位	不得检出	5.0	10
29	五氯酚及五氯酚钠（以五氯酚计）	一切排污单位	5.0	8.0	10
30	可吸附有机卤化物（AOX)（以Cl计）	一切排污单位	1.0	5.0	8.0
31	三氯甲烷	一切排污单位	0.3	0.6	1.0
32	四氯化碳	一切排污单位	0.03	0.06	0.5
33	三氯乙烯	一切排污单位	0.3	0.6	1.0
34	四氯乙烯	一切排污单位	0.1	0.2	0.5
35	苯	一切排污单位	0.1	0.2	0.5

续表

序号	污染物	适用范围	一级标准	二级标准	三级标准
36	甲苯	一切排污单位	0.1	0.2	0.5
37	乙苯	一切排污单位	0.4	0.6	1.0
38	邻二甲苯	一切排污单位	0.4	0.6	1.0
39	对二甲苯	一切排污单位	0.4	0.6	1.0
40	间二甲苯	一切排污单位	0.4	0.6	1.0
41	氯苯	一切排污单位	0.2	0.4	1.0
42	邻二氯苯	一切排污单位	0.4	0.6	1.0
43	对二氯苯	一切排污单位	0.4	0.6	1.0
44	对硝基氯苯	一切排污单位	0.5	1.0	5.0
45	2，4—二硝基氯苯	一切排污单位	0.5	1.0	5.0
46	苯酚	一切排污单位	0.3	0.4	1.0
47	间甲酚	一切排污单位	0.1	0.2	0.5
48	2，4—二氯酚	一切排污单位	0.6	0.8	1.0
49	2，4，6—三氯酚	一切排污单位	0.6	0.8	1.0
50	邻苯二甲酸二丁酯	一切排污单位	0.2	0.4	2.0
51	邻苯二甲酸二辛脂	一切排污单位	0.3	0.6	2.0
52	丙烯腈	一切排污单位	2.0	5.0	5.0
53	总硒	一切排污单位	0.1	0.2	0.5
54	粪大肠菌群数	医院*、兽医院及医疗机构含病原体污水	500个/L	1 000个/L	5 000个/L
		传染病、结核病医院污水	100个/L	500个/L	1 000个/L
55	总余氯（采用氯化消毒的医院污水）	医院*、兽医院及医疗机构含病原体污水	<0.5**	>3（接触时间≥1 h）	>2（接触时间≥1 h）
		传染病、结核病医院污水	<0.5**	>6.5（接触时间≥1.5 h）	>5（接触时间≥1.5 h）
56	总有机碳（TOC）	合成脂肪工业	20	40	—
		苎麻脱胶工业	20	60	—
		其他排污单位	20	30	—

注：* 指50个床位以上的医院。

** 加氯消毒后需进行脱氯处理，达到标准。

其他排污单位指除在该控制项目中所列行业以外的一切排污单位。

附录 2　城镇污水处理厂污染物排放标准（GB 18918—2002）

附录表 2—1　　基本控制项目最高允许排放浓度（日均值）　　单位：mg/L

序号	基本控制项目	一级标准		二级标准	三级标准
		A 标准	B 标准		
1	化学需氧量（COD）	50	60	100	120①
2	生化需氧量（BOD_5）	10	20	30	60①
3	悬浮物（SS）	10	20	30	50
4	动植物油	1	3	5	20
5	石油类	1	3	5	15
6	阴离子表面活性剂	0.5	1	2	5
7	总氮（以 N 计）	15	20	—	—
8	氨氮（以 N 计）②	5（8）	8（15）	25（30）	—
9	总磷（以 P 计）　2005 年 12 月 31 日前建设的	1	1.5	3	5
	总磷（以 P 计）　2006 年 1 月 1 日起建设的	0.5	1	3	5
10	色度（稀释倍数）	30	30	40	50
11	pH	6～9	6～9	6～9	6～9
12	粪大肠菌群数（个/L）	10^3	10^4	10^4	—

注：①下列情况下按去除率指标执行：当进水 COD 大于 350 mg/L 时，去除率应大于 60%；BOD 大于 160 mg/L 时，去除率应大于 50%。

②括号外数值为水温＞12℃ 时的控制指标，括号内数值为水温≤12℃ 时的控制指标。

附录表 2—2　　部分一类污染物最高允许排放浓度（日均值）　　单位：mg/L

序　号	项　目	标准值	序　号	项　目	标准值
1	总汞	0.001	5	六价铬	0.05
2	烷基汞	不得检出	6	总砷	0.1
3	总镉	0.01	7	总铅	0.1
4	总铬	0.1			

附录3　城市杂用水水质标准（GB/T 18920—2002）

序号	项　目	冲厕	道路清扫、消防	城市绿化	车辆冲洗	建筑施工
1	pH	6.0～9.0				
2	色度（°）≤	30				
3	嗅	无不快感				
4	浊度（NTU）≤	5	10	10	5	20
5	溶解性总固体（mg/L）≤	1 500	1 500	1 000	1 000	—
6	五日生化需氧量（BOD_5）（mg/L）≤	10	15	20	10	15
7	氨氮（mg/L）≤	10	10	20	10	20
8	阴离子表面活性剂（mg/L）≤	1.0	1.0	1.0	0.5	1.0
9	铁（mg/L）≤	0.3	—	—	0.3	—
10	锰（mg/L）≤	0.1	—	—	0.1	—
11	溶解氧（mg/L）≥	1.0				
12	总余氯（mg/L）	接触30 min后≥1.0，管网末端≥0.2				
13	总大肠菌群（个/L）≤	3				

附录4　再生水用作冷却用水的水质控制标准（GB/T 19923—2005）

序号	控制项目	冷却用水		洗涤用水	锅炉补给水	工艺与产品用水
		直流冷却水	敞开式循环冷却水系统补充水			
1	pH值	6.5～9.0	6.5～8.5	6.5～9.0	6.5～8.5	6.5～8.5
2	悬浮物（SS）（mg/L）≤	30	—	30	—	—
3	浊度（NTU）≤	—	5	—	5	5
4	色度（°）≤	30	30	30	30	30
5	生化需氧量（BOD_5）（mg/L）≤	30	10	30	10	10
6	化学需氧量（COD_{Cr}）（mg/L）≤	—	60	—	60	60
7	铁（mg/L）≤	—	0.3	0.3	0.3	0.3
8	锰（mg/L）≤	—	0.1	0.1	0.1	0.1
9	氯离子（mg/L）≤	250	250	250	250	250
10	二氧化硅（SiO_2）≤	50	50	—	30	30
11	总硬度（以$CaCO_3$计，mg/L）≤	450	450	450	450	450
12	总碱度（以$CaCO_3$计，mg/L）≤	350	350	350	350	350
13	硫酸盐（mg/L）≤	600	250	250	250	250
14	氨氮（以N计，mg/L）≤	—	10①	—	10	10
15	总磷（以P计，mg/L）≤	—	1	—	1	1
16	溶解性总固体（mg/L）≤	1 000	1 000	1 000	1 000	1 000
17	石油类（mg/L）≤	—	1	—	1	1
18	阴离子表面活性剂（mg/L）≤	—	0.5	—	0.5	0.5
19	余氯②（mg/L）≥	0.05	0.05	0.05	0.05	0.05
20	粪大肠菌群（个/L）≤	2 000	2 000	2 000	2 000	2 000

注：①当敞开式循环冷却水系统换热器为铜质时，循环冷却系统中循环水的氨氮指标应小于1 mg/L。
②加氯消毒时管末梢值。

附录5　地表水环境质量标准（GB 3838—2002）

依据地表水水域环境功能和保护目标，按功能高低依次划分为5类：

Ⅰ类主要适用于源头水，国家自然保护区；

Ⅱ类主要适用于集中式生活饮用水地表水源地一级保护区，珍稀水生生物栖息地，鱼虾类产卵场、仔稚动鱼的索饵场等；

Ⅲ类主要适用于集中式生活饮用水地表水源地二级保护区，鱼虾类越冬场、洄游通道、水产养殖区等渔业水域及游泳区；

Ⅳ类主要适用于一般工业水区及人体非直接接触的娱乐用水区；

Ⅴ类主要适用于农业用水区及一般景观要求水域。

对应地表水上述5类水域功能，将地表水环境质量标准基本项目标准值分为5类，不同功能类别分别执行相应类别的标准值。水域功能类别高的标准值严于水域功能类别低的标准值。同一水域兼有多类使用功能的，执行最高功能类别对应的标准值。实现水域功能与达功能的，执行最高功能类别对应的标准值。实现水域功能与达功能类别标准为同一含义。

附录表5—1　　**地表水环境质量标准基本项目标准限值**　　单位：mg/L

序号	分类 项目	Ⅰ	Ⅱ	Ⅲ	Ⅳ	Ⅴ
1	水温（℃）	人为造成的环境水温变化应限制在： 周平均最大温升≤1 周平均最大温降≤2				
2	pH值（无量纲）	6～9				
3	溶解氧≥	饱和率90% （或7.5）	6	5	3	2
4	高锰酸盐指数≤	2	4	6	10	15
5	化学需氧量（COD）≤	15	15	20	30	40
6	五日生化需氧（BOD_5）≤	3	3	4	6	10
7	氨氮（NH_3- N）≤	0.15	0.5	1.0	1.5	2.0
8	总磷（以P计）≤	0.02 （湖、库0.01）	0.1 （湖、库0.025）	0.2 （湖、库0.050）	0.3 （湖、库0.1）	0.4 （湖、库0.2）
9	总氮（湖、库以N计）≤	0.2	0.5	1.0	1.5	2.0
10	铜≤	0.01	1.0	1.0	1.0	1.0
11	锌≤	0.05	1.0	1.0	2.0	2.0
12	氟化物（以F^-计）≤	1.0	1.0	1.0	1.5	1.5

续表

序号	分类 项目	Ⅰ	Ⅱ	Ⅲ	Ⅳ	Ⅴ
13	硒 ≤	0.01	0.01	0.01	0.02	0.02
14	砷 ≤	0.05	0.05	0.05	0.1	0.1
15	汞 ≤	0.000 05	0.000 05	0.000 1	0.001	0.001
16	镉 ≤	0.001	0.005	0.005	0.005	0.01
17	铬（六价）≤	0.01	0.05	0.05	0.05	0.1
18	铅 ≤	0.01	0.01	0.05	0.05	0.1
19	氰化物 ≤	0.005	0.05	0.2	0.2	0.2
20	挥发酚 ≤	0.002	0.002	0.005	0.01	0.1
21	石油类 ≤	0.05	0.05	0.05	0.5	1.0
22	阴离子表面活性剂 ≤	0.2	0.2	0.2	0.3	0.3
23	硫化物 ≤	0.05	0.1	0.2	0.5	1.0
24	粪大肠菌群（个/L）≤	200	2 000	10 000	20 000	40 000

附录表 5—2　　集中式生活饮用水地表水源地补充项目标准限值　　单位：mg/L

序号	项目	标准值
1	硫酸盐（以 SO_4^{2-} 计）	250
2	氯化物（以 Cl^- 计）	250
3	硝酸盐（以 N 计）	10
4	铁	0.3
5	锰	0.1

附录表 5—3　　集中式生活饮用水地表水源地特定项目标准限值　　单位：mg/L

序　号	项　目	标准值	序　号	项　目	标准值
1	三氯甲烷	0.06	11	四氯乙烯	0.04
2	四氯化碳	0.002	12	氯丁二烯	0.002
3	三溴甲烷	0.1	13	六氯丁二烯	0.000 6
4	二氯甲烷	0.02	14	苯乙烯	0.02
5	1，2-二氯乙烷	0.03	15	甲醛	0.9
6	环氧氯丙烷	0.02	16	乙醛	0.05
7	氯乙烯	0.005	17	丙烯醛	0.1
8	1，1-二氯乙烯	0.03	18	三氯乙醛	0.01
9	1，2-二氯乙烯	0.05	19	苯	0.01
10	三氯乙烯	0.07	20	甲苯	0.7

续表

序号	项目	标准值	序号	项目	标准值
21	乙苯	0.3	51	活性氯	0.01
22	二甲苯①	0.5	52	滴滴涕	0.001
23	异丙苯	0.25	53	林丹	0.002
24	氯苯	0.3	54	环氧七氯	0.000 2
25	1，2-二氯苯	1.0	55	对硫磷	0.003
26	1，4-二氯苯	0.3	56	甲基对硫磷	0.002
27	三氯苯②	0.02	57	马拉硫磷	0.05
28	四氯苯③	0.02	58	乐果	0.08
29	六氯苯	0.05	59	敌敌畏	0.05
30	硝基苯	0.017	60	敌百虫	0.05
31	二硝基苯④	0.5	61	内吸磷	0.03
32	2，4-二硝甲苯	0.000 3	62	百菌清	0.01
33	2，4，6-三硝基甲苯	0.5	63	甲萘威	0.05
34	硝基氯苯⑤	0.05	64	溴氰菊酯	0.02
35	2，4-二硝基氯苯	0.5	65	阿特拉津	0.003
36	2，4-二氯苯酚	0.093	66	苯并［α］芘	2.8×10^{-6}
37	2，4，6-三氯苯酚	0.20	67	甲基汞	1.0×10^{-6}
38	五氯酚	0.009	68	多氯联苯⑥	2.0×10^{-6}
39	苯胺	0.1	69	微囊藻毒素－LR	0.001
40	联苯胺	0.000 2	70	黄磷	0.003
41	丙烯酰胺	0.000 5	71	钼	0.07
42	丙烯腈邻苯二甲酸二	0.1	72	钴	1.0
43	丁酯邻苯二甲苯二	0.003	73	铍	0.002
44	(2-乙基己基）脂	0.008	74	硼	0.5
45	水合肼	0.01	75	锑	0.005
46	四乙基铅	0.000 1	76	镍	0.02
47	吡啶	0.2	77	钡	0.7
48	松节油	0.2	78	钒	0.05
49	苦味酸	0.5	79	钛	0.1
50	丁基黄原酸	0.005	80	铊	0.000 1

注：①二甲苯指对二甲苯、间二甲苯、邻二甲苯。
②三氯苯指1，2，3-三氯苯、1，2，4-三氯苯和1，3，5-三氯苯。
③四氯苯指1，2，3，4-四氯苯、1，2，3，5四氯苯和1，2，4，5-四氯苯。
④二硝基苯指对二硝基苯、间二硝基苯和邻二硝基苯。
⑤硝基氯苯指对硝基氯苯、间硝基氯苯和邻硝基氯苯。
⑥多氯联苯指PCB－1016、PCB－1221、PCB－1242、PCB－1248、PCB－1254和PCB－1260。

参考文献

1. 北京水环境与设备研究中心等. 三废处理工程技术手册（废水卷）. 北京：化学工业出版社，2000.

2. 唐受印，戴友芝，等. 水处理工程师手册. 北京：化学工业出版社，2000.

3. 王燕飞. 水污染控制技术. 北京：化学工业出版社，2001.

4. 王金梅，薛叙明. 水污染控制技术. 北京：化学工业出版社，2004.

5. 张宝军. 水污染控制技术. 北京：中国环境工程出版社，2007.

6. 张自杰. 排水工程（下册）. 北京：中国建筑工程出版社，2000.

7. 张忠祥，钱易. 城市可持续发展与水污染防治对策. 北京：中国建筑工业出版社，1998.

8. 李圭白. 城市水工程概论. 北京：中国建筑工业出版社，2002.

9. 李广贺. 水资源利用与保护. 北京：中国建筑工业出版社，2002.

10. 王凯军，贾立敏. 城市污水生物处理新技术开发与应用. 北京：化学工业出版社，2001.

11. 王继武，宋来洲，孙颖，等. 环保设备选择、运行与维护. 北京：化学工业出版社，2007.

12. 王爱民，张云新，等. 环保设备及应用. 北京：化学工业出版社，2006.

13. 郭正，张宝军，等. 水污染控制与设备运行. 北京：高等教育出版社，2007.

14. 王有志，谷峡，郭春明，鲍利，薛宝臣，等. 油脂工业废水深度处理回用工程实践. 工业水处理，2006. 12.

15. 王有志. 环境微生物技术. 广州：华南理工大学出版社，2008.

16. 任南琪，马放，杨基先，等. 污染控制微生物学（第 3 版）. 哈尔滨：哈尔滨工业大学出版社，2007.

17. 崔玉川，刘振江，张绍怡，等. 城市污水厂处理设施设计计算. 北京：化学工业出版社，2004.

18. 赵庆建，赵立军，崔袁园，马放，等. 哈尔滨太平污水厂 AO 工艺的低温快速启动. 中国给水排水，2006.（8）.

19. 唐玉斌. 水污染控制工程. 哈尔滨：哈尔滨工业大学出版社，2006.

20. 陈欢林. 环境生物技术与工程. 北京：化学工业出版社，2003.

21. 周正立. 污水生物处理应用技术及工程实例. 北京：化学工业出版社，2006.

22. 高廷耀. 水污染控制工程. 北京：高等教育出版社，1999.

23. 唐受印. 工业循环冷却水处理. 北京：化学工业出版社，2003.

24. 胡侃. 水污染控制. 武汉：武汉工业大学出版社，2001.

25. 王又蓉. 污水处理问答. 北京：国防工业出版社，2007.

26. 黄铭荣. 水污染治理工程. 北京：高等教育出版社，2001.

27. 郑俊. 曝气生物滤池污水处理新技术及工程实例. 北京：化学工业出版社，2002.

28. 王郁. 水污染控制工程. 北京：化学工业出版社，2007.

29. 缪应祺. 水污染控制工程. 南京：东南大学出版社，2002.

30. 张希衡. 水污染控制工程. 北京：冶金工业出版社，2004.

31. 高延耀，顾国维，周琪，等. 水污染控制工程（下）. 第3版. 北京：北京高等教育出版社，2007.

32. 吕炳南，陈志强，等. 污水生物处理新技术. 哈尔滨：哈尔滨工业大学出版社，2005.

33. 任南琪，王爱杰，等. 厌氧生物技术原理与应用. 北京：化学工业出版社，2004.

34. 钟琼. 废水处理技术及设施运行. 北京：中国环境科学出版社，2008.

35. 彭党聪. 水污染控制工程实践教程. 北京：化学工业出版社，2004.

36. 谭万春. UASB工艺及工程实例. 北京：化学工业出版社，2009.

37. 王有志，鲍利，郭伟筠，等. 水解酸化—生物接触氧化工艺处理麦芽生产废水. 安全与环境学报，2006（4）：17～19.

38. 王有志，鲍利，战树峰，等. 复合厌氧—生物接触氧化工艺处理油脂加工废水. 工业水处理，2006（1）

39. 刘茉娥. 膜分离技术应用手册. 北京：化学工业出版社，2001

40. 史志琴，朱建民，陈爱民，刘赞等. 双膜法技术在味精废水处理中的应用. 工业水处理，2007（12）

41. 王有志，边喜龙，谷峡，鲍利等. 陶瓷膜—生物组合工艺综合处理油脂加工废水. 工业水处理，2008（1）

42. 唐受印. 工业循环冷却水处理. 北京：化学工业出版社，2005.

43. 齐冬子. 敞开式循环冷却水系统的化学处理. 北京：化学工业出版社，2001.

44. 龙荷云. 循环冷却水处理. 南京：江苏科学出版社，2001.

45. 张可方，荣宏伟，等. 小城镇污水厂设计与运行管理. 北京：中国建筑工业出版社，2008.

46. 沈晓南，谢经良，王福浩，等. 污水处理厂运行和管理问答. 北京：化学工业出版社，2007.